科学への入門

レファレンスブック

日外アソシエーツ

Reference Books
of
Introduction to Science

Compiled by

Nichigai Associates, Inc.

©2017 by Nichigai Associates, Inc.

Printed in Japan

本書はディジタルデータでご利用いただくことが
できます。詳細はお問い合わせください。

●編集担当● 木村 月子
装 丁：赤田 麻衣子

刊行にあたって

　科学について調査する際の基本となる参考図書には、事典・辞書はもちろん、書誌や図鑑など多様な種類があるが、専門的なものも多く、それらの中から入門書となるものを探すのは難しい。本書は、科学に関する入門的な参考図書を素早く探し出すことを目的とした図書目録である。

　小社では、参考図書を分野別に収録したツールとして、『福祉・介護レファレンスブック』、『「食」と農業 レファレンスブック』、『動植物・ペット・園芸 レファレンスブック』、『児童書 レファレンスブック』、『環境・エネルギー問題 レファレンスブック』、『学校・教育問題 レファレンスブック』、『美術・文化財 レファレンスブック』、『歴史・考古 レファレンスブック』、『文学・詩歌・小説 レファレンスブック』、『図書館・読書・出版 レファレンスブック』『事故・災害 レファレンスブック』『児童・青少年 レファレンスブック』『音楽・芸能レファレンスブック』を刊行した。本書はそれらに続くタイトルで、1,658点の参考図書を収録した。全体を、自然科学、数学、物理学、化学、天文学・宇宙科学、地球科学・地学、生物科学、植物学、動物学、技術・工学に分け、それぞれを参考図書のテーマに沿ってわかりやすく分類している。さらに書誌・事典・年鑑・年表・図鑑など形式ごとに分けて収録した。また、できる限り内容解説あるいは目次のデータを付記し、どのような調べ方ができるのかわかるようにした。巻末の索引では、書名、著編者名、主題（キーワード）から検索することができる。

　インターネットでの検索で、必要最低限のことがらをすぐに得られるようになった昨今だが、専門の年鑑や統計、事典に掲載されている詳細な情報が、より高い信頼性を持っていることは言うまでもない。本書が、科学への入門のための参考図書を調べるツールとして、既刊と同様にレファレンスの現場で大いに利用されることを願っている。

　2016 年 12 月

　　　　　　　　　　　　　　　　　　　日外アソシエーツ

凡　例

1．本書の内容

　　本書は、科学に関する書誌、事典、辞典、ハンドブック、年鑑、図鑑など参考図書の目録である。収録した図書には、できる限り内容解説あるいは目次を付記し、どのような参考図書なのかがわかるようにした。

2．収録の対象

　　1990 年(平成 2 年)から 2016 年(平成 28 年)10 月に日本国内で刊行された、科学に関する参考図書 1,658 点を収録した。必要に応じて、複数の見出しの下に収録した図書もある。

3．見出し

　(1) 全体を「自然科学」「数学」「物理学」「化学」「天文・宇宙科学」「地球科学・地学」「生物科学」「植物学」「動物学」「技術・工学」に大別し、大見出しを立てた。

　(2) 上記の区分の下に、各参考図書の主題によって分類し、78 の中見出し・小見出しを立てた。

　(3) 同一主題の下では、参考図書の形式別に分類し「書誌」「年表」「事典」「辞典」「名簿・人名事典」「ハンドブック」「図鑑・図集」「カタログ・目録」「年鑑・白書」の小見出しを立てた。

4．図書の排列

　　同一主題・同一形式の下では、書名の五十音順に排列した。

5．図書の記述

　　記述の内容および記載の順序は以下の通りである。

　　書名／副書名／巻次／各巻書名／版表示／著者表示／出版地（東

(4)

京以外を表示）／出版者／出版年月／ページ数または冊数／大きさ／叢書名／叢書番号／注記／定価（刊行時）／ISBN（Ⓘで表示）／NDC（Ⓝで表示）／目次／内容

6．索　引

（1）書名索引

　　各参考図書を書名の五十音順に排列し、所在を掲載ページで示した。

（2）著編者名索引

　　各参考図書の著者・編者を姓の五十音順、名の五十音順に排列し、その下に書名と掲載ページを示した。機関・団体名は全体を姓とみなして排列した。

（3）事項名索引

　　本文の各見出しに関するテーマなどを五十音順に排列し、その見出しと掲載ページを示した。

7．典拠・参考資料

　　各図書の書誌事項は、データベース「bookplus」および JAPAN/MARC に拠った。内容解説はできるだけ原物を参照して作成した。

目　　次

自然科学

自然科学全般 ……………………… 1
　科学・理科教育 ………………… 16
科学理論・科学哲学 …………… 18
科学史・科学賞 …………………… 19

数学

数学全般 …………………………… 24
　数学教育 ………………………… 28
数学者 ……………………………… 29
数論・整数・解析・幾何 ……… 30
確率・数理統計・数理科学 …… 31
和算 ………………………………… 31

物理学

物理学全般 ………………………… 33
　物理学教育 ……………………… 36
単位 ………………………………… 37
光学 ………………………………… 37
電気・電磁気 ……………………… 38

化学

化学全般 …………………………… 39
　化学教育 ………………………… 42
物理化学 …………………………… 43
無機化学 …………………………… 45
有機化学 …………………………… 45

天文学・宇宙科学

天文学・宇宙科学全般 ………… 47
天文学史・宇宙科学史 ………… 58
宇宙開発 …………………………… 58

天体観測 …………………………… 59
恒星・恒星天文学 ………………… 67
太陽・太陽系 ……………………… 70
惑星・月 …………………………… 71
地球 ………………………………… 71
測地学 ……………………………… 72
時法・暦学 ………………………… 73

地球科学・地学

地球科学・地学全般 …………… 77
　地学教育 ………………………… 80
地球科学史・地学史 …………… 80
気象学 ……………………………… 80
海洋学・陸水学 …………………… 90
地震学 ……………………………… 93
地形学・地質学 …………………… 94
　化石 ……………………………… 96
鉱物学 ……………………………… 98

生物科学

生物学全般 ………………………… 104
　生物教育 ………………………… 109
生物地理・生物誌 ………………… 110
生化学 ……………………………… 112
微生物学 …………………………… 113
遺伝学 ……………………………… 114
生態学・人類学 …………………… 115

植物学

植物学全般 ………………………… 116
植物地理・植物誌 ………………… 119
樹木 ………………………………… 120
草・花 ……………………………… 122

(6)

食虫植物・有毒植物 …………………… 130
藻類・菌類・シダ・コケ植物 ………… 131

動物学

動物学全般 ………………………… 133
動物地理・動物誌 ………………… 136
水生動物・貝類学 ………………… 141
爬虫類・両生類 …………………… 147
昆虫類 ……………………………… 148
鳥類 ………………………………… 152
哺乳類 ……………………………… 155

技術・工学

技術・工学全般 …………………… 158
　コンピューター・インターネット ‥ 165
技術史・工学史 …………………… 176
エネルギー ………………………… 176
発明・特許 ………………………… 180
ロボット …………………………… 182
工業経済 …………………………… 182
建設工学・土木工学 ……………… 185
　環境・衛生 ……………………… 188
建築学 ……………………………… 193
機械工学 …………………………… 196
　原子力 …………………………… 198
　乗り物 …………………………… 206
電気工学 …………………………… 210
　通信 ……………………………… 213
海洋・船舶工学 …………………… 215
金属工学・化学工業 ……………… 216
製造工業 …………………………… 218
　食品工業 ………………………… 220

書名索引 …………………………… 223

著編者名索引 ……………………… 247

事項名索引 ………………………… 299

(7)

自然科学

自然科学全般

<書 誌>

教えて!科学本　今と未来を読み解くサイエンス本100冊　斉藤勝司，粥川準二，荒舩良孝，宇津木聡史著　洋泉社　2011.11　222p　19cm　1400円　①978-4-86248-832-9　Ⓝ403.1

(目次)宇宙論―巨大な装置と最新理論から見えてくる新しい宇宙，宇宙開発―宇宙への技術で次世代につながる熱いメッセージを，生命探査―NASA発表のヒ素細菌で盛り上がる!? 地球外生命探査，環境―ガチンコ地球温暖化論争 脅威派vs.懐疑派，原子力―3・11の原発事故を歴史的に問うために，エネルギー―「脱原発」で直面する再生可能エネルギーの将来性，地震学―地球の活動を詳しく知り，減災へと活かす，遺伝子―クローンとヒトゲノムをめぐる10年，幹細胞―"万能細胞"をめぐる競争と倫理，脳科学―脳＝心なのか? 脳の力＝能力なのか? 〔ほか〕

(内容)ニュートリノ，iPS細胞，地球外生命探査，新たな科学技術は私たちをどこに連れていくのか? 広大な科学本の世界を一気に大づかみ。

大人も読んで楽しい科学読み物90冊　西村寿雄著　近代文藝社　2009.4　249p　21cm　1600円　①978-4-7733-7630-2　Ⓝ407

(目次)1 自然を感じる本，2 自然・社会を楽しむ本(植物の本，虫の本，野鳥の本，動物・魚の本，ヒト・命の本，地球・化石・古生物の本，宇宙・星の本，物理・化学・発明の本，算数・数学の本，自然観察の本，科学あそび・自由研究の本，図鑑，人と仕事の本，社会のしくみの本)，3 科学を楽しむ本(自然の科学の本，社会の科学の本)

(内容)本で広がる科学の世界。人間の知的好奇心のすばらしさを本で味わってみよう。新しい世界へ道案内となる一冊。

科学を読む愉しみ　現代科学を知るためのブックガイド　池内了著　洋泉社　2003.1　244,7p　18cm　(新書y)　720円　①4-

89691-696-4　Ⓝ403.1

科学者3000人　伝記ガイダンス　日外アソシエーツ株式会社編　日外アソシエーツ　2010.11　507p　21cm　〈索引あり〉　10000円　①978-4-8169-2285-5　Ⓝ402.8

(内容)数学，物理学，化学，天文学，宇宙科学，地球科学，博物学，生物学，医学，技術・工学における功績者3000人の伝記資料7000冊を収録。1945年(昭和20年)から2009年(平成21年)に刊行された伝記を人物ごとに総覧。

科学に親しむ3000冊　ナノテクからブラックホールまで　日外アソシエーツ株式会社編　日外アソシエーツ　2009.2　380p　21cm　(読書案内)　〈索引あり〉　8500円　①978-4-8169-2160-5　Ⓝ403.1

(目次)自然科学，数学，物理学，化学，天文学・宇宙科学，地球科学・地学，生物学，植物学，動物学・昆虫学，医学，サイエンス・テクノロジー

(内容)フェルマーの最終定理に挑んだ数学者たち，ファーブルの素顔，アインシュタインの真実…。最近20年間に国内で刊行された科学関連の図書をテーマごとに分類。科学・サイエンスの楽しさに溢れた図書3000冊を厳選。「事項名索引」付き。

科学の栞　世界とつながる本棚　瀬名秀明著　朝日新聞出版　2011.12　284p　18cm　(朝日新書 330)　820円　①978-4-02-273430-3　Ⓝ403.1

(目次)1 ようこそ! 科学の世界へ―いつもと違う本棚に，2 こころの迷宮―脳科学・心理学・生命倫理，3 生命のふしぎ―生命科学・進化，4 空を見上げて―気象・地球・宇宙，5 自然との対話―環境といきもの，6 世界とつながる―物理・数学・医学，7 一緒に歩こう―機械・建築・ロボット，8 科学と人の物語―伝記・物語

(内容)宇宙や心のふしぎからダーウィンの進化論の裏側まで「もっと知りたい」を刺激してくれる本がここに100冊とちょっと，あります。

科学の世界にあそぶ　米沢富美子著　オーム社　1996.10　134p　19cm　(テクノライフ

科学への入門レファレンスブック　*1*

自然科学全般　　　　　　自然科学

選書）　1500円　①4-274-02331-1　®403.1

科学の読み方、技術の読み方、情報の読み方　Best book 106　名和小太郎著
KDDクリエイティブ　1991.10　253p
19cm　〈背・表紙の書名：Best book 106〉
2400円　①4-906372-09-0　®503.1

(内容)著者が選んだ106冊の書評をまとめたもの。科学の本、技術の本、情報の本と3篇に分け、各篇はそれぞれ件名の見出し語を付し、書誌事項と書籍の写真を取入れ見やすく排列。書評記事は、勧誘、要約、寸評で構成する。

科学よみものの30年　そのあゆみとこれから　小川真理子，赤藤由美子著　連合出版
2000.10　190p　19cm　〈文献あり〉　1900円　①4-89772-161-X　®403.1

(目次)第1章 科学読物とは何か（科学読物とは?，科学読物の楽しさ ほか），第2章 科学読物の歴史（日本で最初の科学読物（明治期），大正期から昭和期初期の科学読物 ほか），第3章 科学読物出版の変遷，第4章 分野別に見た科学読物の変遷（科学読物出版総数の年次変化，翻訳書の全体に占める割合 ほか），第5章 これからの科学読物（子どもにも，大人にも，授業の中で（国語の授業，理科の授業）ほか）

自然科学の名著100選　上　田中実，今野武雄，山崎俊雄編　新日本出版社　1990.12
195p　18cm　（新日本新書 417）　680円
①4-406-01908-1　®403.1

(目次)自然科学の古典から学ぶ―序にかえて，『ヒポクラテス全集』ヒポクラテス，『動物発生論』アリストテレス，『自然学』アリストテレス，『原論』ユークリッド，『平面のつりあいについて』アルキメデス，『物の本質について』ルクレティウス，『建築について』ヴィトルヴィウス，『アルマゲスト』プトレマイオス，『九章算術』劉徽，『傷寒論』張仲景，『金属貴化秘法大全』ゲーベル，『レオナルド・ダ・ヴィンチの手記』レオナルド・ダ・ヴィンチ，『天球の回転について』コペルニクス，『人体の構造についての七つの本』ヴェサリウス，『デ・レ・メタリカ』アグリコラ〔ほか〕

(内容)古代ギリシアから現代まで、古今東西の名著100冊を概説。自然認識の進化と技術の発展に大きな役割を果たした代表的名著への読書案内。上巻ではヒポクラテス、コペルニクスなどの名著を紹介。

自然科学の名著100選　中　田中実，今野武雄，山崎俊雄編　新日本出版社　1990.12
196p　18cm　（新日本選書 418）　680円

①4-406-01909-X　®403.1

(目次)『テクノロジー入門』ベックマン，『化学要論』ラヴォアジエ，『地球の理論』ハットン，『画法幾何学』モンジュ，『化学の新体系』ドールトン，『確率の解析的理論』ラプラス，『地質学原理』ライエル，『発微算法』関孝和，『大和本草』貝原益軒，『和漢三才図会』寺島良安，『蔵志』山脇東洋，『解体新書』杉田玄白訳，『暦象新書』志筑忠雄，『全日本沿海輿地全図』伊能忠敬，『植物啓原』宇田川榕菴，『舎密開宗』宇田川榕菴，『気海観潤広義』川本幸民〔ほか〕

(内容)自然認識の進化と技術の発展に大きな役割を果たした代表的名著への読書案内。中巻ではラヴォアジエ『化学要論』、宇田川榕菴『舎密開宗』など。

自然科学の名著100選　下　田中実，今野武雄，山崎俊雄編　新日本出版社　1990.12
182,10p　18cm　（新日本新書 419）　680円
①4-406-01910-3　®403.1

(目次)『交流現象の理論の計算』スタインメッツ，『昆虫記』ファーブル，『水溶液中における諸物質の解離』アレニウス，『数とは何か、何であるべきか』デデキント，『力学の発展―歴史的・批判的考察』マッハ，『気体運動論議義』ボルツマン，『気体中の電気伝導』J・J・トムソン，『幾何学の基礎』ヒルベルト，『放射性物質の研究』マリー・キュリー，『運動物体の電気力学』アインシュタイン，『熱輻射論議義』プランク，『条件反射についての講義』パブロフ，『唯物論と経験批判論』レーニン，『精神分析』フロイト，『科学的管理法の原理』テーラー，『原子』ペラン〔ほか〕

(内容)古代ギリシアから現代まで、古今東西の名著を概説。下巻ではファーブル『昆虫記』、レーニン『唯物論と経験批判論』など。

図書館に備えてほしい本の目録　自然科学・理工学・農学図書　JLA選定図書から　2000年版　日本図書館協会　2000.10
67p　26cm　〈共同刊行：日本書籍出版協会〉　300円　①4-8204-0020-7　®403.1

読んでみない?科学の本　しらべてみようこんなこと　子どもと科学をつなぐ会編
連合出版　2000.7　204p　21cm　1500円
①4-89772-158-X　®403.1

(目次)お散歩のすすめ，芽がでたよ，学校の帰り道で，台所でお母さんのお手伝い，お父さんとお風呂に入った，夜の散歩，親子で読もうだんらんのとき，雨の日は楽しい，病気で学校を休んで，おじいちゃん・おばあちゃんの知恵袋

2　科学への入門レファレンスブック

〔ほか〕

(内容)子どものための科学の本を紹介した文献案内。科学の本を中心に関連するお話の本についても紹介する。紹介文を記載したもの約500冊、リストのみの紹介の本約500冊を収録。本はお散歩の進め、芽がでたよ、学校の帰り道で、夏休みの宿題・調べ学習などのテーマにより項目を立てて掲載。それぞれ本のタイトル、シリーズ名、作者、出版者・出版年および解説、対象年齢層を記載する。巻末に本のタイトルによる五十音順索引を付す。

＜事 典＞

科学・技術大百科事典　上（あ-こ）
Douglas M.Cosidine,Glenn D.Considine〔編〕，太田次郎〔ほか〕監訳　朝倉書店　1999.10　1021,59p　31cm　〈原書名：Van Nostrand's scientific encyclopedia. 8th ed.〉　95000円　Ⓘ4-254-10164-3　Ⓝ403.3

科学・技術大百科事典　中（さ-と）
Douglas M.Cosidine,Glenn D.Considine〔編〕，太田次郎〔ほか〕監訳　朝倉書店　1999.10　p1022-2070,59p　31cm　〈原書名：Van Nostrand's scientific encyclopedia. 8th ed.〉　95000円　Ⓘ4-254-10165-1　Ⓝ403.3

科学・技術大百科事典　下（な-わ）
Douglas M.Cosidine,Glenn D.Considine〔編〕，太田次郎〔ほか〕監訳　朝倉書店　1999.10　p2071-3016,59p　31cm　〈原書名：Van Nostrand's scientific encyclopedia. 8th ed.〉　95000円　Ⓘ4-254-10166-X　Ⓝ403.3

科学・技術大百科事典　上　あ－こ　普及版　Douglas M.Considine,Glenn D.Considine〔編〕，太田次郎監訳者代表　朝倉書店　2009.7　59,1021p　31cm　〈原書名：Van Nostrand's scientific encyclopedia. 8th edition〉　80000円　Ⓘ978-4-254-10221-5　Ⓝ403.3

(内容)植物学、動物学、生物学、化学、地球科学、物理学、数学、情報科学、医学・生理学、宇宙科学、材料工学、電気工学、電子工学、エネルギー工学など、科学および技術の各分野から約6800項目を多数の写真・図表とともに収録。上巻は「あ」から「こ」までを収録。

科学・技術大百科事典　中　さ－と　普及版　Douglas M.Considine,Glenn D.Considine〔編〕，太田次郎監訳者代表　朝倉書店　2009.7　59p,p1022-2070　31cm　〈原書名：Van Nostrand's scientific encyclopedia. 8th edition〉　80000円　Ⓘ978-4-254-10222-2　Ⓝ403.3

(内容)植物学、動物学、生物学、化学、地球科学、物理学、数学、情報科学、医学・生理学、宇宙科学、材料工学、電気工学、電子工学、エネルギー工学など、科学および技術の各分野から約6800項目を多数の写真・図表とともに収録。中巻は「さ」から「と」までを収録。

科学・技術大百科事典　下　な－わ　普及版　Douglas M.Considine,Glenn D.Considine〔編〕，太田次郎監訳者代表　朝倉書店　2009.7　59p,p2071-3016　31cm　〈原書名：Van Nostrand's scientific encyclopedia. 8th edition〉　80000円　Ⓘ978-4-254-10223-9　Ⓝ403.3

(内容)植物学、動物学、生物学、化学、地球科学、物理学、数学、情報科学、医学・生理学、宇宙科学、材料工学、電気工学、電子工学、エネルギー工学など、科学および技術の各分野から約6800項目を多数の写真・図表とともに収録。下巻は「な」から「わ」までを収録。

科学ニュースがみるみるわかる最新キーワード800　過去5年間の記事をベースに未来予想をプラス　細川博昭著　ソフトバンククリエイティブ　2009.3　254p　18cm　（サイエンス・アイ新書 SIS-106）〈並列シリーズ名：Science・i　文献あり 索引あり〉　952円　Ⓘ978-4-7973-4767-8　Ⓝ400

(目次)第1章 宇宙探査・宇宙開発（太陽系再編，準惑星の分類と名前の由来 ほか），第2章 地球環境・地球科学（地球温暖化：原因と経過，炭素循環 ほか），第3章 生物と医療（哺乳類、鳥類、恐竜の進化，進化にまつわる新発見 ほか），第4章 物理と化学（フィギュアスケートは物理の教科書，物理学の基本法則 ほか）

(内容)過去5年間のニュース記事をベースに、未来予想をプラスして、800のキーワードを厳選して解説する事典。キーワード間のつながりを確かめながら読み進めることで、科学の理解が深まる編集。

科学の事典　第3版　岩波書店辞典編集部編　岩波書店　1993.9　1432,5p　26cm　〈第4刷（第1刷：85.3.8）〉　9500円　Ⓘ4-00-080017-5

(内容)科学の基礎からより進んだ段階・関連事項までを大項目で系統的に解説した事典。167の大項目のもとに系統的に解説する。巻末に事項索引、および年表「科学の歴史」がある。

自然科学全般　　　　　　　　　自然科学

かたちの科学おもしろ事典　宮崎興二編著
日本実業出版社　1996.9　214p　19cm
1300円　⑪4-534-02518-1

(目次)第1章 暮らしとかたち(なぜマルサンカクシカクなのでしょうか―三角形のちから，お守りはなぜ効くのでしょうか―神さま，仏さまのかたち ほか)，第2章 自然とかたち(砂漠の縞模様はなぜできるのでしょうか―「右へならえ」をする性質，雪の結晶はなぜ六角形なのでしょうか―はかない美 ほか)，第3章 建物とかたち(現代人はなぜ四角い家に住むのでしょうか―地震が好むかたちなのに，法隆寺夢殿はなぜ八角形なのでしょうか―円と正方形の結婚 ほか)，第4章 生物とかたち(生物のかたちはどのようにしてできるのでしょうか―遺伝情報の伝わりかた，指紋の凸凹はどのようにしてできるのでしょうか―生物たちのフラクタル次元 ほか)，第5章 テクノロジーとかたち(車の中央部はなぜくびれているのでしょうか―モンロースタイルと空気抵抗の関係，車のタイヤはどのように動くのでしょうか―回転の秘密 ほか)

(内容)雪の結晶やミツバチの巣から，車や飛行機のデザイン，近代建築…。身のまわりのかたちについての「おや?」と思わせる話で，知らず知らずのうちにあなたも物知りに。私たちの日常生活がいかにかたちに制約され，また，いかにかたちを規制してきたか，わかりやすく解説する。

形の科学百科事典　形の科学会編　朝倉書店
2004.8　903p　26cm　35000円　⑪4-254-10170-8

(目次)1 生物と形(人体，動物，植物，微生物・細胞)，2 物理と形(結晶・準結晶，空間・構造，流体，分子・原子・光)，3 天文と形(宇宙，地球)，4 数学と形(数理・図形，分割・配置，パズル・アート)，5 工学と形(コンピュータ，人工物，建造物，都市・地域)

(内容)生物や造形物，自然がつくり出すさまざまな形，形に関するユニークな研究など約360項目について読み物的に解説。各項目には関連項目を示す。図解・写真も掲載。索引付き。

形の科学百科事典　新装版　形の科学会編
朝倉書店　2013.4　903p　26cm　26000円
⑪978-4-254-10264-2

(目次)1 生物と形(人体，動物 ほか)，2 物理と形(結晶・準結晶，空間・構造 ほか)，3 天文と形(宇宙，地球 ほか)，4 数学と形(数理・図形，分割・配置 ほか)，5 工学と形(コンピュータ，人工物 ほか)

くらべてわかる科学小事典　図書館版　兵頭俊夫監修　大月書店　2014.4　330p
21cm　3200円　⑪978-4-272-44062-7

(目次)化学(原子と分子，原子と元素 ほか)，生物(細胞の分裂と分化，体細胞分裂と減数分裂 ほか)，地学(平野と盆地，褶曲と断層 ほか)，物理(重さと重力と質量，原子と素粒子 ほか)，原子力・放射線(火力発電と原子力発電，軽水炉と高速増殖炉 ほか)

この日なんの日科学366日事典　あなたの誕生日は科学にとってどんな日?　フレア情報研究会編著　講談社　2002.6　406p
18cm　(ブルーバックス)　1200円　⑪4-06-257373-3　Ⓝ402

(内容)世界の科学技術史を日単位で紹介するもの。科学者の誕生日，発明の記念日など一日につき複数の項目を簡潔に解説。欄外に科学技術の年代史があるほか，ギリシア文字と科学技術分野における略号の意味，国際単位系(SI)，元素名と元素記号なども併せて収載。巻末に数字・アルファベット・五十音順の索引がある。

サイエンスペディア1000　ポール・パーソンズ著，古谷美央訳　ディスカヴァー・トゥエンティワン　2015.11　543p　22×14cm
〈原書名：Science 1001〉　4400円　⑪978-4-7993-1800-3

(目次)物理学，化学，生物学，地球，宇宙科学，健康・医学，社会科学，情報，応用科学，未来

(内容)物理・生物・化学から社会科学まで5000年の歩みを1000項目に凝縮。簡潔なキーワード紹介で知る科学のすべて。

知っておきたい法則の事典　遠藤謙一編
東京堂出版　2007.7　254p　19cm　2200円
⑪978-4-490-10717-3

(目次)アイーダ(AIDA)の法則，アインシュタインの法則，アボガドロの法則，アリストテレスの運動法則，アルキメデスの原理，アンペールの法則，イオン独立移動の法則，ヴィーデマン・フランツの法則，ウェーバー・フェヒナーの法則，ウッドワード・ホフマン則〔ほか〕

(内容)『オームの法則』，『キュリーの法則』って何だっけ…?物理・化学を中心に，経済学，社会学，心理学，生物学，地質学，文学など多岐にわたる分野のいろいろな「法則」を図式・イラストを交えて楽しく紹介。

人物レファレンス事典　科学技術篇　日外アソシエーツ株式会社編　日外アソシエーツ，紀伊国屋書店(発売)　2011.2　1079p

4　科学への入門レファレンスブック

自然科学　　　　　　　　　　　　　　　　　　　　自然科学全般

21cm　25000円　Ⓘ978-4-8169-2301-2
Ⓝ281.03

(内容)世界各地で活躍した科学技術分野(科学、数学、物理学、化学、天文学、生物学、医学、工学など)の人物が、どの事典にどんな見出しで掲載されているかがわかる。人物事典・百科事典のほか、時代別の歴史事典や、県別百科事典など343種を採用。時代的にも地域的にも幅広い多数の人物を網羅的に調査できる。簡略な人名事典としても使用できるほか、事典索引としてより深く調べるための手掛りが得られる。

ビジュアル科学大事典　マティアス・デルブリュック，グドラン・ホフマン，ウーテ・クライネルメルン，マーチン・クリッシェ，ハンス・W.コーテ，マーチン・クラウス，ミハエル・ミューラー，ウータ・フォン・ドゥプシッツ，ボリス・ザッハシュナイダー，ジャン・ミケル・トマソン著，倉田真木，関利枝子，北村京子，武田正紀訳　日経ナショナルジオグラフィック社，日経BP出版センター(発売)　2009.9　432p　28cm　〈索引あり　原書名：The sciencebook.〉　9333円　Ⓘ978-4-86313-076-0　Ⓝ403.6

(目次)宇宙(宇宙と銀河，太陽系)，地球(起源と地質，水，大気，環境保護)，生物学(進化，微生物，植物と真菌，動物，人間，遺伝と遺伝形質，動物行動学，生態学)，化学(無機化学，有機化学と生化学)，物理学と技術(物理学，技術)，数学(数学)

(内容)宇宙の構造から生物の進化まで、自然の仕組みについて知りたいことが全部わかる。

＜辞典＞

岩波理化学辞典　第5版　長倉三郎〔ほか〕編　岩波書店　1998.2　1854p　23cm　10000円　Ⓘ4-00-080090-6　Ⓝ403.3

オックスフォード科学辞典　〔ジョン・ディンティス，エリザベス・マーティン〕〔編〕，山崎昶訳　朝倉書店　2009.6　926p　27cm　〈索引あり　原書名：A dictionary of science.5th ed.〉　19000円　Ⓘ978-4-254-10212-3　Ⓝ403.3

(内容)科学全般にわたる約9000項目を50音配列で解説したオックスフォード辞典 "Science(Fifth Edition)"の完訳版。

科学技術英語表現辞典　第3版　富井篤編　オーム社　2010.9　751p　21cm　〈他言語標題：Compilation of Scientific and Technical

Expressions in English　索引あり〉　15000円　Ⓘ978-4-274-20840-9　Ⓝ407

(目次)異・違・差，以上・以下，超え・未満，位置(場所)，一体，一致，色，影響，確認，形，間隔，関係(関連)，区別，傾向・動向・すう勢・しやすさ，結果，減少，原因，限界(限度)，交換，考慮，試み，故障・不良，手段・方法，種類，順番・順序〔ほか〕

(内容)科学技術分野における実務・実用英語表現を例文で実戦的にまとめた辞典。大項目として技術文の翻訳に頻出する、"異・違・差"から"例外"までの70項目を五十音順に収録。その中を更に小区分に細分化して、相互の関連の元に例文を掲載。巻末に日本語索引、英語索引が付く。

科学・技術英語例解辞典　岩田薫，米沢宣行編著　三共出版　2003.6　390p　19cm　3000円　Ⓘ4-7827-0466-6

(内容)化学・物理を中心に広く物質科学に携わる学生・研究者・技術者が、英文レポートを作成したり、読解したりするときに、手元に置いて活用して貰うための辞典。用語(見出し語約2300語、例示語6400語、専門用語5900語)および文例(2200例)が豊富に収録されている。また、これらの用語や文例には、きめ細かい解説を添えている。

科学技術英和大辞典　第2版　富井篤編　オーム社　2004.9　2445p　26cm　55000円　Ⓘ4-274-19737-9

(内容)技術英文や実務英文を読み、翻訳し、自ら作成するための本格派。英和辞典と科学技術用語集との間にある大きな谷間を埋める利便性。国内外の各種文献・刊行物等からキーワード(見出し語)を広く収録。徹底した実例主義で、科学技術の全分野から「生きた」文例を掲載。類義語や用法上の注意についても、ていねいに解説。

科学技術英和大辞典　ハンディコンパクト　第2版　富井篤編　オーム社　2012.5　2445p　21cm　〈他言語標題：ENGLISH-JAPANESE SCIENCE AND ENGINEERING DICTIONARY〉　15000円　Ⓘ978-4-274-21207-9　Ⓝ403.3

(内容)科学技術関連の英文の読解・翻訳・作成に便利な英和辞典。国内外の辞典類のほか、学術用語集や専門用語事典、学会・産業界等の刊行物から選んだ見出し語を、豊富な英文例とその和訳とともに掲載。

科学技術を中心とした略語辞典　金子秀夫，増本剛，田中政直，前園明一編著　アグネ技術センター　2003.3　391p　19cm　2800円

科学への入門レファレンスブック　5

自然科学全般　　　　　自然科学

①4-901496-04-2

(内容)収録数9000余語。理工学、特に材料技術の分野を主体に、新聞紙上で散見する経済・社会の略語も採録。多くの分野で単純化されたアルファベット略語・略称を正しく理解するための役に立つポケットタイプの略語辞典。

科学のことば雑学事典　語源からさぐる英単語
久保田博南著　講談社　1995.4
286p　18cm　（ブルーバックス）　800円
①4-06-257065-3

(内容)英単語のオモシロさがわかる、新タイプの科学小事典。本書は、科学の基本英語を抽出して、それらの語源を中心としたエピソードをまとめたものだ。豊富な資料が盛られ、英語をはじめとしたことばの本質に迫る、新しいタイプのユニークな実用小辞典でもある。

基本科学英単語1500　城内出版編集部著
（大阪）城内出版　2009.9　80p　18cm
1000円　①978-4-904534-00-7　Ⓝ407

(目次)物理，天文，化学，生物，人体，医学，地理，数学

コンパクト版科学技術英和大辞典　富井篤編　オーム社　2000.9　2290p　21cm
15000円　①4-274-02438-5　Ⓝ403.3

コンパクト版 科学技術和英大辞典　第2版
富井篤編　オーム社　2000.9　2216p　21cm
15000円　①4-274-02437-7　Ⓝ403.3

(内容)科学技術用語の和英辞典。科学技術文を英語で書くことを主な目的に、技術文に関係のある言葉を見出し語とする。各項目は五十音順に排列、漢字表記と対応英語、英例文および和訳文で構成。例文は過去35年間の間、実際に学会・産業界で使用された英文を採録。掲載する語は技術用語（名詞）だけでなく動詞、形容詞、副詞などそれらのことばから派生することばも収録。また、引用された例文中に使用されていることばの和文索引、英文索引を巻末に付す。

知っておきたい最新科学の基本用語　左巻健男編著　技術評論社　2009.5　431p
19cm　〈文献あり 索引あり〉　1980円
①978-4-7741-3818-3　Ⓝ403.3

(目次)化学，環境，工学・技術，生活・健康，生物，地学，物理

(内容)科学・技術リテラシーとしての基礎用語をジャンル別に解説。科学技術振興機構研究者グループが厳選した科学・技術の知っておくべき一般常識7分野約900語を収録。

8カ国科学用語辞典　楽しい比較・思わぬ

発見　久保田博南著　講談社　1997.2
292p　18cm　（ブルーバックス）　820円
①4-06-257157-9

(目次)第1章 科学・技術一般用語，第2章 物理用語，第3章 化学用語，第4章 生物用語，第5章 医学用語，第6章 天文・気象用語，第7章 地学・地理用語，第8章 数学用語，第9章 工学用語

(内容)科学用語を主体に、日常においても一般的に使われる言葉を収録した用語辞典。科学用語を9章に分け、それぞれの代表項目として約100語を選定。さらにこの代表項目に関係する関連語約15語を選び出し、原則として五十音順に配列、各項目ごとに解説文がつく。採録した言語は、日本語、中国語、英語、ドイツ語、フランス語、スペイン語、イタリア語、ロシア語の順に8カ国語。巻末には索引として、日本語索引、英語索引を付す。

理化学英和辞典　小田稔、上村洸、野田春彦、山口嘉夫編　研究社　1998.7　1182p　24×16cm　8000円　①4-7674-3456-4

(内容)化学・技術の基礎をなす物理学と化学を中心に、関連のある宇宙科学（天文学を含む）、地球科学、生命科学、情報科学などの諸分野にわたって、基本語、専門語、新語を約40000語を収録した英和辞典。英和辞典として見出し語に訳語を示し、解説を加えて理化学辞典とし、巻末の和英用語対照表により、理化学用語の和英辞典としても活用できる。

理系のための英語便利帳　イラスト完全図解　倉島保美，榎本智子著，黒木博絵　講談社　2003.9　350p　18cm　（ブルーバックス）　1140円　①4-06-257420-9　Ⓝ403.3

りけ単　理系たまごの英単語&表現40日間トレーニング　信定薫著　アルク　2009.2
169p　19cm　（理系たまごシリーズ 6）
〈索引あり〉　2100円　①978-4-7574-1535-5
Ⓝ407

(目次)1 数と式，2 複雑な式，3 行列，集合，統計，4 グラフ，5 単位と図形，6 物質，地学，物理，7 化学と生物，8 研究室

(内容)世界で活躍する理工系研究者を目指して。リズムで覚える科学技術英語。

理工学辞典　東京理科大学理工学辞典編集委員会編　日刊工業新聞社　1996.3　1859p
26cm　39000円　①4-526-03824-5

(内容)自然科学・工学に関する用語を収録した辞典。物理・化学・生物・電気・機械・土木・情報・繊維・食品等15分野の語を収める。見出

6　科学への入門レファレンスブック

自然科学　　　　　　　　　　　　　　　自然科学全般

し語を五十音順に排列してその英語表記と分野
名を記し、解説文のほか同意語・参照語を付す。
巻末に英文索引がある。

＜名簿・人名事典＞

科学・技術人名事典　都築洋次郎編著　日本
　図書センター　2012.6　583p　27cm　〈文献
　あり　索引あり　北樹出版1986年刊の複製〉
　36000円　Ⓘ978-4-284-20238-1　Ⓝ403.3
Ⓒ内容Ⓒ科学・技術史上に意義ある業績を残した
外国人2106名、日本人705名を取り上げた事典。
生年・没年月日をはじめ、国籍、専攻、公職歴、
主な業績のほか、生涯における人間的な挿話や
人物評価なども掲載する。

科学者人名事典　John Daintith〔ほか編〕,
　科学者人名事典編集委員会編　丸善　1997.3
　932p　27cm　〈原書名：Biographical
　encyclopedia of scientists.2nd ed.〉　24720
　円　Ⓘ4-621-04317-X　Ⓝ403.3
Ⓒ内容Ⓒ約2300名の科学者・技術者を収録した人
名事典。配列は人名の五十音順。掲載項目は、
人名の原綴、生没年月日、国と専門分野など。
欧文人名索引付き。

科学の街　筑波研究学園都市ガイドブック
　筑波研究学園都市研究機関等連絡協議会普及
　広報専門委員会監修　（つくば）筑波出版会,
　チーム〔発売〕　1996.10　192p　21cm
　1300円　Ⓘ4-924753-22-X
Ⓒ内容Ⓒ筑波研究学園都市で行われている科学技
術研究に関するガイド。科学技術庁や農林省等
の国立機関、公益法人、民間企業等109の研究機
関の住所・電話番号・研究内容を掲載する。巻
末に常設公開機関の紹介や民間研究機関一覧・
インターネットホームページ一覧・テレホンガ
イド等を収める。

**研究者・研究課題総覧　自然科学編　1990
年版**　日本学術振興会編　日本学術振興会
　1990.4　5冊　27cm　〈監修：文部省学術国
　際局　発売：丸善　「理学」「工学」「農学」「医
　学」「複合領域・索引」に分冊刊行〉　全
　123600円　Ⓘ4-8181-9007-1　Ⓝ377.13
Ⓒ内容Ⓒ文部省による「昭和63年度学術研究活動
に関する調査」を基に前版（1984）のデータを全
面的に追加・更新。収録者数130,118人。専門分
野の排列は文部省科学研究費補助金の分類に従
う。第5分冊の巻末に氏名索引・研究機関別索
引・収録研究一覧・収録研究者数を付す。

**世界の科学者100人　未知の扉を開いた先
駆者たち**　（〔東村山〕）教育社　1990.12
　613p　28cm　（Newton special issue）　〈監
　修：竹内均　発売：教育社出版サービス（東
　京）〉　3800円
Ⓒ内容Ⓒ広範な科学分野における先駆的科学者100
人の伝記を記す。エピソードなどもとりあげ、
科学者の生いたちや人生観をまじえたわかりや
すい記述をとる。関係する写真やイラストを多
数掲載。五十音順の科学者名索引あり。科学雑
誌「Newton」の連載をまとめたもの。

＜ハンドブック＞

理工系大学生のための英語ハンドブック
　東京工業大学外国語研究教育センター編　三
　省堂　2000.1　226p　21cm　1800円　Ⓘ4-
　385-35905-9
Ⓒ目次Ⓒ1 理工系の英語を読むために，2 学校英語
が教えてくれたこと・教えてくれなかったこと，
3 まず辞書を引こう・辞書を読もう，4 理工系
の単語・その成り立ち，5 実践的語彙・資料集
Ⓒ内容Ⓒ英語がニガテな理工系大学生のための必
携・英語ハンドブック！理工系の大学生にこそ必
要な英語の力。はじめに必要になる「読む」こ
とを1・2年生対象に解説。受験のために覚えた
英語を使ってさらにステップアップをめざす！

＜図鑑・図集＞

科学　ペニー・ジョンソン監修,　伊藤伸子訳
　（京都）化学同人　2016.6　156p　18×15cm
　（手のひら図鑑 1）　〈原書名：Pocket
　Eyewitness SCIENCE〉　1300円　Ⓘ978-4-
　7598-1791-1
Ⓒ目次Ⓒ物質と材料（物質の状態，状態の変化 ほ
か），エネルギーと力（エネルギーとは?，原子
力，電気 ほか），生き物の世界（生物のグルー
プ，生物の分類，微生物 ほか）
Ⓒ内容Ⓒ動いている物を見たり、生き物にふれたり
すると、不思議だな、なぜだろうって思うこと
があるよね。あれこれわきあがる疑問に科学は
答えを教えてくれます。レモンはどうしてすっ
ぱいの?電気はどこからくるの?植物はどうやっ
て自分で食べ物をつくるの?頭になぞが浮かん
だら、この小さな図鑑を開いて調べてみてくだ
さい。

くらべる図鑑　新版　加藤由子,　林一彦,　冨
　田幸光,　渡部潤一,　室木忠雄,　江口孝雄,　中

科学への入門レファレンスブック　　7

自然科学全般　　自然科学

村尚，横倉潤，木津徹，小松義夫監修・指導
小学館　2016.7　135p　27cm　（小学館の図
鑑NEO+）〈文献あり　索引あり〉　1900円
①978-4-09-217233-3　Ⓝ400

サイエンス大図鑑　コンパクト版　アダム・
ハート＝デイヴィス総監修，日暮雅通監訳
河出書房新社　2014.10　511p　26×22cm
〈原書名：Science〉　3800円　①978-4-309-
25300-8

(目次)1 科学の夜明け―先史時代-1500年（火の
力，初期の金属加工師たち ほか），2 ルネサンス
と啓蒙の時代―1500-1700年（実験科学の誕生，
ルネサンスの医学と手術 ほか），3 産業革命―
1700-1890年（ニューコメン機関，蒸気力から蒸
気機関へ ほか），4 原子の時代―1890-1970年
（原子の構造，化学結合 ほか），5 情報化時代
―1970年以降（インターネット，人工知能とロ
ボット工学 ほか）

(内容)2,000点を超える貴重な写真や理解を助け
る図版で，科学の世界をわかりやすく解説。54
ページにわたる付録資料のほか，過去から現代
までの主要な科学者250人以上の紹介と，約700
項目におよぶ科学用語の解説，2,500項目を超え
る索引を収録。主要人物19人については見開き
の伝記で紹介し，パイオニア的人物約100人に
ついては，簡単な人物伝を収録。量子論や遺伝
子工学，情報技術など，現代科学の最前線に立
つ科学者の取り組みもわかりやすく紹介。

**ナノサイエンス図鑑　未来が見える極小世
界**　ピーター・フォーブズ，トム・グリム
ジー著，日暮雅通訳　河出書房新社　2015.
10　191p　27×21cm　〈原書名：
NanoScience―Giants of the Infinitesimal〉
5000円　①978-4-309-25324-4

(目次)第1章 偉大なる極小空間―自然の最高の
業が見られる場，第2章 幾何学構造―唯一無比
の建築家，第3章 グラフェン―これまで使われ
てきたすべての鉛筆に驚異の新素材が潜んでい
た，第4章 小さな巨人たち―強靱な新素材，第5
章 意のままに光を曲げる，第6章 空気からつく
るガソリン―環境問題の危機を救うナノ技術，
第7章 ナノ医学―体の仕組みに沿った治療，第
8章 ホモ・ルーデンス―遊び心による発展，第
9章 準結晶，第10章 互いに近づき，ワイヤに触
れて，火花を散らす

(内容)水分子，泡構造，炭素結晶，プロト細胞，
自己組織化，新素材，光の波長と色，クリーン
エネルギー，遺伝子工学と医療，遊び心と奇抜
な発想，準結晶，芸術と科学など―。それらは
テクノロジーだけにとどまらない，まさにサイ

エンスの土台への関わり方を含む興味深い内容
になっている。日本の研究も含め，世界中がし
のぎを削る広範囲な分野とその最先端がすべて
わかる決定版。2015年アメリカ独立系出版賞科
学部門金賞受賞。

ふしぎ!オドロキ!科学マジック図鑑　山村
紳一郎監修　ポプラ社　2014.4　159p　27×
21cm　（もっと知りたい!図鑑）　4900円
①978-4-591-13792-5

(目次)1章 光のマジック（消えてあらわれる魔法
の絵，消えるコイン ほか），2章 圧力と空気の
マジック（大きくなるマシュマロ，水がこぼれ
ない不思議な逆さコップ ほか），3章 電気と磁
石のマジック（見えない力を切る魔法のはさみ，
花をさかせる紙コップ ほか），4章 運動と力の
マジック（小さな穴を通りぬけるおばけペン，穴
からもれる水がとまる!?びっくりボトル ほか），
5章 ものの性質のマジック（水がもれない魔法
の袋，うねうねセロハン ほか）

(内容)あっとおどろく，かんたんで楽しいマジッ
クを多数紹介。科学的なたねあかしも充実し，
科学への興味・関心を広げます。

不思議で美しいミクロの世界　ジュリー・
コカール著，林良博訳　世界文化社　2016.3
203p　28×23cm　〈原書名：MICRO，
EARTH FROM THE INSIDE〉　3800円
①978-4-418-16201-7

(目次)植物，動物，極小，物質

(内容)肉眼では見ることができないが，顕微鏡
の向こうで確実に広がる世界…。本書を手に取
れば，ミクロの世界を発見する旅へといざなわ
れる。超高画質の顕微鏡写真を最大限に拡大す
ることにより，初めて近寄ることのできる物事
の核心。自然学，生物学，化学，医学，鉱物学
など，さまざまな分野から観察対象を厳選し，
まったく新しい光を当てる…。我々は，その驚
きに満ちた美の世界を目撃することになるのだ。

もっとくらべる図鑑クイズブック　小学館
2014.9　190p　15cm　（小学館の図鑑
NEO+プラスポケット）　850円　①978-4-
09-217242-5

(目次)巻頭特集 身近なものでくらべてみよう!
（大きさ―500円玉より小さいのは?，大きさ―
この本の見開きにおさまらないのは? ほか），
第1章 大きさでくらべてみよう!（長さ―いちば
ん長いのは?，重さ―それでは，いちばん重い
のは? ほか），第2章 かたちでくらべてみよう!
（卵―水中にある丸い卵。それぞれ何になる?，
赤ちゃん―大きくなったら何になる? ほか），

8　科学への入門レファレンスブック

自然科学　　　　　　　　　　　　　　　　　　自然科学全般

第3章 行動や能力でくらべてみよう!(行動―次の生き物は何をしているところかな?, 子育て―子育てをするときに, 共通することは? ほか), 第4章 時間や場所でくらべてみよう!(1日分―トイレットペーパー, つなげると長さは?, 1日分―チョコレートをならべたらどこまでとどく? ほか)

(内容)この本は, 大ベストセラー「もっとくらべる図鑑」から生まれた, 新感覚クイズブックです。小学館の図鑑NEOシリーズの「知識」をクロスオーバーさせ, クイズ形式で「くらべる」ことで, 「知識」が「実感」に変わります。

＜年鑑・白書・レポート＞

朝日ファミリー理科年鑑　1993　朝日新聞社　1993.4　336p　26cm　2000円　①4-02-220793-0

(目次)温暖化ガスが永久凍土から解け出す, レンズが捕らえたカワネズミの漁, 飛んだ!電波エネルギー飛行機, 都会の緑回復はビルの屋上から, 「心臓が止まっても助けます」高規格救急車, 花の色は移りにけりな人の手で五色の桜赤紫百合, こはくが封じ込めた数千万年の命, 売り物になった対西側秘密兵器〔ほか〕

朝日ファミリー理科年鑑　1994　朝日新聞社　1994.4　336p　26cm　2200円　①4-02-220794-9

(目次)新発見が次々見なおされる恐竜の時代, 第1部 生き物とくらし(熱帯雨林の「林冠」は地上最後の動物天国だ, 生物進化の変わり種も 北の湖バイカルのふしぎ, 日本で本物のクジラを見よう!, 動物版ハンサム男の条件 クジャクは目玉模様で勝負, ちょっと待て!これがドラッグの落とし穴だ, 勝利への道はまだ遠いエイズvs人類の仁義なき戦い, 一本の毛から犯人を追うPCR法開発でノーベル賞, 大陸をこえ海を渡ったモンゴロイドのはるかなる旅 ほか), 第2部 地球と宇宙(奥尻島を襲った大津波の恐怖, 恐ろしい巨大地震予知はどこまでできる?, 新説プリューム・テクトニクス, 宇宙線で火山を「透視」―マグマの動きを探る, まるで宇宙の「交通事故」―木星に彗星が衝突する, 東北地方は大凶作―「梅雨明け」がなかった夏, '93世界の異常気象 ほか), 第3部 物質・エネルギー情報(海に浮かぶ空の玄関―関西国際空港が開港へ, 紙のむだ遣いはないかな?―コピー複写を消して再利用, 物質の究極を追い求める試み, ガス燃焼でなぜ冷える?東京ドームのガス冷房, コンピューター世界のウイルスと人工生命, 情報

ならなんでも来い―マルチメディアの時代に ほか)

科学技術要覧　平成26年版　文部科学省科学技術・学術政策局企画評価課編　日経印刷, 全国官報販売協同組合〔発売〕　2014.9　306p　21cm　〈本文：日英両文〉　2800円　①978-4-905427-92-6

(目次)1 海外及び日本の科学技術活動の概要(研究費, 研究人材, 研究成果), 2 日本の科学技術, 3 各国の科学技術

科学技術要覧　平成27年版　文部科学省科学技術・学術政策局編　日経印刷, 全国官報販売協同組合〔発売〕　2015.10　308p　21cm　〈本文：日英両文〉　2800円　①978-4-86579-033-7

(目次)1 海外及び日本の科学技術活動の概要(研究費総額, 研究費の負担及び使用 ほか), 2 日本の科学技術(総括, 企業ほか), 3 各国の科学技術(各国の科学技術の概要, 科学技術関係予算 ほか), 附属資料(日本の財政, 日本の研究費デフレータ ほか)

科学技術要覧　平成28年版　文部科学省科学技術・学術政策局企画評価課編　日経印刷, 全国官報販売協同組合〔発売〕　2016.9　308p　21cm　〈本文：日英両文〉　2800円　①978-4-86579-065-8

(目次)1 海外及び日本の科学技術活動の概要(研究費, 研究人材 ほか), 2 日本の科学技術(総括, 企業 ほか), 3 各国の科学技術(各国の科学技術の概要, 科学技術関係予算 ほか), 附属資料(日本の財政, 日本の研究費デフレータ ほか)

環境年表　'96-'97　オーム社　1995.10　548p　21cm　4944円　①4-274-02298-6

(目次)第1部 環境科学における物理・化学の基礎データ編, 第2部 気圏データ編, 第3部 陸水圏・沿岸海域データ編, 第4部 海洋データ編, 第5部 地圏データ編, 第6部 生物圏データ編, 第7部 農林・水産業データ編, 第8部 人間活動圏データ編, 第9部 資源とリサイクル編, 第10部 環境問題に対する国の取り組み編, 第11部 資料編

(内容)環境問題に関するデータを集めたもの。「気圏データ編」「農林・水産業データ編」等11のテーマ別に構成され, 編ごとに科学的基礎事項, 観測データ等を収録する。ほかに略語一覧, 環境関連団体の名簿等を資料として掲載。巻末に五十音順の事項索引がある。一身近な環境問題から地球レベルの問題まで, 幅広いデータを

科学への入門レファレンスブック　9

自然科学全般　　　　　　　　自然科学

歴史的観点に立って収録。

環境年表　'98-'99　茅陽一監修，オーム社
編　オーム社　1997.11　556p　21cm　3800
円　①4-274-02359-1

（目次）第1部 環境科学における物理・化学の基礎
データ編（単位と基礎データ），第2部 気圏データ
編（大気環境，気象），第3部 陸水圏・沿岸海
域データ編（国内における河川・湖と流域デー
タ，国外における河川・湖と流域データ），第4
部 海洋データ編（海の構造，海の特徴，海洋汚
染），第5部 地圏データ編（歴史的にみた地球環
境の変遷，地圏環境の現状），第6部 生物圏デー
タ編（生物・生態に関するデータ，酸性降下物，
地球温暖化，オゾン層破壊，熱帯林，砂漠化，
野生生物および自然環境，海洋汚染，放射性物
質，サンゴ礁），第7部 農林・水産業データ編
（土壌，土地利用，砂漠化，肥料の使用量，農
薬の使用量，穀物生産，食肉生産，水産業，林
業，食糧），第8部 人間活動圏データ編（人口・
経済・産業活動，エネルギーの需給，原子力と
放射能，環境と人体・健康影響），第9部 資源
とリサイクル編（鉄資源とリサイクル，缶材の
リサイクル，プラスチックとリサイクル，紙と
リサイクル，ガラスびんとリサイクル，都市ご
みからの資源・エネルギーの回収，産業廃棄物
の排出と処理），第10部 環境問題に対する国の
取組み編（地球環境問題全般に関する国際的議
論と国の取組み，個別問題と国の取組み，地球
環境に関する国の取組み，環境関連の資格，資
料），第11部 資料編（データベース，略語一覧，
環境関連団体連絡先）

（内容）環境に関する研究結果や観測結果をとり
まとめたデータ集。数値データの更新やダイオ
キシン等に関するデータも追加されている。

環境年表　2000／2001　茅陽一監修，オー
ム社編　オーム社　1999.12　570p　21cm
3900円　①4-274-02418-0

（目次）第1部 環境科学における物理・化学の基
礎データ編，第2部 気圏データ編，第3部 陸水
圏・沿岸海域データ編，第4部 海洋データ編，
第5部 地圏データ編，第6部 生物圏データ編，
第7部 農林・水産業データ編，第8部 人間活動
圏データ編，第9部 資源とリサイクル編，第10
部 環境問題に対する国の取組み編，第11部 資
料編

（内容）環境に関する研究結果や観測結果をとり
まとめたデータ集。巻末に索引がある。

環境年表　2002／2003　茅陽一監修，オー
ム社編　オーム社　2002.1　546p　21cm

3800円　①4-274-02465-2

（目次）第1部 環境科学における物理・化学の基
礎データ編，第2部 気圏データ編，第3部 陸水
圏・沿岸海域データ編，第4部 海洋データ編，
第5部 地圏データ編，第6部 生物圏データ編，
第7部 農林・水産業データ編，第8部 人間活動
圏データ編，第9部 資源とリサイクル編，第10
部 環境問題に対する国の取組み編，第11部 資
料編

（内容）環境問題の解明と分析、保全対策等に必
要な最新の公的主要データに基づく解説。

環境年表　2004／2005　茅陽一監修，オー
ム社編　オーム社　2003.11　569p　21cm
〈付属資料：CD-ROM1〉　4000円　①4-274-
19712-3

（目次）第1部 環境科学における物理・化学の基
礎データ編，第2部 気圏データ編，第3部 陸水
圏・沿岸海域データ編，第4部 海洋データ編，
第5部 地圏データ編，第6部 生物圏データ編，
第7部 農林・水産業データ編，第8部 人間活動
圏データ編，第9部 資源とリサイクル編，第10
部 環境問題に対する国の取組み編，第11部 資
料編

（内容）最新の環境データで環境問題がわかる!書
籍に掲載できなかったデータや各種宣言・条約・
報告書を収録したCD-ROM付き。

環境年表　平成21・22年　国立天文台編
丸善　2009.2　398p　21cm　（理科年表シ
リーズ）　2000円　①978-4-621-08068-9

（目次）1 地球環境変動の外部要因，2 気候変動・
地球温暖化，3 オゾン層，4 大気汚染，5 水循
環，6 淡水・海洋環境，7 陸域環境，8 物質循
環，9 産業・生活環境，10 環境保全に関する国
際条約・国際会議

環境年表　平成23・24年　国立天文台編
丸善　2011.1　408p　21cm　（理科年表シ
リーズ）　2000円　①978-4-621-08308-6

（目次）1 地球環境変動の外部要因，2 気候変動・
地球温暖化，3 オゾン層，4 大気汚染，5 水循
環，6 淡水・海洋環境，7 陸域環境，8 物質循
環，9 産業・生活環境，10 環境保全に関する国
際条約・国際会議

環境年表　平成25・26年　国立天文台編
丸善出版　2013.12　454p　21cm　（理科年
表シリーズ）　2000円　①978-4-621-08737-4

（目次）1 地球環境変動の外部要因，2 気候変動・
地球温暖化，3 オゾン層，4 大気汚染，5 水循
環，6 陸水・海洋環境，7 陸域環境，8 物質循

10　科学への入門レファレンスブック

環, 9 産業・生活環境, 10 環境保全に関する国際条約・国際会議

環境年表 平成27・28年 国立天文台編
丸善出版 2015.12 498p 21cm （理科年表シリーズ） 2800円 Ⓘ978-4-621-08994-1

Ⓣ目次Ⓣ1 地球環境変動の外部要因, 2 気候変動・地球温暖化, 3 オゾン層, 4 大気汚染, 5 水循環, 6 陸水・海洋環境, 7 陸域環境, 8 ヒトの健康と環境, 9 物質循環, 10 産業・生活環境, 11 環境保全に関する国際条約・国際会議

地球環境年表 地球の未来を考える 2003
インデックス編 （横浜）インデックス, 丸善〔発売〕 2002.11 1035p 21cm 2400円 Ⓘ4-901091-19-0

Ⓣ目次Ⓣ1 日本の気象, 2 平年値, 3 気象災害, 4 高層気象観測, 5 オゾン層, 6 地震・火山, 7 世界の気象, 8 大気環境データ（2000年度・市区町村単位）, 9 環境データ

理科年表 平成3年 国立天文台編 丸善
1990.11 1048p 15cm 1100円 Ⓘ4-621-03537-1 Ⓝ403.6

Ⓣ目次Ⓣ暦部, 天文部, 気象部, 物理／化学部, 地学部, 生物部

Ⓒ内容Ⓒ'91年金環食, 皆既食, 国際温度目盛日本のおもな山, 植物分類表ほか改訂。データでみる科学の素顔。

理科年表 平成3年 机上版 国立天文台編
丸善 1990.11 1048p 21cm 2200円 Ⓘ4-621-03538-X

Ⓒ内容Ⓒ理科年表は変わり続けます。'91年金環食／皆既食・惑星の位置／星への距離／世界の気温・降水量／桜・紅葉の前線／台風の被害／物理の定数／元素の周期表／超伝導体／国際温度目盛／火山の被害／世界の山・日本の山／日本の湖沼／有感地震／植物分類表／ヒトの遺伝子ほか改訂多数。

理科年表 平成4年 国立天文台編 丸善
1991.11 1040p 15cm 1100円 Ⓘ4-621-03655-6 Ⓝ403.6

Ⓣ目次Ⓣ暦部, 天文部, 気象部, 物理・化学部, 地学部, 生物部

Ⓒ内容Ⓒ日常に必要な種々の定数, 資料を暦・天文・気象・物理, 化学・地学・生物の各分野にわたって完全集約した定番の科学データブック。10年ぶりに気象データが大改訂された。

理科年表 平成4年 机上版 国立天文台編
丸善 1991.11 1040p 21cm 2200円

Ⓒ内容Ⓒ日常に必要な種々の定数、資料を暦・天文・気象・物理、化学・地学・生物の各分野にわたって完全集約した定番の科学データブック。10年ぶりに、気象データを大改訂。大きな活字にワイドな図表。

理科年表 平成5年 国立天文台編 丸善
1992.11 1046p 15cm 1100円 Ⓘ4-621-03771-4

Ⓣ目次Ⓣ暦部, 天文部, 気象部, 物理／化学部, 地学部, 生物部, 附録（ベッセル補間法公式, 定数, 数学公式, 三角関数表, 慣用の計量単位）

Ⓒ内容Ⓒ日常に必要な種々の定数、資料を暦・天文・気象・物理、化学・地学・生物の各分野にわたって完全集約した定番の科学データブック。

理科年表 平成5年 机上版 国立天文台編
丸善 1992.11 1046p 21cm 2200円 Ⓘ4-621-03772-2

Ⓣ目次Ⓣ暦部, 天文部, 気象部, 物理／化学部, 地学部, 生物部

Ⓒ内容Ⓒ日常に必要な種々の定数、資料を暦・天文・気象・物理／化学・地学・生物の各分野にわたって完全集約した定番の科学データブック。

理科年表 平成6年 国立天文台編 丸善
1993.11 1042p 15cm 1100円 Ⓘ4-621-03910-5

Ⓒ内容Ⓒ暦・天文・気象・物理・化学・地学・生物の各分野から日常に必要な種々の定数・資料を編集したデータブック。巻末に事項索引がある。

理科年表 平成6年 机上版 国立天文台編
丸善 1993.11 1042p 21cm 2200円 Ⓘ4-621-03911-3

Ⓒ内容Ⓒ日常に必要な種々の定数、資料を暦・天文・気象・物理／化学・地学・生物の各分野にわたって完全集約した定番の科学データブック。

理科年表 平成7年 国立天文台編 丸善
1994.11 1046p 15cm 1100円 Ⓘ4-621-04010-3

Ⓣ目次Ⓣ暦部, 天文部, 気象部, 物理／化学部, 地学部, 生物部

Ⓒ内容Ⓒ暦・天文・気象・物理・化学・地学・生物の各分野から日常に必要な種々の定数・資料を編集したデータブック。平成7年版では、暖冬や冷夏の傾向を示す過去30年間の月平均気温データを新収載している。―データでみる科学の素顔。

理科年表 平成7年 机上版 国立天文台編

科学への入門レファレンスブック　*11*

自然科学全般　　　　　　　　　　自然科学

丸善　1994.11　1046p　21cm　2200円
①4-621-04011-1
(目次)暦部，天文部，気象部，物理／化学部，
地学部，生物部
(内容)暦・天文・気象・物理・化学・地学・生
物の各分野から日常に必要な種々の定数・資料
を編集したデータブック。平成7年版では，暖
冬や寒夏の傾向を示す過去30年間の月平均気温
データを新収載している。判型を2倍の大きさ
にした机上版。―データでみる科学の素顔。

理科年表　平成8年　国立天文台編　丸善
1995.11　1043p　15cm　1100円　①4-621-
04120-7
(内容)自然科学各分野のデータ集。暦・天文・
気象・物理／化学・地学・生物の各部で構成さ
れる。本年度版では世界の大河・河川のデータ
が大幅に改訂された。巻末に事項索引がある。

理科年表　平成8年　机上版　国立天文台編
丸善　1995.11　1043p　21cm　2200円
①4-621-04121-5
(内容)自然科学各分野のデータ集。暦・天文・
気象・物理／化学・地学・生物の各部で構成さ
れる。本年度版では世界の大河・河川のデータ
が大幅に改訂された。巻末に事項索引がある。

理科年表　平成9年　国立天文台編　丸善
1996.11　1054p　15cm　1100円　①4-621-
04265-3
(目次)暦部，天文部，気象部，物理／化学部(単
位，元素，物性，熱，音，光，電磁気，原子・分
子・原子核，雑)，地学部(地理，地質および鉱
物，電離圏，地磁気および重力，地震)，生物部
(生物のかたちと系統，植生・発生・成長，細
胞・組織・器官，遺伝・免疫，生理，環境・資
源，生体物質，生理活性物質，代謝・生合成系)

理科年表　平成9年　机上版　国立天文台編
丸善　1996.11　1054p　21cm　2200円
①4-621-04266-1
(目次)暦部，天文部，気象部，物理／化学部(単
位，元素，物性，熱，音，光，電磁気，原子・分
子・原子核，雑)，地学部(地理，地質および鉱
物，電離圏，地磁気および重力，地震)，生物部
(生物のかたちと系統，植生・発生・成長，細
胞・組織・器官，遺伝・免疫，生理，環境・資
源，生体物質，生理活性物質，代謝・生合成系)

理科年表　平成10年　国立天文台編　丸善
1997.11　1054p　15cm　1100円　①4-621-
04405-2
(目次)暦部，天文部，気象部，物理 化学部(単

位，元素，機械的物性，熱と温度，電気的・磁
気的性質，音，光と電磁波，光学的性質，原子、
原子核，素粒子，熱化学，電気化学，溶液化学，
物質の化学式および反応，生体物質，生理活性
物質)，地学部(地理，地質および鉱物，火山，
地震，地磁気および重力，電離圏)，生物部(生
物のかたちと系統，生殖・発生・成長，細胞・
組織・器官，遺伝・免疫，生理，環境・資源，
代謝・生合成系)

理科年表　平成10年　机上版　国立天文台編
丸善　1997.11　1054p　21cm　2200円
①4-621-04406-0
(目次)暦部，天文部，気象部，物理 化学部(単
位，元素，機械的物性，熱と温度，電気的・磁
気的性質，音，光と電磁波，光学的性質，原子、
原子核，素粒子，熱化学，電気化学，溶液化学，
物質の化学式および反応，生体物質，生理活性
物質)，地学部(地理，地質および鉱物，火山，
地震，地磁気および重力，電離圏)，生物部(生
物のかたちと系統，生殖・発生・成長，細胞・
組織・器官，遺伝・免疫，生理，環境・資源，
代謝・生合成系)

理科年表　平成11年　国立天文台編　丸善
1998.11　1058p　15cm　1100円　①4-621-
04519-9
(目次)暦部，天文部，気象部，物理・化学部(単
位，元素，機械的物性，熱と温度，電気的・磁
気的性質，音，光と電磁波，光学的性質，原子，
原子核，素粒子，構造化学・分子分光学的性
質，熱化学，電気化学・溶液化学，物質の化学
式および反応，生体物質，生理活性物質)，地
学部(地理，地質および鉱物，火山，地震，地
磁気および重力，電離圏)，生物部(生物のかた
ちと系統，生殖・発生・成長，細胞・組織・器
官，遺伝・免疫，生理，環境・資源，代謝・生
合成系)
(内容)自然科学各分野のデータ集。暦・天文・
気象・物理／化学・地学・生物の各分野で構成。
事項索引付き。

理科年表　平成11年　机上版　国立天文台編
丸善　1998.11　1058,4p　21cm　〈付属資
料：CD-ROM1〉　2200円　①4-621-04520-2
(目次)暦部，天文部，気象部，物理・化学部(単
位，元素，機械的物性，熱と温度，電気的・磁
気的性質，音，光と電磁波，光学的性質，原子，
原子核，素粒子，構造化学・分子分光学的性
質，熱化学，電気化学・溶液化学，物質の化学
式および反応，生体物質，生理活性物質)，地
学部(地理，地質および鉱物，火山，地震，地

自然科学　　　　　　　　　　　　　　　　　　　　　　　　自然科学全般

磁気および重力，電離圏），生物部（生物のかた
ちと系統，生殖・発生・成長，細胞・組織・器
官，遺伝・免疫，生理，環境・資源，代謝・生
合成系）

（内容）自然科学各分野のデータ集。暦・天文・
気象・物理／化学・地学・生物の各分野で構成。
事項索引付き。大きな活字の机上版。付録とし
てCD-ROMがある。

理科年表　平成12年　国立天文台編　丸善
　1999.11　1064p　15cm　1200円　Ⓘ4-621-
04688-8

（目次）暦部，天文部，気象部，物理 化学部（単
位，元素，機械的物性，熱と温度，電気的・磁
気的性質，音，光と電磁波，光学的性質，原子，
原子核，素粒子，構造化学・分子分光学的性質，
熱化学，電気化学，溶液化学，物質の化学式お
よび反応，生体物質，生理活性物質），地学部
（地理，地質および鉱物，火山，地震，地磁気お
よび重力，電離圏），生物部（生物のかたちと系
統，生殖・発生・成長，細胞・組織・器官，遺
伝・免疫，生理，環境・資源，代謝・生合成系）

（内容）自然科学各分野のデータ集。暦・天文・
気象・物理／化学・地学・生物の各分野で構成。
巻末に事項索引がある。

理科年表　平成12年　机上版　国立天文台編
　丸善　1999.11　1064p　21cm　2400円
　Ⓘ4-621-04689-6

（目次）暦部，天文部，気象部，物理 化学部（単
位，元素，機械的物性，熱と温度，電気的・磁
気的性質，音，光と電磁波，光学的性質，原子，
原子核，素粒子，構造化学・分子分光学的性質，
熱化学，電気化学，溶液化学，物質の化学式お
よび反応，生体物質，生理活性物質），地学部
（地理，地質および鉱物，火山，地震，地磁気お
よび重力，電離圏），生物部（生物のかたちと系
統，生殖・発生・成長，細胞・組織・器官，遺
伝・免疫，生理，環境・資源，代謝・生合成系）

（内容）自然科学各分野のデータ集の机上版。暦・
天文・気象・物理／化学・地学・生物の各分野
で構成。巻末に事項索引がある。

理科年表　平成14年　国立天文台編　丸善
　2001.11　984p　15cm　1200円　Ⓘ4-621-
04927-5　Ⓝ403.6

（目次）暦部，天文部，気象部，物理／化学部，
地学部，生物部，附録

（内容）天文学を中心とした科学分野の便覧。各
分野ごとに関連データや解説を収録する。巻末
には索引のほか，附録としてノーベル物理、化
学、生理・医学賞の101年間の受賞者と受賞理
由やベッセル補間法公式などを掲載。

理科年表　平成14年　机上版　国立天文台編
　丸善　2001.11　984p　21cm　2400円　Ⓘ4-
621-04928-3　Ⓝ403.6

（目次）暦部，天文部，気象部，物理／化学部，
地学部，生物部，附録

（内容）天文学を中心とした科学便覧の机上版。
各分野ごとに関連データや解説を収録する。巻
末には索引のほか，附録としてノーベル物理、
化学、生理・医学賞の101年間の受賞者と受賞
理由やベッセル補間法公式などを掲載。

理科年表　平成15年　国立天文台編　丸善
　2002.11　942p　15cm　1200円　Ⓘ4-621-
07112-2　Ⓝ403.6

（目次）暦部，天文部，気象部，物理／化学部（単
位，元素，熱と温度，電気的・磁気的性質，音，
光と電磁波，光学的性質，原子，原子核，素粒
子，構造化学・分子分光学的性質，熱化学，電
気化学・溶液化学，物質の化学式および反応，
生体物質，生理活性物質），地学部（地理，地質
および鉱物，火山，地震，地磁気および重力，
電離圏），生物部（生物のかたちと系統，生殖・
発生・成長，細胞・組織・器官，遺伝・免疫，
生理，環境・資源，代謝・生合成系），附録

（内容）天文学を中心とした科学分野の便覧。「歴
部」「天文部」「気象部」など，分野ごとに関連
データや解説を収録する。巻末には索引のほか，
附録としてノーベル物理、化学、生理・医学賞
の101年間の受賞者と受賞理由やベッセル補間
法公式などを掲載。

理科年表　平成15年　机上版　文部科学省国
立天文台編　丸善　2002.11　942p　21cm
2400円　Ⓘ4-621-07113-0　Ⓝ403.6

（目次）暦部，天文部，気象部，物理／化学部（単
位，元素，熱と温度，電気的・磁気的性質，音，
光と電磁波，光学的性質，原子，原子核，素粒
子，構造化学・分子分光学的性質，熱化学，電
気化学・溶液化学，物質の化学式および反応，
生体物質，生理活性物質），地学部（地理，地質
および鉱物，火山，地震，地磁気および重力，
電離圏），生物部（生物のかたちと系統，生殖・
発生・成長，細胞・組織・器官，遺伝・免疫，
生理，環境・資源，代謝・生合成系），附録

（内容）天文学を中心とした科学分野便覧の机上
版。「歴部」「天文部」「気象部」など，分野ごと
に関連データや解説を収録する。巻末には索引
のほか，附録としてノーベル物理、化学、生理・
医学賞の101年間の受賞者と受賞理由やベッセ
ル補間法公式などを掲載。

科学への入門レファレンスブック　　*13*

自然科学全般　　　　　　自然科学

理科年表　平成16年　国立天文台編　丸善
　2003.11　945p　15cm　1400円　①4-621-
07331-1
(目次)暦部，天文部，気象部，物理／化学部，
地学部，生物部，附録
(内容)日本の面積は増えている。日の出の時刻は
変わっている…。平成16年版。火山・地震データ
全面改訂。110番元素ダルムスタチウム。生
命科学「プロテオミクス」「DNAチップ」ほか。

理科年表　平成16年　机上版　国立天文台編
　丸善　2003.11　945p　21cm　〈付属資料：
CD-ROM1〉　2600円　①4-621-07332-X
(目次)暦部，天文部，気象部，物理／化学部，
地学部，生物部

理科年表　平成17年　国立天文台編　丸善
　2004.11　1015p　15cm　1400円　①4-621-
07487-3
(目次)暦部，天文部，気象部，物理／化学部(単
位，元素，機械的物性，熱と温度，電気的・磁
気的性質，音，光と電磁波，光学的性質，原子，
原子核，素粒子，構造化学・分子分光学的性質，
熱化学，電気化学・溶液化学，物質の化学式お
よび反応，生体物質，生理活性物質)，地学部
(地理，地質および鉱物，火山，地震，地磁気お
よび重力，電離圏)，生物部(生物のかたちと系
統，生殖・発生・成長，細胞・組織・器官，遺
伝・免疫，生理，代謝・生合成系)，環境部(気
候変動・地球温暖化，オゾン層，大気汚染，水
循環，水域環境，陸域環境，物質循環，化学物
質・放射線)，附録
(内容)「環境部」を新設。地球環境、自然科学
データがさらに充実。

理科年表　平成17年　机上版　国立天文台編
　丸善　2004.11　1015p　21cm　2600円
①4-621-07488-1
(目次)暦部，天文部，気象部，物理／化学部(単
位，元素，機械的物性，熱と温度，電気的・磁
気的性質，音，光と電磁波，光学的性質，原子，
原子核，素粒子，構造化学・分子分光学的性質，
熱化学，電気化学・溶液化学，物質の化学式お
よび反応，生体物質，生理活性物質)，地学部
(地理，地質および鉱物，火山，地震，地磁気お
よび重力，電離圏)，生物部(生物のかたちと系
統，生殖・発生・成長，細胞・組織・器官，遺
伝・免疫，生理，代謝・生合成系)，環境部(気
候変動・地球温暖化，オゾン層，大気汚染，水
循環，水域環境，陸域環境，物質循環，化学物
質・放射線)，附録
(内容)「環境部」を新設。地球環境、自然科学

データがさらに充実。

理科年表　平成18年　国立天文台編　丸善
　2005.11　1022p　15cm　1400円　①4-621-
07637-X
(目次)暦部，天文部，気象部，物理／化学部，
地学部，生物部，環境部，附録

理科年表　平成18年　机上版　国立天文台編
丸善　2005.11　1022p　21cm　2600円
①4-621-07638-8
(目次)暦部，天文部，気象部，物理／化学部，
地学部，生物部，環境部，附録

理科年表　平成19年　国立天文台編　丸善
　2006.11　1030p　15cm　1400円　①4-621-
07763-5
(目次)暦部，天文部，気象部，物理／化学部，
地学部，生物部，環境部，附録

理科年表　平成19年　机上版　国立天文台編
　丸善　2006.11　1030p　21cm　2600円
①4-621-07764-3
(目次)暦部，天文部，気象部，物理／化学部，
地学部，生物部，環境部，附録

理科年表　平成20年　机上版　国立天文台編
　丸善　2007.11　1034p　21cm　2600円
①978-4-621-07903-4
(目次)暦部，天文部，気象部，物理／化学部，
地学部，生物部，環境部，附録

理科年表　平成21年　国立天文台編　丸善
　2008.11　1038p　15cm　1400円　①978-4-
621-08046-7　Ⓝ400
(目次)暦部，天文部，気象部，物理／化学部，
地学部，生物部，環境部，附録

理科年表　平成21年　机上版　国立天文台編
　丸善　2008.11　1038p　21cm　2600円
①978-4-621-08047-4　Ⓝ400
(目次)暦部，天文部，気象部，物理／化学部，
地学部，生物部，環境部

理科年表　平成22年　国立天文台編　丸善
　2009.11　1041p　15cm　1400円　①978-4-
621-08190-7　Ⓝ400
(目次)暦部，天文部，気象部，物理／化学部，
地学部，生物部，環境部，附録
(内容)すばる望遠鏡10周年!10年の成果を解説。
地球温暖化、異常気象、大地震、…いま地球で
起こっていることが理科年表からわかる。

理科年表　平成22年　机上版　国立天文台編
　丸善　2009.11　1041p　21cm　2800円

自然科学　　　　　　　　　　　　　　　　　　　　　　自然科学全般

ⓘ978-4-621-08191-4　Ⓝ400
目次暦部，天文部，気象部，物理／化学部，地学部，生物部，環境部，附録

理科年表　平成23年　国立天文台編　丸善
2010.11　1054p　15cm　1400円　ⓘ978-4-621-08292-8　Ⓝ400
目次暦部，天文部，気象部，物理／化学部，地学部，生物部，環境部
内容大正14年から毎年発行され続ける，科学の全分野を網羅するデータブック。暦部，天文部、気象部、物理／化学部、地学部、生物部、環境部、附録で構成。

理科年表　平成23年　机上版　国立天文台編
丸善　2010.11　1054p　21cm　2800円
ⓘ978-4-621-08293-5　Ⓝ400
目次暦部，天文部，気象部，物理／化学部，地学部，生物部，環境部，附録
内容話題の「太陽系外惑星」を拡大掲載。COP10から，あらためて生物と環境について考える。生物多様性、外来種、地球温暖化、異常気象…関連データが充実。1901（第1回）〜2010年までのノーベル賞各賞の受賞者と受賞理由を掲載。

理科年表　平成24年　国立天文台編　丸善出版　2011.11　1108p　15cm　1400円
ⓘ978-4-621-08438-0
目次暦部，天文部，気象部，物理／化学部，地学部，生物部，環境部，特集，附録
内容気象部10年ぶりの大改訂。3.11東日本大震災「特集」ページを掲載。科学知識のデータブック。

理科年表　平成24年　机上版　国立天文台編
丸善出版　2011.11　118p　21cm　2800円
ⓘ978-4-621-08439-7
目次暦部，天文部，気象部，物理／化学部，地学部，生物部，環境部，特集
内容気象部10年ぶりの大改訂。3.11東日本大震災「特集」ページを掲載。科学知識のデータブック。

理科年表　平成25年　国立天文台編　丸善出版　2012.11　1080p　15cm　1400円
ⓘ978-4-621-08606-3
目次暦部，天文部，気象部，物理／化学部，地学部，生物部，環境部，附録

理科年表　平成25年　机上版　国立天文台編
丸善出版　2012.11　1080p　22×15cm
2800円　ⓘ978-4-621-08607-0
目次暦部，天文部，気象部，物理／化学部，

地学部，生物部，環境部，附録

理科年表　平成26年　国立天文台編　丸善出版　2013.11　1081p　15cm　1400円
ⓘ978-4-621-08738-1
目次暦部，天文部，気象部，物理／化学部，地学部，生物部，環境部，附録
内容世界の地震分布図を最近20年のデータに更新、地震分布とプレートとの相関がわかる。ロシアの隕石落下、小惑星探査等で注目の「隕石」「小惑星」情報を充実。「海洋酸性化」観測データを新規掲載。

理科年表　平成26年　机上版　国立天文台編
丸善出版　2013.11　1081p　21cm　2800円
ⓘ978-4-621-08739-8
目次暦部，天文部，気象部，物理／化学部，地学部，生物部，環境部，附録
内容世界の地震分布図を最近20年のデータに更新、地震分布とプレートとの相関がわかる。ロシアの隕石落下、小惑星探査等で注目の「隕石」「小惑星」情報を充実。「海洋酸性化」観測データを新規掲載。

理科年表　平成27年　国立天文台編　丸善出版　2014.11　1092p　15cm　1400円
ⓘ978-4-621-08888-3
目次暦部，天文部，気象部，物理／化学部，地学部，生物部，環境部

理科年表　平成27年　机上版　国立天文台編
丸善出版　2014.11　1092p　21cm　2800円
ⓘ978-4-621-08889-0
目次暦部，天文部，気象部，物理／化学部，地学部，生物部，環境部，附録

理科年表　平成28年　国立天文台編　丸善出版　2015.11　1098p　15cm　1400円
ⓘ978-4-621-08965-1
目次暦部，天文部，気象部，物理／化学部，地学部，生物部，環境部，附録

理科年表　平成28年　机上版　国立天文台編
丸善出版　2015.11　1098p　21cm　2800円
ⓘ978-4-621-08966-8
目次暦部，天文部，気象部，物理／化学部，地学部，生物部，環境部，附録

理科年表CD-ROM　文部省国立天文台編，
富士通ラーニングメディア制作　丸善
〔1996.1〕　1冊　19×14cm　〈付属資料：CD-ROM1〉　25750円　ⓘ4-621-04122-3
内容本CD-ROMは、文部省国立天文台編纂の「理科年表」69冊分（大正14年版-平成8年版）の

科学への入門レファレンスブック　15

自然科学全般　　　　　　　　　自然科学

膨大なデータをまとめ1枚に収録したもの。天文から気象、地球物理学、物理・化学、地質・地理学、生化学・生物学に関する様々な基本データをCD-ROM化しコンピュータ処理を可能にしたもので、相関関係をみるための統計処理や年代変化を追うためのグラフ表示など「理科年表」データを活きた素材として使える。

理科年表Q&A　理科年表Q&A編集委員会編　著　丸善　2003.11　212p　19cm　1800円　①4-621-07336-2

(目次)全般、暦部、天文部、気象部、物理／化学部、地学部、生物部

(内容)これまで理科年表編集部が受けたたくさんの質問の中から、「これはなるほど」、「これは知って便利」というテーマを選び出し、理科年表の部門「暦（こよみ）」、「天文」、「気象」、「物理／化学」、「地学」、「生物」に沿ってしぼり込み、できるだけわかりやすく解説しながら答えを書くよう努めた。

◆科学・理科教育

<書　誌>

科学の本っておもしろい　第3集　科学読物研究会編　連合出版　1990.10　214p　19cm　1500円　①4-89772-078-8

(目次)第1部 子どもたちに科学読物を（私と科学読物、科学読物を考える、図書館って楽しいよ、『かがくくらぶ』から、これからの科学読物）、第2部 テーマ別科学読物ブックトーク（シャボン玉の本、身近にある材料であそぼう、くらしの科学 ほか）、第3部 ジャンル別科学読物ブックリスト（博物館・自然観察、科学あそび、数学 ほか）

科学の本っておもしろい　子どもの世界を広げる200冊の本　続　新装版　科学読物研究会編　連合出版　1990.11　219p　19cm　1339円　①4-89772-037-X

(目次)第1部 子どもたちに科学読物を、第2部 分野別科学読物ブックガイド（算数、科学あそび 他、宇宙と地球、自然と人間、植物、動物一般・読物、昆虫など、鳥・哺乳類、その他の動物、進化・古生物、健康・人間の歴史、技術、シリーズ）

科学の本っておもしろい　第1集　改訂版　科学読物研究会編　連合出版　1996.5　222p

19cm　1500円　①4-89772-121-0　Ⓝ407

科学の本っておもしろい　第2集　改訂版　科学読物研究会編　連合出版　1996.5　217p　19cm　1500円　①4-89772-122-9　Ⓝ407

科学の本っておもしろい　子どもの世界を広げる本　第4集　科学読物研究会編　連合出版　1996.5　246p　19cm　1500円　①4-89772-120-2

(目次)第1部 子どもと楽しむ科学の本、第2部 科学読物ブックガイド（科学入門、算数、宇宙と地球、古生物・化石・進化、生物、植物、動物、からだ・医学・性、環境、科学技術・科学技術史・生活技術、伝記、その他）

(内容)本書は、1990年から1994年（1989年のものも一部含む）の5年間に出版された子どものための科学読み物、約2000冊を検討の対象としている。その中から、子どもと触れ合う機会が多い図書館員や文庫に携わる人、教師、母親などの科学読物研究会会員が、日頃の読みきかせや科学遊びなどの経験から、子どもに「おもしろい」と思われる本を約400冊選び、本に接したときの子どもの反応も交えて内容や魅力を紹介した。

科学の本っておもしろい　2003-2009　科学読物研究会編　連合出版　2010.7　238p　21cm　〈索引あり〉　1500円　①978-4-89772-253-5　Ⓝ403.1

(目次)第1部 科学の本と子どもたち（文庫の子どもたちの1年、図書館と科学読物、理科教育と科学読物）、第2部 科学読物ブックガイド（科学入門、数学・物理・化学、地球・宇宙・天気、古代の生き物そして進化、生物一般、植物、無せきつい動物、せきつい動物、からだ・医学・性、環境、科学技術、生き方・伝記、人・社会・暮らし）

(内容)2003年から2009年の7年間に出版された子どものための科学読み物の中から、子どもたちに伝えたい科学読み物521冊を紹介。

子どもと楽しむ自然と本　科学読み物紹介238冊　新装版　京都科学読み物研究会編　連合出版　1991.2　199p　19cm　1339円　①4-89772-067-2

(目次)第1章 木や草やきのこ、第2章 環境と生物、第3章 鳥やけもの、第4章 その他の動物、第5章 暮らしにかかわる物、第6章 科学あそび、第7章 地球や星のこと

子どもの本科学を楽しむ3000冊　日外アソシエーツ株式会社編　日外アソシエーツ

16　科学への入門レファレンスブック

自然科学　　　　　　　　　　　　　　　　　自然科学全般

2010.8　394p　21cm　〈索引あり〉　7600円
①978-4-8169-2271-8　Ⓝ403.1
Ⓜ理科・科学，算数，宇宙・地球，自然・環境，化石・恐竜，生きもの，ヒト・からだ
Ⓘ理科・算数・宇宙・生きもの・人体などについて小学生以下を対象に書かれた本2922冊を収録。公立図書館・学校図書館での本の選定・紹介・購入に最適のガイド。最近10年の本を新しい順に一覧できる。便利な内容紹介つき。

授業で使える理科の本　りかぽん　りかぽん編集委員会編・著，北原和夫他監修　少年写真新聞社　2012.12　127p　26cm　〈索引あり〉　2000円　①978-4-87981-448-7　Ⓝ375.422
Ⓜ1章 エネルギー（3年生 風やゴムの働き，5年生 振り子の運動 ほか），2章 粒子（3年生 物と重さ，4年生 空気と水の性質 ほか），3章 生命（3年生 昆虫と植物 植物の成長と体のつくり，4年生 季節と生物 植物 ほか），4章 地球（3年生 太陽と地面の様子，4年生 月と星 ほか），実験，観察を楽しむために

新 科学の本っておもしろい　科学読物研究会編　連合出版　2003.9　223p　21cm　1500円　①4-89772-187-3
Ⓜ第1部 科学の本と子どもたち，第2部 科学読物ブックガイド（入門，数学 物理，地球・宇宙・天気，古代の生き物そして進化，生物一般・植物，無せきつい動物，せきつい動物，からだ・医学・性 ほか）
Ⓘ科学の本の面白さを知って欲しい，科学の本を多くの子どもや子どもに関わる大人に手にとって欲しい，その思いがつまった子どもの科学の本のガイドブック。1995年から2002年の8年間に出版された子どもの科学の本約5千冊の本の中から，子どもや科学の本に関わる会員が，子どもたちに手渡したいと思う本約400冊を選んだ。

<h3 style="text-align:center"><事 典></h3>

おもしろ実験・ものづくり事典　左巻健男・内村浩編著　東京書籍　2002.2　517p　21cm　3800円　①4-487-79701-2　Ⓝ407.5
Ⓜ1 主に物理的な実験・ものづくり（力と動きをさぐる，空気をとらえる ほか），2 主に化学的な実験・ものづくり（冷やす・熱する，燃焼・爆発 ほか），3 生物の観察と実験（生きものの世界，ヒトのからだと感覚），4 地球についての観察と実験（水と大気，天体・岩石）

Ⓘ理科の実験・ものづくり実例マニュアルブック。学校の科学クラブ，理科等の選択授業や文化祭，科学館・児童館等での科学実験教室で取り組める実験・観察・ものづくりについて，物理，化学，生物，地学の4分野別に155例以上を紹介する。各実験・ものづくりについては，所要時間，特色，必要な材料や器具，過程・工程を順に追った実験・制作方法を，イラストを交えて紹介している。実験の豆知識等についてのコラムや実験事故例と対策についての説明もある。

スーパー理科事典　改訂版，カラー版　恩藤知典編著　（大阪）増進堂・受験研究社　1998.11　719p　26cm　6300円　①4-424-63058-7
Ⓜ生物編（身近な生物，植物の世界，動物の世界，生物のからだと細胞，生物界のつながり），地学編（地球と太陽系，天気の変化，火山活動と地震，岩石と鉱物，大地の変化と地球の歴史），化学編（物質の性質，物質と原子・分子，化学変化のしくみ，化学変化とイオン，酸・アルカリ・塩とその化学反応），物理編（光・音・熱，力のはたらき，電流のはたらき，運動，仕事とエネルギー），科学技術の進歩と環境の保全，資料編
Ⓘ中学校理科の全学習内容を中心に，自然科学や科学技術を解説した学習理科事典。

<h3 style="text-align:center"><図鑑・図集></h3>

安全につかえる!理科実験・観察の器具図鑑　横山正監修　ポプラ社　2014.4　191p　27×22cm　（もっと知りたい!図鑑）　4900円　①978-4-591-13791-8
Ⓜ第1章 加熱器具関係，第2章 ガラス器具関係，第3章 測定器具関係，第4章 電気・磁石関係，第5章 観察器具関係，第6章 薬品・金属関係
Ⓘ小学校の理科の授業で実際につかう実験・観察器具140点以上を紹介。ビーカーから顕微鏡まで，1冊で器具のことがすべてわかります。

科学おもしろクイズ図鑑　図鑑・百科編集室著　学研教育出版，学研マーケティング〔発売〕　2015.3　197p　15cm　（NEW WIDE 学研の図鑑）　850円　①978-4-05-204118-1
Ⓜ身のまわりのふしぎクイズ（磁石にくっつくものはどれ?，弱まった磁石の力を回復させる方法は? ほか），ものの性質クイズ（風船が割れるのはどれ?，水，はちみつ，サラダ油をコップに入れたよ。いちばん上には何がくる? ほか），

科学への入門レファレンスブック　17

生き物にまつわるクイズ（最初の生命はどこで誕生したと考えられている?，次のうち，体が1つの細胞でできている生き物は? ほか），地球にまつわるクイズ（地球の内側は，どんなふうになっている?，大昔，地球の大陸はどうなっていた? ほか），環境ものしりクイズ（地球温暖化をひきおこすガスは?，地球温暖化を進めてしまうのはどれ? ほか）

(内容)100問の楽しくてためになるクイズ!全部できるかな?実験・自然や地球・生き物などいろんな科学のクイズがぎっしり!

玉の図鑑　森戸祐幸監修　学研教育出版，学研マーケティング〔発売〕　2015.2　127p　27×23cm　1500円　①978-4-05-204087-0

(目次)第1章 宇宙の玉，第2章 自然の玉，第3章 謎の玉，第4章 生物の玉，第5章 造形物・芸術の玉，第6章 楽しむ玉，第7章 宝の玉，第8章 科学の進歩のかげにあった玉，第9章 生活に役立つ玉

(内容)だれがつくった玉?波が玉をつくった!玉になって身を守る。「玉」ってすごい!「玉」っておもしろい!

DVD動画でわかる理科実験図鑑小学校理科　4年-空気・水・金ぞくと温度ほか　林四郎監修　学研教育出版，学研マーケティング〔発売〕　2014.2　39p　30×22cm　〈付属資料：DVD1〉　3500円　①978-4-05-501074-0

(目次)電気のはたらき（モーターの回る向き，かん電池のつなぎ方と電気のはたらき，光電池のはたらき），とじこめた空気や水（とじこめた空気や水のせいしつ），ものの温度と体積（空気や水の温度と体積，金ぞくの温度と体積），もののあたたまり方（金ぞくのあたたまり方，水や空気のあたたまり方），水のすがた（水を熱したとき，水を冷やしたとき）

DVD動画でわかる理科実験図鑑小学校理科　5年-もののとけ方・電磁石・ふりこ　林四郎監修　学研教育出版，学研マーケティング〔発売〕　2014.2　39p　30×22cm　〈付属資料：DVD1〉　3500円　①978-4-05-501075-7

(目次)もののとけ方（ものがとけるようす，水よう液の重さ，水の量とものがとける量，水の温度とものがとける量，とかしたものをとり出す，食塩やミョウバンの結しょうをつくる），電磁石のはたらき（電磁石の性質，電磁石の強さ），ふりこのきまり（ふりこの1往復する時間）

DVD動画でわかる理科実験図鑑小学校理

科　6年-ものの燃え方・水よう液・発電ほか　林四郎監修　学研教育出版，学研マーケティング〔発売〕　2014.2　39p　30×22cm　〈付属資料：DVD1〉　3500円　①978-4-05-501076-4

(目次)ものの燃え方（ものの燃え方と空気の流れ，ものが燃えるときの空気の変化，ものを燃やす気体），水よう液の性質（いろいろな水よう液，金属にうすい塩酸を加える，うすい塩酸にとけた金属をとり出す，金属をとかす水よう液），てこのはたらき（てこの手ごたえ，てこのつり合い），発電と電気の利用（電気をつくる，電気をためて使う，電熱線の太さと発熱）

なぜ?ど～して?科学の図鑑 身近なふしぎから宇宙のぎもんまでよくわかる!　永岡書店　2015.4　127p　26cm　1200円　①978-4-522-43362-1　Ⓝ400

<年鑑・白書・レポート>

理科年表ジュニア　第2版　理科年表ジュニア編集委員会編　丸善　2003.3　249p　19cm　1400円　①4-621-07214-5

(目次)暦部，天文部，気象部，物理／化学部，地球科学部，生命科学部

科学理論・科学哲学

<書 誌>

科学書をめぐる100の冒険　田端到，佐倉統著　本の雑誌社　2003.10　261p　19cm　1600円　①4-86011-028-5　Ⓝ403.1

科学書乱読術　名和小太郎著　朝日新聞社　1998.4　269,12p　19cm　（朝日選書 598）〈索引あり〉　1300円　①4-02-259698-8　Ⓝ403.1

科学哲学　中山康雄著　（京都）人文書院　2010.10　200p　19cm　（ブックガイドシリーズ基本の30冊）　1800円　①978-4-409-00103-5　Ⓝ401.031

(目次)第1部 科学哲学前史，第2部 論理実証主義の運動とその限界，第3部 「新科学哲学」という反乱―パラダイム論の登場，第4部 パラダイム論以降の科学哲学，第5部 科学論への展開，第6部 科学哲学基礎論の諸説，第7部 個別科学の哲学

(内容)“いま”を考えるための新たな知の指針。

科学哲学がわかる基本30冊。

科学史・科学賞

<事 典>

ゲームシナリオのためのSF事典　知っておきたい科学技術・宇宙・お約束110　クロノスケープ著，森瀬繚監修　ソフトバンククリエイティブ　2011.4　254p　21cm　〈文献あり　索引あり〉　1890円　Ⓘ978-4-7973-6421-7　Ⓝ400

（目次）第1章 科学技術，第2章 巨大構造物（メガストラクチャー），第3章 生命，第4章 世界・環境，第5章 宇宙，第6章 テーマ

はっきりわかる現代サイエンスの常識事典　成美堂出版編集部編　成美堂出版　2014.10　199p　21cm　1200円　Ⓘ978-4-415-31814-1

（目次）1 宇宙（ビッグバンへ向かって宇宙を探索，宇宙と素粒子をくくる超ひも理論），2 生命（DNAからタンパク質へ遺伝子を追跡，ミトコンドリアの真実独自DNAの実力 ほか），3 地球（着々と進化している地震予知技術，日本の海底資源の最前線 ほか），4 ライフサイエンス（iPS細胞をパーキンソン病の治療に使う，iPS細胞から輸血製剤を作る ほか）

（内容）はっきりポイントで現代サイエンスがスピード理解できる!速解MAPで今までの理論・技術の経緯から最先端・未来展望まで解説。気になるサイエンス用語がすぐ引ける!スーパーインデックス。

UFO百科事典　ジョン・スペンサー編著，志水一夫監修　原書房　1998.8　443,25p　21cm　〈原書名：THE UFO ENCYCLOPEDIA〉　2800円　Ⓘ4-562-03107-7

（内容）目撃談，異星人との遭遇，拉致事件など，UFOにまつわる1003項目を収録した事典。

<図鑑・図集>

宇宙人大図鑑　中村省三著　グリーンアロー出版社　1997.3　159p　21cm　（グリーンアロー・グラフィティ 6）　1600円　Ⓘ4-7663-3198-2

（内容）過去50年間にUFOに伴って出現した宇宙人の膨大な目撃例から68例を厳選し，それぞれの宇宙人がどんな行動をしたかを簡潔に解説するとともに，身体的な特徴をイラストで図解したビジュアル版宇宙人ハンドブック。

<年 表>

アイザック・アシモフの科学と発見の年表　アイザック・アシモフ著，小山慶太，輪湖博共訳　丸善　1992.8　546p　26cm　〈原書名：Asimov's Chronology of Science and Discovery〉　7725円　Ⓘ4-621-03730-7

（内容）紀元前400万年から1988年にわたって，その年々の出来事を列記するにとどまらず，数項目の興味深いトピックスに絞って読みやすく，コラム的に解説しています。

アイザック・アシモフの科学と発見の年表　アイザック・アシモフ著，小山慶太，輪湖博共訳　丸善　1996.3　546p　21cm　〈原書名：Asimov's Chronology of Science and Discovery〉　2884円　Ⓘ4-621-04163-0

（内容）紀元前400万年から1992年までの科学の発見・発明に関する事項を解説した事典。アイザック・アシモフの「Chronology of Science and Discovery」の日本語版にあたり，89年から92年に関しては訳者が補記している。事項を年代順に排列し，コラム的に解説。巻末に五十音順の事項索引を付す。

アイザック・アシモフの科学と発見の年表　第2刷　アイザック・アシモフ著，小山慶太，輪湖博共訳　丸善　1998.12　546p　21cm　〈原書名：Asimov's Chronology of Science and Discovery〉　3800円　Ⓘ4-621-04537-7

（目次）二足歩行，石器，火，宗教，芸術，弓矢，オイルランプ，動物の家畜化，農耕，陶器の製造〔ほか〕

（内容）紀元前400万年から1992年までの科学の発見・発明に関する事項を解説した事典。アイザック・アシモフの「Chronology of Science and Discovery」の日本語版にあたり，89年から92年に関しては訳者が補記している。事項を年代順に排列し，コラム的に解説。人名索引，事項索引付き。1992年8月刊行のコンパクト版。

科学史年表　小山慶太著　中央公論新社　2003.3　342p　18cm　（中公新書）　960円　Ⓘ4-12-101690-4

（目次）プロローグ 自然科学誕生前史，1章 17世紀の歩み，2章 18世紀の歩み，3章 19世紀前半の歩み，4章 19世紀後半の歩み，5章 20世紀前半の歩み，6章 20世紀後半の歩み，エピローグ 20世紀末の展開

科学史・科学賞　　　　　　　　自然科学

(内容)科学の歴史をたどると、偉大な発見も、思わぬ方向に道がひらけた偶然の結果にすぎないことが多いという事実に驚かされる。そこには、自然の原理を解明しようと情熱を傾けた「科学者」たちの創意工夫と試行錯誤があった。「近代科学」の生まれた一七世紀から、宇宙・生命・脳の神秘に自然科学が迫りつつある現代まで。物理学・天文学・化学を軸に、四〇〇年の歩みを年表形式で読み解く、科学史のガイドブック。

世界科学・技術史年表　都築洋次郎編著　原書房　1991.3　414p　27cm　〈参考文献：p403～406〉　15000円　①4-562-02191-8　Ⓝ403.2

(内容)古代(紀元前9世紀～紀元後7世紀)から20世紀まで、6項の時代区分に分けて掲載。それぞれの時代の展望とともに物理、生物、技術・工業、社会文化史に区分した年表を編成。人名索引、文献一覧を付す。

世界科学・技術史年表　都築洋次郎編著　日本図書センター　2012.8　414p　27cm　〈文献あり　索引あり　原書房1991年刊の複製〉　30000円　①978-4-284-20243-5　Ⓝ403.2

(内容)紀元前9世紀から1988年までの世界の科学・技術上重要と思われる事柄を収録した年表。6つの時代に大別し、各時代区分の前に、その時代に関する解説文を設ける。人名索引付き。

ビジュアル版 世界科学史大年表　ロバート・ウィンストン著，荒俣宏日本語版監修，藤井留美訳　柊風舎　2015.8　400p　31×26cm　〈原書名：SCIENCE YEAR BY YEAR：THE ULTIMATE VISUAL GUIDE TO THE DISCOVERIES THAT CHANGED THE WORLD〉　19000円　①978-4-86498-025-8

(目次)1 250万年前～紀元799年―科学が誕生する前，2 800～1542年―ヨーロッパとイスラムのルネサンス，3 1543～1788年―発見の時代，4 1789～1894年―革命の時代，5 1895～1945年―原子力の時代，6 1946～2013年―情報の時代，7 参考資料

(内容)石器・火・鉄の使用、ペニシリンの発見、インターネットの登場―先史時代に始まり、古代中国・イスラム世界を経て、ヨーロッパの科学革命と産業化の時代、そして21世紀の急速な科学技術の進化にいたるまで。年表、解説、図版やアートワーク、さらには著名な科学者の発言などで、人類の創意工夫の歴史を振り返り、私たちがいかにして、科学と技術の遺産を受け継いできたのかを辿る。世界を観察し測定する際

に使われたさまざまな道具・機器のコレクションから、車輪やエンジン、ロボット工学などの発達史も紹介。人名一覧約300名／用語集約650／索引約6000項目。

Maruzen科学年表　知の5000年史　Alexander Hellemans,Bryan Bunch〔著〕，植村美佐子〔ほか〕編訳　丸善　1993.3　580p　27cm　〈原書名：The timetables of science. new, updated ed.〉　21630円　①4-621-03827-3　Ⓝ403.2

<事 典>

科学技術史事典　トピックス原始時代-2013　日外アソシエーツ編集部編　日外アソシエーツ，紀伊國屋書店〔発売〕　2014.2　680p　21cm　13800円　①978-4-8169-2461-3

(内容)原始時代から2013年まで、科学技術に関するトピック4,698件を年月日順に掲載。人類学・天文学・宇宙科学・生物学・化学・地球科学・地理学・数学・医学・物理学・技術・建築学など、科学技術史に関する重要なトピックとなる出来事を幅広く収録。「国名索引」「事項名索引」付き。

科学史技術史事典　伊東俊太郎〔ほか〕編　弘文堂　1994.6　1284p　22cm　〈縮刷版〉　6800円　①4-335-75009-9　Ⓝ402.033

(内容)科学史技術史上の事柄と人名3600余項目を第一線の研究者が詳細に解説。世界初の総合事典―待望の普及縮刷版。

最新科学賞事典　日外アソシエーツ編　日外アソシエーツ，紀伊国屋書店〔発売〕　1991.5　554p　21cm　14900円　①4-8169-1026-3　Ⓝ403.3

(内容)日本の科学賞を収録した「科学賞事典」の最新追補版。新設の53賞と、'86年以降の受賞データを合わせて415賞収録。理学・工学・農学・工学・医学などの自然科学分野及び、工業・技術・建築・発明など、幅広い分野の賞の記録がわかる。賞の趣旨・連絡先・選考対象のほか、受賞者と受賞理由も把握できる。また1万2千人に及ぶ受賞者名索引から一人一人のこれまでの受賞歴が一望できる。他に主催者名索引付。

最新科学賞事典 91／96　日外アソシエーツ，紀伊国屋書店〔発売〕　1997.1　877p　21cm　17500円　①4-8169-1408-0

(内容)自然科学・工学に関する国内の現行の賞

20　科学への入門レファレンスブック

自然科学　　　　　　　　　　　　　　　　　　　　科学史・科学賞

674賞の概要と、1990年9月～96年10月末に発表された受賞者名を掲載した事典。賞の由来・趣旨、主催者、選考委員、選考方法、選考基準、締切・発表、賞金、連絡先と、年ごとの受賞者名、受賞作品・理由を記載する。巻末に主催者名索引、受賞者名索引を付す。

最新科学賞事典 1997-2002　日外アソシエーツ編　日外アソシエーツ、紀伊國屋書店〔発売〕　2003.6　1065p　21cm　19800円　Ⓘ4-8169-1786-1

Ⓝ容理学・工学・農学・医学・薬学・工業・技術・建築・発明など、科学技術にかかわるあらゆる学術・技術賞を網羅。前版（1997年）以降に新設された賞を含め、最近6年間の最新データを収録。賞の最新情報がひと目でわかる。受賞者名索引により、個人の受賞歴（受賞年順）が一覧できる。

最新科学賞事典 2003-2007　日外アソシエーツ編　日外アソシエーツ　2008.1　1057p　22cm　19800円　Ⓘ978-4-8169-2085-1　Ⓝ403.6

目次本文、主催者名索引、受賞者名索引

Ⓝ容新設の54賞を含む科学・技術賞688賞を収録。理学・工学・農学・医学・薬学・工業・技術・建築・発明など、科学技術にかかわるあらゆる学術・技術賞を網羅。前版（2003年）以降に新設された賞を含め、最近5年間の最新データを収録。受賞者名索引により、個人の受賞歴（受賞年順）が一覧できる。

最新科学賞事典 2008-2012 1 理学・工学　日外アソシエーツ株式会社編集　日外アソシエーツ　2013.7　953p　22cm　〈索引あり　発売：（東京）紀伊国屋書店〉　Ⓘ978-4-8169-2420-0　Ⓝ403.6

目次本文、主催者名索引、受賞者名索引

Ⓝ容新たに113賞を加え科学・技術賞428賞を収録！理学・工学分野にかかわるあらゆる学術・技術賞を網羅。前版（2007年9月）以降に新設された賞を含め、最近5年間の最新データを収録。受賞者名索引により、個人の受賞歴（受賞年順）が一覧できます。

最新科学賞事典 2008-2012 2 医学・薬学・農学・総合領域　日外アソシエーツ株式会社編集　日外アソシエーツ　2013.7　532p　22cm　〈索引あり　発売：（東京）紀伊国屋書店〉　14200円　Ⓘ978-4-8169-2421-7　Ⓝ403.6

目次本文、主催者名索引、受賞者名索引

Ⓝ容新たに97賞を加え科学・技術賞406賞を収録。医学・薬学・農学などの分野にかかわるあらゆる学術・技術賞を網羅。前版（2007年9月）以降に新設された賞を含め、最近5年間の最新データを収録。受賞者名索引により、個人の受賞歴（受賞年順）が一覧できます。

ノーベル賞の事典　秋元格、鈴木一郎、川村亮著　東京堂出版　2014.3　477p　19cm　3600円　Ⓘ978-4-490-10843-9

目次ノーベル生理学・医学賞、ノーベル化学賞、ノーベル物理学賞、ノーベル経済学賞、ノーベル平和賞、ノーベル文学賞

Ⓝ容世界最高の名誉「ノーベル賞」その受賞理由と受賞者の業績。ノーベル賞110余年のすべてがよくわかる!!

＜名簿・人名事典＞

科学史人物事典 150のエピソードが語る天才たち　小山慶太著　中央公論新社　2013.2　344p　18cm　（中公新書）　920円　Ⓘ978-4-12-102204-2

目次コペルニクス―すずらんを手にした天文学者、ヴェサリウス―近代医学の扉を開けた解剖学者、ギルバート―『ガリヴァー旅行記』と磁気の研究、ブラーエ―300年ぶりに掘り起こされた遺骨、ステヴィン―永久機関をだまし絵と見抜いた技術家、ガリレオ―"暗号"に込められた思い、ケプラー―科学者に求められる気質とは、ハーヴィ―近代科学と魔女裁判、デカルト―地球の束縛と「円」の支配からの離脱、フェルマー―「最終定理」が残したミステリー〔ほか〕

Ⓝ容十六世紀のコペルニクスから現代の先端科学まで、160人以上の科学者を選び、業績だけでなく、当時の世相や科学者たちの素顔も紹介。読んで楽しい人物事典。

科学者伝記小事典 科学の基礎をきずいた人びと　板倉聖宣著　仮説社　2000.5　226p　19cm　1900円　Ⓘ4-7735-0149-9　Ⓝ402.8

目次古代・中世、1400～1500年代生まれ、1600年代生まれ、1700年代生まれ、1800年代生まれ、科学者の伝記夜話（科学者たちの学歴と職業、昔コプリー賞、いまノーベル賞、すぐに認められた科学者となかなか認められなかった科学者、科学者の結婚と子どもたち ほか）

Ⓝ容科学者の伝記事典。科学の基礎を築いた人びとのほかにも多くの人びとに身近なものを発明・発見した人、よく知られている単位名、

科学への入門レファレンスブック　21

法則名などに名前を残す人などを収録。科学者は生年順に排列。伝記の内容は科学および地理、歴史など高校生程度の知識に抑え、各科学者についてひとり1～2ページほどで解説。ほかに科学者の伝記夜話として科学者たちの学歴と職業、科学者の肖像と居住地の話などを紹介。また、巻末に科学者たちの生活圏の地図を収録。索引として分野別分類索引と五十音順の人名索引を付す。

事典 日本の科学者 科学技術を築いた5000人 板倉聖宣監修，日外アソシエーツ編 日外アソシエーツ，紀伊國屋書店〔発売〕 2014.6 971p 21cm 17000円 Ⓘ978-4-8169-2485-9

(目次)事典日本の科学者，生年順人名一覧，専門分野索引，学士院会員・文化功労者一覧

(内容)自然科学の全分野のみならず、医師や技術者、科学史家、科学啓蒙に尽くした人々など幅広く収録。巻末に「生年順人名一覧」「専門分野索引」「(理系の)学士院会員・文化功労者一覧」付き。

ノーベル賞受賞者人物事典 物理学賞・化学賞 東京書籍編集部編 東京書籍 2010.12 445p 22cm 〈他言語標題：Nobelpriset i fysik och kemi 文献あり 索引あり〉 5700円 Ⓘ978-4-487-79677-9 Ⓝ377.7

(目次)第1部 物理学賞，第2部 化学賞

(内容)ノーベル賞110年にわたる物理学賞・化学賞全受賞者の詳細な「生涯」と「業績」。人類の知的遺産の全貌をあますところなくとらえ、受賞者の人間像と学問的業績をわかりやすくまとめた一冊。

＜ハンドブック＞

近代科学の源流を探る ヨーロッパの科学館と史跡ガイドブック 菊池文誠編 東海大学出版会 1996.1 136p 21cm 2266円 Ⓘ4-486-01358-1

(目次)ヨーロッパの科学館と史跡紹介(イギリス，フランス，オランダ，ドイツ，イタリア)，科学者の墓地巡り，科学館巡りの旅のテクニック

(内容)ヨーロッパ5ヶ国(英、仏、独、蘭、伊)の理工学系の科学館、史跡のガイド。各館・史跡の所在地、開館時間、入場料、交通、概要、主要展示品等を紹介する。外観写真、地図等多数。巻末に五十音順の事項索引がある。

＜図鑑・図集＞

マクミラン世界科学史百科図鑑 5 バーナード・コーエン総編集，メリリー・ボレル編，丸山敬訳 原書房 1992 322p 27cm 9515円

(内容)20世紀・生物学 写真記録を中心として、20世紀の生命科学の重要な発見を収録し解説を付した図鑑シリーズ。

マクミラン 世界科学史百科図鑑 2 15世紀～18世紀 バーナード・コーエン総編集 バーナード・コーエン編，村上陽一郎監訳 原書房 1993.7 321p 27cm 〈原書名：Album of science,2〉 9800円 Ⓘ4-562-02355-4

(内容)古代から現代までの科学史を図版でたどる図鑑。計2000点の図版・写真を収録する本編5巻と別巻の総索引で構成する。参考文献一覧、日本語索引・英語索引がある。

マクミラン 世界科学史百科図鑑 3 19世紀 L.ピアース・ウィリアムズ編，井山弘幸，川崎勝，坂野徹，下坂英訳，村上陽一郎監訳 原書房 1993.11 439p 26cm 〈原書名：Album of science,3：The nineteenth century〉 9800円 Ⓘ4-562-02356-2 Ⓝ402

(目次)第1部 科学の環境，第2部 19世紀の科学の世界，第3部 人間，第4部 生きている世界，第5部 原子、分子および力，第6部 科学の驚異

(内容)古代から現代までの科学史を図版でたどる図鑑。計2000点の図版・写真を収録する本編5巻と別巻の総索引で構成する。各巻に日本語索引と英語索引を付す。

マクミラン 世界科学史百科図鑑 4 20世紀・物理学 オーウェン・ギンガーリッチ編，江沢洋監訳 原書房 1994.4 320p 26cm 〈原書名：Album of science,4：The physical sciences in the twentieth century〉 9800円 Ⓘ4-562-02357-0 Ⓝ402

(目次)第1部 ラザフォード、アインシュタイン、ボーアの時代，第2部 星々とその彼方，第3部 地球とその環境，第4部 原子をあやつる，第5部 物質の構造，第6部 エレクトロニクスとコンピュータ，第7部 宇宙を望む，第8部 科学の科学

(内容)古代から現代までの科学史を図版でたどる図鑑。計2000点の図版・写真を収録する本編5巻と別巻の総索引で構成する。各巻に日本語索引と英語索引を付す。

マクミラン 世界科学史百科図鑑 1 古

| 自然科学 | 科学史・科学賞 |

代・中世 J.E.マードック著　原書房
1994.10　423p　28×21cm　〈原書名：
Album of science,1：Antiquity and the
middle ages〉　9800円　Ⓣ4-562-02354-6
Ⓝ402

Ⓘ目次Ⓘ書物上のものとしての科学，視覚化によっ
て学習を容易にするための標準図式と技法，精
密科学と数学的「図表」，科学対象の表示，理論
と概念の表示

Ⓘ内容Ⓘ古代から現代までの科学史を図版でたど
る図鑑。計2000点の図版・写真を収録する本編
5巻と別巻の総索引で構成する。時代別に図像
を集大成することにより各時代の「世界観＝宇
宙像」の変遷がわかることをねらいとしている。
各巻に日本語索引と英語索引を付す。

**マクミラン 世界科学史百科図鑑　6　総索
引**　バーナード・コーエン編　原書房
1994.12　221p　26cm　〈原書名：Album of
science,6〉　8000円　Ⓣ4-562-02359-7
Ⓝ402

Ⓘ内容Ⓘ2000点の図版・写真の集成により古代か
ら20世紀までの世界科学史の全体像を俯瞰する
全5巻の百科図鑑の総目次・総索引。総目次・五
十音順の総索引、日本語各巻索引（五十音順）、
英語各巻索引（アルファベット順）で構成する。

科学への入門レファレンスブック　23

数学

数学全般

<書 誌>

この数学書がおもしろい 数学書房編集部編
数学書房，白揚社（発売） 2006.4 176p
21cm 〈執筆：青木薫ほか〉 1900円 ①4-
8269-3101-8 Ⓝ410.31

<事 典>

家庭の算数・数学百科 数学教育協議会，銀
林浩，野崎昭弘，小沢健一編 日本評論社
2005.8 474p 21cm 〈年表あり〉 3000円
①4-535-78505-8 Ⓝ410.33

新数学事典 改訂増補版 一松信，竹之内脩
編 （大阪）大阪書籍，丸善〔発売〕 1991.
11 1089,67p 21cm 12000円 ①4-7548-
4006-2 Ⓝ410.33
⽬次 1 数学の基礎，2 代数学，3 幾何学，4 解
析学，5 確率・統計，6 応用数学，7 数学特論
内容 数学の基礎，代数学，幾何学，解析学，確
率・統計，応用数学，数学特論の部門別構成の
引いて読む事典。専門家向けの精密な理論展開
より，実用性やわかりやすさに重点をおく。数
学オリンピック，数学者年表や肖像写真集など，
数学を知って楽しむページも設ける。

数学英和小事典 飯高茂，松本幸夫監修，岡
部恒治編 講談社 1999.9 294p 19cm
3000円 ①4-06-153956-6
内容 数学の学術用語や応用，情報科学，基礎
論の用語を収録した英和事典。配列はアルファ
ベット順。和英対訳索引がある。

数学基本用語小事典 井川俊彦著 日本評論
社 2006.7 176p 21×13cm 1900円
①4-535-78412-4
⽬次 ニールス・アーベル，アポロニウス，ア
ラビア数字，アリストテレス，アルキメデス，
アルゴリズム，アル・フワリズミ，位相，位相
幾何学，1次関数〔ほか〕
内容 高校～大学初年級程度の数学に関する約

180の用語・歴史上の人物について簡潔に紹介。

数学公式活用事典 新装版 秀島照次編 朝
倉書店 2008.5 298p 26cm 〈執筆：秀島
照次ほか〉 7500円 ①978-4-254-11120-0
Ⓝ410.36
⽬次 1 代数，2 関数，3 平面図形・空間図形，
4 行列・ベクトル，5 数列・極限，6 微分法，7
積分法，8 順列・組合せ，9 確率・統計

数学事典 カラー図解 Fritz Reinhardt,
Heinrich Soeder著，Gerd Falk図作，浪川幸
彦，成木勇夫，長岡昇勇，林芳樹訳 共立出
版 2012.8 10,491p 23cm 〈文献あり 索
引あり 原書名：dtv-Atlas Mathematik.
volume1 dtv-Atlas Mathematik.volume2〉
5500円 ①978-4-320-01896-9 Ⓝ410.36
⽬次 数理論理学，集合論，関係と構造，数系
の構成，代数学，数論，幾何学，解析幾何学，
位相空間論，代数的位相幾何学〔ほか〕

数学定数事典 スティーヴン・R.フィンチ著，
一松信監訳 朝倉書店 2010.2 587p
22cm 〈索引あり 原書名：Mathematical
constants.〉 16000円 ①978-4-254-11126-2
Ⓝ410.36
内容 ピタゴラスの定数，黄金比といった有名
なものから，あまり知られていないめずらしい
ものまで，数学の様々な定数を取り上げ，それ
がどのように誕生し，なぜ重要なのかを体系的
に解説する。文献リスト，定数一覧なども収録。

数学定理・公式小辞典 高橋渉編 聖文社
1992.9 600p 19cm 6500円 ①4-7922-
0023-7
⽬次 第1章 基礎公式，第2章 幾何学，第3章 微
分・積分，第4章 複素関数，第5章 論理・集合・
順序，第6章 代数学，第7章 位相空間，第8章 位
相幾何学，第9章 微分幾何学，第10章 微分方程
式，第11章 フーリエ解析，第12章 ルベーグ積
分，第13章 グラフ理論，第14章 確率・統計，
第15章 アルゴリズム，第16章 特殊関数，第17
章 物理・工学への応用

**数学の言葉づかい100 数学地方のおもし
ろ方言** 数学セミナー編集部編 日本評論

24 科学への入門レファレンスブック

社 1999.4 155p 26cm 1900円 Ⓝ4-535-60613-7 Ⓝ410.33

数学パズル事典 上野富美夫編 東京堂出版 2000.9 218p 21cm 2200円 Ⓘ4-490-10556-8 Ⓝ410.79

Ⓣ1 数学パズルの世界（数学パズルとは，数学パズルの発展，数学パズルの分類），2 数学パズル（数の性質，魔方陣，古典的算数パズル，尋常小学校の算術問題，数作り，式作り，虫食算／覆面算，数当て），3 図形パズル（図形合成，経路パズル，マッチパズル，トポロジーパズル，図形消失，図形分割，配置パズル，測定パズル），4 推理パズル（移動パズル，対戦パズル，暦のパズル，場合パズル，論理パズル）

Ⓒ数学パズルの事典。数学パズルを体系的に組み立て，そのほとんど全分野の代表的な問題と解答を紹介する。内容は数学パズル全体にわたる事項の解説，数学パズルとされている各分野の代表的な問題，数学に関連し手パズル的な特色がある問題，その他参考となる問題などの数学パズル問題の紹介で構成。数学パズルは解説編と数学パズル，図形パズル，推理パズルの3編に分類し，さらに分野・問題ごとに排列。数学パズルとして歴史的に定着している名称と問題を掲載。巻末にマッチパズルと一部のパズルの解答を掲載。五十音順の索引を付す。

数学パズル事典 改訂版 上野富美夫編 東京堂出版 2016.3 199p 21cm 1900円 Ⓘ978-4-490-10875-0

Ⓣ1 数学パズルの世界（数学パズルとは，数学パズルの発展 ほか），2 数字パズル（数の性質，魔方陣 ほか），3 図形パズル（図形合成，トロポジーのパズル ほか），4 推理パズル（移動パズル，対戦パズル ほか）

Ⓒ数とカタチの楽しさ発見!ロングセラー待望のリニューアル。数や図形の不思議を使ったパズルを多数収録。ひらめき力・思考力アップで数学が好きになる!

数学マジック事典 改訂版 上野富美夫編 東京堂出版 2015.8 186p 21cm 1900円 Ⓘ978-4-490-10867-5

Ⓣ1 数を当てるマジック，2 図形が変わるマジック，3 計算のマジック，4 位相幾何学のマジック，5 暗号・通信のマジック，6 ゲーム必勝のマジック，7 論理のマジック・パラドックス

Ⓒ数学の不思議へようこそ!数やカタチが生み出すさまざまなトリック。子どもから大人まで楽しめるゲーム・マジックが盛りだくさん。

数の単語帖 飯島徹穂編著 共立出版 2003.2 195p 21cm 2300円 Ⓘ4-320-01728-5

Ⓣ一価関数，遺伝子数，陰関数，因数，エマープ数，円関数，オイラー定数，オイラー標数，凹関数，黄金数〔ほか〕

Ⓒ高校数学のあらゆる分野から，基本的な数学用語と「数」にまつわる話題を収録。本文は見出し語の五十音順に排列。巻末に参考文献を収録，コラムも随所に記載。

図説 数学の事典 W.Gellertほか編，藤田宏ほか訳 朝倉書店 1992.12 1248p 21cm 〈原書名：Kleine Enzyklopadie Mathematik〉 40170円 Ⓘ4-254-11051-0

Ⓣ1 初等数学（初等関数，累乗と累乗根の計算，数体系の発展，代数方程式，関数，百分率，利息と年金，平面幾何，立体幾何，画法幾何，3角法，平面3角法，球面3角法，平面解析幾何），2 高度な数学への道程（集合論，数理論理学の基礎，群と体，線形代数，数列・級数，極限，微分法，積分法，関数項級数，常微分方程式，複素解析，空間の解析幾何，射影幾何，微分幾何学，凸体，積分幾何学，確率論と統計学，誤差の解析，数値解析，数学的最適化），3 いくつかの話題の簡単な紹介（整数論，代数幾何学，種々の代数的構造，位相空間論，グラフ理論，ポテンシャル論と偏微分方程式，変分法，積分方程式，関数解析，幾何学基礎論—Euclidおよび非Euclid幾何学，数学基礎論，ゲーム理論，摂動理論，ポケット電卓，マイコン、パソコン）

図説数学の事典 普及版 〔W.Gellert,S.Gottwald,M.Hellwich,H.Kastner,H.Kustner〕〔編〕，藤田宏，柴田敏男，島田茂，竹之内脩，寺田文行，難波完爾，野口広，三輪辰郎訳 朝倉書店 2012.6 1248p 27cm 〈索引あり 原書名：：Kleine Enzyklopädie der Mathematik〉 29000円 Ⓘ978-4-254-11135-4 Ⓝ410.36

Ⓣ1 初等数学（初等関数，累乗と累乗根の計算，数体系の発展 ほか），2 高度な数学への道程（集合論，数理論理学の基礎，群と体 ほか），3 いくつかの話題の簡単な紹介（整数論，代数幾何学，種々の代数的構造 ほか）

日常の数学事典 上野富美夫編 東京堂出版 1999.1 270p 21cm 2800円 Ⓘ4-490-10508-8

Ⓣ1 数学と日常生活（人間生活の進歩と数学，数学と思考），2 数と単位（数と人間，生活と整数，日本人の暮らしと整数，小数・分数と計量，比較に必要な単位），3 図形と日常（線と

科学への入門レファレンスブック　25

角，長方形と三角形，円と多角形，立体），4 生活と測定（身近な長さを測る，距離を測る，時間と温度，比較の世界），5 数学に親しむ（確率と統計，日本人と数学，家庭経済と数学，形と暮らし，遊びと数学，数学の面白さ）

はじめからのすうがく事典　トーマス・H.サイドボサム著，一松信訳　朝倉書店　2004.9　493p　26cm　〈原書名：The A to Z of Mathematics：A Basic Guide〉　8800円　①4-254-11098-7

(内容)数学に成功するには，まず基礎を理解することが必要であり，その後に初めて，確実な学習が可能になる。多くの人々はこの最初の障害につまずき，それから大いにもがく。本書を書いた目的は，基礎を通して読者を導くことであり，それによって数学の考え方の理解を進めることができるようになる。この本を学ぶにつれて，数学が読者にとって身近な日常生活に深く関係していることを知るようになるだろう。この本をよく読む，一通り目を通す，あるいは必要な語の意味をさがすなどして学べば，数学を再学習することになる。どうしてこの困難に進む必要があるのか?読者各自の年齢に関係なく，数学は生涯にわたる基本要請事項の一つだからである。このように数学を学べば，きっとこれまでとの違いが生じるだろう。

要項解説 数学公式辞典　第2版　聖文社編集部編　聖文社　1993.5　927p　21cm　13390円　①4-7922-0027-X　®410.38

(目次)序論 重要定理・公式，第1編 代数学，第2編 幾何学，第3編 三角関数，第4編 微分・積分，第5編 確率・統計，第6編 応用・発展

(内容)高等学校における数学を中心に，中学校から大学基礎課程までの数学全分野について，定理や公式，重要事項を収集，分類，整理した公式辞典。

読む数学 通読できる数学用語事典　瀬山士郎著　ベレ出版　2006.10　175p　21cm　1500円　①4-86064-133-7

(目次)第1章 数と計算（数について，計算について），第2章 文字と方程式（文字の使用，方程式ほか），第3章 変化の法則と関数（変化の法則，1次関数 ほか），第4章 微分と積分（極限という考え方，微分とは ほか），第5章 形と幾何学（証明という方法，原論の公理 ほか）

(内容)用語がわかれば，数学の風景が見えてくる。合理的であると同時にファンタジーでもあるという不思議に魅力的な世界を，数学用語にスポットを当てながらやさしく解説していく。

＜辞　典＞

朝倉 数学辞典　川又雄二郎，坪井俊，楠岡成雄，新井仁之編　朝倉書店　2016.6　760p　26cm　18000円　①978-4-254-11125-5

(目次)アインシュタイン方程式，アティヤー－シンガーの指数定理，アーベル多様体，暗号，位相空間，位相空間の次元，位相空間の分離公理，1次分数変換，一様収束，1階偏微分方程式〔ほか〕

(内容)数学の諸概念の有機的な理解のために。数学の各分野を幅広くカバーする全327項目。読みやすい五十音配列の中項目辞典。関連概念もあわせて理解。専門書よりも簡便に，ウェブよりも正確に。

岩波数学辞典　第4版　日本数学会編　岩波書店　2007.3　1976p　21cm　〈付属資料：CD-ROM1〉　17000円　①978-4-00-080309-0

(内容)20年ぶりの全面大改訂項目編成を全面的に見直し，新たに140余の項目を追加，旧項目の多くも大幅に改訂。総項目数は第3版の450から第4版では515へ。本文および索引のPDFファイルをCD-ROMに収録。

岩波数学入門辞典　青本和彦，上野健爾，加藤和也，神保道夫，砂田利一，高橋陽一郎，深谷賢治，俣野博，室田一雄編　岩波書店　2005.9　728p　23cm　6400円　①4-00-080209-7

(内容)高校から大学で学ぶ数学用語を中心に収録した入門辞典。五十音順に排列し，用語の定義や概念だけでなく数学の歴史まで考慮して解説。見出し語には英訳が付く。項目名欧文索引を付す。

オックスフォード数学ミニ辞典　マイケル・ウォードル著，垣田高夫，笠原皓司訳　講談社　1997.5　255p　18cm　（ブルーバックス）　〈原書名：THE OXFORD MINIDICTIONARY OF MATHEMATICS〉　880円　①4-06-257172-2

(内容)主としてイギリスの初等・中等教育で出てくる数学の用語を収録。排列はアルファベット順。巻末に英文索引を付す。中・高校生から一般向き。

基礎 仏和数学用語用例辞典　ベルナデット・ドゥニ著，日仏会館，日仏理工科会編　白水社　1993.1　165p　19cm　〈原書名：Lexique Mathematique Fondamental

Francais-Japonais〉 3800円 ①4-560-
00027-1 Ⓝ410.33

(内容)フランスのコレージュで用いられる数学
用語を中心とした仏和用語辞典。550語を収録、
フランス語見出しのアルファベット順に排列し、
品詞、語義、連語・用例、参照・派生語・同義
語・対義語・原註・N.B.を記載、図版を多数掲
載する。付録として論理結合子・自然結合子・
統計、索引としてフランス語索引・日本語索引、
参考資料としてコレージュにおける数学プログ
ラムとその日本語訳、日本の中学数学の学習指
導要領を収める。

数学辞典 一松信, 伊藤雄二監訳 朝倉書店
1993.6 650p 21cm 18540円 ①4-254-
11057-X Ⓝ410.33

(内容)基礎的な事項からカオス・フラクタル等
の最新の話題までの数学用語5000余語を五十音
順に排列した辞典。単なる言葉の説明ではなく、
その中に含まれる数学的な考え方・使い方を解
説している。英和辞典としても使えるよう英語
索引を収載する。また、仏・独・露・西語と英
語の対照索引、付録として数学記号の使い方・
微積分公式集を収載する。

数学辞典 普及版 James and James〔著〕,
一松信, 伊藤雄二監訳 朝倉書店 2011.4
650p 22cm 〈原書名：Mathematics
dictionary. (5th edition)〉 17000円
①978-4-254-11131-6 Ⓝ410.33

(内容)数学の全分野にわたる用語約6000語を収
録した用語辞典。配列は見出し語の五十音順、
見出し語、見出し語の英語、解説を記載。巻末
に英語索引、フランス語－英語対照表、ドイツ
語－英語対照表、ロシア語－英語対照表、スペ
イン語－英語対照表が付く。

数学小辞典 第2版 矢野健太郎, 茂木勇, 石
原繁編著, 東京理科大学数学教育研究所第2
版編集 共立出版 2010.4 834p 19cm
〈文献あり 年表あり〉 5500円 ①978-4-
320-01931-7 Ⓝ410.33

(内容)国語辞典で単語を引くように数学用語の
意味を調べることができる便利な五十音順小項
目辞典。ネット上の情報以上に信頼でき、用語
の的確でわかりやすい解説と広い守備範囲を心
がけて編集。重要な用語には、手早い説明にと
どまらず、数学的な内容をしっかり記述。身近
な数にまつわる言葉や東西の数学史などの解説
も引き続き掲載。きわめて利用度の高い、豊富
な資料を付録に掲載。収録項目数約6600。

数学用語小辞典 クリストファー・クラファ

ム著, 芹沢正三訳 講談社 1996.3 520p
18cm （ブルーバックス） 〈原書名：The
concise Oxford dictionary of mathematics.
2nd ed.〉 1500円 ①4-06-257113-7
Ⓝ410.33

＜ハンドブック＞

朝倉数学ハンドブック 基礎編 飯高茂,
楠岡成雄, 室田一雄編 朝倉書店 2010.5
797p 22cm 〈索引あり〉 20000円
①978-4-254-11123-1 Ⓝ410.36

(目次)集合と論理, 線形代数, 微分積分学, 代
数学(群、環、体), ベクトル解析, 位相空間,
位相幾何学, 曲線と曲面, 多様体, 常微分方程
式, 複素関数, 積分論, 偏微分方程式入門, 関
数解析, 積分変換・積分方程式

朝倉数学ハンドブック 応用編 飯高茂,
楠岡成雄, 室田一雄編 朝倉書店 2011.8
615p 22cm 16000円 ①978-4-254-11130-
9 Ⓝ410.36

(目次)1 確率論, 2 応用確率論, 3 数理ファイナ
ンス, 4 関数近似, 5 数値計算, 6 数理計画, 7
制御理論, 8 離散数学とアルゴリズム, 9 情報
の理論

**グラフィカル数学ハンドブック 1 基
礎・解析・確率編** 小林道正著 朝倉書店
2000.8 584p 21cm 〈付属資料：CD-
ROM1〉 20000円 ①4-254-11079-0

(目次)1 数と式, 2 関数とグラフ, 3 行列と1次
変換, 4 1変数の微積分, 5 多変数の微積分, 6
微分方程式, 7 ベクトル解析, 8 確率と確率過程

(内容)本書は、高校数学の範囲から大学レベル
の範囲、ときときもう少し進んだレベルの範
囲の数学のいろいろな分野をわかりやすくまと
めたものである。ハンドブックというのはそれ
を読んで一応の内容が理解できる程度に詳しく
なければならないと同時に、必要な情報が網羅
されていることも大事である。本書は定評ある
数学ソフトのMathematicaを用いて、数学の学
習や活用にいかにコンピュータが有効である
かを示している。基本的にはすべての項目につ
いてMathematicaを活用する例をあげている。
Mathematicaが利用できる項目だけをあげたの
ではない。どんなところにもいろいろな形で活
用できるのである。

**算数&数学ビジュアル図鑑 子どもも大人
もたのしく読める** 中村享史監修 学研教
育出版, 学研マーケティング〔発売〕 2014.

科学への入門レファレンスブック 27

数学全般　　　　　　　数学

7　253,10p　26×21cm　（学研のスタディ図鑑）　2800円　①978-4-05-405788-3

(目次)第1章 数・計算（数，記号 ほか），第2章 関数・方程式（座標，比例 ほか），第3章 量・図形（メートル法と単位，直線と角 ほか），第4章 統計・確率（統計，棒グラフ ほか）

(内容)小・中・高で学ぶ算数・数学が日常のどこで役立つか見える!!45×45＝2025を5秒でできる方法は?数学を使って桜の開花予想ができる。味噌汁の冷め方を式で表すことができる?花びらの生かえたには黄金比が隠れている。などなど、人に話したくなる内容が満載!!

数学公式ハンドブック　Alan Jeffrey著，柳谷晃監訳，穴田浩一，内田雅克，柳谷晃訳　共立出版　2011.5　513p　24cm　〈文献あり　索引あり　原書名：Handbook of mathematical formulas and integrals.3rd ed.〉　5000円　①978-4-320-01966-9　Ⓝ410.38

(目次)よく使う公式の早引き表，級数とその公式，関数とそれらの公式，初等関数の微分，有理関数と無理関数の不定積分，指数関数の不定積分，対数関数の不定積分，双曲線関数の不定積分〔ほか〕

◆数学教育

<事 典>

高校数学体系 定理・公式の例解事典 証明と応用例で完全理解　河田直樹著　聖文社　2001.6　414p　19cm　1429円　①4-7922-1038-0　Ⓝ410.38

(目次)第1部 代数編，第2部 関数編，第3部 幾何編，第4部 解析編，第5部 確率・統計編，第6部 コンピュータと数値計算編

(内容)高校数学の全分野にわたり、基本的な定理、公式、定石などを、数学本来の大系に即してコンパクトに整理・解説したもの。6部から構成され、さらに各部を全部で25の章に分けて部・章・節・小項目という流れの中で、重要項目を取り上げる。数学に興味をもってもらうための話しや進んだ内容も紹介。索引、数表付き。

算数・数学活用事典　武藤徹，三浦基弘著　日本評論社　2014.9　294p　21cm　2700円　①978-4-535-78717-9

(目次)算数，数の拡張，方程式，幾何の誕生，幾何の発展，関数，数列，微分積分学，ベクトル，確率と統計，和算，パズル

(内容)算数・数学の「学びはじめ」、「学びなおし」に最適!算数から中学・高校までの数学を大きな流れとしてとらえ、分野ごとに独立させて、関心のあるテーマから読み進めるよう配慮した。

数学オリンピック事典 問題と解法　数学オリンピック財団編，野口広監修　朝倉書店　2001.9　2冊（セット）　26cm　16000円　①4-254-11087-1

(目次)基礎編，演習編（数論，代数，幾何，組合せ数学）

(内容)内外の問題を分類し、詳しい解説を加えた世界で初めての決定版。

数学の小事典　片山孝次，大槻真，神長幾子著　岩波書店　2000.9　297p　18cm　（岩波ジュニア新書 事典シリーズ）　〈索引あり〉　1400円　①4-00-500358-3　Ⓝ410

(内容)高校生の数学に必要な用語を解説する学習参考事典。「数」「式」などの基礎概念から「微積分」まで100項目を収録、全2色刷りで掲載する。事典シリーズの第4弾。

中学数学解法事典　3訂版　茂木勇監修，旺文社編　旺文社　2002.2　767p　21cm　〈付属資料：別冊1〉　2800円　①4-01-025089-5　Ⓝ410

(目次)数と式（正の数と負の数，文字式と式の計算 ほか），関数（比例と反比例，1次関数 ほか），図形（図形の基礎，図形の性質，合同 ほか），確率

(内容)中学の数学を学習するための問題集。実際に使用されている6社18冊の教科書に基づいて1305問を選定し、4分野15編に分類。重要事項、基本・応用や学年の区分を示した問題、解法により構成する。巻末に問題分類索引、語句索引、数表がある。

<辞 典>

英和学習基本用語辞典数学 海外子女・留学生必携　高橋伯也用語解説，藤沢皖用語監修　アルク　2009.4　295p　21cm　（留学応援シリーズ）　〈他言語標題：English-Japanese the student's dictionary of mathematics　『英和数学学習基本用語辞典』（1994年刊）の新装版　索引あり〉　5800円　①978-4-7574-1572-0　Ⓝ410.33

(内容)英米の教科書に登場する数学用語を選定。英米の統一テストでの必須用語をカバー。用語の具体的な使用例、解法もあわせて記述。高校

28　科学への入門レファレンスブック

生レベルに合わせたわかりやすい解説。大学院留学試験GRE、GMAT受験にも対応。

英和 数学学習基本用語辞典 高橋伯也用語解説 アルク 1994.5 314p 21cm 5500円 ①4-87234-321-2

(内容)数学学習に必要な基本用語を解説する事典。英米のテキストに頻出する用語957項目を選定、アメリカのSAT、イギリスのGCSE・GCE-Aでの必須用語もカバーし、用語の具体的な使用例・解法も記述する。参考資料として、数学教育の日米英比較、カリキュラムを掲載する。高校生の学習、また大学院留学試験GRE、GMAT受験に対応。

中学校新数学科授業の基本用語辞典 根本博監修 明治図書出版 2000.6 148p 19cm (学習指導要領早わかり解説) 1600円 ①4-18-575202-4 ⑩375.413

(目次)1章 「目標」の基本用語解説(目標、各学年の目標)、2章 「各学年の内容及び内容の取扱い」の基本用語解説(数と式、図形、数量関係、内容の取扱い)、3章 「指導計画の作成と内容の取扱い」の基本用語解説(指導計画の作成上の配慮事項、課題学習、用語・記号、コンピュータや通信ネットワークなどの活用、選択教科としての数学)、4章 数学教育のさらなる改善を目指して

(内容)中学校の数学科の授業に関する用語辞典。平成14年4月から実施される改訂学習指導要領に基づき、全4章で構成、108の用語項目を解説する。巻末に付録として「中学校学習指導要領・数学」を収録する。

和英／英和 算数・数学用語活用辞典 日本数学教育学会編集 東洋館出版社 2000.8 524p 21cm 13000円 ①4-491-01644-5 ⑩375.41

(目次)算数、数、代数、平面幾何、空間幾何、座標幾何、関数、微分・積分、確率・統計、集合・論理、コンピュータ

(内容)算数・数学教育の用語を収録した辞典。小学校、中学校、高等学校の授業で使われる言葉を基本に、新旧の学習指導要領、および内外の教科書・辞典・専門書・参考書などをもとに編集。用語は11の領域にわけ、316の見出し語を収録、1ページ単位で和文と英文を対置し、解説、用例、補足の各項目にくわえ脚注および図表を併載。また用語解説の間に資料としての特集記事、付録を掲載する。巻末に用語、よみかた、英語表記と掲載ページを記載した和英および英語の用語索引を付す。

わかりやすい中学数学の用語事典 笹木克之編 東宛社 2004.4 156p 19cm 1523円 ①4-924694-50-9

(内容)中学校の数学の教科書にある数学用語がすべてのっている。用語の意味のうち、肝心なところは色刷りになっている。用語のほかに、重要な定理、性質、公式などもある。図形や関数については、豊富な図やグラフで説明してある。計算のしかたなどは、例題と詳しい解き方が示してある。用語にまつわる質疑応答、エピソード、コメントもある。

＜ハンドブック＞

数学教育学研究ハンドブック 日本数学教育学会編 東洋館出版社 2010.12 463p 26cm 4500円 ①978-4-491-02626-8 ⑩375.41

(目次)第1章 数学教育学論・研究方法論、第2章 目的目標論・カリキュラム論、第3章 教材論、第4章 学習指導論、第5章 認知・理解・思考、第6章 学力・評価・調査研究、第7章 数学内容開発、第8章 数学教育史、第9章 学際的領域、第10章 数学教師論・教員養成論

数学者

＜名簿・人名事典＞

世界数学者事典 ベルトラン・オーシュコルヌ，ダニエル・シュラットー著，熊原啓作訳 日本評論社 2015.9 692p 21cm 〈原書名：Des mathématiciens de A à Z〉 6500円 ①978-4-535-78693-6

(内容)古代から現代までの数学者859名を収録! 数学者のエピソードとともに、名前がついた定理や概念も紹介した数学者事典、待望の完訳。

世界数学者人名事典 ボロディーン，ブガーイ編，千田健吾，山崎昇訳 大竹出版 1996.11 659p 21cm 8240円 ①4-87186-037-X

(内容)『著明な数学者：人名事典』の翻訳版。世界の著明な数学者、サイバネティックス専門家、数学教育者、教科書・参考書の著者等2700人の主な業績や著述を紹介した伝記的事典。

世界数学者人名事典 増補版 A.I.ボロディーン，A.S.ブガーイ著，千田健吾，山崎昇訳 大竹出版 2004.4 726p 21cm

数論・整数・解析・幾何　　　数学

9000円　①4-87186-097-3

(内容)国際数学賞、日本数学会賞の新受賞者と数学教育に重要な功績と影響を与えた200余名の(現役を含む)日本人数学者を加えた増補版。収録人数は2260名。巻末に人名一覧と参考文献を収録。

日本数学者人名事典　小野崎紀男著　(京都)現代数学社　2009.6　254p　22cm　〈文献あり〉　3500円　①978-4-7687-0342-7　⑩410.33

(目次)本文、附録(和博士系統図、和算系統図)

(内容)著名な数学者1900人余の記録・業績を収録。明治以降の数学者についても網羅。

数論・整数・解析・幾何

＜事　典＞

かたちの事典　高木隆司編　丸善　2003.3　928p　21cm　24000円　①4-621-07190-4

(内容)中学生以上を対象に「かたち」に関する重要な言葉をあつめ、統一的に定義し説明を収録。約300項目を五十音順に排列。巻末に付録と和文索引、欧文索引を収載。図版や写真を多数掲載。

整数問題事典　総合編　西園寺淳著　本の泉社　2013.12　1099p　26cm　7000円　①978-4-7807-1126-4　⑩412

(目次)1 数と式の要点(整数、整式)、2 数と式の問題(整式の基本問題、展開、因数分解、整式除法、互いに素・素数、約数・倍数、無理数、位の数、分数式、最大公約数と最小公倍数 ほか)

整数問題事典　解答編　西園寺淳著　本の泉社　2013.12　368p　26cm　2000円　①978-4-7807-1127-1　⑩412

(目次)2 数と式の問題(整式の基本問題、展開、因数分解、整式除法、互いに素・素数、約数・倍数、無理数、位の数、分数式、最大公約数と最小公倍数 ほか)

多角形百科　細矢治夫、宮崎興二編　丸善出版　2015.6　312p　21cm　①978-4-621-08940-8

(目次)1 多角形を(使う、折る、切る、描く、知る、解く)、2 多角形で(遊ぶ、飾る)、3 多角形に(頼る、迷う、住む、見る)、番外編(七角神巡り、ピタゴラス襲来、漱石、お前もか)

(内容)おもしろくて不思議で魅力的な多角形一

そのかたち・歴史・性質・種類などについて、これぞと思われる研究者・実務家・多角形愛好家33名が、自然界や人工界さらには芸術界や数学界など各分野から収集して解説するユニークな事典。とっておきの話題を、多数の図版を交えて惜しみなく披露。予想をはるかに超える多種多様な「多角形の世界」の奥深さ―きっと想像力がかき立てられるはずです!

多面体百科　宮崎興二著　丸善出版　2016.10　325p　21cm　5800円　①978-4-621-30044-2

(目次)編み紙多面体、アユイ構成、アラベスク、アルキメデス双対(カタランの立体)、アルキメデスの立体、アンドレーニのブロック積み、一様多面体、一様ブロック積み、糸張り多面体、色分け空間〔ほか〕

(内容)おもしろくて不思議で魅力的な多面体を、自然界や人工界さらには芸術界や数学界など各分野から収集し、その形・歴史・性質・種類などを、豊富な図版を交えて興味深く、分かりやすく解説。多面体研究の第一人者が、とっておきの話題を通して、多種多様な「多面体の世界」の奥深さを熱く語る。想像力がかき立てられるユニークな事典。

不思議おもしろ幾何学事典　デビッド・ウェルズ著、宮崎興二、藤井道彦、日置尋久、山口哲訳　朝倉書店　2002.3　243p　21cm　〈原書名：The Penguin Dictionary of Curious and Interesting Geometry〉　4900円　①4-254-11089-8　⑩414

(内容)図版と解説を通して幾何学図形の魅力を紹介する事典。定理や公式など全251項目を五十音順に排列し、平易に解説する。巻頭に収録された数学者の姓名、生没年等を示す年代順リストがある。五十音順の索引付き。

プライムナンバーズ　魅惑的で楽しい素数の事典　David Wells著、伊知地宏監訳、さかいなおみ訳　オライリー・ジャパン、オーム社(発売)　2008.10　319p　21cm　(O'Reilly math series)　〈文献あり　原書名：Prime numbers.〉　2200円　①978-4-87311-380-7　⑩412.033

(目次)abc予想、過剰数、素数判定法AKSアルゴリズム、整数列(社交的連鎖)、概素数、友愛数、アンドリカの予想、素数の等差数列、オーラフィーユ因数分解、素数の平均〔ほか〕

(内容)素数の歴史から、素数にまつわるエピソード、コンピュータを使った最近の素数の発見技術まで、幅広いトピックをアルファベット順に収録した事典。古くから多くの数学者たちを惹

きつけてきた素数の魅力を紹介。素数の謎の解明に寄与してきた著名な数学者、ピタゴラス、ユークリッド、フェルマー、オイラー、ガウス、ラマヌジャン、エルデシュの足跡をたどる。暗号技術の基礎、素数の理解を深めるのにも役立つ一冊。

＜ハンドブック＞

よくわかる微分積分ハンドブック 猪股清二著 聖文新社 2004.11 227p 19cm 950円 Ⓘ4-7922-1336-3

Ⓣ1 数列の極限，2 関数，3 微分法，4 微分法の応用，5 積分法，6 積分法の応用，7 偏微分法，8 重積分法，9 無限級数，10 1階微分方程式，11 高階の微分方程式

確率・数理統計・数理科学

＜事 典＞

現代 数理科学事典 広中平祐ほか編 （大阪）大阪書籍，丸善〔発売〕 1991.3 1310p 26cm 39000円 Ⓘ4-7548-4004-6 Ⓝ410.33

Ⓣ1 数理物理学，2 数理化学，3 数理生物学，4 流体力学，5 数理論理学，6 数理心理学，7 数理言語学，8 数理経済学，9 計量経済学，10 数理統計学，11 医療情報学，12 OR,13 制御理論，14 情報理論，15 計算機科学，16 数値計算，17 パターン処理，18 基礎数理

Ⓒ現象の数学、コンピューター時代の寵児とも言われる数理科学を、体系的に記述する事典。理学・工学・社会・人文・医学における適用例と技法でまとめる。巻末にはSI単位系、記号表、事項索引、人名索引（それぞれ和文・欧文）がある。

＜辞 典＞

図解でわかる統計解析用語事典 涌井良幸,涌井貞美著 日本実業出版社 2003.12 294p 21cm 2400円 Ⓘ4-534-03680-9

Ⓒ中学校で学ぶ数学のレベルを前提に、よく使われる統計学の用語、約500語を解説。むずかしい数学をできるだけ使わずに、図や事例を利用しながら解説した。

わかる＆使える統計学用語 大澤光著 アーク出版 2016.4 366p 21cm 2800円

Ⓘ978-4-86059-159-5

Ⓒ分数、対数、Σ計算といった数学の初歩から、ロバスト統計学、ベイズ統計学などの最新手法まで、基本的な統計学用語約900語をどんな類書よりもていねいに、わかりやすく解説。充実の統計数表付。

＜ハンドブック＞

統計分布ハンドブック 蓑谷千凰彦著 朝倉書店 2003.6 725p 21cm 22000円 Ⓘ4-254-12154-7

Ⓣ第1部 数学の基礎（基本的概念，関数 ほか），第2部 統計学の基礎（確率関数とその関連関数，積率と母関数 ほか），第3部 極限定理と展開（収束，大数の法則と中心極限定理 ほか），第4部 確率分布（アーラン分布，安定分布 ほか）

Ⓒ確率モデルには、依然として、正規分布が仮定されることが多いが、正規分布では説明できない偶然現象はきわめて多い。資産収益率の多くが、正規分布より両すその厚い分布に従うことはよく知られている。確率モデルを構築するとき、どのような確率分布が適切であるかを知りたい。このような場合、確率分布の分布関数、確率密度関数、生存関数、危険度関数などの形状および期待値、モード、分散、歪度、尖度などの特性を知る必要がある。本書はこのような要請に応えることができるであろう。代表的な確率分布とその特性を明らかにすることが本書の主目的である。

統計分布ハンドブック 増補版 蓑谷千凰彦著 朝倉書店 2010.6 846p 22cm 〈文献あり 索引あり〉 23000円 Ⓘ978-4-254-12178-0 Ⓝ417.6

Ⓣ第1部 数学の基礎，第2部 統計学の基礎，第3部 極限定理と展開，第4部 確率分布，増補第1部 数学の基礎，増補第4部 確率分布

和算

＜書 誌＞

日本学士院所蔵 和算資料目録 日本学士院編 岩波書店 2002.10 837,70p 26cm 36000円 Ⓘ4-00-025753-6 Ⓝ419.1

Ⓒ昭和7年刊行の『和算資料目録』の改訂・増補版。平成13年9月現在に日本学士院が所蔵する和算書、あるいは和算史に関連する資料、計9700点を収録。排列は分類別、標題の五十音

和算　　　　　　　　　　　　　数学

順。巻末に資料名索引、編著者名索引を付す。

＜年　表＞

和算史年表　佐藤健一，大竹茂雄，小寺裕，
　牧野正博編著　東洋書店　2002.6　166p
　21cm　1600円　Ⓣ4-88595-378-2　Ⓝ419.1
Ⓘ内容和算史の年表。事項・注・資料・世界の
数学史上の主な動きに分けて採録する。

和算史年表　増補版　佐藤健一，大竹茂雄，
　小寺裕，牧野正博編著　東洋書店　2006.9
　182p　21cm　1700円　Ⓣ4-88595-646-3
Ⓘ内容和算の事項、注、資料、世界の数学史上
の主な動きを並べた和算の発達年表。巻末に書
名索引、人名索引が付く。

＜辞　典＞

和算用語集　佐藤健一，安富有恒，疋田伸汎，
　松本登志雄著　研成社　2005.10　141p
　19cm　1800円　Ⓣ4-87639-139-4
Ⓘ内容和算用語は現代用語とはだいぶ語意が違
い、使い方にも幅がある。そこで、多くの方の
要望に応えるため、500用語を厳選し、実用に役
立つ解説と多くの実例・図を入れ、さらに江戸
時代の単位、おもな江戸時代の和算書150点・基
本的くずし字一覧も加えて、より多くの読者が
興味をもって活用できるよう編集した用語集。

32　科学への入門レファレンスブック

物理学

物理学全般

<事 典>

旺文社物理事典 服部武志監修 旺文社
2010.3 348p 19cm 〈年表あり〉 1600円
Ⓘ978-4-01-075144-2 Ⓝ420.33

Ⓒ収録項目数5200項目。基本項目から重要項目まで、この1冊で「物理」を持ち運び。教科書・入試問題を分析し、学習に役立つ項目を収録。

現代物理学小事典 講談社 1993.12 741p
18cm （ブルーバックス B-997） 1800円
Ⓘ4-06-132997-9 Ⓝ420.33

Ⓣ第1章 素粒子物理学，第2章 原子核物理学，第3章 物性物理学，第4章 量子力学，第5章相対性理論，第6章 電磁気学，第7章 熱学・熱力学・統計力学，第8章 波動，第9章 力学

Ⓒ現地物理学を9章に分けて解説する体系別記述の小事典。章の構成は、より先端的な分野から基礎分野へと配置し、各章それぞれ独立に読み進むことができるよう記述している。また、物理学の発展に寄与した人物をコラムで紹介する。事項の五十音から引く索引を付す。

三省堂新物理小事典 三省堂編修所編，松田
卓也監修 三省堂 2009.6 461p 20cm
〈年表あり〉 1900円 Ⓘ978-4-385-24017-6
Ⓝ420.33

Ⓒ現代日本において、物理学に基づく概念を整理して修得することは、科学者・技術者に限らずすべての社会人にとって必要なことであり、学校教育でもより重視されるべきであろう。本書は、基本的な用語から最近話題となった用語まで、簡潔に要領を得た分かりやすい解説を心がけるとともに、多くの分野・読者層の用途に応えた。タキオン、CPの破れ、ニュートリノ振動、量子テレポーテーション、散逸構造、宇宙の晴れ上がり、遺伝的アルゴリズム、原子間力顕微鏡、青色発光ダイオードなど、現代の用語も積極的に取り上げた。

三省堂 物理小事典 第4版 三省堂編修所編
三省堂 1994.4 408p 19cm 1500円

Ⓘ4-385-24016-7 Ⓝ420.33

Ⓒ現行の高校教科書・大学入試問題・専門雑誌などから選定した4100項目を収録する学習物理事典。新高等学校学習指導要領に準拠している。新データや新しい学説も採用、また物理の全分野の新しい重要術語を多数収録する。付録として単位系・物理定数・温度定点・周期表・物理学史年表などがある。

新・物理学事典 大槻義彦，大場一郎編 講
談社 2009.6 816p 18cm （ブルーバック
ス B-1642） 〈並列シリーズ名：Blue backs
索引あり〉 2100円 Ⓘ978-4-06-257642-0
Ⓝ420.36

Ⓣ素粒子物理学，原子核物理学，原子物理学，物性物理学，量子力学，相対性理論，電磁気学，熱学・熱力学・統計力学，非平衡系の熱力学・統計力学，流体力学，波動，力学

Ⓒ物理学全体を12章に分け、各章それぞれ独立に読み進めることができる。それぞれの分野の第一線で活躍する研究者が鋭意執筆。索引を利用すれば用語辞典としても使える。物理学の全体が概観できる「読む事典」。

スタンダード 物理卓上事典 相馬信山著
聖文社 1990.7 373p 19cm 2300円
Ⓘ4-7922-0201-9 Ⓝ420.36

Ⓣ序章 物理学への準備，第1章 力学，第2章波の物理学，第3章 熱の物理学，第4章 電磁気学，第5章 最近の物理学

Ⓒ基礎知識の整理と疑問に即答。用語と関連事項をやさしく解説。

続 日常の物理事典 近角聡信著 東京堂出
版 2000.7 311p 21cm 2800円 Ⓘ4-
490-10549-5 Ⓝ420.4

Ⓣ1 住居の中の物理，2 生活の中の物理，3遊びの物理，4 機械の物理，5 自然の中の物理

Ⓒ日常見られる諸現象をとり上げ、物理学の目で見た解釈を記述したもの。1994年刊『日常の物理事典』の続編。

日常の物理事典 近角聡信著 東京堂出版
1994.9 327p 21cm 2800円 Ⓘ4-490-

科学への入門レファレンスブック 33

物理学全般　　　　　　　物理学

10372-7　Ⓝ420.4

Ⓣ目次）1 住居の中の物理，2 生活の中の物理，3 遊びの物理，4 機械の物理，5 自然の中の物理

Ⓒ内容）日常見られる諸現象をとり上げ，物理学の目で見た解釈を記述したもの。住居，生活，遊び，機械，自然に大きく分け，その中も状況別に構成。巻末に，物理学の分類による分野別項目索引と，五十音順の総合索引を付す。一身近な "なぜ" を物理の目で解明。

「物理・化学」の法則・原理・公式がまとめてわかる事典　涌井貞美著　ベレ出版　2015.8　319p　21cm　（BERET SCIENCE）　1800円　Ⓘ978-4-86064-446-8

Ⓣ目次）第1章 小中学校で習ったキホン法則，第2章 物理はモノの動きから理解，第3章 「電気」を理解すれば技術のキホンがわかる，第4章 気体，液体，固体の様子を探る法則，第5章 化学反応を理解すれば化学が好きになる!，第6章 量子の世界から相対性理論まで

Ⓒ内容）現代の物理・化学の基本となる70アイテム!豊富な図解でわかりやすい。「こんな原理で動いている」「こんな仕組みでつくられている」といった科学の大枠をとらえられるよう，身近で具体的なテーマを利用して解説していきます。

物理学事典　カラー図解　Hans Breuer著，Rosemarie Breuer図作，杉原亮，青野修，今西文竜，中村快三，浜満訳　共立出版　2009.8　398p　23cm　〈年表あり　索引あり　原書名：Dtv-Atlas Physik.〉　5500円　Ⓘ978-4-320-03459-4　Ⓝ420.36

Ⓣ目次）はじめに，力学，振動と波動，音響，熱力学，光学と放射，電気と磁気，固体物理学，現代物理学，付録

物理学大事典　鈴木増雄，荒船次郎，和達三樹編　朝倉書店　2005.10　878p　27cm　36000円　Ⓘ4-254-13094-5

Ⓒ内容）物理学の基礎から最先端までを体系的に解説。21世紀における現代物理学の課題と，情報・エネルギーなど他領域への関連も含めて歴史的展開を追いながら解説する。「基礎」「発展」「展開」の3部構成。人名索引，和文索引，欧文索引付き。

物理学大事典　普及版　鈴木増雄，荒船次郎，和達三樹編　朝倉書店　2011.8　878p　27cm　〈他言語標目：Encyclopedia of Physics　索引あり〉　32000円　Ⓘ978-4-254-13108-6　Ⓝ420.36

Ⓣ目次）1 基礎（力学，電磁気学，量子力学 ほか），

2 発展（場の理論，素粒子，原子核 ほか），3 展開（非線形，情報と計算物理，生命 ほか）

物理なぜなぜ事典　1　力学から相対論まで　増補版　江沢洋，東京物理サークル編著　日本評論社　2011.5　383p　21cm　〈索引あり〉　2500円　Ⓘ978-4-535-78657-8　Ⓝ420

物理なぜなぜ事典　2　場の理論から宇宙まで　増補版　江沢洋，東京物理サークル編著　日本評論社　2011.5　375p　21cm　〈索引あり〉　2500円　Ⓘ978-4-535-78658-5　Ⓝ420

Ⓣ目次）7 人間・社会と物理の関わりの「なぜ?」，8 普通の物体の運動とはまったく違う波の「なぜ?」，9 見えるようで見えなかった光と色の「なぜ?」，10 空間に広がる電磁場の「なぜ?」，11 本当の姿をのぞかせてきた物質・原子・原子核の「なぜ?」，12 だまされないための原子力の「なぜ?」，13 誰もが知りたい宇宙の「なぜ?」

Ⓒ内容）ステルス飛行機はなぜ見えないのか。原子炉ではない容器の中で，なぜ核分裂連鎖反応が起こったのかほか—5項目を新たに加えた増補版。

<辞　典>

学術用語集　物理学編　文部省，日本物理学会〔編〕　培風館　1990.9　670p　19cm　2240円　Ⓘ4-563-02195-4　Ⓝ420.33

Ⓒ内容）昭和29年の制定以来三十数年ぶりの見直し・改訂により，学問の進展に即した新用語の追加，古い用語や不適切な用語の廃棄，訳語の見直しが行われ，用語数は初版の約3倍，10,000余語となっている。

先端物理辞典　パリティ編集委員会編　丸善　2002.9　308p　19cm　1900円　Ⓘ4-621-07074-6　Ⓝ420.33

Ⓒ内容）過去10年間の現代物理学用語を理解するための辞典。物理科学雑誌「パリティ」の1991年1月号から2001年12月号に掲載された「今月のキーワード」に基づく内容。排列は五十音順による。参照項目，関連語，解説を記載。専門家，教育関係者，マスコミ関係者，科学に関心のある個人向け。巻末に欧文索引を付す。

物理学辞典　改訂版　物理学辞典編集委員会編　培風館　1992.5　2565p　26cm　39000円　Ⓘ4-563-02092-3

Ⓒ内容）最新語を含め綿密に選び直した13000余項目。小項目主義による引きやすく，分かりやす

い解説。最新データによる信頼のおける正確な記述。2700個の図・写真により視覚的理解も配慮。日常役立つ付録の定数、諸データも最新化。便利な英・独・仏・露語の対応語と各索引。

物理学辞典 改訂版 物理学辞典編集委員会編 培風館 1992.10 2465p 22cm 〈縮刷版〉 12000円 Ⓘ4-563-02093-1 Ⓝ420.33

物理学辞典 三訂版 物理学辞典編集委員会編 培風館 2005.9 2670p 26cm 43000円 Ⓘ4-563-02094-X

Ⓘ内容21世紀物理学の出発点として13年ぶりの全面改訂。最新語を含め綿密に選び直した13500項目。小項目主義による引きやすく、分かりやすい解説。最新データによる信頼のおける正確な記述。精巧な図と写真により視覚的理解も配慮。日常役立つ付録の定数・諸データも最新化。

マグロウヒル現代物理学辞典 英英 第3版 南雲堂フェニックス 2003.4 483p 22×14cm 3400円 Ⓘ4-88896-307-X

Ⓘ内容物理学分野の専門用語11,500語を網羅した大幅改訂版。同義語、頭字語、略語も収録。原子・素粒子・プラズマ・固体物理学・流体・量子・統計・一般力学のほか、音響学、光学、相対論、分光学、熱力学等のトピックも余さずカバー。

MARUZEN物理学大辞典 第2版 物理学大辞典編集委員会編 丸善 1999.3 1834p 26cm 47000円 Ⓘ4-621-04547-4

Ⓘ目次アイソスピン、アイソトーン、アイソバー（原子核物理）、圧縮性流れ、圧電気、圧力、圧力中心、アドミッタンス、アナログ状態、アノマロン〔ほか〕

Ⓘ内容音響学、原子物理学、素粒子物理学、分子物理学、古典力学、電磁気学、流体力学、相対性理論、光学ほか、物理学の主要分野について解説した辞典。McGraw-Hill社 "Encyclopedia of Physics,second edition"を基に書下ろし項目および データを追加し再編集したもの。配列は五十音順。和文索引、欧文索引付き。

Maruzen物理学大辞典 第2版 普及版 物理学大辞典編集委員会編 丸善 2005.3 1834p 26cm 〈原書名：McGraw-Hill encyclopedia of physics. 2nd ed.〉 20000円 Ⓘ4-621-07586-1 Ⓝ420.33

ロングマン物理学辞典 清水忠雄、清水文子監訳 朝倉書店 1998.2 816p 21cm 〈原書3版〉 25000円 Ⓘ4-254-13072-4

Ⓘ内容1958年に刊行された「ロングマン物理学辞典」の第3版の翻訳版。近年大きく進歩した素粒子物理学、核物理学、個体物理学、電子高額、天文学、宇宙論の分野は大幅に追加、修正がなされている。

＜名簿・人名事典＞

人物でよむ物理法則の事典 米沢富美子総編集，辻和彦編集幹事 朝倉書店 2015.11 525p 21cm 8800円 Ⓘ978-4-254-13116-1

Ⓘ目次アインシュタイン，A，アヴォガドロ，A.，アッベ，E.，アニェージ，M.G.，アマガ，E.，アリストテレス，アルヴェーン，H.，アルキメデス，アレニウス，S.，アレン，F.E.〔ほか〕

Ⓘ内容われわれの宇宙を説明する様々な物理法則や物理現象を、発見に携わった物理学者358人の事跡を基に人名事典形式のもとに構成。法則や現象の理論的解説を中心に、科学史的意義、時代背景、発見者の人物像まで重層的に描き出す。知的熱気に溢れる事典!

＜ハンドブック＞

液晶便覧 液晶便覧編集委員会編 丸善 2000.10 645p 27×20cm 29000円 Ⓘ4-621-04798-1 Ⓝ428.3

Ⓘ目次1章 はじめて液晶を扱う人のための基礎，2章 液晶の配列と物性，3章 分子構造と液晶性，4章 液晶の合成，5章 液晶の応用，6章 液晶の機能，7章 関連する分子集合体

Ⓘ内容液晶の現状と基礎・応用の知識を体系的にまとめた技術便覧。基礎科学から先端分野まで基礎と応用を均等に掲載することを方針としている。索引（和文・欧文）付き。

科学理論ハンドブック50 物理・化学編 慣性の法則から相対性理論、量子論、超ひも理論、原子論、分子軌道論、遷移状態理論など 大宮信光著 ソフトバンククリエイティブ 2008.9 246p 18cm 〈サイエンス・アイ新書 SIS-80〉 〈文献あり〉 952円 Ⓘ978-4-7973-4249-9 Ⓝ400

Ⓘ目次物理編（ニュートン力学―地上と天界を統一しようという野望，熱力学と光学―熱と光のフシギを追って，電気と磁気はなぜペアなのか，相対性理論―物質宇宙のインフラ、時空と物質・エネルギーの理論，量子力学の生成，素粒子の探求，統一理論へ），化学編（錬金術から量子化学への旅立ち，化学結合，有機化合物―

物理学全般　　　　　　　物理学

有機化学の基本，元素と物質，化学変化）

(内容)人類は紀元前の昔から，身の周りにある"なぜ"を解き明かそうと挑んできた。その物理と化学における成果をまとめたのが本書である。ニュートン力学から熱力学，相対性理論，量子力学，超ひも理論，化学結合，有機化学，元素，化学変化など，その概要から理論の発展までを解説しているので，ワクワクしながら楽しんでほしい。

混相流ハンドブック　日本混相流学会編　朝倉書店　2004.11　502p　21cm　20000円
①4-254-20117-6

(目次)1 基礎編（気液二相流，固気二相流，液液二相流，固液二相流，計測法 ほか），2 応用編（電磁流体工学，エネルギー工学，環境工学，原子力工学，資源工学 ほか）

(内容)本ハンドブックは基礎編と応用編とから構成されている。基礎編では混相流の代表的な流れとして，気液二相流，固気二相流，液液二相流，固液二相流を取りあげ，これらの流れに関わる輸送現象の基礎的な概念だけでなく，数値計算法ならびに計測法について言及し，初心者にも分かりやすい記述を心がけた。応用編では20に及ぶ専門分野を対象とし，現場で用いられている用語も積極的に取り入れて各専門領域での混相流現象の実体が活写されるように留意し，他分野の研究者，実務者の理解が容易になるように心がけた。

はじめての相対性理論　アインシュタインのふしぎな世界　佐藤勝彦監修　PHP研究所　2013.12　63p　29×22cm　（楽しい調べ学習シリーズ）　3000円　①978-4-569-78364-2

(目次)第1章 相対性理論が生まれるまで（地球はほんとうにまわっている?，「空間」は何でできている?，「時間」はどんなふうに流れている? ほか），第2章 特殊相対性理論のしくみ（「光」と「速さ」のふしぎ，「時間」は絶対じゃない!，「光」と「時間」の実験 ほか），第3章 一般相対性理論のしくみ（一般相対性理論とは，「重力」とはどんなもの?，「重力」と「空間」の関係 ほか）

(内容)20世紀の天才物理学者，アルベルト・アインシュタイン。彼は，たったひとりで革命的な物理の理論を生みだしました。特殊相対性理論と一般相対性理論です。常に一定だと考えられていた時間が遅れたり空間がゆがんだりすることがあるということを発見したのです。それはつまり，タイムトラベルの可能性を示すもの

でもありました。アインシュタインが解き明かした時間や空間のふしぎをさっそくのぞいてみましょう。

物理学ハンドブック　第2版　戸田盛和，宮島竜興編　朝倉書店　1992.6　630p　21cm　12360円　①4-254-13053-8

(目次)1 力学，2 変形する物体の力学，3 熱と熱力学，4 電気と磁気，5 光，6 電子と原子，7 物質の電気・磁気的性質，8 電子の利用―技術開発の始まり，9 素粒子の世界，10 宇宙

(内容)本書は高等学校程度の物理の知識をもととして，これを補い，発展させて，物理学の知識・基礎および実際的な応用例などについて，くわしく，また興味ある解説。

◆物理学教育

＜事 典＞

新 観察・実験大事典　物理編　「新 観察・実験大事典」編集委員会編　東京書籍　2002.3　3冊（セット）　30cm　12000円　①4-487-73117-8　Ⓝ375.42

(目次)1 力学／エネルギー（力と運動，仕事とエネルギー），2 熱光音／波動／電磁気（熱，光，音と波動，電気と磁気 ほか），3 生活の物理／物づくり（生活と物理，基礎操作，機器製作）

(内容)小学・中学・高校生対象の物理の観察・実験ガイドブック。「新 観察・実験大事典」の物理編。「力学／エネルギー」，「熱光音／波動／電磁気」，「生活の物理／物づくり」の全3巻で構成。第1巻は力と運動・仕事とエネルギーの2項目，第2巻は熱・光・音と波動等の5項目，第3巻は生活と物理・基礎操作・機器製作の3項目に分けて，各テーマの観察・事件について，ねらい，対象学年，時間，必要器具と入手先を明記，実験の手順をイラストと解説で詳しく紹介している。事故防止のための注意点，結果のまとめ方，考察のポイント，発展学習のヒント，関連知識のコラム等，指導者向けの情報も示す。各巻末に事項索引を付す。

たのしくわかる物理実験事典　左巻健男，滝川洋二編著　東京書籍　1998.9　464p　21cm　3800円　①4-487-73138-0

(目次)物とは何か（物の基礎概念），力と道具，運動と力，圧力，波と音，光，温度と物，静電気，電流，磁場，電磁誘導，電子と原子，エネルギー，総説

36　科学への入門レファレンスブック

物理学　　　　　　　　　　　　　　　　　光学

＜辞典＞

英和学習基本用語辞典物理　海外子女・留学生必携　北村俊樹用語解説，藤沢皖用語監修　アルク　2009.4　343p　21cm　（留学応援シリーズ）　〈他言語標題：English-Japanese the student's dictionary of physics　『英和物理学習基本用語辞典』（1995年刊）の新装版　索引あり〉　5800円　Ⓘ978-4-7574-1575-1　Ⓝ420.33

Ⓒ英米の教科書に登場する物理用語を選定。英米の統一テストでの必須用語をカバー。図やグラフを多用し，高校生レベルに合わせたわかりやすい解説。学部・大学院留学生の基礎学習にも活用可能。

単位

＜ハンドブック＞

一目でわかる単位の換算便利帳　教育図書研究会編　（羽曳野）教育図書出版オックス　〔2000.1〕　180p　15cm　840円　Ⓘ4-87239-195-0

Ⓣ1 食品類，2 繊維類，3 建物，4 土地，5 田畑・山林，6 陸路，7 海路，8 身体（身長・体重），9 その他，早見表

Ⓒ各種の計量単位の換算を品種別の項目ごとに掲載したもの。

＜図鑑・図集＞

目でみる単位の図鑑　丸山一彦監修，こどもくらぶ編　東京書籍　2014.8　95p　30cm　2800円　Ⓘ978-4-487-80818-2

Ⓣ長さの単位，広さの単位，体積の単位，重さの単位，時間の単位，速度の単位，明るさの単位，電気の単位，仕事量の単位，力の単位〔ほか〕

Ⓒ身近な単位がイメージできる!理系脳をはぐくむ。なかなか理解できない・説明できない身のまわりの単位を，目でみてパッと思いうかべることができるようにする図鑑!

光学

＜事典＞

学術用語集 分光学編　増訂版　文部省著　培風館　1999.7　388p　19cm　2800円　Ⓘ4-563-04567-5

Ⓣ和英の部，英和の部，資料（関係者名簿，学術用語審査基準，SI単位の10の整数乗倍を表す接頭語，「度」・「率」・「係数」・「比」に関する用語選定に際しての一般方針，ローマ字による学術用語の書き表し方，分光学の学術用語制定の経緯，学術用語の制定・普及について）

Ⓒ分光学の学術用語を収録したもの。和英の部，英和の部の二部構成。巻末に関係者名簿，学術用語審査基準などの資料がある。

色彩の事典　新装版　川上元郎，児玉晃，富家直，大田登編　朝倉書店　2008.1　470,5p　26cm　〈文献あり〉　20000円　Ⓘ978-4-254-10214-7　Ⓝ425.7

Ⓣ1 色の測定と表示（光と色，表色，測色，光源と演色性，標準色票と色名，色材），2 色彩の心理・生理（色覚の生理，色覚，色知覚，色彩環状，色の心理的効果，色を用いた心理テスト，色に関する心理学的測定法），3 色再現（混色，調色（カラーマッチング），カラーテレビジョン，カラー写真，カラー印刷），4 色彩計画（調査，色票，流行色，色彩調和，カラーシュミレーション，色彩計画の実際）

実用光キーワード事典　日本光学測定機工業会編　朝倉書店　1999.4　253,8p　21cm　6000円　Ⓘ4-254-20094-3

Ⓣ光の科学技術史，光の特性，光の伝播，光の反射，屈折，透過，光の分散，光の散乱，光線，光の結像特性，ミラー，プリズム，レンズ，光学機器，光の波動性，光の干渉，干渉計，光の回折，偏光，フーリエ光学，光情報処理，光と物質との作用，光源，レーザー，光ディレクター，エレメントおよびデバイス，光応用計測，光応用検査と分析技術，光応用加工技術，光応用情報技術，医用光技術

発光の事典　基礎からイメージングまで　木下修一，太田信廣，永井健治，南不二雄編　朝倉書店　2015.9　771p　21cm　20000円　Ⓘ978-4-254-10262-8

Ⓣ1 発光の概要，2 発光の基礎，3 発光測定法，4 発光の物理，5 発光の化学，6 発光の生物，7 蛍光イメージング，8 いろいろな光源と発光の応用

科学への入門レファレンスブック　37

電気・電磁気　　　　　　物理学

光の百科事典　谷田貝豊彦，桑山哲郎，柴田清
　孝，畑田豊彦，藤原裕文，渡辺順次編　丸善
　出版　2011.12　767p　22cm　〈索引あり〉
　20000円　①978-4-621-08463-2　Ⓝ425.036
　Ⓒ内容光技術やそれを支える材料の開発の経緯、
　あるいはアメニティとしての光の利用など、身
　の回りのさまざまな光現象を解説する事典。身
　近なテーマから理解できるよう、やさしく体系
　的に説明する。

<ハンドブック>

光学ハンドブック　基礎と応用　宮本健郎著
　岩波書店　2015.1　280p　21cm　4200円
　①978-4-00-006302-9
　Ⓣ目次第1章 光の性質，第2章 波動光学，第3章
　幾何光学，第4章 結像理論，像合成，第5章 自
　由電子レーザー、光ファイバ通信、2次高調波発
　生などの応用，第6章 マクスウェルの方程式に
　よる解析
　Ⓒ内容光学の応用範囲は光通信、光集積回路を中
　心に著しく進展し、さまざまな分野で関心が持
　たれている。その一方で光は、物理学の変革の
　なかでいつも重要な役割を果し、物理学の理解
　に必須の基礎的事項でもある。このハンドブッ
　クでは光学の基礎的内容を簡潔に説明し、最新
　の応用とのつながりをわかりやすくまとめる。

<図鑑・図集>

**自然がつくる色大図鑑　地球・星から生き
　物まで**　福江純著　PHP研究所　2013.12
　63p　29×22cm　（楽しい調べ学習シリー
　ズ）　3000円　①978-4-569-78370-3
　Ⓣ目次第1章 色って何?（色は光でできている，
　光のさまざまな性質，色が見えるしくみ ほか），
　第2章 地球や星の色（空の色，虹の色，雲の色
　ほか），第3章 生き物の色（葉の色，花の色，藻
　の色 ほか）

電気・電磁気

<事 典>

超電導を知る事典　北田正弘，樽谷良信著
　アグネ承風社　1991.6　283p　18cm　2472
　円　①4-900508-24-1
　Ⓣ目次超電導の始まり，1 基礎編，2 材料編，3

応用編

<辞 典>

放射線用語辞典　飯田博美編　通商産業研究
　社　2001.8　812p　19cm　4000円　①4-
　924460-96-6　Ⓝ429.4
　Ⓒ内容ラジオアイソトープ、放射線を取り扱う
　科学者や技術者のための用語辞典。物理学、化
　学、生物学、測定技術、管理技術及び法令、放
　射線医学等3110語を収録。本文は五十音順、巻
　末に英文索引が付く。

化学

化学全般

<事 典>

旺文社化学事典 斉藤隆夫監修 旺文社
2010.3 446p 19cm 〈年表あり〉 1600円
Ⓣ978-4-01-075145-9 Ⓝ430.33

Ⓒ内容Ⓓ収録項目数7000項目。基本項目から重要
項目まで、この1冊で「化学」を持ち運び。教
科書・入試問題を分析し、学習に役立つ項目を
収録。

化学大百科 今井淑夫、小川浩平、小尾欣一、
柿沼勝己、中井武、脇原将孝監訳、Douglas
M.Considine,Glenn D.Considine編 朝倉書
店 1997.10 1065p 26cm 〈4th Edition
原書：ENCYCLOPEDIA OF
CHEMISTRY〉 55000円 Ⓣ4-254-14045-2

Ⓒ内容Ⓓ化学に関連する重要な用語を約1300を収録。
1984年刊行の「Encyclopedia of Chemistry」の
翻訳版。巻末に日本語索引、英語索引が付く。

化学大百科 普及版 〔DOUGLAS M.
CONSIDINE,GLENN D.CONSIDINE〕
〔編〕、今井淑夫、小川浩平、小尾欣一、柿沼
勝己、中井武、脇原将孝監訳 朝倉書店
2011.1 1065p 27cm 〈索引あり 原書
名：Encyclopedia of chemistry.4th ed.〉
48000円 Ⓣ978-4-254-14088-0 Ⓝ430.33

Ⓒ内容Ⓓ化学の関連分野から基本的かつ重要な化
学用語約1300語を収録。化学物質の構造、物性、
合成法などをわかりやすく解説。配列は見出し
語の五十音順、見出し語の英語、解説を記載。
巻末に日本語索引、英語索引が付く。

**化学の単位・命名・物性早わかり 化学工
業技術データ活用マニュアル** 改訂版
岡田功編 オーム社 1992.8 222p 21cm
2500円 Ⓣ4-274-11988-2

Ⓣ目次Ⓓ1 単位編（国際単位系、基本単位、10の累
乗を表わす接頭語、補助単位、固有名をもつ組
立単位、非SI単位の取扱い、SI記号の使用上の
原則と注意、SIとともに暫定的に維持する単位、
その他の一般に推奨しがたい単位、SIと併用し

ないほうが望ましいCGS単位、SI単位および併
用単位一覧、主要単位の換算率表、単位に関係
ある略語）、2 命名編（元素および無機化合物、
有機化合物）、3 物性編（気体・液体・固体の諸
性質、単体と無機化合物の性質、有機化合物の
性質）

記号・図説 錬金術事典 大槻真一郎著 同
学社 1996.7 279p 21cm 4635円 Ⓣ4-
8102-0045-0

Ⓣ目次Ⓓ第1部 錬金術記号、第2部 主要事項・人名
解説

Ⓒ内容Ⓓ錬金術に関する事項を解説した事典。錬
金術を記号の面からとらえ、記号を見出しにし
て解説する「錬金術記号」と「主要事項・人名解
説」の二部構成。巻末に事項索引・人名索引・
書名索引・ラテン語索引がある。―シンボルを
通して探る久遠の知恵。

三省堂化学小事典 第4版 三省堂編修所編
三省堂 1993.12 442p 19cm 1200円
Ⓣ4-385-24025-6 Ⓝ430.33

Ⓒ内容Ⓓ現行の高校教科書・大学入試問題・専門
雑誌などから化学の用語を選定収録した事典。
収録項目数約4900。

三省堂新化学小事典 池田長生、小熊幸一監
修、三省堂編修所編 三省堂 2009.1 513p
20cm 〈執筆：五十嵐康人ほか 「三省堂化
学小事典」（1993年刊）の新版 年表あり〉
1600円 Ⓣ978-4-385-24026-8 Ⓝ430.33

Ⓒ内容Ⓓ基本的な用語から現代の用語まで約5600
項目を簡潔に分かりやすく解説。オゾンホール、
温室効果、燃料電池、光分解性プラスチック、
メタンハイドレート、カーボンナノチューブ、
フラーレン、高温超伝導体など、環境、エネル
ギー、各種新技術に関する項目も積極的に採用。

スタンダード 化学卓上事典 磯直道著 聖
文社 1990.6 438p 19cm 2500円 Ⓣ4-
7922-0200-0 Ⓝ430.36

Ⓣ目次Ⓓ1 化学の基礎、2 物質の構造、3 物質の状
態、4 化学変化、5 典型元素とその化合物、6 遷
移元素とその化合物、7 有機化合物、8 高分子
化合物、9 食品、10 核酸、11 医薬と農薬、12

科学への入門レファレンスブック　**39**

化学全般　　　　　　　　　　　　化学

染料と洗剤，13 放射性元素，14 環境汚染，15 化学の実験

(内容)基礎知識の整理と疑問に即答。用語と関連事項をやさしく解説。

日常の化学事典　山田洋一，吉田安規良編，左巻健男監修　東京堂出版　2009.6　345p　22cm　〈索引あり〉　2800円　①978-4-490-10755-5　Ⓝ430.4

(目次)第1章 生活の中の化学（水の化学，料理の化学，燃焼の化学，電池の化学），第2章 住居の中の化学（居間の中の化学，台所の化学，洗面所・風呂・トイレの化学，机の上の化学），第3章 身の回りの化学（体と健康の化学，金属とセラミックスの化学，有機物・高分子の化学，おもちゃ・マジックの化学），第4章 家の外の化学（車の化学，庭の化学，旅の化学，環境の化学）

(内容)身近な"なぜ"を化学の視点で解明。楽しく読みながら化学の本質がわかる。約400語に厳選した分野別項目索引で多面的に化学の知識が整理できる。

「物理・化学」の法則・原理・公式がまとめてわかる事典　涌井貞美著　ベレ出版　2015.8　319p　21cm　（BERET SCIENCE）　1800円　①978-4-86064-446-8

(目次)第1章 小中学校で習ったキホン法則，第2章 物理はモノの動きから理解，第3章 「電気」を理解すれば技術のキホンがわかる，第4章 気体，液体，固体の様子を探る法則，第5章 化学反応を理解すれば化学が好きになる!，第6章 量子の世界から相対性理論まで

(内容)現代の物理・化学の基本となる70アイテム!豊富な図解でわかりやすい。「こんな原理で動いている」「こんな仕組みでつくられている」といった科学の大枠をとらえられるよう，身近で具体的なテーマを利用して解説していきます。

例解化学事典　堀内和夫，桂木悠美子著　朝倉書店　1991.1　305p　21cm　5459円　①4-254-14040-1　Ⓝ430.36

(目次)1 化学の古典法則，2 物質量（モル），3 化学式と化学反応式，4 原子の構造，5 化学結合，6 周期表，7 気体，8 溶液と溶解，9 固体，10 コロイド，11 酸，塩基，12 酸化還元，13 反応熱と熱化学方程式，14 反応速度，15 化学平衡，16 遷移元素と錯体，17 無機化合物，18 有機化合物，19 天然高分子化合物，20 合成高分子

例解化学事典　普及版　堀内和夫，桂木悠美子著，玉井康勝監修　朝倉書店　2011.1　305p　22cm　〈索引あり〉　5500円　①978-

4-254-14087-3　Ⓝ430.36

(目次)化学の古典法則，物質量（モル），化学式と化学反応式，原子の構造，化学結合，周期表，気体，溶液と溶解，固体，コロイド，酸，塩基，酸化還元，反応熱と熱化学方程式，反応速度，化学平衡，遷移元素と錯体，無機化合物，有機化合物，天然高分子化合物，合成高分子

＜辞典＞

化学英語の活用辞典　化学の論文を英語で書くための　第2版　足立吟也，小関治男，片岡宏，香月裕彦，杉浦幸雄，原正，松浦良樹編　（京都）化学同人　1999.4　635p　19cm　4000円　①4-7598-0826-4

(内容)科学とその関連分野における重要な用語を収録した辞典。英文用例約14000を収録。英和、和英の2部構成。配列は、和英の部50音順、英和の部アルファベット順。

化学英語の基礎　和英・英和用例辞典　野崎亨著　培風館　1995.5　166p　21cm　2472円　①4-563-04540-3

(目次)1 英文の基礎的語句，2 語句の用法英文例，3 語句の用法のまとめ

(内容)化学や科学技術に関する英文の読み書きに必要な語句とその用法をまとめた辞典。英文の化学論文から1000例文を選び、要点となる語句に和訳を記す。またそれらの和訳を五十音順に排列した部と、語句をアルファベット順に排列した部があり、それぞれ例文の索引としても利用できる。

化学英語の基礎　和英・英和用例辞典　改訂版　野崎亨著　培風館　2000.10　187p　21cm　2500円　①4-563-04584-5　Ⓝ430.7

(目次)1 英文の基礎的語句，2 語句の用法英文例（前置詞およびその用語を伴う語句，構文，接続詞，関係詞および修飾語，動詞（助動詞を含む）の用法，その他の基礎的語句および演習），3 句語の用法のまとめ（前置詞およびその用語を伴う語句，構文，接続詞，関係詞および修飾語，動詞（助動詞を含む）の用法）

(内容)化学や科学技術に関する英文の論文を読み・書くために必要な基礎的語句とその用法をまとめたもの。英文の化学学術論文から1,000例文を選定、和訳、基礎的語句、語句の用法英文例、語句の用法のまとめという構成で掲載する。

化学英語用例辞典　田中一範，飯田隆，藤本康雄編　日本大学文理学部，冨山房インター

40　科学への入門レファレンスブック

ナショナル〔発売〕　2014.3　881,57p
21cm　（日本大学文理学部叢書）　6800円
Ⓘ978-4-905194-70-5

Ⓝ内容化学英語の論文を書くために必携の用例
辞典、50余年の歳月をかけて、蒐集、構成、執
筆された渾身の辞典。類書を凌ぐ約2万の用例
文を収録。和英索引を付して日本語からも検索
可能。

化学語源ものがたり　part 2　竹本喜一，
金岡喜久子著　（京都）化学同人　1990.4
236p　18cm　1000円　Ⓘ4-7598-0207-X
Ⓝ430.34

**化学用語英和辞典　造語要素から見た科学
用語英和辞典**　岡田功編　リーベル出版
1995.2　275p　21cm　2987円　Ⓘ4-89798-
428-9

Ⓝ内容化学用語（英語）を接頭辞・語幹・接尾辞
の造語要素に分解し、それぞれの語源解説と用
例により成立ちを示した辞典。アルファベット
順に排列する。読み物として使えるよう、記号
による略表示は一部に限定し、また高校程度の
化学知識があれば理解できるよう、記述は平易
を旨としている。

化学用語辞典　第3版　化学用語辞典編集委員
会編　技報堂出版　1992.5　1059p　21cm
15450円　Ⓘ4-7655-0022-5

実用化学辞典　普及版　Gessner G.Hawley改
訂，越後谷悦郎，阿部光雄，曽我和雄，中村
隆一，山口達明ほか監訳　朝倉書店　2007.6
1006p　21cm　〈原書第10版　原書名：The
Condensed Chemical Dictionary,TENTH
EDITION〉　26000円　Ⓘ978-4-254-14079-8

Ⓝ内容この本は1919年ちょうどアメリカの化学
工業が拡張期に入ったころ、そのニーズに応え
て出版されたものであるが、以来現在までロン
グセラーをつづけてきているすばらしい化学の
辞典である。

実用化学辞典　新装版　Gessner G.Hawley改
訂，越後谷悦郎，阿部光雄，曽我和雄，中村
隆一，山口達明，山本經二監訳　朝倉書店
2007.11　1006p　26cm　〈原書第10版　原
書名：The Condensed Chemical Dictionary,
Tenth Edition〉　28000円　Ⓘ978-4-254-
14080-4

Ⓝ内容有機化学、無機化学、生化学、物理化学、
分析化学、電気化学、化学工学、分光学、触媒
化学、合成樹脂、繊維、染料、塗料、医薬など
の分野の基本的事項から高度な知見までを解説
した化学辞典。

新・化学用語小辞典　ジョン・ディンティス
編，山崎昶，平賀やよい訳　講談社　1993.
11　761p　18cm　（ブルーバックス B-987）
〈原書名：A CONCISE DICTIONARY OF
CHEMISTRY,New Edition〉　1800円　Ⓘ4-
06-132987-1　Ⓝ430.33

Ⓝ内容現代化学の理解に必須な3600項目の用語を
解説した事典。見出しは日本語名・英語名を併記
した実用性最優先の表記方法を採用。コンピュー
タ検索を可能にするCASのRegistry Numberを
附して記載。巻末に英文索引をはじめ、周期表、
SI単位系など諸資料を収載する。

中英日 現代化学用語辞典　田村三郎編　東
方書店　1993.5　549p　21cm　18540円
Ⓘ4-497-93378-4　Ⓝ430.33

Ⓝ内容16500項目を収録した、中国語・英語・日
本語対照の化学用語辞典。対象分野は、基礎か
ら応用にわたる化学、化学工業および生物化学、
分子生物学の基本になる用語、無機化合物、有
機化合物の名称など。中国語の用語を中心にす
えて、英語と日本語の用語を併記する。巻末に
英語および日本語の用語索引を付す。

日々に出会う化学のことば　加藤俊二，竹村
富久男著　（京都）化学同人　1991.4　258p
18cm　1300円　Ⓘ4-7598-0216-9　Ⓝ430.33

Ⓝ内容日常使われている化学に関係のある語を、
最新版の小型国語辞典から1,200語を選び解説
した辞典。収録語一覧を先頭頁に掲載、本文は
「化学の基本のことば」から各論に分類した10
章の項目別で構成される。

標準 化学用語辞典　日本化学会編　丸善
1991.3　811p　21cm　12360円　Ⓘ4-621-
03546-0　Ⓝ430.33

Ⓝ内容通常、辞典には載せない誤った用語、間
違った使い方などを収載し、読者に正しい使い
方を示す構成。使用される分野によって異なる
意味をもつ多義語は、できるだけ広範に定義。
「学術用語集化学編」の収録用語のうち、解説の
不要のものは除き、先端技術などに関連した新
しい用語を採録。

標準 化学用語辞典　縮刷版　日本化学会編
丸善　1994.11　811p　19cm　5356円　Ⓘ4-
621-03842-7　Ⓝ430.33

標準 化学用語辞典　第2版　日本化学会編
丸善　2005.3　884p　21cm　12000円　Ⓘ4-
621-07531-4

Ⓝ内容基礎化学用語5000、応用化学用語4200、
生化学・生物工学用語1000を収録。第2版では、

その中で現代の化学研究における使用頻度が高くないと目される2164件の用語を削除し、その代わりに、1969件の新しい用語を追加した。また、高校化学教科書で使われている用語183件も追加し、計10165件を収録。

和英化学用語辞典 荻野博，山本学，大野公一編 東京化学同人 2009.1 497p 19cm 2300円 ①978-4-8079-0676-5 ⑩430.33

（内容）無機化学、有機化学、物理化学などの基本的な化学分野の用語はもちろん、生化学、工業化学、地球科学といった周辺領域の用語を、同義語も含め約35000語収録。同義語の相互関係を訳語の優先順とともに明示する。

<名簿・人名事典>

人物化学史事典 化学をひらいた人々 村上枝彦著 海游舎 1994.11 283p 22cm 3605円 ①4-905930-61-8 ⑩430.28

<ハンドブック>

化学の基礎 梅沢喜夫，大野公一編，竹内敬人編著 岩波書店 1996.4 277p 21cm （化学入門コース 1） 2524円 ①4-00-007981-6

（目次）原子論の成立，原子の構造，化学結合，分子の形，元素の周期的性質，気体，液体と溶液，固体，酸と塩基，酸化と還元，物質の合成，物質の精製，物質の構造決定，21世紀の化学

科学理論ハンドブック50 物理・化学編 慣性の法則から相対性理論、量子論、超ひも理論、原子論、分子軌道論、遷移状態理論など 大宮信光著 ソフトバンククリエイティブ 2008.9 246p 18cm （サイエンス・アイ新書 SIS-80）〈文献あり〉952円 ①978-4-7973-4249-9 ⑩400

（目次）物理編（ニュートン力学—地上と天界を統一しようという野望，熱力学と光学—熱と光のフシギを追って，電気と磁気はなぜペアなのか，相対性理論—物質宇宙のインフラ，時空と物質・エネルギーの理論，量子力学の生成，素粒子の探求，統一理論へ），化学編（錬金術から量子化学への旅立ち，化学結合，有機化合物—有機化学の基本，元素と物質，化学変化）

（内容）人類は紀元前の昔から、身の周りにある“なぜ”を解き明かそうと挑んできた。その物理と化学における成果をまとめたのが本書である。ニュートン力学から熱力学、相対性理論、量子

力学、超ひも理論、化学結合、有機化学、元素、化学変化など、その概要から理論の発展までを解説しているので、ワクワクしながら楽しんでほしい。

基礎 化学ハンドブック わかり易い基本用語と法則 藤田力，掛川一幸著 聖文社 1991.3 276p 19cm 900円 ①4-7922-1331-2 ⑩430.36

（目次）1章 身の回りの物質，2章 化学の基本法則，3章 物質の状態，4章 化学反応，5章 酸と塩基，6章 酸化と還元，7章 無機化合物，8章 有機化合物（炭素化合物），9章 無機化学工業，10章 有機工業化学，11章 実験用器具，12章 化学の発展に貢献した人たち

（内容）本書は、社会人や学生が、化学の基礎知識を改めて読みなおしたり、確認しようとする際に、気軽に活用していただけることをねらいとしている。各項目とも言葉の意味や、その項目の内容の基本的説明をしてあり、いわば用語解説集といえるが、用語の配列は五十音順ではなく系統的に配列した。

図解ひと目でわかる「環境ホルモン」ハンドブック 志村岳雄著，井口泰泉，田辺信介，押尾茂ほか著 講談社 1999.2 315p 15cm （講談社プラスアルファ文庫）780円 ①4-06-256325-8

（目次）1 未来を奪う環境ホルモン，2 メス化する社会，3 ホルモンの攪乱，4 海洋汚染の進行，5 精子の減少，6 図で見る身の回りの環境ホルモン，7 迫られる環境ホルモン対策

（内容）第一線の科学者が教える今日からできる身の守り方!!食品、食器、化粧品、日用品、赤ちゃん用品、室内、車内—あなたの回りは環境ホルモンだらけ。誰にでも、どこでも、すぐできる対処法をやさしく解説。

◆化学教育

<事典>

新 観察・実験大事典 化学編 「新 観察・実験大事典」編集委員会編 東京書籍 2002.3 3冊（セット） 30cm 12000円 ①4-487-73115-1 ⑩375.42

（目次）1 基礎化学（基礎操作，物質の状態，物質の溶解，物質の構造 ほか），2 化学反応（化合と分解，イオン，酸とアルカリ，金属 ほか），3 生活の化学／物づくり（環境，生活と化学）

（内容）小学・中学・高校生対象の化学の観察・

実験ガイドブック。「新 観察・実験大事典」の化学編。「基礎化学」、「化学反応」、「生活の化学／物づくり」の全3巻で構成。第1巻は基礎操作・物質の状態・物質の溶解等の6項目、第2巻は化合と分解・イオン・酸とアルカリ等6項目、第3巻は環境・生活と化学の2項目に分けて、各テーマの観察・事件について、ねらい、対象学年、時間、必要器具と入手先を明記、実験の手順をイラストと解説で詳しく紹介している。事故防止のための注意点、結果のまとめ方、考察のポイント、発展学習のヒント、関連知識のコラム等、指導者向けの情報も示す。各巻末に事項索引を付す。

＜辞 典＞

英和化学学習基本用語辞典　アルク　1995.11　451p　21cm　6500円　Ⓘ4-87234-494-4

(内容)英語で化学を学習する人々のために、英語の基本的な化学用語を集めた辞典。見出し語は英文で、2736項目をアルファベット順に排列する。各語に訳語と日本語による解説を加える。巻末に五十音順の用語索引がある。英米の高校等で学ぶ日本人学生向け。

英和学習基本用語辞典化学　海外子女・留学生必携　新井正明用語解説, 藤沢皖用語監修　アルク　2009.4　429p　21cm　〈留学応援シリーズ〉　〈他言語標題：English-Japanese the student's dictionary of chemistry　『英和化学学習基本用語辞典』(1995年刊)の新装版　索引あり〉　5800円　Ⓘ978-4-7574-1573-7　Ⓝ430.33

(内容)英米の教科書に登場する化学用語を選定。英米の統一テストでの必須用語をカバー。図やグラフを多用し、高校生レベルに合わせたわかりやすい解説。学部・大学院留学生の基礎学習にも活用可能。

学生 化学用語辞典　第2版　大学教育化学研究会編, 上田豊甫, 赤間美文改訂　共立出版　1998.5　361p　17cm　2200円　Ⓘ4-320-04347-2

(内容)高校、大学の教養課程の初級化学の教科書にでてくる基本用語2000語を収録した用語辞典。

物理化学

＜事 典＞

元素大百科事典　新装版　ペル・エングハグ著, 渡辺正監訳　朝倉書店　2014.9　685p　27×19cm　〈原書名：Jordens grundämnen och deras upptäckt,part 1-3 (1998-2000)〉　17000円　Ⓘ978-4-254-14101-6

(目次)物質の理解に向けた歩み, 元素の起源・分布・発見・名前, 地球化学, 金, 銀, 銅, 鉄, 水素, 吹管と分光器─元素の発見を支えた道具, ナトリウムとカリウム〔ほか〕

元素の事典　馬淵久夫編　朝倉書店　1994.5　304p　21cm　5768円　Ⓘ4-254-14044-4

パソコンで見る動く分子事典　デジタル3D分子データ集の決定版　本間善夫, 川端潤者　講談社　1999.9　363p　18cm　(ブルーバックス)　〈付属資料：CD-ROM1〉　1800円　Ⓘ4-06-257266-4

(目次)1 分子のかたち, 分子の見方(どうして"分子"で考えるのだろう, 身の回りの分子─商品のラベルから), 2 分子事典(基本分子, 生体分子, 天然成分, 医薬・農薬, においの成分, 味の成分, 色彩と分子, 界面活性剤, 高分子, 環境ホルモン関連分子, その他の環境問題関連分子), 3 多彩なおもしろ分子の世界─炭化水素を中心として(ダイヤモンドの仲間たち, 亀の甲の仲間たち), 4 分子をよりよく知るために─有機化学の基礎(有機化合物の成り立ち, 有機化合物の分類のあらわし方, 分子計算の概要), CD-ROM版分子事典の利用方法

(内容)メタン、ベンゼンからバイアグラ、ダイオキシンまで、付属CD-ROMに分子データを収録した分子事典。掲載データは、系統名、分子式、分子量、性状、沸点など。索引付き。約1200の分子の3Dモデルを収録したCD-ROMを付録とする。

分子から酵素を探す化合物の事典　八木達彦編著　みみずく舎, 医学評論社(発売)　2009.12　534p　27cm　〈索引あり〉　12000円　Ⓘ978-4-87211-974-9　Ⓝ431.12

(内容)IUBMBに登録されている全酵素の基質と生成物につき、どのような酵素によりつくられ、どのような酵素により何に化学変換されるかをEC番号で表示し、簡単な説明を加える。

科学への入門レファレンスブック　43

物理化学　　　　　　　　　　化学

＜ハンドブック＞

元素を知る事典　先端材料への入門　村上
雅人編著　海鳴社　2004.11　277p　21cm
3000円　①4-87525-220-X

（目次）第1章 原子の構造と周期律（原子の構造，電子軌道，電子のエネルギー準位 ほか），第2章 元素の分類と周期表（アルカリ金属元素，アルカリ土類金属元素，12族元素 ほか），第3章 元素の性質と単位（原子量（atomic weight），融点（melting point），沸点（boiling point），結晶構造（crystal structure）ほか），第4章 元素の性質，第5章 元素名の発音

（内容）先端材料を探るための基本＝元素を，徹底的に調べ上げ，まとめた。巻末に索引を収録。

＜図鑑・図集＞

元素図鑑　宇宙は92この元素でできている
エイドリアン・ディングル作，池内恵訳，若林文高監修　主婦の友社　2011.4　93p
30cm　〈索引あり　原書名：How to make a universe with 92 ingredients.〉　1800円
①978-4-07-274660-8　Ⓝ431.11

（目次）この本を読めば…（元素のキソ，周期表 ほか），宇宙，地球，自然（スターたんじょう，うるわしき，わが地球 ほか），毎日のくらし（光よ！ 火をともそう！ ほか），材料（花火であそぼう！，ドッカーン！ ほか），かっこいい機械（コンピュータさまさま，（頭を）ひやせ！ ほか）

（内容）木やケイタイ電話，人間から太陽にいたるまで，あらゆるものは，たった92この元素からできている。どんなふうに？ この本を読めば，それがわかるよ。化学反応を体感できる，たのしい実験コラムもあるんだ。

元素ビジュアル図鑑　新版　三井和博監修
洋泉社　2016.2　111p　29×21cm　〈付属資料：ポスター1〉　1800円　①978-4-8003-0874-0

（目次）Special Interview 研究チームを率いる森田浩介博士に聞いた「113番元素」発見の舞台裏，新元素113番を発見した理化学研究所仁科加速器研究センターの全貌，元素を語るうえで欠かせない原子とは何者なのか？，「原子」とはいかに違い，何を意味するのか—？元素の定義と性質（1 H 水素，2 He ヘリウム，3 Li リチウム，4 Be ベリリウム，5 B ホウ素，6 C 炭素，7 N 窒素，8 O 酸素，9 F フッ素，10 Ne ネオン ほか）

（内容）身近なモノから放射性元素，レアメタルまで元素がわかると世界はもっと面白い!!118元素を鉱物＆結晶写真，詳細スペック満載で詳解!!日本初の国際認定!!新元素113番の合成に成功した森田浩介博士インタビュー掲載。

世界で一番美しい元素図鑑　セオドア・グレイ著，ニック・マン写真，若林文高監修，武井摩利訳　（大阪）創元社　2010.11　240p
26×26cm　〈原書名：THE Elements：A Visual Exploration of Every Known Atom in the Universe〉　3800円　①978-4-422-42004-2　Ⓝ431.1

（内容）元素の純粋状態，用途，使用例を美しい写真で掲載した118元素の解説書。科学エッセーや最新の科学的データも満載。

世界で一番楽しい元素図鑑　ジャック・チャロナー著，広瀬静訳　エクスナレッジ
2013.2　159p　29×24cm　〈原書名：THE ELEMENTS〉　2800円　①978-4-7678-1490-2

（目次）水素（H），アルカリ金属：1族（Li，Na，K，Rb，Cs，Fr），アルカリ土類金属：2族（Be，Mg，Ca，Sr，Ba，Ra），遷移金属：3族（Sc，Y），遷移金属：4族（Ti，Zr，Hf），遷移金属：5族（V，Nb，Ta），遷移金属：6族（Cr，Mo，W），遷移金属：7族（Mn，Tc，Re），遷移金属：8族（Fe，Ru，Os），遷移金属：9族（Co，Rh，Ir）〔ほか〕

（内容）現在までにわかっている全118種類の元素の基本データとともに，それぞれの重要な化合物と用途，そして興味深い発見の歴史を紹介。周期表の配列の仕組みや，私たちの周りにあるすべてのものを構成する原子の構造などについてもわかりやすく説明する。

よくわかる元素キャラ図鑑　地球の材料を知ろう!　左巻健男監修，いとうみつるイラスト　宝島社　2015.10　95p　23×18cm
1400円　①978-4-8002-4668-4

（目次）水素，ヘリウム，リチウム，ホウ素，炭素，窒素，酸素，フッ素，ネオン，ナトリウム〔ほか〕

（内容）この世界はぜんぶ元素でできている!オリジナルキャラクターで一目瞭然!大人も子供も楽しく学べる元素図鑑。

化学　　　　　　　　　　　　　　　　　　　　　有機化学

無機化学

＜事 典＞

炭素の事典　伊与田正彦，榎敏明，玉浦裕編
　朝倉書店　2007.4　645p　21cm　22000円
　①978-4-254-14076-7
（目次）1 はじめに，2 炭素の科学，3 無機化合
物，4 有機化合物，5 炭素の応用，6 環境エネ
ルギー関連科学

窒素酸化物の事典　鈴木仁美著　丸善　2008.
　12　484p　21cm　〈文献あり 索引あり〉
　6500円　①978-4-621-08048-1　Ⓝ435.53
（目次）1 窒素と酸素（空気とは，窒素とは ほか），
2 窒素酸化物（窒素酸化物とは，亜酸化窒素 ほ
か），3 窒素の酸素酸（窒素の酸素酸とは，窒素
の低級酸素酸 ほか），4 有機窒素酸化物（アミ
ノキシルおよびイミノキシル化合物，アミン－
Ｎ－オキシド ほか），5 有機窒素の酸素酸（有機
窒素の酸素酸とは，ヒドロキサム酸 ほか）
（内容）有機・無機に関係なく窒素酸化物，およ
び，その周辺の化学までを総合的に解説した画
期的な事典。その構成元素となる窒素と酸素を
はじめとし，窒素酸化物に関連する事項につい
てが，容易に把握できるように工夫してある。
したがって，化学だけでなく，医学・農学・環
境科学など，窒素酸化物にかかわるすべての研
究者・技術者に役立つ必携の書。

水の事典　太田猛彦，住明正，池淵周一，田渕
　俊雄，真柄泰基，松尾友矩，大塚柳太郎編
　朝倉書店　2004.6　551p　21cm　20000円
　①4-254-18015-2
（目次）1 水と自然（水の性質，地球の水，大気の
水，海洋の水，河川と湖沼地下水，地形と水，
土壌と水，植物と水，生態系と水），2 水と社会
（水資源，農業と水，水産業，工業と水，都市
と水システム），3 水と人間（水と人体，水と健
康）
（内容）3部構成で，自然界における水，水とかか
わる現代社会の活動，水と人間について解説。
巻末に事項名索引を収録。

水の百科事典　高橋裕，綿抜邦彦，久保田昌
　治，和田攻，蟻川芳子，内藤幸穂，門馬晋，
　平野喬編　丸善　1997.9　878p　21cm
　20000円　①4-621-04363-3
（目次）総論（水の科学，水の科学―活性水，機能
水，水と自然，水と地球環境，水と気象，水と
文明，水の利用，治水，水と行政，水と衛生―
水道の歴史，水と衛生―公衆衛生，水と環境汚

染，水と健康，水と疾病，水の技術，水の産業，
水と生活，水と調理，水とスポーツ，水と民俗，
水と信仰），各論

＜辞 典＞

水の言葉辞典　松井健一著　丸善　2009.7
　468p　22cm　〈文献あり 索引あり〉　6300
　円　①978-4-621-08143-3　Ⓝ435.44
（目次）水，陸水，海水，気象，環境，産業，生
活，文化，名称
（内容）水に関する言葉，約6500語を九分野に大
別，さらに四十分野にわけ340項目に細分化し，
以下に見出し語を五十音順に配列した辞典。巻
末に五十音順の項目索引，見出し語索引が付く。

水の総合辞典　水の総合辞典編集委員会編
　丸善　2009.1　601p　22cm　〈索引あり〉
　20000円　①978-4-621-08040-5　Ⓝ435.44
（内容）より広く水全般をカバーすることを意図
し，水に関わる学術用語，専門用語だけでなく，
季語，ことわざ，格言，古語など幅広く採録。
図・表・写真を豊富に掲載し，定義・概念，具体
例，性質，用途，問題点等を総合的に解説する。

＜ハンドブック＞

水ハンドブック　水ハンドブック編集委員会
　編　丸善　2003.3　704p　26cm　35000円
　①4-621-07160-2
（目次）1 水の基礎科学（水の構造，水和 ほか），2
自然環境と水（水の起源，大気からの水 ほか），3
産業と水（産業用水の種類，水処理技術 ほか），
4 生活と水（生物と水，飲料水 ほか），5 未来と
水（活性水・機能水，活性水・機能水の評価法
ほか）
（内容）「水」に関する知見を網羅的に提供するハ
ンドブック。解説と図表で構成され，百科事典
とデータブックの機能を併せ持っている。付表
として「水道水質に関する省令」「水質汚濁に
係る環境基準」「水質汚濁に係る一律排水基準」
「プール水の水質基準」を収録。

有機化学

＜事 典＞

有機金属化学事典　遷移金属　普及版
　Geoffrey Wilkinson, F.Gordon A.Stone,

科学への入門レファレンスブック　45

有機化学　　　　　　　　　　化学

Edward W.Abel〔編〕，有機金属化学事典編
集委員会監訳　朝倉書店　2013.10　2677p
31cm　〈文献あり　索引あり　原書名：
COMPREHENSIVE
ORGANOMETALLIC CHEMISTRYの抄
訳〉　190000円　①978-4-254-25253-8
Ⓝ437.8
(目次)有機不飽和分子と遷移金属との結合，有機
金属化合物のnon-rigid性，スカンジウム、イッ
トリウム、ランタノイド、アクチノイド，チタ
ン，ジルコニウム、ハフニウム，バナジウム，
ニオブ、タンタル，クロム，モリブデン、タン
グステン〔ほか〕

<辞 典>

有機化学用語事典　普及版　古賀元，古賀ノ
　ブ子，安藤亘著　朝倉書店　2011.1　448p
　22cm　〈索引あり〉　6800円　①978-4-254-
　14086-6　Ⓝ437.036
(目次)1 分子と分子構造，2 化学結合の基礎理
論，3 化合物の種別名称・命名法，4 分子のか
たち，5 酸・塩基，6 イオンと反応中間化学種，
7 熱力学・化学反応論，8 有機反応機構，9 人
名反応・試薬と特有名称反応・試薬

46　科学への入門レファレンスブック

天文学・宇宙科学

天文学・宇宙科学全般

<書 誌>

天文・宇宙の本全情報 45-92 日外アソシエーツ編 日外アソシエーツ，紀伊国屋書店〔発売〕 1993.10 417p 21cm 18000円 Ⓘ4-8169-1204-5 Ⓝ440.31

(内容)天文・宇宙に関する図書目録。1945年から1992年の間に刊行された5500点を主題別に排列・収録する。収録資料は、図鑑から学術資料、エッセイ、児童書まで、分野は、宇宙論、生命論、天体観測、星座、暦学・占星術、宇宙開発・宇宙工学、UFO・宇宙人など。巻末に書名索引・事項名索引を付す。

天文・宇宙の本全情報 1993-2003 日外アソシエーツ編 日外アソシエーツ，紀伊國屋書店〔発売〕 2004.3 505p 21cm 18000円 Ⓘ4-8169-1828-0

(目次)宇宙全般，宇宙と生命，天文学，天体観測，星の世界・恒星・星座，太陽系，地球科学，宇宙工学・宇宙開発，暦法・東洋占星術，西洋占星術，UFO・宇宙人・超科学

(内容)本書は、天文・宇宙に関する図書を網羅的に集め、主題別に排列した図書目録である。1993年（平成5年）から2003年（平成15年）までの11年間に日本国内で刊行された商業出版物、政府刊行物、私家版など4788点を収録した。

<事 典>

宇宙ランキング・データ大事典 布施哲治監修 くもん出版 2012.8 159p 28×22cm 5000円 Ⓘ978-4-7743-2089-2

(目次)第1章 太陽系の天体（地球から見える明るい天体，太陽の表面に現れる黒点の数 ほか），第2章 銀河系の天体（地球から近い星，銀河系の大きさ ほか），第3章 星の大家族銀河（銀河系から近い銀河，銀河の大きさ ほか），第4章 夜空をながめよう（星座の大きさ，星座のでこぼこ ほか），第5章 宇宙いろいろランキング（いろいろなスピード，いろいろな高度 ほか）

(内容)天体や宇宙に関するさまざまな事がらをいろいろな「ものさし」でランキングする、という新しい切り口で展開しています。実際に近くで見ることができない、体験できない天体や宇宙の事がらも、「順に並べる」「比較する」という視点をくわえると、実感をもって理解できます。大きさ、重さ、密度、個数、距離、温度などだけでなく、形、色、うず巻き具合など、いろいろなものさしでお見せします。

新・天文学事典 谷口義明監修 講談社 2013.3 768p 18cm （ブルーバックス） 2400円 Ⓘ978-4-06-257806-6

(目次)宇宙論，ダークエネルギー，ダークマター，宇宙の大規模構造，銀河，銀河系，星，太陽，太陽系，太陽系外惑星，ブラックホール，巨大ブラックホールと活動銀河中心核，星間物質，銀河間物質，宇宙生物学，観測技術，飛翔体による宇宙探査と宇宙開発，天文学の教育と普及

(内容)宇宙論からはじまり、いま話題のダークエネルギー、ダークマターから、我々に身近な銀河、星、太陽、さらに最新のブラックホールや宇宙生物学の研究、宇宙開発、天文教育まで第一線で活躍する研究者が詳しく解説。

地球と宇宙の小事典 家正則〔ほか〕著 岩波書店 2000.5 315p 18cm （岩波ジュニア新書 事典シリーズ）〈索引あり〉 1400円 Ⓘ4-00-500348-6 Ⓝ450

(内容)高校生の地学の基礎知識を解説する学習参考事典。「プレート」「オゾン層」などの基本的用語から「地球外文明」までの用語を、図版を多用して解説する。事典シリーズの第3弾。

天文学大事典 天文学大事典編集委員会編 地人書館 2007.6 815p 26cm 24000円 Ⓘ978-4-8052-0787-1

(内容)約5000項目の見出し語は、文部科学省の『学術用語集天文学編』をはじめとする天文学関係の各種辞典類、用語集から選び、また欧文の書籍・雑誌も参考にし、それらに掲載されていない最新の用語も適宜採り入れてある。「準惑星」、「太陽系外縁天体」などあらたに提案された天文用語から、「あかり」、「ひので」といった日本の観測衛星、計画中のプロジェクトまで、

科学への入門レファレンスブック 47

天文学・宇宙科学全般　　天文学・宇宙科学

可能な限り最新の用語も採り入れた。最先端の科学用語とはいえなくなったが、現在でも広く天文学の分野で使用されている星座名、星の固有名、各種天体の通称名などは積極的に採用した。原則的に小項目主義を採用し、各項目の定義的説明のあとに重要度に応じて解説を加え、適宜中項目、大項目として扱っている。特に現代の天文学に大きな位置を占める「パルサー」や「ブラックホール」といった用語については、その歴史的経緯を含めて解説してある。「北アメリカ星雲」、「ふくろう星雲」など天文ファンになじみ深い星雲星団も数多く見出し語として採用し、これらの天体の物理的機構もわかりやすく解説した。

天文の事典　磯部琇三，佐藤勝彦，岡村定矩，辻隆，吉沢正則，渡辺鉄哉編　朝倉書店　2003.7　676p　26cm　28500円　Ⓘ4-254-15015-6
Ⓣ目次　1 宇宙の誕生，2 宇宙と銀河，3 銀河を作るもの，4 太陽と太陽系，5 天文学の観測手段，6 天文学の発展，7 人類と宇宙
Ⓒ内容　宇宙誕生から西暦2002年までの天文学を解説。宇宙の誕生、宇宙と銀河、銀河を作るもの、太陽と太陽系、人類と宇宙等の7章立てで最新の知見をまとめた。巻末に用語解説、索引を収録。

天文の事典　普及版　磯部琇三，佐藤勝彦，岡村定矩，辻隆，吉沢正則，渡辺鉄哉編集　朝倉書店　2012.8　676p　27cm　〈索引あり〉　18500円　Ⓘ978-4-254-15019-3　Ⓝ440.36
Ⓣ目次　1 宇宙の誕生，2 宇宙と銀河，3 銀河を作るもの，4 太陽と太陽系，5 天文学の観測手段，6 天文学の発展，7 人類と宇宙

<辞典>

宇宙のことがだいたいわかる通読できる宇宙用語集　郷田直輝著　ベレ出版　2014.1　207p　19cm　1500円　Ⓘ978-4-86064-383-6
Ⓣ目次　第1章 星のことば―天の川銀河の中のはなし（太陽系，夏至と地球の公転 ほか），第2章 宇宙のことば―天の川銀河の外のはなし（銀河宇宙（島宇宙），アンドロメダ銀河 ほか），第3章 見えないものことば―宇宙の極限のはなし（ブラックホール，ホワイトホールとワームホール ほか），第4章 知りたいもののことば―宇宙にまつわる横断的なはなし（万有引力と自己重力多体系，エントロピーと宇宙の進化 ほか）
Ⓒ内容　この一冊で "宇宙" の全体像が見えてくる。

北斗七星も、年周視差も、ダークマターも、人に説明できるようになる！

最新天文小辞典　福江純著　東京書籍　2004.6　446p　19cm　3800円　Ⓘ4-487-79969-4
Ⓣ目次　天文一般，星座，太陽系，太陽，恒星，連星，星雲・星団，銀河，活動銀河，宇宙，宇宙開発，宇宙人，物理系，単位
Ⓒ内容　語源も最新用語も読んで調べて楽しめる。太陽系・銀河系・宇宙に関する真面目な用語から、反地球、オーパーツなどのふざけた用語まで、気になる用語をややマニアックに解説したいままでなかった天文楽辞典。

天文学辞典　改訂・増補　鈴木敬信著　地人書館　1991.9　830p　22cm　〈折り込図3枚〉　12000円　Ⓘ4-8052-0393-5　Ⓝ440.33
Ⓒ内容　3,000語を選定、重要な項目については数ページから十数ページを使って詳しく解説する。改訂にあたり、諸表の数値を見直すとともに、115項目の補追項目を追加している。

天文学辞典　岡村定矩代表編者，家正則，犬塚修一郎，小山勝二，千葉柾司，富阪幸治編　日本評論社　2012.7　539p　22cm　（シリーズ現代の天文学 別巻）　〈索引あり〉　6500円　Ⓘ978-4-535-60738-5　Ⓝ440.33
Ⓒ内容　めざましい勢いで進展している天文学のあらゆる項目を網羅し、最新の研究・情報にもとづいた天文学辞典の決定版。約3000項目を収録し、第一人者が執筆。シリーズ現代の天文学の索引も兼ね、付録も充実。

文部省 学術用語集 天文学編　増訂版　日本学術振興会，丸善〔発売〕　1994.11　331p　19cm　3300円　Ⓘ4-8181-9404-2　Ⓝ451.033
Ⓒ内容　学術用語標準化のための天文学用語の和英・英和対照表。和英の部は訓令式ローマ字の字順アルファベット順、英和の部は外国語の語順アルファベット順に排列。ローマ字表記・日本語表記・外国語を1行3列の対照表で示し、右端の第4列には分野分類を漢字1字の略記号で記載する。1974年の初版の改訂版にあたる。

<ハンドブック>

科学理論ハンドブック50　宇宙・地球・生物編　太陽系生成の標準理論から膨張宇宙論、人間原理、地球凍結説、RNAワールドなど　大宮信光著　ソフトバンククリエイティブ　2008.9　254p　18cm　（サイエンス・アイ新書 SIS-81）　〈文献あり〉

48　科学への入門レファレンスブック

952円　①978-4-7973-3926-0　⑭400

(目次)宇宙編（太陽系，星々の世界，変わりだねの天体，膨張宇宙論，宇宙の始まりと終わり），地球編（地球の誕生と成長，大地の変動，大気と海洋の変動—地球システム），生物編（生命の起源，生物の進化，ゲノムから生態系へ）

(内容)宇宙や地球，そして私達人類の始まりは，人類がはるか昔から"なぜ"の議論を繰り返し，追求してきた史上最命題である。太陽系生成の標準理論からビッグバン、人間原理、地球凍結説、RNAワールド、ゲノム、生態系など、私達がいままるに生きているこの世界そのものが、どこまで明らかになったかを見てみよう。

教養のための天文・宇宙データブック　比
田井昌英〔ほか〕編著　東海大学出版会　1990.4　72p　21cm　〈天文学関連年表・宇宙開発関連年表：p68～71〉　1545円　①4-486-00994-0　⑭440.36

(内容)大学・短大・専門学校教養課程での教材用に図・表・写真のデータをまとめたもの。必要に応じて用語解説も与えられている。

恒星と惑星　手のひらに広がる夜空の世界
アンドリュー・K.ジョンストン監修，ロバート・ディンウィディ，ウィル・ゲイター，ガイルズ・スパロウ，キャロル・ストット文，後藤真理子訳　（京都）化学同人　2014.8　352p　23×14cm　（ネイチャーガイド・シリーズ）　〈原書名：Nature Guide：Stars and Planets〉　2800円　①978-4-7598-1551-1

(目次)夜空，観測器具と技術，太陽系，恒星とその向こう，毎月の観測ガイド，88星座

(内容)彗星から銀河まですべての天体と、あらゆる観測機器を網羅。夜空の天体の迫力ある写真と、実際の空で天体を見つけやすい詳しい星図を収録（毎月の観測ガイド、88星座のプロフィール）。段階的に学べる双眼鏡や望遠鏡の使い方と天体写真撮影法を記載。

最新天文百科　宇宙・惑星・生命をつなぐサイエンス　Michael A.Seeds,Dana E.
Backman著，有本信雄監訳，中村理，高木俊暢，松浦美香子，小野寺仁人訳　丸善　2010.10　555p　26cm　〈索引あり　原書名：Horizons.11th ed.〉　15000円　①978-4-621-08278-2　⑭440.36

(内容)原子すら潰れる超高密度の恒星、衝突する銀河、日ごとスピードを上げながら膨張する宇宙…。難しいといわれる天文学をオールカラーの天体写真とイラストでわかりやすく解説する。

章末に「考察と復習」も掲載。

<図鑑・図集>

イクス宇宙図鑑　1　銀河と大宇宙　ビッグバンのなぞをさぐる　小池義之著　国土社
1992.4　47p　30cm　2950円　①4-337-29801-0

(目次)1 天の川と銀河，2 宇宙のすがた，3 宇宙誕生，銀河と大宇宙がよくわかるデータボックス

宇宙　新訂版　学習研究社　1995.12　188p
26cm　（学研の図鑑）　1500円　①4-05-200556-2

(目次)宇宙をさぐる，太陽系，恒星と銀河系，宇宙のつくり，人間と宇宙，星を観察しよう

(内容)宇宙の学習用図鑑。天体のしくみや人間による宇宙開発の歩みを写真とイラストで平易に解説する。巻末に五十音順の事項索引がある。児童向け。

宇宙　磯部琇三，吉川真監修　学習研究社
2000.7　176p　30cm　（ニューワイド学研の図鑑）　2000円　①4-05-500415-X　⑭440

(目次)太陽系，太陽，地球，月，恒星，銀河系と銀河，宇宙の構造，天文観測，宇宙開発

(内容)宇宙の構造や天体、各種現象や宇宙開発についてイラストをまじえて紹介した児童向け図鑑。太陽系の惑星、太陽、地球、月、その他の恒星、銀河系と銀河、宇宙の構造、天文観測と宇宙の構造、宇宙の開発について解説する。ほかに天文資料コーナーを収録。巻末に五十音順の事項索引を付す。

宇宙　青木和光監修　ポプラ社　2013.11
214p　29×22cm　（ポプラディア大図鑑WONDA）　〈付属資料：別冊1〉　2000円　①978-4-591-13663-8　⑭440

(目次)第1章 宇宙はどこまで広がっている？（どこからが宇宙？，宇宙には重さも空気もない？ ほか），第2章 宇宙の誕生と未来（宇宙のはじまり，星と銀河の誕生 ほか），第3章 太陽・地球・月（太陽のすがた，太陽の活動 ほか），第4章 太陽系の天体（さまざまな惑星のすがた，太陽にいちばん近い水星 ほか），第5章 宇宙の謎にいどむ（宇宙への挑戦，電磁波で宇宙をさぐる ほか）

(内容)宇宙の広がりや、そのたどってきた歴史の全体像がつかめる図鑑。宇宙のさまざまな現象のしくみや原理を、写真やイラストでわかり

科学への入門レファレンスブック　49

やすく解説する。宇宙地図や宇宙年表などの広がるページあり。見返しに写真あり。

宇宙 吉川真，縣秀彦監修　学研教育出版，学研マーケティング〔発売〕　2014.9　195p　29×22cm　〈学研の図鑑LIVE〉〈付属資料：DVD1〉　2200円　①978-4-05-203924-9

(目次)太陽系，太陽，地球，月，恒星，銀河系と銀河，宇宙の進化と構造，天文観測，宇宙開発

(内容)本物。だから，夢中になる。大迫力のイラスト・写真で宇宙が，天体が，目の前に広がる!!BBC（英国放送協会）のDVDつき。

宇宙図鑑 藤井旭写真・文　ポプラ社　2005.6　303p　21cm　1680円　①4-591-08633-X

(目次)星の一生，輝く太陽，太陽系の旅，彗星と流星，銀河の世界，宇宙の姿

(内容)親子で楽しむ宇宙の旅。この一冊で宇宙のことがわかる。目で見る最新の天文学入門書。

宇宙大図鑑 マーティン・リース総編集，佐藤勝彦日本版総監修　ネコ・パブリッシング　2014.9　527p　31×27cm　〈ネコ・パブリッシングDKブックシリーズ〉〈原書名：UNIVERSE：THE DEFINITIVE VISUAL GUIDE〉　9259円　①978-4-7770-5368-1

(目次)宇宙概論（宇宙とは何か，宇宙の始まりと終わり，地球からの眺め），宇宙ガイド（太陽系，銀河系，銀河系を越えて），夜空（星座，月別星空ガイド）

(内容)マーティン・リースが案内する宇宙の神秘を探る壮大な旅。138億年前に誕生した宇宙のはじまりから現在，未来，終末に至るまでの進化像を描いた『宇宙大図鑑』は，最新科学で描き出された宇宙像を，美しい天体写真やカラフルな図版で楽しむことのできるガイドブックの決定版である。

宇宙と天文 改訂版　旺文社　1998.4　167p　19cm　〈野外観察図鑑8〉　743円　①4-01-072428-5

(目次)宇宙，月―地球に一番近い天体，太陽―生命のみなもと，太陽系―太陽の家族，星座―星のものがたり，こう星―夜空をかざる宝石，天の川宇宙―銀河系，小宇宙―よその宇宙，天体の観察

(内容)太陽，月，地球など太陽系の天体から銀河の星までのようすまでくわしく解説した天文図鑑。春夏秋冬の星座のようすやその見つけ方，星座の伝説，望遠鏡のつくり方や星の観察のし方，天体写真のとり方など，役に立つ情報を掲載。

宇宙の歩き方 渡辺勝巳監修・著　実業之日本社　2013.12　127p　21cm　〈「もしも?」の図鑑〉　900円　①978-4-408-45476-4　Ⓝ440

(目次)第1章 さあ，宇宙へ!（未来の宇宙船で宇宙へ，宇宙に飛び出せ! ロケット，小さなお月さま 人工衛星 ほか），第2章 太陽系の惑星を旅する!（太陽中心の小天体家族 太陽系，私たちの星，太陽の寿命がくるとき，地球から一番近い恒星 太陽 ほか），第3章 銀河宇宙を行く!（誕生から現在まで宇宙の歴史，夢の宇宙船で銀河宇宙へ，果てしなく広い 銀河宇宙の世界 ほか）

(内容)漫画「地球脱出! 宇宙の冒険へ」を掲載。宇宙へ観光旅行する「もしも?」のイラストを豊富に掲載。太陽系の惑星を中心に銀河系のことまでくわしく解説。最新の科学情報に基づいた宇宙の情報を掲載。

美しい光の図鑑　宇宙に満ちる、見えない光と見える光 キンバリー・アーカンド，ミーガン・ヴァッケ著，Bスプラウト訳　ボーンデジタル　2016.3　208p　26×27cm　4000円　①978-4-86246-312-8

(目次)光とは，1 電波―フルスペクトル：光の速度，2 マイクロ波―フルスペクトル：あふれる光，3 赤外線―フルスペクトル：反射，4 可視光―フルスペクトル：屈折，5 紫外線―フルスペクトル：蛍光発光，6 X線―フルスペクトル：原子の衝突，7 ガンマ線―フルスペクトル：放電，エピローグ―フルスペクトル：影

(内容)本書では，光というテーマを画期的な方法で解説。電波からガンマ線まで，電磁スペクトルの順序どおりに並んだ各章では，各種の光の特徴，特性，用途を詳しく掘り下げています。各章には日常生活に関連する光の利用を取り上げた「A Day in the Light：身近な光」，ある種の光を発見したり，その重要な用途を導き出した人物を取り上げた「SPOTLIGHT：人物紹介」の項が含まれています。また，「フルスペクトル」の項では，蛍光や屈折など，すべてのタイプの光に共通の特性を解説します。そして「宇宙と光」では，遙か彼方の宇宙における光の存在と，それを利用して肉眼では感知できないものをどのように観測しているかを明らかにします。数百にもおよぶフルカラーの写真とイラストに彩られた本書は，理屈抜きに，気軽に手に取り，眺めるだけでも楽しい書籍です。

3D宇宙大図鑑　ARで手にとるようにわかる 縣秀彦監修　東京書籍　2012.4　135p　26cm　〈付属資料：カード型メガネ1〉

天文学・宇宙科学　　　　　　　　　　天文学・宇宙科学全般

2500円　①978-4-487-80628-7

（目次）1 宇宙と星の謎にせまる（宇宙誕生―宇宙はどのように生まれたのか，ダークエネルギー―宇宙膨張は加速していた ほか），2 ここまでわかった！ 太陽系（太陽系の誕生―私たちの太陽系はどのように生まれたのか，太陽―太陽はなぜ光っているのか ほか），3 地球と月のしくみが見える（地球システム―地球に住むとはどういうことか，地球誕生―原始地球では何が起こっていたのか ほか），4 飛び立とう地球から宇宙へ（地球脱出―人工衛星と探査機はこう違う，ボイジャーの旅―太陽系の旅をつづける探査機はいま ほか），5 宇宙を見つめる人類のまなざし（すばる望遠鏡―宇宙を見つめる巨大なまなざし，アルマ望遠鏡―宇宙の謎解きが一気に進む ほか）

超・絶景宇宙写真　NASAベストフォトセレクション　寺門和夫著　バイ インターナショナル　2014.8　275p　20×23cm　2600円　①978-4-7562-4526-7

（目次）第1章 フロンティアへの挑戦，第2章 太陽系グランドツアー，第3章 宇宙の神秘，第4章 母なる惑星，地球

（内容）NASAの挑戦の記録を追った，最高に美しい宇宙開拓史！NASA（アメリカ航空宇宙局）が成し遂げた人類史に残る挑戦の記録を，アーカイブに収録されている膨大な写真資料から厳選して紹介。レンズがとらえた宇宙開拓史における決定的な瞬間を目撃せよ！

天文　マーク・A.ガーリック著，伊東昌市監訳　新樹社　2006.8　303p　24×24cm　（ダイナミック地球図鑑）〈原書名：ASTRONOMY〉　4800円　④4-7875-8551-7

（目次）天体を調べる，太陽系，星，銀河そして天体の光，夜空，宇宙，データ集，用語集

（内容）人類は長らく宇宙に魅了されてきた。宇宙は多くの神話と謎の源であり，同時に科学的探求心の源泉でもあった。天文学は最も古くからの科学でありながら，現代における最も刺激的な科学でもある。本書は夜空を眺めて理解するための総合的なガイドとして作られた。本書によって，私たちの近くにある天体からはるか遠くに位置する星や銀河まで眺めることができ，燃える彗星や流れ星のこと，あるいは日食や月食からブラック・ホールにいたるまでも知ることができる。さらに宇宙に対する理解がどのように進んできたかをたどれると同時に，最新の宇宙探査機による成果も追っている。月ごとの夜空の詳しい天体図はアマチュア天文家にとっ

てのよき手引きになり，また最新の迫力ある映像は宇宙の驚異と美しさをあますことなく示している。

天文学の図鑑　星座や太陽の動きから恒星・宇宙のしくみまで　縣秀彦監修，池田圭一著　技術評論社　2015.6　143p　26cm　（まなびのずかん）　2480円　①978-4-7741-7293-4

（目次）第1章 天体の動きとこよみ（夜空に見える星座，春の星座と，春の大曲線 ほか），第2章 太陽・地球・月と太陽系の星たち（太陽系全体の姿，太陽のしくみ ほか），第3章 恒星の世界を知ろう！（太陽の近くにある恒星，恒星までの距離 ほか），第4章 天の川銀河から宇宙の果てへ（私たちの天の川銀河（銀河系），天の川銀河（銀河系）の構造 ほか）

（内容）星座が移り変わっていくのはなぜ？天体の動きとこよみにはどんな関係がある？太陽系にはどんな星がある？太陽の仲間，恒星はどんな一生を送る？天の川銀河の彼方や宇宙の終わりは？知っていますか？星と宇宙のソボクな疑問。

天文キャラクター図鑑　宇宙の不思議がまるごとよくわかる！　渡部潤一監修，いとうみつるイラスト　日本図書センター　2016.6　79p　21×19cm　1500円　①978-4-284-20384-5

（目次）太陽と太陽系の惑星・衛星（太陽ちゃん，地球くん ほか），太陽系の小さな天体（準惑星グループ，小惑星キッズ ほか），宇宙を照らす恒星の一生（原始星ほうや，主系列星さん ほか），銀河と銀河をつくる天体（星座ちゃん，星団コンビ ほか），宇宙の歴史・なぞ・観測（ビッグバンかあさん，ダークマターさん ほか）

（内容）夜空を見上げて楽しもう！太陽・地球・月・ビックバンなど44の天文キャラクターが登場!!キャラクターだからよくわかる！天文“超入門”図鑑！

星と宇宙の探検館　浅田英夫監修　世界文化社　2002.7　183p　27×22cm　（親と子の行動図鑑）〈『すごい！ふしぎだな？星と宇宙大図鑑』改訂・修正・改題書〉　1800円　④4-418-02810-2　Ⓝ440

（目次）宇宙を探検する，星空へのアプローチ，星座をさがそう，春の星座，夏の星座，スペースウオッチング入門，秋の星座，冬の星座，南天の星座

（内容）子ども向けの星と宇宙の図鑑。宇宙に関する様々な情報と星座の紹介が掲載されており，楽しく宇宙を学ぶことができる。星座は見られ

科学への入門レファレンスブック　*51*

る季節ごとに分類し収録。星座の見つけ方、見分け方、星座にまつわる神話などを記載している。この他にスペースウォッチング入門も掲載。また関連する情報のホームページをそれぞれのページに記載している。巻末に索引が付く。

VISIBLE宇宙大全 藤井旭著 作品社
2000.7 495p 28×23cm 〈付属資料：大判カラー月面図1, 星座早見1, 月齢早見1, 全天体肉眼星図1, 手作り日時計1〉 12000円 ①4-87893-339-9 ⑭440

(目次)1 宇宙の七つの謎, 2 星の一生, 3 私たちの太陽, 4 太陽系探訪, 5 彗星と流星, 6 銀河宇宙の姿, 7 宇宙のなりたち, 8 星座ウォッチング

(内容)宇宙の歴史から最新の宇宙論まで図像とともに解説した図解百科。ハッブル宇宙望遠鏡、NASA、ESOなど最新映像による宇宙図像1300枚を掲載し、数式を用いずに宇宙のすべてを解説する。本文は8章で構成。データ編ではプラネタリウム、天文台と太陽系、周期彗星などのデータなどと天文学上の出来事、スカイウォッチング用語解説などを収録。巻末に五十音順索引を付す。

<年鑑・白書・レポート>

航空宇宙年鑑 1990年版 日本航空協会
1990.9 511p 26cm 9270円 ①4-88912-020-3

(目次)年誌, 特別寄稿, 航空政策・行政編, 航空輸送編, ゼネラル航空編, 防衛航空編, 航空工業編, 宇宙開発編, 資料編, 要覧編

航空宇宙年鑑 1991年版 日本航空協会
1991.9 499p 26cm 9270円 ①4-88912-021-1

(目次)年誌, 特別寄稿 地方空港の活性化と国際化, 航空政策・行政編, 航空輸送編, ゼネラル航空編, 防衛航空編, 航空工業編, 宇宙開発編, 資料編(国際航空団体, 平成2年度表彰者, 物故者, 平成3年度空港整備事業費), 要覧編(官庁・審議会・公団／事業団, 研究機関・学校, 団体, 定期航空会社, 外国航空企業, 小型航空機事業, 航空関連事業, 航空宇宙工業, 航空商社, 航空スポーツ, 報道・出版, 運送業者・旅行代理店)

航空宇宙年鑑 1992年版 日本航空協会
1992.9 505p 26cm 9270円 ①4-88912-022-X

(目次)年誌, 特別寄稿 世界の注目を浴びる宇宙開発, 航空政策・行政編(航空活動と行政, 空港, 航空管制・保安施設, 環境対策, 安全対策,

航空事故), 航空輸送編(国内航空輸送, 内外・国際航空輸送, 航空貨物, 定期航空会社, 空港とアクセス, 運輸・観光と関連産業), ゼネラル航空編(地域航空輸送, 産業航空, 公共航空, 航空スポーツ), 防衛航空編, 航空工業編, 宇宙開発編, 資料編(国際航空団体 ほか), 要覧編

航空宇宙年鑑 1993年版 日本航空協会
1993.9 517p 27×19cm 10000円 ①4-88912-023-8

(目次)年誌, 特別寄稿 航空日本の断層, 航空政策・行政編(航空活動と行政, 空港, 航空管制・保安施設, 環境対策, 安全対策, 航空事故), 航空輸送編(国内航空輸送, 国際航空輸送, 航空貨物, 定期航空会社, 空港とアクセス, 運輸・観光と関連産業), ゼネラル航空編(地域航空輸送, 産業航空, 公共航空, 航空スポーツ), 防衛航空編, 航空工業編, 宇宙開発編, 資料編, 要覧編

航空宇宙年鑑 1994年版 日本航空協会, イカロス出版〔発売〕 1994.12 633p 26cm 10000円 ①4-87149-022-X

(目次)航空宇宙年誌(1993年4月～1994年3月), 航空宇宙の動向(1993年), 航空宇宙データ(1993年), 航空宇宙要覧

(内容)航空宇宙分野の年誌、動向、統計等のデータ、関係企業・団体の要覧で構成する年鑑。1994年版の年誌の収録期間は1993年4月～1994年3月。巻末に企業・団体名の五十音順で引く「要覧索引」がある。

航空宇宙年鑑 2000年版 日本航空協会
2001.3 384p 27cm 〈索引あり〉 11429円 ①4-88912-024-6 ⑭687.059

(目次)航空宇宙年誌(1999年4月～2000年3月), 航空宇宙の動向(1999年～2000年)航空宇宙要覧(官公庁, 研究機関・学校, 団体, 航空会社, 小型航空機事業, 航空宇宙工業, 航空商社, 在日海外企業, 航空関連事業, 航空貨物, 報道・出版・PR, 航空関連スクール)

(内容)航空宇宙分野の年誌、動向、関係企業・団体の要覧で構成する年鑑。2000年版の年誌の収録期間は1999年4月～2000年3月。巻末に企業・団体名の五十音順で引く要覧索引がある。

航空宇宙年鑑 2001年版 エアワールド, ウイングクリエイティブエージェンシー編 日本航空協会 2001.12 386p 26cm 11429円 ①4-88912-025-4 ⑭687.059

(目次)航空宇宙年誌(2000年4月～2001年3月), 航空宇宙の動向(2000～2001年)(航空輸送, 航

空宇宙工業，宇宙開発，防衛航空，一般航空 ほか），航空宇宙要覧（官公庁，研究機関・学校，団体，航空会社，小型航空機事業 ほか）

航空宇宙年鑑　2002年版　エアワールド編
日本航空協会　2002.12　416p　26cm　11429円　Ⓘ4-88912-026-2
(目次)航空宇宙年誌（2001年4月～2002年3月），航空宇宙の動向（2001～2002年），航空宇宙要覧（官公庁，研究機関・学校，団体，航空会社，小型航空機事業，航空宇宙工業，航空商社，在日海外企業，航空関連事業，航空貨物 ほか）

航空宇宙年鑑　2003年版　日本航空協会編
日本航空協会　2003.6　1冊　21cm　〈付属資料：CD-ROM1〉　7619円　Ⓘ4-88912-027-0

航空宇宙年鑑　2004年版　日本航空協会
2004.11　257p　26cm　〈付属資料：CD-ROM1〉　7619円　Ⓘ4-88912-028-9
(目次)年史，航空輸送，航空宇宙工業，宇宙開発，防衛航空，一般航空，航空事故，航空スポーツ，空港

航空宇宙年鑑　2006年版　日本航空協会
2006.12　343p　26cm　〈付属資料：CD-ROM1〉　7619円　Ⓘ4-88912-030-0
(目次)年史，航空輸送，航空宇宙工業，宇宙開発，防衛航空，一般航空，航空事故，航空スポーツ，空港

航空宇宙年鑑　2007年版　日本航空協会
2007.12　350p　26cm　〈付属資料：CD-ROM1〉　7619円　Ⓘ978-4-88912-031-8
(目次)年史，航空輸送，航空宇宙工業，宇宙開発，防衛航空，一般航空，航空事故，航空スポーツ，空港

航空宇宙年鑑　2008年版　日本航空協会
2009.3　410p　26cm　7619円　Ⓘ978-4-88912-032-5
(目次)航空宇宙工業，宇宙開発，防衛航空，一般航空，航空事故，航空スポーツ，空港

航空宇宙年鑑　2009年版　日本航空協会
2010.2　383p　26cm　〈付属資料：CD-ROM1〉　7619円　Ⓘ978-4-88912-034-9
(目次)年史，航空輸送，航空宇宙工業，宇宙開発，防衛航空，一般航空，航空事故，航空スポーツ，空港

航空宇宙年鑑　2010年版　日本航空協会
2011.1　388p　26cm　〈付属資料：CD-ROM1〉　7619円　Ⓘ978-4-88912-035-6
(目次)年史，航空輸送，航空宇宙工業，宇宙開発，防衛航空，一般航空，航空事故，航空スポーツ，空港
(内容)2009年4月から2010年3月までの1年間，日本国内および海外における航空と宇宙全般の動向、実績資料等を収録。

航空宇宙年鑑　2011年版　日本航空協会
2012.1　383p　26cm　〈付属資料：CD-ROM1〉　7619円　Ⓘ978-4-88912-036-3
(目次)年史，航空輸送，航空宇宙工業，宇宙開発，防衛航空，一般航空，航空事故，航空スポーツ，空港

天文データノート　'95　天文ガイド編集部編　誠文堂新光社　1994.12　223p　15cm　〈付属資料：カード型星座早見〉　1200円　Ⓘ4-416-29434-4
(目次)月間スケジュール，週間スケジュール，各種天文データ
(内容)1995年の毎日の主な天文現象を収めたデータブック。観測資料としてカード型の小型星座早見を添付する。

天文データノート　'96　誠文堂新光社
1995.11　351p　18cm　1600円　Ⓘ4-416-29527-8
(目次)星図，天文基礎データ（定数），主な流星群，月面図，木星面・土星面の模様の名称，北極星野，星座略符表・ギリシャ文字，主な天体リスト，度量衡換算表，年齢・邦暦・西暦早見表

天文データノート　'97　天文ガイド編集部編　誠文堂新光社　1996.11　352p　17cm　1600円　Ⓘ4-416-29633-9
(目次)1997年の主な天象，ヘール・ボップ彗星観測ガイド，週間スケジュール／主な天象＆データ，毎日の天文データ，本ノートの使い方～各種天文データ

天文データノート　'98　天文ガイド編集部編　誠文堂新光社　1997.11　351p　17cm　1600円　Ⓘ4-416-29710-6
(目次)1998年の主な天象，週間スケジュール 主な天象＆データ，毎日の天文データ，本ノートの使い方―各種天文データ

天文データノート　'99　天文ガイド編集部編　誠文堂新光社　1998.12　367p　17cm　1800円　Ⓘ4-416-29821-8
(目次)天文データノートの使い方・説明・付表，星図，月面図，北極標準星野，木星面・土星面

の模様の名称，星座略符表・ギリシャ文字，主な天体リスト恒星表，天文基礎データ，主な流星群，度量衡換算表，年齢・邦暦・西暦早見表，個人データ・覚え書き

天文データノート　2000　天文ガイド編集部編　誠文堂新光社　1999.12　368p　17cm　1800円　①4-416-29921-4

(目次)2000年の主な天象，週間スケジュール　主な天象＆データ，毎日の天文データ，天文データノートの使い方・説明・付表，星図，月面図，北極標準星野，木星面・土星面の模様の名称，星座略符表・ギリシャ文字，主な天体リスト，天文基礎データ，主な流星群，度量衡換算表，年齢・邦暦・西暦早見表，個人データ・覚え書き

天文データノート　2001　天文ガイド編集部編　誠文堂新光社　2000.12　375p　17cm　1800円　①4-416-20018-8　Ⓝ440.59

(目次)2001年の主な天象，週間スケジュール／主な天象＆データ，毎日の天文データ，本ノートの使い方〜各種天文データ

(内容)2001年の天文現象を図と文でやさしく紹介するガイドブック。1月〜12月の月ごとにカレンダー風に掲載し，巻頭の目次は惑星，流星，日食などの分類別に掲載している。

天文データブック　2002　中野主一著　誠文堂新光社　2002.1　238p　26cm　1800円　①4-416-20204-0　Ⓝ440

(目次)週間スケジュール，天文現象の図(日食，星食，水星，金星，彗星，天文定数系)

(内容)天文観測のための天文現象データブック。天文データの2002年の週間スケジュールおよび，各天文現象の図の2部から構成。1週間単位のカレンダー形式で，各日ごとの，月齢を数値と図で示し，日本時間0時JSTの東経135度における恒星時，東経135度における北極星の子午線通過時刻，太陽黄経や太陽の北極方向の位置角，太陽面の日面緯度・中央経度，火星・木星・土星の物理表，天体同志の接近時刻などのデータを表示，ガリレオ衛星と土星の衛星の波状曲線はイラストで示している。日食，星食，水星，金星，彗星など，各天文現象の図も付す。

天文手帳　2009　浅田英夫，石田智編著　地人書館　2008.11　1冊　15×10cm　867円　①978-4-8052-0800-7　Ⓝ440

(内容)天文ファンのために1年間の天文データを掲載した天文観測用手帳。毎日の月齢，日の出入り時刻，月の出入り時刻などのほか，その日に起こる主な天文現象を掲載する。星座早見盤，

簡易星図、主な星雲星団一覧なども掲載する。

天文手帳　2013　浅田英夫，石田智編著　地人書館　2012.10　54p　15×10cm　〈付属資料：星座早見盤1〉　900円　①978-4-8052-0852-6

(目次)日食と月食，流星群，彗星，主な星座，惑星，ガリレオ衛星の動き，木星と土星，主な衛星表，換算表，天文数値表，赤道星図〔ほか〕

(内容)星座早見盤付天文ポケット年鑑。

天文年鑑　1991版　天文年鑑編集委員会編　誠文堂新光社　1990.11　202p　19cm　〈最近1年間の主な天文書：p188〜189〉　660円　①4-416-29009-8　Ⓝ440.59

(内容)1991年に起き，観察できる天文現象を掲載したデータブック。判型を大きくしたワイド版もある。

天文年鑑　1991年版　ワイド版　天文年鑑編集委員会編　誠文堂新光社　1990.12　202p　26cm　1300円　①4-416-29012-8

天文年鑑　1992年版　天文年鑑編集委員会編　誠文堂新光社　1991.11　202p　19cm　680円　①4-416-29121-3　Ⓝ440.59

(目次)毎月の空，太陽のこよみ，日食と月食，太陽面現象，惑星のこよみの解説，天文基礎データ，超新星，火星，土星，天文日誌〔ほか〕

天文年鑑　1992年版　ワイド版　天文年鑑編集委員会編　誠文堂新光社　1991.12　202p　26cm　1300円　①4-416-29122-1

天文年鑑　1993年版　天文年鑑編集委員会編　誠文堂新光社　1992.11　232p　19cm　720円　①4-416-29212-0

天文年鑑　1993年版　ワイド版　天文年鑑編集委員会編　誠文堂新光社　1992.12　232p　26cm　1400円　①4-416-29213-9

天文年鑑　1994年版　天文年鑑編集委員会編　誠文堂新光社　1993.11　264p　19cm　780円　①4-416-29328-3

(目次)展望，毎月の空，太陽・月・惑星の正中・出没図，日本の日出没時と月出没時，日食と月食，惑星のこよみの解説，天文基礎データ，主な恒星，最近1年間の主な天文書〔ほか〕

天文年鑑　1994年版　ワイド版　天文年鑑編集委員会編　誠文堂新光社　1993.12　264p　26cm　1500円　①4-416-29332-1

(目次)展望，毎月の空，太陽・月・惑星の正中・出没図，太陽のこよみ，月のこよみ，日本の日

天文学・宇宙科学　　　　天文学・宇宙科学全般

出没時と月出没時，日本各地の日出没時と月出没時，世界時0時のグリニジ恒星時，日食と月食〔ほか〕

天文年鑑　1995年版　誠文堂新光社　1994.11　264p　19cm　780円　⑪4-416-29430-1

(内容)1995年に観測できる天文現象のデータ集。巻頭写真，太陽・月・惑星・彗星などの1995年のデータを収めた「こよみ」と天体一般のデータ，天文日誌，最近1年の主な天文書などを収めた「データ」で構成する。

天文年鑑　1995年版　ワイド版　天文年鑑編集委員会編　誠文堂新光社　1994.12　264p　26cm　1500円　⑪4-416-29431-X

(内容)1995年に観測できる天文現象のデータ集。巻頭写真，太陽・月・惑星・彗星などの1995年のデータを収めた「こよみ」と天体一般のデータ，天文日誌，最近1年の主な天文書などを収めた「データ」で構成する。

天文年鑑　1996年版　誠文堂新光社　1995.11　276p　19cm　780円　⑪4-416-29521-9

(内容)1996年に起こる天文現象や惑星位置等，天体観測に必要なデータを集めたもの。

天文年鑑　1996年版　ワイド版　誠文堂新光社　1995.12　276p　26cm　1500円　⑪4-416-29523-5

(目次)こよみ(展望，毎月の空，太陽・月・惑星の正中・出没図，太陽のこよみ，月のこよみ〔ほか〕)，データ(天文基礎データ，衛星と環，カイパーベルトの天体，番号登録された周期衛星，星座〔ほか〕)

天文年鑑　1997年版　天文年鑑編集委員会編　誠文堂新光社　1996.11　279p　19cm　820円　⑪4-416-29623-1

(目次)写真ページ(ヘール・ボップ彗星，百武彗星の総括，1995年10月24日の皆既日食，ペルセウス座群流星，新星／超新星)，こよみ(展望，毎月の空，太陽・月・惑星の正中・出没図，太陽のこよみ，月のこよみ，日本の日出没時と月出没時 ほか)，データ(天文基礎データ，衛星と環，火星に原始生命の痕跡，カイパーベットの天体 ほか)

天文年鑑　1997年版　ワイド版　誠文堂新光社　1996.12　279p　26cm　1600円　⑪4-416-29624-X

(目次)写真ページ(1995／01ヘール・ボップ彗星，百武彗星の総括，1996／B2百武彗星，『すばる』望遠鏡の近況，1995年10月24日の皆既日食(インド～東南アジア)ほか)，こよみ(展望，毎月の空，太陽・月・惑星の正中・出没図，太陽のこよみ，月のこよみ ほか)，データ(天文基礎データ，衛星と環，火星に原始生命の痕跡，カイパーベルトの天体，番号登録された周期彗星 ほか)

天文年鑑　1998年版　天文年鑑編集委員会編　誠文堂新光社　1997.11　285p　19cm　800円　⑪4-416-29711-4

(目次)写真ページ(ハッブル宇宙望遠鏡によるM16中心部，ヘール・ボップ彗星の総括，ヘール・ボップ彗星の勇姿 ほか)，こよみ(展望，毎月の空，太陽・月・惑星の正中・出没図 ほか)，データ(天文基礎データ，衛星と環，太陽をかすめる彗星サングレーザー ほか)

天文年鑑　1998年版　ワイド版　天文年鑑編集委員会編　誠文堂新光社　1997.12　285p　26cm　1600円　⑪4-416-29714-9

(目次)写真ページ(ハッブル宇宙望遠鏡によるM16中心部，ヘール・ボップ彗星の総括，ヘール・ボップ彗星の勇姿，マーズパスファインダーの活躍，1997年3月9日の皆既日食 ほか)，こよみ(展望，毎月の空，太陽・月・惑星の正中・出没図，太陽のこよみ，月のこよみ ほか)，データ(天文基礎データ，衛星と環，太陽をかすめる彗星サングレーザー，カイパーベルトの天体，番号登録された周期彗星 ほか)

天文年鑑　1999年版　天文年鑑編集委員会編　誠文堂新光社　1998.11　291p　19cm　800円　⑪4-416-29818-8

(目次)写真ページ，こよみ(展望，天文日誌，毎月の空，日食と月食，水星の日面通過 ほか)，データ(天文基礎データ，太陽面現象，衛星と環，流星と火球，日本に落下した隕石 ほか)

天文年鑑　1999年版　ワイド版　天文年鑑編集委員会編　誠文堂新光社　1998.12　291p　26cm　1600円　⑪4-416-29819-6

(目次)写真ページ(「はるか」による映像，ベネズエラ日食・東南アジア金環日食，1997年10月19日の土星食 ほか)，こよみ(展望，天文日誌，毎月の空 ほか)，データ(天文基礎データ，太陽面現象，衛星と環 ほか)

天文年鑑　2000年版　天文年鑑編集委員会編　誠文堂新光社　1999.11　293p　19cm　800円　⑪4-416-29915-X

(目次)巻頭口絵(ISS国際宇宙ステーション，ヨーロッパ・トルコ皆既日食／オーストラリア金環日食／部分月食，新星／超新星／しし座流星群

科学への入門レファレンスブック　55

天文学・宇宙科学全般　　天文学・宇宙科学

／天王星の食 ほか），こよみ（展望，天文日誌，
「すばる望遠鏡」の活動始まる ほか），データ
（天文基礎データ，軌道要素について，太陽面
現象 ほか）

天文年鑑　2000年版　ワイド版　天文年鑑
編集委員会編　誠文堂新光社　1999.12
293p　26cm　1600円　Ⓘ4-416-29916-8

Ⓜ目次Ⓜ巻頭口絵（ISS国際宇宙ステーション，ヨー
ロッパ・トルコ皆既日食，オーストラリア金環
日食，部分月食，新星／超新星／しし座流星群
／天王星の食 ほか），こよみ（展望，天文日誌，
「すばる望遠鏡」の活動始まる，毎月の空 ほか），
データ（天文基礎データ，軌道要素について，
太陽面現象，衛星と環 ほか）

天文年鑑　2001年版　天文年鑑編集委員会
編　誠文堂新光社　2000.11　323p　15cm
900円　Ⓘ4-416-20012-9　Ⓝ440.59

Ⓜ目次Ⓜ巻頭口絵（小惑星（201）による恒星の食，
水星の日面通過1999年11月16日，しし座流星群
1999年，リニア彗星1999S4 ほか），こよみ（展
望，天文日誌，20世紀天文宇宙発達年表，毎月
の空 ほか），データ（天文基礎データ，軌道要
素について，太陽面現象，衛星と環 ほか）

Ⓝ内容Ⓝ2001年の星の動きをまとめたデータブッ
ク。2001年の星ごとのこよみと天文データ集で
構成する。月齢カレンダー、星座略符表、ギリ
シャ文字の読み方、惑星位置入り折り込み星図
を付す。また巻末に最近1年間の主な天文書を
一覧表で掲載する。

天文年鑑　2002年版　天文年鑑編集委員会
編　誠文堂新光社　2001.11　325p　19cm
900円　Ⓘ4-416-20116-8　Ⓝ440.59

Ⓜ目次Ⓜこよみ（展望，天文日誌，毎月の空，日食
と月食，2002年の主な星食 ほか），データ（天
文基礎データ，軌道要素について，太陽面現象，
衛星と環，最近の流星群と火球 ほか）

Ⓝ内容Ⓝ2002年の星の動きをまとめたデータブッ
ク。2002年の星ごとのこよみと天文データ集で
構成する。月齢カレンダー、星座略符表、ギリ
シャ文字の読み方、惑星位置入り折り込み星図
を付す。また巻末に最近1年間の主な天文書を
一覧表で掲載する。

天文年鑑　2002年版　ワイド版　天文年鑑
集委員会編　誠文堂新光社　2001.12　325p
26cm　1700円　Ⓘ4-416-20117-6　Ⓝ440.59

Ⓜ目次Ⓜこよみ（展望，天文日誌，毎月の空，日食
と月食，2002年の主な星食 ほか），データ（天
文基礎データ，軌道要素について，太陽面現象，

衛星と環，最近の流星群と火球 ほか）

Ⓝ内容Ⓝ2002年の星の動きをまとめたデータブッ
ク。2002年の星ごとのこよみと天文データ集で
構成する。月齢カレンダー、星座略符表、ギリ
シャ文字の読み方、惑星位置入り折り込み星図
を付す。また巻末に最近1年間の主な天文書を
一覧表で掲載する。

天文年鑑　2003年版　天文年鑑編集委員会
編　誠文堂新光社　2002.11　335p　19cm
900円　Ⓘ4-416-20209-1　Ⓝ440.59

Ⓜ目次Ⓜこよみ（展望，天文日誌，毎月の空，日食
と月食，水星の日面通過 ほか），データ（天文
基礎データ，軌道要素について，太陽面現象，
衛星と環，最近の流星群と火球 ほか）

Ⓝ内容Ⓝ2003年の星の動きをまとめたデータブッ
ク。2003年の星ごとのこよみと天文データ集で
構成する。月齢カレンダー、星座略符表、ギリ
シャ文字の読み方、惑星位置入り折り込み星図
を付す。また巻末に最近1年間の主な天文書を
一覧表で掲載する。

天文年鑑　2003年版　ワイド版　天文年鑑編
集委員会編　誠文堂新光社　2002.12　335p
26cm　1700円　Ⓘ4-416-20210-5　Ⓝ440.59

Ⓜ目次Ⓜこよみ（展望，天文日誌，毎月の空，日食
と月食，水星の日面通過 ほか），データ（天文
基礎データ，軌道要素について，太陽面現象，
衛星と環，最近の流星群と火球 ほか）

Ⓝ内容Ⓝ2003年の星の動きをまとめたデータブッ
ク。2003年の星ごとのこよみと天文データ集で
構成する。月齢カレンダー、星座略符表、ギリ
シャ文字の読み方、惑星位置入り折り込み星図
を付す。また巻末に最近1年間の主な天文書を
一覧表で掲載する。

天文年鑑　2004年版　天文年鑑編集委員会
編　誠文堂新光社　2003.11　335p　19cm
900円　Ⓘ4-416-20311-X

Ⓜ目次Ⓜ巻頭口絵（2003年8月火星大接近，2002年
12月4日皆既日食，2003年5月31日金環日食 ほ
か），こよみ（展望，天文日誌，毎月の空 ほか），
データ（天文基礎データ，軌道要素について，
太陽面現象 ほか）

天文年鑑　2004年版　ワイド版　天文年鑑
編集委員会編　誠文堂新光社　2003.12
335p　26cm　1700円　Ⓘ4-416-20312-8

Ⓜ目次Ⓜ巻頭口絵（2003年8月火星大接近，2002年
12月4日皆既日食，2003年5月31日金環日食 ほ
か），こよみ（展望，天文日誌，毎月の空 ほか），
データ（天文基礎データ，軌道要素について，

天文学・宇宙科学　　　　　　　　　　　　天文学・宇宙科学全般

太陽面現象 ほか）

天文年鑑　2005年版　天文年鑑編集委員会
編　誠文堂新光社　2004.11　339p　19cm
900円　①4-416-20408-6
（目次）こよみ（展望，天文日誌，毎月の空，日食
と月食，2005年の主な星食 ほか），データ（天
文基礎データ，軌道要素について，太陽面現象，
衛星と環，人工天体 ほか）

天文年鑑　2005年版　ワイド版　天文年鑑
編集委員会編　誠文堂新光社　2004.12
339p　26cm　1700円　①4-416-20407-8
（目次）こよみ（展望，天文日誌，毎月の空 ほか），
こよみ（木星，土星，天王星 ほか），データ（天
文基礎データ，軌道要素について，太陽面現象
ほか）

天文年鑑　2006年版　天文年鑑編集委員会
編　誠文堂新光社　2005.11　342p　19cm
900円　①4-416-20519-8
（目次）巻頭口絵（ディープインパクト5分前のテ
ンペル第1彗星，2004年10月14日の部分日食，
ふたご座流星群（2004年12月）ほか），こよみ
（2006年の主な天文現象，毎月の空，日食と月
食 ほか），データ（天文基礎データ，軌道要素
について，太陽面現象 ほか）

天文年鑑　2006年版　ワイド版　天文年鑑
編集委員会編　誠文堂新光社　2005.11
342p　26cm　1700円　①4-416-20521-X
（目次）巻頭口絵（ディープインパクト5分前のテ
ンペル第1彗星，2004年10月14日の部分日食，
ふたご座流星群（2004年12月）ほか），こよみ
（2006年の主な天文現象，毎月の空，日食と月
食 ほか），データ（天文基礎データ，軌道要素
について，太陽面現象 ほか）

天文年鑑　2007年版　天文年鑑編集委員会
編　誠文堂新光社　2006.11　343p　19cm
952円　①4-416-20629-1
（目次）こよみ（展望，毎月の空，日食と月食，
2007年の主な星食，2007年の接食 ほか），デー
タ（天文基礎データ，軌道要素について，太陽
面現象，衛星と環，人工天体 ほか）

天文年鑑　2008年版　天文年鑑編集委員会
編　誠文堂新光社　2007.11　343p　19cm
1000円　①978-4-416-20721-5
（目次）巻頭口絵（昼間に見えたC／2006P1マッ
クノート彗星，史上最大級の大彗星となったC／
2006P1マックノート彗星 ほか），こよみ（展望，
毎月の空 ほか），こよみ（木星，土星 ほか），

データ（天文基礎データ，軌道要素について ほ
か）

天文年鑑　2009年版　天文年鑑編集委員会
編　誠文堂新光社　2008.11　343p　19cm
1000円　①978-4-416-20819-9　Ⓝ440.59
（目次）巻頭口絵（新・仙台市天文台がオープン，
2008年8月1日の皆既日食，40万倍の急増光をみ
せた17P／ホームズ彗星 ほか），こよみ（展望，
毎月の空，日食と月食 ほか），データ（天文基
礎データ，軌道要素について，軌道要素からの
赤経・赤緯の計算 ほか）

天文年鑑　2010年版　天文年鑑編集委員会
編　誠文堂新光社　2009.11　343p　19cm
1000円　①978-4-416-20935-6　Ⓝ440.59
（目次）巻頭口絵（白河皆既日食の碑，2009年7月
22日の皆既日食 ほか），こよみ（展望，毎月の
空 ほか），こよみ（木星，土星 ほか），データ
（天文基礎データ，軌道要素について ほか）

天文年鑑　2011年版　天文年鑑編集委員会
編　誠文堂新光社　2010.11　343p　19cm
1000円　①978-4-416-21017-8
（目次）こよみ（展望，毎月の空，日食と月食，
2011年の主な星食，2011年の主な接食 ほか），
データ（天文基礎データ，軌道要素について，
彗星の軌道要素の計算方法，太陽黒点，衛星と
環 ほか）

天文年鑑　2012年版　天文年鑑編集委員会
編　誠文堂新光社　2011.11　343p　19cm
1000円　①978-4-416-21130-4
（目次）展望，毎月の空，5月21日に日本で見られ
る金環日食，日食と月食，金星の日面経過，2012
年の主な星食，2012年の接食，2012年の小惑星
による恒星の食，2012年の流星，太陽・月・惑
星の正中・出没図〔ほか〕

天文年鑑　2013年版　天文年鑑編集委員会
編　誠文堂新光社　2012.11　335p　19cm
1000円　①978-4-416-21285-1
（目次）巻頭口絵（大彗星の年，日本で25年ぶりの
金環日食，6月6日に見られた金星の日面経過 ほ
か），こよみ（展望，毎月の空，日食と月食 ほ
か），データ（天文基礎データ，軌道要素につい
て，軌道要素からの赤経・赤緯の計算 ほか）

天文年鑑　2014年版　天文年鑑編集委員会
編　誠文堂新光社　2013.11　343p　19cm
1000円　①978-4-416-11372-1
（目次）巻頭口絵（白川天体観測所の閉鎖，2013
年2月15日チャリャビンスク隕石，ロシアに落

科学への入門レファレンスブック　57

下，C／2011 L4 PANSTARRS彗星，2013年4月26日の部分月食／2013年5月10日の金環日食ほか），こよみ（展望，毎月の空，日食と月食，2014年の主な星食 ほか），データ（天文基礎データ，軌道要素からの赤経・赤緯の計算，太陽黒点，衛星と環 ほか）

天文年鑑　2015年版　天文年鑑編集委員会編　誠文堂新光社　2014.11　343p　19cm　1000円　①978-4-416-11471-1

（目次）巻頭口絵（月刊天文ガイド誌創刊50年，2013年11月3日金環皆既日食，2014年7月上旬太陽活動活発 ほか），こよみ（展望，毎月の空，日食と月食 ほか），データ（天文基礎データ，軌道要素からの赤経・赤緯の計算，太陽黒点 ほか）

天文年鑑　2016年版　天文年鑑編集委員会編　誠文堂新光社　2015.11　343p　19cm　1000円　①978-4-416-11545-9

（目次）こよみ（展望，毎月の空，日食と月食，水星の日面経過，2016年の主な星食 ほか），データ（天文基礎データ，軌道要素からの赤経・赤緯の計算，太陽黒点，衛星と環，人工天体 ほか）

天文学史・宇宙科学史

＜年　表＞

天文・宇宙開発事典　トピックス　古代-2009　日外アソシエーツ編集部編　日外アソシエーツ　2009.10　483p　21cm　〈文献あり 索引あり〉　12000円　①978-4-8169-2203-9　Ⓝ440.32

（内容）宇宙に魅せられ，探究し続けてきた人類の記録。古代から2009年まで，国内外の天文・宇宙開発に関するトピック2907件を年月日順に掲載。暦の作成，望遠鏡製作，天体の発見，月面着陸，宇宙ステーション構築，宇宙論，SFの発展など幅広く収録。「事項名索引」「人名索引」付き。

＜事　典＞

天文　イアン・リドパス著，山本威一郎訳　新樹社　2007.6　300p　23×14cm　（知の遊びコレクション）　〈原書名：Eyewitness Companions Astronomy〉　2800円　①978-4-7875-8558-5

（目次）歴史，宇宙（起源，現象，太陽系），夜空（天体観測，星座，星空の月別ガイド，天体暦）

（内容）文明の初期から今日までにいたる，天文学の歴史を詳細にたどる。肉眼や双眼鏡，望遠鏡を使った，星空の観測方法がわかる。さまざまな探査機が宇宙で撮影した，最新の写真画像をとおして，太陽系をめぐる旅に出よう。たくさんの星図や星座解説から，星や銀河など様々な天体の位置を知ろう。

宇宙開発

＜年鑑・白書・レポート＞

スペース・ガイド　1999　日本宇宙少年団編，的川泰宣，毛利衛監修　丸善　1999.2　257p　18cm　1100円　④4-621-04546-6

（目次）解説編（宇宙開発，日本の宇宙開発，ロケット，人工衛星，月探査機，惑星探査機，宇宙環境利用，宇宙ステーション，人類と宇宙），データ編（世界の宇宙機関，日本の人工衛星データ，世界の探査機データ，有人宇宙飛行，太陽系の惑星諸元）

スペース・ガイド　2000　日本宇宙少年団編，的川泰宣，毛利衛監修　丸善　2000.2　271p　18cm　1100円　④4-621-04719-1

（目次）解説編（宇宙開発，日本の宇宙開発，ロケット，人工衛星 ほか），データ編（世界の宇宙機関，日本の人工衛星データ，世界の探査機データ，有人宇宙飛行 ほか）

（内容）西暦2000年、新しい千年紀（ミレニアム）の夜明け。千年前は誰も人類が空を飛ぼうなどとは思いもしなかった。いまや宇宙へ飛び立ち、宇宙からわれわれの住む星、地球をながめた人々がいる。『スペース・ガイド』2000年版では、来るべき新しい時代を展望する「新世紀の宇宙開発」を特集した。世界が一つになり、着々と歩みを進める宇宙開発計画を、最新データとともに紹介しよう。

スペース・ガイド　2001　日本宇宙少年団編，的川泰宣，毛利衛監修，宇宙開発事業団編集協力　丸善　2001.3　291p　18cm　1100円　①4-621-04835-X　Ⓝ440.36

（目次）宇宙・天文今年のみどころ，日本のミッションカレンダー，宇宙・天文カレンダー，解説編（宇宙開発，日本の宇宙開発，ロケット，人工衛星，月探査機，惑星探査機，宇宙環境利用，宇宙ステーション，人類と宇宙），データ編（世界の宇宙機関，日本の人工衛星データ，世界の探査機データ，世界の主な科学衛星データ，有人宇宙飛行，太陽系の惑星諸元，太陽系

天文学・宇宙科学　　　　　　　　　　天体観測

の衛生諸元），付録（宇宙関連ホームページ，宇宙関連の主な科学館，天文台）

(内容)宇宙開発分野の最新動向をまとめた年鑑。2001年版では，宇宙への進出に向けて開始される数々の探査計画を特集。索引付き。

スペース・ガイド　2002　日本宇宙少年団編，的川泰宣，毛利衛監修，宇宙開発事業団編集協力　丸善　2002.1　311p　18cm　1100円　Ⓣ4-621-04945-3　Ⓝ440.36

(目次)解説編（宇宙開発，日本の宇宙開発，ロケット，人工衛星，月探査，惑星探査，宇宙環境利用，宇宙ステーション，人類と宇宙），データ編（世界の宇宙機関，日本の人工衛星データ，世界の探査機データ，世界の主な科学衛星データ，有人宇宙飛行，太陽系の惑星諸元，太陽系の衛生諸元）

(内容)宇宙及び宇宙開発の入門データブック。宇宙開発事業団（NASDA）編纂の「SPACE NOTE」を1999年より改題したもの。解説編とデータ編の二本立てで構成。系統立てた分類により，子供にもわかりやすいように解説する。巻末に宇宙関連ホームページ，宇宙関連の主な科学館，天文台を示す付録資料と，和文索引が付く。

スペース・ガイド　2003　日本宇宙少年団編，的川泰宣，毛利衛監修　丸善　2003.2　309p　18cm　1100円　Ⓣ4-621-07153-X

(目次)解説編（宇宙開発，日本の宇宙開発，ロケット，人工衛星，月探査 ほか），データ編（世界の宇宙機関，日本の人工衛星データ，世界の探査機データ，世界の主な科学衛星データ，有人宇宙飛行 ほか）

(内容)本書では，2002年の宇宙に関連した主なニュースをカラー写真で紹介する。世界各国でくり広げられる宇宙活動とそこから生み出される数々の成果を最新データに基づき紹介。

天体観測

＜ハンドブック＞

NGC・IC天体写真総カタログ　沼沢茂美，脇屋奈々代著　誠文堂新光社　2009.7　719p　31cm　〈他言語標題：NGC-IC photographic catalogue　英文併記〉　12000円　Ⓣ978-4-416-20926-4　Ⓝ440.87

(目次)はじめに，解説，NGC天体，IC天体，広域天体

(内容)約13000の星雲・星団のデータ（位置デー

タ、等級データ、大きさ等）を、写真付きで掲載した天体ガイドブック。

カラー版 星空ハンドブック　沼沢茂美，脇屋奈々代著　ナツメ社　2000.4　335p　15cm　1200円　Ⓣ4-8163-2777-0　Ⓝ443.8

(目次)四季の星空，四季の星空ハイライト，南半球の星空，南半球の星空ハイライト，星座ストーリーズ，星空ウォッチング・ガイド

(内容)全天88星座と星雲・星団、季節の天文現象を解説したハンドブック。北半球では月ごとの、南半球では1・4・7・10月の天文図を掲載。月ごとには半天図、部分図を掲載し、星座名・天体名等を記載、また空の概況や部分図の星座の解説を載せている。また半天図については同じ空の見える時期を記して星座早見盤のような使い方もできる。ほかに流星群など季節の星空ハイライトや天体観測ガイド、月齢表等を収録。巻末に星座ほか各事項の五十音順索引を付す。

スカイ・ウオッチング事典　朝日コスモス1995〜2000　朝日新聞社　1994.8　312p　21cm　〈付属資料：スカイ・ウオッチ・チャート〉　2200円　Ⓣ4-02-226503-5　Ⓝ442

(目次)スカイ・ウオッチングの楽しみ方，魅惑の宇宙アート—南半球からの最新天体像，星空ガイド1〜12月，世界の星空ガイド，スカイ・ウオッチング基礎知識、基本データ、星空イベント情報，最新天文学ウオッチング—宇宙のなぞ，スカイ・ウオッチング実技ガイド，スカイ・ウオッチング資料編

(内容)天体観測用データをまとめたデータブック。1994年7月〜2000年の天体データを収録する。

スカイ・ウオッチング事典　朝日コスモス2000→2005　朝日新聞社　1999.12　312p　21cm　2190円　Ⓣ4-02-226504-3

(目次)スカイ・ウオッチングの楽しみ方，ハッブル宇宙望遠鏡で探る魅惑の宇宙像，新世紀の宇宙アート，進む火星大探険，星空ガイド1〜12月，世界の星空ガイド，スカイ・ウオッチング基礎知識、基本データ、星空イベント情報，21世紀天文学ウオッチング—宇宙のなぞへの挑戦，スカイ・ウオッチング実技ガイド，スカイ・ウオッチング資料編

星雲星団ウォッチング　エリア別ガイドマップ　浅田英夫著　地人書館　1996.2　150p　26cm　2060円　Ⓣ4-8052-0501-6

(目次)1 星雲・星団の分類，2 星雲・星団の名前，3 双眼鏡と天体望遠鏡，4 ウォッチングの

科学への入門レファレンスブック　*59*

天体観測　　　　　天文学・宇宙科学

コツ，5 本書の使い方

(内容)双眼鏡，小型望遠鏡で鑑賞可能な星雲・星団を紹介したもの。199の天体について，簡潔な解説と参考写真を掲載する。巻末に五十音順索引がある。

双眼鏡・小型天体望遠鏡で楽しむ星空散歩ガイドマップ　西条善弘著　誠文堂新光社　2001.6　143p　30cm　2200円　①4-416-20104-4　Ⓝ443.8

(目次)広域星図(秋に見やすい夜空，冬に見やすい夜空，春に見やすい夜空，夏に見やすい夜空)，詳細星図(赤緯+70度〜+90度帯，赤緯+50度〜+70度帯，赤緯+30度〜+50度帯，赤緯+10度〜+30度帯 ほか)

(内容)天体観察と天体撮影のための星図集。星座を形づくる明るい恒星をたどったり，目標天体の概略位置を調べたりするのに利用する，6.5等までの恒星と主な星雲・星団を描いた「広域星図」12枚と，観察・撮影した星々や星雲・星団の同定，望遠鏡や望遠レンズによる写真撮影の構図決定やファインディングチャートとして利用する「詳細星図」56枚で構成。

月・太陽・惑星・彗星・流れ星の見かたがわかる本　藤井旭著　誠文堂新光社　2007.7　111p　26cm　(藤井旭の天体観測入門)　1600円　①978-4-416-20715-4

(目次)MOON(月を見よう—月の満ち欠け，何に見える?月の模様 ほか)，SUN(太陽を見よう—日の出と日の入り，投影板上で見るのが安全 ほか)，PLANET(惑星を見よう—惑星の星座の中での動き，お目にかかりにくい水星 ほか)，METEOR(流星を見よう—散在流星の出現，流星群の出現 ほか)，COMET(彗星を見よう—尾をひく彗星，76年周期でめぐるハレー彗星 ほか)

天体ガイドマップ　天文ガイド編集部編，冨田弘一郎監修　誠文堂新光社　1998.9　111p　30cm　1900円　①4-416-29813-7

(目次)1 毎月の星空，2 四季の代表星座，3 星座絵入り星図，4 実用全天星図，5 主な重星，6 この本の使い方，7 星雲・星団表

(内容)初心者が星座を覚えて星図を使えるようになり，目的の天体を捜し出し，肉眼，双眼鏡，天体望遠鏡を使って，星空を観察できるようになるためのガイドブック。星座絵，重星，星雲・星団の資料も数多く収録する。星図は2000.0分点で，星表や，ヒッパルコス星表の最新データに基づいて編集。

天体観測ハンドブック　太田原明著　誠文堂新光社　1995.8　111p　30cm　2400円　①4-416-29520-0

(目次)天文基礎データ，火星図，木星表面模様の名称図，土星表面模様の名称図，太陽面スケッチ用紙，望遠鏡・カメラデータ，スケッチ用紙，冷却CCDカメラ用撮影データ記入用紙，カメラ用撮影データ記入用紙，ペルセウス座流星群観測用星図〔ほか〕

天体観測ハンドブック　林完次著　PHP研究所　1995.11　231p　18cm　1200円　①4-569-54770-2

(目次)第1章 月面観測，第2章 太陽系の観測，第3章 四季の星座観測，第4章 星雲・星団の観測

<図鑑・図集>

イクス宇宙図鑑　6　天体観測 星空のおもしろガイドブック　高村郁夫著　国土社　1992.2　47p　30cm　2950円　①4-337-29806-1

(目次)1 星座の観察，2 太陽の観測，3 月の観測，4 惑星の観測，5 流星・彗星の観測，6 星雲・星団の観測

星座・天体観察図鑑　藤井旭著　成美堂出版　2002.12　303p　21cm　1400円　①4-415-02267-7

(目次)夏の星空，秋の星空，冬の星空，春の星空，南天の星空，太陽系ウォッチング，天体ショーのウォッチング，最新宇宙アルバム

(内容)夜空を彩る星座と，それを構成する星々を天体写真，星図，星座データを駆使して四季別に紹介。地球と同じ仲間の太陽系の惑星たち。太陽，月を含めて，その動き，見え方，特徴などをビジュアルに見せる。日食，月食，流星雨や彗星の出現など，不思議で興味深い天文現象をわかりやすく解説。ハッブル宇宙望遠鏡，すばる望遠鏡などでとらえた最新画像アルバム。今まで見えなかった宇宙の姿が鮮かに迫ってくる。星座早見の使い方，全天体図，天体撮影など，星座ウォッチングのための充実した資料付。

絶景天体写真　グリニッジ天文台が選んだ　パトリック・ムーア監修，寺門和夫訳　パイインターナショナル　2014.3　224p　27×27cm　〈原書名：ASTRONOMY PHOTOGRAPHER OF THE YEAR〉　3600円　①978-4-7562-4416-1

(目次)地球と宇宙，太陽系，ディープ・スペー

60　科学への入門レファレンスブック

ス，最優秀新人，人間と宇宙，ロボット望遠鏡，若い天体写真家

(内容)本書は世界中のアマチュア天体写真家が撮影した写真を集めたものである。『スカイ・アット・ナイト』誌と写真共有サイト，フリッカーの協力のもと，グリニッジ天文台によって行われたコンテスト「アストロノミー・フォトグラファー・オブ・ザ・イヤー」の最初の4年間の受賞作品が収められている。木星の巨大嵐から，カラフルではかない超新星爆発の残骸，オーロラのまばゆい緑のカーテンなど，2009年から2011年についてはコンテストのすべての受賞作品，2012年についてはすべての受賞作品に加え，最終選考に残った作品も収録。

<カタログ・目録>

天体望遠鏡のすべて　'91年版　月刊天文編集部編　地人書館　1991.2　157p　26cm　1500円　Ⓘ4-8052-0375-7

(内容)口径別・天体望遠鏡カタログ。ディーラー＆メーカー、オリジナルグッズ特集。

天体望遠鏡のすべて　'95年版　地人書館　1994.10　200p　26cm　1800円　Ⓘ4-8052-0475-3

(内容)現行の天体望遠鏡の総合製品カタログ。各メーカーの推薦機種、ユーザーの愛機、口径・タイプ別カタログの3部構成で、それぞれ機種ごとに写真と仕様データ等を記載する。他に選び方、メンテナンスの特集記事、メーカー・販売店一覧がある。

流れ星　SKYSCAPE PHOTOBOOK　「流れ星」編集部編　誠文堂新光社　2015.7　79p　15×15cm　1000円　Ⓘ978-4-416-11540-4

望遠鏡・双眼鏡カタログ　'97年版　地人書館　1996.10　215p　26cm　1800円　Ⓘ4-8052-0515-6

(内容)望遠鏡・双眼鏡のデータ・価格を掲載したカタログ。有効口径・倍率・ピント調節・重量なども記す。「メーカーが推薦するベスト・テレスコープ」編ではメーカー別に望遠鏡・双眼鏡・レンズ等の仕様・価格等を記し特徴を解説。巻末に機種別索引がある。

望遠鏡・双眼鏡カタログ　2001年版　月刊天文編集部編著　地人書館　2000.10　211p　19cm　1752円　Ⓘ4-8052-0666-7　Ⓝ442.3

(目次)天体望遠鏡の上手な選び方，手軽さがい

い双眼鏡でスターウォッチング，ここまできた天体自動導入システム，ユーザーリポート"自慢の愛機"，望遠鏡・双眼鏡総合カタログ，メーカーが推薦するベストテレスコープ

望遠鏡・双眼鏡カタログ　2003年版　月刊天文編集部編著　地人書館　2002.10　216p　26cm　1752円　Ⓘ4-8052-0707-8　Ⓝ442.3

(目次)21世紀初頭，話題の望遠鏡・双眼鏡，メーカーが推奨するベストテレスコープ，ユーザーリポート自慢の愛機，天体望遠鏡の基礎知識，接眼レンズ選びのポイント，双眼鏡でお手軽スターウォッチング，コンパクトデジカメで天体撮影，望遠鏡・双眼鏡総合カタログ

(内容)望遠鏡・双眼鏡カタログ。双眼鏡、スポッティングスコープ、屈折望遠鏡、ニュートン反射望遠鏡、カセグレン＆カタディオプトリック、据付型望遠鏡、架台ほかで分類し紹介する。

望遠鏡・双眼鏡カタログ　2005年版　月刊天文編集部編　地人書館　2004.11　224p　26cm　1800円　Ⓘ4-8052-0749-3

(目次)第1部 この2年間にどんな機種が登場した? この2年間の主な新製品の動向，第2部 メーカーが推奨するベストテレスコープ（宇治天体精機，エイ・イー・エス ほか），第3部 ユーザーリポート 自慢の愛機（宇治天体精機／スカイマックス30D／頑丈・精密そのものの赤道儀，笠井トレーディング／ASTROSIB-250RC／写真鏡としての性能は秀逸 ほか），第4部 特集（基礎知識についてレクチャー 望遠鏡・双眼鏡教室，いまや星野撮影の必須アイテム 最新型デジタル一眼レフを使いこなす!!），第5部 望遠鏡・双眼鏡総合カタログ（双眼鏡，スポッティングスコープ ほか）

望遠鏡・双眼鏡カタログ　2007年版　月刊天文編集部編著　地人書館　2006.11　216p　26cm　1905円　Ⓘ4-8052-0780-9

(目次)第1部 次々と発表される，新技術を盛り込んだ新規開発製品 この2年間の主な新製品の動向，第2部 メーカーが推奨するベストテレスコープ（宇治天体精機，エイ・イー・エス ほか），第3部 ユーザーリポート 自慢の愛機（宇治天体精機／35cmカセグレン＆25cmニュートン反射＋スカイマックス赤道儀・河原敏彦，笠井トレーディング／ASTROSIB 250RC／銀塩でもデジタル一眼でもすばらしい写真を撮れる・谷中洋治 ほか），第4部 特集（天体望遠鏡発達400年史—リッペルスハイの「発明」から，超大型宇宙望遠鏡まで，天体望遠鏡の基礎知識—買った後で後悔しないよう，購入前にぜひ知っておきた

天体観測　　　　天文学・宇宙科学

い ほか），第5部 望遠鏡・双眼鏡総合カタログ
（双眼鏡，スポッティングスコープ ほか）

望遠鏡・双眼鏡カタログ　2009年版　望遠
鏡・双眼鏡カタログ編集委員会編著　地人書
館　2008.8　215p　26cm　2200円　Ⓘ978-
4-8052-0802-1　Ⓝ442.3

Ⓣ第1部 この2年間に登場した注目の製品を
一挙紹介!（この2年間の主な新製品の動向，メー
カー・輸入代理店・販売店一覧），第2部 メー
カーが推奨するベストテレスコープ（スタークラ
ウド―ウイリアムオプティクス天体望遠鏡（SD・
EDアポクロマート屈折望遠鏡），エイ・イー・
エス―OSTSシリーズ（人工衛星光学観測装置）
ほか），第3部 ユーザーリポート "自慢の愛機"
（ウイリアムオプティクス／ZenithStar66SD／
部屋に飾っておきたい望遠鏡，ウイリアムオ
プティクス／Zenithstar80FD BINO（双眼望遠
鏡）／星、花鳥風月を愛でる望遠鏡 ほか），第4
部 特集（いろいろなタイプがある中から、どれ
を選べば良い?―天体望遠鏡がほしい!!，あると
便利なスターウォッチングの必需品―双眼鏡が
ほしい!! ほか），第5部 望遠鏡・双眼鏡総合カタ
ログ（双眼鏡，スポッティングスコープ ほか）

＜年鑑・白書・レポート＞

天文観測年表　'90　天文観測年表編集委員
会編著　地人書館　1990.6　222p　26cm
1700円　Ⓘ4-8052-0341-2

Ⓣ観測編（1990年天文ハイライト，掩蔽限界
線，小惑星による掩蔽，日・月・惑星の出入り
表，恒星時の求め方，天文定数・太陽・銀河系・
惑星のデータ，地球・月・衛星のデータ，大気
差 ほか），資料編（前年度の掩蔽，望遠鏡の話
題，天体写真とフィルムのデータ，年間トピック
ス ほか）

天文観測年表　'91　保存版　天文観測年表
編集委員会編　地人書館　1991.4　228p
26cm　1800円　Ⓘ4-8052-0373-0

Ⓣ観測編（1991年天文ハイライト，日食，月
食，星食，星食限界線，小惑星による掩蔽，水
星，金星，火星，パソコンによる1991年の火星
面シミュレーション，小惑星，木星，土星，天
王星・海王星・冥王星，流星，人工天体，太陽
系，太陽，月，日・月・惑星の出入り表，彗星，
変光星，新星，超新星，近い恒星，恒星表，実
視連星，星雲，星団，銀河，ユリウス日，恒星
時の求め方，天文定数・太陽・銀河系・惑星の
データ，地球・月・衛星のデータ，大気差），資

料編（前年度の小惑星，望遠鏡の話題，天体写
真とフィルムのデータ，年間トピックス ほか）

天文観測年表　'92　保存版　天文観測年表
編集委員会編　地人書館　1992.3　239p
26cm　2000円　Ⓘ4-8052-0404-4

天文観測年表　'93　保存版　天文観測年表
編集委員会編著　地人書館　1993.3　231p
26cm　2200円　Ⓘ4-8052-0419-2

Ⓣ観測編，資料編

Ⓒ毎年の天文データを掲載した年刊版デー
タブック。1993年の天文現象のデータを掲載す
る観測編、1992年に起きた天文現象のデータを
掲載する資料編の2部で構成する。

天文観測年表　'94　天文観測年表編集委員
会編著　地人書館　1994.3　224p　26cm
2300円　Ⓘ4-8052-0458-3

Ⓣ1994カレンダー、二十四節気，雑節，観
測編（1994年天文ハイライト，日食・月食，星
食，星食限界線，小惑星による恒星の掩蔽，水
星，金星，火星，パソコンによる1994年の火星
面シミュレーション，小惑星，木星，土星，天
王星・海王星・冥王星，流星，人工天体，太陽
系，太陽，月，日・月・惑星の出入り表，彗星，
変光星，新星，超新星，近い恒星，恒星表，実視
連星，星雲，星団，銀河，ユリウス日，恒星時の
求め方，天文定数・太陽・銀河系・惑星のデー
タ，地球・月・衛星のデータ，大気差 ほか），
資料編

Ⓒ毎年の天文データを掲載した年刊版デー
タブック。1994年の天文現象のデータを掲載す
る観測編、1993年に起きた天文現象のデータを
掲載する資料編の2部で構成する。

天文観測年表　'96　保存版　天文観測年表
編集委員会編　地人書館　1996.3　230p
26cm　2400円　Ⓘ4-8052-0511-3

Ⓣ観測編（1996年天文ハイライト，1月の天
象，2月の天象，3月の天象 ほか），資料編（前
年度の掩蔽，前年度の小惑星，前年度の木星，
前年度の超新星 ほか）

天文観測年表　'97　天文観測年表編集委員
会編　地人書館　1997.3　232p　26cm
2330円　Ⓘ4-8052-0533-4

Ⓣ観測編（1997年天文ハイライト，1月の天
象，2月の天象，3月の天象，4月の天象，5月の
天象，6月の天象，7月の天象，8月の天象，9月
の天象，10月の天象，11月の天象，12月の天象，
日食・月食，星食，星食限界線，小惑星による
恒星の掩蔽，水星，金星，火星，小惑星，木星，

62　科学への入門レファレンスブック

天文学・宇宙科学　　　　　　　　　　　　　　　　天体観測

土星，天王星・海王星・冥王星，流星，人工天体 ほか），資料編（前年度の掩蔽，前年度の小惑星，前年度の木星，前年度の超新星，前年度の流星，前年度の変光星・新星，前年度の太陽活動，前年度の彗星，天体写真とフィルムのデータ）

天文観測年表　'98　天文観測年表編集委員会編　地人書館　1998.3　236p　26cm　2400円　Ⓘ4-8052-0567-9

Ⓜ観測編（1998年天文ハイライト，1月の天象，2月の天象，3月の天象，4月の天象，5月の天象，6月の天象，7月の天象，8月の天象，9月の天象，10月の天象，11月の天象，12月の天象，日食・月食，星食，星食限界線〔ほか〕），資料編

天文観測年表　'99　天文観測年表編集委員会編著　地人書館　1999.3　246p　26cm　2400円　Ⓘ4-8052-0606-3

Ⓜ観測編（1999年天文ハイライト，1月の天象，2月の天象，3月の天象，4月の天象，5月の天象，6月の天象，7月の天象，8月の天象，9月の天象，10月の天象，11月の天象，12月の天象，日食・月食，星食，星食限界線，小惑星による恒星の掩蔽，水星，金星，火星，小惑星，木星，土星，天王星・海王星・冥王星，流星，人工天体，太陽系，太陽，月，日・月・惑星の出入り表，彗星，変光星，新星，近い恒星，恒星表，実視連星，星雲，星団，銀河，ユリウス日，恒星時の求め方，天文定数・太陽・銀河系・惑星・衛星のデータ，大気差，解説），資料編（前年度の掩蔽，前年度の小惑星，前年度の木星，前年度の超新星，前年度の流星，前年度の変光星・新星，前年度の太陽活動，前年度の彗星，天体写真とフィルムのデータ）

天文観測年表　2000　天文観測年表編集委員会編著　地人書館　2000.3　247p　26cm　2400円　Ⓘ4-8052-0636-5　Ⓝ442

Ⓜ観測編（2000年天文ハイライト，1月の天象，2月の天象，3月の天象 ほか），資料編（前年度の掩蔽，前年度の小惑星，前年度の木星，前年度の超新星 ほか）

Ⓒ2000年1月から12月にかけての天文観測年表。観測編と資料編に分け，観測編では月別の天文現象，惑星の暦，天体観測表と2000年にみられる日食・月食，惑星の現象等を掲載。資料編では前年度の天文現象について収録。

天文観測年表　2001　天文観測年表編集委員会編　地人書館　2000.11　253p　26cm

2400円　Ⓘ4-8052-0669-1　Ⓝ442

Ⓜ観測編（2001年天文ハイライト，1月の天象，2月の天象，3月の天象，4月の天象 ほか），資料編（前年度の掩蔽，前年度の小惑星，前年度の木星，前年度の超新星，前年度の流星 ほか）

Ⓒ2001年の天文観測に必要なデータを集めた天文データ集。日・月・惑星の位置（赤経α・赤緯δ，黄経λ，黄緯β）を観測するための数値を2000.0年分点に準拠して掲載する。

天文観測年表　2002　天文観測年表編修委員会編　地人書館　2001.11　254p　26cm　2400円　Ⓘ4-8052-0691-8　Ⓝ442

Ⓜ観測編（2002年天文ハイライト，1月の天象，2月の天象，3月の天象，4月の天象 ほか），資料編（前年度の掩蔽，前年度の小惑星，前年度の火星，前年度の木星，前年度の超新星 ほか）

Ⓒ2002年1月から12月にかけての天文観測年表。観測編と資料編に分け，観測編では月別の天文現象，惑星の暦，天体観測表と2002年にみられる日食・月食，惑星の現象等を掲載。資料編では前年度の天文現象について収録。

天文観測年表　2003　天文観測年表編集委員会編　地人書館　2002.11　257p　26cm　2400円　Ⓘ4-8052-0709-4　Ⓝ442

Ⓜ観測編（2003年天文ハイライト，1月の天文現象，2月の天文現象，3月の天文現象，4月の天文現象，5月の天文現象，6月の天文現象，7月の天文現象，8月の天文現象，9月の天文現象 ほか），資料編

Ⓒ天文観測のための資料集。観測編と資料編で構成し，観測編では，2003年1月から12月にかけての月別の天文現象、日食・月食，惑星の現象などを掲載。資料編では，前年度の天文現象について収録。

天文観測年表　2004　天文観測年表編集委員会編　地人書館　2003.11　245p　26cm　2600円　Ⓘ4-8052-0733-7

Ⓜ観測編（2004年天文ハイライト，1月の天文現象，2月の天文現象，3月の天文現象，4月の天文現象，5月の天文現象，6月の天文現象，7月の天文現象，8月の天文現象，9月の天文現象 ほか），資料編

天文観測年表　2005　天文観測年表編集委員会編　地人書館　2004.11　247p　26cm　2600円　Ⓘ4-8052-0748-5

Ⓜ観測編（2005年天文ハイライト，1月の天文現象，2月の天文現象，3月の天文現象，4月の天文現象 ほか），資料編（前年度の掩蔽，前年

科学への入門レファレンスブック　63

天体観測　　天文学・宇宙科学

度の小惑星，前年度の火星，前年度の木星，前年度の超新星 ほか)

天文観測年表　2006　天文観測年表編集委員会編　地人書館　2005.11　249p　26cm　2600円　Ⓘ4-8052-0765-5

(目次)観測編(2006年天文ハイライト，1月の天文現象，2月の天文現象，3月の天文現象 ほか)，資料編(前年度の掩蔽，前年度の小惑星，前年度の火星，前年度の木星 ほか)

天文観測年表　2007　天文観測年表編集委員会編　地人書館　2006.11　253p　26cm　2800円　Ⓘ4-8052-0779-5

(目次)観測編(2007年天文ハイライト，日食・月食，星食，星食限界線 ほか)，資料編(前年度の掩蔽，前年度の小惑星，前年度の火星，前年度の木星 ほか)

天文観測年表　2008　天文観測年表編集委員会編　地人書館　2007.11　251p　26cm　2800円　Ⓘ978-4-8052-0789-5

(目次)観測編(2008年天文ハイライト，日食・月食，星食，星食限界線，小惑星による恒星の掩蔽，水星，金星，火星，小惑星，木星，土星，天王星・海王星，準惑星，流星，人工天体，太陽系，太陽，月，日・月・惑星の出入り表，彗星，変光星，新星，近い恒星，恒星表，実視連星，星雲，星団，銀河，ユリウス日，構成時の求め方，天文定数・太陽・銀河系・惑星・衛星のデータ，大気差，解説)，資料編(前年度の掩蔽，一小惑星，一火星，一木星，超新星，流星，変光星・新星，太陽活動，彗星)

天文観測年表　2009　天文観測年表編集委員会編　地人書館　2008.11　262p　26cm　3000円　Ⓘ978-4-8052-0801-4　Ⓝ442

(目次)観測編(2009年天文ハイライト，1月の天文現象，2月の天文現象，3月の天文現象 ほか)，資料編(前年度の掩蔽，前年度の小惑星，前年度の火星，前年度の木星 ほか)

藤井旭の天文年鑑　1990年度版　藤井旭著　誠文堂新光社　1990.6　101p　19cm　530円　Ⓘ4-416-29007-1

(目次)毎月の星空ガイド，星座を見つけよう，惑星，日食，月食，星食，流星群，彗星，変光星

(内容)1990年4月から1991年3月までに楽しめる天文現象をやさしく解説した天体観測ガイド。

藤井旭の天文年鑑　1991年度版　藤井旭著　誠文堂新光社　1991.4　101p　19cm　600円

Ⓘ4-416-29105-1

(目次)4月の星空ガイド，5月の星空ガイド，6月の星空ガイド，7月の星空ガイド，8月の星空ガイド，9月の星空ガイド，10月の星空ガイド，11月の星空ガイド，12月の星空ガイド，1月の星空ガイド，2月の星空ガイド，3月の星空ガイド

(内容)1991年4月から1992年3月までに楽しめる天文現象をやさしく解説した天体観測ガイド。

藤井旭の天文年鑑　1993年度版　藤井旭著　誠文堂新光社　1993.3　101p　19cm　600円　Ⓘ4-416-29314-3

(目次)毎月の星空ガイド，惑星，月食など，星食，変光星，彗星，流星群

(内容)1993年4月から1994年3月までに楽しめる天文現象をやさしく解説した天体観測ガイド。

藤井旭の天文年鑑　1994年度版　藤井旭著　誠文堂新光社　1994.3　101p　19cm　600円　Ⓘ4-416-29413-1

(目次)毎月の星空ガイド，惑星，日食と月食など，星食，変光星，彗星，流星群

(内容)1994年4月から1995年3月までに楽しめる天文現象をやさしく解説した天体観測ガイド。

藤井旭の天文年鑑　1995年版　藤井旭著　誠文堂新光社　1994.12　99p　19cm　600円　Ⓘ4-416-29437-9

(目次)毎月の星空ガイド，惑星，日食と月食，星食，変光星，彗星，流星群，そのほか

(内容)1995年中に見られる天文現象をまとめた天文ガイド。毎月の星空ガイドと惑星・日食と月食・星食・変光星・彗星・流星群・そのほかに分け，初めて星空をながめて星の名前や星座の姿をおぼえたい人にもわかるよう，星座図などの図解を用いている。

藤井旭の天文年鑑　1996年版　藤井旭著　誠文堂新光社　1995.12　103p　19cm　600円　Ⓘ4-416-29526-X

(目次)毎月の星空ガイド，惑星，月食，星食，変光星，流星群，彗星

藤井旭の天文年鑑　1997年版　藤井旭著　誠文堂新光社　1996.12　103p　19cm　600円　Ⓘ4-416-29622-3

(目次)毎月の星空ガイド，惑星，月食，日食，星食，流星群，彗星(ヘール・ボップ彗星)，解説

藤井旭の天文年鑑　スターウォッチング完全ガイド　1998年版　藤井旭著　誠文堂新光社　1997.12　99p　19cm　600円　Ⓘ4-

64　科学への入門レファレンスブック

天文学・宇宙科学　　　　　　　　　　天体観測

416-29712-2

(目次)毎月の星空ガイド，惑星，月食，日部，星食，流星群，彗星，変光星，観測ガイド・解説

藤井旭の天文年鑑　スターウォッチング完全ガイド　1999年版　藤井旭著　誠文堂
新光社　1998.12　99p　19cm　600円　①4-416-29817-X

(目次)毎月の星空ガイド，惑星，月食と日食，星食，流星群，変光星，解説ガイド・解説

藤井旭の天文年鑑　スターウォッチング完全ガイド　2000年版　藤井旭著　誠文堂
新光社　1999.12　99p　19cm　600円　①4-416-29918-4

(目次)毎月の星空ガイド，惑星，月食，星食，流星群，変光星，天体どうしの接近，リニアー彗星の予報

藤井旭の天文年鑑　スターウォッチング完全ガイド　2001年版　藤井旭著　誠文堂
新光社　2000.12　99p　19cm　600円　①4-416-20016-1　Ⓝ440

(目次)毎月の星空ガイド，惑星，月食，星食，流星群，変光星，天体どうしの接近，日食，観測ガイド・解説

藤井旭の天文年鑑　スターウォッチング完全ガイド　2002年版　藤井旭著　誠文堂
新光社　2001.12　99p　19cm　600円　①4-416-20118-4　Ⓝ440

(目次)毎月の星空ガイド，惑星，月食，日食，星食，流星群，変光星，天体どうしの接近，観測ガイド

(内容)土星の食やしし座流星群など，2002年に発生する天体観測の見どころを平易にまとめたガイドブック。本文中の漢字にはルビ入り。

藤井旭の天文年鑑　スターウォッチング完全ガイド　2003年版　藤井旭著　誠文堂
新光社　2002.12　99p　19cm　600円　①4-416-20212-1　Ⓝ440

(目次)毎月の星空ガイド，惑星，星食，流星群，変光星，天体どうしの接近，観測ガイド(解説)

(内容)年ごとの天体観測の見どころを平易にまとめたガイドブック。今版では2003年に見られる天文事象のデータを掲載する。トピックは木星の衛星の相互食，水星の太陽面通過，火星の大接近など。月ごとに見どころ・天文現象暦などをまとめた星空ガイドと、天体や現象の種類別データで構成する。本文中の漢字にはルビ入り。

藤井旭の天文年鑑　スターウォッチング完全ガイド　2004年版　藤井旭著　誠文堂

新光社　2003.12　103p　19cm　600円
①4-416-20310-1

(目次)毎月の星空ガイド，惑星，星食，流星群，変光星，天体どうしの接近，彗星，日食，月食，金星の太陽面通過，観測ガイド(解説)

藤井旭の天文年鑑　スターウォッチング完全ガイド　2005年版　藤井旭著　誠文堂
新光社　2004.12　103p　19cm　600円
①4-416-20410-8

(目次)毎月の星空ガイド，惑星，星食，流星群，変光星，彗星，月食，天体どうしの接近，観測ガイド(解説)

藤井旭の天文年鑑　スターウォッチング完全ガイド　2006年版　藤井旭著　誠文堂
新光社　2005.12　119p　19cm　650円
①4-416-20522-8

(目次)毎月の星空ガイド，惑星，星食，流星群，変光星，彗星，日食，月食，太陽面通過，観測ガイド

藤井旭の天文年鑑　スターウォッチング完全ガイド　2007年版　藤井旭著　誠文堂
新光社　2006.12　119p　19cm　650円
①4-416-20632-1

(目次)毎月の星空ガイド，惑星，星食，流星群，変光星，日食，月食，観測ガイド

(内容)部分日食，皆既月食，火星の接近。今年も見ものがいっぱい。

藤井旭の天文年鑑　スターウォッチング完全ガイド　2008年版　藤井旭著　誠文堂
新光社　2007.12　119p　19cm　650円
①978-4-416-20722-2

(目次)毎月の星空ガイド，惑星，星食，流星群，変光星，日食と月食，彗星，接近，観測ガイド

藤井旭の天文年鑑　スターウォッチング完全ガイド　2015年版　藤井旭著　誠文堂
新光社　2014.12　119p　19cm　700円
①978-4-416-11466-7

(目次)毎月の星空ガイド，惑星，木星の衛星の相互食，流星群，星食，変光星，月食，彗星，接近，観測ガイド

藤井旭の天文年鑑　スターウォッチング完全ガイド　2016年版　藤井旭著　誠文堂
新光社　2015.12　119p　19cm　700円
①978-4-416-11551-0

(目次)毎月の星空ガイド，惑星，流星群，星食，変光星，日食，月食，彗星，接近，観測ガイド

星空ガイド　1991　誠文堂新光社　1990.11

科学への入門レファレンスブック　65

56p　30×23cm　850円　Ⓘ4-416-29008-X

目次 日食，月食，惑星，小惑星，流星群，星食，変光星，その他

内容 1991年中にどんな天文現象が起こるのか，カレンダー風に月毎の "開演時間" とその "解説" をまとめている。

星空ガイド　1992　誠文堂新光社　1991.11
56p　30×23cm　850円　Ⓘ4-416-29117-5

目次 日食，月食，惑星，小惑星，流星群，星食，変光星，彗星

星空ガイド　1993　誠文堂新光社　1992.12
56p　30×23cm　950円　Ⓘ4-416-29211-2

内容 1993年の天文現象を図と解説でやさしく徹底ガイドした目で見る星空年鑑。

星空ガイド　1994　誠文堂新光社　1993.12
56p　30×23cm　950円　Ⓘ4-416-29331-3

目次 太陽，惑星，小惑星，流星群，星食，変光星，彗星

内容 1994年の天文現象を図と解説で紹介する図解データブック。

星空ガイド　1995　藤井旭構成　誠文堂新光社　1994.12　56p　30cm　950円　Ⓘ4-416-29429-8

目次 日食・月食，惑星，小惑星，流星群，星食，変光星，彗星，その他

内容 1995年の天文現象を図と解説で紹介する図解データブック。

星空ガイド　1996　藤井旭構成　誠文堂新光社　1995.12　55p　30cm　950円　Ⓘ4-416-29522-7

目次 惑星，小惑星，流星群，星食，変光星，彗星，その他

内容 1996年の天文現象のガイド。月別に星座図と暦を掲載し，主要な天文現象は図入りで解説する。

星空ガイド　スターウォッチングを楽しもう　1999　藤井旭企画・構成　誠文堂新光社　1998.12　56p　30×23cm　940円　Ⓘ4-416-29820-X

目次 惑星（太陽系の動き，夕空の水星（2月23日）ほか），小惑星（セレスの動き，ベスタが衝（2月6日）ほか），流星群（こと座流星群（4月23日），ペルセウス座流星群（10月22日）ほか），日食・月食（半影月食（1月31日〜2月1日），部分月食（7月28日）ほか），星食（レグルス食（1月5日），アルデバラン食（1月27日）ほか），変光星（うみへび座R極大（5月30日），しし座R極大（6月24日）ほか），その他（アストロカレンダーの見方，春の全天星座図 ほか）

内容 1999年中に起こる天文現象のガイド。月別に星座図と暦を掲載し，主要な天文現象は図入りで解説する。

星空ガイド　2002　藤井旭企画・構成　誠文堂新光社　2001.12　56p　30cm　940円　Ⓘ4-416-20119-2　Ⓝ440

目次 惑星，惑星どうしの接近，小惑星，流星群，日食，月食，星食，変光星，彗星，その他

内容 2002年の天文現象を図と解説で紹介する天文ガイドブック。

星空ガイド　2003　藤井旭企画・構成　誠文堂新光社　2002.12　56p　30×23cm　952円　Ⓘ4-416-20211-3　Ⓝ440

目次 惑星，惑星どうしの接近，小惑星，流星群，日食，星食，変光星，彗星，その他

内容 2003年の天文現象を図と解説で紹介する天文ガイドブック。カレンダーふうに月ごとに構成・紹介する。巻頭にテーマ別に再編成した目次がある。

星空ガイド　2004　藤井旭企画・構成　誠文堂新光社　2003.12　56p　30×23cm　952円　Ⓘ4-416-20309-8

目次 惑星，惑星どうしの接近，小惑星，流星群，日食，月食，星食，変光星，彗星，その他

内容 2004年の天文現象を図と解説でやさしく徹底ガイドした目で見る星空年鑑。

星空ガイド　2005　藤井旭企画・構成　誠文堂新光社　2004.12　56p　30×23cm　952円　Ⓘ4-416-20409-4

目次 惑星，天体どうしの接近，小惑星，流星群，日食，星食，変光星，彗星，その他

内容 1月マックホルツ彗星，3月アンタレス食，10月火星接近、10月部分月食など、2005年の天文現象を図と解説でやさしく徹底ガイドした目で見る星空年鑑。

星空ガイド　2006　藤井旭企画・構成　誠文堂新光社　2005.12　56p　30×23cm　952円　Ⓘ4-416-20523-6

目次 惑星，天体どうしの接近，小惑星，流星群，日食・月食，星食，変光星，彗星，太陽面通過，その他

内容 2006年の天文現象を図と解説でやさしく徹底ガイドした目で見る星空年鑑。

天文学・宇宙科学　　　　　　　　　　　　　恒星・恒星天文学

星空ガイド　**2007**　藤井旭企画・構成　誠文
　堂新光社　2006.12　56p　30×23cm　952円
　①4-416-20633-X
(目次)惑星，天体どうしの接近，小惑星，流星
群，日食・月食，星食，変光星，彗星，その他
(内容)2007年の天文現象を図と解説でやさしく
徹底ガイドした目で見る星空年鑑。

星空ガイド　**2008**　藤井旭企画・構成　誠文
　堂新光社　2007.12　56p　30×23cm　952円
　①978-4-416-20723-9
(目次)惑星，天体どうしの接近，小惑星，流星
群，日食・月食，星食，変光星，彗星，その他
(内容)2008年の天文現象を図と解説でやさしく
徹底ガイドした目で見る星空年鑑。

星空ガイド　**2009**　藤井旭企画・構成　誠文
　堂新光社　2008.12　56p　30×23cm　1000
　円　①978-4-416-20821-2　Ⓝ442
(目次)惑星，天体どうしの接近，小惑星，流星
群，日食・月食，星食，変光星，彗星，その他
(内容)2月ルーリン彗星，ガリレオ衛星の相互食，
7月皆既日食，8月土星環消失，部分月食。2009
年の天文現象を図と解説でやさしく徹底ガイド
した目で見る星空年鑑。

星空ガイド　**2010**　藤井旭企画・構成　誠文
　堂新光社　2009.12　56p　30×23cm　1000
　円　①978-4-416-20937-0　Ⓝ442
(目次)惑星，天体どうしの接近，小惑星，流星
群，日食・月食，星食，変光星，彗星，その他
(内容)2010年の天文現象を図と解説でやさしく
徹底ガイドした目で見る星空年鑑。

星空ガイド　**2011**　藤井旭企画・構成　誠文
　堂新光社　2010.12　56p　30×28cm　1000
　円　①978-4-416-21021-5　Ⓝ442
(目次)惑星，天体どうしの接近，小惑星，流星
群，日食・月食，星食，変光星，彗星，その他
(内容)2011年の天文現象を図と解説でやさしく
徹底ガイドした目で見る星空年鑑。

星空ガイド　**2014**　藤井旭企画・構成　誠文
　堂新光社　2013.12　56p　30×23cm　1000
　円　①978-4-416-11376-9
(目次)惑星，天体どうしの接近，夕空と明け方
の空のながめ，小惑星と準惑星，流星群，月食，
星食，変光星，彗星，木星のガリレオ衛星の相
互食，その他
(内容)2014年の天文現象を図と解説でやさしく
徹底ガイドした目で見る星空年鑑!

星空ガイド　**2015**　藤井旭企画・構成　誠文
　堂新光社　2014.12　56p　30×23cm　1000
　円　①978-4-416-11475-9
(目次)惑星，天体どうしの接近，夕空と明け方
の空のながめ，小惑星と準惑星，流星群，月食，
星食，変光星，彗星，木星のガリレオ衛星の相
互食，その他
(内容)2015年の天文現象を図と解説でやさしく
徹底ガイドした目で見る星空年鑑!

星空ガイド　**2016**　藤井旭企画・構成　誠文
　堂新光社　2015.12　56p　30cm　1000円
　①978-4-416-11553-4
(目次)惑星，天体どうしの接近，夕空と明け方
の空のながめ，小惑星と準惑星，流星群，日食，
月食，星食，変光星，彗星，その他
(内容)2016年の天文現象を図と解説でやさしく
徹底ガイドした、目で見る星空年鑑!

星空データブック　星空案内年鑑　**2008**
　縣秀彦監修　技術評論社　2007.12　225p
　21cm　1480円　①978-4-7741-3261-7
(目次)星空案内カレンダー，星雲・星団・銀河
見もの60選，毎月の星空案内，太陽系のデータ，
天文学，天文施設のデータ，星空案内のデータ，
天体望遠鏡と天体写真，星空案内「全天星図」

恒星・恒星天文学

<事 典>

星の文化史事典　出雲晶子編著　白水社
　2012.4　419,25p　19cm　3800円　①978-4-
　560-08198-3
(内容)私たち人類が生み出した星に関係する信
仰、民俗、伝承、芸術(文学、美術、建築)の数々
をこの一冊に。約1700項目収録。図版多数掲載。

<ハンドブック>

実用全天星図　天文ガイド編集部編　誠文堂
　新光社　1999.12　81p　31×25cm　4200円
　①4-416-29917-6
(内容)8.2等星までの恒星と12.5等までの星雲・
星団を収録した観測用星図。毎月の星空と星座
解説を収録。

星雲・星団ガイドマップ　西条善弘著　誠文
　堂新光社　1999.7　109p　30cm　2000円

恒星・恒星天文学 　　　　　天文学・宇宙科学

Ⓘ4-416-29911-7

Ⓣ1 春の夜空の星雲・星団，2 夏の夜空の星雲・星団，3 秋の夜空の星雲・星団，4 冬の夜空の星雲・星団

Ⓒ星雲・星団を観測するためのガイドマップ。見出し全天星図，広域星図12図，詳細星図57図の星図で構成する。恒星と星雲・星団などは約12.5等まで，銀河は約14等までを掲載した。星雲・星団一覧表付き。

星座・星雲・星団ガイドブック 春・夏・秋・冬・南天 八板康麿著 新星出版社
1999.9 198p 21cm 1500円 Ⓘ4-405-10647-9

Ⓣ天体写真館，星雲・星団・銀河カタログ（春，夏，秋，冬，南天），もっと知りたい知識＆テクニック（星雲・星団・銀河の種類，メシエ天体，その他の天体カタログ，メシエ天体一覧表，双眼鏡や望遠鏡の選び方，銀河・星雲・星団の撮り方，星がよく見える場所），資料＆データ（銀河・星雲・星団・詳細データリスト，さくいん）

星座と宇宙 夜空の観察事典 藤井旭著 成美堂出版 2009.8 223p 24cm 〈索引あり〉 1600円 Ⓘ978-4-415-30631-5 Ⓝ443.8

Ⓣ序章 星座の見方・見付け方，第1章 夏の星座，第2章 秋の星座，第3章 冬の星座，第4章 春の星座，第5章 南半球の星座，星空ウォッチング資料編

Ⓒ星座の見付け方を季節ごと，個別にわかりやすく解説。雄大な星空風景や神秘的な天体写真がいっぱい。古星図絵や世界に残る言い伝えなどの文化史も多数紹介。天体観測に便利な「星座早見盤」付き。

星座の事典 全88星座とそこに浮かぶ美しい天体 沼澤茂美，脇屋奈々代著 ナツメ社 2007.8 319p 21cm 1600円 Ⓘ978-4-8163-4364-3

Ⓣ春の星座（やまねこ座，かに座 ほか），夏の星座（こぐま座，りゅう座 ほか），秋の星座（ケフェウス座，とかげ座 ほか），冬の星座（きりん座，ぎょしゃ座 ほか），南半球の星座（とびうお座，りゅうこつ座 ほか）

Ⓒ写真，イラスト等の見やすい図版を豊富に使い，春夏秋冬，南天の星座と星座を彩るさまざまな天体，注目すべき天体を網羅。

星と惑星の写真図鑑 オールカラー星と惑星徹底ガイド 完璧版 イアン・リドパス著，国司真日本語版監修 日本ヴォーグ社

1999.7 223p 21cm （地球自然ハンドブック） 2700円 Ⓘ4-529-03220-5

Ⓣはじめに，太陽系とは（太陽，水星，金星，地球，月，火星，木星，土星，天王星，海王星，冥王星，彗星と流星，小惑星と隕石），88全星座（星座（英名順）），今月の星空ガイド（1月，2月，3月，4月，5月，6月，7月，8月，9月，10月，11月，12月）

<図鑑・図集>

イクス宇宙図鑑 2 星の一生 ブラックホールのひみつにせまる 小池義之著 国土社 1992.3 47p 30cm 2950円 Ⓘ4-337-29802-9

Ⓣ1 太陽，2 星の誕生，3 星の進化，4 星の晩年，星の一生がよくわかるデータボックス

ヴィジュアル版星座図鑑 藤井旭著 河出書房新社 1999.2 158p 21cm 1600円 Ⓘ4-309-25111-0

Ⓣ星空の丸天井"天球"，星座図の見方，星座の見つけ方，移り変わる星座，星座早見の使い方，星座図の使い方，星の明るさと星のものさし，あなたの誕生星座，惑星の動き，星座の見もの，冬の星座・パノラマ星図，春の星座・パノラマ星図，夏の星座・パノラマ星図，秋の星座・パノラマ星図，全天星座リスト，プラネタリウムと天文台，全天星座図，星座早見盤・作り方，星座早見盤・使い方

Ⓒ星座探しと神話を楽しむための星座ガイド。毎月の全方位の星空を解説，季節ごとの星空の特徴と見ものを紹介，星座の簡単な見つけ方，ギリシア神話と星座の解説などを収録。

四季の星座 月別に見る72星座 藤井旭写真・監修 成美堂出版 2000.3 391p 15cm （ポケット図鑑） 1200円 Ⓘ4-415-01045-8 Ⓝ443.8

Ⓣ星空の丸天井―天球，星座の見方―イメージの世界，星の明るさ―光度，等級，星のものさし―角度のはかり方，星の動き―星の日周運動，季節の星座―星座の年周運動，誕生星座を見つけよう―黄道星座，惑星のいる星座―黄道12星座，星座を見つける用具―星座早見，1月の星座，2月の星座〔ほか〕

Ⓒ月別にみる星座の図鑑。日本でみることのできる72の代表的な星座を月ごとに分類して収録。巻末に南天の星座，星座ウォッチングの用語，プラネタリウム・天文台ガイド等を収録。星座一覧表，星座・その他の事項の五十音順索

引付き。

四季の星座図鑑　藤井旭写真・文　ポプラ社　2005.11　303p　21cm　1680円　①4-591-08912-6

(目次)星座の見つけ方，冬の星座を見つけよう，春の星座を見つけよう，夏の星座を見つけよう，秋の星座を見つけよう，南半球で見える星座たち，星座データ

(内容)親子で楽しむ四季の星座めぐり。全天88星座の見つけ方を全部紹介。星座ウォッチングの決定版入門書。

四季の星座百科　加賀谷穣絵・文，星の手帖編集部編　星の手帖社，河出書房新社〔発売〕　1991.7　79p　26cm　1200円　①4-309-90088-7

(目次)星の動き，星座ってなんだろう，星座をさがす前に，春の星座，夏の星座，秋の星座，冬の星座，黄道12星座の神話，七夕伝説の星，勇者ペルセウスの冒険，オリオンと月の女神，全天星座絵図，全天星座一覧表

(内容)イラストで楽しくわかる四季の星座の形と物語り。四季の星座を東南西北、天頂の5枚の絵図で解説だれにでも簡単にわかる星座の見つけ方ガイド。

星座図鑑　ヴィジュアル版　新装版　藤井旭著　河出書房新社　2008.4　158p　21cm　〈折り込8枚〉　1800円　①978-4-309-25220-9　Ⓝ443.8

(目次)星空の丸天井“天球”，星座図の見方，星座の見つけ方，移り変わる星座，星座早見の使い方，星座図の使い方，星の明るさと星のものさし，あなたの誕生星座，惑星の動き，星座の見もの，冬の星座・パノラマ星図，春の星座・パノラマ星図，夏の星座・パノラマ星図，秋の星座・パノラマ星図，全天星座リスト，プラネタリウムと天文台，全天星座図，星座早見盤・作り方，星座早見盤・使い方

(内容)1年を通じて毎月の全方位の星空を詳しく解説した万能手引き書。星座探しと神話を楽しむための完全実用型ガイド!毎月の全方位の星座を詳しく図解、季節ごとの星空の特徴と見ものを紹介。ギリシア神話と星座の明快な解説。豊富な種類のカラー図版を満載。

星座の伝説図鑑　星になった神々の物語　東ゆみこ監修　PHP研究所　2015.7　95p　18×14cm　（学習ポケット図鑑）　780円　①978-4-569-78478-6

(目次)1章 春の星座の伝説（おおぐま座・こぐま座，かに座，かみのけ座 ほか），2章 夏の星座の伝説（ヘルクレス座，こと座，いるか座 ほか），3章 秋の星座の伝説（カシオペヤ座・ケフェウス座，さんかく座，おひつじ座 ほか），4章 冬の星座の伝説（オリオン座，エリダヌス座，おうし座 ほか）

(内容)最高神ゼウス、太陽の神アポロン、愛の女神アプロディテ…個性的な神々が登場!

星座・星空　藤井旭著　山と渓谷社　2000.3　281p　15cm　（ヤマケイポケットガイド 20）　1000円　①4-635-06230-9　Ⓝ443.8

(目次)春の星座（春の星空，春の星座，春の星座神話），夏の星座（夏の星空，夏の星座，夏の星座神話），秋の星座（秋の星空，秋の星座，秋の星座神話），冬の星座（冬の星空，冬の星座，冬の星座神話）

(内容)日本で見られるおもな星座を四季別に紹介した図鑑。日本から見られる星座と各星座付近の星雲・星団を四季別に、さらに月、太陽、惑星、流星、彗星、南半球の星なども合わせて紹介。掲載データは、星図、天体写真、概説位置、20時南中、南中高度、面積、肉眼星数、設定者、おもな星、おもな天体など。

星座・星空　藤井旭著　山と渓谷社　2011.4　281p　15cm　（新ヤマケイポケットガイド 14）　〈2000年刊の改訂、新装　並列シリーズ名：New Yama-Kei Pocket Guide　索引あり〉　1200円　①978-4-635-06269-5　Ⓝ443.8

(目次)春の星座，夏の星座，秋の星座，冬の星座，南の星空，天体ウォッチング，天体観察ガイド，天体リスト

(内容)日本から見られる星座と各星座付近の星雲・星団を四季別に、さらに、月、太陽、惑星、流星、彗星、南半球の星などもあわせて紹介した。

全天星座百科　藤井旭著　河出書房新社　2001.9　286p　21cm　2500円　①4-309-25140-4　Ⓝ443.8

(目次)夏の星座（さそり座，いて座 ほか），秋の星座（カシオペヤ座，ケフェウス座 ほか），冬の星座（おうし座，ぎょしゃ座 ほか），春の星座（こぐま座，おおぐま座 ほか），南天の星座（みなみじゅうじ座，みなみのさんかく座 ほか），データ編（全天星座リスト，星座早見をつくろう，星座早見の使い方 ほか）

(内容)全天星座88個を詳しく解説したガイドブック。夏、秋、冬、春と南天に星座を分類して排列。星座の歴史や見つけ方などを掲載。巻末の

太陽・太陽系　　　天文学・宇宙科学

データ編には全天星座リスト、各種星図、五十音順の索引などがある。

ほし　全星座88すべてをカラーイラストで解説　林完次著　文一総合出版　1990.11　247p　19cm　（自然ガイド）　1800円　①4-8299-3070-5

（目次）星座ガイド（春の星空，夏の星空，秋の星空，冬の星空，南天の星空），月ガイド，惑星ガイド，星座リスト

星が光る星座早見図鑑　藤井旭著　偕成社　1995.9　1冊　27×27cm　2900円　①4-03-531150-2

星空図鑑　藤井旭写真・文　ポプラ社　2003.7　303p　21cm　1680円　①4-591-07756-X

（目次）星空ウォッチング，夏の星空ウォッチング，秋の星空ウォッチング，冬の星空ウォッチング，春の星空ウォッチング，太陽系ウォッチング

（内容）親子でスターウォッチングを楽しみながら四季の星座と宇宙を知ろう。星空と天文ガイドの決定版。

星空の図鑑　THE NIGHT SKY MONTH BY MONTH　ウィル・ゲイター，ジャイルズ・スパロウ著，藤井旭監修　誠文堂新光社　2014.8　127p　31×26cm　〈原書名：The Night Sky Month by Month〉　2500円　①978-4-416-11435-3

（目次）空星を見上げよう（宇宙をのぞきこむ，星の位置を知る，星空の移り変わり ほか），毎月の星空ガイド（1月，2月，3月 ほか），天体暦（2014-2015,2016-2017,2018-2019 ほか）

（内容）宇宙の中の私たちの居場所や、観測地や時刻によって変わる星空の見えかたがわかります。簡単な星空散歩のしかたや、天体をさらに詳しく観察するときに必要な道具がわかります。月ごとに見られる有名な星や星座、流星群などが、観察ガイド付きの早見星図でわかります。惑星の動きや月の満ち欠け、日食や月食が地球上のどこでいつ見られるかがわかります。

星空風景　前田徳彦著　誠文堂新光社　2014.9　79p　15×15cm　（SKYSCAPE PHOTOBOOK）　1000円　①978-4-416-11472-8

惑星・太陽の大発見　46億年目の真実 ビジュアル版　田近英一監修　新星出版社　2013.7　223p　21cm　（大人のための図鑑）　1500円　①978-4-405-10802-8

（目次）巻頭特集 美しき太陽系の姿，第1部 宇宙

を目指す人類（探査観測技術の進歩），第2部 太陽系探検の旅へ（太陽系の成り立ち，太陽，水星，金星，地球，月，火星，小惑星帯，木星，土星，天王星，海王星），第3部 太陽系の外へ（太陽系外縁部，太陽系外惑星）

（内容）生命はいるのか…。惑星探査機のレンズが解き明かした知られざる太陽系の素顔。

太陽・太陽系

＜ハンドブック＞

皆既日食ハンターズガイド　eclipseguide.net編　INFASパブリケーションズ　2006.2　191p　21cm　〈「STUDIO VOICE」別冊〉　1714円　①4-900785-38-5

（目次）INTRODUCTION,1 天文篇，2 歴史篇，3 観測篇，4 フェス篇，5 ガイド篇，エクリプス・コラム

（内容）2006年3月29日アフリカ～中近東、2008年8月1日カナダ～ロシア～中国、そして2009年7月22日、実に46年ぶりに皆既日食が日本国内で観測できる。新しい旅のかたちを探す人から、地球上で最も壮大な天体スペクタクル "皆既日食" に関心をもつ人まで、すべての人々に贈る…日食（カルチャー／サイエンス＆トラベル）ガイドブック。

＜図鑑・図集＞

イクス宇宙図鑑　3　太陽系　1　山田陽志郎著　国土社　1992.2　47p　31×22cm　2950円　①4-337-29803-7

（目次）1 太陽系，2 地球と月，3 水星―クレーターにおおわれた惑星，4 金星―しゃく熱の惑星，5 火星―砂あらしのふく赤い惑星，太陽系がよくわかるデータボックス

イクス宇宙図鑑　4　太陽系　2　山田陽志郎著　国土社　1992.3　47p　30cm　2950円　①4-337-29804-5

（目次）1 木星―太陽になりそこねた惑星，2 土星―美しいリングをもつ惑星，3 天王星―横だおしの惑星，4 海王星―青い大気につつまれた惑星，5 冥王星―氷に閉ざされたさいはての惑星，6 小天体―太陽系の小さななかまたち，太陽系がよくわかるデータボックス

太陽大図鑑　クリストファー・クーパー著，柴田一成日本語版監修，田村明子訳　緑書房

70　科学への入門レファレンスブック

天文学・宇宙科学　　　　地球

2015.11　223p　32×24cm　〈原書名：OUR SUN〉　4800円　①978-4-89531-222-6

（目次）1 太陽の誕生，2 太陽の構造，3 かけがえのない太陽，4 太陽崇拝，5 太陽の歴史，6 太陽の威力，7 太陽の未来

惑星・太陽の大発見　46億年目の真実 ビジュアル版
田近英一監修　新星出版社
2013.7　223p　21cm　（大人のための図鑑）
1500円　①978-4-405-10802-8

（目次）巻頭特集 美しき太陽系の姿，第1部 宇宙を目指す人類（探査観測技術の進歩），第2部 太陽系探検の旅へ（太陽系の成り立ち，太陽，水星，金星，地球，月，火星，小惑星帯，木星，土星，天王星，海王星），第3部 太陽系の外へ（太陽系外縁部，太陽系外惑星）

（内容）生命はいるのか…。惑星探査機のレンズが解き明かした知られざる太陽系の素顔。

惑星・月

<事 典>

系外惑星の事典
井田茂，田村元秀，生駒大洋，関根康人編集　朝倉書店　2016.9　351p　21cm　8000円　①978-4-254-15021-6

（目次）第1章 系外惑星の観測（系外惑星の発見，初期の系外惑星探査 ほか），第2章 生命存在（居住）可能性（アルベド，有効放射温度 ほか），第3章 惑星形成論（惑星形成論の古典，原始惑星系円盤の形成 ほか），第4章 惑星のすがた（基本内部構造，状態方程式 ほか），第5章 主星（恒星カタログ，光球面と黒体輻射 ほか）

（内容）第一線で活躍する研究者が平易に解説。宇宙・地球・生命の新しい理解に向けて。

地球と惑星探査
佐々木晶監訳・訳，米沢千夏訳，ピーター・カッターモール，スチュアート・クラーク著，ジョン・グリビン，ジル・シュナイダーマン監修　朝倉書店　2008.2　174p　30cm　（「図説」科学の百科事典 7）　〈年表あり　文献あり　原書名：Earth and other planets.〉　6500円　①978-4-254-10627-5　Ⓝ450

（目次）1 宇宙から，2 太陽の家族，3 熱エンジン，4 躍動する惑星，5 地理的なジグソーパズル，6 変わりゆく地球，7 はじまりとおわり

<ハンドブック>

月面ウォッチング　エリア別ガイドマップ
新装版　A.ルークル著，山田卓訳　地人書館　2004.11　234p　30cm　〈原書名：ATLAS OF THE MOON〉　4800円　①4-8052-0751-5

（目次）地球の衛星，月の位相，空にのぼる月，月の表面，月の起源とその歴史，月の地図学，月に関する数値，月をもっとよく知るために，表側の月面図について，月面図，秤動ゾーンの月面図，月の前面マップ，月への旅，月50景，月の観測，月食

（内容）地球から見える月の表側の地形を76のエリアに分けて紹介するフィールド・ガイドブック。それぞれの地形（クレーター、山脈、谷）は最も適当な太陽高度を想定して詳細に描かれている。そのため、影につぶされることなく興味ある地形を確認することができ、標準的な区分月面図として様々に活用できる。また、個々の地形名には地質学的な解説とともに、由来となる人物の生涯・業績を簡潔に記した。

<図鑑・図集>

月
榎本司著　誠文堂新光社　2014.9　79p　15×15cm　（SKYSCAPE PHOTOBOOK）　1000円　①978-4-416-11470-4

地球

<図鑑・図集>

イクス宇宙図鑑　5　生命の惑星・地球 太陽系第3惑星46億年のドラマ
高村郁夫著　国土社　1992.3　45p　30cm　2950円　①4-337-29805-3

（目次）1 地球誕生，2 生命の誕生と進化，3 生きている地球，4 危機に立つ地球，生命の惑星・地球がよくわかるデータボックス

地球・気象
猪郷久義，饒村曜監修・執筆　学習研究社　2001.12　168p　30×23cm　（ニューワイド学研の図鑑 14）　2000円　①4-05-500422-2　Ⓝ450.38

（目次）地球の歴史，地球の構造，大地と海のすがた，地球をおおう大気，地球をめぐる大気，地球をめぐる水，地球環境，地球・気象情報館

（内容）子供向けの地球・気象について知る図鑑。巻末に五十音順の項目名索引がある。

科学への入門レファレンスブック　71

測地学　　　　　　　　　　　　　　　天文学・宇宙科学

地球図鑑　3Dアニメーションで見て学ぼう　キム・ブライアン監修，ジョン・ウッドワード文，伊藤伸子訳　（京都）化学同人　2013.7　71p　29×22cm　〈原書名：Earth 3-D Pops〉　1800円　①978-4-7598-1548-1

(目次)わたしたちの地球（太陽系，惑星の誕生ほか），活発な地球（動くプレート，海洋と大陸ほか），鉱物と岩石（鉱物，岩石ほか），天候と気候（気候帯，雨と風ほか），生命（生命の始まり，水に生きる生物ほか）

(内容)この本はたくさんの図を使って地球を説明している図鑑です。今までの図鑑とちがうのは、コンピュータを使って3D画面を動かすことができるところです。本当にその場所で観察しているようです。竜巻を発生させてみてください。氷河はどんなふうに動きますか？ 大昔に陸のかたまりがぶつかって…その先はあなたの目で確かめてくださいね。

ポケット版 学研の図鑑　6　地球・宇宙　天野一男，村山貢司，吉川真監修　学習研究社　2002.4　192,16p　19cm　960円　①4-05-201490-1　Ⓝ450

(目次)わたしたちの地球，地球のすがた，生きている地球，地表のすがた，地殻のなりたち，エネルギー資源，地球のおいたち，大気のはたらき，気象観測，地球の将来〔ほか〕

(内容)子ども向けの地球・宇宙に関する図鑑。地球に関しては、地球のすがた、生きている地球、地表のすがた、地殻のなりたち、エネルギー資源、大気のはたらき、気象観測など。宇宙に関しては、月のすがお、太陽のすがお、太陽系のすがた、星座をさがそうなど、テーマごとに分類していて、それぞれ写真や図を用いて分かりやすく解説している。巻末に索引が付く。

測地学

＜事　典＞

図説地図事典　山口恵一郎，品田毅編　日本図書センター　2011.3　311p　31cm　〈武揚堂1984年刊の復刻　文献あり　年表あり　索引あり〉　28000円　①978-4-284-50204-7　Ⓝ448.9

(内容)地図発達の歴史的経過と、現代の内外の各種地図、地図の応用などを具体的に解説する。図鑑のようにヴィジュアルで、事典のように体系的な「地図事典」。武揚堂、昭和59年刊の復刻再版。「地図を視る」「地図を知る」、その他

「資料」編の3部構成。

地図のことがわかる事典　読む・知る・愉しむ　田代博，星野朗編著　日本実業出版社　2000.2　294p　19cm　1500円　①4-534-03051-7　Ⓝ448.9

地図の読み方事典　西ケ谷恭弘，池田晶一，坂井尚登著　東京堂出版　2009.12　177p　27cm　〈索引あり〉　2500円　①978-4-490-10766-1　Ⓝ448.9

(目次)第1章 地図の読み方（基礎知識）（「地図」とは何だろう？─三次元を二次元に，バーチャル世界への入り口─地図投影法 ほか），第2章 地図から自然を読む（断層と隆起・地熱発電の国─ニュージーランド，扇状地─琵琶湖西岸 ほか），第3章 地図から歴史を読む（自然堤防上の遺跡─荒川の低地の遺跡分布と地形，源平合戦─逆落としと鵯越え・源義経 ほか），第4章 地図の歴史（古代から近代に至る世界の地図，日本の古地図 ほか）

(内容)新旧の地図を見比べると地形の変化がよく分かる。歴史上の事件の謎解きのカギは地図に載っている。戦前・戦時中には時局を反映した地図が描かれた。─地形図読解の基本から、珍しい地形を記載した地図まで掲載。

地理情報科学事典　地理情報システム学会編　朝倉書店　2004.4　519p　21cm　16000円　①4-254-16340-1

(目次)基礎編（地理情報科学，地理情報の取得，地理参照系 ほか），実用編（自然環境，森林，バイオリージョン ほか），応用編（情報通信技術と時空間モデリング，社会情報基盤，法的問題 ほか）

(内容)地理情報システム（GIS）に関して30項目に分類し解説。図解も収載。本文は基礎編、実用編、応用編に分けて記載。巻末に地図投影の基礎と主な地図投影法、国内・海外のクリアリングハウス、略語表を収録。索引付き。

＜辞　典＞

地図学用語辞典　増補改訂版　日本国際地図学会地図用語専門部会編　技報堂出版　1998.2　515p　19cm　6600円　①4-7655-4002-2

(内容)昭和60年刊の「地図学用語辞典」の増補改訂版。概念や内容の変わったものは新しく書き換えたり、追加説明を加えるなど全項目を見直したほか、理論地図学、コンピュータ地図学、地理情報システムなどの用語200語を増補して

72　科学への入門レファレンスブック

天文学・宇宙科学　　　　　　　　　　　　　時法・暦学

ある。

＜名簿・人名事典＞

地図をつくった男たち　明治の地図の物語
山岡光治著　原書房　2012.12　263p　20cm
〈文献あり〉　2400円　Ⓘ978-4-562-04870-0
Ⓝ448.9

Ⓣ目次第1部　維新前夜から維新直後の地図作り（明治維新前夜の地図測量技術，陸軍省最初の測量技術者福田治軒，沼津兵学校から巣立つ地図測量技術者，傑出したテクノクラート小野友五郎，開拓使測量を担った測量技術者たち ほか），第2部　陸地測量部の地図作り（「美しさ」から「正確さ」へ　犠牲となった「かきたてるもの」，未踏の高山を目指した明治期測量隊，測量登山黎明期　登山家ウェストンのころ，剣岳登頂は柴崎芳太郎に何を与えたか，戦場に送られる即席測図手たち ほか）

Ⓒ内容明治維新の後，もっとも基本的な情報基盤である地図情報の脆弱さに直面した明治政府は，国家の急務として「地図づくり」に取り組む。伊能忠敬以降，維新前夜から明治時代の陸軍参謀本部陸地測量部（国土地理院の前身）の地図測量本格化まで，近代地図作成に心血を注いだ技術者たちの歴史を描いた，「知られざる地図の物語」。

＜地図帳＞

新・日本列島地図の旅　大沼一雄著　東洋書店　2002.12　467p　22cm　（東洋選書）　2500円　Ⓘ4-88595-418-5　Ⓝ448.9

図説世界古地図コレクション　三好唯義編
河出書房新社　1999.12　139p　22cm　（ふくろうの本）　1800円　Ⓘ4-309-72626-7
Ⓝ448.9

大地の肖像　絵図・地図が語る世界　藤井譲治，杉山正明，金田章裕編　（京都）京都大学学術出版会　2007.3　14,456p　図版20枚　27cm　7500円　Ⓘ978-4-87698-712-2
Ⓝ448.9

地図の記号と地図読み練習帳　改訂版　大沼一雄著　東洋書店　2010.5　246p　19cm
〈索引あり〉　1800円　Ⓘ978-4-88595-920-2
Ⓝ448.9

Ⓣ目次1　地図と記号（基準点と記号，等高線と記号，特殊な地形と記号，道路と記号 ほか），2

旅と読図（沖縄・九州の読図，中国・四国の読図，関西の読図，中部の読図 ほか）

日本列島重力アトラス　西南日本および中央日本　山本明彦，志知龍一編　東京大学出版会　2004.11　1冊　37×26cm　〈付属資料：CD-ROM1〉　9200円　Ⓘ4-13-066707-6

Ⓣ目次1　重力データの現状と本アトラス出版（重力データの意味と重力研究の経過，重力データの公表および現状 ほか），2　本書の企画および内容の概略（本書の内容と構成，出版の意義），3　本書の見方とCD-ROMの活用法（本書の構成と利用法，添付CD-ROMの利用法・活用法），4　重力・重力異常の基礎知識（重力，地球の形状と重力 ほか），5　データソース

「理科」の地図帳　ビジュアルで味わう!日本列島ウォッチング　神奈川県立生命の星・地球博物館監修　技術評論社　2006.10　143p　26cm　1680円　Ⓘ4-7741-2868-6

Ⓣ目次1　地形（火山国ニッポン　噴火の可能性のある活火山を見る!，地震多発国ニッポン!なぜ，こんなに多く地震が発生するのか? ほか），2　気象（日本の気候区と海流の関係をザッと見てみよう，米の出来，不出来を左右する「やませ」の正体とは? ほか），3　生物（ニッポンの植生帯を見る。実は日本に高山帯はなかった!!，ニッポンの森林（1）ブナ林，その豊富な植物相の特徴は? ほか），4　環境（「四大公害」は今どうなっている?日本の環境問題，地球温暖化を過去の温暖期から推測する?! ほか）

Ⓒ内容日本の地形や自然を楽しむナルホドマップ解説。

時法・暦学

＜書　誌＞

明治前日本天文暦学・測量の書目辞典　中村士，伊藤節子編著　第一書房　2006.2　335,32p　22cm　6500円　Ⓘ4-8042-0765-1
Ⓝ440.31

＜年　表＞

古代中世暦　和暦・ユリウス暦　月日対照表
日外アソシエーツ編　日外アソシエーツ，紀伊國屋書店〔発売〕　2006.9　506p　21cm
5000円　Ⓘ4-8169-1998-8

Ⓒ内容推古天皇元年（593年）から天正10年（1582

科学への入門レファレンスブック　73

年）まで、990年間、361573日の暦表を収録。天正10年（1582年）は西欧で初めて現在のグレゴリオ暦が採用された年で、それまではユリウス暦が使われていた。本書では、和暦とユリウス暦が1日ずつ対照できる。また、和暦の二十四節気と改元日を記載、ユリウス暦の七曜もわかる。

21世紀暦 曜日・干支・九星・旧暦・六曜
日外アソシエーツ編集部編　日外アソシエーツ，紀伊国屋書店〔発売〕　2000.10　403p　21cm　3800円　①4-8169-1630-X　Ⓝ449.8

(内容)2001年1月1日から2100年12月31日までの21世紀を対象とする暦。1年を4ページで、計36,524日の二十四節気、雑節、著名人の生誕・年忌、歴史上の出来事などを掲載する。

20世紀暦 曜日・干支・九星・旧暦・六曜
日外アソシエーツ編集部編　日外アソシエーツ，紀伊国屋書店〔発売〕　1998.11　387p　21cm　2800円　①4-8169-1514-1

(内容)日本で太陽暦が採用された1873年から20世紀の終わりの2000年までの128年間、46751日の暦を収録したもの。また暦だけでなく、その年ごとに祝祭日、二十四節気、主な雑節、主な出来事、著名人の没年月日も年表形式で掲載。

＜事 典＞

江戸幕末 和洋暦換算事典
釣洋一著　新人物往来社　2004.6　416p　19cm　4800円　①4-404-03208-0

(目次)ひと目でわかる和洋暦換算対照表，西暦換算の日本史年表，和洋暦換算奇談（明治6年の改暦はユリウス暦だった，11月31日の殉死墓，2月29日が命日の大久保彦左衛門と遠山金四郎，2月30日が命日の宝井其角と長谷川平蔵の義父，誕生日に死んだ坂本龍馬，死後も日記を書きつづけたヒュースケン，赤穂浪士の討ち入りは1月31日，旧暦時代の西向くサムライ，生きている皇紀年，間違いだらけの高校日本史の教授資料）

(内容)和暦－洋暦がひと目でわかる。天正10年（1582）から明治5年（1872）まで。

江戸幕末 和洋暦換算事典
釣洋一著　（松戸）食の王国社，丸善出版〔発売〕　2013.4　416p　19cm　4000円　①978-4-903593-09-8

(内容)天正10年（西暦1582年）から、明治5年（西暦1872年）まで。和暦から洋暦、またその逆も一目でわかる換算表。歴史の大基盤となるべき新旧暦の期日を、正確に、しかも簡単に掌握できる。

現代こよみ読み解き事典
岡田芳朗，阿久根末忠編著　柏書房　1993.3　414p　19cm　2800円　①4-7601-0951-X

(目次)第1章 四季と暦，第2章 祝祭日と日本人，第3章 暦注の秘密，第4章 年中行事・祭り・記念日，第5章 世界の暦・日本の暦

(内容)和風月名・二十四節気・七十二候の由来から難しい暦注の解説まで、暦を完全解説。

暦を知る事典
岡田芳朗，伊東和彦，後藤晶男，松井吉昭著　東京堂出版　2006.5　228,68p　19cm　2500円　①4-490-10686-6

(目次)第1章 暦のしくみ，第2章 日本の暦の歴史（変遷），第3章 暦の内容，第4章 暦の種類，第5章 時刻法，第6章 暦を読む，付録

(内容)生活の節目を少なからず暦に依拠して生きる日本人。暦に凝縮されている過去の人々の膨大な知恵や経験とは？その起源から、暦のしくみと変遷、歴史、時刻制度さらには個別の暦など、万般にわたって分りやすく解説した全く新しい暦の小百科。

こよみ事典 改訂新版
川口謙二，池田孝，池田政弘著　東京美術　1999.12　250,8p　19cm　1600円　①4-8087-0676-8

(目次)十干・十二支・五行，六曜星，二十四節気，七十二候，二十八宿，方位の用語と吉凶，十二直，日の用語と吉凶，雑節と行事

(内容)日、方角、節季など民間暦にあらわれる語句を抄出して、説明を加えたもの。

暦の百科事典 2000年版
暦の会編　本の友社　1999.11　509p　26cm　9500円　①4-89439-274-7

(目次)第1篇 暦への招待，第2篇 世界の暦，第3篇 日本の暦，第4篇 暦とその周辺，第5篇 暦を理解するための手引き，第6篇 古暦の読み方と暦注早わかり事典

(内容)暦に関係する事柄を収録した百科事典。巻末に索引がある。

和洋暦換算事典
釣洋一著　新人物往来社　1992.9　416p　28×20cm　13000円　①4-404-01936-X

(目次)ひと目でわかる和洋暦換算対照表，西暦換算の日本史年表，和洋暦換算奇談（明治6年の改暦はユリウス暦だった，11月31日の殉死墓，2月29日が命日の大久保彦左衛門と遠山金四郎，2月30日が命日の宝井其角と長谷川平蔵の義父，誕生日に死んだ坂本竜馬，死者も日記を書きつづけたヒュースケン，赤穂浪士の討ち入りは1月31日，旧暦時代の西向くサムライ，生きている

天文学・宇宙科学　　　　　　　　　　　　　　　　　時法・暦学

皇紀年，間違いだらけの高校日本史の教授資料）

＜辞　典＞

大活字 季節を読み解く 暦ことば辞典　三
省堂編修所編　三省堂　2002.5　511p
21cm　2400円　Ⓘ4-385-16042-2　Ⓝ449.036
(目次)第1部 暦の基礎知識（暦の定義，日本の四
季と暦，諸外国の暦，陰陽五行説，人の一生の
行事と吉凶），第2部 祭礼行事と生活ごよみ（暦
と年中行事）
(内容)大きな活字を使用して暦の歴史や用語、年
中行事について紹介するもの。第1部は基本事
項を取り上げて紹介するほか、用語の解説欄が
ある。第2部は祭礼行事を月ごとに排列して解
説。巻末に五十音順の用語索引付き。

＜ハンドブック＞

暮らしのこよみ歳時記　岡田芳朗著　講談社
2001.5　221p　19cm　1500円　Ⓘ4-06-
210669-8　Ⓝ449.81
(目次)1章 こよみの言葉で綴る春夏秋冬（成人の
日，小寒，大寒，九九消寒，節分，四度の春 ほ
か），2章 こよみの言葉小辞典，3章 10年間早見
カレンダー――2001年（平成13年）～2010年（平成
22年）
(内容)平成22年（2010年）までの休・祝日、旧暦、
二十四節気、その他こよみ関連のおもな日を掲
載したハンドブック。こよみに登場する言葉や
事柄を巡る「こよみ随筆」、430項目を五十音順
に排列したこよみの言葉小辞典、10年間早見カ
レンダーの3章で構成。旧暦の元日や母の日な
どの向こう10年間の一覧リストを掲載。

新こよみ便利帳　天文現象・暦計算のすべ
て　暦計算研究会編　恒星社厚生閣　1991.4
170p　26cm　2800円
(内容)実地天文学で扱う広い範囲にわたる情報・
知識を、使いやすい数表の形に編纂した基礎デー
タ集成。西暦2050年までの天文現象を中心に、
計算式等も示されている。

日本陰陽暦日対照表　上巻　445年～1100
年（允恭天皇34年～康和2年）　加唐興三
郎編　ニットー　1991.11　1313p　27cm
10,000円

日本陰陽暦日対照表　下巻　1101年～
1872年（康和3年～明治5年）　加唐興三
郎編　ニットー　1993.9　1冊　27cm

17000円
(内容)「日本暦日原典」に記された允恭天皇34年
～明治5年（445～1972）のすべての月日と干支
と西暦の対照を表にしたもの。見開きで1年、タ
テ方向の1段を1月にあて、各段の先頭を西暦月
の第1日としている。1582年まではユリウス暦・
グレゴリオ暦・和暦の対照表、1582～1685はグ
レゴリオ暦・和暦の対照表、1685～1872はグレ
ゴリオ暦・七曜・和暦の対照表となっている。
巻頭に天皇年代・西暦、年号・西暦の各対照表、
巻末に「日本暦日原典」注記集、神武紀元を含
む日本暦と西暦の対照表、年号一覧がある。

日本暦日総覧　具注暦篇　古代中期 1
701年～750年（大宝元年～天平勝宝2
年）　岡田芳朗ほか共編　本の友社　1993.4
334p　30cm
(目次)凡例（暦日表，雑注表，日食表・月食表），
プログラム開発の経過，具注暦と仮名暦の概要
（具注暦，現存古暦），暦日表，雑注表
(内容)プログラム編集による具注暦（和暦）と西
暦の日単位の対照表。日本暦の月単位で区切り
1ページに2月を横組の表に掲載する。従来の暦
日表では削除されていた具注暦の暦注（吉凶）
を、考古学・民俗学・国文学の研究に役立てる
ためにも完全復元掲載し、さらに漢字は正字を
使用、数字も「廿」などの表記をそのまま用い
ている。表の掲載事項は（左段から）和暦日付、
干支、納音・十二直・七曜、節気、七十二候、日
遊、中段、下段、雑注、ユリウス暦通日、ユリ
ウス暦月日。

日本暦日総覧　具注暦篇　古代中期 2
751年～800年（天平勝宝3年～延暦19
年）　岡田芳朗ほか共編　本の友社　1993.4
336p　30cm
(内容)プログラム編集による具注暦（和暦）と西
暦の日単位の対照表。

日本暦日総覧　具注暦篇　古代中期 3
801年～850年（延暦20年～嘉祥3年）
岡田芳朗ほか共編　本の友社　1993.4　336p
30cm
(内容)プログラム編集による具注暦（和暦）と西
暦の日単位の対照表。

日本暦日総覧　具注暦篇　古代中期 4
851年～900年（仁寿元年～昌泰3年）
岡田芳朗ほか共編　本の友社　1993.4　384p
30cm
(内容)プログラム編集による具注暦（和暦）と西
暦の日単位の対照表。

科学への入門レファレンスブック　75

時法・暦学　　　　　　　　天文学・宇宙科学

日本暦日総覧　具注暦篇　古代前期 1
　501年〜550年（武烈天皇3年〜欽明天皇
　11年）　古川麒一郎ほか共編　本の友社
　1994.1　334p　30cm
（目次）凡例（暦日表，雑注表），プログラム開発
の経過，具注暦の概要，中国の現存古暦，暦日
表，雑注表
（内容）プログラム編集による具注暦（和暦）と西
暦の日単位の対照表。日本暦の月単位で区切り
1ページに2月を横組の表に掲載する。従来の暦
日表では削除されていた具注暦の暦注（吉凶）
を、考古学・民俗学・国文学の研究に役立てる
ためにも完全復元掲載し、さらに漢字は正字を
使用、数字も「廿」などの表記をそのまま用い
ている。表の掲載事項は（左段から）和暦日付、
干支、納音・十二直・七曜、節気、七十二候、日
遊、中段、下段、雑注、ユリウス暦通日、ユリ
ウス暦月日。

日本暦日総覧　具注暦篇　古代前期 2
　551年〜600年（欽明天皇12年〜推古天
　皇8年）　古川麒一郎ほか共編　本の友社
　1994.1　336p　30cm
（内容）プログラム編集による具注暦（和暦）と西
暦の日単位の対照表。

日本暦日総覧　具注暦篇　古代前期 3
　601年〜650年（推古天皇9年〜白雉元
　年）　古川麒一郎ほか共編　本の友社
　1994.1　334p　30cm
（内容）プログラム編集による具注暦（和暦）と西
暦の日単位の対照表。

日本暦日総覧　具注暦篇　古代前期 4
　651年〜700年（白雉2年〜文武天皇4年）
　古川麒一郎ほか共編　本の友社　1994.1
　385p　30cm
（内容）プログラム編集による具注暦（和暦）と西
暦の日単位の対照表。

日本暦日便覧　増補版　湯浅吉美編　汲古書
　院　1990.2　3冊（別冊とも）　20×27cm
　全22600円
（目次）上 暦日表篇（持統天皇6年〜正慶2年），下
暦日表篇（建武元年〜明治5年）・解説篇、別冊
（索引篇・増補篇）
（内容）持統天皇6（692）年から明治5（1872）年ま
での全日の暦日表。暦日表上・下2巻と別冊か
らなる。『日本暦日原典 第3版』（内田正男編著、
雄山閣、1981）に依拠。下巻末に引用文献・参
考文献を記載。別冊の索引篇に月朔干支索引・
二十四気日付順索引・二十四気干支別索引を、

増補篇に西暦宿曜表を収録。

暦日大鑑　西沢宥綜編著　新人物往来社
　1994.2　427p　26cm　12000円　①4-404-
　02083-X　Ⓝ449.81
（内容）明治6年（西暦1873年）の改暦以後西暦2100
年までの228年間の陰暦がわかる便覧。2050年
までの6万5000余日は、1年を2頁に収め、曜日・
年月日干支・九星・旧暦月日・六曜を対照表示
する。二十四節気（立春・雨水・啓蟄・春分な
ど）の日時分は特に正確を期し、平成6年までは
官暦の数値を殆ど完全復元する。解説篇は、暦
法（暦の定数と構造）、二十四節気・朔の計算根
拠の概要、暦の知識などを掲載する。

地球科学・地学

地球科学・地学全般

＜書 誌＞

地球・自然環境の本全情報　45-92　日外
アソシエーツ編　日外アソシエーツ，紀伊国
屋書店〔発売〕　1994.2　739p　21cm
32000円　Ⓘ4-8169-1215-0　Ⓝ450.31

（内容）地球・自然環境に関する図書目録。1945
年～1992年に刊行された1万4千点を分類体系順
に収録する。収録テーマは、地球科学、自然保
護、気象、海洋、水、地震、火山、化石、鉱物
資源など。事項名索引を付す。

地球・自然環境の本全情報　93／98　日外
アソシエーツ編　日外アソシエーツ，紀伊国
屋書店〔発売〕　1999.7　678p　21cm
28000円　Ⓘ4-8169-1557-5

（目次）地球全般，自然環境全般，自然環境汚染，
自然保護，自然エネルギー，自然学・博物学，
自然誌，気象，海洋，陸水，地震・火山，地形・
地質，古生物学・化石，鉱物

（内容）地球・自然環境に関する図書を網羅的に
集め、主題別に排列した図書目録。1993年（平
成5年）から1998年（平成10年）までの6年間に日
本国内で刊行された商業出版物、政府刊行物、
私家版など8011点を収録。各図書を「地球全般」
「自然環境全般」「自然環境汚染」「自然保護」「自
然エネルギー」「自然学・博物学」「自然誌」「気
象」「海洋」「陸水」「地震・火山」「地形・地質」
「古生物学・化石」「鉱物」の14分野に区分した。
図書の記述は、書名、副書名、巻次、各巻書名、
著者表示、版表示、出版地、出版者、出版年月、
ページ数または冊数、大きさ、叢書名、叢書番
号、注記、定価、ISBN、NDC、内容など。書
名索引、事項名索引付き。

地球・自然環境の本全情報　1999-2003
日外アソシエーツ編　日外アソシエーツ，紀
伊國屋書店〔発売〕　2004.8　673p　21cm
28000円　Ⓘ4-8169-1860-4

（目次）地球全般，自然環境全般，自然環境汚染，
自然保護，自然エネルギー，自然学・博物学，
自然誌，気象，海洋，陸水，地震・火山，地形・
地質，古生物学・化石，鉱物

（内容）地球・自然環境に関する図書を網羅的に
集め、主題別に排列した図書目録。1999年（平
成11年）から2003年（平成15年）までの5年間に
日本国内で刊行された商業出版物、政府刊行物、
私家版など7456点を収録。巻末に書名索引、事
項名索引が付く。

地球・自然環境の本全情報　2004-2010
日外アソシエーツ株式会社編　日外アソシ
エーツ，紀伊国屋書店（発売）　2011.1
957p　22cm　〈索引あり〉　28000円
Ⓘ978-4-8169-2296-1　Ⓝ450.31

（目次）地球全般，自然環境全般，自然環境汚染，
自然保護，自然エネルギー，自然学・博物学，
自然誌，気象，海洋，陸水，地震・火山，地形・
地質，古生物学・化石，鉱物

（内容）地球・自然環境に関する図書10091点を収
録。2004年から2010年までに国内で刊行された
図書をテーマ別に分類。地球環境、自然エネル
ギーから気象、地質、鉱物まで幅広い図書を収
録。巻末に「書名索引」「事項名索引」付き。

＜事 典＞

自然災害の事典　岡田義光編　朝倉書店
2007.2　694p　図版8p　〈文献あり，年表あ
り〉　20000円　Ⓘ978-4-254-16044-4

（内容）自然災害について解説した事典。地震災
害、火山災害、気象災害など8章で構成。それ
ぞれの分野の専門家が、基礎的概要、実態、予
測、防災などをデータとともに説明。最近起き
た災害については、コラムで記述。日本と世界
の主な自然災害年表付き。

地学事典　新版　地学団体研究会編　平凡社
1996.10　2冊（セット）　21cm　19800円
Ⓘ4-582-11506-3

（内容）本書は項目解説と付図図表・索引の2分冊
からなり、項目解説では地学に関する専門用語
から生活に密接した環境問題まで約20000項目
を収録、付図付表・索引では索引34000項目と
54の図表を収録。

地球科学・地学全般　　地球科学・地学

地球と宇宙の化学事典　日本地球化学会編集
朝倉書店　2012.9　479p　22cm　〈年表あり　索引あり〉　12000円　①978-4-254-16057-4　Ⓝ450.13
（内容）地球化学を基礎から理解するのに役立つ項目（キーワード）を、地球史・古環境・海洋・地殻・地球外物質など幅広い研究分野から厳選して解説する。通常の語句索引のほか、元素関連項目・分析化学関連項目索引も収録。

地球と宇宙の小事典　家正則〔ほか〕著　岩波書店　2000.5　315p　18cm　〈岩波ジュニア新書　事典シリーズ〉　〈索引あり〉　1400円　①4-00-500348-6　Ⓝ450
（内容）高校生の地学の基礎知識を解説する学習参考事典。「プレート」「オゾン層」などの基本的用語から「地球外文明」までの用語を、図版を多用して解説する。事典シリーズの第3弾。

地球と惑星探査　佐々木晶監訳・訳、米沢千夏訳、ピーター・カッターモール、スチュアート・クラーク著、ジョン・グリビン、ジル・シュナイダーマン監修　朝倉書店　2008.2　174p　30cm　（「図説」科学の百科事典 7）　〈年表あり　文献あり　原書名：Earth and other planets.〉　6500円　①978-4-254-10627-5　Ⓝ450
（目次）1 宇宙から、2 太陽の家族、3 熱エンジン、4 躍動する惑星、5 地理的なジグソーパズル、6 変わりゆく地球、7 はじまりとおわり

南極・北極の百科事典　国立極地研究所「南極・北極の百科事典」編集委員会編　丸善　2004.3　518p　22cm　〈文献あり　年表あり〉　18000円　①4-621-07395-8　Ⓝ402.977

<辞 典>

宮沢賢治地学用語辞典　加藤碵一著　（日野）愛智出版　2011.9　460p　22cm　〈文献あり〉　6000円　①978-4-87256-416-7　Ⓝ450.33
（内容）多くの「地＝ジオ」に関する言葉が散りばめられ、その大部分は学術用語でもある宮澤賢治の作品世界。本書では辞典形式で、地質学の立場から、できる限り賢治の時代の地質学的知見に依拠した地学用語の解説を試みる。

<ハンドブック>

科学理論ハンドブック50　宇宙・地球・生

物編　太陽系生成の標準理論から膨張宇宙論、人間原理、地球凍結説、RNAワールドなど　大宮信光著　ソフトバンククリエイティブ　2008.9　254p　18cm　（サイエンス・アイ新書 SIS-81）　〈文献あり〉　952円　①978-4-7973-3926-0　Ⓝ400
（目次）宇宙編（太陽系，星々の世界，変わりだねの天体，膨張宇宙論，宇宙の始まりと終わり），地球編（地球の誕生と成長，大地の変動，大気と海洋の変動—地球システム），生物編（生命の起源，生物の進化，ゲノムから生態系へ）
（内容）宇宙や地球、そして私達人類の始まりは、人類がはるか昔から"なぜ"の議論を繰り返し、追求してきた史上最大の難題である。太陽系生成の標準理論からビッグバン、人間原理、地球凍結説、RNAワールド、ゲノム、生態系など、私達がいままさに生きているこの世界そのものが、どこまで明らかになったかを見てみよう。

簡明 地球科学ハンドブック　力武常次著　聖文社　1992.5　296p　19cm　（ハンドブックシリーズ）　1000円　①4-7922-1332-0
（目次）1 地球の形・大きさ，2 重力，3 地震，4 地球内部—構造と組成，5 地球の熱と温度，6 地球の電磁気，7 プレート・テクトニクス，8 月と惑星，9 火成・火山活動，10 地球の進化，11 造山運動と変成作用，12 磁気圏と超高層大気，13 大気とその運動，14 海と海底，15 地下水・温泉，16 地球の資源

地学ハンドブック　新訂版，新装版　大久保雅弘，藤田至則編著　築地書館　1990.7　239p　20×14cm　1854円　①4-8067-1119-5　Ⓝ450.36
（目次）地球，地質時代，土器・石器・化石，堆積，地質構造，測地・地球物理，地史・地体構造，火成岩・変成岩，鉱床，鉱物，土壌，水理地質，地盤

地学ハンドブック　第6版　大久保雅弘，藤田至則編著　築地書館　1994.3　242p　19cm　2266円　①4-8067-1146-2　Ⓝ450.36
（目次）地球，地質時代，土器・石器・化石，堆積，地質構造，測地・地球物理，地史・地体構造，火成岩・変成岩，鉱床，鉱物，土壌，水理地質，地盤
（内容）地学の基本データを13の項目にわけて収録するハンドブック。第6版にあたっては、最新データをもりこむほか、図表を追加している。

地球 図説アースサイエンス　産業技術総合研究所地質標本館編　誠文堂新光社　2006.9

175p　30cm　2600円　Ⓘ4-416-20622-4

Ⓘ978-4-591-14072-7

Ⓣ目次第1部 地球の歴史となりたち（地球の誕生と進化，岩石と鉱物，生物の進化を化石にたどる，地質と地形），第2部 地球と人間のかかわり（生活と地下資源・水資源，自然の恵みと災害），付録 地質標本館について

Ⓒ内容日本で唯一の地球科学の専門博物館である地質標本館の展示物を材料として，一般市民向けに編集された，固体地球科学の入門書。博物館図録と地学教科書の中間的な性格を持っている。手軽に利用できるサイズに作り上げることを眼目とし，展示物についても，地球科学のトピックスについても網羅性に完璧を期するよりは，ストーリー性をもたせた構成とした。

<図鑑・図集>

岩石・鉱物・地層　神奈川県立生命の星・地球博物館編　（横浜）有隣堂　2000.3　143p　19cm　（かながわの自然図鑑 1）　1600円　Ⓘ4-89660-159-9　Ⓝ458.2137

Ⓣ目次岩石（岩石の種類，火成岩 ほか），鉱物（造岩鉱物，元素鉱物 ほか），地層（地質図，層序 ほか），神奈川の大地の歴史（層序対比表，神奈川県産鉱物一覧 ほか）

Ⓒ内容神奈川県内でみることの出来る岩石、鉱物、地層を写真で紹介する図鑑。岩石、鉱物、地層と神奈川の大地の歴史の4部で構成。各項目は岩石、鉱物、地層名と英名、標本写真および露頭写真、分布図と解説等を掲載。巻末には相除隊批評、神奈川県参考物一覧を収録。事項索引を付す。

細密イラストで学ぶ地球の図鑑　北川玲訳　（大阪）創元社　2014.2　90p　31×26cm　〈原書名：SEE INSIDE EARTH〉　2800円　Ⓘ978-4-422-44011-8

Ⓣ目次岩石，土，地球は動いている，地形，風化作用，海岸，地すべり，山，地球を形づくる，洞窟〔ほか〕

自然大博物館　小学館　1992.7　807p　27×23cm　12000円　Ⓘ4-09-526071-8

Ⓒ内容「地球の姿」「植物」「哺乳類」「鳥類」「魚貝類」「昆虫」「気象・天文」の7つのジャンルで自然を網羅した総合大図鑑。楽しく、美しく、わかりやすい図版6000点収録。

地球　斎藤靖二監修　ポプラ社　2014.7　230p　29×22cm　（ポプラディア大図鑑WONDA）　〈付属資料：別冊1〉　2000円

Ⓣ目次地球という星のすがた，1章 地球ってどんな星?，2章 生きている大地，3章 陸のすがた，4章 海のすがた，5章 地球の気象，6章 地球がおこす自然災害，7章 地球にある資源，8章 地球にはぐくまれるいのち

地球　猪郷久義，饒村曜監修　学研プラス　2016.9　199p　29×22cm　（学研の図鑑LIVE）　〈付属資料：DVD1〉　2200円　Ⓘ978-4-05-204427-4

Ⓣ目次地球の誕生と歴史，地球のつくり，火山と地震，大地と海のすがた，地球の大気，気候，地球の今

Ⓒ内容天気・気象、地球環境、歴史。迫力の写真と図解!地球がわかる新図鑑!

ちきゅう大図鑑　なぜ?どうして?わかった!! 気象・天体・昆虫・動物・魚貝・鳥・植物　世界文化社　1991.6　511p　26cm　〈『家庭画報』別冊〉　3900円　Ⓝ460.38

地球のクイズ図鑑　猪郷久義監修　学研プラス　2016.8　197p　15×11cm　（ニューワイド 学研の図鑑）　850円　Ⓘ978-4-05-204456-4

Ⓣ目次地球という惑星（地球は何の惑星といわれている?，上から見た地球のここはどこ? ほか），地球と生命の歴史（地球はどうやってできた?，海はどのようにしてできた? ほか），大地と火山（地球の表面はどうなっている?，約2億5000万年前の大陸はどうなっていた? ほか），川や湖と海（太平洋の広さはどれくらい?，地球の水の量について正しいのは? ほか），地球おもしろ旅行（熱帯とはどんな地域?，熱帯雨林とはどんなところ? ほか）

Ⓒ内容100問の楽しくてためになるクイズ!地球のひみつにせまるクイズに、ちょうせんしよう!

南極大図鑑　国立極地研究所監修　小学館　2006.10　207p　31×22cm　〈付属資料：DVD1〉　7000円　Ⓘ4-09-526151-X

Ⓣ目次輸送と観測基地，空と大気，大地，雪氷，海洋，生物，北極，歴史・資料

Ⓒ内容南極に関するさまざまな事象を、「大地」「雪氷」「生物」などの分野別に、見開きごとの構成で解説。また、北極についても、基礎的な情報を掲載。

ビジュアル地球大図鑑　マイケル・アラビー著，関利枝子，武田正紀訳　日経ナショナルジオグラフィック社，日経BP出版センター（発売）　2009.1　256p　31cm　（National

Geographic）　〈原書名：Encyclopedia of earth.〉　6476円　①978-4-86313-049-4　Ⓝ450

（目次）宇宙のなかの地球，地球の生命，地球のなりたち，生きている地球，海洋，陸地，気象，資源・エネルギー

（内容）「宇宙のなかの地球」から地中の組成まであらゆる角度から地球を解剖。地球のなりたちや，活動のしくみを全ページのカラーイラストで詳しく解説。生命の誕生から私たちの時代まで38億年の進化の歴史をたどる。

◆地学教育

＜ハンドブック＞

新 観察・実験大事典　地学編　「新 観察・実験大事典」編集委員会編　東京書籍　2002.3　3冊（セット）　30cm　12000円　①4-487-73116-X　Ⓝ375.42

（目次）1 大地（流水のはたらき，地層・堆積岩・化石，火山と火成岩，地震・地殻変動），2 気象／天体（気象現象，空気中の水蒸気，天気の変化，天体の位置 ほか），3 環境／発展（基礎操作，環境とエネルギー，自作・発展）

（内容）小学・中学・高校生対象の地学の観察・実験ガイドブック。「新 観察・実験大事典」の地学編。「大地」、「気象／天体」、「環境／発展」の全3巻で構成。第1巻は流水・地層・火山・地震の4項目、第2巻は気象現象・水蒸気・天気・天体の4項目、第3巻は基礎操作・環境とエネルギー・ものづくりと発展の3項目に区分、各テーマの観察・実験について、ねらい、対象学年、時間、必要器具と入手先を明記し、実験の手順をイラストと解説で詳しく紹介している。事故防止のための注意点、結果のまとめ方、考察のポイント、発展学習のヒント、関連知識のコラム等、指導者向けの情報も示す。各巻末に事項索引を付す。

地球科学史・地学史

＜年 表＞

地球環境年表　地球の未来を考える　2003　インデックス編　（横浜）インデックス，丸善〔発売〕　2002.11　1035p　21cm　2400円　①4-901091-19-0　Ⓝ450.36

（目次）1 日本の気象，2 平年値，3 気象災害，4 高層気象観測，5 オゾン層，6 地震・火山，7 世界の気象，8 大気環境データ（2000年度・市区町村単位），9 環境データ

（内容）主に気象に関するデータを収録するデータブック。日本の気象、平年値、気象災害、高層気象観測、オゾン層、地震・火山、世界の気象、大気環境データ、環境データの9分野に分類し構成。

地球全史スーパー年表　日本地質学会監修，清川昌一，伊藤孝，池原実，尾上哲治著　岩波書店　2014.2　1冊　26cm　〈付属資料：別冊1〉　1300円　①978-4-00-006250-3

＜図鑑・図集＞

地球・生命の大進化　46億年の物語 ビジュアル版　田近英一監修　新星出版社　2012.8　223p　21cm　（大人のための図鑑）　1500円　①978-4-405-10801-1

（目次）巻頭特集 写真で見る奇跡の星・地球，プロローグ 押さえておこう地球のしくみ，第1部 地球の誕生と進化（地球形成期，冥王代〜太古代，原生代），第2部 現在までの地球（古生代，中生代，新生代），第3部 地球と人類の未来（未来の地球）

（内容）生命は5回消えた?! 最新の研究成果が照らし出す知られざる絶滅と再生の物語。

気象学

＜事 典＞

雨と風の事典　饒村曜編　クライム　2004.3　211p　21cm　2800円　①4-907664-48-6

（目次）本編，解説編（雨とは，雨には塵が重要，冷たい雨と暖かい雨，目先の細かい予報である降水短時間予報，雨模様と荒れ模様，変化する災害とこれに対応する警報や注意報，酸性雨は降っても被害が出にくい日本 ほか），付録 雨と風を中心とした気象庁の沿革概要

（内容）本書は、テレビやラジオ、新聞などで報じられる気象情報に使われている用語や、気象観測から天気予報の実際に使われている用語を詳しく理解するための基礎知識を、日本人にとって一番身近な雨と風を中心に、できるだけ分かり易くまとめ、「読む用語事典」とした。気象の面白さと合わせて、知的好奇心を満足させてくれるものである。

地球科学・地学　　　　　　　　　　　　　　　　　　　　気象学

風の事典　真木太一，新野宏，野村卓史，林陽生，山川修治編　丸善出版　2011.11　267p　27cm　〈索引あり　文献あり〉　8500円　①978-4-621-08404-5　Ⓝ451.4

(目次)風と生活，風の基礎，さまざまな風，風と地形・景観，風と水の関わり，風と地球環境問題，風とエネルギー，風と災害，風と農業，風と都市，風と乗り物，風とスポーツ，風と動植物

(内容)本書は，風に関わる疑問や諸現象を科学的にかつやさしく解説するために，気象・景観・生態系・地球環境・エネルギー・災害・都市・農業・乗り物・スポーツ・生活などバラエティに富んだ視点から約200項目を選び，図や表を豊富に載せた中項目事典である。

気象災害の事典　日本の四季と猛威・防災　新田尚監修，酒井重典，鈴木和史，饒村曜編　朝倉書店　2015.8　558p　21cm　12000円　①978-4-254-16127-4

(目次)第1章 春の現象，第2章 梅雨の現象，第3章 夏の現象，第4章 秋雨の現象，第5章 秋の現象，第6章 冬の現象，第7章 防災・災害対応，第8章 世界の気象災害

(内容)過去の災害を季節ごとに一挙紹介。人間生活・経済活動を窮地に追いやる災害を知り備える知識を!

気象予報のための風の基礎知識　山岸米二郎著　オーム社　2002.2　189p　21cm　2800円　①4-274-02468-7　Ⓝ451.4

(目次)1 春の章（春一番とフェーン，フェーンから熱対流混合風か―東北山林大火 ほか），2 夏の章（やませ，だし ほか），3 秋の章（台風の風と高潮，竜巻 ほか），4 冬の章（真冬のミニ台風，冬の日本海側地方の南風 ほか），付録（大気現象のスケール，風の基礎 ほか）

(内容)風の知識をまとめた知識百科。春夏秋冬の4章で構成し，いくつかの風の現象を取り上げ説明する。季節別の構成により日々の生活に即した現象の理解が容易になっている。巻末に付録とコラム目次を付す。

季節しみじみ事典　倉嶋厚の四季ものがたり　倉嶋厚著　東京堂出版　1997.6　373p　19cm　2000円　①4-490-10460-X

(目次)四季のたより（一月―小寒・大寒，二月―立春・雨水，三月―啓蟄・春分，四月―清明・穀雨，五月―立夏・小満，六月―芒種・夏至，七月―小暑・大暑，八月―立秋・処暑，九月―白露・秋分，十月―寒露・霜降，十一月―立冬・小雪，十二月―大雪・冬至），季節を語る（春，夏，秋，冬）

季節の366日話題事典　付・二十四気物語　倉嶋厚著　東京堂出版　2002.9　357p　19cm　2600円　①4-490-10576-2　Ⓝ451.04

(目次)季節の366日話題事典，二十四気物語（太陽暦と太陰暦，二十四気の起こり，八十八夜，二百十日，閏八月の年は暑い?，二至二分と四立 ほか）

(内容)1年366日（閏年を考慮して）の毎日を，その季節にふさわしい話題をとりあげて短い文章で解説したもの。日付順に366日の話題を解説する部分と，二十四気を解説する部分で構成。巻末に，俳句・川柳索引，和歌索引，詩歌・漢詩索引，格言・ことわざ・なぞなぞ・慣用句索引がある。

キーワード 気象の事典　新田尚，伊藤朋之，木村竜治，住明正，安成哲三編　朝倉書店　2002.1　520p　21cm　17000円　①4-254-16115-8　Ⓝ451.036

(目次)第1編 地球環境と環境問題（総論，太陽系と地球，大気の構造 ほか），第2編 大気の力学（総論，大気中の放射過程，大気の熱力学 ほか），第3編 気象の観測と予報（総論，観測，気象観測システム ほか），第4編 気候と気候変動（総論，気候の形成，過去の気候変化 ほか），第5編 気象情報の利用（総論，防災，エネルギー利用 ほか）

(内容)気象についてほぼ全分野をカバーする総合的な事典。キーワードとなる70項目を5つの分野に振り分けて構成する。巻末付録に気象学単位・換算表・換算式，気象定数・常用値および気象学的諸量計算式など。五十音順索引あり。

空と海と大地をつなぐ雨の事典　レインドロップス編著　北斗出版　2001.12　278p　21cm　2500円　①4-89474-021-4　Ⓝ451.64

(目次)第1章 雨と日本人，第2章 暮らしに生きる雨，第3章 地球をめぐる雨，第4章 生命はぐくむ雨，第5章 雨水を活かす，終章 拓こう，雨の新世紀，資料編

(内容)雨をテーマにした歌や文学，言葉，映画などを集成した事典。巻末に事項編と人名編の五十音順索引がある。

台風・気象災害全史　宮沢清治，日外アソシエーツ編集部編　日外アソシエーツ　2008.7　477p　21cm　（日外選書fontana　シリーズ災害・事故史 3）　〈文献あり〉　9333円

科学への入門レファレンスブック　*81*

気象学　　　　　　　　　地球科学・地学

Ⓘ978-4-8169-2126-1　Ⓝ451.981

(目次)第1部 大災害の系譜(明治17年8月25日の風水害，明治18年の暴風雨・洪水，十津川大水害，東京・墨田川などの大洪水，別子銅山を直撃した台風，明治43年の洪水，東京湾を襲った高潮(東京湾台風)ほか)，第2部 気象災害一覧，第3部 索引(総説，第1部)・主な種類別災害一覧(第2部)・参考文献

(内容)台風や豪雨雪，竜巻などに代表される気象災害一。古代から始まって，直近2007年までのデータ・2461件を収録。その内の55件を詳説。災害の，点と線を解明。現在と未来に生かすために。

WMO気候の事典　世界気象機関編，近藤洋輝訳　丸善　2004.6　243p　26cm　〈原書名：Climate Into the 21st Century〉15000円　Ⓘ4-621-07442-3

(目次)第1章 気候に対する認識，第2章 気候システム，第3章 変化する気候の影響，第4章 よりよい社会と気候，第5章 21世紀の気候，付録(用語集，頭字語および略語，天気図，化学記号，変換係数，単位)

(内容)1990年代初頭に地球温暖化と気候変化についての包括的な評価がなされて以来，おそらく初めて，本書が21世紀に世界が直面する可能性が高い気候変化のもっとも決定的な要素を示しているのは注目に値する。世界気象機関(WMO)が，本書の作成を指導してきただけでなく，さまざまな背景や関心をもった読者が参照しやすいようにまとめ上げたことは，たいへん有難いことである。本書は，世界中の高校生にとっての必読の書となり，政府職員，企業経営者，報道関係者などの方々の本棚に並ぶに違いない。

天気がわかることわざ事典　富士山を中心として　細田剛編　自由国民社　1991.7　222p　19cm　1500円　Ⓘ4-426-85901-8　Ⓝ451.9151

(目次)第1編 気象予知のことわざ(夕焼け・朝焼けと虹のことわざ，雲のことわざ，雨のことわざ，雪と霜と霜柱のことわざ，風のことわざ，台風のことわざ，気温と音と霧のことわざ，山と湖と町のことわざ，動物のことわざ，昆虫のことわざ，鳥と魚のことわざ，植物のことわざ，生活のことわざ，太陽と月と星のことわざ，方角と地震のことわざ)，第2編 便利資料集

天気の事典　新井重男編　三省堂　1990.9　255p　19cm　(サンレキシカ 45)　1200円

Ⓘ4-385-15614-X　Ⓝ451.033

(目次)第1部 天気予報の基礎知識(天気予報の歴史，天気図の見方，数値予報，天気予報のシステム，列島天気ことわざ南から北へ)，第2部 用語編，第3部 資料編

(内容)天気予報の基礎知識，基本用語の五十音順の用語編，気温・降水量・霜・積雪量などの資料編からなる。専門家までを対象とした事典。

日常の気象事典　平塚和夫編　東京堂出版　2000.3　474p　21cm　3200円　Ⓘ4-490-10540-1

(目次)小寒(1月6日ころ)，大寒(1月21日ころ)，立春(2月4日ころ)，雨水(2月19日ころ)，啓蟄(3月5日ころ)，春分(3月20日ころ)，清明(4月4日ころ)，穀雨(4月20日ころ)，立夏(5月5日ころ)，小満(5月21日ころ)〔ほか〕

(内容)本書は，二十四節気を追いながら，全国の主な平均気温，最高・最低の温度，降水量，花の開花日など克明な統計値を示して，身近なさまざまな気象についてやさしく解説したものである。

平凡社版 気象の事典　増補版　浅井冨雄，内田英治，河村武監修　平凡社　1999.2　548p　19cm　3800円　Ⓘ4-582-11507-1

(目次)山の気象(天気図の見方，山の気象の基礎，四季の山の気象)，海の気象(風，波，海に見られる流れ，海辺の四季)，項目編

(内容)気象用語約1000項目を収録した事典。図版・写真約40点，付表約100点を掲載。索引付き。

身近な気象の事典　日本気象予報士会編，新田尚監修　東京堂出版　2011.5　279p　22cm　〈索引あり〉　3500円　Ⓘ978-4-490-10799-9　Ⓝ451.033

(内容)局地的な大雨・竜巻・エルニーニョ現象・地球温暖化・オゾンホールなど，天気予報から地球規模の環境問題まで，一般の読者が興味を持っている気象に関する用語，あるいは日常生活の中で気になる言葉などを，最新の気象学や気象技術の実態を踏まえながら図・表や写真などを豊富に取り入れて解説した。

雪と氷の事典　日本雪氷学会監修　朝倉書店　2005.2　760p　21cm　25000円　Ⓘ4-254-16117-4

(目次)雪氷圏，降雪，積雪，融雪，吹雪，雪崩，氷，氷河，極地氷床，海氷，凍土・凍上，雪氷と地球環境変動，宇宙雪氷，雪氷災害と対策，雪氷と生活，雪氷リモートセンシング，雪氷対策

(内容)「雪と氷」に関するあらゆる事象を網羅し，

82　科学への入門レファレンスブック

地球科学・地学　　　　　　　　　　　　　　　　　　　　　気象学

その個別事象そのものの知識を簡潔に記述するとともに、さらにその事象が雪氷自然とどのようなかかわりをもつかを理解できるよう構成。

＜辞　典＞

雨と風のことば　加藤迪男編　（岐阜）岐阜新聞社，（岐阜）岐阜新聞情報センター〔発売〕2003.7　202p　19cm　1619円　Ⓣ4-87797-062-2

Ⓣ目次 雨のことば，雨の季語，雨のことわざ・俗説，風のことば，風の季語，風のことわざ・俗説

Ⓝ内容 雨と風をことばから見直してみようというのが、本書のねらいである。雨と風の付いたことば、雨と風を表すことば、俳句の季語となっている雨と風のことばにこだわって取り上げた。

雨のことば辞典　倉嶋厚監修　講談社　2000.9　246p　19cm　1500円　Ⓣ4-06-210319-2　Ⓝ451.64

Ⓣ目次 雨のことば辞典，雨のことわざ・慣用句，索引 四季雨ごよみ（春の雨・夏の雨・秋の雨・冬の雨）

Ⓝ内容 雨についてのことば、ことわざ、慣用句などを1190語収録、解説した事典。

お天気用語事典　饒村曜著　新星出版社　2002.5　237p　19cm　1500円　Ⓣ4-405-08160-3　Ⓝ451.033

Ⓝ内容 気象用語を平易に解説する用語集。テレビや新聞などメディアで報じられる気象情報に使用する用語のほか、気象配置、風、雷などの基本的な気象現象に関する用語を収録。全項目に振り仮名を付けて五十音順に排列し、図表・写真を取り入れながら解説。気象予報士試験の参考書としても使用できる。

季節よもやま辞典　倉嶋厚の辞書遊びノート　倉嶋厚著　東京堂出版　1994.9　291p　19cm　1900円　Ⓣ4-490-10375-1　Ⓝ451.049

Ⓝ内容 季節の中の「暮らし」「人事」について、著者が辞書や文献で調べ、考えた事柄を綴った「読む事典」。1～12月の月順に15～20項目をとり上げる。ことわざ・なぞなぞ索引、詩歌・漢詩索引、俳句索引、用語索引を巻末に付す。俳句・和歌・詩歌・ことわざ・なぞなぞなどを通して「季節への思い」を綴ったお天気博士の四季暦。

新版 雪氷辞典　日本雪氷学会編　古今書院　2014.3　307p　21cm　3500円　Ⓣ978-4-7722-4173-1

Ⓝ内容 雪氷に直接関係するもの、基礎的な物理学・化学・気象学・海洋学など関係が深い用語を採用、前版より約550語増加し、1594項目を収録。

雪氷辞典　日本雪氷学会編　古今書院　1990.10　196p　20cm　2600円　Ⓣ4-7722-1710-X　Ⓝ451.66

Ⓝ内容 雪氷学に関する1,036項目を五十音順に排列。巻末に英和項目対照表（アルファベット順）と、氷の物性、雪結晶の分類、豪雪地帯指定地域等の利用頻度の高い図・表をまとめた付録がある。

てんきごじてん　風・雲・雨・空・雪の日本語　鈴木心写真　ピエ・ブックス　2009.5　255p　21cm　〈文献あり〉　2500円　Ⓣ978-4-89444-739-4　Ⓝ451.033

Ⓣ目次 春，夏，秋，冬，風のことば，雲のことば，雨のことば，空のことば，雪のことば

Ⓝ内容 天気を表すことばから特徴的なものを抜粋し、現代の風景とともに気象別にまとめた事典。巻頭には、四季折々のことばを季節の表情とともに特集として掲載。古の時代から大切に育まれ、今も確かに息づく「てんきご」の世界を楽しむ本。

わかりやすい気象の用語事典　二宮洸三，山岸米二郎，新田尚共編　オーム社　1999.8　304p　21cm　2500円　Ⓣ4-274-02399-0

Ⓝ内容 『図解 気象の大百科』の索引用語を中心とした、気象用語事典。配列は五十音順。索引付き。

＜ハンドブック＞

ウェザーリポーターのためのソラヨミハンドブック　アスペクト編集部編　アスペクト　2010.9　157p　18cm　933円　Ⓣ978-4-7572-1824-6　Ⓝ451

Ⓣ目次 第1章 ウェザーリポーターになろう（ゲリラ雷雨vs.防衛隊―「みんなで作る天気予報」が災害を止める!，「みんなで作る天気予報」の仕組みを知ろう，ソラヨミの準備をしよう ウェザーニュース利用案内 ほか），第2章 実際にソラヨミをしてみよう（ウェザーリポーター7つのココロエ，すぐわかる!ソラヨミポイント大特集，空に浮かんでいる雲を見分ける ほか），第3章 天気をもっと詳しく知ろう（天気予報でよく聞く言葉を解説します，天気予報のもととな

科学への入門レファレンスブック　83

るデータの言葉）

内容 ウェザーニュースの活用方法から気象観測の基本まで、まるごと解説。

海のお天気ハンドブック 読んでわかる見てわかる!! ヨット乗りの気象予報士が教える天気予報を100％活用するカギ 馬場正彦著 舵社 2009.3 127p 21cm 〈文献あり〉 1400円 ①978-4-8072-1516-4 Ⓝ451.24

目次 1 天気予報—利用する前に知っておきたいこと（天気予報の歴史，天気予報の進化 ほか），2 気象の基礎知識—天気予報を理解するために（太陽からの熱エネルギー，熱エネルギーの運搬 ほか），3 実践的天気予報—自分自身で天気を予報する（天気予報の利用，局地気象 ほか），4 異常気象—地球温暖化がもたらすもの（地球温暖化，気象レジームシフト ほか）

NHK気象ハンドブック 新版 日本放送出版協会 1995.9 260,8p 21cm 2200円 ①4-14-011084-8

目次 1 天気予報，2 日本のお天気（四季，一般気象），3 地震と火山，4 地球環境と気候変動，5 気象のことば集

NHK気象ハンドブック 改訂版 NHK放送文化研究所編 日本放送出版協会 1996.10 264p 21cm 2300円 ①4-14-011088-0

内容 本書改訂版は、まず、第1章の「天気予報」では、「気象レーダー」に、「ドップラーレーダー」の記述を加えました。また、1996年から始まる「新しい天気予報」を概観するとともに、「天気予報の自由化」の項を設け、民間気象にも触れました。このほか、「アメダス」「ひまわり」「数値予報」「短時間予報」についても、最新のデータを加えて補筆しました。第2章の「日本のお天気」は、この本の中核となる部分ですが、データを新しくすることを中心に改訂を図りました。第3章の「地震と火山」は、1993年以来多発した地震や火山の災害の記述を中心に内容を一新しました。第4章として「地球環境と気候変動」の新たな章を設けました。「温室効果と地球大気の温暖化」「オゾン層破壊・オゾンホール」「エルニーニョ現象」など地球規模で起こる気候の変動をとらえて詳述しました。第5章は、「気象のことば集」として、放送や気象に携わる人たちが利用できるように、疑問のありそうなことばを集めて、この使い方や注意すべき点などを示しました。このほか、二十四節気や天気に関することわざ、また地震防災メモなど、日常の暮らしに役立つ内容も豊富にしました。

気象観察ハンドブック 武田康男文・写真 ソフトバンククリエイティブ 2012.6 206p 18cm （サイエンス・アイピクチャーブック） 952円 ①978-4-7973-6878-9

目次 第1章 雲の基本形（10種雲形）（10種類ある雲の形，10種雲形の1：巻雲（すじ雲）ほか），第2章 季節と場所で変わる雲（雲の見方）（春の天気と雲，夏の天気と雲 ほか），第3章 太陽光がつくる空の彩り（青空，飛行機からの青空 ほか），第4章 不思議な気象現象（風，関東の砂嵐 ほか）

気象ハンドブック 第3版 新田尚，野瀬純一，伊藤朋之，住明正編 朝倉書店 2005.9 1010p 26cm 38000円 ①4-254-16116-6

目次 第1編 気象学，第2編 気象現象，第3編 気象技術，第4編 応用気象，第5編 気象・気候情報，第6編 現代気象問題，第7編 気象資料（形式と所在）

内容 『新版気象ハンドブック』（1995年刊）以降の新規の内容や更新すべき事項を中心に構成。「現代気象問題」に特に力を注ぎ、地域環境問題、炭素など物質循環、防災問題、宇宙に準拠した地球観測、気候変動、気象と経済、気象と人工制御といった各テーマについて、分野横断的に取り上げた。

気象予報士合格ハンドブック 気象予報技術研究会編，新田尚，二宮洸三，山岸米二郎編集主任 朝倉書店 2010.4 291p 26cm 〈索引あり〉 5800円 ①978-4-254-16121-2 Ⓝ451.28

目次 第0編 序論，第1編 学科試験（予報業務に関する一般知識，予報業務に関する専門知識），第2編 実技試験（気象概況およびその変動の把握，局地的な気象の予想，台風等緊急時における対応）

内容 合格まで後一歩の受験生およびリピーターを対象。受験者の目線に立ち徹底して「合格を目指した知識」を詳解。試験科目に応じた構成で、基本事項の定義・解説・例題を交えながら、「出る項目」、「出る知識・技能」を重点的に明示。「合格」に必要かつ十分と思われる技能、情報、知識を徹底的に追及したうえでの解説。出題頻度の高い事項について最近の出題傾向・出題形式を例示。各科目毎に「初心者向けメッセージ」を設け、学習のポイント事項を明示。

水滴と氷晶がつくりだす空の虹色ハンドブック 池田圭一，服部貴昭著，岩槻秀明監修 文一総合出版 2013.7 88p 19cm

地球科学・地学　　　　　　　　　　　　　　気象学

1200円　①978-4-8299-8114-6　Ⓝ451.75

(目次)第1部　『虹』―水滴が見せる現象(主虹―株虹、時雨虹、赤い虹、副虹―ダブルレインボー、アレクサンダーの暗帯、過剰虹、月虹ほか)、第2部　『暈』―氷晶が見せる現象(内暈(22度ハロ)、幻日、幻日環、ローウィッツアークほか)、第3部　『空』―その他の現象(光環、花粉光環、彩雲、月光環ほか)

(内容)ダブルレインボー、幻日環、太陽柱、彩雲など、空に現れる多様な光の現象。それらの現象がどのような姿で見えるのか、また空のどこに見えるのかなどを写真とともに解説し、見やすい季節や時間帯も記す。

やさしい気象教室　島田守家著　東海大学出版会　1994.9　201p　19cm　1854円　①4-486-01298-4

(目次)第1章　大気と気圧、第2章　地球の熱収支、第3章　大気の安定と不安定、第4章　気象現象のスケールの大小と探知法、第5章　風に働く力、第6章　地球大気の大循環、第7章　ジェット気流と温帯低気圧、第8章　台風、第9章　局地風、第10章　雷・電・竜巻・ダウンバースト、第11章　雨滴の生成と集中豪雨、第12章　気候の変化、第13章　数値予報―新しい天気予報、コーヒーブレークに代えて気象と文学・美術、次に読む本

＜図鑑・図集＞

気象　ブルース・バックリー、エドワード・J.ホプキンズ、リチャード・ウィッテッカー著　高崎さきの監訳　新樹社　2006.8　303p　24×24cm　(ダイナミック地球図鑑)　〈原書名：WEATHER〉　4800円　①4-7875-8550-9

(目次)気象のダイナミズム、気象のメカニズム、激しい気象、気象を観測する、世界の気候、変化する気候、データ集、用語集

(内容)気象は、地球最後の未踏の領域である。予測することはできても、制御することはできない。また、文化、経済、生活に深くかかわる、もっとも身近な現象でもある。本書は、気象全般に関わるビジュアルガイドである。気象衛星やスペースシャトルの画像をふくむ豊富な図版と、簡潔な説明で、地球規模の気象のメカニズムを概観し、熱帯低気圧、竜巻、洪水、干ばつなどのしくみについても解説する。各地の気候や人類との長い関わり、さらには、地球温暖化などの気候変動についての最新の研究の成果も紹介する。訳出にあたっては、日本の事情

も考慮し、高校、中学の理科や地理の学習過程にも配慮した。

気象大図鑑　ストーム・ダンロップ著、山岸米二郎監修、乙須敏紀訳　産調出版　2007.3　287p　35×26cm　〈原書名：WEATHER〉　7800円　①978-4-88282-605-7

(目次)1 雲起青天、2 驟雨の合間の陽光、3 視界をさえぎるものたち、4 氷の世界、5 気象警報、6 大気光学現象、7 全球観測、8 世界の気候、9 気候変動

(内容)台風、竜巻、氷冠、砂漠、大気光学現象、降雨・降雪の仕組み、暴風雨、視程(霧、もや等)、気候変動、気象予測等々、その科学的方法の解説と、そして世界の稀少な気象現象の迫力ある画像の集大成。

気象・天気の新事実　ビジュアル版　木村龍治監修　新星出版社　2014.6　223p　21cm　(大人のための図鑑)　1500円　①978-4-405-10803-5

(目次)プロローグ1 美しく神秘的な気象現象、プロローグ2 宇宙から見た気象、第1章 気象と地球の大気、第2章 気象変化の基本としくみ、第3章 天気図と天気予報、第4章 日本の天気、第5章 世界の気象、第6章 異常気象と地球環境、エピローグ 太陽系惑星の気象

(内容)科学が発展してもなぜ当たらない?いま、空で何が起きているのか?気象にかかわる天気の疑問・大解明!!

気象の図鑑　空と天気の不思議がわかる　筆保弘徳監修・著、岩槻秀明、今井明子著　技術評論社　2014.9　127p　26cm　(まなびのずかん)　2580円　①978-4-7741-6657-5

(目次)第1章 空のストーリー、第2章 日本の天気、第3章 気象学の基本、第4章 天気のカギをにぎる風、第5章 天気予報の舞台裏、第6章 最新の気象事情

(内容)気象学のイロハから最先端まで!気象予報士を目指す人も必読。

散歩の雲・空図鑑　151種の雲や空の現象を解説　探しやすい写真もくじ付き　あの雲なに?がひと目でわかる!　岩槻秀明著　新星出版社　2015.5　191p　18cm　1200円　①978-4-405-07196-4

(目次)雲の10のかたち(巻雲、巻積雲、巻層雲ほか)、さまざまな雲(笠雲、吊るし雲、山旗雲ほか)、光が関係する現象(地球影、ブルーモーメント、朝焼け・夕焼けほか)

(内容)空を見上げると目に入る、さまざまな雲

科学への入門レファレンスブック　85

気象学　　　　　地球科学・地学

や空。その時々で異なる表情を見せる雲と空の現象を、豊富な写真で紹介します。

ずかん 雲　見ながら学習 調べてなっとく
武田康男著　技術評論社　2015.5　143p　26cm　2380円　①978-4-7741-7247-7

(目次)1章 雲の正体(雲を読む, 雲を知る ほか), 2章 10種雲形(10種雲形, 巻雲 ほか), 3章 いろいろな雲(雲海, 笠雲 ほか), 4章 いろいろな気象現象(朝焼け・夕焼け, 虹 ほか)

(内容)美しいカラー写真が満載!眺めるだけでも楽しめる。イラスト付きで、雲のメカニズムがよくわかる。雲の観察方法も紹介。自由研究にぴったり!天気図の読み方・書き方も。調べ学習にも最適!

雲・空
田中達也著　山と渓谷社　2001.3　281p　15cm　(ヤマケイポケットガイド25)〈文献あり 索引あり〉　1000円　①4-635-06235-X　N451.61

(目次)雲, いろいろな雲, 空, 24節気と季語

(内容)雲と空のさまざまの写真と解説を掲載した自然図鑑。雲の章では10種雲形を中心に、いろいろな雲の章では俗称で呼ばれている雲を解説。空の章では虹、霧、雨、雪、雷、蜃気楼などさまざまな自然環境を解説する。雲の高さ・厚さ、形から検索できる「つめ」付き。

雲の図鑑
岩槻秀明著　ベストセラーズ　2014.3　223p　18cm　(ベスト新書)　1000円　①978-4-584-12434-5

(目次)1章 雲のでき方と種類(雲のでき方, 雲の大分類, 「10種雲形」ガイド ほか), 2章 雲のアルバム(巻雲, 巻積雲, 巻層雲 ほか), 3章 光と雲がおりなす世界(対地放電, 雲放電, 内が さ ほか)

(内容)いつ、どんなときにその雲はできるのか?巻雲、乱層雲、積雲、積乱雲…etc.すべての雲を完全網羅!空を眺めるのが楽しくなるカラー図鑑。

12ヶ月のお天気図鑑
武田康男, 菊池真以著　河出書房新社　2015.4　221p　21cm　1900円　①978-4-309-25322-0

(目次)1月 睦月むつき JANUARY,2月 如月きさらぎ FEBRUARY,3月 弥生やよい MARCH,4月 卯月うづき APRIL,5月 皐月さつき MAY,6月 水無月みなづき JUNE,7月 文月ふみづき JULY,8月 葉月はづき AUGUST,9月 長月ながつき SEPTEMBER,10月 神無月かんなづき OCTOBER,11月 霜月しもつき NOVEMBER,12月 師走しわす DECEMBER

(内容)まばゆい彩雲、夜明けの光芒、雲が生まれる瞬間、赤い月…刻々と変わる空の風景を200点のビジュアルと気象の言葉で紹介!

空の色と光の図鑑
斎藤文一文, 武田康男写真　草思社　1995.10　182p　21cm　2900円　①4-7942-0635-6

(目次)1 空はなぜさまざまな色をあらわすのか, 2 太陽の光はどのように変わるのか, 3 さまざまな蜃気楼はどのようにしてできるのか, 4 虹はなぜあのような形と色をあらわすのか, 5 なぜ太陽や月のまわりに光の輪や暈があらわれるのか, 6 さまざまな稲妻はどのようにつくられるか, 7 オーロラや大気光はどのように光るのか, 付章 夜空の色や光のスカイ・ショウを楽しもう

空の図鑑　雲と空の光の観察ガイド
村井昭夫著　学研教育出版, 学研マーケティング〔発売〕　2014.7　151p　20×23cm　1800円　①978-4-05-406040-1

(目次)プロローグ 雲を楽しむために知っておきたい基礎知識, 雲の名前と分類, 1 基本の10種雲形, 2 形を楽しむ, 3 変化を楽しむ, 4 色を楽しむ, 5 季節を楽しむ, 6 不思議を楽しむ, 7 空を楽しむ, 8 雲をもっと楽しむための12のヒント

地球温暖化図鑑
布村明彦, 松尾一郎, 垣内ユカ里著　文渓堂　2010.5　64p　31cm〈索引あり〉　2800円　①978-4-89423-658-5　N451.85

(目次)グラビア(ねむらない地球, 地球温暖化でゲリラ豪雨がふえている? ほか), 第1章 地球温暖化が始まっている(大気に守られている地球, 急激に温暖化しはじめている地球 ほか), 第2章 地球温暖化でふえる災害(世界的に強い雨がふり大洪水を引き起こす, あたたかくなる海は台風を凶暴にする ほか), 第3章 地球温暖化にそなえる(温暖化しないようにする, 温暖化しても困らないようにする, ふえる集中豪雨にそなえる ほか), 第4章 社会的な取り組み(世界的な動き, 試み, 日本の政策 ほか)

(内容)地球温暖化とそれにともなう気候変動について、どうして起きるのか?その結果、わたしたちの生活にどんな影響が出るのか?また、どうしたら、問題が解決するのか?などを、豊富な資料と写真とでわかりやすく説明。特に、地球温暖化とそれにともなう気候変動によって新たに起こったり、またはそれまで以上に大きくなる災害について、さまざまな具体例をあげて説明した。

地球科学・地学　　　　　　　　　　　　　　　　　　気象学

地球・気象　猪郷久義，饒村曜監修・執筆
　学習研究社　2001.12　168p　30×23cm
　（ニューワイド学研の図鑑 14）　2000円
　Ⓘ4-05-500422-2　Ⓝ450.38
Ⓣ目次地球の歴史，地球の構造，大地と海のす
がた，地球をおおう大気，地球をめぐる大気，
地球をめぐる水，地球環境，地球・気象情報館
Ⓒ内容子供向けの地球・気象について知る図鑑。
巻末に五十音順の項目名索引がある。

ビジュアル博物館　28　気象　（京都）同朋
　舎出版　1992.4　62p　29×23cm　3500円
　Ⓘ4-8104-1022-6
Ⓣ目次大気は常に動いている，自然の予兆，天
気の科学，気象観測，天気予報，太陽の力，晴
れた日，霜と氷，空気中の水，雲の誕生，曇っ
た日，いろいろな雲，雨の日，前線と低気圧，
雷と電光（稲妻），モンスーン（季節風），雪の
日，風，台風，竜巻き，霧ともや，1日の天気，
山の天気，平原の天気，海辺の天気，空の色，
気象の変化，家庭気象観測所
Ⓒ内容頭上に広がる空へ読者を導くオリジナル
で心のときめく新しい博物図鑑。あらゆる種類
の気象条件をとらえたすばらしい空のカラー写
真と，特製立体模型によって，穏やかな夏の日
から激しい冬の嵐まで，天気のしくみをはっき
りと視覚的にとらえることができます。

**ビジュアル博物館　81　台風と竜巻　なだ
れからエルニーニョ現象まで異常気象を
一望する**　ジャック・シャロナー著，平沼
洋司日本語版監修　同朋舎，角川書店〔発
売〕　2000.11　58p　29cm　〈索引あり〉
3400円　Ⓘ4-8104-2651-3　Ⓝ403.8
Ⓣ目次昔の人びとと天気への関心，初期の天気
予報，異常気象とは?，異常気象の原因，暴風，
雷雨，うねる竜巻，トルネードの威力，稲妻，
ひょう〔ほか〕

雪と氷の図鑑　武田康男文・写真　草思社
　2016.10　107p　20×22cm　1800円　Ⓘ978-
4-7942-2233-6
Ⓣ目次第1部 氷（水面にできる氷―氷には不思議
な模様がある，水が流れてできる氷―様々な立
体造形，生えてくる氷―伸びる氷には不思議が
いっぱい，降る氷―空からの氷もいろいろ，つ
づく氷―どこにどうつくるか天気次第，動く氷
―氷はゆっくり動き，大地を削る），第2部 雪（降
る雪―天からの手紙を読もう，雪面模様―降っ
た雪がつくっていく形，雪道―雪に対応する雪
国の交通常識，山の雪―動いて，残って，さま
ざまな姿に，雪害―雪と関わる生活の大変さ，

富士山の12カ月―印象は雪で変わる，南極の不
思議な雪と氷）
Ⓒ内容「霜柱」と「霜」はどう違うの?美しい雪
結晶ができる温度は?池の氷はどこから凍りは
じめる?雪と氷の不思議を美しい写真で紹介，そ
の科学を解説する初めての図鑑。

＜年鑑・白書・レポート＞

気象年鑑　1990年版　日本気象協会編，気
　象庁監修　大蔵省印刷局　1990.8　212p
　26cm　2200円　Ⓘ4-17-160190-8　Ⓝ451.059
Ⓣ目次季節暦（1990年4月～1991年3月），気象記
録1989年（365日の連続天気図，世界の天候，
日本の天候，大雨，台風，農作物と天候，生物
季節，大気汚染，天気と社会・経済，統計値か
らみた日本の天候，'89年主要都市の気象記録，
寒候期現象，真冬日・真夏日・熱帯夜），地象・
海象記録1989年（内外の地震活動，内外の火山
活動，海況，潮位，海氷，気候変動に係る最近の
動向，オゾン層保護への取組り組みとオゾン層
解析室の開設 ほか），資料（天候ダイヤグラム，
気象庁のうごき，日本気象協会のうごき，台風
発生・上陸数，特別名称のついた気象災害 ほ
か），付録（季節ダイヤル・生物季節ダイヤル，
'89年台風経路図・台風一覧・台風の概要，「天
気図日記」索引）

気象年鑑　1991年版　日本気象協会編，気
　象庁監修　大蔵省印刷局　1991.7　219p
　26cm　2500円　Ⓘ4-17-160191-6　Ⓝ451.059
Ⓣ目次季節暦（1991年4月～1992年3月），気象記
録1990年（世界の天候，日本の天候，大雨，台
風，農作物と気象，生物季節，大気汚染，統計
値からみた日本の天候，オゾン層の状況，天候
と社会・経済，'90年主要地の気象記録，寒候期
現象，真冬日・真夏日・熱帯夜），地象・海象記
録1990年（内外の地震活動，内外の火山活動，
海況，潮位，海氷，1990年トピックス），資料
（天候ダイヤグラム，特別名称のついた気象災
害，各地の梅雨期間と梅雨期間の降水量 ほか），
付録（季節ダイヤル・生物季節ダイヤル，'90年
台風経路図・台風一覧表・台風の概要，「天気
図日記」策引）

気象年鑑　1992年版　日本気象協会編，気
　象庁監修　大蔵省印刷局　1992.9　238p
　26cm　2800円　Ⓘ4-17-160192-4
Ⓣ目次季節暦，気象記録1991年（365日の連続天
気図，世界の天候，日本の天候，大雨，台風，
農作物と気象，生物季節，大気汚染，統計値か

科学への入門レファレンスブック　　87

気象学　　　　　　　　　地球科学・地学

らみた日本の天候，オゾン層の状況，天候と社
会・経済，気候変動に関する世界の動き，'91年
主要地の気象記録，寒候期現象，真冬日・真夏
日・熱帯夜），地象・海象記録1991年，資料

気象年鑑　1993年版　日本気象協会編，気
　象庁監修　大蔵省印刷局　1993.9　254p
　26cm　3100円　①4-17-160193-2

(目次)季節暦，気象記録(366日の連続天気図，
世界の天候，日本の天候，大雨，台風，農作物
と気象，生物季節，大気汚染，統計値からみた
日本の天候，オゾン層の状況，天候と社会・経
済，気候変動に関する世界の動き，'92年主要地
の気象記録，寒候期現象，真冬日・真夏日・熱帯
夜），地象・海象記録1992年(内外の地震活動，
内外の火山活動，海況，潮位，海氷，1992年ト
ピックス），資料，付録

気象年鑑　1994年版　日本気象協会編　大
　蔵省印刷局　1994.8　277p　26cm　3100円
　①4-17-160194-0

(目次)季節暦—1994年4月〜1995年3月，気象記
録—1993年(平成5年)，地象・海象記録—1993
年(平成5年)，資料，付録

(内容)1993年1年間の記録の記録・話題・各種資
料をまとめた年鑑。1994年4月〜1995年3月の季
節暦，日本を中心とした1993年の気象記録，地
象・海象記録、過去の記録を含めた資料、生物
季節ダイヤルなどの付録の全5部で構成する。

気象年鑑　1995年版　気象庁監修，日本気
　象協会編　大蔵省印刷局　1995.8　274p
　26cm　3100円　①4-17-160195-9

(目次)季節暦1995年4月〜1996年3月，気象記録
1994年，地象・海象記録1994年，資料，付録

気象年鑑　1996年版　気象庁監修，日本気
　象協会編　大蔵省印刷局　1996.8　265p
　26cm　3100円　①4-17-160196-7

(目次)季節暦(1996年4月〜1997年3月)，気象記
録1995年(平成7年)，地象・海象記録1995年(平
成7年)

気象年鑑　1997年版　気象庁監修，日本気
　象協会編　大蔵省印刷局　1997.8　273p
　26cm　3000円　①4-17-160197-5

(目次)季節暦—1997年4月〜1998年3月，気象記
録—1996年(366日の連続天気図，世界の天候，
日本の天候，大雨，台風，大気汚染，農作物と天
候，生物季節，統計値からみた日本の天候，天
候と社会・経済，オゾン層の状況，気候変動に
関する世界の動き，96年主要地の気象記録，寒
候期現象，真冬日・真夏日・熱帯夜），地象・海

象記録—1996年(内外の地震活動，内外の火山
活動，海況，海氷，潮位，1996年トピックス)，
資料(天候ダイヤグラム，気象庁の動き，日本
気象協会の動き ほか)

気象年鑑　1998年版　気象庁監修，日本気
　象協会編　大蔵省印刷局　1998.8　270p
　26cm　3280円　①4-17-160198-3

(目次)季節暦—1998年4月〜1999年3月，気象記
録—1997年(365日の連続天気図(天気図日記)，
世界の天候，日本の天候，大雨，台風，大気汚
染，農作物と天候，生物季節，統計値からみた
日本の天候，天候と社会・経済，オゾン層の状
況，気候変動に関する世界の動き，'97年主要
地の気象記録，寒候期現象(雪・霜・氷・初冠
雪)，真冬日・真夏日・熱帯夜），地象・海象記
録—1997年(内外の地震活動，内外の火山活動，
海況，海氷，潮位，1997年トピックス)，資料
(天候ダイヤグラム，気象庁の動き，日本気象
協会の動き，台風発生・上陸数(1951〜1997)，
日本各地の極値表(気温・湿度・風速・降水量・
雪・霜など)，日本と外国の気象記録，災害年表
(気象・地震・噴火)，特別名称のついた気象・
地震災害等，気象官署一覧)

気象年鑑　1999年版　気象庁監修，日本気
　象協会編　大蔵省印刷局　1999.8　277p
　26cm　3280円　①4-17-160199-1

(目次)季節暦(1999年4月〜2000年3月)，気象記
録1998年(平成10年)(365日の連続天気図(天気
図日記)，世界の天候，日本の天候，大雨，台風，
大気汚染，農作物と天候，生物季節，統計値か
らみた日本の天候，天候と社会・経済，オゾン
層の状況，気候変動に関する世界の動き，'98年
主要地の気象記録，寒候期現象(雪・霜・氷・初
冠雪)，真冬日・真夏日・熱帯夜），地象・海象
記録—1998年(内外の地震活動，内外の火山活
動，海況，海氷，潮位，1998年トピックス)，資料
(天候ダイヤグラム，気象庁の動き，日本気象
協会の動き，台風発生・上陸数(1951〜1997)，
日本各地の極値表(気温・湿度・風速・降水量・
雪・霜など)，各地の梅雨の時期と降水量，気
象要素別ランキング20(日本各地の気温・降水
量・風速など)，日本と外国の気象記録，災害
年表(気象・地震・噴火)，特別名称のついた気
象・地震災害等，気象官署一覧)

気象年鑑　2000年版　気象庁監修，日本気
　象協会編　大蔵省印刷局　2000.8　281p
　26cm　3280円　①4-17-160200-9　Ⓝ451.059

(目次)季節暦(2000年4月〜2001年3月)，気象記
録1999年(平成11年)，地象・海象記録1999年

88　科学への入門レファレンスブック

地球科学・地学　　　　　　　　　　　　　　気象学

（平成11年），資料，付録

内容1999年の気象記録および地象・海象記録と2000年の季節暦を掲載した年鑑。季節暦は2000年の季節上の暦を月別に掲載。1999年の記録は、365日の連続天気図、世界および日本の天候、気象上の災害・現象、作物・生物などの関連事項と主要地の気象記録、内外の地震および火山活動、海象、1999年のトピックスについて掲載。ほかに資料として天候ダイヤグラム、気象庁の動き、日本気象協会の動き、台風発生・上陸数、日本各地の極値表、各地の梅雨の時期と降水量、気象要素別ランキングなどを収録。巻末に付録として季節ダイヤル・生物季節ダイヤル、'99台風経路図・台風一覧表・台風の概要、「天気図日記」索引を付す。

気象年鑑　2001年版　気象庁監修，日本気象協会編　財務省印刷局　2001.8　302p　26cm　〈2000年版までの出版者：大蔵省印刷局　年表あり〉　3500円　Ⓘ4-17-160201-7　Ⓝ451.059

目次季節暦（2001年4月～2002年3月），気象記録2000年（平成12年），地象・海象記録2000年（平成12年），資料，付録

内容2000年の気象記録および地象・海象記録と2001年の季節暦を掲載した年鑑。季節暦は2001年の季節上の暦を月別に掲載。2000年の記録は、365日の連続天気図、世界および日本の天候、気象上の災害・現象、作物・生物などの関連事項と主要地の気象記録、内外の地震および火山活動、海象、2000年のトピックスについて掲載する。

気象年鑑　2002年版　気象庁監修，日本気象協会編　財務省印刷局　2002.8　314p　26cm　4000円　Ⓘ4-17-160202-5　Ⓝ451.059

目次季節暦（2002年4月～2003年3月），気象記録（2001（平成13年）），地象・海象記録（2001年（平成13年）），資料，付録

気象年鑑　2003年版　気象庁監修　気象業務支援センター　2003.8　265p　26cm　4000円　Ⓘ4-87757-000-4

目次1 2002（平成14）年の気象記録，2 2002（平成14）年の地象・海象記録，3 気象界の動向，4 参考資料

気象年鑑　2004年版　気象庁監修　気象業務支援センター　2004.8　273p　26cm　3600円　Ⓘ4-87757-001-2

目次1 2003（平成15）年の気象記録（日々の天気図（09時の地上天気図），日別地上気象観測値

ほか），2 2003（平成15）年の地象・海象記録（日本及び世界の地震活動，日本及び世界の火山活動 ほか），3 気象界の動向（トピックス・東海地震に関する新しい情報発表について，トピックス・2003年に実施した台風情報の改善 ほか），4 参考資料（季節暦，気象災害年表 ほか）

気象年鑑　2005年版　気象庁監修　気象業務支援センター　2005.8　270p　26cm　3600円　Ⓘ4-87757-002-0

目次1 2004（平成16）年の気象記録（日々の天気図（09時の地上天気図），日別地上気象観測値 ほか），2 2004（平成16）年の気象・海象記録（日本及び世界の地震活動，日本及び世界の火山活動 ほか），3 気象界の動向（トピックス・2100年頃の日本における気候について，トピックス・関東地方におけるヒートアイランド現象の監視 ほか），4 参考資料（季節暦，気象災害年表 ほか）

気象年鑑　2006年版　気象庁監修　気象業務支援センター　2006.7　257p　26cm　3600円　Ⓘ4-87757-003-9

目次1 2005（平成17）年の気象記録（日々の天気図（09時の地上天気図），日別地上気象観測値 ほか），2 2005（平成17）年の地象・海象記録（日本及び世界の地震活動，日本及び世界の火山活動 ほか），3 気象界の動向（その他の気象庁の動き，気候変動に関する世界の動き），4 参考資料（平成17（2005）年の全台風の経路図，気象災害年表 ほか）

気象年鑑　2008年版　気象業務支援センター編，気象庁監修　気象業務支援センター　2008.7　255p　26cm　3600円　Ⓘ978-4-87757-005-7　Ⓝ451.059

目次1 2007（平成19）年の気象記録（日々の天気図，日別地上気象観測値（2007年），地上気象観測値の統計，主要な大気現象，日本及び世界の天候，予報精度の評価），2 2007（平成19）年の地象・海象記録，3 気象界の動向，4 参考資料，折り込み資料

気象年鑑　2009年版　気象業務支援センター編，気象庁監修　気象業務支援センター　2009.7　257p　26cm　3600円　Ⓘ978-4-87757-006-4　Ⓝ451.059

目次1 2008（平成20）年の気象記録（日々の天気図，日別地上気象観測値，地上気象観測値の統計，主要な大気現象，日本及び世界の天候，予報精度の評価），2 2008（平成20）年の地震・火山の記録，3 2008（平成20）年の地球環境の記録，4 内外の気象界の動向，5 参考資料，折り

科学への入門レファレンスブック　89

海洋学・陸水学　　　　　　地球科学・地学

込み資料

気象年鑑　2010年版　気象業務支援セン
ター編，気象庁監修　気象業務支援センター
2010.8　253p　21cm　3600円　①978-4-
87757-007-1　Ⓝ451.059

Ⓣ目次1 2009（平成21）年の気象の記録，2 2009
（平成21）年の地震・火山の記録，3 2009（平成
21）年の地球環境の記録，4 内外の気象界の動
向，5 参考資料，折り込み資料

海洋学・陸水学

＜事　典＞

海の百科事典　永田豊，岩渕義郎，近藤健雄，
酒匂敏次，日比谷紀之編　丸善　2003.3
632p　21cm　17000円　①4-621-07171-8

Ⓣ目次赤潮，アクアポリス，アクセスディンギー，
アシカとアザラシ，新しい形式の海上空港，ア
ニマル・アシステッド・セラピー，アホウドリ，
ARGOS（アルゴス）システム，アンコウのつる
し切り，アンデス文明をチチカカ湖底に求めて
〔ほか〕

Ⓒ内容海洋・水産・マリンレジャーなど，さまざ
まな分野で海に関係する専門家の総力を結集，
日本人にとって身近な「海」について，幅広く
多面的に解説した事典。多彩な写真・イラスト
を大きく掲載。巻頭に索引，巻末に海に関する
資料を収録。

深海と地球の事典　深海と地球の事典編集委
員会編　丸善出版　2014.12　290p　26cm
7500円　①978-4-621-08887-6

Ⓣ目次1 深海を知る―深海の基礎知識（深海のす
がた，圧力と生命 ほか），2 深海に生きる―極
限環境に生きる生物（深海にすむ生物，地球環
境と生物：深海への物質輸送 ほか），3 深海を
調べる―深海研究の先端技術（深海探査の技術
と歴史，海洋調査研究船「みらい」 ほか），4
深海から知る―生命誕生と進化，惑星地球の変
動（生命の起源と進化，海底火山／マグマ／巨
大地震の震源地 ほか）

Ⓒ内容「深海」は地球最大の生命圏であり，活発
な地殻活動により環境の変化をもたらすととも
に，地球誕生から現代まで，さまざまな生命の
ゆりかごとして，多様性を育んできた。さらに
深海でのわずかな変化が気候変動や地震・津波
といった地球規模の問題につながることも明ら
かになってきた。本書では深海研究の最先端に
いる専門家たちが，これまで明らかになってき

た深海の科学と研究を支える技術開発，さらに
研究からわかった地球の姿を豊富なカラー図版
とともに解説する。深海の基本から研究や，観
測技術の最前線が見えてくる。

**テーマで読み解く海の百科事典　ビジュア
ル版**　ドリク・ストウ著，天野一男，森野浩
訳　柊風舎　2008.5　256p　31cm　〈原書
名：Encyclopedia of the oceans.〉　13000円
①978-4-903530-13-0　Ⓝ452.036

Ⓣ目次海洋のしくみ（運動するプレート，パター
ンとサイクル，塩，太陽，海水準，静かに，す
みやかに，そして強く，海洋に秘められた富），
海洋における生命（進化と絶滅，生命の網目，海
洋における生活様式，複雑な群集，脆弱な環境）

Ⓒ内容35億年以上前に海の中で生まれた，地球
上の生命の源である魅惑に満ちた海の世界を，
「海底のグランドキャニオン」「衝突する大陸」
「恐竜の死滅」「ラッコの生態的役割」など，海に
関する多様なテーマごとに，詳細な海底地形図
や用語解説，豊富な図版とともに紹介する『読
む百科事典』。

陸水の事典　日本陸水学会編　講談社　2006.3
578p　21cm　10000円　①4-06-155221-X

Ⓒ内容湖沼，河川，地下水など陸水域の物理学，
化学，生物学，地球科学，環境科学ならびに関
連応用科学にわたる広範囲な分野の用語の概念
と簡潔かつ詳細な解説を世のニーズに応えて提
供する。日本陸水学会が総力を結集した項目数
約5000を五十音で配列。巻末
には日本の湖，ダム湖，河川，外国の湖（ダム
湖を含む），河川のリストを掲載。欧文索引か
らの検索も可能にした。関連分野待望の事典。

＜ハンドブック＞

海洋科学入門　海の底次生物生産過程　多
田邦尚，一見和彦，山口一岩著　恒星社厚生
閣　2014.9　122p　26cm　2700円　①978-
4-7699-1481-5

Ⓣ目次第1章 海洋と低次生物生産過程の研究，
第2章 海洋の生物と海洋生態系，第3章 海水の
動きと海水の物理化学，第4章 海洋の低次生物
生産過程，第5章 植物プランクトンとその増殖
生理，第6章 海水中の有機物質と物質循環，第
7章 内湾の富栄養化，第8章 河口域と干潟・藻
場，第9章 海底堆積物

90　科学への入門レファレンスブック

地球科学・地学　　　　　　　　　　　　　海洋学・陸水学

＜図鑑・図集＞

海と環境の図鑑　ジョン・ファーンドン著,
　クストー財団監修, 武舎広幸, 武舎るみ訳
　河出書房新社　2012.10　255p　29×22cm
　〈原書名：ATLAS OF OCEANS〉　4743円
　①978-4-309-25265-0
　目次海の世界—岩石と水（海の地質, 海水の動
　き）, 海の生態系（生物の分類, 沿岸海域, 温帯
　海域, 熱帯海域, 極地の海, 外洋, 深海）, 世界
　の海（大西洋, 太平洋, インド洋, 南極海, 北
　極海, ヨーロッパの海, ユーラシア大陸の海,
　南シナ海）
　内容海面下の世界では、人々に知られること
　なく、驚くほどのスピードで危機が進んでいる。
　深海から沿岸部まで、膨大なデータや最新の科
　学調査によって明らかになった海の環境の実態
　を、4部、18章、95のトピックスで詳細に解説。
　600種におよぶ絶滅危惧種リストや、環境保護
　団体リスト、参考文献、用語解説、索引を収録
　し、価値ある資料としても役立つ。

海洋　ステファン・ハチンソン, ローレンス・
　E.ホーキンス著, 出田興生, 丸武志, 武舎広
　幸訳　新樹社　2007.9　303p　24×24cm
　（ダイナミック地球図鑑）　〈原書名：
　OCEAN〉　4800円　①978-4-7875-8563-9
　目次青い惑星, 海の探検, 海の生命, 深海へ,
　海の縁, 人間の影響
　内容海の中には多雨林と沙漠の違いほども異
　なった生息環境が存在する。海岸線から最深の
　海溝にいたるまで、きわめて多くの海の生き物
　がいる。珍しい生き物もいれば、奇怪なものも
　あり、中には驚くほど美しいものもある。こう
　した生きものは、並はずれた、過酷な状況に適
　応しているのである。海についての科学である
　海洋学は、たかだか100年の歴史しかないが、そ
　の間にも、宇宙から海洋を調べる手段を発達さ
　せて、海水温や海流についての理解を深めてき
　た。また、潜水艇で潜水下降し、海底の地質を
　調査することもできる。この本は、海洋の成り
　立ちや海が育んでいる生き物、人間にとっての
　海洋の価値、さらには海洋が直面している脅威
　などを紹介し、海洋の図解案内書となっている。

＜年鑑・白書・レポート＞

**海洋白書　2004創刊号　日本の動き・世
　界の動き**　シップ・アンド・オーシャン財
　団海洋政策研究所編　成山堂書店　2004.2

　184p　30×22cm　2200円　①4-425-53081-0
　目次第1部 熟慮したい海洋の重要課題（21世紀
　におけるわが国の海洋政策, WSSD：持続可能な
　開発の更なる進展にむけて, わが国の沿岸域管
　理と今後の方向 ほか）, 第2部 日本の動き、世界
　の動き（日本の動き, 世界の動き）, 第3部 参考
　にしたい資料・データ（「持続可能な開発に関す
　る世界サミット」実施計画（抜粋）, GESAMP
　報告書 "A Sea of Troubles"（仮訳「苦難の海」）
　（概要）,「長期的展望に立つ海洋開発の基本的
　構想及び推進方策について—21世紀初頭におけ
　る日本の海洋政策」（概要）ほか）
　内容本書は3部構成からなり、「第1部・熟慮し
　たい海洋の重要課題」では、最近の海洋に関する
　出来事や活動の中から重要課題を選んで整理・
　分析し、それについての見解を述べ、問題提起、
　提言などを試みる。「第2部・日本の動き、世界
　の動き」は、海洋・沿岸域関係のこの1年間の内
　外の動向を取りまとめたものである。海洋・沿
　岸域の各分野ごとにその動きを日誌形式でわか
　りやすく整理して掲載し、読者の皆様が関心の
　ある事項を中心にその動きを追うことができる
　ように企画した。「第3部・参考にしたい資料・
　データ」には、第1部および第2部で取り上げて
　いる課題や出来事・活動に関する重要データ、
　資料等を掲載した。

海洋白書　2005　日本の動き世界の動き
　シップ・アンド・オーシャン財団海洋政策研
　究所編　成山堂書店　2005.4　206p　30cm
　1900円　①4-425-53082-9
　目次第1部 "かけがえのない海"（海に広がる日
　本の "国土", 豊かな沿岸域の再生を, 海洋をめ
　ぐる世界の取組み, 海上輸送の安全確保, 海洋
　を知る）, 第2部 日本の動き、世界の動き（日本
　の動き, 世界の動き）, 第3部 参考にしたい資
　料・データ（米国海洋政策審議会最終報告書『21
　世紀海洋の青写真』, 東アジア海域の持続可能な
　開発のための地域協力に関するプトラジャヤ宣
　言, 東アジア海域の持続可能な開発戦略（SDS-
　SEA）ほか）

海洋白書　2006　日本の動き・世界の動き
　海洋政策研究財団編　成山堂書店　2006.2
　214p　30cm　1900円　①4-425-53083-7
　目次第1部 かけがえのない海（海洋の重要課
　題, 海の価値, 海洋の管理, 海上輸送の安全保
　障, 科学と防災）, 第2部 日本の動き、世界の動
　き, 第3部 参考にしたい資料・データ
　内容海洋政策研究財団は、多方面にわたる海
　洋・沿岸域に関する出来事や活動を「海洋の総

科学への入門レファレンスブック　*91*

海洋学・陸水学　　　　　　　　地球科学・地学

合的管理」の視点にたって分野横断的に整理分析し、わが国の海洋問題に対する全体的・総合的な取り組みに資することを目的として「海洋白書」を創刊している。その海洋白書が、今年で第3号となった。これまでと同様、3部の構成とし、第1部では特に本年報告したい事項を、第2部では海洋に関する日本および世界の1年間余の動きを、それぞれ記述して、第3部には、第1部および第2部で取り上げている課題や出来事・活動に関する重要資料を掲載した。今年の白書の第1部は、海洋の経済的価値を考察している。簡単なことではないが、環境の経済的価値についても記述した。また、スマトラ島沖の大地震による巨大津波があったのが1年余前であるが、あらためて、海洋にかかわる科学と防災について記述した。

海洋白書　2007　日本の動き 世界の動き
　　海洋政策研究財団編　成山堂書店　2007.4
　　159p　30cm　1900円　Ⓘ978-4-425-53084-7
(目次)第1部 海洋の総合的管理への新たな挑戦(海洋政策の新潮流，海洋と科学技術の課題，持続可能な海事活動，海を護る—協調の海へ)，第2部 日本の動き、世界の動き(日本の動き，世界の動き)，第3部 参考にしたい資料・データ(海洋政策大綱—新たな海洋立国を目指して，海洋基本法案(仮称)の概要，東京宣言「海を護る」 ほか)

海洋白書　2008　日本の動き 世界の動き
　　海洋政策研究財団編　成山堂書店　2008.4
　　236p　30cm　2000円　Ⓘ978-4-425-53085-4
　　Ⓝ452
(目次)第1部 海洋基本法制定と今後の課題(海洋と日本，海洋基本法制定までの動き，海洋基本法の概要と施行 ほか)，第2部 日本の動き、世界の動き(日本の動き，世界の動き)，第3部 参考にしたい資料・データ(海洋基本法，海洋基本計画，海洋政策大綱 ほか)

海洋白書　2009　日本の動き 世界の動き
　　海洋政策研究財団編　成山堂書店　2009.5
　　228p　30×22cm　2000円　Ⓘ978-4-425-53086-1　Ⓝ452
(目次)第1部 新たな「海洋立国」への出発(新たな「海洋立国」への出発，海洋に関する国民の理解の増進と人材育成，海に拡がる「国土」の開発、利用、保全、管理，求められるわが国「海洋外交」の積極的展開，気候変動・地球温暖化と海洋)，第2部 日本の動き、世界の動き(日本の動き，世界の動き)，第3部 参考にしたい資料・データ

海洋白書　2010　日本の動き 世界の動き
　　海洋政策研究財団編　成山堂書店　2010.4
　　222p　30cm　2000円　Ⓘ978-4-425-53087-8
　　Ⓝ452
(目次)第1部 新たな「海洋立国」の実現に向けて(新たな「海洋立国」の実現に向けて，気候変動と海洋，わが国の管轄海域における海洋資源の開発・利用の推進，海洋技術の発展を通じた新たな海洋立国，海洋の安全確保および海上輸送確保，海洋調査の推進と海洋情報の整備)，第2部 日本の動き、世界の動き(日本の動き，世界の動き)，第3部 参考にしたい資料・データ

海洋白書　2011　日本の動き 世界の動き
　　海洋政策研究財団編　成山堂書店　2011.4
　　231p　30cm　2000円　Ⓘ978-4-425-53088-5
(目次)第1部 新たな「海洋立国」の実現に向けて(新たな「海洋立国」の実現に向けて，沿岸域の総合的管理，海洋における生物多様性の保全，海洋資源の開発・利用の推進と環境保全，海洋管理のための離島の保全・管理・振興の推進，海洋の安全確保，海洋科学技術の研究開発のさらなる推進)，第2部 日本の動き、世界の動き(日本の動き，世界の動き)，第3部 参考にしたい資料・データ

海洋白書　2012　日本の動き 世界の動き
　　海洋政策研究財団編　成山堂書店　2012.6
　　256p　30cm　2000円　Ⓘ978-4-425-53089-2
(目次)第1部 新たな「海洋立国」の実現を目指して(転機を迎えた日本の海洋政策，東日本大震災の発生とそれへの対応，東日本大震災からの復興 ほか)，第2部 日本の動き 世界の動き(日本の動き，世界の動き)，第3部 参考にしたい資料・データ(東日本大震災復興に関する海洋立国の視点からの緊急提言，津波対策の推進に関する法律，排他的経済水域及び大陸棚の総合的な管理に関する法制の整備についての提言 ほか)

海洋白書　2013　日本の動き 世界の動き
　　海洋政策研究財団編　成山堂書店　2013.5
　　264p　30cm　2000円　Ⓘ978-4-425-53090-8
(目次)第1部 「海洋立国」に向けた海洋政策の新たな展開(海洋基本法の推進，新しい海洋基本計画の策定に向けて，国際社会における海洋政策の動き ほか)，第2部 日本の動き 世界の動き(日本の動き，世界の動き)，第3部 参考にしたい資料・データ(次期海洋基本計画に盛り込むべき施策の重要事項に関する提言，沿岸域総合管理の推進に関する提言，海洋基本計画改訂に向けた海洋教育に関する提言 ほか)

地球科学・地学　　　　　　　　　　地震学

海洋白書　2014　「海洋立国」に向けた新たな海洋政策の推進　海洋政策研究財団編　成山堂書店　2014.4　258p　30cm　2000円　Ⓘ978-4-425-53161-5

(目次)第1部 「海洋立国」に向けた新たな海洋政策の推進(新海洋基本計画の着実な実施に向けて，新たな海洋基本計画，海洋の総合的管理，海洋産業の振興と創出，海洋由来の自然災害への対策，海洋教育と人材育成の推進，海洋調査の推進，海洋情報の一元化と公開，北極海の諸問題への取組み)，第2部 日本の動き，世界の動き(日本の動き，世界の動き)，第3部 参考にしたい資料・データ

海洋白書　2015　「海洋立国」のための海洋政策の具体的実施に向けて 日本の動き世界の動き　海洋政策研究財団編　成山堂書店　2015.4　236p　30cm　2000円　Ⓘ978-4-425-53162-2

(目次)第1部 「海洋立国」のための海洋政策の具体的実施に向けて(「海洋立国」のための海洋政策の具体的実施に向けて，海域の総合的管理，海洋における安全の確保，人間活動と地球温暖化，異常気象，海洋酸性化，海洋資源等をめぐる最近の動き，海洋教育と人材育成)，第2部 日本の動き，世界の動き(日本の動き，世界の動き)，第3部 参考にしたい資料・データ

海洋白書　2016　大きく動き出した海洋をめぐる世界と日本の取組み　笹川平和財団海洋政策研究所編　成山堂書店　2016.4　251p　30cm　2000円　Ⓘ978-4-425-53163-9

(目次)第1部 大きく動き出した海洋をめぐる世界と日本の取組み(大きく動き出した海洋をめぐる世界と日本の取組み，海洋の総合的管理，太平洋，東アジア，北極における海洋管理，海洋資源の開発・利用および海洋産業の振興，海洋における安全の確保，人間活動が海洋システムに及ぼす変化，国際的な海洋問題に対応する人材育成)，第2部 日本の動き，世界の動き(日本の動き，世界の動き)，第3部 参考にしたい資料・データ

地震学

＜事　典＞

温泉の百科事典　阿岸祐幸編集委員代表　丸善出版　2012.12　636p　22cm　〈索引あり〉　20000円　Ⓘ978-4-621-08506-6　Ⓝ453.9

(内容)温泉と周辺領域の約300語を解説する事典。自然科学、医療・保健・健康、社会・経済・観光、歴史・文化に分類収録。温泉にまつわるそれぞれの領域の現時点での知識、用語の定義、現代的意義がわかる。

地震・火山の事典　勝又護編　東京堂出版　1993.9　318p　21cm　5800円　Ⓘ4-490-10354-9　Ⓝ453.033

(内容)プレートテクトニクス、ダイラタンシーモデルなど、最新の研究成果をもとに地震・津波・火山の姿を解説する事典。付録に最新の科学資料を収録する。

地震の事典　第2版　宇津徳治，嶋悦三，吉井敏尅，山科健一郎編　朝倉書店　2001.7　657p　22×16cm　23000円　Ⓘ4-254-16039-9　Ⓝ453.036

(目次)1 地震の概観，2 地震の観測と観測資料の処理，3 地震波と地球内部構造，4 変動する地球と地震の分布，5 地震活動の性質，6 地震の発生機構，7 地震に伴う自然現象，8 地震による地盤の振動と地震災害，9 地震の予測・予知

(内容)地震の知識・情報をまとめた事典。専門家のほか、地震の観測・調査担当者、防災関連担当者、地震に関する記事を担当する記者などを利用対象とする。用語の解説集ではなく、地球物理学、地球化学、土木・建築工学など地震に関する学問の分野から、地震に関するできるだけ多くの知識を系統的に解説する。15年ぶりに全面改訂の第2版。

地震の事典　第2版 普及版　宇津徳治，嶋悦三，吉井敏尅，山科健一郎編　朝倉書店　2010.3　657p　21cm　〈他言語標題：Encyclopedia of earthquakes　文献あり　年表あり〉　19000円　Ⓘ978-4-254-16053-6　Ⓝ450

(目次)1 地震の概観，2 地震の観測と観測資料の処理，3 地震波と地球内部構造，4 変動する地球と地震の分布，5 地震活動の性質，6 地震の発生機構，7 地震に伴う自然現象，8 地震による地盤の振動と地震災害，9 地震の予測・予知

津波の事典　縮刷版　首藤伸夫，今村文彦，越村俊一，佐竹健治，松冨英夫編　朝倉書店　2011.10　350p　19cm　〈索引あり〉　5500円　Ⓘ978-4-254-16060-4　Ⓝ453.4

(目次)1 津波各論，2 津波の調査，3 津波の物理，4 津波の被害，5 津波の予測，6 津波対策，7 津波予警報，8 国際連携

科学への入門レファレンスブック　93

<辞 典>

学術用語集　地震学編　増訂版　文部省，日本地震学会〔著〕　日本学術振興会　2000.3　310p　19cm　〈東京 丸善出版事業部（発売）〉　2200円　Ⓘ4-8181-9509-X　Ⓝ453.033

<ハンドブック>

地震予測ハンドブック　計測機器を使わない　三一書房編集部編　三一書房　2013.9　295p　19cm　2000円　Ⓘ978-4-380-13010-6　Ⓝ453.38

目次 第1部 生物編（哺乳類，鳥類，魚類・貝類・両生類・甲殻類ほか，爬虫類ほか，無脊椎動物，植物），第2部 電器・天・地・海・人編（電気機器、体温計など，空と天候の異常，大地の変化，人体，地震時の発光現象）

内容 専門家や研究者が無視し続けてきた「宏観現象」先人たちの知恵に学び、地震前兆をいち早くつかむ! 道具を使わず、誰でもできる地震予測方法の集大成!

<図鑑・図集>

大災害サバイバルマニュアル　池内了著　実業之日本社　2016.4　111p　21cm　（「もしも?」の図鑑）　1000円　Ⓘ978-4-408-45586-0

目次 首都東京をおそう巨大知震，巨大地震の連鎖，見えない放射能の恐怖，東京湾岸を飲みこむ巨大津波，液状化で大地はドロ沼と化す，止まらない火山噴火の連鎖，カルデラ噴火が九州を壊滅させる，火山の冬が世界を暗黒の世に変える，ゲリラ豪雨が都会のビル群を水没させる，止まない雨の呪い，暗闇に鳴り響くごう音と光る閃光…巨大雷の恐怖，天の怒りが巨大なひょうとなり、天罰を与える，史上最悪の猛暑が世界を地獄に変える，地球温暖化で海が巨大化する，超巨大台風が災いをもたらす，巨大竜巻がすべてを破壊する，豪雪が世界を真っ白に変える

内容 おそろしい自然災害が日本を襲う!キミは生き残れるか!?地震、火山噴火、ゲリラ豪雨、超巨大台風…自然災害が起こる仕組みとサバイバル術がわかる空想科学図鑑。

地形学・地質学

<事 典>

火山の事典　下鶴大輔，荒牧重雄，井田喜明編　朝倉書店　1995.7　590p　21cm　18540円　Ⓘ4-254-16023-2

目次 1 火山の概観，2 マグマ，3 火山活動と火山帯，4 火山の噴火現象，5 噴出物とその堆積物，6 火山体の構造と発達史，7 火山岩，8 他の惑星の火山，9 地熱と温泉，10 噴火と気候，11 火山観測，12 火山災害，13 火山噴火予知

内容 火山現象とそれに関わる事象について総合的に解説した事典。付録として世界の主な活火山および日本の第四世紀火山のデータ、国内海外火山の主要な噴火記録等がある。巻末に事項索引付き。

火山の事典　第2版　下鶴大輔，荒牧重雄，井田喜明，中田節也編　朝倉書店　2008.6　575p　27cm　〈文献あり〉　23000円　Ⓘ978-4-254-16046-8　Ⓝ453.8

目次 第1章 火山の概観，第2章 マグマ，第3章 火山活動と火山帯，第4章 火山の噴火現象，第5章 噴出物とその堆積物，第6章 火山の内部構造と深部構造，第7章 火山岩，第8章 他の惑星の火山，第9章 地熱と温泉，第10章 噴火と気候，第11章 火山観測，第12章 火山災害と防災対応，付録

内容 初版出版以降の、火山現象の解明のための重要な知見の蓄積、新しい研究成果を入れて内容の正確さと充実を図った第2版。

地震・火山の事典　勝又護編　東京堂出版　1993.9　318p　21cm　5800円　Ⓘ4-490-10354-9　Ⓝ453.033

内容 プレートテクトニクス、ダイラタンシーモデルなど、最新の研究成果をもとに地震・津波・火山の姿を解説する事典。付録に最新の科学資料を収録する。

地震・津波と火山の事典　東京大学地震研究所監修，藤井敏嗣，纐纈一起編　丸善　2008.3　188p　27cm　〈年表あり〉　6500円　Ⓘ978-4-621-07923-2　Ⓝ453.036

目次 1 地球（地球の内部，地球の動き），2 地震（地震とは何か，地震波と地震動，地震に伴う諸現象と災害，津波とその災害，地震の予測），3 火山（火山とは，火山のもと、マグマ，噴火のしくみとその規模，火山噴火に伴う諸現象，火山噴出物と噴火現象，火山噴火と環境，火山活動による災害，過去の主な噴火，地球外の火山）

地球科学・地学 地形学・地質学

(内容)地震・津波・火山の3大災害の入門知識を体系的にまとめた事典。平易な文章と多数のフルカラー図版を用いる。地震・津波と火山のメカニズムや過去の被害、未来予測や対策など、基本から研究の最前線までを収録。巻末資料には、火山活動度と火山ランク、過去の噴火災害・地震・津波災害の年表などを掲載する。

＜ハンドブック＞

世界の土壌資源 入門&アトラス J.A.デッカース，F.O.ナハテルゲーレ，O.C.スパールガレン，E.M.ブリッジズ，N.H.バジェス編，太田誠一，吉永秀一郎，中井信監訳，国際食糧農業協会編 古今書院 2002.12 2冊（セット）26cm 〈原書名：World Reference Base for Soil Resources〉 11500円 ①4-7722-4039-X

(目次)入門（序節，照合土壌群の簡略検索表，世界の照合土壌群），アトラス

地質学ハンドブック 普及版 加藤碵一，脇田浩二総編集，今井登，遠藤祐二，村上裕編 朝倉書店 2011.7 696p 22cm 〈索引あり〉 19000円 ①978-4-254-16270-7 Ⓝ455.036

(目次)1 基礎編（地質学的研究手法，地球化学的研究手法，地球物理学的研究手法），2 応用編（地質マッピング法，活断層調査法，地下資源調査法，地質災害調査法，環境地質調査法，土木地質調査法，海洋湖沼調査法，惑星調査法），資料編（付図・付表，地学関連情報の入手・検索先，世界の地質調査機関リスト，地学関係論文・報告書の英文表記）

洞くつの世界大探検 でき方・地形から生き物・歴史まで 庫本正著 PHP研究所 2013.10 63p 29×22cm （楽しい調べ学習シリーズ）3000円 ①978-4-569-78328-4

(目次)第1章 洞くつの地形をさぐろう（石灰岩の土地にできた洞くつ，秋芳洞を探検する ほか），第2章 洞くつにくらす生き物（洞くつにくらす動物のいろいろ，特殊化した洞くつ動物 ほか），第3章 洞くつと石灰岩台地と人びとのくらし（石灰岩台地の四季の自然，石灰岩台地と周辺の土地利用 ほか），第4章 洞くつや台地の自然からの伝言（暗やみの世界を感じる，水の音，水のかがやきを感じる ほか）

日本砂浜紀行 砂データ付 江川善則著 日本図書刊行会，近代文芸社〔発売〕 2002.8 128p 26cm 950円 ①4-8231-0752-7

Ⓝ450.91

(目次)砂浜地図，砂浜（北海道，東北 ほか），白浜探訪，砂の測定（試料と乾燥，白色度測定 ほか），資料（砂とは，砂浜断面 ほか），砂浜関連用語集

(内容)日本の砂浜のデータをまとめた資料集。著者が日本全国47都道府県を採取旅行した調査に基づき，砂に分析手法を導入し，砂の色，粒度のデータをとり，客観データで砂を表現する。これにより読者はたやすく自分好みの砂を選ぶことができるようになったという。北海道など9地域に分けて掲載。巻末に白浜探訪，砂の測定，資料，砂浜関連用語集がある。

日本砂浜紀行 砂データ付 改訂 江川善則著 日本図書刊行会，近代文芸社〔発売〕 2003.8 160p 26cm 1200円 ①4-8231-0619-9

(目次)砂浜（オムサロ海岸，常呂前浜，野付崎 ほか），白浜探訪，砂の測定（試料と乾燥，白色度測定，粒度測定 ほか），資料（砂とは，砂浜断面，砂丘 ほか）

日本の地形レッドデータブック 第1集 危機にある地形 新装版 小泉武栄，青木賢人編 古今書院 2000.12 210p 26cm 4800円 ①4-7722-1355-4 Ⓝ454.91

(目次)保存すべき地形の選定基準について，一覧表，リストアップされた地形についての解説（東北地方，関東地方，中部地方，近畿地方，中国・四国地方，九州・沖縄地方），優れた地形を保護するための提言

(内容)日本の自然を代表する地形や学術上貴重な存在でありながら，破壊が進められているか，そのおそれのある地形のデータを全国的にまとめたデータブック。1994年刊の新装版でその後に寄せられた情報は今後刊行予定の第2集に収録するとしている。地形は地域別に掲載し，破壊の進行の状況に応じて4段階にランクづけしている。掲載内容はランク，選定基準，保全状況，地形図幅，行政区分，地形の特性などのデータと写真，地図。巻頭に一覧表，巻末に索引付き。

花の種差海岸 久末正明，大野洋一撮影・著（長ная）ほおずき書籍，星雲社〔発売〕 2009.7 159p 21cm 1800円 ①978-4-434-13384-8

(目次)春 4〜5月，夏 6〜8月，秋 9〜11月，冬 12〜3月

科学への入門レファレンスブック 95

地形学・地質学　　　地球科学・地学

<図鑑・図集>

世界の火山図鑑　写真からわかる火山の特徴と噴火・予知・防災・活用について
須藤茂著　誠文堂新光社　2013.8　223p
21cm　2600円　①978-4-416-11364-6
Ⓝ453.8

⦅目次⦆火山の地形と大きさ，火山の内部構造，日本の火山，世界の火山，火山噴出物，噴火と災害，噴火予知と災害軽減，火山活動の推移の例，火山の調査，火山観測所，火山の恵み，地熱発電，温泉，観光，火山の博物館

⦅内容⦆カラー写真をふんだんに用い，世界の火山の特徴をさまざまな角度から紹介した火山図鑑。火山の地形と大きさ，内部構造，火山噴出物，噴火と災害，火山の恵みなどを取り上げて解説する。

世界の火山百科図鑑　マウロ・ロッシ他著，
日本火山の会訳　柊風舎　2008.6　335p
21cm　〈原書名：Tutto. 重訳　Volcanoees.〉
8500円　①978-4-903530-15-4　Ⓝ453.8

⦅目次⦆マグマ，火山噴火，火山地形，火山の観測，火山学者，シンボルの説明，ヨーロッパ，アフリカ，アジア・オセアニア，南北アメリカ〔ほか〕

⦅内容⦆火山の噴火はなぜ起こるのか?地球内部の構造から説き起こし，噴火のしくみやマグマ，火山地形，火山の観測と噴火予知などについて分かりやすく解説。さらに，世界の主要な活火山を一堂に集めて紹介した画期的な火山図鑑。

世界の砂図鑑　写真でわかる特徴と分類
須藤定久著　誠文堂新光社　2014.2　223p
21cm　2600円　①978-4-416-11436-0

⦅目次⦆第1章 砂とは何か?，第2章 日本の砂，第3章 世界の砂，第4章 砂を調べる，第5章 砂漠の砂，あれこれ，第6章 役に立つ砂，第7章 鳴き砂の話

地形がわかるフィールド図鑑　青木正博，
目代邦康，沢田結基著　誠文堂新光社
2009.8　175p　21cm　〈文献あり 索引あり〉
2200円　①978-4-416-20927-1　Ⓝ454.91

⦅目次⦆北海道（礼文島，霧多布湿原，大雪山，東大雪山，洞爺湖・有珠・昭和新山），東北（恐山，磐梯山と猪苗代湖），関東（袋田の滝と男体山，筑波山，鹿島灘海岸，筑波台地，浅間山・草津白根山，高原山と那須野が原，秩父盆地と長瀞渓谷，養老渓谷，武蔵野台地，江ノ島，富士山・箱根火山・愛鷹火山，コラム 地形・地層の保護），中部（大谷崩・赤崩，上高地，佐渡島，

黒部川），近畿（伊吹山，田上山，淡路島と六甲山），中国（出雲平野，久井の岩海，コラム 風穴，秋吉台と秋芳洞），四国（讃岐富士と屋島，吉野川），九州・沖縄（阿蘇山，雲仙，沖縄島南部）日本の地形の基礎知識，空中写真の実体視，ブックガイド，用語集

⦅内容⦆日本各地で見ることができる興味深い地域を全国から33箇所を選び，北から順に分かりやすく解説。実際にその地形まで行くことができるようアクセス情報も掲載。

日本の火山図鑑　110すべての活火山の噴火と特徴がわかる　高橋正樹著　誠文堂新光社　2015.7　223p　21cm　2200円
①978-4-416-11529-9

⦅目次⦆第1章 火山を解剖してみる（4つのプレートと日本列島，火山を解剖する ほか），第2章 日本の活火山（北海道，東北 ほか），第3章 火山をより深く身近に知ろう（噴火予知と災害の軽減，火山博物館に行こう），第4章 火山がもたらすたくさんの恵み（温泉と湧水，食の恵み ほか）

⦅内容⦆日本にある110すべての活火山を網羅した図鑑!火山の全景や噴火時のようすがわかる写真を多く掲載し，それぞれの火山の噴火史や防災に関する話題にも触れています。火山の成り立ちや噴火のしくみなど，知っておきたい基礎知識もわかりやすく解説しています。

◆化石

<ハンドブック>

化石鑑定のガイド　新装版　小畠郁生編　朝倉書店　2004.3　204p　26cm　4800円
①4-254-16247-2

⦅目次⦆1 野外ですること（化石の探しかた，化石のとりかた，記録のとりかた，化石の包みかたと運びかた ほか），2 室内での整理のしかた，3 化石鑑定のこつ（貝化石，植物化石，微化石）

⦅内容⦆本書は，初歩の化石研究者・愛好者が，古生物学の高度の生物学的分類の知識が充分でなくても，また必要な学術上の文献がなくとも，一応自分なりに化石をしらべ，また鑑定ができるよう，具体的な実例を示しながら書かれた鑑定法の手びき書。

日本の化石　野沢勝写真　成美堂出版　1993.12　359p　15cm　（ポケット図鑑）　1200円
①4-415-08011-1　Ⓝ457.21

⦅目次⦆日本産（古生代の化石，中生代の化石，新

生代の化石），博物館で化石を楽しもう，化石
展示のある博物館一覧，化石採集は楽しい

(内容)日本算の化石を収録、化石のみかた、博
物館ガイドも掲載したガイドブック。

<図鑑・図集>

アンモナイト　アンモナイト化石最新図鑑
蘇る太古からの秘宝　ニール・L.ラースン
著，棚部一成監訳，坂井勝訳　アンモライト
研究所，アム・プロモーション（発売）
2009.10　256p　21cm　〈他言語標題：
Ammonites　原文併記　文献あり　索引あり
原書名：Ammonites.〉　3400円　①978-4-
904720-00-4　⑩457.84

(目次)アンモナイトの自然史その起源と仲間た
ち（生息域，貝殻，アンモナイトの絶滅事変，
保存状態，重要性），世界の最も美しいアンモ
ナイトたち（アフリカのアンモナイト，アジア
のアンモナイト，オーストラリアのアンモナイ
ト，ヨーロッパのアンモナイト，ロシアのアン
モナイト，北米のアンモナイト，湾沿岸地域，
南米のアンモナイト）

(内容)ブラックヒルズ地質学研究所のニールL.
ラースン氏が、長年にわたるアンモナイト化石
の収集と研究をもとに書き記した最新アンモナ
イト化石図鑑。世界各国のアンモナイトの魅力
を写真・学名入りで総解説。初心者からアンモ
ナイト収集家までアンモナイト化石の比較・分
類に役立つガイドブックの決定版！美しい写真と
ともに、アンモナイトをわかりやすく解説した
図鑑機能と学術書なみの充実の内容。

化石　北隆館　1995.2　255p　19cm
（フィールドセレクション 20）　1800円
①4-8326-0339-6

(内容)動植物の化石を約500種収録した図鑑。日
本の代表的な化石や最近発見された稀産種を中
心に収録する。生物の生きた時代別に大きく古
生代・中生代・新生代に分類し、その中は種類
別に排列。古生物の生きていた時代、化石の見
つかった岩質などをマークで示す。巻末に形態
用語解説、和名・学名総合索引を付す。

化石図鑑　「知」のビジュアル百科〈4〉
ポール・テイラー著，伊藤恵夫日本語版監
修，リリーフ・システムズ翻訳協力　あすな
ろ書房　2004.3　61p　29×22cm　（「知」の
ビジュアル百科 4）　〈『ビジュアル博物館 化
石』新装・改訂・改題書　原書名：
EYEWITNESS GUIDES FOSSIL〉　2000

円　①4-7515-2304-X

(目次)化石—本物と偽物，岩の成り立ち，石に
変わる，変化する世界，初期の古生物学，化石
の民間伝承，未来の化石，驚くべき遺骸，サン
ゴ，海底にすむ動物たち〔ほか〕

(内容)化石にかくされた情報、その不思議な世
界の読みとり方を、わかりやすく紹介。太古の
動物や植物のようすが見えてくる。「化石とは
何か」といった初歩的なことから、人類が魅せ
られてきた発掘のロマンまで、考古学の基礎が
楽しく学べる化石図鑑。150種の化石を掲載。

化石図鑑　地球の歴史をかたる古生物たち
示準化石ビジュアルガイドブック　中島
礼，利光誠一共著　誠文堂新光社　2011.1
207p　21cm　〈文献あり 索引あり〉　2600
円　①978-4-416-21102-1　⑩457

(目次)先カンブリア時代，古生代 カンブリア紀，
古生代 オルドビス紀，古生代 シルル紀，古生
代 デボン紀，古生代 石炭紀，古生代 ペルム紀，
中生代 三畳紀，中生代 ジュラ紀，中生代 白亜
紀，新生代 古第三紀，新生代 新第三紀，新生
代 第四紀，生物分類と学名について〔ほか〕

(内容)地球が生まれて46億年、これまでに多く
の生命が生まれては消えていきました。しかし、
生命は様々な形で化石として残されています。
本書では、示準化石と呼ばれるある特定の時代
幅だけに生存し、その時代を代表する化石種を
中心に解説をしています。

図解 世界の化石大百科　ジョヴァンニ・ピ
ンナ著，小畠郁生監訳，二上政夫訳　河出書
房新社　2000.1　237p　30×23cm　〈原書
名：Enciclopedia illustrata dei FOSSILI〉
12800円　①4-309-25124-2　⑩457.038

(目次)化石と古生物学，生物の分類，最古の化
石，植物，無脊椎動物，脊索動物

(内容)世界中から発見された約1300点の化石標
本を掲載した図鑑。植物、原始的脊椎動物、両
生類、爬虫類、鳥類、哺乳類の標本を系統的に
排列。巻末に和名索引、欧名索引がある。

日本化石図譜　増訂版 普及版　鹿間時夫著
朝倉書店　2010.8　286p　27cm　〈文献あり
索引あり〉　15000円　①978-4-254-16253-0
⑩457.21

(目次)1 化石，2 東亜における化石の時代分布，
3 化石の時代分布表，4 東亜の地質系統表，5 化
石図版および説明，6 化石の形態に関する術語

鉱物学　　　　　　　地球科学・地学

鉱物学

＜事 典＞

美しい鉱物と宝石の事典　ロイヤル・オンタリオ博物館名品コレクション　キンバリー・テイト著，松田和也訳　（大阪）創元社　2014.9　254p　26cm　〈原書名：Gems and minerals：earth treasures from the Royal Ontario Museum〉　4500円　①978-4-422-44002-6

(目次)元素鉱物，硫化鉱物と硫塩鉱物，酸化鉱物と水酸化鉱物，ハロゲン化鉱物，炭酸塩鉱物，燐酸塩鉱物，砒酸塩鉱物，バナジウム酸塩鉱物，硼酸塩鉱物，硝酸塩鉱物，硫酸塩鉱物，クロム酸塩鉱物，タングステン酸塩鉱物，モリブデン酸塩鉱物，テクト(網状)珪酸塩鉱物，フィロ(層状)珪酸塩鉱物，単鎖および複鎖イノ珪酸塩鉱物，サイクロ(環状)珪酸塩鉱物，ソロ(複合型)珪酸塩鉱物，ネソ(独立型)珪酸塩鉱物

(内容)自然が生んだ美麗な造形，カナダが誇る世界屈指の鉱物コレクションで編んだ，鑑賞と学習が同時にできる，鉱物学事典。260種の鉱物と宝石を約400点のカラー写真で解説。

ジュエリー言語学　ジュエリー文化への言語からのアプローチ　桃沢敏幸編著　柏書店松原　2007.5　593p　21cm　3600円　①978-4-87790-081-6　Ⓝ589.22

たのしい鉱物と宝石の博学事典　堀秀道編著　日本実業出版社　1999.5　210p　19cm　1600円　①4-534-02930-6

(目次)1 よく知られている鉱物，2 金属だって鉱物である，3 鉱物を詳しく調べよう，4 宝石として有名な鉱物，5 おもしろい鉱物，6 いざ採集に出かけよう

＜辞 典＞

中・英・日 岩石鉱物名辞典　小村幸二郎監修，狩野一憲編　創土社　2015.5　485p　21cm　4620円　①978-4-7988-0222-0

(内容)中国の鉱物資源を対象とする学生、研究者及びビジネス関係者の利便をはかるために編纂。中国語：12,851語、中国語索引：883項目、日本語索引：10,872項目、英語索引：11,181項目。

＜ハンドブック＞

岩石と鉱物　手のひらに広がる岩石・鉱物の世界　ジェフリー・E.ポスト監修，ロナルド・ルイス・ボネウィッツ文，伊藤伸子訳（京都）化学同人　2014.8　352p　23×14cm（ネイチャーガイド・シリーズ）〈原書名：Nature Guide：Rocks and Minerals〉　2800円　①978-4-7598-1552-8

(目次)鉱物とは?，鉱物のグループと組合せ，鉱物の分類，鉱物の識別，結晶とは何か?，晶癖，結晶系，宝石，岩石とは?，岩石と鉱物の収集〔ほか〕

(内容)岩石と鉱物の大きなグループを網羅、270ページ以上にわたってページごとに1種類を解説。大きくて美しい写真で岩石や鉱物の特徴をわかりやすく解説。

天然石がわかる本　天然石検定2級公式教科書　天然石検定協議会編，飯田孝一著（京都）マリア書房　2006.5　109p　30cm（学ぶ創作市場 1）　3200円　①4-89511-415-5

(目次)アイオライト，アゲート，アジュライト，アベンチュリン・クォーツ，アマゾナイト，アメジスト，アルマンディン，アンバー，オパール，オブシディアン〔ほか〕

天然石がわかる本　学ぶ創作市場〈Vol.2〉下巻　飯田孝一著（京都）マリア書房　2007.3　117p　30×23cm（学ぶ創作市場 Vol.2）　3500円　①978-4-89511-416-5

(目次)アイボリー，アクアマリン，アパタイト，アラゴナイト，アンダリュサイト，アンドラダイト・ガーネット，イソバナ，エピドート，エメラルド，カイアナイト〔ほか〕

天然石・ジュエリー事典　自分にピッタリの石が見つかる!　中央宝石研究所監修　池田書店　2007.4　157p　21cm　1200円　①978-4-262-12046-1

(目次)第1章 12ヵ月の誕生石(ガーネット，アメシスト ほか)，第2章 知っておきたい天然石44(アイオライト，アイドクレーズ ほか)，第3章 天然石・ジュエリーの基礎知識(天然石のジュエリーができるまで，鑑定書と鑑別書 ほか)，第4章 天然石の身近な使い方(天然石のアクセサリーが引き立つ小物コーディネート術，目的で選ぶ天然石 ほか)

(内容)自然の神秘が生み出した天然石。もっているだけでトキメキを生むジュエリー。そんな天然石やジュエリーの、プロフィール、逸話、パワー、お手入れ方法…etc。知って、選んで、

98　科学への入門レファレンスブック

使いこなしてキラリと輝く自分になる。

日本の岩石と鉱物 通商産業省工業技術院地
　質調査所編　東海大学出版会　1992.7　150p
　20×27cm　8240円　①4-486-01201-1

宝石・鉱物おもしろガイド 辰尾良二著　築
　地書館　2004.8　237p　19cm　1600円
　①4-8067-1292-2

(目次)ダイヤモンド，コランダム，ベリル，ク
　リソベリル，トルマリン，石英，オパール，ト
　パーズ，ガーネット，ヒスイ（ジェード），コー
　ディエライト，ゾイサイト，オリビン，ラズラ
　イト，ターコイズ，貴金属，非鉱物

(内容)宝石の良し悪しを自分で見極めよう。品
　質の悪いものを高い値段で売っている店もある？
　宝石に詳しくないあなたも，鉱物趣味の愛好家
　も必見。業界ウラ話もたのしい決定版。

<図鑑・図集>

**かわらの小石の図鑑 日本列島の生い立ち
　を考える** 千葉とき子，斎藤靖二著　東海
　大学出版会　1996.7　167p　21×13cm
　2575円　①4-486-01366-2

(目次)荒川の小石をあつめる，多摩川の小石を
　あつめる，相模川の小石をあつめる，火成岩を
　あつめる，堆積岩をあつめる，変成岩をあつめ
　る，かわらの小石を見る（荒川，多摩川，相模
　川，石の薄片を作る，偏光顕微鏡をつかって石
　を観察する），日本列島の生い立ち

(内容)荒川，多摩川，相模川のかわらで見られ
　る小石のみかけ，その表面をみがいたときのよ
　うす，その薄片を偏光顕微鏡で観察したときに
　みえた造岩鉱物について川別に解説したもの。
　写真多数。

岩石・鉱物図鑑 「知」のビジュアル百科
　〈1〉 R.F.シムス著，舟木昌浩日本語版監
　修，大英自然史博物館協力 あすなろ書房
　2004.1　1冊　29×23cm　（「知」のビジュ
　アル百科 1）　2000円　①4-7515-2301-5

(目次)地球，岩石とは，鉱物とは？，岩石はどの
　ように形成されるか，風化と侵食，海岸の岩石，
　火成岩，火山岩，堆積岩，鍾乳洞，変成岩〔ほか〕

(内容)岩石，化石，鉱物，結晶…地中に眠るも
　のには地球の構造とその進化の歴史をかいまみ
　ることのできるさまざまな情報がきざまれてい
　る。本書は，岩石や鉱物に秘められた情報の読
　みとり方をはじめ，地質学の基礎を紹介しなが
　ら，地球の不思議に迫る。

岩石と宝石の大図鑑 ROCK and GEM
　ロナルド・ルイス・ボネウィッツ著，青木正
　博訳 誠文堂新光社　2007.4　360p　29×
　23cm　〈原書名：Rock and Gem〉　4571円
　①978-4-416-80700-2

(目次)宇宙と地球の起源（宇宙の生成，地球の形
　成 ほか），岩石（岩石の生成，岩石のタイプ ほ
　か），鉱物（鉱物とは何か？，鉱物の鑑定 ほか），
　化石（化石はどのようにしてできるのか，化石
　記録 ほか）

(内容)地球を構成する基本物質である岩石・鉱
　物について，その性質，でき方，産地，用途な
　どを豊富なデータと写真を用いて魅力的に紹
　介。宝石鉱物にはとくに力点を置き，歴史的・
　民族的背景も含めて，多面的に解説し，地球史
　を彩った代表的な化石も紹介した。

**完璧版 岩石と鉱物の写真図鑑 オールカ
　ラー世界の岩石と鉱物500** クリス・ペラ
　ント著，砂川一郎日本語監修 日本ヴォーグ
　社　1997.4　255p　21cm　（地球自然ハンド
　ブック）　2600円　①4-529-02854-2

(目次)岩石と鉱物の採集，野外調査用具，家で
　使う用具，採集品の整理，この本の使い方，鉱
　物か岩石か？，鉱物の生成，鉱物の組成，鉱物
　の特徴，鉱物の同定，岩石の生成，火成岩の特
　徴，変成作用の種類，変成岩の特徴，堆積岩の
　特徴，岩石同定のカギ〔ほか〕

**教授を魅了した大地の結晶 北川隆司鉱物
　コレクション200選** 松原聰監修 （秦野）
　東海大学出版会　2013.6　118p　22×19cm
　1600円　①978-4-486-01979-4

(目次)ペグマタイト，球状閃緑岩（ナポレオン
　岩），縞状鉄鉱床，珪化木，ダイヤモンド（礫岩
　中），石墨，自然硫黄，自然銅，自然銀，自然
　金・石英〔ほか〕

(内容)蛍石，水晶，石膏，黄鉄鉱，方解石…。
　2009年に亡くなった北川隆司教授の鉱物コレク
　ションの中から200点ほどを選び，データとと
　もに写真で紹介する。

結晶・宝石図鑑 「知」のビジュアル百科
　〈2〉 R.F.シムス，R.R.ハーディング著，伊
　藤恵夫日本語版監修 あすなろ書房　2004.1
　63p　29×23cm　（「知」のビジュアル百科
　2）　2000円　①4-7515-2302-3

(目次)結晶とは何か，結晶の世界，天然の美，
　結晶（その外側，その内側），結晶の色，結晶の
　鑑定，自然の成長，いろいろな集合体，採掘と
　精製，人工結晶〔ほか〕

鉱物学　　　　　　　　　　　地球科学・地学

(内容)知られざる結晶の真の姿が、この1冊に。自然がつくりだすさまざまな色、さまざまな形の結晶、そして結晶を加工し、芸術まで高めた宝石…その神秘的な世界を知る第一歩にぴったりの博物図鑑。一般には公開されていない貴重な標本の写真も多数掲載。

検索入門鉱物・岩石　豊遥秋，青木正博共著　(大阪)保育社　1996.2　206p　19cm　1600円　Ⓘ4-586-31040-5　Ⓝ459.21

原色新鉱物岩石検索図鑑　新版　木股三善，宮野敬編　北隆館　2003.5　346p　21cm　4800円　Ⓘ4-8326-0753-7

(目次)第1部 検索図表，第2部 鉱物・岩石の図説(元素鉱物，硫化鉱物，硫塩鉱物，ハロゲン化鉱物 ほか)，第3部 付録—鉱物・岩石の必要知識(鉱物の産状，成因，分類，岩石の分類，岩石薄片の作り方，顕微鏡の使い方 ほか)

(内容)昭和39年刊行の『原色鉱物岩石検索図鑑』の全面改訂版。代表的な鉱物および岩石標本の実際の状態を忠実に示しており、産地に行って鉱物や岩石を採集した後、鉱物や岩石の肉眼鑑定と岩石の薄片鑑定等が行える。巻末に和名索引、英名索引が付く。

鉱物カラー図鑑　日本で採れる200種以上の鉱物を収録　松原聡監修　ナツメ社　1999.9　274p　19cm　1500円　Ⓘ4-8163-2693-6

(目次)採集の準備から標本の整理・観察まで 鉱物採集の基礎知識(鉱物ってなんだろう？ 大自然が育てた宝石，結晶の種類を覚えよう いろいろな結晶の形，結晶はこんな状態で採れる いろいろな結晶の集合体，化学組成が同じでも名前が違う？ 鉱物名による分類方法 ほか)，色別鉱物図鑑(無色，銀白色，赤色，オレンジ色 ほか)

(内容)日本でとれる200種類以上の鉱物を収録した図鑑。鉱物の採集に関する基礎知識を紹介した鉱物採集の基礎知識と183種類の鉱物を収録した色別鉱物図鑑の2部構成。巻末付録として用語解説、鉱物が展示してある博物館、和名索引、英名索引がある。

鉱物結晶図鑑　松原聡監修，野呂輝雄編著　(秦野)東海大学出版会　2013.5　232p　21cm　〈文献あり 索引あり〉　3200円　Ⓘ978-4-486-01978-7　Ⓝ459.92

(目次)結晶の形MAP，鉱物の結晶写真と結晶図(上下左右対称な形の鉱物，柱状な鉱物，板状の鉱物，少し潰れた形の鉱物，集合結晶になる鉱物)，結晶学のはなし(結晶構造と結晶格子，結晶の座標系と格子定数，7つの結晶系，面方程

式とミラー指数，ブラベー格子 ほか)

(内容)結晶形に重点を置いた鉱物学入門書。鉱物の結晶形には不思議がいっぱい！ 写真と結晶図とたくさんの図表を通じて不思議を紐解きます。

鉱物図鑑　美しい石のサイエンス　青木正博著　誠文堂新光社　2008.7　143p　30cm　2800円　Ⓘ978-4-416-80851-1　Ⓝ459.038

(目次)鉱物とは何か，元素鉱物の世界，硫化鉱物の世界，酸化鉱物の世界，ハロゲン化鉱物の世界，炭酸塩／硼酸塩鉱物の世界，硫酸塩鉱物の世界，タングステン酸塩鉱物／モリブデン酸塩鉱物／クロム酸塩鉱物の世界，燐酸塩鉱物／砒酸塩鉱物／バナジン酸塩鉱物の世界，珪酸塩鉱物の世界

(内容)今日4500種を超える鉱物種が認識されている。本書ではそのうち基本的かつ典型的なもの、約220種類を取り上げた。

鉱物図鑑　松原聡著　ベストセラーズ　2014.1　223p　18cm　(ベスト新書)　1000円　Ⓘ978-4-584-12429-1

(目次)1章 鉱物の基礎知識(鉱物とは何か？，鉱物の特徴と性質 ほか)，2章 元素と鉱物(自然金，自然銀 ほか)，3章 色別鉱物図鑑(なぜ鉱物には色がある？，辰砂 ほか)，4章 光と形—不思議な石の世界(灰重石，珪亜鉛鉱 ほか)

(内容)元素鉱物から美しき宝石、レアメタルなど、珠玉の世界を1冊に!!結晶の形、硬度、色、代表的産出国など基礎データを完全網羅。オパル、ルビー、テレビ石、アメシスト…豊富な写真を掲載！

鉱物図鑑 パワーストーン百科全書331　先達が語る鉱物にまつわる叡智　八川シズエ著，志村幸蔵撮影　ファーブル館，中央アート出版社〔発売〕　2000.5　261p　21cm　2800円　Ⓘ4-88639-978-9　Ⓝ459.7

(内容)地球の鉱物331種を紹介した鉱物図鑑。排列は五十音順。鉱物の特徴、別名、名前の由来、成分、硬さ、産地、結晶系、晶癖、色、条痕、透明度、光沢、断口などのほか、鉱物学史、古代に謳われた伝説・薬効も記載。五十音順、アルファベット順の索引付き。

鉱物分類図鑑　見分けるポイントがわかる　青木正博著　誠文堂新光社　2011.2　207p　21cm　〈索引あり〉　2600円　Ⓘ978-4-416-21104-5　Ⓝ459.038

(目次)鉱物の産状と成因について(火山岩および噴気孔，温泉沈殿物，熱水鉱脈・熱水交代鉱

100　科学への入門レファレンスブック

地球科学・地学　　　　　　　　　　　　　　　　　　鉱物学

床・火山岩の気孔 ほか），鉱物解説（元素鉱物，
硫化鉱物・硫塩鉱物，酸化鉱物 ほか），鉱物の
基礎知識（鉱物の収集，鉱物の性質と鑑定）

鉱物・宝石大図鑑　松原聰監修　成美堂出版
2014.8　159p　26cm　1500円　①978-4-
415-31815-8

(目次)第1章 宝石としての鉱物（ダイヤモンド，
コランダム ほか），第2章 金属の原料となる鉱
物（金鉱石・白金鉱石，銀鉱石 ほか），第3章 工
業原料となる鉱物（硫黄，石墨 ほか），第4章 不
思議な形の鉱物（雲母類，クリノクロア石（緑泥
石）／バーミキュライト ほか），第5章 不思議
な色や光の鉱物（蛍石，灰重石 ほか）

(内容)約200種、450枚の質感がリアルに伝わる
美しい写真で紹介。

**ジェムストーンの魅力 宝石の原石を読み
解く**　カレン・ハレル，メアリー・L.ジョン
ソン著，岩田佳代子訳　ガイアブックス，産
調出版（発売）　2009.11　319p　22cm　〈文
献あり 索引あり　原書名：Gemstones.〉
2400円　①978-4-88282-720-7　Ⓝ459.7

(目次)ジェムストーンの世界，ジェムストーン一
覧（結晶系別），ジェムストーン・ギャラリー，
鉱物とジェムストーンの鑑定および収集，色別
ジェムストーン一覧

(内容)ジェムストーンをさまざまな面から紹介
した総合ガイドブック。よく目にするジェムス
トーンはもとより，珍しいものから貴金属にい
たるまでを網羅。最新の情報とともに，数ある
魅力的な原石やカットストーンの美しさをと
らえたカラー写真を満載。130種類の代表的な
ジェムストーンを結晶系別に分類し，巻末には
カラー別目次で引き易く，見やすく調べやすい
図鑑形式にまとめた。化学組成や屈折率，硬度，
色，主要な産地など詳しいデータをわかりやす
く説明している。

**ジェムストーン百科全書 宝石図鑑 宝石の
真の魅力を解き明かす**　八川シズエ著　中
央アート出版社　2004.5　197p　21cm
2800円　①4-8136-0205-3

(目次)第1部 GEM STONE 112，第2部 宝石概
論（宝石の形態，宝石の内部構造，宝石の化学
的及び結晶化学的性質，宝石の物理的性質，宝
石の成因と産状，宝石の利用，宝石の分類）

(内容)最 新・最 大 の 宝 石 図 鑑。112のGEM
STONEの魅力が満載。112種類の宝石を厳選
し，原石・加工石の写真と詳細なデータ記載。
大きく・見やすいオールカラー写真300点以上
掲載。宝石の内部構造や化学的・物理的性質な

どのほか，成因や産状，加工や分類の仕方まで
詳しく記載。宝石愛好家，収集家，マニア，専
門の方まで広く楽しく利用できる。

楽しい鉱物図鑑　堀秀道著　草思社　1992.11
211p　22×15cm　3900円　①4-7942-0483-3

(目次)1 元素鉱物，2 硫化鉱物，3 ハロゲン化鉱
物，4 酸化鉱物，5 炭酸塩・硼酸塩鉱物，6 硫
酸塩鉱物，7 タングステン酸鉱物・他，8 燐酸
塩鉱物・他，9 珪酸塩鉱物

(内容)貴石、宝石から地味な石まで、245種の基
本的鉱物を迫力あるカラー写真とエッセイ的文
章で解説した本邦初の鉱物図鑑。採集、鑑定、
コレクションに役立つマニア必携の書。

楽しい鉱物図鑑　新装版　堀秀道著　草思社
1993.6　211p　21cm　3900円　①4-7942-
0483-3

(目次)この図鑑を使われるまえに，1 元素鉱物，
2 硫化鉱物，3 ハロゲン化鉱物，4 酸化鉱物，5
炭酸塩・硼酸塩鉱物，6 硫酸塩鉱物，7 タング
ステン酸鉱物，8 燐酸塩鉱物，9 珪酸塩鉱物

(内容)石墨から沸石までの202種の基本的鉱物を
写真と文章で解説する図鑑。写真は内外の代表
的産地の典型的標本を使用。硬度、色、結晶の
形、代表的産地など基本的データを掲載し、鑑
定のポイントを文章で簡潔に記載する。

楽しい鉱物図鑑　2　堀秀道著　草思社
1997.4　222p　21cm　3700円　①4-7942-
0753-0

(目次)1 元素鉱物，2 硫化鉱物，3 ハロゲン化鉱
物，4 酸化鉱物，5 炭酸塩・硼酸塩鉱物，6 硫
酸塩鉱物，7 燐酸塩鉱物，8 砒酸塩鉱物・他，9
珪酸塩鉱物

探検!日本の鉱物　寺島靖夫著　ポプラ社
2014.2　207p　21cm　1650円　①978-4-
591-13759-8

(目次)楽しい水晶の世界，ザクロ石（石榴石），
造岩鉱物，元素鉱物，ペグマタイトの鉱物，希
元素鉱物（放射能鉱物），金属鉱物，石灰岩にと
もなう鉱物，スカルン鉱物，マンガン鉱物，酸
化帯の鉱物，変成岩中の鉱物，沸石，日本で発
見された新鉱物

(内容)鉱物は自然がつくりだした芸術作品。見
つけた!美しい鉱物。楽しめる鉱物図鑑。

天然石と宝石の図鑑 鉱物の魅力がわかる
松原聰監修，塚田眞弘著　日本実業出版社
2005.10　142p　21cm　1700円　①4-534-
03971-9

(目次)第1章 宝石と呼ばれる鉱物（ダイヤモン

科学への入門レファレンスブック　*101*

鉱物学　　　　地球科学・地学

ド，コランダム ほか），第2章 宝石と呼ばれる鉱物（石英，ひすい輝石（硬玉）ほか），第3章 人気のある鉱物，その他（元素鉱物，硫化鉱物ほか），第4章 鉱物採集に出かけよう（情報を集めて，どこで何を採るか決める，どんな服装で，何をもって行けばいい? ほか），第5章 鉱物について詳しくなろう（鉱物が生まれるまで，「化学組成式」は何を表している? ほか）

(内容)鉱物に秘められた無限の世界。地球を構成する鉱物は実にさまざまな色、形をしている。なかでも美しいものは、宝石のとして珍重されてきた。小さな結晶に広がる、神秘的な世界を紹介。

日本の鉱物 松原聡著　学習研究社　2003.9　260p　19cm　（フィールドベスト図鑑 vol. 15）　1900円　①4-05-402013-5

(目次)鉱物とは，鉱物の調べ方，元素鉱物，硫化鉱物，酸化鉱物，ハロゲン化鉱物，炭酸塩鉱物，ホウ酸塩鉱物，硫酸塩鉱物，リン酸塩・ヒ酸塩鉱物，タングステン酸塩・亜テルル酸塩鉱物，ケイ酸塩鉱物，鉱物採集入門，鉱物の産地ガイド，鉱物名さくいん

(内容)日本で産する鉱物約1110種のうち、主なもの約200種を紹介した鉱物図鑑。鉱物の分類にはいくつかの方法があるが、本書では化学組成のタイプをもとにグループ別に紹介。結晶系と産状は、わかりやすいピクトグラフで示している。鉱物の写真にはその採集地（産地）を記載。巻末には、例として、18か所の産地を紹介している。

日本の鉱物 増補改訂　松原聡著　学研教育出版，学研マーケティング（発売）　2009.12　268p　19cm　（フィールドベスト図鑑 vol. 14）　〈初版：学習研究社2003年刊　索引あり〉　1800円　①978-4-05-404370-1　Ⓝ459. 21

(目次)鉱物とは，鉱物の調べ方，元素鉱物，硫化鉱物，酸化鉱物，ハロゲン化鉱物，炭酸塩鉱物，ホウ酸塩鉱物，硫酸塩鉱物，リン酸塩鉱物・ヒ酸塩鉱物，タングステン酸塩・亜テルル酸鉱物，ケイ酸塩鉱物，鉱物と岩石，鉱物採集入門，鉱物の産地ガイド，，鉱物名さくいん

(内容)日本産の鉱物約200種。日本に産出する鉱物約1200種のうち、重要かつ基本的な200種を精選してくわしく解説した。写真はもっとも大きく美しい結晶を撮影して使用。興味深いコラムを多数掲載、巻末に鉱物と岩石の関係を解説。

ビジュアル博物館　2　岩石と鉱物 R.F. サイメス著，リリーフ・システムズ訳　（京

都）同朋舎出版　1990.3　63p　23×29cm　3500円　①4-8104-0800-0　Ⓝ458.038

(目次)地球，岩石と鉱物とは何か，岩石はどのように形成されるか，風化と侵食，海岸の岩石，火成岩，堆積岩，鐘乳洞，変成岩，大理石，初期の火打ち石（石器類），道具に使われた岩石，建築用の石材，石炭ができるまで，化石，宇宙から来た岩石，岩石を形成する鉱物，結晶，成長する結晶，鉱物の性質，宝石用原石，装飾用の石，なじみの薄い宝石，貴金属，石のカッティングと研磨，岩石と鉱物の採集

(内容)岩石、化石、鉱物、貴金属、結晶、宝石、宝石原石などの実物の写真を豊富に使い、地球の進化と構造について解説。

ビジュアル博物館　25　結晶と宝石 （京都）同朋舎出版　1992.4　63p　29×23cm　3500円　①4-8104-1019-6

(目次)結晶とは何か，結晶の世界，天然の美，結晶（その外側，その内側），結晶の色，結晶の鑑定，自然の成長，いろいろな集合体，採掘と精製，種からの成長，工業製品における結晶の役割，安定した振動，石英，ダイヤモンド，コランダム（鋼玉石），ベリル（緑柱石），オパール，そのほかの宝石，収集家たちの宝石，彫刻用の石，貴金属，動物と植物，宝石の価値，輝きを出す，民話と伝説，身近にある結晶

(内容)興味深い結晶の世界の神秘を新しい角度から眺めるオリジナルな博物図鑑。あらゆる色と大きさと形をもつ結晶、貴金属、宝石用原石の美しい実物写真が、そのまれに見る美しさと多様性を"ビジュアルに"紹介します。

必携 鉱物鑑定図鑑 楽しみながら学ぶ鉱物の見方・見分け方 藤原卓編著，益富地学会館監修　（京都）白川書院　2014.5　239p　21cm　2500円　①978-4-7867-0071-2

(目次)元素鉱物，硫化鉱物・砒化鉱物，酸化鉱物，ハロゲン化鉱物，炭酸塩鉱物，硫酸塩鉱物・タングステン酸塩鉱物・モリブデン酸塩鉱物・クロム酸塩鉱物，燐酸塩鉱物・砒酸塩鉱物・バナジン酸塩鉱物，珪酸塩鉱物

(内容)この1冊で基本の鉱物が学べる!鑑定できる!鉱物の見分け方が分かりやすく観察、採集に役立つ、最強の「石の手引書」。220種類の鉱物解説。

フィールド版 鉱物図鑑 松原聡著　丸善　1995.7　154p　19cm　2884円　①4-621-04072-3

(目次)1 鉱物学入門（鉱物の調べ方，鉱物のでき方と産状，フィールドでどこまで種類がわかる

地球科学・地学　　　　　　　　　　　　　鉱物学

か），2 鉱物カタログ，3 フィールドガイド

(内容)初心者向けの鉱物図鑑。鉱物をその色別
に分類し、データとカラー写真を掲載する。ほ
かに全国15カ所のフィールドを紹介する。巻末
に鉱物名の和文索引、英文索引がある。

フィールド版 続鉱物図鑑　松原聡著　丸善
　1997.10　134p　19cm　2800円　①4-621-
　04402-8

(目次)1 鉱物学入門（鉱物の産状，鉱物産地を探
す方法），2 鉱物カタログ，3 フィールドガイド
（北海道紋別市のオパルなど，札幌市小別沢鉱
山のテルル鉱物 ほか），4 室内で楽しむ

(内容)カラーの図鑑的な要素を中心にした鉱物
カタログ。1995年7月刊行「フィールド版 鉱物
図鑑」の続編。前版に収録できなかったものと
前版と産状が異なるものを収録。鉱物の色別に
まとめ、鉱物名、英名、結晶系、産状、解説文
などを記載。巻末に和名と英名の索引が付く。

不思議で美しい石の図鑑　山田英春著　（大
　阪）創元社　2012.2　173p　26cm　〈索引あ
　り　文献あり〉　3800円　①978-4-422-
　44001-9　Ⓝ459.038

(目次)瑪瑙の世界（縞瑪瑙，レース・アゲート，
インクルージョンのある瑪瑙，サンダーエッグ，
複合的な瑪瑙），ジャスパーの世界，石は描く，
風景石の世界，石化した世界

(内容)華麗なる瑪瑙やジャスパー、妖艶な模様
石、風景を宿す石や化石・隕石など、自然の奇
蹟が堪能できる、スーパー・ビジュアル図鑑。
世界的瑪瑙コレクターとして知られる著者秘蔵
の名品約380点を一挙公開。

科学への入門レファレンスブック　*103*

生物学全般　　生物科学

生物科学

生物学全般

＜事 典＞

アラマタ生物事典　荒俣宏監修　講談社
2011.7　239p　21cm　〈他言語標題：THE
ENCYCLOPEDIA ARAMATA　索引あ
り〉　1900円　①978-4-06-217069-7　Ⓝ460

(目次)脊椎動物―体が左右対称で、背骨をもつ。
無脊椎動物―背骨をもたない、脊椎動物以外の
動物，植物―光合成をおこない、空気や水から
養分をえる。細胞壁をもつ。菌類―植物にに
ているが、葉緑素をもたず光合成をおこなわな
い。，アメーバ類―かたちをかえながら移動し、
分裂してふえる。，真核藻類―光合成により酸素
をつくる藻類で、細胞内に核をもつ真核生物。
原生生物―おもに単細胞の真核生物。顕微鏡で
しか見えない微生物が多い。古細菌―細菌と同
じく核はもたないが、進化的には真核生物に近
い。，細菌―核をもたない単細胞の微生物。分
裂により増殖する。，ウイルス―生物と無生物
の間のなにか。宿主となる生物の細胞に寄生し
て、増殖する。

(内容)ほとんど真実。ちょっぴり空想⁉ 医療に
役立つ生物、工業に役立つ生物、宇宙開発に役
立つ生物。アラマタ博士がみつけた役に立つス
ゴイ生きもの186。

三省堂 生物小事典　第4版　三省堂編修所編
三省堂　1994.2　458p　19cm　1200円
①4-385-24005-1　Ⓝ460.33

(内容)現行の高校教科書・大学入試問題・専門
雑誌などから生物関連用語5600項目を収録する
事典。生物の全分野の新しい重要術語を多数収
録する。付録には分類表・系統図・生物学史年
表などがある。

図解 生物観察事典　岡村はた，橋本光政，前
田米太郎，室井綽著　地人書館　1993.1
419p　26cm　5768円　①4-8052-0428-1
Ⓝ460.33

(内容)様々な生物の特徴を、姿やつくりだけで
なく、生態、すなわち、その生物の生育する環境
の上で他にはみられない特異なことがらをピッ

クアップして解説した生物事典。姉妹編として
「植物観察事典」「動物観察事典」もある。

図解 生物観察事典　新訂版　岡村はた，橋本
光政，前田米太郎著，室井綽著・監修　地人
書館　1996.10　419p　26cm　5768円　①4-
8052-0520-2

(内容)動植物の生態や特徴を解説した事典。排
列は五十音順。各解説は箇条書きで示し、栽培
植物して利用度の高いものにはその要点を、教
材として利用できるものには観察・実験のポイ
ントを記す。図版も掲載。五十音順の生物名索
引、事項索引、学名の欧文索引を付す。

生物を科学する事典　市石博，早崎博之，加
藤美由紀，鍋田修身，早山明彦，平山大，降
幡高志著　東京堂出版　2007.10　238p
21cm　2600円　①978-4-490-10711-1

(目次)第1章 親から子へ（連続する生命，DNA
と日常生活），第2章 生命を維持するはたらき
（からだの調節，行動は語る），第3章 自然と人
間生活（微生物と人間生活，生態系のしくみ，
植物と人間生活），第4章 生命進化40億年の道
のり（無から有へのナゾ，進化のしくみとは?，
ヒトはどう進化したか?）

生物学データ大百科事典　上　石原勝敏，
金井竜二，河野重行，能村哲郎編　朝倉書店
2002.6　1459,47p　26cm　100000円　①4-
254-17111-0　Ⓝ460.36

(目次)生体の構造，生化学，植物の生理・成長・
分化，動物生理(1)

(内容)生命現象の原理、生物の構成、集団の構
成や活動までの知見・データをまとめた事典。
全体を9分野に分けた体系別編成で、2分冊に掲
載する。表・グラフ・模式図・概念図などが主
体で、各項末尾に文献リストがある。巻末には
上下巻全体に対する索引（和文と欧文）がある。

生物学データ大百科事典　下　石原勝敏，
金井竜二，河野重行，能村哲郎編　朝倉書店
2002.9　1冊　26cm　100000円　①4-254-
17112-9　Ⓝ460.36

(目次)5 動物生理(2)運動・栄養・調節・免疫
（運動，栄養・消化・排泄 ほか），6 動物の発生

104　科学への入門レファレンスブック

生物科学　　　　　　　　　　　　　　　　　　　　生物学全般

（生殖，配偶子形成 ほか），7 遺伝学（遺伝学の歴史と遺伝子の概念，メンデルの遺伝の法則 ほか），8 動物行動（走性，動物の感覚特性 ほか），9 生態学（動物生態学，植物生態学 ほか），10 進化・系統（生命の起源と先カンブリア紀の進化，動物・植物の進化と系統 ほか）

（内容）生命現象の原理・原則，生物を構成する分子から個体，集団の構成や活動までの知見・データ類を網羅する資料集。生物学の領域別に，表・グラフ・模式図・概念図を多数収録。巻末に和文・欧文索引がある。

強い!速い!大きい!世界の生物No.1事典
今泉忠明監修　池田書店　2016.6　175p　19×13cm　980円　①978-4-262-15485-5

（目次）1章 すごい攻撃力!（総合力No.1!／ライオン・トラ，怪力No.1!／ゴリラ・ホッキョクグマ・ヒグマ ほか），2章 すごい運動能力!（短距離走No.1!／チーター，持久走No.1!／プロングホーン ほか），3章 すごい生命力!（がんじょうさNo.1!／インドサイ，体重（陸上）No.1!／アフリカゾウ ほか），4章 すごい習性!（すみかの高さNo.1!／キバシガラス，すみかの深さNo.1!／カイコウオオソコエビ ほか），5章 すごい特殊能力!（変身力No.1!／ミミックオクトパス，大声No.1!／ホエザル ほか）

（内容）怪力No.1，スピードNo.1は誰だ!大迫力な写真とリアルなCGが盛りだくさん!!

日常の生物事典　田幡憲一，早崎博之，市石博，奥谷雅之，柏倉正伸，小泉裕一，新行内博編　東京堂出版　1998.9　348p　21cm　2800円　①4-490-10495-2

（目次）第1章 身のまわりの生き物，第2章 自然と人間のかかわり，第3章 からだの不思議，第4章 人間の五感と行動，第5章 ヒトの遺伝と発生，第6章 生物の利用と人間生活

（内容）ペットからカビ・細胞まで，身近な生物の話題164を収録した事典。

＜辞典＞

知ってびっくり「生き物・草花」漢字辞典 烏の賊が何故イカか　加納喜光〔著〕　講談社　2008.6　331p　16cm　（講談社＋α文庫）　800円　①978-4-06-281207-8　Ⓝ480

（目次）第1章 動物編（陸の動物，家畜・家禽，海と川の動物，爬虫類・両生類，淡水の魚介類，海の魚介類，鳥：虫），第2章 植物編（庭木・街路樹，山野の樹木，野草，園芸植物，果樹，水辺

の植物，野菜・山菜・穀物，香辛料植物・ハーブ，きのこ・藻類，有用植物）

（内容）ふだんはカタカナで読み書きしている動植物の漢字を解説する事典。動物・魚・鳥・昆虫などの生物，樹木・草花・野菜・果物などの植物は，たいてい漢字表記をもっています。常用漢字は少ないが，多くの動植物には，それぞれ固有の意味をもつ漢字名がある。あなたはいくつわかる?

＜ハンドブック＞

これならわかる!科学の基礎のキソ 生物
渡辺政隆監修，こどもくらぶ編　丸善出版　2015.3　47p　29×22cm　（ジュニアサイエンス）　2800円　①978-4-621-08884-5

（目次）1 細胞の基礎のキソ（細胞とは?，ヒトの体を構成する多様な細胞，細胞は何でできているのか? ほか），2 生物の生きかたと進化の基礎のキソ（植物の生きかた，動物の寿命，極限の環境に生きる生物 ほか），3 動物・植物の基礎のキソ（動物の感覚，動物の繁殖，植物の受粉 ほか），4 生物先端科学技術の基礎のキソ（生物に学んだ先端技術，栄養素を科学する）

図解入門 よくわかる細胞生物学の基本としくみ　井出利憲著　秀和システム　2008.12　379p　21cm　（図解入門メディカルサイエンスシリーズ）　2300円　①978-4-7980-2139-3

（目次）生物は細胞からできている，細胞膜における輸送，細胞への信号を受ける受容体，体内からの情報も大切である，接着タンパク質，細胞骨格，オルガネラの合成と膜トラフィック，代謝，エネルギー代謝，酵素は機能する，酵素活性の調節，代謝調節の全体像

（内容）生物の基本単位「細胞」って?その構造と驚くべき機能とは?生命を解き明かすおもしろ講義。細胞生物学が楽しくなる入門書。

好きになるヒトの生物学 私たちの身近な問題 身近な疑問　吉田邦久著　講談社　2014.11　262p　21cm　（好きになるシリーズ）　〈『好きになる人間生物学』加筆・修正・改題書〉　2000円　①978-4-06-154181-8

（目次）1月 年賀状―遺伝子は生命のレシピ，2月 バレンタインデー―ヒトゲノム解析でわかったこと，3月 卒業式―男と女の違いを考える，4月 入学式―ヒトの発生と再生医療，5月 ハイキング―こころは脳がつくるのか，6月 梅雨―脳の調子を左右するもの，7月 暑中お見舞い―病気と健康，8月 かき氷―ヒトは何を食べてきた

科学への入門レファレンスブック　　105

生物学全般　　　生物科学

か，9月 月見だんご―からだの調節，10月 運動会―なぜ老い，なぜ死ぬか，11月 紅葉―ヒトはどこから来たか，12月 大掃除―人間は地球に何をしてきたか

(内容)ヒトゲノム、健康、脳、男と女、そして環境問題。「人間」とは何かを広く生物学的に考える。

生物学の哲学入門　森元良太，田中泉吏著
勁草書房　2016.8　222p　21cm　2400円　①978-4-326-10254-9

(目次)序章 生物学の哲学への誘い，第1章 ダーウィン進化論から進化の総合説へ，第2章 集団的思考と進化論的世界観，第3章 利他性，第4章 大進化，第5章 発生，第6章 種

(内容)生物学の知見に基づき哲学の問いに挑み，生物学に関する哲学的問題を論じる『生物学の哲学』。ダーウィン進化論は何が新しく、そして何を私たちにもたらした?利他性は自然選択説で説明できる?進化は漸進的か断続的か?発生も進化する?種に分類できない生物もいる?基礎から最新の話題まで明快な思考で解き明かす、決定版入門書。

本当にいる地球の「寄生生物」案内　實吉達郎著　笠倉出版社　2014.11　206p　19cm　650円　①978-4-7730-8743-7

(目次)01 ともに生きる(共生とは?，アフリカゾウとアマサギ ほか)，02 混じり合って生きる(混生とは?，シマウマ、トビ…草食獣の混生 ほか)，03 アリ塚のお客たち(蟻客とは?，アリとアリノスアブ ほか)，04 とりついて生きる(寄生とは?，ノミ ほか)，05 ヘンな生態(ホトトギスとウグイス、ツツドリとセンダイムシクイ ほか)

(内容)寄生、共生、混生、蟻客…とりつき、ともに生きる、寄生生物の摩訶不思議生態。

やさしい日本の淡水プランクトン 図解ハンドブック　滋賀県立衛生環境センター，一瀬諭，若林徹哉監修，滋賀の理科教材研究委員会編　合同出版　2005.2　150p　26cm　3800円　①4-7726-0330-1

(目次)植物プランクトン(藍藻のなかま，珪藻のなかま，鞭毛藻のなかま，緑藻のなかま)，動物プランクトン(原生動物のなかま，ワムシのなかま，節足動物のなかま)

(内容)プランクトンの不思議な世界。211属260種写真・図版982点を掲載。小学生から使える日本で初めての図解ハンドブック。

やさしい日本の淡水プランクトン図解ハン

ドブック　普及版　滋賀県琵琶湖環境科学研究センター，一瀬諭，若林徹哉監修，滋賀の理科教材研究委員会編　(彦根)滋賀の理科教材研究委員会，合同出版〔発売〕　2007.5　150p　26cm　1600円　①978-4-7726-0397-3

(目次)植物プランクトン(藍藻のなかま，珪藻のなかま，鞭毛藻のなかま，緑藻のなかま)，動物プランクトン(原生動物のなかま，ワムシのなかま，節足動物のなかま)

(内容)滋賀県は日本の中央部に位置し、北方系のプランクトンも南方系のプランクトンも共に生息している。この図鑑の基礎的なプランクトン情報は、琵琶湖を中心にダム湖・ため池・田んぼなどの水域から採取したプランクトンから得られた。211属260種、写真・図版982点を掲載した、専門的な知識がなくても十分役に立つ図解ハンドブック。

やさしい日本の淡水プランクトン図解ハンドブック　改訂版 普及版　滋賀県琵琶湖環境科学研究センター，一瀬諭，若林徹哉監修，滋賀の理科教材研究委員会編　合同出版　2008.10　150p　26cm　1800円　①978-4-7726-0438-3　N468.6

(目次)植物プランクトン(藍藻のなかま，珪藻のなかま，鞭毛藻のなかま，緑藻のなかま)，動物プランクトン(原生動物のなかま，ワムシのなかま，節足動物のなかま)

(内容)名実ともに日本を代表する湖である琵琶湖を擁し、淡水性プランクトンの研究者が集う滋賀県で編集された「やさしい図鑑」。214属263種、写真・図版989点を掲載した、専門的な知識がなくても十分役に立つ図解ハンドブック。

<図鑑・図集>

カラー版 鳥肌スクープ!怪奇生物図鑑　クリエイティブ・スイート著　宝島社　2016.6　223p　19cm　556円　①978-4-8002-5654-6

(目次)1章 陸上で遭いたくない怪奇生物，2章 陸上で遭いたくないムシ，3章 空で遭いたくない生き物，4章 海で遭いたくない生き物，5章 深海で遭いたくない生き物，6章 川・池・水辺で遭いたくない生き物，7章 絶滅した生き物

(内容)84種をすべて写真とイラストで紹介!

奇界生物図鑑　エクスナレッジ　2016.7　143p　30cm　2200円　①978-4-7678-2189-4

(目次)ニセモノ生物，ピンク生物，小さきヒト，キモカワ生物，極彩色生物，虹色生物，エイリ

生物科学　　　　　　　　　　　　　　　　　　　　生物学全般

アン生物，長すぎ生物，金ぴか生物，ピノキオ生物，ツノ生物，トゲトゲ生物，発光生物，ヒゲ生物，毛ダルマ生物，オレンジ生物，モヘア生物，スケスケ生物

(内容)見たことのない生き物たちを美麗な写真と秀逸な文章で存分に紹介。ぺらぺら眺めてもじっくり読んでも楽しめる贅沢な写真図鑑!

寄生虫ビジュアル図鑑　危険度・症状で知る人に寄生する生物　濱田篤郎監修　誠文堂新光社　2014.11　143p　21cm　1500円　①978-4-416-71452-2

(目次)重症—死に追いやる もっとも危険な寄生虫(熱帯熱マラリア原虫—赤血球を破壊し続ける，ガンビアトリパノソーマ ローデシアトリパノソーマ—眠り続けてやせ細り，死に至る，クルーズトリパノソーマ—血流にのって細胞破壊を繰り返す ほか)，中等症—重症化すると危険 強力な治療が必要な寄生虫(赤痢アメーバ—赤血球を喰い散らす，三日熱マラリア原虫—48時間ごとに繰り返される苦しみ，リーシュマニア—皮膚や粘膜を傷つける ほか)，軽症—症状は軽いが油断は禁物 注意したい寄生虫(ランブル鞭毛虫—小腸を占領する，クリプトスポリジウム—激しい下痢を引きおこす，腟トリコモナス—腟や尿道で泳ぎまくる ほか)

(内容)寄生虫に感染する人が増えている!?交通網の発達やグローバル化により，海外旅行者が増えたこと，物流網の発達により，魚介類の生食ブームが起きたことなどによって，寄生虫に遭遇する機会が増えています。本書は，症状や危険度別に寄生虫を分類し，その感染経路などもわかりやすく紹介しています。寄生虫を正しく知って，身を守ろう!

擬態生物図鑑　華麗に変身するいきもの　「擬態生物」研究会著　笠倉出版社　2014.2　193p　21cm　750円　①978-4-7730-8697-3

(目次)巻頭特集 スーパー擬態ベスト5(頭からお尻の先まで全身 "木の葉"コノハムシ，石なら誰にも食べられない!イルカチドリ ほか)，第1章 葉隠擬態(キレイな花には"カマ"がある!?ハナカマキリ，トリックアートの天才!ムラサキシャチホコ ほか)，第2章 水遁擬態(大きな海に生きる小さな賢者!ピグミーシーホース，流れに身を任せてゆーらゆら カミソリウオ ほか)，第3章 陸遁擬態(枯れ葉になりすまし獲物を狙うエダハヘラオヤモリ，名前によらない凶暴なハンター!コビトカイマン ほか)，第4章 変身擬態(賢く，芸達者な，海のマジシャン ミミックオクトパス，大胆にもワニに扮した昆虫!!ユカタ

ンビワハゴロモ ほか)

(内容)"図鑑"史上初!隠れ生物たちをクイズ形式で大量掲載!オールカラー全82体128ショット。

人体　宮澤七郎監修，医学生物学電子顕微鏡技術学会編，逸見明博責任編集　小峰書店　2015.12　40p　29×23cm　(ミクロワールド大図鑑)　2800円　①978-4-338-29802-5

(目次)人体を見る，細胞とは何か，人体のつくりを見てみよう，心臓を見てみよう，肺を見てみよう，食べ物が消化されるまで，口・歯を見てみよう，胃・腸を見てみよう，肝臓・膵臓を見てみよう，腎臓・内分泌臓器を見てみよう，脳・神経細胞を見てみよう，眼を見てみよう，鼻・耳を見てみよう，皮膚を見てみよう，骨・筋肉を見てみよう，血液・免疫を見てみよう，病気を見てみよう，細菌・ウイルスを見てみよう

(内容)肺，心臓，脳など，人間の体を紹介。

日本の海産プランクトン図鑑　末友靖隆編著，松山幸彦〔ほか〕著，岩国市立ミクロ生物館監修　共立出版　2011.1　205p　21cm　〈他言語標題：A Photographic Guide to Marine Plankton of Japan　文献あり　索引あり〉　2400円　①978-4-320-05711-1　Ⓝ468.6

(目次)第1部 プランクトンについて(海のミクロワールドへようこそ!，採集と観察の方法，大きさを比べてみよう)，第2部 プランクトン図鑑(単細胞生物(ラン藻類，渦鞭毛藻類，ケイ藻類，ラフィド藻類，ケイ質鞭毛藻類，ハプト藻類，ミドリムシ類，繊毛虫類，放散虫類，有孔虫類)，多細胞生物(ミジンコ類，カイミジンコ類，カイアシ類，ワムシ類，ヤムシ類，ウミタル類，オタマボヤ類，幼生，ヒドロクラゲ類，立法クラゲ類，鉢クラゲ類，クシクラゲ類))

(内容)日本全国の沿岸域に生息する代表的なプランクトン170種を収録した図鑑。掲載種全てを和名で紹介，フルカラー写真とイラストを掲載。ナレーション付でプランクトンたちの動き回る姿を収録したDVDが付属。

日本の海産プランクトン図鑑　第2版　岩国市立ミクロ生物館監修，末友靖隆編著　共立出版　2013.7　268p　21cm　〈付属資料：DVD1〉　2500円　①978-4-320-05728-9

(目次)第1部 プランクトンについて(海のミクロワールドへようこそ!，採集と観察の方法，大きさを比べてみよう)，第2部 プランクトン図鑑(単細胞生物，多細胞生物)

脳と心のしくみ ビジュアル版　池谷裕二監

科学への入門レファレンスブック　107

生物学全般　生物科学

修　新星出版社　2015.11　223p　21cm
（大人のための図鑑）　1500円　①978-4-405-10804-2

(目次)プロローグ1 ここまで見えてきた脳，プロローグ2 脳研究から見た自我や意識の正体とは?，第1章 脳の機能を知る，第2章 心の一生，第3章 脳と心の不思議，第4章 脳と心の病気，第5章 未来の脳と心，エピローグ1 脳と心を探る歴史，エピローグ2 脳のポテンシャルを開拓し次世代につなげる池谷脳創発プロジェクト

(内容)「右脳派は創造的，左脳派は論理的」はウソ─知られざる驚愕の事実。

ブキミ生物絶叫図鑑　本当にいる!コワイキモい変なヤツら170体以上!　新宅広二著
永岡書店　2015.2　191p　19cm　980円
①978-4-522-43348-5

(目次)1章 せすじもこおりつく!見た目が恐すぎる生物，2章 思わず笑っちゃう!へんてこ生物，3章 あっとおどろく!秘密兵器をもつ生物，4章 えつらん注意!キモい生物，5章 うっとり見とれる!光る，透ける生物，未知なる世界に生きる!深海生物，6章 絶対だまされる!モノマネ生物，7章 つかみどころのない!摩訶不思議な生物

(内容)びっくり仰天!世界最小生物たち!変装名人!擬態する生物たち!なぜこんな所に!?変なところで暮らす生物!珍獣ハンターツール&生物調査大作戦!

本当にいる世界の超危険生物大図鑑　實吉達郎著　笠倉出版社　2015.4　175p　19cm
〈『本当にいる世界の「超危険生物」案内』再編集・改題書〉　900円　①978-4-7730-8765-9

(目次)第1章 人食いの猛獣（ライオン，トラ ほか），第2章 陸上の危険生物（ゾウ，カバ ほか），第3章 水中&水辺の危険生物（セイウチ，ダイオウイカ ほか），第4章 危険な昆虫（スズメバチ，ミツバチ ほか），第5章 危険な有毒植物（トリカブト，ジギタリス ほか）

(内容)巨大で，どう猛で，凶暴な危険生物88種をリアルなイラストと迫力のカラー写真で紹介!陸上，水中&水辺の絶対に近づいてはいけない!デスクリーチャー勢ぞろい!!

ミクロの世界を探検しよう　宮澤七郎監修，医学生物学電子顕微鏡技術学会編　小峰書店
2016.3　40p　29×23cm　（ミクロワールド大図鑑）　〈付属資料：立体めがね1〉　2800円　①978-4-338-29804-9

(目次)1 身近なミクロの世界を見てみよう，2 ふしぎなミクロの世界を見てみよう，3 飛び出す

ミクロの世界を見てみよう，4 生き物に学ぶ技術を見てみよう，5 顕微鏡の歴史を見てみよう，6 光学顕微鏡を見てみよう，7 電子顕微鏡を見てみよう

(内容)顕微鏡の歴史や電子顕微鏡の使い方を紹介。

身近な危険生物対応マニュアル　今泉忠明監修・著　実業之日本社　2015.5　111p　21cm　（「もしも?」の図鑑）　1000円　①978-4-408-45552-5

(目次)のぞいてみよう!身近な危険生物たちの世界!，プロローグ ぼくたちの危険な夏休み，第1章 家の中に潜む危険生物，第2章 通学路に潜む危険生物，第3章 山・海に潜む危険生物，キケン!食べてもいいの?，エピローグ 恐怖は永遠に…

(内容)「もしも?」の世界へ誘う!漫画「ぼくたちの危険な夏休み」を掲載!身近な危険生物に襲われたときに役立つ対処法を紹介!身近な危険生物の精密なイラストで生態がよくわかる!身の守り方，対処法は，科学的根拠に基づく説を採用!

猛毒生物図鑑　身近に潜む毒を知って危険に備える　今泉忠明監修　日本文芸社
2015.7　143p　19cm　880円　①978-4-537-21304-1

(目次)1 昆虫・クモ（オオスズメバチ，キイロスズメバチ ほか），2 淡水魚・爬虫類・両生類（アカザ，ギギ ほか），3 哺乳類・鳥類（ソレノドン，カモノハシ ほか），4 海の生き物1（カツオノエボシ，カギノテクラゲ ほか），5 海の生き物2（エラブウミヘビ，ヒロオウミヘビ ほか）

(内容)猛毒・有毒生物の危険を避ける方法，毒への対処方法を紹介。

猛毒生物大図鑑　長沼毅監修　高橋書店
2016.6　190p　19cm　（ふしぎな世界を見てみよう!）　1000円　①978-4-471-10362-0

(目次)1 「咬まれる」とヤバイ猛毒生物（エジプトコブラ，ナイリクタイパン ほか），2 「刺される」とヤバイ猛毒生物（キロネックス・フレッケリ，カツオノエボシ ほか），3 「触る」とヤバイ猛毒生物（モウドクフキヤガエル，リンカルス ほか），4 「食べる」とヤバイ猛毒生物（ワライタケ，ベニテングタケ ほか），5 「感染する」とヤバイ猛毒生物（狂犬病ウイルス，マラリア原虫 ほか）

(内容)ヘビやクモだけじゃない!いろんな毒をごらんあれ。咬まれる、刺される、触る、食べる、感染する…ヤバい毒をもつ危険生物、たっぷり82種!

生物科学　　　　　　　　　　　　　　生物学全般

◆生物教育

＜事　典＞

旺文社 生物事典　四訂版　八杉貞雄，可知直
毅監修　旺文社　2003.1　479p　19cm
1500円　Ⓣ4-01-075143-6
(内容)日常学習から入試、一般教養まで使える
本格的な生物小事典。学習項目・重要項目7300
余を五十音順に収録。重要な見出しには印を付
けたほか、学習上必要な項目は大項目として特
別に解説。巻末の付録に分類表、系統図、生物
学史年表を収載。

子どもと自然大事典　子どもと自然学会大事
典編集委員会編　ルック　2011.2　542p
21cm　〈索引あり〉　5000円　Ⓣ978-4-
86121-088-4　Ⓝ460.7
(目次)子どもと自然、その支える人たち、第1部
子どもと生きもの（子どもと昆虫，子どもとほ
乳類，子どもといろいろな動物，子どもと植物，
子どもと生きもの），第2部 子どもとモノ（子ど
もと道具，子どもと地球，子どもと宇宙・物質，
子どもと自然），第3部 子どもとは（子どもの生
活，子どものからだ），第4部 子どもと学校（小
学生と自然の学習，中・高・大学生・障害児と
自然の学習，自然・自然科学の学習），第5部 子
どもと自然、社会（子どもとおとな，子どもと
都市・農村，地域活動と子ども，自然，子ども
と動物園・博物館など，子どもと科学・文化），
子どもと自然学会顧問との対談「子どもと自然、
明日に向けて」
(内容)子どもたちが自然とどのように触れ合う
べきか…、自然と教育に関わった多くの書き手
が、自然、生き物、もの、学校、自然、社会を
テーマに贈る。

生物事典　改訂新版　旺文社　1994.9　440p
19×14cm　1500円　Ⓣ4-01-075109-6
(内容)生物名約1500を含む、教科書や入試に頻
出する項目約6800を収録した高校生物の学習事
典。五十音順に排列。項目解説は定義を簡潔に
記し、次に具体的な解説を加える2段階式。ま
た重要度を記号で示し、特に重要な項目は大項
目として特別解説する。図表400を記載。付録
として生物分類表、生物の系統、生物学史年表
がある。

＜辞　典＞

英和学習基本用語辞典生物　海外子女・留

学生必携　津田稔用語解説，藤沢皖用語監
修　アルク　2009.4　425p　21cm　（留学応
援シリーズ）　〈他言語標題：English-
Japanese the student's dictionary of
biology　『英和生物学習基本用語辞典』
(1994年刊)の新装版　索引あり〉　5800円
Ⓣ978-4-7574-1574-4　Ⓝ460.33
(内容)英米の教科書に登場する生物用語を選定。
英米の統一テストでの必須用語をカバー。図や
グラフを多用し、高校生レベルに合わせたわか
りやすい解説。学部・大学院留学生の基礎学習
にも活用可能。

**英和 生物学習基本用語辞典　海外子女・留
学生必携**　アルク　1994.11　446p　21cm
6500円　Ⓣ4-87234-364-6
(内容)留学生・海外子女のための英和学習用語
辞典。イギリスやアメリカの教科書で使用され
ている用語1549語をアルファベット順に排列。
日本の生物の授業で使われている訳語を示し、
一部の語には詳しい説明、関連用語への参照が
ある。巻末に図版208点をまとめて掲載、また
生物教育の日米英比較、カリキュラムが参考資
料としてある。和英索引を付す。

生物教育用語集　日本動物学会，日本植物学
会編　東京大学出版会　1998.9　191p
21cm　2400円　Ⓣ4-13-062210-2
(内容)高等学校までの生物教育に資するため、標
準となると思われる生物学用語2702語を採録し
た用語集。

＜ハンドブック＞

**生きものラボ！ 子どもにできるおもしろ生
物実験室**　蝦名元著　講談社　2014.8　95p
21cm　1000円　Ⓣ978-4-06-218426-7
(目次)カエル忍者の隠れみの術!アマガエルの体
色変化を見てみよう―動物実験、冬虫夏草を探
してみよう!都会でも見つかるよ―植物・昆虫
実験、フライドチキンで、鳥の骨格標本をつく
ろう!―動物実験、魚なのにエラを使わない?ド
ジョウの呼吸方法―動物実験、時計をもってい
なくても、咲いている花の種類で、時間が分か
る!?―植物実験、どこでも移動できる!カタツム
リの足の不思議―動物実験、秋でもないのに紅
葉?緑の葉を夏に赤くする―植物実験、かんきつ
類の皮には、驚きのパワーがある―植物実験、
なぜ上を目指す?テントウムシは「天道虫」―昆
虫実験、カタバミの化学物質で、10円玉をピカ
ピカに!―植物実験〔ほか〕

科学への入門レファレンスブック　*109*

生物地理・生物誌　　　生物科学

（内容）校庭や公園で探せる動物、昆虫、植物の理科実験。1日でできる実験がたくさん!自由研究に最適!

カラー図解でわかる高校生物超入門　芦田
嘉之著　SBクリエイティブ　2015.9　350p
18cm　（サイエンス・アイ新書）　1360円
①978-4-7973-8219-8

（目次）生物とは―共通性と多様性，生物がもつ共通する物質，すべての生物がもつ細胞，生体エネルギーと代謝，遺伝情報と遺伝子・ゲノム，細胞の分裂―生殖と発生，ヒトの体内環境・健康と病気，植物と環境応答，生物進化と多様な生物，生態系と環境，バイオテクノロジー

（内容）本書は高校で習う「生物基礎」の内容をカバーしています。基本となる考え方はなるべく網羅し、本質的な説明に重点を置きました。本書の中心テーマは、生物の共通性と多様性、および生物進化です。また、細胞小器官、細胞、器官、個体、群集、生態系と階層をなす構造にも注目しています。重要なポイントは繰り返し説明したので、生物の基礎知識はこれでバッチリです!

生物地理・生物誌

＜事　典＞

図説・世界未確認生物事典　笹間良彦著　柏
書房　1996.10　177p　21cm　2884円　①4-7601-1365-7

（目次）水棲類，湿生・両棲類，竜蛇類，鳥類，獣類，妖怪・妖精・妖霊，異形人類

（内容）古代ギリシャ、中国から20世紀のアメリカまで、正体がつかめない謎の生物278を300もの図版を駆使して紹介。

＜ハンドブック＞

校庭の生き物ウォッチング　野外観察ハンドブック　浅周茂，中安均共著　全国農村
教育協会　2003.6　191p　21cm　1905円
①4-88137-105-3

（目次）自然のドラマ，生き物たちのネットワーク（サクラに集まる生き物，カラスノエンドウをめぐる生物間のネットワーク，アブラムシをめぐる生物間のネットワーク，花と虫との利用し合う関係，虫たちの防衛戦略，人の活動との関わりの中で生き抜く雑草，グラウンドの草地での生物同士の関わり ほか），校庭の生き物調べ

（内容）学校周辺の自然（生態系）は、生物、環境、人との間に張りめぐらされた目には見えない複雑なネットワークで成り立っている。本書ではこれらの生物同士、もしくは生物と環境との間の関係を最大のテーマとして取り上げている。校庭の自然には、地域が異なっても、人間の諸活動の直接・間接の影響のもとに形成・維持されていることによる共通した特徴がある。本書で取り上げた観察や実習の事例は、著者らの勤務地である千葉県やその近郊都県でのものが多いが、本質的には普遍的な内容を含み、全国のさまざまな学校で活用できるものを目指した。

自然紀行 日本の天然記念物　講談社　2003.
10　399p　26×21cm　3800円　①4-06-211899-8

（目次）北海道，東北，関東，北陸，中部，近畿，中国，四国・九州北部，九州南部・沖縄，地域を定めずに指定された動物

（内容）平成15年現在、国が指定した天然記念物指定物権のすべて966件を収録。日本全国を9の地域に分け天然保護区域を紹介、都道府県別に「植物」「動物」「地質・鉱物」の順に説明。本文は天然記念物指定名称、所在都府県名、指定年月日、所在地、管理者、解説文を記載、写真も約1300点掲載したビジュアル百科となっている。巻末に「地域、分類別索引」「50音順索引」が付く。

＜図鑑・図集＞

里山図鑑　おくやまひさし著　ポプラ社
2001.3　303p　21cm　1680円　①4-591-06664-9　Ⓝ460.7

（目次）春（けいちつのころ，早咲きの野の花，早咲きの木の花 ほか），夏（野イチゴの季節，食べられる初夏の木の実，イモムシ・ケムシのおしゃれ ほか），秋（秋の七草，野ギクの仲間，野の花 ほか），冬（樹木の冬芽，ロゼットは冬の花，虫の冬越し ほか）

（内容）里山に見られる植物・生物の図鑑。四季によって章を分け、各季節の特徴的な植物や生物を写真とともにやさしく解説する。巻頭に里山についてのエッセイや用語解説、巻末に「野草・キノコ」「樹木」などで分類した索引がある。

田んぼの生きものおもしろ図鑑　農村環境
整備センター企画，湊秋作編著　農山漁村文化協会　2006.5　398p　19cm　4571円
①4-540-06196-8

（目次）動物編（虫たち，クモたち，エビやカニた

生物科学　　　　　　　　　　　　　　　　　　　　　　　　生物地理・生物誌

ち，貝たち，ミミズたち ほか），植物編（水を張った田んぼ，水面，乾いた田んぼ，湿地，池沼・ため池 ほか）

(内容)田んぼやその周辺の水路、ため池、道ばた、畑、林などで出会う動物や植物約440種類を写真とイラストで紹介。その面白い生態や田んぼとの豊かな関係などについて解説する。資料編として、田んぼと楽しくつき合う心構えや生きもの調査の方法なども紹介する。田んぼの生きもの調査や稲作体験学習などに必携の図鑑。

田んぼの生き物図鑑　内山りゅう写真・文　山と渓谷社　2005.7　320p　21×18cm　（ヤマケイ情報箱）　3200円　①4-635-06259-7

(目次)1 爬虫・両生類―ヘビやカメ、カエルの仲間，2 魚類―メダカやドジョウの仲間，3 昆虫類―トンボやアメンボの仲間，4 甲殻類―エビやカニの仲間，5 貝類／その他の動物―タニシやヒルの仲間，6 植物類―水草や雑草

(内容)田んぼやビオトープでの自然観察に必携の大図鑑。全507種類の生命。

田んぼの生き物図鑑　増補改訂新版　内山りゅう写真・文　山と渓谷社　2013.3　336p　21cm　〈文献あり 索引あり〉　3800円　①978-4-635-06286-2　Ⓝ462.1

(目次)1 爬虫・両生類―ヘビやカメ、カエルの仲間，2 魚類―メダカやドジョウの仲間，3 昆虫類―トンボやアメンボの仲間，4 甲殻類―エビやカニの仲間，5 貝類／その他の動物―タニシやヒルの仲間，6 植物類―水草や雑草

(内容)田んぼが育む命たちを紹介。新たに植物の種類を大幅に増やし、最新の知見を盛り込んだ新版。

田んぼの生き物400　関慎太郎著　文一総合出版　2012.7　319p　15cm　（ポケット図鑑）　〈文献あり 索引あり〉　1000円　①978-4-8299-8301-0　Ⓝ462.1

(目次)両生類・はちゅう類，淡水魚，貝類，昆虫類・クモ類，甲殻類，鳥類，植物

(内容)目につきやすく特徴的な姿・形をした生き物を中心に取り上げた、田んぼで見られる代表的な生き物400種を紹介。見分けるポイントだけでなく、生態がわかる写真も掲載。名前の由来や面白い生態など、読んでも楽しい解説。

東京いきもの図鑑　前田信二著　メイツ出版　2011.4　255p　19cm　〈文献あり 索引あり〉　1900円　①978-4-7804-0982-6　Ⓝ462.136

(目次)動物（ほ乳類，は虫類，両生類，鳥類，魚類，甲殻類，軟体動物（貝類），扁形動物，刺胞

動物，ムカデ，ザトウムシ，クモ，昆虫），植物（草本，木本），キノコ・シダ・コケ

(内容)東京都内で見られる、いろいろな動植物をカラー写真で解説。

日本の生きもの図鑑　講談社編，石戸忠，今泉忠明監修　講談社　2001.10　255p　20cm　2000円　①4-06-210951-4　Ⓝ462.1

(目次)街（木，草花，虫，鳥，ほ乳類，その他），里（木，草花，虫，鳥，ほ乳類，その他），山（木，草花，虫，鳥，魚，その他），水辺（木，草花，虫，鳥，魚，その他），海（木，草花，虫，鳥，魚，その他）

(内容)日本に生息する700種の生物をカラーイラストで図説した家庭向けのガイドブック。イラストは1200点以上を収録。漢字表記にはフリガナ付き。各項目末にはコラムを掲載。巻末に索引がある。

日本のいきもの図鑑　都会編　前園泰徳著　メイツ出版　2003.7　215p　19cm　1500円　①4-89577-665-4　Ⓝ460.38

日本のいきもの図鑑　郊外編　前園泰徳著　メイツ出版　2003.7　215p　19cm　1500円　①4-89577-666-2　Ⓝ460.38

日本の外来生物　決定版　多紀保彦監修，自然環境研究センター編著　平凡社　2008.4　479p　21cm　〈他言語標題：A photographic guide to the invasive alien species in Japan　文献あり〉　3400円　①978-4-582-54241-7　Ⓝ462.1

(目次)哺乳類，鳥類，爬虫類・両生類，魚類，昆虫類・クモ類，甲殻類・軟体動物・環形動物・扁形動物・有櫛動物，植物

(内容)外来生物の大きさ、分布、特徴、影響と対策をカラー写真とともに掲載する図鑑。明治時代以降の外来生物2200種以上のうち、生態系、人体、農林水産業に大きな影響をおよぼす235種を選定、分類別に収録する。各項目には参考文献も記載。巻末には「世界と日本の侵略的外来種ワースト100」などの資料、日本語名・欧名の索引を付す。

日本の里山いきもの図鑑　蛭川憲男著　メイツ出版　2011.6　239p　19cm　〈文献あり 索引あり〉　1800円　①978-4-7804-1001-3　Ⓝ462.1

(目次)植物（草本・木本・シダ植物）（白，黄，緑，赤，青，茶），キノコ，動物（昆虫，クモ，鳥類，ほ乳類，その他小動物）

(内容)日本の里山で見られる、いろいろな動植

科学への入門レファレンスブック　111

生化学　　　　　　　　生物科学

物をカラー写真で解説。

生化学

<ハンドブック>

基礎からしっかり学ぶ生化学　山口雄輝編
　著，成田央著　羊土社　2014.11　244p
　26cm　〈索引あり〉　2900円　Ⓘ978-4-7581-
　2050-0　Ⓝ464

これだけ!生化学　稲垣賢二監修，生化学若い
　研究者の会著　秀和システム　2014.12
　291p　21cm　（これだけ!シリーズ）　1600
　円　Ⓘ978-4-7980-4226-8

Ⓘ目次Ⓘ第0章　「生化学」という学問とは，第1章
高校化学の復習，第2章　細胞の構造，第3章　生
体分子の構造と機能，第4章　タンパク質の構造
と機能，第5章　エネルギー代謝，第6章　物質
代謝（糖代謝・脂質代謝），第7章　物質代謝（アミ
ノ酸代謝・核酸代謝），第8章　核酸の生化学

Ⓘ内容Ⓘ初学者でもはずせない要点をしっかり網羅。

**図解入門　よくわかる分子生物学の基本と
　しくみ**　井出利憲著　秀和システム　2007.
　12　351p　21cm　（メディカルサイエンス
　シリーズ）　2200円　Ⓘ978-4-7980-1830-0

Ⓘ目次Ⓘ1 プロローグ，2 生物は何からできている
のだろう?，3 生物は細胞からできている，4 遺
伝子って何だろう?，5 遺伝子をコピーする（複
製），6 遺伝情報を読み取る（転写），7 遺伝情
報を実行する（翻訳），8 遺伝子の働きを調節す
る，9 エピローグ

Ⓘ内容Ⓘ遺伝子、DNAって何だろう?生物と無生
物をわけるのは?生命を解き明かすおもしろ講
義。分子生物学が楽しくなる入門書。

**はじめての生化学　生活のなぜ?を知るた
　めの基礎知識**　第2版　平澤栄次著　（京
　都）化学同人　2014.11　155p　26cm　2100
　円　Ⓘ978-4-7598-1589-4

Ⓘ目次Ⓘ1 生体分子の構造（水，炭水化物，脂質，
アミノ酸，タンパク質・酵素，ヌクレオチド・
核酸），2 生体分子の代謝（解糖と発酵，TCAサ
イクルと電子伝達系，ペントースリン酸経路，
脂肪酸のβ酸化，糖新生とグリオキシル酸経路，
光合成，脂肪酸合成，窒素同化とアミノ酸代謝，
ヌクレオチド合成，DNA複製とタンパク質合
成）

光と生命　光生物学入門　L.O.ビヨルン著，
　宮地重遠監訳　ジュピター書房　2014.2

204p,10p　21cm　（ジュピター書房オンデマ
ンド）　〈文献あり　理工学社1987年刊（4
刷）のオンデマンド版　原書名：Ljus och
liv〉　2600円　Ⓘ978-4-9907483-1-9　Ⓝ464

ひとりでマスターする生化学　亀井碩哉著
　講談社　2015.9　313p　21cm　3800円
　Ⓘ978-4-06-153895-5

Ⓘ目次Ⓘ第1部　代謝の基礎にはどのようなことが
あるのだろう?（水と生命，代謝の多様性と共通
性，生化学反応のエネルギー，生体膜と代謝，糖
とヌクレオチド ほか），第2部　主な代謝はどの
ように行われているのだろう?（解糖系の代謝，
解糖系の周辺，クエン酸回路は好気的な代謝の
中心，プロトンの濃度勾配を利用したATPの生
成（電子の伝達と酸化的リン酸化），脂質の吸収
と分解 ほか）

Ⓘ内容Ⓘすべてのポイントをイラストで図解!生命
を支える物質代謝についてくわしく・ていねい
に解説。

ベーシック分子生物学　米崎哲朗，升方久
　夫，金澤浩著　（京都）化学同人　2014.11
　277p　26cm　4000円　Ⓘ978-4-7598-1582-5

Ⓘ目次Ⓘ分子生物学の誕生—DNA時代の始まり，
DNAと遺伝子概念，遺伝システムと生命，遺
伝子発現の第一段階—転写，転写調節，遺伝子
発現の第二段階—翻訳，翻訳調節および翻訳と
転写の相互作用，RNAプロセシング，遺伝子発
現のファインチューニング，遺伝情報の複製—
DNA複製〔ほか〕

よくわかる分子生物学の基本としくみ　第
　2版　井出利憲著　秀和システム　2015.3
　479p　21cm　（図解入門メディカルサイエン
　スシリーズ）　2500円　Ⓘ978-4-7980-4337-1

Ⓘ目次Ⓘ1 プロローグ（ジュラシックパークは可能
だろうか?，分子生物学とは何か? ほか），2 生
物は何からできているのだろう?（生命の物質的
基盤，たんぱく質とアミノ酸 ほか），3 生物は
細胞からできている（生物は細胞からできてい
る，細胞は細胞膜で覆われた小さな袋である ほ
か），4 遺伝子って何だろう?（生命を成り立た
せる中心的な分子はタンパク質である，遺伝子
としてDNA ほか），5 遺伝子をコピーする（複
製）（複製の特徴，DNA複製のしくみ ほか），6
遺伝子情報を読み取る（転写）（転写と翻訳の概
略（セントラルドグマ），遺伝子の転写 ほか），
7 遺伝情報を実行する（翻訳）（遺伝情報の翻訳，
翻訳のしくみと翻訳調節に関わるいろいろな話
ほか），8 遺伝子の働きを調節する（発現から見
た遺伝子の種類，原核生物の遺伝子発現調節 ほ

112　科学への入門レファレンスブック

か）, 9 エピローグ（遺伝子とは何であったか?, 遺伝子に関する最近の進歩 ほか）

(内容)遺伝子、DNAって何だろう?生物と無生物をわけるのは?生命を解き明かすおもしろ講義。分子生物学が楽しくなる入門書。最新情報満載!遺伝子発現の調節エピジェネティクスもスッキリわかる!!

微生物学

＜事 典＞

環境と微生物の事典 日本微生物生態学会編　朝倉書店　2014.7　432p　21cm　9500円　①978-4-254-17158-7

(目次)第1章 環境の微生物を探る, 第2章 微生物の多様な振る舞い, 第3章 水圏環境の微生物, 第4章 土壌圏環境の微生物, 第5章 極限環境の微生物, 第6章 ヒトと微生物, 第7章 動植物と微生物, 第8章 環境保全と微生物, 第9章 発酵食品の微生物

＜ハンドブック＞

図解入門 よくわかる微生物学の基本としくみ　高麗寛紀著　秀和システム　2013.11　246p　21cm　（メディカルサイエンスシリーズ）　1600円　①978-4-7980-3963-3

(目次)1 微生物の誕生と微生物学の基礎, 2 真正細菌, 3 古細菌, 4 真菌, 5 ウイルス, 6 抗生物質

(内容)なぜ食中毒になるんだろう?微生物と感染症との関係は?細菌やウイルスの生態がわかる微生物学を楽しく学べる入門書。

＜図鑑・図集＞

ときめく微生物図鑑　塩野正道, 塩野暁子写真, 鏡味麻衣子監修　山と渓谷社　2016.8　127p　21cm　1600円　①978-4-635-20228-2

(目次)1 微生物の記憶（生きものはどこから現れる?, 地球をつくりかえたシアノバクテリア ほか）, 2 プランクトン図鑑（ようこそ顕微鏡の世界へ, シアノバクテリア ほか）, 3 もっと!微生物（世界は微生物でいっぱい, 原核生物 真正細菌（バクテリア）ほか）, 4 世界をつなぐ微生物（分解して世界をつなぐ, 微生物を利用する ほか）, 5 ワンダフル微生物ライフ（プランクトン

を採集する, プランクトンを見る ほか）

(内容)最近、「プランクトン」と暮らしはじめました。微生物を巡る5つのStory。

のぞいてみようウイルス・細菌・真菌図鑑 1 小さくてふしぎなウイルスのひみつ　北元憲利著　（京都）ミネルヴァ書房　2014.10　39p　27×22cm　2800円　①978-4-623-07177-7

(目次)第1章 ヒトとウイルス（ウイルス発見までの道のり, ウイルスがまねいた大流行, ウイルスVSヒトのカラダ, ウイルスVSヒトのカラダ, ウイルス感染を予防せよ!）, 第2章 これがウイルスだ（細胞をもたないウイルス, 単純なつくりのウイルス, ウイルスの核酸の種類と数, ウイルスの取りつきかた, ウイルスの伝わりかた, 進化するウイルス）, 第3章 ウイルスのすがた（口から感染するウイルス, 呼吸器へ感染するウイルス, 発疹や水疱をつくるウイルス, 接触で感染するウイルス, 血液や動物などから感染するウイルス, 出血をおこすウイルス）

(内容)私たちのまわりには、いろいろな微生物がいます。ウイルスや細菌、真菌と呼ばれるものたちです。微生物たちはとても小さく、ほとんどは眼で見ることができません。しかし、微生物によって私たちは病気になりますし、微生物を利用して、私たちはお酒やみそをつくっています。また、微生物が話題にならない日はないくらい、ニュースなどで取りあげられています。そのような微生物と人のかかわりや微生物のつくり、また、個性豊かな微生物のすがたをイラストとわかりやすい文章で解説しています。

のぞいてみようウイルス・細菌・真菌図鑑 2 善玉も悪玉もいる細菌のはたらき　北元憲利著　（京都）ミネルヴァ書房　2014.11　39p　27×22cm　2800円　①978-4-623-07178-4

(目次)第1章 ヒトと細菌（最初に微生物を見たのはだれ?, 世界を変えた小さな生物たち, 多くの命を救った細菌学者たち, 細菌を研究した日本人）, 第2章 これが細菌だ（細菌のつくり, 細菌の分類, 細菌の増えかた・増やしかた, 善玉菌と悪玉菌, 細菌の感染を予防する, ヒトの役に立つ細菌たち）, 第3章 細菌のすがた（口から感染する細菌, 食中毒をおこす細菌, 呼吸器へ感染する細菌, 接触で感染する細菌, 昆虫や動物から感染する細菌, ヒトの体の中や外にいる, 悪玉菌と善玉菌）

(内容)私たちのまわりには、いろいろな微生物がいます。ウイルスや細菌、真菌と呼ばれるも

科学への入門レファレンスブック　113

のたちです。微生物たちはとても小さく、ほとんどは眼で見ることができません。しかし、微生物によって私たちは病気になりますし、微生物を利用して、私たちはお酒やみそをつくっています。また、微生物が話題にならない日はないくらい、ニュースなどで取りあげられています。そのような微生物と人のかかわりや微生物のつくり、また、個性豊かな微生物のすがたをイラストとわかりやすい文章で解説しています。さあ、ふしぎでおもしろい微生物の世界をのぞいてみましょう。

もっと知りたい!微生物大図鑑　1　なぞがいっぱいウイルスの世界　北元憲利著
（京都）ミネルヴァ書房　2015.10　39p　27×22cm　2800円　①978-4-623-07492-1

(目次)第1章 ヒトとウイルス（歴史を動かしたウイルスたち，ウイルスで命を落としたノーベル賞候補，ウイルスによる感染症からヒトを守る，まだまだつづく，ウイルスの新発見），第2章 ウイルスとの関わりかた（ウイルスの感染を防ぐ抗体，ウイルスワクチンの種類と予防接種，ウイルスの免疫学的検査法，ウイルスの遺伝子学的検査法，ヒトとウイルスの関わり，ウイルスを人工的につくることができるのか?），第3章 ウイルスのすがた（口から感染するウイルス，呼吸器へ感染するウイルス，接触感染をおこすウイルス，がんをおこすウイルス，脳炎や脳症をおこすウイルス，つぎつぎにあらわれる新種のウイルス）

(内容)21世紀に入ってから，巨大ウイルスやウイルスによるあらたな感染症がつぎつぎと見つかっています。そんな「なぞ」がいっぱいのウイルスの世界を解説しています。

もっと知りたい!微生物大図鑑　2　ヒントがいっぱい細菌の利用価値　北元憲利著
（京都）ミネルヴァ書房　2015.11　39p　27×22cm　2800円

(目次)第1章 ヒトと細菌（世界の歴史を変えた細菌たち，結核菌は文学好き?，人類の危機を救った化学療法，細菌が生物兵器に使われる!），第2章 細菌との関わりかた（細菌が増える環境と条件，細菌とヒトのはてしなきたたかい，地球温暖化と感染症，細菌と遺伝子組換え，環境をきれいにしてくれる細菌，ヒトのくらしや環境に役立つ細菌），第3章 細菌のすがた（消化器などに感染する細菌，呼吸器に感染する細菌，化膿・壊死・炎症をおこす細菌，人獣共通感染症をおこす細菌，昆虫や動物から感染する細菌，日和見感染する細菌と薬に耐性のある細菌）

(内容)細菌はヒトとの関係がもっとも深い微生物です。感染症の原因にもなりますが，ヒトのくらしや健康の役に立つ「ヒント」がいっぱいの細菌の利用価値を解説しています。

もっと知りたい!微生物大図鑑　3　ふしぎがいっぱい 真菌と寄生虫　北元憲利著
（京都）ミネルヴァ書房　2015.12　39p　27×21cm　2800円　①978-4-623-07494-5

(目次)ヒトと真菌・寄生虫（人類を苦しめたおそろしいカビ，歴史を変えたジャガイモのカビ，カビとアレルギー，カビを使った世界のグルメ食品，寄生虫の薬を発見した日本人），これが真菌・寄生虫だ（カビに毒あり，カビやキノコと人のくらし，毒キノコにご用心，寄生虫のつくりと分類，寄生虫の生活環と感染経路），真菌・寄生虫のすがた（皮ふや傷口に感染する真菌，体のあちこちに感染する真菌，まだいる!そのほかの真菌，野菜や肉から感染する寄生虫，魚や貝などから感染する寄生虫，まだいる!そのほかの寄生虫）

(内容)バイキンのバイは「黴」，キンは「菌」と書きます。バイキンのもともとの意味は真菌なのです。まだまだ「ふしぎ」がいっぱいの真菌と寄生虫について解説しています。

遺伝学

<辞典>

遺伝子工学キーワードブック　わかる、新しいキーワード辞典　改訂第2版　緒方宣邦，野島博著　羊土社　2000.1　464p　21cm　6900円　①4-89706-637-9　Ⓝ467.2

(内容)遺伝子工学に関する用語約1900語を収録した用語集。排列は五十音順。巻末にアルファベット順の索引がある

ポケットガイド バイオテク用語事典　Rolf D.Schmid著，村松正実監訳　東京化学同人　2005.3　353p　19cm　3300円　①4-8079-0603-8

(目次)歴史的検分，食品バイオテクノロジー，アルコール、酸、アミノ酸，抗生物質，特殊な化合物，酵素，パン酵母と単細胞技術，バイオテクノロジーと環境プロセス，医学の生物工学，バイオテクノロジーを使った農業，微生物学の基礎，バイオ工学の基礎，分子遺伝学の基礎，最近の動向，安全面、倫理面、経済面の問題

(内容)バイオテクノロジーと遺伝子工学を一望に収めた本。何よりも特筆すべきは，各項目について見開き2ページを用い、右半分を完全な

生物科学　　　　　　　　　　　　　　　　　生態学・人類学

カラー図版とし、重要な事実や概念を一目瞭然
に示し、左半分に、図版では説明し切れない内
容を解説するという方式を取っていることであ
る。読者はバイオテクノロジーに関するいろい
ろな言葉や概念の意味と、その問題点を興味深
く捉え、かつ理解することができるであろう。
生物学や生化学、分子生物学に一応の基礎知識
を持っている人々はもちろんのこと、非専門家
でも、論理的思考さえしっかりしていれば、大
抵の項目は、それなりに理解できる。

＜ハンドブック＞

シンカのかたち 進化で読み解くふしぎな
生き物　遊磨正秀, 丑丸敦史監修, 北海道大
学CoSTEPサイエンスライターズ著, 宮本拓
海イラスト　技術評論社　2007.5　215p
21cm　1580円　①978-4-7741-3062-0

⽬次 1章 ようこそ、ふしぎな生き物の世界へ,
2章 似たものへの進化, 3章 生き物の形をつく
るしくみ, 4章 体の大きさが意味するもの, 5章
寄生・共生という関係のふしぎ, 6章 極限環境
を生き残るひみつ, 7章 子孫を残すためのさま
ざまな工夫, 8章 仲間と一緒に暮らす生き物た
ち, 終章 ヒトというふしぎな生き物

内容 空中生活を送るネズミ・歩くヤシの木・
巨大なミミズ・メスしかいないトカゲ・シロア
リをだますカビ・いつも四つ児で生まれるアル
マジロ・干上がっても死なない虫・オタマジャ
クシにならないカエル・若返りするクラゲ…常
識をくつがえす生き物たちが、進化のひみつを
伝える。

生態学・人類学

＜事 典＞

顔の百科事典　日本顔学会編　丸善出版
　2015.9　640p　22cm　〈文献あり 索引あり〉
　25000円　①978-4-621-08958-3　Ⓝ469.43

人間科学の百科事典　日本生理人類学会編
　丸善出版　2015.1　782p　22cm　〈文献あり
　索引あり〉　20000円　①978-4-621-08830-2
　Ⓝ469.036

＜ハンドブック＞

生態学入門 生態系を理解する　第2版　原

口昭編著, 橋床泰之, 上田直子, 河野智謙著
生物研究社　2015.9　146p　21cm　〈文献あ
り〉　1800円　①978-4-915342-71-4　Ⓝ468

＜図鑑・図集＞

生命ふしぎ図鑑 人類の誕生と大移動
2200万日で世界をめぐる　イアン・タ
ターソル, ロバート・デーサル, パトリシ
ア・J.ウィン著, 篠田謙一, 河野礼子訳　西
村書店　2015.6　47p　29×21cm　〈原書
名：The Great Human Journey：Around
the World in 22 Million Days〉　1800円
①978-4-89013-956-9

内容 アメリカ自然史博物館にすむネズミ、ウォ
レスとダーウィンは、小さなヨーグルトのカッ
プでできたタイムマシーンに乗って、人類がど
こから来たのか、そして、どのように現在の私
たちになったのかを探る旅に出発します。壮大
な人類の移動と進化の旅路を、ウォレスとダー
ウィンに導かれながら、一緒にたどっていきま
しょう！

科学への入門レファレンスブック　*115*

植物学

植物学全般

<事典>

暮らしを支える植物の事典　衣食住・医薬からバイオまで　アンナ・レウィントン著，光岡祐彦ほか訳　八坂書房　2007.1　445，40p　21cm　〈原書名：PLANTS FOR PEOPLE〉　4800円　①978-4-89694-885-1

（目次）植物できれいに，植物で装う，植物で養う，植物で住む，植物で癒す，植物で移動する，植物で楽しむ

（内容）石けん・シャンプー・マーガリンから，医薬品・鉛筆・クレヨン・楽器に至るまで，身近な品々を取りあげて，その原材料となる植物を詳しく紹介。安全に作られているか，持続的な供給は可能か，遺伝子組み換え作物と商品の関連，バイオファーミング，ゲノミックスの動きなどなど，資源植物を取り巻く話題を満載。

植物学の百科事典　日本植物学会編　丸善出版　2016.6　802p　22cm　〈索引あり〉　20000円　①978-4-621-30038-1　Ⓝ470.36

植物の百科事典　石井竜一，岩槻邦男，竹中明夫，土橋豊，長谷部光泰，矢原徹一，和田正三編　朝倉書店　2009.4　548p　27cm　〈索引あり〉　20000円　①978-4-254-17137-2　Ⓝ471

（目次）1 植物のはたらき，2 植物の生活，3 植物のかたち，4 植物の進化，5 植物の利用，6 植物と文化

動物と植物　図説 科学の百科事典〈1〉　ジル・ベイリー，マイク・アラビー著，デイビッド・マクドナルド監修，太田次郎監訳，薮忠綱訳　朝倉書店　2006.9　173p　30cm（図説 科学の百科事典 1）〈原書第2版　原書名：The New Encyclopedia of Science second edition,Volume 2.Animals and Plants〉　6500円　①4-254-10621-1

（目次）1 壮大な多様性，2 生命活動，3 動物の摂餌方法，4 動物の運動，5 成長と生殖，6 動物のコミュニケーション，用語解説，資料

（内容）動植物について発生・形態・構造・進化が関わる様々な事項を迫力のある写真やイラストを用いて解説した百科事典。

<ハンドブック>

絵とき 植物生理学入門　改訂3版　山本良一編著，曽我康一，宮本健助，井上雅裕共著　オーム社　2016.10　254p　21cm　3400円　①978-4-274-21927-6

（目次）第1章 植物生理学とは，第2章 光合成と代謝，第3章 発生と形態形成，第4章 環境，第5章 成長と植物ホルモン，第6章 栄養

植物学「超」入門　キーワードから学ぶ不思議なパワーと魅力　田中修著　SBクリエイティブ　2016.3　206p　18cm（サイエンス・アイ新書）　1100円　①978-4-7973-8063-7

（目次）第1章「芽生え」と「成長」に学ぶ（芽生えの姿に学ぶ，成長に潜む性質），第2章「光合成」に学ぶ（光合成を知る，光合成から植物を分けると），第3章「花」から学ぶ（ツボミの形成，開花），第4章「果実」から学ぶ（受粉から受精まで，果実と種子の形成），第5章 不都合な環境に抗う姿から学ぶ（種子と芽の休眠と発芽，不都合な環境との闘い，葉の老化と落葉，生き方は，さまざま）

（内容）植物の不思議なパワーと魅力を，キーワードから簡単に学べるのが，本書の大きな特長です。「めしべ」や「おしべ」のような名称はもちろん，植物の中でつくられる「エチレン」などの化学物質や，「光周性」などの植物の性質を表すキーワードを通して，植物らしい生き方の秘密や魅力が自然に理解できます。植物を愛でたり育てたいと思ったら，たくさんのヒントが見つかる本書を大いにお役立てください。

植物群落レッドデータ・ブック　わが国における緊急な保護を必要とする植物群落の現状と対策　1996　我が国における保護上重要な植物種および植物群落研究委員会 植物群落分科会編著　日本自然保護協会，世界自然保護基金日本委員会，アボック社出版

局〔発売〕　1996.4　1518p　26cm　20000円　Ⓘ4-900358-39-8

⦅目次⦆第1章 総論―植物群落レッドデータの調査と解析，第2章 植物群落レッドデータ，第3章資料

日本の絶滅のおそれのある野生生物　レッドデータブック　8　植物1　改訂版　環境庁自然保護局野生生物課編　自然環境研究センター　2000.7　660p　30cm　4200円　Ⓘ4-915959-71-6　Ⓝ462.1

⦅目次⦆はじめに（レッドデータブック作成の目的と経緯，レッドデータブックの検討体制，レッドデータブックの新しいカテゴリー，植物1（維管束植物）レッドデータブックの作成手順，植物1（維管束植物）レッドデータブックの内容，今後の課題，レッドデータブックカテゴリー（環境庁，1997）），植物1（維管束植物）概説，レッドデータブック掲載分類群，絶滅（EX），野生絶滅（EW），絶滅危惧1A類（CR），絶滅危惧1B類（EN），絶滅危惧2類（VU），準絶滅危惧（NT），情報不足（DD）

⦅内容⦆環境庁による植物レッドデータブック。日本で絶滅するおそれのある野生植物の種についてそれらの生息状況をまとめたレッドデータブックの維管束植物版，1665種を収録。データはレッドデータブックの目的，作成手順と今後の課題，および植物1（維管束植物）の概説，レッドデータで構成。レッドデータは絶滅・野生絶滅，絶滅危惧1A類，絶滅危惧1B類，絶滅危惧2類，準絶滅危惧，情報不足に各種を分類して科別に排列。各種は和名，学名などのデータ，形態と生育状況，植物RDB現地調査の集計結果，生育地の現状と判定理由および判定基準と都道府県別分布状況一覧を掲載。ほかに参考資料と和名索引，学名索引を巻末に付す。

日本の絶滅のおそれのある野生生物　レッドデータブック　9　植物2　維管束植物以外　改訂版　環境庁自然保護局野生生物課編　自然環境研究センター　2000.12　429p　30cm　3800円　Ⓘ4-915959-72-4　Ⓝ462.1

⦅目次⦆レッドデータブック作成の目的と経緯，レッドデータブックの検討体制，レッドデータブックの新しいカテゴリー，植物2（維管束植物以外）レッドデータブックの作成手順，植物2（維管束植物以外）レッドデータブックの内容，今後の課題，レッドデータブックカテゴリー（環境庁，1997），蘚苔類，藻類，地衣類，菌類

⦅内容⦆平成4年（1992）成立の「絶滅のおそれのある野生動植物の種の保存に関する法律」に基づき環境庁が発表したレッドリスト（絶滅のおそれのある日本の野生生物の種のリスト）を基に編纂した資料集。種ごとに生息状況等を詳しくまとめている。本巻は平成9年8月に公表されたレッドリストに基づき，蘚苔類・藻類・地衣類・菌類の366分類群を収録。記載項目は分類，和名，学名，分布の概要，存続を脅かす要因，保護対策，参考文献，英文サマリーなど。学名索引，和名索引付き。

レッドデータブック　日本の絶滅危惧植物　日本植物分類学会編著　農村文化社　1993.5　141p　30cm　3500円　Ⓘ4-931205-13-5　Ⓝ472.1

⦅目次⦆第1章 絶滅のおそれのある植物種の現状（野生植物の種の保護の必要性，野生植物保護のための環境の保全，わが国における野生植物の生育地の現状，わが国における野生植物種の保護のために必要な方策），第2章 絶滅のおそれのある代表的な植物，第3章 わが国における保護上重要な植物種リスト

⦅内容⦆絶滅の危機にある植物を調査記載した『我が国における保護上重要な植物種の現状』の編集普及版。第1章の1から6までの構成は原本に準拠し，記述は要約したものの，原本記載の895種のリストを巻末に収録している。原本には図版がなかったが，本書では283点の写真を掲載し，形態的特徴や自生地の現状について簡潔な記載を付している。

＜図鑑・図集＞

植物　天野誠，斎木健一監修　講談社　2014.6　207p　27×22cm　（講談社の動く図鑑MOVE）〈付属資料：DVD1〉　2000円　Ⓘ978-4-06-219009-1

⦅目次⦆まちの植物 春，まちの植物 夏，まちの植物 秋・冬，田畑・野の植物 春，田畑・野の植物 夏，田畑・野の植物 秋・冬，雑木林の植物 春，雑木林の植物 夏，雑木林の植物 秋・冬，山の植物 春，山の植物 夏，山の植物 秋，水中・水面の植物，海辺の植物

⦅内容⦆NHKのスペシャル映像を豊富に使った，MOVEオリジナルDVDつき。美しい写真と精密なイラスト。最新の分類学を採用した，現在もっとも信頼できる図鑑。

植物　樋口正信監修　学研教育出版，学研マーケティング〔発売〕　2015.5　255p　29×22cm　（学研の図鑑LIVE）〈付属資料：

科学への入門レファレンスブック　117

植物学全般　　　植物学

DVD1〉　2200円　①978-4-05-203973-7

(目次)身近な植物（キクのなかま，ナデシコのなかま，バラのなかま，ユキノシタのなかま，キンポウゲのなかま，イネのなかま，モクレンのなかま，マツのなかま，カビ・変形菌），花だんや室内，温室の植物，雑木林や山の植物，水辺の植物

(内容)植物やキノコ約1,300種を写真で紹介。BBC（英国放送協会）のDVDつき。

植物　宮澤七郎監修，医学生物学電子顕微鏡技術学会編，中村澄夫責任編集　小峰書店
　2015.10　40p　29×23cm　（ミクロワールド大図鑑）　2800円　①978-4-338-29801-8

(目次)1 植物のつくりを見てみよう，2 種子・胞子を見てみよう，3 根を見てみよう，4 茎・幹を見てみよう，5 葉を見てみよう，6 花を見てみよう，7 花粉を見てみよう，8 果実を見てみよう，9 食虫植物を見てみよう，10 病気と害虫を見てみよう

(内容)根，花，花粉など，植物の体を紹介。

植物　樋口正信監修　学研プラス　2016.5
　208p　19cm　（学研の図鑑ライブポケット3）　980円　①978-4-05-204388-8

(目次)キク目，シソ目，モチノキ目，ガリア目，マツムシソウ目，セリ目，ムラサキ科，リンドウ目，ナス目，ツツジ目〔ほか〕

(内容)お出かけに大活躍!オールカラーのきれいな写真!特徴，見分け方がよくわかる!知ると楽しい「発見ポイント」掲載!約850種の特徴がよくわかる!

植物観察図鑑　植物の多様性戦略をめぐって　大工園認著　（鹿児島）南方新社　2015.8
　274p　21cm　3500円　①978-4-86124-325-7

(目次)おしろいばな科，あおい科，あかね科，あじさい科，あわぶき科，いぐさ科，ありのとうぐさ科，うこぎ科，うまのすずくさ科，おおばこ科〔ほか〕

(内容)雄しべ・雌しべの出現時期や活性期がずれる雌雄異熟の現象を追究した異色の観察図鑑。自家受粉を避け，多様な遺伝子を取り込むべく展開される雄しべと雌しべのしたたかなドラマ。雄性期・雌性期の実相を明らかにし，花の新しい常識を今拓く。鹿児島県小・中・高等学校理科教育研究協議会推薦，鹿児島植物同好会推薦。241種掲載。

世界で一番美しい植物細胞図鑑　スティーヴン・ブラックモア著，三村徹郎監修，武井摩利訳　（大阪）創元社　2015.5　255p　29

×31cm　〈原書名：GREEN UNIVERSE：A Microscopic Voyage into the Plant Cell〉　6000円　①978-4-422-43016-4

(目次)サー・ピーター・クレイン教授による序文，さあ，植物を知る旅をはじめましょう，顕微鏡の歴史，生命のあけぼの―最初の細胞，陸への進出，太陽へ向かって，裸の種子，花の咲く植物，植物と人類―分かちがたく結ばれた運命

(内容)驚きにあふれる植物細胞の世界への旅。

多肉植物ハンディ図鑑　サボテン&多肉植物800種類を紹介!　サボテン相談室，羽兼直行監修　主婦の友社　2015.4　287p
　21cm　1800円　①978-4-07-299677-5

(目次)1 単子葉類，2 サボテン，3 メセン類，4 ベンケイソウ科，5 ユーフォルビア，6 その他の多肉植物，7 育て方の基礎知識

(内容)本書では人気の多肉植物約700種類、サボテン約100種類を紹介しました。個性豊かでかわいい多肉植物たちの魅力をじゅうぶんお楽しみください。

特徴がよくわかるおもしろい多肉植物350　　長田研著　家の光協会　2015.6　127p
　26cm　1500円　①978-4-259-56472-8

(目次)1 多肉植物図鑑（エケベリア属（属間交配種含む），パキフィツム属，グラプトペタラム属，セダム属（属間交配種含む），ロスラリア属ほか），2 多肉植物の上手な育て方（3つの生育型と栽培カレンダー，苗の選び方・用土・植えつけ，日々の管理（置き場所，水やり，肥料），植え替え・仕立て直し（切り戻し，挿し木），株分け ほか）

(内容)葉・花・コーデックス…育てたくなる個性的な多肉植物がいっぱい!タイプ別の特徴や育て方の解説も充実。

日本アルプスの高山植物　梶山正著　家の光協会　2015.4　223p　18cm　（ポケット図鑑）　1500円　①978-4-259-56469-8

(目次)1 白～クリーム色，2 黄色，3 赤～赤紫色，4 青～青紫色，5 緑色・茶色，6 葉や実を楽しむ，高山植物を楽しむおすすめ登山ルート

(内容)よく見かける花から希少種まで、花の色からすぐわかる215種。白馬岳・朝日岳・千畳敷・北岳のコースガイドつき。

レッドデータプランツ　日本絶滅危機植物図鑑　宝島社　1994.3　208p　23×19cm
　2980円　①4-7966-0748-X　Ⓝ472.1

(目次)はじめに植物の種と絶滅の危機，維管束植物―濫獲と開発の中で絶滅に向かう維管束植

物，蘚苔類―環境の変化に敏感な蘚苔類，藻類―基礎調査研究が望まれる藻類の生育と分布，菌類―日本産菌類調査の難しさと環境保護，地衣類―人為的環境変化に弱い地衣類，植物形態模式図，写真図版，種別解説

（内容）絶滅の危機に瀕する日本の植物を掲載する図鑑。243種のカラー写真と315種の解説データを収録する。絶滅の危機に瀕する植物の生態を示す写真版レッドデータブック。

植物地理・植物誌

＜名簿・人名事典＞

日本の植物園　日本植物園協会編　八坂書房　2015.6　485p　23×16cm　7800円　①978-4-89694-191-3

（目次）植物園ガイド―日本植物園協会正会員，論文編（日本植物園協会50周年を迎えて，日本植物園協会―これまでとこれから，公益社団法人日本植物園協会の誕生，「植物園の日」制定について，日本植物園協会設立記念樹についてほか），資料編（日本植物園協会会員植物園一覧，日本植物園協会会員の履歴（在籍記録），賛助会員の記録（在籍記録），会員数（年度別），歴代役員一覧 ほか）

（内容）日本の植物学に影響を与え続けた日本植物園協会50年の記録。「植物園ガイド」、歴史・研究・保全活動などをまとめた「論文編」、日本植物園協会史・植物園の発展史・海外植物事情調査記録・大会研究発表記録などをまとめた貴重な「資料編」を掲載。

＜図鑑・図集＞

カラー版 スキマの植物図鑑　塚谷裕一著　中央公論新社　2014.3　182p　18cm　（中公新書）　1000円　①978-4-12-102259-2

（目次）春（タネツケバナ，キュウリグサ ほか），初夏（ヒメジョオン，ツタバウンラン ほか），夏（アメリカヤマゴボウ，カタバミ ほか），秋（ヒガンバナ，ススキ ほか），冬（ナンテン，ツルソバ ほか）

（内容）街を歩けば、アスファルトの割れ目、電柱の根元、ブロック塀の穴、石垣など、あちこちのスキマから芽生え、花開いている植物が見つかる。一見、窮屈で居心地の悪い場所に思えるが、こうしたスキマはじつは植物たちの「楽園」なのだ。タンポポやスミレなど春の花から、ク

ロマツやナンテンなど冬の木まで、都会のスキマで見つけられる代表的な植物110種をカラーで紹介。季節の植物図鑑として、通勤通学や散策のお供に。

都会の木の実・草の実図鑑　石井桃子著　八坂書房　2006.9　233,10p　19cm　2000円　①4-89694-879-3

（目次）モクレン科，ロウバイ科，クスノキ科，センリョウ科，マツブサ科，ハス科，キンポウゲ科，メギ科，アケビ科，ツヅラフジ科〔ほか〕

（内容）身近な果実・種子図鑑の決定版。公園や街路樹、空き地や広場、庭先などで見かける身近な植物200種あまりを収録。タネや果実の持つおもしろい性質や形を紹介。虫や鳥などとの関係、薬効、ちょっと便利な利用法など、知って得する情報満載。

日本アルプス植物図鑑　大場達之，高橋秀男著　八坂書房　1999.4　223p　19cm　2200円　①4-89694-430-5

（内容）日本アルプスのとその周辺の山々で見られる高山・亜高山の植物を、カラー写真とイラストレーション、コンパクトな植物解説で紹介した図鑑。草花から樹木・シダ類まで438種を収録。付録として「分布から見た日本植物相の特色」「高山と亜高山の植物分布」「日本の高山と亜高山の植生」「日本の山岳」「本州中部の山と植物」がある。和名索引、学名索引付き。

やさしい身近な自然観察図鑑 植物　岩槻秀明著　いかだ社　2014.3　95p　21×19cm　1600円　①978-4-87051-421-8

（目次）春（春の花だんで見かける草花，春の野原で咲く花 ほか），夏（夏の花だんで見かける草花，夏の野原で見かける草花 ほか），秋（秋の花だんで見かける草花，秋の野原で見かける草花 ほか），冬（冬の花だんで見られる草花，天然のドライフラワー ほか），行事に出てくる植物，身近なイネ科雑草，身近なカヤツリグサ科雑草，身近なシダ植物，身近なコケ植物，身近な藻類〔ほか〕

（内容）おさんぽコース、公園、家や園のまわり…道ばたにはふしぎがいっぱい!自然との接し方や危険を避けるための注意点もやさしく解説。

やさしい身近な自然観察図鑑 植物　図書館版　岩槻秀明著　いかだ社　2014.3　95p　22×19cm　2200円　①978-4-87051-424-9

（目次）春（春の花だんで見かける草花，春の野原で咲く花，春の摘み草 ほか），夏（夏の花だんで見かける草花，夏の野原で見かける草花，夏

科学への入門レファレンスブック　119

に咲く野菜の花），秋（秋の花だんで見かける草花，秋の野原で見かける草花，木の実・草の実ほか），冬（冬の花だんで見られる草花，天然のドライフラワー，ロゼットで冬を越す野草）

内容 道ばた，公園，野原…。平地の市街地で観察できるような，身近な植物をピックアップし，わかりやすく解説。これなあに?に答える生きものガイド。

樹木

<事典>

落ち葉の呼び名事典　散歩で見かける　亀田龍吉写真・文　世界文化社　2014.10　127p　21cm　1500円　①978-4-418-14424-2

目次 紅葉の彩り（アカガシワ，アカシデ，アメリカハナノキ，イロハカエデ，ウリハダカエデほか），黄葉の彩り（アオギリ，アカメガシワ，アキニレ，ハルニレ，アサダ ほか）

おもしろくてためになる桜の雑学事典　井筒清次著　日本実業出版社　2007.3　253p　19cm　1400円　①978-4-534-04201-9

目次 第1章 サクラへのパスポート（サイタサイタサクラガサイター―サクラと日本人，バラ科サクラ属サクラ亜属―植物としてのサクラ ほか），第2章 サクラの歴史と文学（コノハナサクヤヒメの「木の花」とは―記・紀・万葉の時代のサクラ，世の中にたえて桜のなかりせば―宮中花宴と古今和歌集 ほか），第3章 サクラの民俗と芸能（花見，やすらい祭，桜会―サクラと信仰，秘すれば花なり，秘せずば花なるべからず―能・歌舞伎のサクラ ほか），第4章 サクラの名所（信仰に根ざした花―吉野のサクラ，町全体が花の名所―京都のサクラ ほか）

内容 花の咲くのを待ちこがれ，そのさまを愛で，散るのを惜しむ。桜を愛するDNAは古代より日本人に受け継がれてきた―。「桜の名所100選」はじめ，日本全国の名所，一本桜を紹介。詳細な「桜の日本史年表」も。

街路樹の呼び名事典　葉と実でわかる　亀田龍吉写真・文　世界文化社　2014.3　127p　21cm　1500円　①978-4-418-14407-5

目次 花と新緑（アオギリ 青桐，アカガシワ 赤槲，エンジュ 槐，カイヅカイブキ 貝塚伊吹，カツラ 桂 ほか），実と紅葉（イチョウ 銀杏，イロハカエデ 伊呂波楓，オリーブ，カリン 花櫚，クロマツ 黒松 ほか）

樹木の事典600種　葉・花・実・樹皮でひける　金田初代文，金田洋一郎写真　西東社　2015.4　351p　21cm　1500円　①978-4-7916-2207-8

目次 季節の花を楽しむ樹木，実が特徴的な樹木，紅葉が美しい樹木，つる植物とタケ・ササ，針葉樹とコニファー

内容 身近な木の特徴がひと目でわかる!観察カレンダーつき!

葉形・花色でひける 木の名前がわかる事典　庭木・花木・街路樹など身近な樹木433種　大嶋敏昭監修　成美堂出版　2002.10　335p　21cm　1500円　①4-415-02048-8　Ⓝ477.038

目次 葉形もくじ，花色もくじ，実形もくじ，樹木解説

内容 樹木の図鑑。日本に自生している樹木を中心に，庭木，花木，街路樹，公園樹など身近なものから，山野，高山に自生するものまで，433種の樹木を収録する。五十音順に排列。各樹木の名称，花色，別名，科・属名，樹高，花期，名前の由来，特徴などを記載している。また，葉形もくじ，花色もくじ，実形もくじにより，簡単に樹木名を検索することができる。巻末に五十音順索引が付く。

<ハンドブック>

「この木の名前、なんだっけ?」というときに役立つ本 樹木がより身近になる!　菱山忠三郎写真・文　主婦の友社　2015.3　191p　19cm　1300円　①978-4-07-298011-8

目次 町なかでよく見られる樹木，野原や里山でよく見られる樹木，海岸近くでよく見られる樹木，山地でよく見られる樹木

まるごと発見!校庭の木・野山の木　1　サクラの絵本　勝木俊雄編，森谷明子絵　農山漁村文化協会　2015.12　40p　27×22cm　2700円　①978-4-540-15194-1

目次 れきし（古くからなじみ深く慕われた花，里のくらしで利用されてきた身近な木），しゅるい（日本には，10種の野生種がある，北のサクラ 南のサクラ 高山のサクラ ほか），そだち（サクラの四季と芽生えから老木まで，冬芽と早春の芽吹きたち ほか），さいばい（たねを発芽させて，木を育てる，枝ぶりは，まず自然にまかせよう ほか），りよう（サクラの木材や樹皮を利用する，花と葉の塩漬け 染めもの スモー

120　科学への入門レファレンスブック

植物学　　樹木

ク），未来の人とサクラのくらし

まるごと発見!校庭の木・野山の木　2　イチョウの絵本
濱野周泰編，竹内通雅絵
農山漁村文化協会　2016.2　40p　27×22cm
2700円　①978-4-540-15195-8

(目次)れきし(恐竜の時代にさかえたふるい木，氷河期を生きぬいて，ヒトと出会う，中国から日本，西洋，そして世界へ），そだち(いろいろな形をみせる原始的な形の葉，まっすぐ長くのびる枝　短くのびる枝，メスの木，オスの木を探せ，花びらをもたない雌花と雄花，風で受粉，花の中で精子を育てる，ギンナンが肥り，受精して黄色く熟す，葉の先から黄葉して，冬に葉を落とす，四季のくらしと，芽生えから成木まで），しくみ(強い生命力　復元力　乳垂れのひみつ，ほかの植物を育ちにくくする物質をだす?），さいばい(農家で栽培される作物として，ギンナンを発芽させる，さき木でふやす，街路樹，果樹，生け垣　樹形のいろいろ），りよう(ギンナンをひろおう，食べてみよう，イチョウの材で，まな板をつくろう!，街路樹としてもNo.1でも，絶滅危惧種)

<図鑑・図集>

検索入門樹木　総合版
尼川大録，長田武正共著　(吹田)保育社　2011.10　402p　19cm　2600円　①978-4-586-31055-5　Ⓝ477.021

(内容)葉を見て，その木の名を調べることができる図鑑。検索表と葉を見比べながら進んでいくと，目ざす木の名に辿りつくことができる。枝からはずした葉のカラー図と，葉の形態・性質・生育場所・分布などの説明を掲載する。「検索入門樹木1・2」(昭和63年刊)の合本・再編集版。

樹木　見分けのポイント図鑑　新装版
林弥栄総監修，畔上能力，菱山忠三郎，西田尚道監修，石川美枝子イラスト　講談社　2014.9　335p　19cm　1400円　①978-4-06-219128-9

(目次)春の樹木(アケボノツツジ／アカヤシオ／ムラサキヤシオ，ミヤマキリシマ／ウンゼンツツジ ほか），夏の樹木(ヤブデマリ／ゴマギ／オオデマリ，ハコネウツギ／ニシキウツギ ほか），秋の樹木(ガマズミ／コバノガマズミ／ミヤマガマズミ／オトコヨウゾメ，ムラサキシキブ／ヤブムラサキ／コムラサキ ほか），針葉樹(裸子植物)(ヒノキ／サワラ，アスナロ／クロベ ほか），木の情景・木の群落(シロヤシオ，ヤマツツジ ほか)

(内容)この木はなに?イラストですっきり!季節別

全474種。フィールドに持ち歩けるハンドブック。

珍樹図鑑
小山直彦著　文藝春秋　2016.10　127p　18cm　(文春新書)　720円　①978-4-16-661103-4

(目次)ベストセレクト，有名人，キャラクター，人体，動物，水族館，バード，物，十二支，文字

(内容)珍樹ハントとは，樹木の幹や枝に，動物や有名人にそっくりな模様や形を見つけること。なんともバカバカしいこの遊びに魅せられ，珍樹ハンターとなった著者はこの道十数年。二千点を超えるコレクションから，実物に「会い」に行きたくなる写真を大公開!

葉っぱで調べる身近な樹木図鑑　実物大で分かりやすい!　増補改訂版
林将之著　主婦の友社　2014.10　207p　21cm　1300円　①978-4-07-296437-8

(目次)針葉樹の葉一覧，ふつうの形の葉一覧，もみじ形の葉一覧，はね形の葉一覧，解説

(内容)1枚の葉っぱから，身近な樹木の名前が簡単に調べられる初心者向きの樹木図鑑。街路樹や公園，庭，野山などで見かける樹木約175種類を紹介しました。葉っぱのスキャン画像を中心に，樹皮や樹姿なども多数掲載しました。最新のDNA解析による分類体系(APG)を採用した増補改訂版です。

ビジュアル博物館　5　樹木
デビッド・バーニー著，リリーフ・システムズ訳　(京都)同朋舎出版　1990.7　63p　29×23cm　3500円　①4-8104-0893-0

(内容)樹木の世界を紹介する博物図鑑。樹皮，葉，花，果実，幼木などの写真によって，葉の茂る枝から土の中の根まで，樹木の様々な姿を学べるガイドブック。

ポケット判　身近な樹木
菱山忠三郎著　主婦の友社　2003.6　391p　16cm　1200円　①4-07-238428-3

(目次)有毒成分のある木，若芽が食用になる木，実が食べられる木，薬用になる木，庭木として親しまれる木，垣根，防風樹によく使う木，街路樹によく使う木，社寺や公園に似合う木，雑木林で見られる木，山地のハイキングで見る木〔ほか〕

(内容)花，実，葉，樹形で見分ける，用途がわかる。396種を紹介。

身近な樹木　葉、花、実、樹形でわかる400種
菱山忠三郎著　主婦の友社　1998.4　391p　19cm　(Field books)　1800円　①4-

科学への入門レファレンスブック　121

草・花　　　　　　　　　植物学

07-223740-X　Ⓝ477.038

身近な樹木ウォッチング　まず基本170種を覚えよう　（京都）淡交社　1990.6　143p　21cm　（うるおい情報シリーズ 7）　1545円　①4-473-01147-X　Ⓝ470.38

身のまわりの木の図鑑　葛西愛著，長岡求監修　ポプラ社　2004.11　260p　21cm　1500円　①4-591-08210-5

（目次）樹木図鑑（学校周辺の樹木，街なかで見られる樹木，落葉する樹木，紅葉する樹木 ほか），知っておきたい樹木の知識（樹木のおおきさ，樹木のしくみ，広葉樹，針葉樹 ほか），資料集

（内容）約250種の木を豊富な写真で紹介。図鑑は学校に植えられているもの、街路樹など街なかで見られるもののほか、落葉樹、紅葉樹、常緑樹、花木、果樹、有用植物、観葉植物にわけている。写真は全体のすがたと樹皮のようすのほか、葉や花、実など、その木の特徴をつかみやすくするものを掲載。

持ち歩き図鑑 身近な樹木　菱山忠三郎著　主婦の友社　2007.4　223p　17cm　（主婦の友ポケットBOOKS）　900円　①978-4-07-254580-5

（目次）春の樹木（1月～5月），夏の樹木（6月～8月），秋の樹木（9月～12月），樹木の見方，おすすめ！森林浴スポット，植物用語の図解，植物用語の解説

（内容）山野から街路、公園まで、よく見かける樹木380種を紹介。各季節の中での、それぞれの配列は、被子植物（双子葉合弁花類）、被子植物（双子葉離弁花類）、被子植物（単子葉類）、裸子植物の順。

ワイド図鑑身近な樹木　季節ごとの姿・形・色がこれ一冊でわかる画期的な図鑑！　菱山忠三郎写真と文　主婦の友社　2010.7　367p　24cm　（主婦の友新実用books Flower & green）　〈索引あり〉　1600円　①978-4-07-270521-6　Ⓝ477.038

（目次）町なかでよく見られる樹木，野原や里山でよく見られる樹木，海岸近くでよく見られる樹木，山地でよく見られる樹木

（内容）使用写真の多さは類書中でNo.1。450種以上の樹木を、町なか、野原・里山、海辺、山地の生育地別に、ていねいに紹介。ひとつひとつの樹木について、季節ごとの姿・形・色が一目でわかる画期的なワイド図鑑。花、果実、葉、樹皮など、樹木の特徴がすぐわかる。類似の木も豊富に掲載しているので、見わけ方もよくわかる。

草・花

＜事　典＞

大きな写真でよくわかる！花と木の名前事典　金田初代文，金田洋一郎写真　西東社　2014.4　319p　21cm　1400円　①978-4-7916-2134-7

（目次）花（早春，春，初夏 ほか），その他（カラーリーフ，コニファー，タケ・ササ ほか），木（人気の花木，実のなる木，四季を楽しむ ほか）

（内容）庭づくりや散歩のお供に！身近な花や木の名前がすぐわかる。

図説 花と庭園の文化史事典　ガブリエル・ターギット著，遠山茂樹訳　八坂書房　2014.5　319,11p　21cm　〈原書名：FLOWERS THROUGH THE AGES〉　3500円　①978-4-89694-173-9

（目次）中国のボタンとエジプトの睡蓮，蓮―インド文化の象徴，聖礼のユリ，中東における古代の庭園，古代ギリシアの庭と花，花の起源にまつわる伝説，植物学のはじまり―アリストテレスとディオスコリデス，ローマのバラ―厳格なローマ人気質からバラの愚まで，ローマの庭園，変化するバラの意味―花の祭典と五月祭〔ほか〕

（内容）花の流行史5000年‼古代エジプトの睡蓮、インドの蓮、イギリスのカーネーション、17世紀オランダのチューリップとヒアシンス、19世紀フランスのダリアと椿、ナポレオン妃ジョゼフィーヌの庭園のバラ、アジアから導入された菊やアジサイ…古代から20世紀半ばに至る歴史の中に現れる花と庭園を巡る人々のエピソードを、植物学の稀覯本やボタニカル・アート、絵画などの図版400点と共に綴る西洋植物文化史。詳細な訳注付き。

なんでもわかる花と緑の事典　樋口春三監修，花卉懇談会編　六耀社　1996.6　422p　21cm　5000円　①4-89737-232-1

（内容）植物の種類・形態・生産・環境・流通・デザイン・法律・文化・造園等の分野の専門用語・業界用語2765項目を解説した事典。排列は五十音順。各ページの上欄に関連のイラスト・写真・図表等を掲載し、解説を補足する。巻末に国花・県花・冠婚葬祭と花・花言葉・誕生花・五十音順植物名索引・花き関係団体一覧を収録。

花色でひける山野草の名前がわかる事典　自然の野山や高山に咲く山野草523種　大嶋敏昭著　成美堂出版　2005.3　319p

122　科学への入門レファレンスブック

植物学　　　　　　　　　　　　　　草・花

21cm　1500円　Ⓘ4-415-02979-5

Ⓣ目次花色もくじ，葉形もくじ，実形もくじ，花の構造・葉の構造，山野草・主な自生地イラストマップ，観察に出かける場合の注意事項，山野草解説，山野草の楽しみ方，図解 山野草用語辞典

Ⓝ内容人気の山野草を1453点の写真と322点のイラストで紹介し，類似品種の見分け方まで詳しく紹介している。

<ハンドブック>

高山の花　イラストでちがいがわかる名前がわかる　久保田修構成・著　学習研究社　2007.6　263p　19cm　（自然発見ガイド）　1800円　Ⓘ978-4-05-402903-3

Ⓣ目次花の大きさ検索（ユリかそれ以上，タンポポぐらい ほか），高山の花の環境（高山稜線の花，カール（圏谷）の花 ほか），合弁花類（キク科，キキョウ科 ほか），離弁花類（ミズキ科，ウコギ科 ほか），単子葉類（ラン科，アヤメ科 ほか）

Ⓝ内容群を抜く収録数で高山の花の全てがわかる。高山植物600種。

校庭の雑草　4版　岩瀬徹，川名興，飯島和子共著　全国農村教育協会　2009.6　187p　21cm　（野外観察ハンドブック）〈並列シリーズ名：Handbook for field watching　文献あり 索引あり〉　2400円　Ⓘ978-4-88137-146-6　Ⓝ479.038

Ⓣ目次第1部 雑草の形とくらし（ロゼットを観察しよう，ロゼットの地下部をくらべる，ロゼットから茎が立ち上がる，ロゼットをつくらない草，つる性・寄りかかり性の型，長い地下茎を伸ばす型，イネ科タイプの草），第2部 校庭の雑草280種（主な科の特徴，校庭の雑草280種），第3部 校庭の雑草の調べかた（身近な自然としての雑草調査，群落を数値化して成り立ちを考えよう，群落は動く―遷移をとらえる，雑草に親しむために，雑草のおもしろい方言集）

Ⓝ内容どこにでも生えている雑草は古くから人との関わりのもっとも深い植物だ。とかくじゃまもの扱いを受けてきたが雑草には雑草の命があり自然のしくみに組み込まれた姿がある。地球規模で環境を考えることは大切だが先ずは身の周りの雑草のくらしから自然を感じ，発見していこう。いま雑草との良いつき合い方が求められている。

散歩で出会うみちくさ入門　道ばたの草花がわかる！　佐々木知幸著，このは編集部編　文一総合出版　2016.7　127p　26cm　（生きもの好きの自然ガイド このは No.12）　1800円　Ⓘ978-4-8299-7391-2

Ⓣ目次春～陽光うららか（スミレ―路上に咲く春の女神，春のさきがけ日だまりに咲く宝石たち ほか），初夏～青葉薫る（田んぼの草都市にて奮闘す，公園でわが物顔芝生が好きな花 ほか），夏～草いきれ極まる（蔓植物たちの天下，真夏，ナス科ナス属多士済々 ほか），秋～枯れてなお咲く（エノコログサ―秋の風景をつくる，みちくさと歩く小春日和の散歩道 ほか）

新・雑草博士入門　岩瀬徹，川名興，飯島和子著　全国農村教育協会　2015.4　198p　26cm　（全農教観察と発見シリーズ）　2300円　Ⓘ978-4-88137-183-1

Ⓣ目次第1章 雑草の花と実（花のいろいろ，実やたね，その散り方），第2章 雑草の形とくらし（ロゼット型の草，ロゼットからのびる草 ほか），第3章 似た雑草をくらべる（タデのなかま，イタドリのなかま ほか），第4章 雑草のくらし発見（校庭にくらす雑草，道ばたや空き地に生える雑草 ほか）

Ⓝ内容本書では，雑草の「形」や「くらし」を通してその生態や環境に迫っていく，見どころや観察の視点が随所にちりばめられている。2001年に発行された『雑草博士入門』の優れた部分を継承しつつ，最新の知見を大幅に補充した。

だれでも花の名前がわかる本　講談社編　講談社　2015.3　223p　19cm　1600円　Ⓘ978-4-06-219366-5

Ⓣ目次1 花色で見わける（桃色の花，赤色の花，青＆紫色の花，橙色の花，黄色の花 ほか），2 花形＆花のつき方で見わける（花形で見わける 放射状にひらく花，花形で見わける らっぱ形の花，形花で見わける つぼ形＆筒形の花，花形で見わける 蝶形＆左右対称の花，花形で見わける 舟形＆松笠形の花 ほか）

Ⓝ内容お花屋さんや花壇でよく見る草花から町で出会う樹木と野草，野菜＆ハーブなど692種1194花を7つの色別と，花の形および花のつき方別に紹介。2つの方式で花の名前を知ることができる。

野の花めぐり　春編　初島住彦監修，大工園認写真・文　（鹿児島）南方新社　2003.2　232p　19cm　〈地方〉　2000円　Ⓘ4-931376-79-7

Ⓝ内容九州発・待望の植物ガイド決定版。四季の野の花1290種。

科学への入門レファレンスブック　123

草・花　　　　　　植物学

初めての山野草　腰本文子文，小幡英典写真
　集英社　2003.7　186p　15cm　（集英社be
　文庫）　743円　Ⓘ4-08-650036-1

（目次）春（永遠の野原，足元の小さな幸せ ほか），
初夏（林縁のにぎわい，野に咲くイチゴ ほか），
夏（草原の輝き，緑陰の個性派 ほか），秋（した
たかなコスモス，秋の野辺で ほか），冬・早春
（冬の足音，氷の世界で ほか），山野草とふれ
あえば…（里山の春夏秋冬，親しむコツ，楽し
み方 ほか）

**花だけでなく実を見ても「山野草」の名前
がすぐにわかる本　山歩き、里山歩きが
より楽しくなる**　菱山忠三郎写真・文　主
　婦の友社　2015.3　191p　19cm　1300円
　Ⓘ978-4-07-299890-8

（目次）春（1月から5月），夏（6月から8月），秋（9
月から12月）

**街でよく見かける雑草や野草がよーくわか
る本**　岩槻秀明著　秀和システム　2006.11
　527p　19cm　1600円　Ⓘ4-7980-1485-0

（目次）春の花（ゴマノハグサ科，シソ科，キク
科，マメ科 ほか），夏の花（キク科，キキョウ
科，キョウチクトウ科，オオバコ科 ほか），秋
の花（キク科，キキョウ科，オミナエシ科，ウ
リ科 ほか）

（内容）無数にある植物の中から，道ばた，里山，
水田地帯，市街地，農耕地など，身近なところ
で比較的よく見かける種類約600種を掲載。

**身近な木の花ハンドブック　庭の木から山
の木まで徹底ガイド!!430種**　山口昭彦写
　真・解説　日東書院　2004.9　272p　19cm
　1300円　Ⓘ4-528-01642-7

（目次）種子植物（被子植物，裸子植物），しだ植
物・木生しだ

（内容）日本には野生種（自生種），外国原産種お
よび園芸品種など，合わせて1200種以上の木が
あるといわれている。本書ではその中から430
種掲載。

**身近な木の花ハンドブック430種　庭の木
から山の木まで徹底ガイド!!**　山口昭彦写
　真・解説　婦人生活社　1997.3　272p
　19cm　1560円　Ⓘ4-574-70109-9

（目次）種子植物（被子植物，裸子植物），しだ植
物・木生しだ，木の葉のいろいろ・木の実のい
ろいろ，樹木に関する用語解説，さくいん

（内容）日本にある野生種（自生種），外国原産種
および園芸品種など，合わせて1200種以上の
木の中から430種を写真付きで解説したハンド

ブック。樹木に関する専門用語解説，五十音索
引付き。

身近な草木の実とタネハンドブック　多田
　多恵子著　文一総合出版　2010.9　168p
　19cm　〈文献あり 索引あり〉　1800円
　Ⓘ978-4-8299-1075-7　Ⓝ471.1

（目次）風散布（ふわふわ）―綿毛や冠毛をもち，
風にふわふわ漂うタネ，風散布（ひらひら）―回
転翼やグライダー翼をもち，空を飛ぶタネ，風
散布（微細）―微細でほこりのように舞うタネ，
水散布―水流に乗って流れたり，雨滴に弾かれ
たりするタネ，自動散布―乾いて縮む力や水の
圧力を用いて，自ら弾け飛ぶタネ，動物散布（付
着）―カギ針や逆さトゲ，粘着質などで，人や
動物にくっつくタネ，動物散布（被食＝周食）―
鳥や動物が果肉などの可食部分を食べることで
運ばれるタネ，動物散布（貯食）―小動物や鳥が
貯え，一部を食べ残すことで運ばれるタネ，動
物散布（アリ）―アリを誘引してアリに運ばれる
タネ

（内容）草木約200種の実やタネ，花などの写真と
ともに，タネが散布される仕組みを解説。

身近な雑草の芽生えハンドブック　浅井元
　朗著　文一総合出版　2012.12　120p　19cm
　〈他言語標題：The handbook of weed
　seedlings　文献あり 索引あり〉　1400円
　Ⓘ978-4-8299-8111-5　Ⓝ479.038

（目次）雑草・野草の一生，原寸大芽生え一覧（夏
生，冬生），芽生え図鑑（夏生一年草，多年草，
冬生一年草）

<図鑑・図集>

**いっしょに探そう野山の花たち　花色と形
でわかる野草図鑑**　馬場多久男，竹田正
博，小沢正幸，百瀬剛，関岡裕明，大沢太
郎，田中裕二編著　（長野）信濃毎日新聞社
2012.5　322p　19cm　〈文献あり 索引あり〉
2000円　Ⓘ978-4-7840-7188-3　Ⓝ470.38

（目次）第1部 色と形を見分けよう! 検索編，第2
部 花の名前を確かめよう! 解説編

（内容）野山で，原っぱで，道ばたで，咲いてる
あの花，名前はなあに? 親子のお散歩に。学校
の野外学習に。おしゃべりしながら，知らない
草花を見つけてください。身近な草花700種を
一挙掲載。

色で見わけ五感で楽しむ野草図鑑　藤井伸
　二監修，高橋修著　ナツメ社　2014.5　399p

124　科学への入門レファレンスブック

植物学　　　　　　　　　　　　　　　　　　　草・花

19cm　1300円　Ⓘ978-4-8163-5589-9

(目次)白色の花，黄色の花，橙色の花，赤色の花，紫色の花，青色の花，緑と茶色の花

(内容)身の周りで見られる代表的な野草543種（画像掲載種464種）を掲載し，花色で野草の種類を検索できます。野草の種類がわかったら，特徴や名前の由来などを知り，「見る，聴く，かぐ，触る，味わう」五感で観察を楽しみましょう。

色別身近な野の花山の花ポケット図鑑　花色別777種　辻幸治監修　（鹿沼）栃の葉書房　2009.5　462p　15cm　（別冊趣味の山野草）　1714円　Ⓘ978-4-88616-211-3　Ⓝ477.021

(内容)初めて植物と付き合い始める人を対象に，専門用語をなるべく使わず，花の形・色など，肉眼で簡単に見て取れる特徴を抜き出してまとめたポケット図鑑。花色別に777種を収録。

学研生物図鑑　特徴がすぐわかる　野草1双子葉類　改訂版　山口昭彦編　学習研究社　1990.3　386p　22cm　〈監修：本田正次『学研中高生図鑑』の改題〉　4600円　Ⓘ4-05-103857-2　Ⓝ460.38

学研生物図鑑　特徴がすぐわかる　野草2単子葉類　改訂版　山口昭彦編　学習研究社　1990.3　330p　22cm　〈監修：本田正次『学研中高生図鑑』の改題〉　4600円　Ⓘ4-05-103858-0　Ⓝ460.38

カヤツリグサ科入門図鑑　谷城勝弘著　全国農村教育協会　2007.3　247p　22×14cm　2800円　Ⓘ978-4-88137-124-4

(目次)第1部 カヤツリグサ科の形，第2部 カヤツリグサ科200種，第3部 カヤツリグサ科の生える環境，第4部 標本でみるカヤツリグサ科

原寸大 花と葉でわかる山野草図鑑　高橋良孝監修　成美堂出版　2007.5　319p　26×21cm　1800円　Ⓘ978-4-415-30025-2

(目次)花色もくじ，葉形もくじ，原寸大山野草図鑑と解説（50音順），山野草を楽しむ基礎知識，花の構造，葉の構造，用語解説，植物名さくいん

(内容)野山で見られる山野草のうち人気があるものを中心に300種を原寸大で紹介。花の色と葉の形で引ける目次付き。実際に自生している写真も収録。各植物の詳細なデータと野外で見つけるためのポイントなども解説。

最新版 雑草・野草の暮らしがわかる図鑑　岩槻秀明著　秀和システム　2014.12　489p

19cm　1800円　Ⓘ978-4-7980-4234-3

(目次)クワ科，イラクサ科，タデ科，ヤマゴボウ科，オシロイバナ科，ザクロソウ科，スベリヒユ科，ナデシコ科，アカザ科，ヒユ科〔ほか〕

(内容)身近な自然での植物観察がもっと楽しくなります!

里山・山地の身近な山野草 ワイド図鑑　菱山忠三郎写真と文　主婦の友社　2010.10　367p　24cm　（主婦の友新実用books Flower & green）　〈索引あり〉　1700円　Ⓘ978-4-07-274128-3　Ⓝ470.38

(目次)春編—1月〜5月，夏編—6月〜8月，秋編—9月〜12月

(内容)里山・山地に生える約400種の山野草を，1800枚以上の写真で紹介。ひとつひとつの植物について，季節ごとの姿・形・色が一目でわかる，これまでになかった画期的な図鑑。まぎらわしい植物もよくわかるよう，類似の植物や参考植物も豊富に掲載。

里山・山地の身近な山野草 持ち歩き図鑑　菱山忠三郎著　主婦の友社　2011.3　223p　17cm　（主婦の友ポケットbooks）　〈索引あり〉　900円　Ⓘ978-4-07-276430-5　Ⓝ470.38

(目次)「春」の山野草，「夏」の山野草，「秋」の山野草，植物用語の図解，植物用語の解説

(内容)丘陵や低山に生える山野草390種を掲載。花や葉の特徴が簡単にわかります。持ち歩き図鑑の決定版。

散歩で見かける草木花の雑学図鑑　季語 花言葉 名前の由来　金田洋一郎著　実業之日本社　2014.7　303p　18cm　1600円　Ⓘ978-4-408-33309-0

(目次)散歩で見かける草木花（春，夏，秋・冬）

(内容)草木花それぞれについての基本的な知識を簡潔に説明し，なおかつ，「名前の由来」「季語」「花言葉」も合わせて収録した「草木花の雑学図鑑」です。例えば，散歩をしていて，空地の片隅に美しい花が咲いているのを見つけて心引かれた時に，本書があれば一気に，その花についての名前，基本的知識，名前の由来，季語，花言葉を知ることができます。

散歩でよく見る花図鑑　気になる花がすぐわかる　亀田龍吉写真・文　家の光協会　2015.3　159p　21cm　1600円　Ⓘ978-4-259-56463-6

(目次)春の花（タンポポ，スミレ ほか），初夏の花（マツヨイグサ，オオマツヨイグサ ほか），

科学への入門レファレンスブック　125

夏の花（ヒルガオ，コヒルガオ ほか），秋・冬の花（キキョウ，カワラナデシコ ほか）

内容 美しい写真で特徴がひと目でわかる。道端、野原、公園などで出会う178種。

散歩の山野草図鑑 この花なに？ がひと目でわかる! 350種探しやすい花色・果実別の写真もくじ付き 山田隆彦著 新星出版社 2013.5 255p 18cm 〈文献あり索引あり〉 1200円 ①978-4-405-08561-9 Ⓝ470.38

目次 早春の植物，陽春の植物，初夏の植物，盛夏の植物，秋の植物

内容 350種掲載。探しやすい花色・果実別の写真もくじ付き。四季折々に出逢う、遊歩道や河原に自生する草花、ちょっとしたハイキングや登山で見かける花を中心に、写真とイラストで紹介。

山野草おもしろ図鑑 高橋勝雄写真・文 毎日新聞社 1992.5 126p 19cm 1600円 ①4-620-60408-9

内容 海外生まれの花、意外に強い草、変わった名前の由来、暑さ寒さで変わるすみか、そんな草たちの意外な素顔が見えてくる…。春夏秋冬のさまざまな山野草たちの素朴な疑問に大胆かつ明快に答えます。もちろん巻末には園芸に関するアドバイスもあり。あなたの身近な山野草の全てがわかる一冊。

世界のワイルドフラワー 1 地中海ヨーロッパ／アフリカ：マダガスカル編 大場秀章監修，冨山稔著 学習研究社 2003.11 264p 27×22cm 〈学研の大図鑑〉 3800円 ①4-05-201912-1

目次 1章 地中海ヨーロッパ（ポルトガル（アルガルベ地方），スペイン（アンダルシア地方），ピレネー山脈（スペイン／フランス），フランス（オーベルニュ地方）ほか），2章 アフリカ，マダガスカル（ケニア，タンザニア，ナミビア，南アフリカ（ケープ／ナマクワランド，ドラケンスベルク ほか））

世界のワイルドフラワー 2 アジア／オセアニア／北・南アメリカ編 冨山稔写真・著 学習研究社 2004.4 272p 27×22cm 〈学研の大図鑑〉 3800円 ①4-05-201913-X

目次 1章 アジア（アルメニア，カザフスタン ほか），2章 オセアニア（オーストラリア，ニュージーランド），3章 北アメリカ（カナダ（カナディアンロッキー），カナダ（ニューファンドラン

ド）ほか），4章 南アメリカ（ボリビア，チリ／アルゼンチン（アンデス山系）ほか）

誕生日の花図鑑 中居恵子著，清水晶子監修 ポプラ社 2011.3 391p 21cm 〈索引あり〉 1860円 ①978-4-591-12363-8 Ⓝ477.08

内容 自分や、家族、そして友達の誕生日の花は、これ! 花には、いろいろなおもしろい名前といわれがある。366日の誕生部の花と花言葉。

都会の草花図鑑 秋山久美子著 八坂書房 2006.6 248,14p 19cm 2000円 ①4-89694-871-8

目次 ドクダミ科，ハス科，キンポウゲ科，メギ科，ケシ科，クワ科，イラクサ科，ヤマゴボウ科，オシロイバナ科，アカザ科〔ほか〕

内容 公園や空き地、道端や広場などで見かける身近な草花を取りあげ、花や草姿、葉の様子など様々な写真で紹介。名前の由来やおもしろい性質、ちょっと便利な利用法や薬効など、知って得する情報満載。

野の花 山野の花・自然の花 講談社編 講談社 1993.9 279p 21cm 〈花の事典〉 2900円 ①4-06-131943-4 Ⓝ477

目次 福寿草，節分草，雪割草，片栗，春蘭，蕗の薹，菫，鈴蘭，水芭蕉，山芍薬，二人静，えごの木，河原撫子，葛，山辣韮，白髭草，柏葉白熊〔ほか〕

内容 日本の山野に自生する植物のうち、いけばな花材として使用されている自然の草木を中心に収載し、『野の花』として1巻に構成した図鑑。

野の花さんぽ図鑑 長谷川哲雄著 築地書館 2009.5 159p 21cm 〈索引あり〉 2400円 ①978-4-8067-1379-1 Ⓝ472.1

目次 啓蟄（3月上旬），春分（3月下旬），清明（4月上旬），穀雨（4月下旬），立夏（5月上旬），小満（5月下旬），芒種（6月上旬），夏至（6月下旬），小暑（7月上旬），大暑（7月下旬）〔ほか〕

内容 野の花370余種を、花に訪れる昆虫88種とともに、2週間ごとの季節の移り変わりで描く。花、実、根のようすから、季節ごとの姿まで、身近な草花の意外な魅力、新たな発見がいっぱいの植物図鑑。巻末には、植物画の描き方の特別講座付き。

野の花さんぽ図鑑 木の実と紅葉 長谷川哲雄著 築地書館 2011.10 125p 21cm 2000円 ①978-4-8067-1430-9 Ⓝ472.1

目次 秋（ドングリの季節，山の恵み，秋の味覚 ほか），初冬（モクセイの仲間の花と果実，初冬

126 科学への入門レファレンスブック

植物学　　　　　　　　　　　　　　　　　　草・花

に咲く花，色づく木々の葉），真冬（真冬のイチ
ゴ摘み，クリスマスの植物，正月の植物 ほか），
初春（春のきざし）

（内容）前作では描ききれなかった樹木を中心に，
秋から初春までの植物の姿を，繊細で美しい植
物画で紹介。250種以上の植物に加え，読者から
のリクエストが多かった野鳥も収載！ますます
散歩が楽しくなる新たな発見がいっぱいの一冊。

野の花めぐり 夏・初秋編　初島住彦監修，
大工園認著　（鹿児島）南方新社　2003.8
240p　19cm　〈地方〉　2000円　①4-
931376-89-4

（内容）本書は，「調べる植物図鑑」というより，
「自然を楽しむ植物図鑑」である。野草を中心
に，1291種の植物（言及種，シダ種を含む）につ
いて1630枚の写真を使用して解説・掲載。写真
は数枚をのぞき全て鹿児島県で撮影したもので
ある。

野の花山の花 色で見分ける図鑑　増補改訂
田中豊雄著　（長野）ほおずき書籍　1997.3
604p　19cm　〈東京 星雲社（発売）　索引あ
り〉　3800円　①4-7952-2049-2　Ｎ477.038

**野の花・山の花観察図鑑 登山、キャンプ、
ハイキングで見る**　東京山草会編　主婦の
友社　2008.8　191p　21cm　（主婦の友ベス
トbooks）　1300円　①978-4-07-262119-6
Ｎ477.038

（目次）ユリやランの仲間―単子葉類（ユリの仲
間，ウバユリ ほか），イチリンソウやキクの仲
間―放射相称の花（イチリンソウの仲間，キク
ザキイチゲ ほか），スミレやタツナミソウの仲
間―左右相称の花（トリカブトの仲間，ハマエ
ンドウ ほか），サラシナショウマなどの仲間―
小さな花（ヒトリシズカ，フタリシズカ ほか），
野生植物保護に関する資料

（内容）野の花，山の花300種以上を収録した図鑑。

**野山で見かける山野草図鑑 見分けかたや
名前の由来など、野山を散策しながら見
つけた、季節の山野草が調べられる**　柴
田規夫監修　新星出版社　2006.4　255p　24
×19cm　1400円　①4-405-08552-8

（目次）アカザ科，アカネ科，アカバナ科，アブ
ラナ科，アヤメ科，イチヤクソウ科，イネ科，
イラクサ科，イワウメ科，イワタバコ科〔ほか〕

（内容）野山を散策しながら見つけられる554種の
山野草を紹介。紹介する種は植物学上の科ごと
に分類し，各科を50音順に排列。

野山の花　久保田修著　学研教育出版，学研

マーケティング（発売）　2012.5　176p
18cm　（生きもの出会い図鑑）　1000円
①978-4-05-405298-7

（目次）春（道ばた・田畑，河原・湿地，丘陵地・
雑木林，山地の渓谷沿い，山地の稜線付近や草
地），夏，秋

（内容）山野に咲く美しい花300種以上の見分け
方，見られる環境をくわしく解説。一度は見た
い人気の花23種類の必ず見られるピンポイント
地図を掲載。

**ハイキングで出会う花ポケット図鑑 ひと
目で見分ける320種**　増村征夫著　新潮社
2006.5　190p　15cm　（新潮文庫）　629円
①4-10-106122-X

（目次）赤色系の花，白色系の花，黄色系の花，
紫色系の花，緑色系の花，茶色系の花

（内容）ポケット図鑑に待望の中・低山編が登場。
低山と1000～2000mの山域でよく見られる花を
選び，花の色や形や付き方，葉の形で細かく分
類，似ている花同士を並べて解説。見分けるポ
イントもイラストでズバリ例示。簡単に名前が
分かる。まさにハイカー必携のグッズ。

花と実の図鑑 1 春に花が咲く木　斎藤謙
綱絵，三原道弘文　偕成社　1990.5　40p
29×25cm　2200円　①4-03-971010-X
ＮK470

（目次）マンサク，ヒュウガミズキ トサミズキ，
モモ，ボケ，ヒイラギナンテン，サクラ（ソメ
イヨシノ），ハナズオウ，ハナミズキ，ドウダ
ンツツジ，モクレン，ハナカイドウ，モミジイ
チゴ，ミツバアケビ アケビ，モミジ（イロハモ
ミジ）トウカエデ，ヒメリンゴ，フジ，カルミ
ア，キリ

（内容）花芽から花・実・たねまで，身ぢかな木
の花の1年を，生き生きとした細密画で描く観
察図鑑。

**花と実の図鑑 2 夏・秋・冬に花が咲く
木**　斎藤謙綱絵，三原道弘文　偕成社
1990.5　40p　29×25cm　2200円　①4-03-
971020-7　ＮK470

（目次）ユリノキ，エゴノキ，ハコネウツギ，ハ
クウンボク，マユミ，クチナシ，アジサイ，ザ
クロ，ヤマボウシ，リョウブ，ナツツバキ，エ
ンジュ ハリエンジュ，ノウゼンカズラ アメリ
カノウゼンカズラ，サルスベリ，ムクゲ，ハギ
（ミヤギノハギ），ビワ，ツバキ

（内容）花芽から花・実・たねまで，身ぢかな木の
花の1年を，生き生きと細密画で描く観察図鑑。

科学への入門レファレンスブック　127

草・花 植物学

花のおもしろフィールド図鑑　秋　ピッキオ編著　実業之日本社　2002.7　301p　19cm　1700円　Ⓘ4-408-39496-3　Ⓝ477

(目次)赤・紫色の花(ノハラアザミ，タムラソウ，フジアザミ ほか)，白色の花(オケラ，ノブキ，ヌマダイコン ほか)，緑・茶色の花(オヤマボクチ，ハバヤマボクチ，ヨモギ ほか)

(内容)日本の野山でよく見られる花の図鑑。花の色別に章立てされており，野山で花の名前に困ったとき，花の色から植物名を判別できるようになっている。各章の中は双子葉植物(合弁端～離弁花)～単子葉植物の順に排列されている。各花の解説，分布，花期，識別のポイントが写真とともに掲載されている。巻末に索引が付く。

花のおもしろフィールド図鑑　春　ピッキオ編著　実業之日本社　2001.3　311p　19cm　1700円　Ⓘ4-408-39471-8　Ⓝ477

(目次)赤・紫・青色の花(ノアザミ，ヒレアザミ，キツネアザミ ほか)，白色の花(フキ，センボンヤリ，ハルジオン ほか)，黄色の花(オオジシバリ，ジシバリ，ニガナ ほか)，緑・茶色の花(チチコグサ，ハハコグサ，タチチチコグサ ほか)

(内容)春の野山で見られる花のガイドブック。専門用語を一切使わず，平易な言葉で解説。目立つ特徴を描いたイラストや名前の由来，その花の魅力について記載する。実際に見た花を探しやすいように，赤・紫・青，白，黄，緑・茶の色別で排列。巻末に索引がある。

花のおもしろフィールド図鑑　夏　ピッキオ編著　実業之日本社　2001.6　323p　19cm　1700円　Ⓘ4-408-39475-0　Ⓝ477

(目次)赤・紫・青色の花(オニアザミ，ハマアザミ ほか)，白色の花(ノコギリソウ，ヤマノコギリソウ ほか)，黄・オレンジ色の花(ブタナ，コウゾリナ ほか)，緑・茶色の花(ヒメチドメ，オオバチドメ ほか)，高山植物(ミヤマアズマギク，ヒメシャジン ほか)

(内容)夏の野山で見られる花のガイドブック。専門用語を一切使わず，平易な言葉で解説。目立つ特徴を描いたイラストや名前の由来，その花の魅力について記載する。実際に見た花を探しやすいように，赤・紫・青，白，黄，緑・茶の色別で排列。巻末に索引がある。

春!夏!秋!冬!里山の生きものがよ～くわかる図鑑　900種超の写真で見る生態図鑑　Handy & Color Illustrated Book　岩槻秀明著　秀和システム　2011.7　347p

19cm　〈文献あり 索引あり〉　1900円　Ⓘ978-4-7980-3019-7　Ⓝ472.1

(目次)第1章 身近な里山に出かけよう!，第2章 早春! 里山の観察ポイント，第3章 春! 里山の観察ポイント，第4章 初夏・梅雨! 里山の観察ポイント，第5章 夏! 里山の観察ポイント，第6章 秋! 里山の観察ポイント，第7章 冬! 里山の観察ポイント，番外編その1 里山散策で気をつけたい危険生物，番外編その2 特定外来生物と要注意外来生物

(内容)身近な自然で生態を観察。900種超の写真で見る生態図鑑。

ビジュアル博物館　11　植物　デビッド・バーニー著，リリーフ・システムズ訳　(京都)同朋舎出版　1990.10　61p　24×19cm　3500円　Ⓘ4-8104-0899-X　Ⓝ403.8

(目次)植物とはどんなものか，植物の体，植物の誕生，花が開く，光によって生きる，簡単な花の構造，複雑な花，花の種類，植物の受粉，花から果実へ，どのように種子をまき散らすか，風に乗って，種子なしで増える，生きている葉，自分の身を守る，地面をはうもの，ほかのものにつかまって上に伸びるもの，肉食性の植物，わなに捕えられる，奇生植物，着生植物，水に適応する，雪線より上に生きる，水なしで生きる，食物となる植物，コムギの話，薬と毒，植物採集家，植物を調べる

(内容)植物の世界を紹介する博物図鑑。花，果実，種子，葉，そのほかの写真によって，植物の体のつくりや生長のしかたを知るガイドブック。

ひと目で見分ける580種散歩で出会う花ポケット図鑑　久保田修著　新潮社　2011.4　174p　16cm　(新潮文庫 く-35-2)　〈文献あり 索引あり〉　590円　Ⓘ978-4-10-130792-3　Ⓝ477.038

(目次)合弁花類(キク科，キキョウ科，ウリ科 ほか)，離弁花類(セリ科，アカバナ科，ミソハギ科 ほか)，単子葉類(ラン科，アヤメ科，ヤマノイモ科 ほか)

(内容)私たちの身近にある花の種類は意外に多く，素人が見分けるのはなかなか難しい。本書ではイラスト，写真を贅沢に使い，個々の特徴をわかりやすく解説します。約500種を紹介したこの一冊で，日々の生活に潤いが増すこと間違いなし。

まちかど花ずかん　四季折々、散歩で出逢う花の物語　南孝彦，虫メガネ研究所著，荒木田文輝監修　ソフトバンクパブリッシング　2005.6　287p　19cm　1600円　Ⓘ4-

128　科学への入門レファレンスブック

植物学　　　　　　　　　　　　　　　　草・花

7973-3158-5

(目次)春―三～五月（こぶし（辛夷）、はくもくれん（白木蓮）ほか）、夏―六～八月（あじさい（紫陽花）、びようやなぎ（美容柳）ほか）、秋―九月～十一月（はまなす（浜梨）、くこ（枸杞）ほか）、冬―十二～二月（じゃのめえりか（蛇の目エリカ）、つた蔦（夏蔦）ほか）

(内容)花の名前がわかると、ちがう風景が見えてくる。花は、春74種、夏66種、秋51種、冬45種を掲載。花の紹介だけではなく、それぞれの花の由来も解説。

街でよく見かける雑草や野草のくらしがわかる本　300種超の写真で見る生態図鑑　Handy & color illustrated book
岩槻秀明著　秀和システム　2009.4　447p　19cm　〈文献あり　索引あり〉　1900円　①978-4-7980-2246-8　Ⓝ479.038

(目次)クワ科、イラクサ科、タデ科、ヤマゴボウ科、オシロイバナ科、ザクロソウ科、スベリヒユ科、ナデシコ科、アカザ科、ヒユ科〔ほか〕

(内容)ウキクサの花、ワレモコウの果実、イノコズチの氷柱等々、雑草・野草の生態写真を多数掲載!雑草・野草の生態観察がもっともっと楽しくなる。

身近な野草・雑草　ワイド図鑑 季節ごとの姿・形・色がこれ一冊でわかる画期的な図鑑!　菱山忠三郎写真と文　主婦の友社　2010.4　367p　24cm　（主婦の友新実用books　Flower & green）　〈索引あり〉　1600円　①978-4-07-270484-4　Ⓝ472.1

(目次)春編（1月から5月），夏編（6月から8月），秋編（9月から12月）

(内容)掲載写真1800余枚。類似植物や参考植物も豊富に収録。野草の四季が誰にでもすぐわかる。

持ち歩き図鑑 身近な野草・雑草　菱山忠三郎著　主婦の友社　2007.4　223p　17cm　（主婦の友ポケットBOOKS）　900円　①978-4-07-254574-4

(目次)春の野草・雑草（1月～5月），夏の野草・雑草（6月～8月），秋の野草・雑草（9月～12月），植物用語の図解，植物用語の解説

(内容)里山の野草から町なかの雑草まで400種を紹介。各季節の中での配列は、被子植物（双子葉合弁花類）、被子植物（双子葉離弁花類）、被子植物（単子葉類）、シダ植物の順。

野草のおぼえ方　上　いがりまさし著　小学館　1998.3　255p　19cm　（フィールド・ガ

イド 18）　1750円　①4-09-208018-2

(目次)キク科，キキョウ科，アカネ科，オオバコ科，ゴマノハグサ科，ナス科，シソ科，ムラサキ科，ヒルガオ科，リンドウ科〔ほか〕

(内容)春から夏に目につく野草300種を解説した図鑑。野草の名前とその特徴を、口ずさんで覚えられるように、語呂のよいフレーズを掲載。和名・学名・英名索引、総索引付き。

野草のおぼえ方　下　いがりまさし著　小学館　1998.7　263p　19cm　（フィールド・ガイド 19）　1750円　①4-09-208019-0

(目次)キク科，キキョウ科，マツムシソウ科，ウリ科，オミナエシ科，アカネ科，タヌキモ科，キツネノマゴ科，イワタバコ科〔ほか〕

(内容)夏から秋にかけて見られる野草300種を解説した図鑑。野草の名前とその特徴を、口ずさんで覚えられるように、語呂のよいフレーズを掲載。和名・学名・英名索引、総索引付き。

野草の花図鑑「春」　最新花色検索システム版　平野隆久写真　スコラ　1996.4　250p　19cm　（SCHOLAR FIELD BOOKS SERIES 1）　1800円　①4-7962-0374-5

(内容)春の野に咲く花をその花色から検索できるポケット図鑑。春の野に咲く222種の花の和名・漢字表記名・学名・分類・分布・解説を6色の花色別に「双子葉合弁花類」「双子葉離弁花類」「単子葉類」に分けて掲載する。巻末に五十音順の植物和名索引がある。「野草の花図鑑」シリーズ3分冊の第1巻にあたる。一花色で野の花がわかるポケット図鑑の決定版。

野草の花図鑑「秋」　最新花色検索システム版　平野隆久写真　スコラ　1996.9　255p　18cm　（SCHOLAR FIELD BOOKS SERIES 3）　1800円　①4-7962-0408-3

(内容)秋の野に咲く花224種を黄色・紅色・紫色・など花色で検索できるハンディサイズの図鑑。「野草の花図鑑」シリーズ3分冊の第3巻にあたる。花の和名・漢字表記名・学名・分類・分布・生育地を紹介し、カラー写真とともに解説。排列は、同一花色の中で「双子葉合弁花類」「双子葉離弁花類」「単子葉類」の分類順。巻末に五十音順の植物和名索引がある。

野草の花図鑑「夏」　最新花色検索システム版　平野隆久写真　スコラ　1996.6　250p　18cm　（SCHOLAR FIELD BOOKS SERIES 2）　1800円　①4-7962-0394-X

(目次)黄色，紅色，紫色，白色，褐色，緑色

(内容)夏の野に咲く223種の花を黄色・紅色・紫

科学への入門レファレンスブック　129

色・など花色で検索できるハンディサイズの図鑑。「野草の花図鑑」シリーズ3分冊の第2巻にあたる。花の和名・漢字表記名・学名・分類・分布・生育地を紹介し、カラー写真とともに解説。排列は、同一花色の中で「双子葉合弁花類」「双子葉離弁花類」「単子葉類」の分類順。巻末に五十音順の植物和名索引がある。

野草 見分けのポイント図鑑　林弥栄総監修,
畔上能力, 菱山忠三郎, 西田尚道監修, 石川美枝子イラスト　講談社　2003.2　335p　19cm　1900円　Ⓘ4-06-211599-9

(目次)春の野草(キク科, オオバコ科, ゴマノハグサ科 ほか), 夏の野草(キク科, キキョウ科, オミナエシ科 ほか), 秋の野草(キク科, キキョウ科, ハマウツボ科 ほか)

(内容)この草はなに?どこが違うの?あなたの疑問がイラストですっきり。理解が深まる検索ハンドブック。

用途がわかる山野草ナビ図鑑　大海淳著
大泉書店　2007.4　351p　21cm　1500円　Ⓘ978-4-278-04720-2

(目次)冬・春の山野草, 夏の山野草, 秋・冬の山野草, 山野草の基礎知識(植物部位の名称, 山野草の利用法)

◆食中植物・有毒植物

＜事 典＞

毒草大百科　奥井真司著　データハウス
2001.5　253p　21cm　1600円　Ⓘ4-88718-599-5　Ⓝ471.9

(目次)第1章 人を死に至らしめる植物(ジキタリス, ドクニンジン ほか), 第2章 人を狂わせる植物(コカノキ, ハシリドコロ ほか), 第3章 人を苦しめる植物(フクジュソウ, イチイ ほか), 第4章 個性的な毒を持つ植物(ポインセチア, アイリス ほか)

(内容)毒草の入手方法, 栽培方法, 薬用としての効果, 有毒成分などについて解説したビジュアル事典。全ての毒草の写真や図を掲載する。

毒草大百科　増補版　奥井真司著　データハウス　2002.5　319p　21cm　2000円　Ⓘ4-88718-652-5　Ⓝ471.9

(目次)第1章 人を死に至らしめる植物, 第2章 人を狂わせる植物, 第3章 人を苦しめる植物, 第4章 個性的な毒を持つ植物, 第5章 毒草栽培のための知識と設備, 第6章 毒草を利用する

(内容)毒草のビジュアル事典。人を死に至らしめる植物, 人を狂わせる植物, 人を苦しめる植物, 個性的な毒を持つ植物等4つに区分した各毒草について写真や図を掲載, 入手方法, 栽培方法, 薬用としての効果, 有毒成分などについて解説する。毒草栽培の基本知識や毒草の利用法の基本についてもまとめて紹介している。巻末に参考文献一覧を付す。

＜ハンドブック＞

気をつけよう!毒草100種　類似の植物と見分けられる!　中井将善著　金園社　2002.6　180p　19cm　1500円　Ⓘ4-321-24819-1　Ⓝ471.9

(目次)Aグループ 人気のある山菜によく似ている毒草(アミガサユリ, イヌサフラン ほか), Bグループ 外見上いかにも無害に見える毒草(アオツヅラフジ, イヌホオズキ ほか), Cグループ 身近にあって知られていない有毒植物(アキカラマツ, アサ ほか), Dグループ 処理方法を誤ると中毒になる有用植物(アカザ, イチョウ ほか), Eグループ かぶれや花粉症など外部接触で害がある毒草(オオルリソウ, オニグルミ ほか)

(内容)毒草のガイドブック。100種類の毒草を5グループに分けて, 五十音順に排列, 方言名, 生態と特色, 分布と自生, 毒の成分や扱いの注意, 薬草としての効用, 食用になるか, 類似の植物等について写真を交えて解説する。巻頭に身近にある毒草の基礎知識をまとめる。山菜等に似ている毒草について, その見分け方も紹介, 毒草と薬草の2つの側面をもつ植物についての理解を深め, うまく活用するための知識を紹介している。

＜図鑑・図集＞

おどろきの植物 不可思議プランツ図鑑　食虫植物、寄生植物、温室植物、アリ植物、多肉植物　木谷美咲文, 横山拓彦絵　誠文堂新光社　2014.9　213p　18×18cm　1500円　Ⓘ978-4-416-61465-5

(目次)レア度1, レア度2, レア度3

日本の有毒植物　佐竹元吉監修　学研教育出版, 学研マーケティング(発売)　2012.5　232p　19cm　(フィールドベスト図鑑 vol. 16)　〈他言語標題：Poisonous Plants in Japan　文献あり 索引あり〉　2000円

植物学　　　　藻類・菌類・シダ・コケ植物

Ⓘ978-4-05-405269-7　Ⓝ471.9

⬚目次⬚第1章 野生種，第2章 栽培種，第3章 情報不足の種

⬚内容⬚野生種と園芸種の有毒植物を写真で約180種紹介。山菜採りや庭の植物などで間違えやすい有毒植物をくわしく解説。

薬草・毒草を見分ける図鑑　役立つ薬草と危険な毒草、アレルギー植物・100種類の見分けのコツ　磯田進監修　誠文堂新光社　2016.2　159p　21×13cm　1500円　Ⓘ978-4-416-51651-5

⬚目次⬚第1章 薬草（アカメガシワ，アケビ，アサガオ ほか），第2章 毒草（アジサイ，アセビ，イチイ ほか），第3章 アレルギー植物（アネモネ，イソトマ，イチョウ ほか）

⬚内容⬚薬草を安全に楽しむために、各植物の特徴的な部位を写真で見せて、見分けのコツをわかりやすく解説。薬草と毒草計100種類を収録。

藻類・菌類・シダ・コケ植物

＜ハンドブック＞

校庭のコケ　野外観察ハンドブック　中村俊彦，古木達郎，原田浩共著　全国農村教育協会　2002.9　191p　21cm　1905円　Ⓘ4-88137-092-8　Ⓝ475

⬚目次⬚コケを見つける（コケとは?蘚苔類（コケ植物），地衣類 ほか），校庭のコケ190種（センタイ類，地衣類），コケを調べる（コケの生活を調べる，センタイ類の顕微鏡観察，地衣類の顕微鏡観察 ほか）

⬚内容⬚身近に見られるセンタイ類と地衣類を対象にしたコケに関するハンドブック。特に関東地方以西の低地など丘陵帯に見られる種類を中心に取り上げる。センタイ類は、セン類76種とタイ類42種、ツノゴケ類4種、地衣類は67種を収録し、写真、名前、学名、科目、分布、特徴などを記載する。付録として「センタイ類を顕微鏡で同定するときの特徴」の図解を掲載する。巻頭に、科別種名一覧があり、巻末に、学名索引と和名索引を付す。

淡水藻類入門　淡水藻類の形質・種類・観察と研究　山岸高旺編著　内田老鶴圃　1999.6　646p　26cm　25000円　Ⓘ4-7536-4087-6

⬚目次⬚1 淡水藻類の形質（淡水藻類，淡水藻類の細胞，淡水藻類の体制，淡水藻類の生殖と生活

史，淡水藻類の分布と伝播，淡水藻類の分類），2 淡水藻類の種類（藍藻類，紅藻類，黄色鞭毛藻類，黄緑色藻類，珪藻類，褐色鞭毛藻類，渦鞭毛藻類，緑色鞭毛藻類（ラフィド藻類），褐藻類，緑虫藻類（ミドリムシ類），緑藻類，車軸藻類（シャジクモ類）），3 淡水藻類の観察と研究（淡水藻類の採集と観察，淡水藻類の観察と研究分野，ベントス性およびプランクトン性淡水藻類の観察と研究 ほか），索引（術語小解・術語索引，学名総索引，属名・仮名読み・和名対照索引，属名・仮名読み・和名索引，綱・目・科名索引）

街なかの地衣類ハンドブック　大村嘉人著　文一総合出版　2016.10　80p　19cm　1400円　Ⓘ978-4-8299-8132-0

⬚目次⬚街なかの "小宇宙" を探検しよう!，地衣類とは，地衣類の多様性，地衣類と間違われやすい生き物，地衣類の形態，地衣体表面の構造および付属器官，地衣類の繁殖，ルーペを使おう!，呈色反応，都市部の地衣類〔ほか〕

＜図鑑・図集＞

学研生物図鑑　特徴がすぐわかる　海藻　改訂版　学習研究社　1990.3　292p　22cm　〈監修：千原光雄 編集：小山能尚『学研中高生図鑑』の改題〉　4100円　Ⓘ4-05-103859-9　Ⓝ460.38

カビ図鑑　野外で探す微生物の不思議　細矢剛，出川洋介，勝本謙著，伊沢正名写真　全国農村教育協会　2010.7　160p　26cm　〈文献あり 索引あり〉　2500円　Ⓘ978-4-88137-153-4　Ⓝ465.8

⬚目次⬚第1章 カビの世界の扉を開ける（わっ…カビだ!，カビをよく見てみれば ほか），第2章 カビを探してみよう（野外でくらすカビたち，サクラてんぐ巣病菌 ほか），第3章 実験!カビを捕まえよう（水の中のカビを釣る，土の中からカビを呼び出す ほか），第4章 カビと深くつきあうために（カビを集めてみよう，ルーペ・顕微鏡で観察しよう ほか），まとめ 菌類への深い理解をめざして

⬚内容⬚野外のカビの美しさ、不思議さを紹介する図鑑。自然の一部としてのカビのはたらきを紹介、環境についての考えが広く深くなる。野外でカビを探すコツがつかめる。

ときめくコケ図鑑　田中美穂文，伊沢正名写真　山と溪谷社　2014.2　127p　21cm

科学への入門レファレンスブック　131

藻類・菌類・シダ・コケ植物　　　　　植物学

1600円　①978-4-635-20225-1

(目次)1 コケの基本(コケってふしぎ!, コケの
季節はいつですか? ほか), 2 ツンツン蘚類(ミ
ズゴケ科, クロゴケ科 ほか), 3 しっとり苔類＋
ツノゴケ類(キリシマゴケ科, ムクムクゴケ科
ほか), 4 コケの道案内(コケのいる場所, 地図
や地形図で探す ほか)

動物学

動物学全般

＜事典＞

動物と植物 図説 科学の百科事典〈1〉 ジル・ベイリー，マイク・アラビー著，デイビッド・マクドナルド監修，太田次郎監訳，薮忠綱訳 朝倉書店 2006.9 173p 30cm（図説 科学の百科事典 1）〈原書第2版 原書名：The New Encyclopedia of Science second edition,Volume 2.Animals and Plants〉 6500円 ①4-254-10621-1

(目次)1 壮大な多様性，2 生命活動，3 動物の摂餌方法，4 動物の運動，5 成長と生殖，6 動物のコミュニケーション，用語解説，資料

(内容)動植物について発生・形態・構造・進化が関わる様々な事項を迫力のある写真やイラストを用いて解説した百科事典。

なるほど!恐怖!世界の危険生物事典 今泉忠明監修 池田書店 2015.12 175p 19cm 980円 ①978-4-262-15476-3

(目次)第1章 ほ乳類（ライオン，トラ ほか），第2章 鳥類・は虫類など（ヒクイドリ，ダチョウ ほか），第3章 海生ほ乳類・魚類（ヒョウアザラシ，セイウチ ほか），第4章 軟体動物など（ダイオウイカ，ヒョウモンダコ ほか），第5章 昆虫など（スズメバチ（オオスズメバチ），キラービー（アフリカ化ミツバチ）ほか）

(内容)「世界一の殺人生物は!?」「カバはライオンより凶暴!?」友達に話したい「なるほど情報」が満載!!

＜辞典＞

ことばの動物史 歴史と文学からみる 足立尚計著 明治書院 2003.2 211p 19cm 1300円 ①4-625-63317-6

(目次)けものや人の類など（トラ，ネコ ほか），空飛ぶ鳥の類など（オシドリ，キジ ほか），野山の昆虫・は虫類など（トンボ，カマキリ ほか），海や川の水に棲む類など（エビ，コイ ほか）

(内容)動物についての語源、動物と人との歴史や文学などを、ユーモアを交えて分かり易く紹介。

日本語でひく動物学名辞典 平嶋義宏著 （秦野）東海大学出版部 2015.2 483p 26cm 12000円 ①978-4-486-02056-1

＜名簿・人名事典＞

水族館で遊ぶ 全国水族館ガイド104館完全紹介 中村庸夫，中村武弘著 実業之日本社 2007.4 139p 21cm 1400円 ①978-4-408-32337-4

(目次)1 水の世界の住人たち，2 水族館の舞台裏を見る，3 何度も訪れたい個性豊かな水族館10選，4 水族館おもしろ知識，5 中村庸夫の撮影術 水族館で綺麗に写真を撮る方法，6 全国水族館データベース94

(内容)雄大な世界の海を再現した迫力の巨大水槽や水中にいると錯覚してしまう水中トンネル。魚たちのダイナミックなショーや見る人を魅了する趣向・工夫を凝らした展示。

中村元の全国水族館ガイド112 中村元写真・著 長崎出版 2010.7 223p 25cm〈索引あり〉 1900円 ①978-4-86095-414-7 ⑧480.76

(目次)関東，北海道，東北，北信越，東海，近畿，中国，四国，九州・沖縄

(内容)水族館プロデューサーが自らの目で、見て回った!全国112の施設、最新情報。

＜ハンドブック＞

身近な野生動物観察ガイド 鈴木欣司著 東京書籍 2003.4 191p 21cm 2000円 ①4-487-79901-5

(目次)山の自然で出会える動物（ムササビ─不思議いっぱいムササビの森，ホンドモモンガ─木から木へ、自由に飛び移る森の忍者，ニホンリス─早起きしないと見られない、山小屋の訪問者 ほか），里山～人家近く（公園、川辺など）で出会える動物（ホンドギツネ─野生味あふれる、

里山の行動派，ニホンアナグマ─タヌキの陰に
隠れた，ずんぐりかわいい里山の住人，アライ
グマ─ラスカル里山に暮らす ほか），限られた
場所だけで出会える動物（キタキツネ─観光客
から餌をもらう人気者だが…，エゾシカ─恋の
行方は，オスの角次第，エゾシマリス─北海道
の小さな人気者 ほか）
(内容)動物たちの「今」をとらえた貴重な生態
写真を満載。見て、読んで、出会える、完全ガ
イド。

<図鑑・図集>

いろいろたまご図鑑　ポプラ社　2005.2
　255p　21cm　1650円　①4-591-08554-6
(目次)虫とクモ（アゲハ，モンシロチョウ ほか），
鳥（キジバト，ヨタカ ほか），淡水の生き物と
両生類，は虫類（サケ，タイリクバラタナゴ ほ
か），海の生き物（ネコザメ，ナヌカザメ ほか），
土の中の生き物（シマミミズ，クロオオアリ ほ
か）
(内容)虫のたまご、鳥のたまご、魚のたまご、ふ
だん目にするものから、「まさかこれが、たま
ご？」とおどろくユニークなものまで約180種が
登場。

おかしな生きものミニ・モンスター　世に
　も奇怪な珍虫・珍獣図鑑　ポーラ・ハモン
　ド著，赤尾秀子訳　二見書房　2009.12
　175p　21cm　〈原書名：Mini monsters.〉
　1800円　①978-4-576-09178-5　Ⓝ480
(内容)実在する奇っ怪な生き物たち168匹!気色
悪くも愛らしいミニ怪獣ばかりを集めた「可笑
しな動物園」。

学研生物図鑑　特徴がすぐわかる　動物
　（ほ乳類・は虫類・両生類）　改訂版　学
　習研究社　1990.3　386p　22cm　〈監修：今
　泉吉典，岡田弥一郎 編集：本間三郎，伊藤年
　一〉　4300円　①4-05-103851-3　Ⓝ460.38

学研の大図鑑 危険・有毒生物　小川賢一，
　篠永哲，野口玉雄監修　学習研究社　2003.3
　240p　27×22cm　3500円　①4-05-401675-8
(目次)海にすむ危険・有毒生物，陸にすむ危険・
有毒生物，有毒・危険植物，有毒キノコ，動物
由来感染症，危険・有毒生物による事故の際の
安全マニュアル
(内容)海・陸にすむ危険・有害生物、危険・有害
植物、有毒キノコ、動物由来感染症、危険・有害
生物による事故の際の安全マニュアルについて

説明した図鑑。巻末に五十音順の索引付き。付
録として植物を調べるための主な用語解説図、
主な用語解説を掲載。

気をつけろ!猛毒生物大図鑑　1　山や森な
　どにすむ猛毒生物のひみつ　今泉忠明著
　（京都）ミネルヴァ書房　2015.7　39p　27×
　22cm　2800円　①978-4-623-07430-3
(目次)第1章 どこにいる?─猛毒生物がすんでい
る場所がわかります。（日本の山にすむ猛毒生物，
日本の森にすむ猛毒生物，世界の山にすむ猛毒
生物，世界の森にすむ猛毒生物，砂ばくにすむ
猛毒生物），第2章 毒のしくみ─毒がどのように
使われるのかがわかります。（生物の進化と毒，
生きるために毒をもつ動物，猛毒生物のさまざ
まな武器，猛毒生物のテクニック，もし、猛毒
生物におそわれたら?，毒から薬をつくる），第
3章 猛毒生物の生態─猛毒をもつ生物の生態が
わかります。（毒をもつ哺乳類，鳥類，毒をもつ
は虫類，毒をもつ両生類，毒をもつサソリ、ク
モのなかま，毒をもつ昆虫たち）
(内容)日本の山や森にはマムシやヤマカガシ、ハ
ブなどの猛毒生物がすんでいます。また、世界
の森には猛毒をもつカエルがいます。そんな山
や森などにすむ猛毒生物のひみつを解説してい
ます。

気をつけろ!猛毒生物大図鑑　3　家やまち
　にひそむ猛毒生物のなぞ　今泉忠明著
　（京都）ミネルヴァ書房　2015.9　39p　27×
　22cm　2800円　①978-4-623-07432-7
(目次)第1章 どこにいる?─猛毒生物がすんでい
る場所がわかります。（日本の家にひそむ猛毒生
物，日本のまちにひそむ有毒生物，世界の家にひ
そむ猛毒生物，世界のまちにひそむ猛毒生物），
第2章 毒のしくみ─毒がどのように使われるの
かがわかります。（これが猛毒生物の武器だ!,
猛毒生物のテクニック，昆虫の毒のきき方，家
やまちで毒の猛毒生物を見たら?，強力な毒をも
つ真菌，細菌，ヒトの生活や健康に役立つ毒），
第3章 猛毒生物の生態─猛毒をもつ生物の生態
がわかります。（毒をもつ昆虫のなかま，毒をも
つクモのなかま，毒をもつサソリのなかま，毒
をもつムカデのなかま，毒をもつ植物やキノコ
のなかま，毒をもつ細菌）
(内容)日本の家にはスズメバチやセアカゴケグ
モなどの猛毒生物がひそんでいることがありま
す。また、世界のまちには毒をもつムカデやサ
ソリがいることもあります。そんな家やまちに
ひそむ猛毒生物のなぞについて解説しています。

危険生物　小宮輝之監修，講談社編　講談社

134　科学への入門レファレンスブック

動物学　　　　　　　　　　　　　　　　　　　　動物学全般

2016.6　183p　27×22cm　（講談社の動く図鑑MOVE）〈付属資料：DVD1〉　2000円　①978-4-06-220092-9

(目次)草原・平地の危険生物，森林の危険生物，海の危険生物，川・水辺の危険生物，空の危険生物，極地の危険生物，砂漠の危険生物，身近な危険生物

(内容)NHKのスペシャル映像を豊富に使った、MOVEオリジナルDVDつき。おもしろい写真や、迫力のあるイラストが満載!写真やイラストが大きくてわかりやすいから、はじめてよむ図鑑に最適!インターネットで、危険生物の最新・おもしろ情報が読める!

危険生物 最強王者大図鑑　今泉忠明監修
宝島社　2016.10　159p　21cm　800円
①978-4-8002-6077-2

(目次)最強動物王決定トーナメント表，水中王決定トーナメント表，ムシ王決定トーナメント表，エキシビション・バトル対戦表，タイムスリップ・バトル対戦表，バトル（最強動物王決定トーナメント1回戦，水中王決定トーナメント1回戦，ムシ王決定トーナメント1回戦，最強動物王決定トーナメント2回戦，準決勝戦 ほか）

(内容)全36種の生物の強さ、大きさ、生息地などのデータ・解説を収録!

寄生虫図鑑 ふしぎな世界の住人たち　目
黒寄生虫館監修　飛鳥新社　2013.8　119p
19cm　2200円　①978-4-86410-252-0
Ⓝ481.71

(目次)扁形動物，線形動物，節足動物，刺胞動物またはそれに近縁なグループ，原生生物，植物・菌類

(内容)ロイコクロリジウムは寄生したカタツムリを中から操り、鳥に発見させて自らと共に食べさせる! カタツムリをイモムシに変える。若い2匹が合体して死ぬまで離れない。虫から草に転生する。シーラカンスと共に悠久の時を生きる。カマキリの腹から出てきたものは―地球上でもっとも奇妙な生態と形態をもつ生物、寄生虫。「世界でただ一つの寄生虫の博物館」が監修する、軽妙な解説とドラマティックなイラストで描かれた、超オモシロ寄生虫ワールド。

共生する生き物たち アブラムシからワニ、サンゴまで　鷺谷いづみ監修　PHP研究所
2016.5　63p　29×22cm　（楽しい調べ学習シリーズ）　3000円　①978-4-569-78547-9

(目次)序章 共生ってなに?（「共生」は生き物同士の関係のひとつ，共生することで生き物が得る

もの），第1章 生き残るために共生する（陸の捕食者から守ってもらう生き物，海の捕食者から守ってもらう生き物，寄生虫や食べかすを取ってもらう動物），第2章 繁殖するために共生する（花粉をめしべに運んでもらう植物，種子を遠くへ運んでもらう植物），第3章 食べ物を得るために共生する（狩りを手伝ってもらう動物，食べ物の消化を助けてもらう動物，食べ物や栄養分をつくってもらう動物）

極限世界の生き物図鑑 砂漠・洞くつから深海まで　長沼毅監修　PHP研究所　2013.10　63p　29×22cm　（楽しい調べ学習シリーズ）　3000円　①978-4-569-78362-8

(目次)第1章 暑く乾燥した砂漠，第2章 極寒の大地，第3章 氷のうかぶ海，第4章 空気のうすい高山，第5章 真っ暗な洞くつ，第6章 なぞが多い深海

すごい動物大図鑑　下戸猩猩監修　高橋書店
2016.6　191p　19cm　（ふしぎな世界を見てみよう!）　1000円　①978-4-471-10363-7

(目次)なにこれ（めったに見られないサル!―キンシコウ，鼻は人気のあかし!―テングザル ほか），すごい（砂漠なんてへっちゃら!―ヒトコブラクダ，なんでそんなところに!?―シロイワヤギ ほか），つよい（だれもにげられない!―チーター，地上最強のハンター集団!―リカオン ほか），なぜなに（あごがおしい?―カバ，さぼっているわけじゃない!―ライオン ほか），かしこい（高い所でゆったりお食事!―ヒョウ，大きな落とし物!―ニホンリス ほか）

(内容)へんな見た目やおもしろい見た目の動物たち。おどろきの能力やとくぎをもつ動物たち。ほかの生き物にもおそれられる強い動物たち。行動や体のつくりがふしぎな動物たち。生きるためにいろんな知恵を身につけた動物たち。信じられない!見た目!くらし!ワザ!114種!

動物　今泉忠明監修　学研教育出版，学研マーケティング〔発売〕　2014.7　247p　30×22cm　（学研の図鑑LIVE）〈付属資料：DVD1〉　2200円　①978-4-05-203883-9

(目次)哺乳類（ネコのなかま，ウシのなかま，クジラのなかま，ゾウのなかま，ツチブタ・ハイラックスのなかま ほか），爬虫類・両生類（ワニのなかま，カメのなかま，トカゲのなかま，ヘビ，ムカシトカゲのなかま，サンショウウオのなかま ほか）

動物　今泉忠明監修　学研プラス　2016.5
240p　19cm　（学研の図鑑ライブポケット

科学への入門レファレンスブック　**135**

動物地理・動物誌　　　　　　動物学

2)　980円　①978-4-05-204394-9

(目次)アフリカの動物，ユーラシアの動物，北アメリカの動物，南アメリカの動物，オーストラリアの動物，日本の動物，海の動物，ペット・家ちく，爬虫類・両生類

(内容)お出かけに大活躍!オールカラーのきれいな写真!特徴，見分け方がよくわかる!知ると楽しい「発見ポイント」掲載!約600種の特徴がよくわかる!

日本にしかいない生き物図鑑　固有種の進化と生態がわかる!　今泉忠明監修　PHP研究所　2014.11　63p　29×22cm　（楽しい調べ学習シリーズ）　3000円　①978-4-569-78426-7

(目次)第1部 日本には固有の生き物がいっぱい（固有種が多い日本の野生動物，日本に固有種が多いわけ，固有種を守ろう!），第2部 日本固有の生き物を見てみよう（北海道〜九州にすむ固有種，南西諸島にすむ固有種，小笠原諸島にすむ固有種）

やさしい身近な自然観察図鑑　両生類・は虫類・鳥ほか　里中遊歩著　いかだ社　2014.4　95p　21×19cm　1600円　①978-4-87051-423-2

(目次)両生類─身近なカエルやイモリたち（トウキョウダルマガエル・トノサマガエル・ナゴヤダルマガエル，ニホンアマガエル・カジカガエル・ヤマアカガエル・ニホンアカガエル，モリアオガエル・シュレーゲルアオガエル ほか），は虫類・甲殻類─身近なヘビやカメたち（ニホントカゲ・ニホンカナヘビ，ヤマカガシ・ニホンマムシ，アオダイショウ・ヒバカリ・シマヘビ ほか），鳥類─身近な野鳥たち（スズメくらいの大きさの野鳥たち，ムクドリくらいの大きさの野鳥たち，ハトくらいの大きさの野鳥たち ほか），いろいろな動物を飼育・観察してみよう!

(内容)おさんぽコース，公園，家や園のまわり…道ばたにはふしぎがいっぱい!自然との接し方や危険を避けるための注意点もやさしく解説。

やさしい身近な自然観察図鑑　両生類・は虫類・鳥ほか　図書館版　里中遊歩著　いかだ社　2014.4　95p　22×19cm　2200円　①978-4-87051-426-3

(目次)両生類─身近なカエルやイモリたち（トウキョウダルマガエル・トノサマガエル・ナゴヤダルマガエル，ニホンアマガエル・カジカガエル・ヤマアカガエル・ニホンアカガエル ほか），は虫類・甲殻類─身近なヘビやカメたち（ニホントカゲ・ニホンカナヘビ，ヤマカガシ・ニホ

ンマムシ ほか），鳥類─身近な野鳥たち（スズメくらいの大きさの野鳥たち，ムクドリくらいの大きさの野鳥たち ほか），いろいろな動物を飼育・観察してみよう!（自宅に野鳥を呼んでみよう!，動物を飼ってみよう!）

動物地理・動物誌

＜事　典＞

絶滅危惧の動物事典　川上洋一著　東京堂出版　2008.12　234p　図版16p　21cm　〈他言語標題：Animal cyclopedia of threatened species　文献あり〉　2900円　①978-4-490-10747-0　Ⓝ482.1

(目次)日本の自然環境と動物，哺乳類，爬虫類，両生類，無脊椎動物，移入種，レッドデータ動物カテゴリー別リスト

(内容)ニホンオオカミの後を追って姿を消すものは!?哺乳類，爬虫類，両生類，無脊椎動物，外来の移入種から100種をピックアップし，彼らの姿と生息環境の現状を資料画とともに解説。

＜名簿・人名事典＞

親子で遊ぼう!!おもしろ動物園 首都圏版　日地出版　1999.4　159p　21cm　（福袋）　1200円　①4-527-01652-0

(目次)東京都，神奈川県，埼玉県，千葉県，群馬県・栃木県・茨城県，静岡県・山梨県

(内容)関東地方の各都県，静岡・山梨県の一部の動物とふれあうことのできるレジャー施設を収録したガイドブック。76施設を地域別に配列。内容は，平成11年1月現在。内容項目は，施設名，大人2人と小学生・幼児（4歳以上）の4人分の入園料金を合計した料金，広域地図索引，マップ，レストランや授乳室の有無などを示したマーク，開園時間や休園日などを紹介したデータ，施設内の人気スポットや周辺情報などを紹介したみだし情報，耳寄り情報など。巻末に50音順索引を付す。

＜ハンドブック＞

動物園の動物　さとうあきら著　山と渓谷社　2000.3　281p　15cm　（ヤマケイポケットガイド 19）　1000円　①4-635-06229-5

136　科学への入門レファレンスブック

動物学　　　　　　　　　　　　　　　　　動物地理・動物誌

Ⓝ489.038

(目次)ほ乳類（有袋目，食虫目，翼手目，ツパイ目，霊長目，貧歯目，げっ歯目，食肉目，管歯目，ゾウ目，ハイラックス目，奇蹄目，偶蹄目），家畜・ペット，鳥類・は虫類，水族館の動物

(内容)動物園で見ることができる，哺乳類約190種，鳥類・大形爬虫類約30種，水族館の動物約20種，合計約240種を紹介した図鑑。記載事項は，標準和名，別名，英名，分布，生息環境，大きさ，特徴，生活，食べ物，子の数など。

動物園の動物　2版　さとうあきら著　山と渓谷社　2007.6（第4刷）　281p　15cm　（ヤマケイポケットガイド 19）　1000円　Ⓘ978-4-635-06229-9　Ⓝ480.38

動物園の動物　さとうあきら著　山と渓谷社　2011.4　281p　15cm　（新ヤマケイポケットガイド 13）〈2000年刊の改訂，新装　並列シリーズ名：New Yama-Kei Pocket Guide　文献あり　索引あり〉　1200円　Ⓘ978-4-635-06271-8　Ⓝ480.38

(目次)ほ乳類（有袋目，食虫目，翼手目 ほか），鳥類・は虫類（鳥類，は虫類），水族館の動物（クジラ目，鰭脚目，カイギュウ目 ほか）

(内容)収録種類数は，ほ乳類約190種，鳥類，大形は虫類約30種，水族館の動物約20種，合計約240種（亜種，品種を含む）で，日本の動物園で見られるものを選んである。

昔々の上野動物園，絵はがき物語　明治・大正・昭和……パンダがやって来た日まで　小宮輝之著　求竜堂　2012.10　223p　21cm　2200円　Ⓘ978-4-7630-1231-9　Ⓝ480.76

(目次)絵はがきへの歩み『上野動物園案内』，絵はがきへの歩み『上野動物園動物画面帖』，明治から大正へ―写真による絵はがきの登場，大正から昭和へ―カラー絵はがきの登場，戦争の時代へ―厳しい現実，戦後の復興と動物園の発展

(内容)自他共に認める“動物園マニア”の前園長による，上野動物園史。ほろ苦い思い出，びっくり行動の動物たちなど，絵はがきと共に楽しめる，珠玉のエピソード満載。

レッドデータブック　日本の絶滅のおそれのある野生生物　その他無脊椎動物　環境省自然環境局野生生物課希少種保全推進室編　ぎょうせい　2014.9　82p　30cm　2600

円　Ⓘ978-4-324-09901-8

＜図鑑・図集＞

外来どうぶつミニ図鑑　鈴木欣司著　全国農村教育協会　2012.9　191p　21cm　〈文献あり　索引あり〉　2400円　Ⓘ978-4-88137-166-4　Ⓝ482.1

(目次)鳥類，昆虫類，哺乳類，甲殻類，魚類，両生・爬虫類，特定外来生物，要注意外来生物，日本のワースト100，世界のワースト100

新世界絶滅危機動物図鑑　6　IUCN・環境省・CITESリスト　資料集　改訂版　今泉忠明，小宮輝之，大淵希郷監修　学研教育出版，学研マーケティング（発売）　2012.2　72p　27×22cm　3000円　Ⓘ978-4-05-500847-1

(目次)日本の絶滅危機動物リスト，絶滅危機動物リスト

世界絶滅危機動物図鑑　第2集　日本の鳥、両生、爬虫、魚類　学習研究社　1997.1　64p　31cm　Ⓘ4-05-500224-6　Ⓝ482.038

世界絶滅危機動物図鑑　第5集　鳥、両生、爬虫、魚類　学習研究社　1997.1　64p　31cm　Ⓘ4-05-500227-0　Ⓝ482.038

世界絶滅危機動物図鑑　第6集　絶滅動物図鑑　学習研究社　1997.1　64p　31cm　Ⓘ4-05-500228-9　Ⓝ482.038

絶滅危機動物　今泉忠明，小宮輝之，大淵希郷監修　学研教育出版，学研マーケティング（発売）　2012.7　208p　19cm　（新ポケット版学研の図鑑 14）　960円　Ⓘ978-4-05-203550-0

(目次)CR（絶滅寸前種）（哺乳類，鳥類，爬虫類，両生類，魚類），EN（絶滅危惧種），VU（危急種），Ex・EW（絶滅種・野生絶滅種），NT（準絶滅危惧）LC（低懸念）DD（データ不足）

(内容)レッドリストに掲載された絶滅危機動物約300種掲載。絶滅してしまった動物の情報も満載。

絶滅危惧動物百科　1　総説―絶滅危惧動物とは　Amy-Jane Beer, Andrew Campbell, Robert and Valerie Davies, John Dawes, Jonathan Elphick, Tim Halliday, Pat Morris〔著〕，自然環境研究センター監訳　朝倉書店　2008.4　116p　28cm　〈原書名：Endangered animals.〉　4600円　Ⓘ978-4-

科学への入門レファレンスブック　137

動物地理・動物誌　　　　　　　　動物学

254-17681-0　Ⓝ482.038

(目次)絶滅危惧種とは何か，保全のための組織，絶滅危険度の区分，動物の生態，動物への脅威，動物界，哺乳類，鳥類，魚類，爬虫類，両生類，無脊椎動物，保全活動の実際

(内容)絶滅したか絶滅の恐れのある代表的な野生動物の概要と対策について写真やイラストとともにまとめたカラー図鑑シリーズ。2002年にイギリスで刊行された図鑑の邦訳。全10巻で，第1巻の概説，414種を五十音順に排列した第2巻〜第10巻で構成する。

絶滅危惧動物百科　2　アイアイ-ウサギ
Amy-Jane Beer,Andrew Campbell,Robert and Valerie Davies,John Dawes,Jonathan Elphick,Tim Halliday,Pat Morris〔著〕，自然環境研究センター監訳　朝倉書店　2008.4　116p　28×22cm　〈原書名：ENDANGERED ANIMALS〉　4600円　①978-4-254-17682-7　Ⓝ482.038

(内容)絶滅したか絶滅の恐れのある代表的な野生動物の概要と対策について写真やイラストとともにまとめたカラー図鑑シリーズ。第2巻〜第10巻では哺乳類と鳥類を中心に414種を五十音順に排列し，それぞれ見開き2ページで紹介。形態や分布、個体数、生態などの基本情報とともに写真やイラストを添えて解説する。データパネルには基本情報と生息分布図を掲載。各巻の巻末には、用語解説、参考文献／ウェブサイト、謝辞と写真提供、分類群ごとの動物名リスト、学名・和名の全巻共通索引を付す。

絶滅危惧動物百科　3　ウサギ（メキシコウサギ）-カグー
Amy-Jane Beer,Andrew Campbell,Robert and Valerie Davies,John Dawes,Jonathan Elphick,Tim Halliday,Pat Morris〔著〕，自然環境研究センター監訳　朝倉書店　2008.5　116p　28cm　〈原書名：Endangered animals.〉　4600円　①978-4-254-17683-4　Ⓝ482.038

(内容)絶滅したか絶滅の恐れのある代表的な野生動物の概要と対策について写真やイラストとともにまとめたカラー図鑑シリーズ。第3巻は「ウサギ（メキシコウサギ）−カグー」を収録。

絶滅危惧動物百科　4　カザリキヌバネドリ-クジラ（シロナガスクジラ）
Amy-Jane Beer,Andrew Campbell,Robert and Valerie Davies,John Dawes,Jonathan Elphick,Tim Halliday,Pat Morris〔著〕，自然環境研究センター監訳　朝倉書店　2008.5　116p　28cm　〈原書名：Endangered animals.〉　4600円　①978-4-254-17684-1　Ⓝ482.038

(内容)絶滅したか絶滅の恐れのある代表的な野生動物の概要と対策について写真やイラストとともにまとめたカラー図鑑シリーズ。第4巻は「カザリキヌバネドリ−クジラ（シロナガスクジラ）」を収録。

絶滅危惧動物百科　5　クジラ（セミクジラ）-サイ（シロサイ）
Amy-Jane Beer,Andrew Campbell,Robert and Valerie Davies,John Dawes,Jonathan Elphick,Tim Halliday,Pat Morris〔著〕，自然環境研究センター監訳　朝倉書店　2008.6　116p　28cm　〈原書名：Endangered animals.〉　4600円　①978-4-254-17685-8　Ⓝ482.038

(内容)絶滅したか絶滅の恐れのある代表的な野生動物の概要と対策について写真やイラストとともにまとめたカラー図鑑シリーズ。第5巻は「クジラ（セミクジラ）−サイ（シロサイ）」を収録。

絶滅危惧動物百科　6　サイ（スマトラサイ）-セジマミソサザイ
Amy-Jane Beer,Andrew Campbell,Robert and Valerie Davies,John Dawes,Jonathan Elphick,Tim Halliday,Pat Morris〔著〕，自然環境研究センター監訳　朝倉書店　2008.6　116p　28cm　〈原書名：Endangered animals.〉　4600円　①978-4-254-17686-5　Ⓝ482.038

(内容)絶滅したか絶滅の恐れのある代表的な野生動物の概要と対策について写真やイラストとともにまとめたカラー図鑑シリーズ。第6巻は「サイ（スマトラサイ）−セジマミソサザイ」を収録。

絶滅危惧動物百科　7　ゼノポエシルス-ニシオウギタイランチョウ
Amy-Jane Beer,Andrew Campbell,Robert and Valerie Davies,John Dawes,Jonathan Elphick,Tim Halliday,Pat Morris〔著〕，自然環境研究センター監訳　朝倉書店　2008.7　116p　28cm　〈原書名：Endangered animals.〉　4600円　①978-4-254-17687-2　Ⓝ482.038

(内容)絶滅したか絶滅の恐れのある代表的な野生動物の概要と対策について写真やイラストとともにまとめたカラー図鑑シリーズ。第7巻は「ゼノポエシルス−ニシオウギタイランチョウ」を収録。

絶滅危惧動物百科　8　ニシキフウキンチョウ-パンダ（レッサーパンダ）
Amy-Jane Beer,Andrew Campbell,Robert and Valerie Davies,John Dawes,Jonathan

138　科学への入門レファレンスブック

動物学　　　　　　　　　　　　　　　　　　動物地理・動物誌

Elphick,Tim Halliday,Pat Morris〔著〕，自然
環境研究センター監訳　朝倉書店　2008.7
116p　28cm　〈原書名：Endangered
animals.〉　4600円　Ⓘ978-4-254-17688-9
Ⓝ482.038

Ⓒ内容絶滅したか絶滅の恐れのある代表的な野
生動物の概要と対策について写真やイラストと
ともにまとめたカラー図鑑シリーズ。第8巻は
「ニシキフウキンチョウ−パンダ（レッサーパン
ダ）」を収録。

絶滅危惧動物百科　9　バンデューラバル ブスーポリネシアマイマイ類　Amy-Jane Beer,Andrew Campbell,Robert and Valerie Davies,John Dawes,Jonathan Elphick,Tim Halliday,Pat Morris〔著〕，自然環境研究セ ンター監訳　朝倉書店　2008.9　116p 28cm　〈原書名：Endangered animals.〉 4600円　Ⓘ978-4-254-17689-6　Ⓝ482.038

Ⓒ内容絶滅したか絶滅の恐れのある代表的な野
生動物の概要と対策について写真やイラストと
ともにまとめたカラー図鑑シリーズ。第9巻は
「バンデューラバルブス−ポリネシアマイマイ
類」を収録。

絶滅危惧動物百科　10　マウンテンニア ラーワタリアホウドリ　Amy-Jane Beer, Andrew Campbell,Robert and Valerie Davies,John Dawes,Jonathan Elphick,Tim Halliday,Pat Morris〔著〕，自然環境研究セ ンター監訳　朝倉書店　2008.9　116p 28cm　〈原書名：Endangered animals.〉 4600円　Ⓘ978-4-254-17690-2　Ⓝ482.038

Ⓒ内容絶滅したか絶滅の恐れのある代表的な野
生動物の概要と対策について写真やイラストと
ともにまとめたカラー図鑑シリーズ。第10巻は
「マウンテンニアラ−ワタリアホウドリ」を収録。

動物世界遺産　レッド・データ・アニマル ズ　6　アフリカ　小原秀雄，浦本昌紀， 太田英利，松井正文編著　講談社　2000.3 239p　30×24cm　4700円　Ⓘ4-06-268756-9 Ⓝ482

Ⓣ目次哺乳類（食肉目，霊長目，長鼻目 ほか），
鳥類（ペリカン目，ミズナギドリ目，コウノト
リ目 ほか），爬虫類（カメ目，トカゲ目（トカゲ
亜目），ワニ目 ほか），両生類（カエル目），解
説（哺乳類，鳥類，爬虫類，両生類）

Ⓒ内容IUCN（国際自然保護連合）の指定した，絶
滅の危機に瀕している2580種の動物を紹介する
シリーズ。本巻では，サハラ以南のアフリカに
生息する種を扱った。哺乳類205種，鳥類142種，

爬虫類22種、両生類11種を収録する。収録種名
一覧付き。

動物世界遺産　レッド・データ・アニマル ズ　1　ユーラシア、北アメリカ　小原秀 雄，浦本昌紀，太田英利，松井正文編著　講 談社　2000.5　241p　30×24cm　4700円 Ⓘ4-06-268751-8　Ⓝ482

Ⓣ目次哺乳類（食肉目，霊長目 ほか），鳥類（ミ
ズナギドリ目，ペリカン目 ほか），爬虫類（カ
メ目，トカゲ目），両生類（カエル目，サンショ
ウウオ目）

Ⓒ内容絶滅の危機に瀕している動物を収録した
図鑑。ユーラシア、北アメリカに生息する哺乳
類169種、鳥類87種、爬虫類48種、両生類45種
を収録。五十音順の収録種名一覧付き。

動物世界遺産　レッド・データ・アニマル ズ　4　インド、インドシナ　小原秀雄， 浦本昌紀，太田英利，松井正文編著　講談社 2000.7　214p　30×24cm　4700円　Ⓘ4-06- 268754-2　Ⓝ482

Ⓣ目次哺乳類（食肉目，クジラ目 ほか），鳥類
（ペリカン目，コウノトリ目 ほか），爬虫類（ワ
ニ目，カメ目 ほか），両生類（カエル目，サン
ショウウオ目）

Ⓒ内容絶滅のおそれのある動物として国際自然
保護連合によりレッドリストに記載された動物
を写真図版とともに掲載した資料集。本巻では
生物地理区でいう東洋区の大陸部と南西諸島，
台湾に生息する哺乳類110種、鳥類97種、爬虫
類32種、両生類8種について収録。図版編と解
説編で構成，動物はそれぞれ哺乳類，鳥類，爬
虫類，両生類から目ごとに分類して排列。解説
編では動物の名称と目及び科、学名、英名、サ
イズ、分布と絶滅危惧の度合い、解説を掲載。
巻末に類別の五十音順収録種名一覧を付す。

動物世界遺産　レッド・データ・アニマル ズ　5　東南アジアの島々　小原秀雄，浦 本昌紀，太田英利，松井正文編著　講談社 2000.9　211p　29×23cm　4700円　Ⓘ4-06- 268755-0　Ⓝ482

Ⓒ内容東南アジア諸島のレッド・データブック。
絶滅のおそれのある種を記載したレッド・リス
トにより絶滅の危機にさらされている動物を収
載。1996年に発表された最新のレッド・リスト
に基づき、東洋区の島嶼部とマレー半島の南部、
オーストラリア区の移行区であるウォーレシア
に生息する種で、絶滅の危機に瀕している種の
うち、魚類を除いた脊椎動物を収録する。哺乳
類、鳥類、爬虫類、両生類に分類して目・科の

科学への入門レファレンスブック　139

動物地理・動物誌　　　　　動物学

別に排列、それぞれは和名、学名、英名、サイズ、分布と生態・保護状況などについての解説を掲載。巻末に類別の索引を付す。

動物世界遺産 レッド・データ・アニマルズ　7　オーストラリア、ニューギニア
小原秀雄、浦本昌紀、太田英利、松井正文編著　講談社　2000.11　231p　30×24cm　4700円　①4-06-268757-7　Ⓝ480.79

(目次)図版(哺乳類、鳥類、爬虫類、両生類)、解説(哺乳類、鳥類、爬虫類、両生類)

(内容)IUCN(国際自然保護連合)の一部門のSSC(種の保存委員会)が`絶滅のおそれのある種'を記載したレッド・リストのうち、オーストラリア・ニューギニアの脊椎動物(魚類を除く)を紹介するデータブック。1996年に発表された最新のレッド・リストに基づき、哺乳類141種、鳥類104種、爬虫類36種、両生類25種を収録。系統分類順に掲載する。地図、コラム、五十音順の収録種名一覧付き。

動物世界遺産 レッド・データ・アニマルズ　2　小原秀雄〔ほか〕編著　講談社　2001.1　179p　30cm　〈他言語標題：Red data animals〉　4700円　①4-06-268752-6　Ⓝ482

動物世界遺産 レッド・データ・アニマルズ　3　中央・南アメリカ　小原秀雄、浦本昌紀、太田英利、松井正文編著　講談社　2001.3　296p　30×24cm　4700円　①4-06-268753-4　Ⓝ482

(目次)哺乳類(異節目(貧歯目)、オポッサム目 ほか)、鳥類(ペンギン目、カイツブリ目 ほか)、爬虫類(トカゲ目(トカゲ亜目、ヘビ亜目)、ワニ目 ほか)、両生類(サンショウウオ目、カエル目)

(内容)絶滅の危機に瀕している動物を収録した図鑑。8分冊の中の第3冊。IUCN(国際自然保護連合)が作成した "1996 IUCN Red list of Threatened Animals" に基づき、生物地理区でいう新熱帯区のチリ地域と新北区、カリブ亜区に生息する脊椎動物のうち、魚類を除く463種を収録。記載項目は和名、学名、英名、サイズ、分布、3区分の絶滅ランク、解説。巻頭に「中央・南アメリカの動物相」、巻末には「収録種名一覧」を収載。

動物世界遺産 レッド・データ・アニマルズ　8　小原秀雄〔ほか〕編著　講談社　2001.5　259p　30cm　〈他言語標題：Red data animals〉　4700円　①4-06-268758-5　Ⓝ482

動物世界遺産 レッド・データ・アニマルズ

別巻　小原秀雄〔ほか〕編著　講談社　2001.7　187p　30cm　〈他言語標題：Red data animals〉　4700円　①4-06-268759-3　Ⓝ482

ひと目で見分ける420種 親子で楽しむ身近な生き物ポケット図鑑　久保田修著　新潮社　2013.4　174p　15cm　(新潮文庫)　670円　①978-4-10-130793-0

(目次)ほ乳類(タヌキや似た仲間、水辺で見られる動物 ほか)、は虫類・両生類(身近なカメ、トカゲや似た小動物 ほか)、魚類・貝類・甲殻類(メダカと似た仲間、流れのある水路の小魚 など ほか)、野鳥(庭先や公園にいる野鳥、丘陵地周辺の野鳥 ほか)、昆虫(オサムシや似た仲間、大きなクワガタ ほか)

(内容)ゆっくりと家のまわりを散歩してみると、まだまだ豊かな自然が残っていることに気づきます。鳴き声のきれいな小鳥、子供が獲ってきた昆虫、茂みからひょっこり顔を出した小動物、近所の小川を泳ぐ魚など。しかし、その生き物たちの名前や生態は意外に知らないものです。この図鑑では420種の生態を豊富なイラストや写真とともに解説します。簡単に検索できる画期的な一冊です。

フィールドガイド・アフリカ野生動物　サファリを楽しむために　小倉寛太郎著　講談社　1994.8　230p　18cm　(ブルーバックス)　〈参考文献・参照引用文献：p212〜220〉　1800円　①4-06-257032-7　Ⓝ482.45

(目次)東アフリカの動物たち(種類別解説)、サファリを楽しむために、ナショナルパーク案内、東アフリカ野生動物「出会い見込み」表、旅の手引き、写真撮影の手引き

(内容)サファリという言葉を知っていますか。その昔は狩猟旅行の意味でしたが、現在では「野生動物探訪・観察・撮影旅行」の意味が定着してきています。日本でも、このサファリに憧れ、楽しむ人は年々増えてきていますが、これまで、サファリで便利な「動物のフィールドガイド」がありませんでした。本書は、どうやってサファリを楽しむのか、どんな注意が必要か、といった情報も収録しながら、サファリで出会える動物たちについて、美しい生態写真とユニークな解説で構成した、初めての東アフリカ野生動物ガイドです。行っても行かなくても、本書でサファリが楽しめます。

滅びゆく世界の動物たち 絶滅危惧動物図鑑　黒川光広作　ポプラ社　1996.6　31p　34×25cm　(ポプラ社の絵本図鑑 3)　2400

140　科学への入門レファレンスブック

動物学　　　　　　　　　　　　　　　　　　　　水生動物・貝類学

円　①4-591-04996-5

(内容)世界で絶滅の危機に瀕している動物を地域ごとにイラストで掲載した子供向けの図鑑。動物の名称・危機の度合い・生態や特徴・絶滅危機の原因を記載する。巻末に動物名の五十音順索引がある。

森の動物図鑑　本山賢司絵・文　東京書籍
2011.9　119p　22cm　〈他言語標題：The forest animals　文献あり〉　1300円　①978-4-487-80435-1　Ⓝ482.1

(目次)針葉樹の森・落葉樹の森(ナキウサギ, イイズナ, オコジョ, ヒグマ, ツキノワグマ ほか), 照葉樹の森(キョン, ノヤギ, ツシマヤマネコ, アマミノクロウサギ, イリオモテヤマネコ)

(内容)オールイラストレーションによる画期的図鑑第3弾。

森の動物出会いガイド　子安和弘著　ネイチャーネットワーク　2000.11　156p　19cm　(自然出会い・図鑑 1)　1429円　①4-931530-04-4　Ⓝ654.8

(目次)ナキウサギ―岩場に住む氷河期の落とし子, ノウサギ―駿足で天敵から身を守る, ニホンリス―木登りとジャンプがうまい森の人気者, ムササビ―グライダーのように空を滑空する, ヤマネ―日本特産, 小さくてかわいらしい森の守り神, ヌートリア―南アメリカ原産の帰化動物, タヌキ―「木に登るイヌ」の異名を持つ, キツネ―用心深い森の名ハンター, ツキノワグマ―絶滅が危惧される大型獣, アライグマ―高い適応力で繁殖を続ける移入動物〔ほか〕

(内容)日本に生息している主な哺乳類を取り上げた図鑑。各動物ごとに, 学名・和名・分布域・解説・観察するためのコツなどを掲載する。

レッドデータアニマルズ　日本絶滅危機動物図鑑　JICC出版局　1992.4　190p　23×19cm　2980円　①4-7966-0305-0

(内容)日本の絶滅危機動物のなかから哺乳類、鳥類、淡水魚類、両生爬虫類、昆虫類の5つのジャンルを選出し490種類のうち266種類のデータと生態写真を収録。既刊の類書には今まで収録されなかった野生動物の素顔を多数紹介。

水生動物・貝類学

＜事典＞

海の動物百科　2　魚類1　松浦啓一訳　朝

倉書店　2007.4　73,15p　30cm　〈原書名：The New Encyclopedia of AQUATIC LIFE：Fishes 1〉　4200円　①978-4-254-17696-4

(目次)魚とは何か?, ヤツメウナギ類とヌタウナギ類, チョウザメ類とヘラチョウザメ類, ガー類とアミア, イセゴイ類・ソトイワシ・ウナギ類, ニシン類とカタクチイワシ類, オステオグロッスム類とその仲間, カワカマス類・サケ類・ニギス類とその仲間, ヨコエソ類とその仲間, エソ類とハダカイワシ類

海の動物百科　3　魚類2　John E. McCosker,Robert M.McDowall編, 松浦啓一監訳, 渋川浩一, 今村央訳　朝倉書店　2007.5　149,15p　31×22cm　〈原書名：The New Encyclopedia of AQUATIC LIFE：Fishes 2〉　4200円　①978-4-254-17697-1

(目次)カラシン類・ナマズ類・コイ類とその仲間, 地下の魚たち, タラ類・アンコウ類とその仲間, 性的寄生, トウゴロウイワシ類・カダヤシ類・メダカ類, スズキ型魚類, ヒラメ・カレイ類, モンガラカワハギ類とその仲間, タツノオトシゴ類とその仲間, その他の棘鰭類, リュウグウノツカイ類とその仲間, ポリプテルス・シーラカンス類・ハイギョ類, 「四足動物の祖先」を探して, サメ類, エイ類とノコギリエイ類, ギンザメ類

海の動物百科　4　無脊椎動物1　Andrew Campbell,John Dawes編, 今島実監訳, 西川輝昭, 並河洋, 蒲生重男, 倉持利明訳　朝倉書店　2007.6　77,15p　31×22cm　〈原書名：THE NEW ENCYCLOPEDIA OF AQUATIC LIFE：Aquatic Invertebrates〉　4200円　①978-4-254-17698-8

(目次)第4巻 無脊椎動物1(水生無脊椎動物とは何か?, 原生生物, カイメン類, イソギンチャク類とクラゲ類, クシクラゲ類 ほか), 第5巻 無脊椎動物2(軟体動物, ホシムシ類, ユムシ類, 環形動物, ワムシ類ほか)

(内容)動物門ごとに, 形態, 機能, 生殖, 食性, 利用などを解説。項目ごとに, さまざまな瞬間をとらえた美しくまた迫力のある水中写真や顕微鏡写真が随所にあり, それとともに形態の部分を示す明瞭なイラストが本文の解説を十分に補佐する。

海の動物百科　5　無脊椎動物2　Andrew Campbell,John Dawes編, 今島実監訳・訳, 齋藤寛, 西川輝昭, 倉持利明, 馬渡峻輔, 藤田敏彦訳　朝倉書店　2007.7　141,15p　31

水生動物・貝類学　　　　　　動物学

×22cm　〈原書名：THE NEW
ENCYCLOPEDIA OF AQUATIC LIFE〉
4200円　①978-4-254-17699-5

(目次)軟体動物，ホシムシ類，ユムシ類，環形
動物，ワムシ類，鉤頭虫類，内肛動物，ホウキ
ムシ類，コケムシ類，腕足類，棘皮動物，ギボ
シムシ類とその仲間，ホヤ類とナメクジウオ類

(内容)動物門ごとに，形態，機能，生殖，食性，
利用などを最新の高い水準で解説。

＜ハンドブック＞

海の危険生物ガイドブック　山本典暎著
　阪急コミュニケーションズ　2004.7　123p
　21cm　2400円　①4-484-04402-1

(目次)中層にいる刺胞動物，海底にいる刺胞動
物，エビ・カニの仲間，ヒトデ・ウニの仲間，
貝の仲間，イカ・タコの仲間，ウミケムシの仲
間，ウミヘビの仲間，サメの仲間，エイの仲間，
ウツボ・アナゴの仲間，ナマズの仲間，ダツの
仲間，アンコウの仲間，イットウダイの仲間，
ミノカサゴの仲間，カサゴ・オコゼの仲間，ミ
シマオコゼの仲間，ギンポの仲間，ネズッポの
仲間，タイの仲間，イシダイの仲間，キンチャ
クダイの仲間，スズメダイの仲間，アイゴの仲
間，カマスの仲間，ニザダイの仲間，モンガラ
カワハギ・フグの仲間

(内容)海洋レジャーで遭遇しやすい海の危険生
物約230種を生態写真で紹介。危険生物のフィー
ルド観察，体験談，対処法などを収録，巻末に
和名索引が付く。

海辺の生き物　小林安雅著　山と渓谷社
　2000.3　281p　15cm　（ヤマケイポケットガ
　イド16）　1000円　①4-635-06226-0
　Ⓝ481.72

(目次)海の生き物（海綿動物門，刺胞動物門・有
櫛動物門，扁形動物門，環形動物門，軟体動物
門，節足動物門，触手動物門，棘皮動物門，原
索動物門），海藻・海草

(内容)砂遊びやスノーケリング，スキューバダ
イビングで見かける約730種の無脊椎動物と，47
種の海藻，海草を紹介した図鑑。本州沿岸の岩
礁地や砂泥底で見られるものだけでなく，南日
本のサンゴ礁域で見られるものや，北日本の冷
水域で見られるものまで幅広く紹介。掲載デー
タは，和名，学名，大きさ，生息域，分布，特
徴，雌雄，繁殖，食べ物，生活形態など。

海辺の生きものガイドブック　倉沢栄一著

ティビーエス・ブリタニカ　2002.6　143p
21cm　2400円　①4-484-02407-1　Ⓝ481.72

(目次)ヒトデ・ウニ・ナマコ—棘皮動物，クラ
ゲ・イソギンチャク・サンゴ—刺胞動物，エビ・
カニ—節足動物甲殻類，姿を隠す，ヤドカリの
家いろいろ—節足動物甲殻類，巻貝・二枚貝—
軟体動物，ウミウシ—軟体動物，イカ・タコ—
軟体動物，その他，無脊椎動物いろいろ，サメ・
エイ—軟骨魚類〔ほか〕

(内容)海辺の生きもののビジュアルガイドブッ
ク。棘皮動物，刺胞動物，節足動物等から魚類，
爬虫類まで，海辺・沖・海底の生きものの生態
を紹介する。ヤドカリの家のいろいろや，産卵
のシーンや擬態の様子等，各生物の個性的な生
態をテーマとしてピックアップ，多数の写真を
使用してビジュアル的に構成している。巻末に
索引と参考文献一覧を付す。

川の生き物の飼い方　水辺には生き物が
　　いっぱい!　富田京一監修　成美堂出版
　1999.7　143p　21cm　（学習自然観察）
　1000円　①4-415-00719-8

(目次)川や池の魚（コイ，フナ，キンギョ，ド
ジョウ　ほか），カニや貝の仲間（ザリガニ，カ
ワエビ，テナガエビ，アカテガニ，サワガニ　ほ
か），カエルやカメの仲間（カエル，イモリ，サ
ンショウウオ，カメ　ほか），魚とうまくつきあ
おう（魚をむかえる前に，水槽の準備をしよう，
水草を植えよう　ほか）

(内容)日本で手に入る学習上重要な川の生き物
を中心に，つかまえ方，日常の世話から繁殖ま
で，豊富なイラストと写真でわかりやすく説明。
約140種類の生き物を紹介。これらの生き物が
どんな所にすみ，どのようにつかまえればよい
のかがわかる。体のしくみや習性を知りながら，
飼育を楽しもう。

水族館のひみつ　おどろきのしくみから飼
　　育係の仕事まで　新野大著　PHP研究所
　2013.11　63p　29×22cm　（楽しい調べ学
　習シリーズ）　3000円　①978-4-569-78349-9

(目次)1章　水族館の生き物たち—水族館の生き
物たちについて知りたい!（魚はどこからやって
くるの?，イルカやアシカはどこからやってく
るの?，生き物たちはどんなものを食べている
の?，生き物が病気になったらどうするの?，イ
ルカやアシカはどうして芸ができるの?，水族館
で生まれた赤ちゃんはどうやって育てるの?），
2章　水族館のしくみ—水族館のしくみについて
知りたい!（水族館はどのようにしてつくられる
の?，水槽の海水はどうやって集めているの?，

動物学　　　　　　　　　　　　　　　　　　　　　　　　　水生動物・貝類学

水槽の中のサンゴや海藻は本物なの?, 夜の水族館はどうなっているの?, 深海生物の水槽を暗くしているのはなぜ?), 3章 水族館で働く人たち—水族館で働く人たちについて知りたい!(水族館ではどんな人たちが働いているの?, 飼育係は毎日どんな作業をしているの?, 獣医師はどうやって生き物の健康を守っているの?, 飼育係や獣医師以外の人たちはどんなことをしているの?)

レッドデータブック　日本の絶滅のおそれのある野生生物　貝類　環境省自然環境局野生生物課希少種保全推進室編　ぎょうせい　2014.9　455p　30cm　5100円　①978-4-324-09900-1

<図鑑・図集>

磯の生き物図鑑　海の生物450種 磯遊びや海水浴がもっと楽しくなる!　小林安雅写真・監修, こばやしまさこ構成・文　主婦の友社　2011.5　175p　21cm　（主婦の友ベストbooks）　〈索引あり〉　1600円　①978-4-07-277776-3　Ⓝ468.8

(目次)図鑑 魚類（サメ・エイの仲間, ウツボ・アナゴの仲間, ゴンズイ・エソ・アシロの仲間 ほか）, 図鑑 海岸動物と海藻・海草（海岸動物, 海藻・海草）, 磯遊びの楽しみ方（磯遊びの基本知識, 磯を楽しむアイデアとヒント, 観察のポイント ほか）

(内容)砂浜や浅瀬, 潮だまりなどで見かける磯の生物のビジュアル図鑑。人気の生物から珍しい生物まで, 美しい写真と共に約450種掲載。生物の観察ポイントや磯での楽しみ方のアイデア, 危険な生物への対処法など, 磯遊びが充実するヒントも満載。

動く!深海生物図鑑　深海数千メートルにうごめく生命の驚異 DVD-ROM&図解　ビバマンボ, 北村雄一著, 三宅裕志, 佐藤孝子監修　講談社　2010.8　174p　18cm　（ブルーバックス B-1691）　〈並列シリーズ名：BLUE BACKS　索引あり〉　1500円　①978-4-06-257691-8　Ⓝ481.74

(目次)第1章 深海世界の基礎知識（深海の生態系, 熱水生態系と熱水噴出孔生物群集, 湧水生態系と湧水生物群集, 鯨骨生物群集）, 第2章 深海生物図鑑（海綿動物門, 刺胞動物門, 有櫛動物門, 軟体動物門, 環形動物門, 節足動物門, 棘皮動物門, 脊索動物門）

(内容)有人潜水調査船の能力向上により, 深海

に棲む生物たちが動き, 生活している姿が目の当たりにできるようになった。数千メートルに及ぶ海溝が育んだ深海生物の宝庫, 日本近海ほかで撮影された貴重な映像がパソコンで見られる本邦初めての「動く」深海生物図鑑。図解イラストと豊富な解説で, 深海の特殊な生態系のしくみもすっきりわかる。

美しい貝殻　奥谷喬司監修, 学研教育出版編・著　学研教育出版, 学研マーケティング〔発売〕　2015.3　127p　21cm　（学研の図鑑）　560円　①978-4-05-406205-4

(目次)1 色が美しい貝殻（ゴシキカノコ, ルリガイ ほか）, 2 形が美しい貝殻（オオイトカケ, チマキボラ ほか）, 3 形が奇妙な貝殻（クマサカガイ, ホネガイ ほか）, 4 稀少で高価な貝殻（リュウグウオキナエビス, シンセイダカラ ほか）, 5 飾りになる貝殻（ピンクガイ, マンボウガイ ほか）

(内容)200種類の世界の貝殻を写真でやさしく解説!日本の海辺で見つかる貝殻ガイド付き!!

海の生き物　学研教育出版, 学研マーケティング（発売）　2012.8　125p　21cm　（学研の図鑑）　〈他言語標題：The Encyclopedia of Marine Life〉　552円　①978-4-05-405422-6　Ⓝ481.72

(目次)1 大洋にくらす海の生き物（ザトウクジラ, マッコウクジラ, シロナガスクジラ ほか）, 2 沿岸域にくらす海の生き物（ウミイグアナ, ジェンツーペンギン, アカガニ ほか）, 3 サンゴ礁にくらす海の生き物（カクレクマノミ, タイマイ, オオジャコガイ ほか）, 4 外洋にくらす海の生き物（バンドウイルカ, セミクジラ, ジンベエザメ ほか）, 5 極洋にくらす海の生き物（コウテイペンギン, ベルーガ（シロイルカ）, イッカク ほか）

(内容)ザトウクジラ, イッカク, タツノオトシゴ, カクレクマノミ, コウテイペンギンetc。多彩な生命が躍動する。

海辺の生きもの　奥谷喬司編著, 楚山勇写真　山と渓谷社　1994.8　367p　19cm　（山渓フィールドブックス 8）　2700円　①4-635-06048-9　Ⓝ481.72

海辺の生きもの　山渓フィールドブックス〈3〉　新装版　奥谷喬司編著, 楚山勇写真　山と渓谷社　2006.6　367p　19cm　（山渓フィールドブックス 3）　2000円　①4-635-06060-8

(目次)海綿類, ヒドロ虫・コケムシ類, ウミトサカ・ヤギ・ウミカラマツ類, イソギンチャク・

科学への入門レファレンスブック　　143

イシサンゴ類，クラゲ・サルパ類，ながむし(蠕虫)類，ゴカイ類，カセミミズ・ヒザラガイ類，巻き貝類，ウミウシ類〔ほか〕

(内容)1132種類収録・小さな大図鑑。本書の構成は，通常の図鑑とは違い，分類順にこだわらず形態・生活様式の似たものを集めて配列。便宜上それを21章にまとめた。

海辺の生きもの図鑑 磯で観察しながら見られる水に強い本! 千葉県立中央博物館分館海の博物館監修 成山堂書店 2014.8 143p 19cm 1400円 ①978-4-425-95511-4

(目次)魚，甲殻類，軟体動物，その他の生きもの，付録

(内容)水に丈夫な本なので海で観察しながら使える!見つけた日にちを書き込める!ページにある定規で生きものの大きさがはかれる!観察に便利な付録とコラムがもりだくさん!魚やエビ，ヤドカリ，カニ，ウミウシ，イソギンチャクなど300種類!

海辺の生物 松久保晃晃作著 小学館 1999.8 303p 19cm (フィールド・ガイド 20) 1940円 ①4-09-208020-4

(目次)磯で見かける生物，砂浜・干潟で見かける生物，海面で見かける生物，岸辺の魚 魚類，海藻・海草

(内容)浅瀬に生息する約650種の生物を掲載した図鑑。「磯」「砂浜・干潟」「海面」の3つの環境に大きく分け，それぞれの場所でよく見かける生物を紹介。巻末に和名・学名索引がある。

海辺の生物観察図鑑 海辺をまるごと楽しもう! 阿部正之写真・文 誠文堂新光社 2008.5 135p 21cm 1600円 ①978-4-416-80832-0 Ⓝ481.72

(目次)1章 海辺の生物観察図鑑(カニ，エビ，ヤドカリなどの仲間，魚の仲間 ほか)，2章 海辺の生物観察ガイド(観察のための基礎知識，観察のための服装と道具 ほか)，3章 海辺で遊ぼう!(漂着物いろいろ図鑑，ビーチクラフトで遊ぼう! ほか)，4章 海辺の生物を飼ってみよう

学研生物図鑑 特徴がすぐわかる 貝 1 巻貝 改訂版 小山能尚，築地正明編 学習研究社 1990.3 306p 22cm 〈監修:波部忠重，奥谷喬司 『学研中高生図鑑』の改題〉 4100円 ①4-05-103854-8 Ⓝ460.38

学研生物図鑑 特徴がすぐわかる 貝 2 二枚貝・陸貝・イカ・タコほか 改訂版 小山能尚，築地正明編 学習研究社 1990.3 294p 22cm 〈監修:波部忠重，奥谷喬司

『学研中高生図鑑』の改題〉 4100円 ①4-05-103855-6 Ⓝ460.38

学研生物図鑑 特徴がすぐわかる 魚類 改訂版 学習研究社 1991.5 290p 22cm 〈監修:落合明 編集:小山能尚 『学研中高生図鑑』の改題〉 4100円 ①4-05-103853-X Ⓝ460.38

学研生物図鑑 特徴がすぐわかる 水生動物 改訂版 学習研究社 1991.5 340p 22cm 〈監修:内海富士男 編集:小山能尚 『学研中高生図鑑』の改題〉 4300円 ①4-05-103856-4 Ⓝ460.38

川の生きもの図鑑 鹿児島の水辺から 鹿児島の自然を記録する会編 (鹿児島)南方新社 2002.6 386p 26cm 2857円 ①4-931376-69-X Ⓝ462.197

(目次)鹿児島の川，鹿児島の地質(岩石)，植物，昆虫，クモ類，哺乳類，鳥類，爬虫類，両生類，魚類，エビ・カニ類，貝類

(内容)川とその流域の動植物を収録する図鑑。鹿児島県本土の川，特に川内川を中心に，目にすることができる生き物のほとんどを収録対象としている。植物は種子植物，シダ植物，藻類の一部，動物は脊椎動物，節足動物，軟体動物を掲載。それぞれ種類ごとに分類し，排列している。各種の分布，形態，生態，類似種を写真とともに紹介。この他に採集・飼育・標本の作り方なども掲載している。巻末に索引が付く。

気をつけろ!猛毒生物大図鑑 2 海や川のなかの猛毒生物のふしぎ 今泉忠明著 (京都)ミネルヴァ書房 2015.8 39p 27×22cm 2800円 ①978-4-623-07431-0

(目次)第1章 どこにいる?—猛毒生物がすんでいる場所がわかります。(日本の海にすむ猛毒生物，日本の川や湖にすむ有毒生物，世界の海にすむ猛毒生物，世界の川にすむ有毒生物)，第2章 毒のしくみ—毒がどのように使われるのかがわかります。(これが猛毒生物の武器だ!，毒を使うときのテクニック，どのように毒をつくるの?，もし，猛毒生物を見つけたら?，神経毒をヒトの健康に役立てる)，第3章 猛毒生物の生態—猛毒生物の生態がわかります。(毒をもつ海水魚のなかま，毒をもつ貝，タコのなかま，毒をもつクラゲのなかま，毒をもつイソギンチャクのなかま，毒をもつウニ，ヒトデのなかま，毒をもつウミヘビのなかま，毒をもつ淡水魚のなかま)

(内容)日本の周辺の海には猛毒をもつイソギンチャクやタコのなかまがすんでいます。また，

世界の川には毒をもつエイやナマズのなかまがいます。そんな海や川の中にすむふしぎな猛毒生物の特ちょうを解説しています。

魚　小学館の図鑑NEO〈4〉　井田斉監修
小学館　2003.3　199p　29×22cm　（小学館の図鑑NEO 4）　2000円　Ⓘ4-09-217204-4

(目次)メクラウナギ目，ヤツメウナギ目の魚，ギンザメ目，ネコザメ目の魚，テンジクザメ目，メジロザメ目の魚，ネズミザメ目，カグラザメ目の魚，ツノザメ目，ノコギリザメ目などの魚，エイ目の魚，シーラカンス目の魚，オーストラリアハイギョ目などの魚，チョウザメ目などの魚，アロワナ目の魚（観賞魚）〔ほか〕

(内容)日本の海と川・湖で見られる魚のほか，食用・観賞用として海外から入ってくる魚，生態の変わった魚など，約1100種の魚を紹介。

魚　瀬能宏監修　ポプラ社　2013.6　223p
29×22cm　（ポプラディア大図鑑WONDA）
〈付属資料：別冊1〉　2000円　Ⓘ978-4-591-13485-6

(目次)無顎類（ヌタウナギ目／ヤツメウナギ目），軟骨魚類（ギンザメ目，ネコザメ目／テンジクザメ ほか），肉鰭類（シーラカンス目，オーストラリアハイギョ／ミナミアメリカハイギョ目），条鰭類（チョウザメ目，ポリプテルス目／ガー目／アミア目 ほか）

(内容)日本の海や川，湖などにすむ魚を中心に約1300種類を収録。

魚　本村浩之監修　学研教育出版，学研マーケティング〔発売〕　2015.7　247p　29×22cm　（学研の図鑑LIVE）〈付属資料：DVD1〉　2200円　Ⓘ978-4-05-204016-0

(目次)無顎上綱（ヌタウナギ・ヤツメウナギのなかま），顎口上綱（肉鰭綱（シーラカンス・ハイギョのなかま），軟骨魚綱（ギンザメのなかま，サメのなかま，エイのなかま），硬骨魚綱（チョウザメのなかま，ウナギのなかま，ニシンのなかま，コイ・ナマズなどのなかま，サケのなかま，ヒメ・アカマンボウなどのなかま，アラ・アンコウなどのなかま，キンメダイ・トビウオなどのなかま，ボラ・トビウオなどのなかま，スズキのなかま，カレイのなかま，フグのなかま）），外国の魚，魚のからだの特徴

(内容)魚のことが何でもわかる!1300種以上掲載!!

魚・貝の生態図鑑　改訂新版　学研教育出版，学研マーケティング（発売）　2011.6　172p　31cm　（大自然のふしぎ 増補改訂）

3000円　Ⓘ978-4-05-203362-9　Ⓝ487.51

(目次)魚の生態のふしぎ（魚はエビに何をしてもらっているのか，コバンザメはなぜ大きな動物にくっついているのか ほか），魚の体のふしぎ（魚の眼と耳はどのようにはたらくのか，ヨツメウオはどのように世界を見ているのか ほか），貝・そのほかの水生動物のふしぎ（貝はどのようなすみかをつくるのか，貝はどのように子孫をふやすのか ほか），自然ウォッチング（親子で楽しむ干潟ウォッチング，親子で楽しむ磯ウォッチング ほか），資料編（水の汚れの目安となる動物，絶滅の恐れのある貴重な魚たち ほか）

(内容)魚・貝の「ふしぎ」に迫る図鑑! 魚や貝，水生無脊椎動物の情報がぎっしりつまった1冊。

さかなクンの東京湾生きもの図鑑　さかなクン著，工藤孝浩監修　講談社　2013.6　175p　18cm　1600円　Ⓘ978-4-06-218408-3

(目次)内湾（河口・ヨシ原の魚，干潟・砂浜の魚，岸壁の魚，アマモ場の魚，沖合の魚），外湾（砂浜の魚，磯の魚，藻場の魚，沖合の魚，流れ藻の魚）

(内容)東京湾の生きものが全部わかるハンディ図鑑! さかなクンのイラストと解説コラムで，楽しく魚をおぼえちゃおう! 鳥類，貝類，クジラなどのほ乳類ものっています。

写真でわかる磯の生き物図鑑　今原幸光編著（大阪）トンボ出版　2011.7　271p　26cm〈執筆：有山啓之ほか　文献あり 索引あり〉　2800円　Ⓘ978-4-88716-176-4　Ⓝ468.8

(内容)磯の生き物の名前を素早く簡単に探せる図鑑。似た生き物同士の違いが一目で分かるよう，それぞれの特徴を写真で示す。生き物を見分けるための検索表，磯浜の環境と生き物の分布，外来生物，観察のポイントなども収録。

深海魚　暗黒街のモンスターたち　尼岡邦夫著　ブックマン社　2009.3　223p　26cm〈文献あり 索引あり〉　3619円　Ⓘ978-4-89308-708-9　Ⓝ487.5

(目次)第1章 暗黒の世界と深海魚，第2章 モンスターたちのオンステージ（発光，発音，発電，摂餌，感覚，運動，繁殖，防御 ほか）

(内容)愛をささやく魚がいるってホント? 頭の5倍の大きさの口をもつ魚ってどんなの? 雄が雌に寄生する魚がいるって知ってた? 奇妙な姿の深海魚たちが大集結! 特異なパーツごとに260種の深海魚を分類・解説し，300点超の貴重な写真を収録。

科学への入門レファレンスブック　145

水生動物・貝類学　　　　　　　　　動物学

**深海生物大図鑑　ふしぎな世界を見てみよ
う!** 藤原義弘監修，寺西晃絵　高橋書店
2016.4　191p　19cm　1000円　①978-4-
471-10360-6
(目次)1 捕食―頭がスケスケの緑の眼をもつ魚，
2 移動・遊泳―おとぎの世界からやってきた白
銀の竜!?，3 回避・防衛―閃光爆弾をしかける
プランクトン，4 繁殖・交尾―合体して1匹にな
る魚，5 成長・巨大化―幻の巨大イカ，6 限界
世界への挑戦―極限世界の生物を調査せよ
(内容)深海生物100種を大迫力のイラストと写真
で紹介!深海のくわしい情報もわかる。超豪華写
真特集付き。

深海生物ビジュアル大図鑑　洋泉社編集部
編　洋泉社　2014.9　111p　30cm　925円
①978-4-8003-0469-8
(目次)特集 今知りたい人類の想像を超えた奇跡
の生物，第1部 深海生物の不思議な魅力(ソコ
ボウズ，ニュウドウカジカ，オオイトヒキイワ
シ，ザラビクニン，シギウナギ ほか)，第2部
深海探査とその発見成果(深海とはどんな世界
か?，深海探査とは?)
(内容)絶食し続けても生きた深海のアイドル，ダ
イオウイカより稀少な巨大ザメ，墨を吐けない
UFOのようなタコ―光のない世界で特異な進化
を遂げた生物たち。

水族館のいきものたち　改訂版　望月昭伸ほ
か写真　エムピージェー，マリン企画〔発
売〕　2003.7　167p　18cm　(ポケット図
鑑)　1000円　①4-89512-526-2
(目次)第1章 海のどうぶつたち，第2章 外洋の
さかなたち，第3章 サンゴ礁のさかなたち，第
4章 岩礁のさかなたち，第5章 砂泥底のさかな
たち，第6章 熱帯のさかなたち，第7章 川や沼・
湖のさかなたち
(内容)全国のおもな水族館でよく見られる魚類，
ほ乳類，両生類など，ぜんぶで116種のいきもの
たちを収録。写真の大半は海の写真家・望月昭
伸が海中で撮影。美しい海と魚の写真集として
もじゅうぶん楽しめる。解説ではとくに，水族
館で観察するポイントに力を入れ，いきものた
ちへの理解と関心を深められるようにしてある。

**水族館のひみつ図鑑　おどろきのしくみか
ら飼育係の仕事まで**　新野大著　PHP研究
所　2016.7　95p　18×14cm　(学習ポケッ
ト図鑑)　780円　①978-4-569-78567-7
(目次)1章 水族館の生き物たちについて知りた
い!(魚はどこからやってくるの?，イルカやア

シカはどこからやってくるの?，生き物たちは
どんなものを食べているの?，大きい魚は小さ
い魚を食べてしまわないの?，生き物が病気に
なったらどうするの?，イルカやアシカはどう
して芸ができるの?，水族館で生まれた赤ちゃ
んはどうやって育てるの?)，2章 水族館のしく
みについて知りたい!(水族館はどのようにして
つくられるの?，水槽の海水はどうやって集め
ているの?，水槽の中のサンゴや海藻は本物な
の?，夜の水族館はどうなっているの?，深海生
物の水槽を暗くしているのはなぜ?)，3章 水族
館で働く人たちについて知りたい!(水族館では
どんな人たちが働いているの?，飼育係は毎日
どんな作業をしているの?，獣医師はどうやっ
て生き物の健康を守っているの?，飼育係や獣
医師以外の人たちはどんなことをしているの?)
(内容)ジンベエザメ，オウサマペンギン，ゴマ
フアザラシ―海の生き物いっぱい!おどろきのし
くみから飼育係の仕事まで。

淡水魚　北隆館　1992.10　181p　19cm
(フィールドセレクション 12)　1800円
①4-8326-0268-3
(内容)本書は，淡水魚を読者の皆様により親し
んでいただくために，形態的な特徴や生態的な
記述，食性，分布を中心にまとめています。

出会いを楽しむ 海中ミュージアム　楚山い
さむ写真・文　山と渓谷社　2005.8　103p
26×21cm　(海の休日)　1600円　①4-635-
06325-9
(目次)1章 砂地の生きもの(カニの仲間―砂潜り
のうまい愉快なカニたち，巻き貝の仲間―砂に
潜って獲物を待つ，二枚貝の仲間―みんなで暮
らす旨い二枚貝たち ほか)，2章 岩礁地の生き
もの(カニの仲間―磯遊びの人気者，カニらし
いカニたち，ヤドカリの仲間―借家住まいは忙
しそうだ，エビの仲間―ヤドカリの仲間，エビ
やシャコ ほか)，3章 サンゴ礁の生きもの(カ
ニの仲間―サンゴの海は役者ぞろい，ヤドカリ
の仲間―南の海の住宅事情，エビとシャコの仲
間―エビみっけ，シャコみっけ ほか)
(内容)干潮時をねらって，岩礁地のタイドプー
ル(潮だまり)を見てまわる。「生きものの種類
が多いのはここいらへん」と感じたあたりを起
点にして，ゆっくりとまわりをながめていく。
岩の側面には，色とりどりのカイメンの仲間が
へばりついている。小石の下ではヤドカリたち
が貝殻の奪い合いをしている。カニやエビたち
は，ちらっと姿を見せるがすぐに隠れてしまう。
くぼみにはイソギンチャクが触手をひろげて獲
物を待っている。岩の割れ目あたりにはウニ，

動物学　　　　　爬虫類・両生類

その上にはカサガイの仲間が点々とくっついて
いる。何とも素敵な海中の世界。

ときめく貝殻図鑑　池田等監修，寺本沙也加
文，大作晃一写真　山と溪谷社　2016.8
127p　21cm　1600円　Ⓘ978-4-635-20232-9

Ⓣ1 貝殻の記憶（美しくも奥深い貝殻の世
界，貝殻に魅せられた人たち ほか），2 貝殻コ
レクション（ようこそ貝殻コレクションへ，アッ
キガイ科 ほか），3 貝殻を訪ねて（貝殻を探し
て，貝殻ミュージアムを訪ねて ほか），4 貝殻
と暮らす（保管にこだわる，アレンジを楽しむ
ほか），5 貝殻を科学する（貝の秘密，貝の仲間
たち ほか）

Ⓒ最近，「波の音」と暮らしはじめました。
貝殻を巡る5つのStory。

日本の海水魚　増補改訂　木村義志著　学研
教育出版，学研マーケティング（発売）
2009.12　268p　19cm　〈フィールドベスト
図鑑 vol.7〉　〈初版：学習研究社2000年刊
索引あり〉　1800円　Ⓘ978-4-05-404371-8
Ⓝ4875

Ⓣサメ目，エイ目，ニシン目，ヒメ目，ウナ
ギ目，ナマズ目，ダツ目，ヨウジウオ目，キン
メダイ目，マトウダイ目，スズキ目，フグ目，
カサゴ目，カレイ目，タラ目，アンコウ目

Ⓒ日本の海水魚278種。水族館では見られな
い鮮魚店の魚，海中にいる状態の写真を中心に
紹介。体の細部がわかる標本写真，料理や食材
の写真も豊富に掲載。巻末に，日本近海では捕
れない最近の食用魚図鑑付き。

**干潟の生きもの図鑑　光あふれる生命の楽
園**　三浦知之写真・文　（鹿児島）南方新社
2008.8　197p　21cm　〈文献あり〉　3600円
Ⓘ978-4-86124-139-0　Ⓝ481.72

Ⓒ干潟の生き物観察と採集の方法，それぞれ
の種の特徴や，よく似た種の見分け方を，1200
点の写真とともに丁寧に解説。子供から研究者
まで一生使える，南九州発の干潟図鑑。

本当にいる世界の深海生物大図鑑　石垣幸
二執筆・監修　笠倉出版社　2015.3　175p
19cm　〈『深海生物—奇妙で楽しいいきもの』
再編集・改題書〉　900円　Ⓘ978-4-7730-
8762-8

Ⓣ第1章 200m以深の生きもの（アカグツ，
イガグリホンヤドカリ，オキナエビ ほか），第
2章 500m以深の生きもの（シーラカンス，メガ
マウスザメ，オウムガイ ほか），第3章 1000m
以深の生きもの（カグラザメ，ミズウオ，ガク

ガクギョ ほか）

Ⓒ90種類の生きものをリアルなイラストと
カラー写真で紹介!深海ハンターがくわしく解説!

水の生き物　武田正倫監修　学研プラス
2016.7　223p　30×22cm　〈学研の図鑑
LIVE〉　〈付属資料：DVD1〉　2200円
Ⓘ978-4-05-204327-7

Ⓣ節足動物，軟体動物，刺胞動物，有櫛動
物，棘皮動物，いろいろな水の生き物たち

Ⓒカニ・エビ・イカ・タコ・クラゲ・カタ
ツムリ・サンゴなど約1300種!スマホで動画や
3DCGが見られる!!身近なものから深海のもの
まで!

爬虫類・両生類

＜ハンドブック＞

**レッドデータブック　日本の絶滅のおそれ
のある野生生物　爬虫類・両生類**　環境
省自然環境局野生生物課希少種保全推進室編
ぎょうせい　2014.9　153p　30cm　3500円
Ⓘ978-4-324-09897-4

Q&Aマニュアル 爬虫両生類飼育入門　ロ
バート・デイヴィス，ヴァレリー・デイヴィ
ス著，千石正一監訳　緑書房　1998.12
207p　26cm　4500円　Ⓘ4-89531-649-1

Ⓣ飼育を始める前に，爬虫類の飼育方法，
爬虫類カタログ，両生類の飼育方法，両生類カ
タログ

Ⓒ爬虫両生類を飼育するにあたって、アマ
チュアの方々が直面する主な技術的問題を解決。
一般の愛好家が抱える疑問を300以上取り上げ、
内容盛りだくさんの役立つ対応を用意。新たな
世界への挑戦を後押しする、適切なアドバイス
を掲載。160点以上に及ぶ素晴らしい写真と情
報満載の図表。わかりやすくてすぐ利用できる
表やグラフも含む。

＜図鑑・図集＞

**新世界絶滅危機動物図鑑　5　爬虫・両
生・魚類**　改訂版　大淵希郷監修　学研教
育出版，学研マーケティング（発売）　2012.
2　56p　27×22cm　3000円　Ⓘ978-4-05-
500846-4

Ⓣ爬虫類（ワニ目，カメ目，トカゲ目，ムカ
シトカゲ目），両生類（サンショウウオ目，カエ

昆虫類　　　　　　　　　動物学

ル目），魚類

世界カエル図鑑300種　絶滅危機の両生類、そのユニークな生態　クリス・マチソン
著，松井正文日本語版監修・訳　ネコ・パブリッシング　2008.4　528p　17cm　〈原書名：300 frogs.〉　3619円　①978-4-7770-5227-1　Ⓝ487.85

(目次)スズガエル科，ミミナシガエル科，コノハガエル科，スキアシガエル科，ピパ（コモリガエル）科，オガエル科，ムカシガエル科，パセリガエル（ツブガエル）科，メキシコジムグリガエル科，ユウレイガエル（ウスカワガエル）科〔ほか〕

(内容)世界中に生息するカエルとヒキガエルの300の種、亜種、型を網羅する図鑑。全編を通して、表情豊かな写真を用いながら、これらの両生類の形態、自然史、分布など、識別のカギとなる特徴を分かりやすく解説している。

爬虫類・両生類　森哲，西川完途監修　学研プラス　2016.7　231p　30×22cm　（学研の図鑑LIVE）〈付属資料：DVD1〉　2200円　①978-4-05-204328-4

(目次)爬虫類（ワニのなかま，カメのなかま，ムカシトカゲのなかま，トカゲのなかま，ヘビのなかま），両生類（アシナシイモリのなかま，カエルのなかま，サンショウウオのなかま），爬虫類・両生類の迫力ある姿を本当の大きさで体感

(内容)爬虫類・両生類ならこの1冊!スマホで3DCGや動画が見られる!!約800種掲載!!

ビジュアル博物館　26　爬虫類　（京都）同朋舎出版　1992.4　63p　29×23cm　3500円　①4-8104-1020-X

(目次)爬虫類とは何か，爬虫類の時代，類縁関係，体の内側，冷血動物たち，特殊な感覚，求愛行動，卵を食べる，親子生き写し，うろこの話，ヘビのいろいろ，種類の多いトカゲ，カメ，ワニガメ，ワニの一族，生きている化石，えものをとる，ぎゅっと締めつける，毒の種類，タマゴヘビ，生き残る，カムフラージュ，さまざまな足，地上を歩く，樹上の生活，水中の生活，天敵，共存，未来に目を向ける

(内容)魅惑に満ちた爬虫類の世界を紹介する、オリジナルで心ときめく新しい博物図鑑。ヘビ、ワニ、トカゲ、カメなどの実物そのままのすばらしい写真によって、世界で最も興味深いこれらの動物の特徴、変わった習性を知ることのできる、ほかに類のないガイドブックです。

両生類・爬虫類　森哲，西川完途監修　ポプラ

社　2014.3　190p　29×22cm　（ポプラディア大図鑑WONDA）〈付属資料：ポケット図鑑1〉　2000円　①978-4-591-13782-6

(目次)両生類のからだとくらし（無足目，有尾目，無尾目），爬虫類のからだとくらし（カメ目，ワニ目，ムカシトカゲ目，有鱗目トカゲ亜目，有鱗目ヘビ亜目）

昆虫類

＜事　典＞

原寸大!スーパー昆虫大事典　井出勝久監修　成美堂出版　2005.7　111p　26×22cm　950円　①4-415-03023-8

(目次)1 カブトムシ（ヘラクレスオオカブト，アクティオンゾウカブト ほか），2 クワガタムシ（ギラファノコギリクワガタ，エラフスホソアカクワガタ ほか），3 チョウ・ガ（ゴライアストリバネアゲハ，ツマキフクロウチョウ ほか），4 その他の昆虫（オオキバウスバカミキリ，テナガカミキリ ほか）

(内容)世界一大きいカブトムシ、体と同じ長さのアゴを持つクワガタムシ、手のひらには収まらない巨大カミキリムシ、透明なハネを持つチョウ、人の顔をしたカメムシ、ワニのような頭を持ったセミなど大きさ、形、色など特徴のある世界のスーパー昆虫56種を大迫力マルチアングルで紹介。

＜辞　典＞

難読誤読 昆虫名漢字よみかた辞典　日外アソシエーツ編　日外アソシエーツ，紀伊國屋書店〔発売〕　2016.5　105p　19cm　2700円　①978-4-8169-2606-8

(内容)難読、また誤読しやすい昆虫名を調べられる昆虫名小辞典。昆虫名467件とその表記を含む逆引き1,534件、計2,001件を収録。分類、大きさ、分布に加え、俳句季語としての季節もわかる解説。漢字の部首や総画数・音・訓から引ける。五十音順索引も完備。

＜ハンドブック＞

完全図解 虫の飼い方全書 採集から冬越しまで　東陽出版　1999.3　223p　21cm

動物学　　　　　　　　　　　　　　　　昆虫類

1500円　Ⓝ4-88593-188-6

(目次)第1章 昆虫採集・飼育の基本(昆虫の基本,陸生昆虫採集の基本,水生昆虫採集の基本,冬の昆虫採集,昆虫採集の際の注意点,陸生昆虫飼育の基本,水生昆虫飼育の基本,観察の基本),第2章 野原にいる虫(チョウの採集・飼育,バッタの採集・飼育,キリギリスの採集・飼育,コオロギ科の採集・飼育,カマキリの採集・飼育,カメムシの採集・飼育,ハチの採集・飼育,テントウムシの採集・飼育,ハンミョウの採集・飼育),第3章 樹木にいる虫(クワガタムシの採集・飼育,カブトムシの採集・飼育,コガネムシの採集・飼育,セミの採集・飼育,アリジゴクの採集・飼育),第4章 家のまわりにいる虫(アリの採集・飼育,ガガンボの採集・飼育,ガの採集・飼育,カイコガの飼育,ゴキブリの採集・飼育,ゾウムシの採集・飼育,ハサミムシの採集・飼育,クモの採集・飼育,カタツムリの採集・飼育),第5章 水辺・水中にいる虫(トンボの採集・飼育,ヤゴの採集・飼育,ホタルの採集・飼育,アメンボの採集・飼育,水生カメムシの採集・飼育,水生昆虫類の採集・飼育),付録(ハエの繁殖のさせかた,ボウフラの繁殖のさせかた,アリマキの繁殖のさせかた,ミミズの繁殖のさせかた,タニシの繁殖のさせかた,ゾウリムシの培養のさせかた,昆虫・クモの標本の作り方)

校庭のクモ・ダニ・アブラムシ　浅間茂,石井規雄,松本嘉幸著　全国農村教育協会　2001.7　230p　21cm　(野外観察ハンドブック)　〈文献あり 索引あり〉　1905円　Ⓝ4-88137-084-7　Ⓝ485.7

(目次)クモ─クモの「くらし」と「かたち」(クモと人間,クモのかたち ほか),ダニなどの土壌動物─土壌動物の「くらし」と「かたち」(地面を見てみよう,土壌動物の世界 ほか),アブラムシ─アブラムシの「くらし」と「かたち」(アブラムシという生き物,アブラムシの生活環 ほか),校庭の小さな生き物の調べ方(学校での観察例)

(内容)クモ,ダニなどの土壌動物,アブラムシの「くらし」や「かたち」を解説した図鑑。クモ111種類,ダニなどの土壌動物110種類,アブラムシ56種類を収録する。「校庭の昆虫」の姉妹書。

校庭の昆虫　田仲義弘,鈴木信夫共著　全国農村教育協会　1999.7　191p　21cm　(野外観察ハンドブック)　1905円　Ⓝ4-88137-073-1

(目次)昆虫の「くらし」と「かたち」(昆虫観察の楽しさ,昆虫のかたち,擬態,昆虫の成長,

昆虫の行動,昆虫の冬越し,昆虫の食事,昆虫の探し方,危険な虫とのつきあい方),校庭の昆虫230種,身近な昆虫の調べ方(昆虫の観察・記録,いろいろな昆虫採集法,伊那谷のニホンミツバチ,虫のおもしろい呼び名,折り紙で虫を作る)

(内容)学校を取り巻く市街地や公園,川,家などの身近な環境に普通に見られる昆虫を対象に,約230種を紹介したもの。分類別種名一覧,索引付き。

土の中の小さな生き物ハンドブック　皆越ようせい文・写真,渡辺弘之監修　文一総合出版　2005.10　78p　19cm　1400円　Ⓝ4-8299-2193-5

(目次)ヒダリマキゴマガイ・オカモノアラガイ,ナミギセル・ミスジマイマイ,ナメクジ・ヤマナメクジ,チャコウラナメクジ,シーボルトミミズ,ハッタミミズ,シマミミズ,ホタルミミズ,クソミミズ(ニオイミミズ),ヒトツモンミミズ・フトスジミミズ〔ほか〕

(内容)身近にいる土の中に生きる小さな生き物をきれいな生態写真と簡単な解説文で紹介。

街の虫とりハンドブック　家族で見つける　佐々木洋著,八戸さとこイラスト　岳陽舎　2005.8　46p　22×22cm　1800円　Ⓝ4-907737-67-X

(目次)カブトムシ,クワガタムシ,カミキリムシ,テントウムシ,バッタ,コオロギ,キリギリス,カマキリ,チョウ,トンボ,ダンゴムシ,カタツムリ,街の虫とり七つ道具,おかあさん,おとうさんへ

(内容)子どもたちが,小さないのちに親しむ第一歩として最適。おかあさん,おとうさんが,子どもたちに自慢できる虫の知識も満載。街で虫を見つけるポイントを,モダンでかわいい絵本形式で展開。およそ80種の写真図鑑,飼い方,楽しいコラムも多彩に掲載。家族のコミュニケーションにもぴったりな新しい虫とりハンドブック。

<図鑑・図集>

虫はすごい！　イラスト図解　池田清彦監修　宝島社　2013.10　318p　19cm　952円　Ⓝ978-4-8002-1540-6　Ⓝ4869

(目次)第1章 驚異的なハイスペック昆虫たち(高速で動き回り,四方八方に気を配る。最新鋭ボートを凌駕する水面の小さな巨人─ミズスマシ,水中につくった泡のドームのなかで生活するク

科学への入門レファレンスブック　149

モ界随一の変わり者―ミズグモ ほか），第2章
人も殺す戦闘型昆虫（身の毛もよだつ攻撃力と
驚きの習性、日本でイチバン恐れられている生
き物―オオスズメバチ，生かしたままゴキブリ
の内臓を食い荒らす翠玉色をまとった麻酔医ハ
ンター――エメラルドゴキブリバチ ほか），第3
章 過酷な環境を生き抜くタフな昆虫（餌がなく
ても頭をなくしても平気。逆境でも生きていけ
る力強い生命力―ゴキブリ，零下20℃の環境に
100日間さらされても死なない、幼虫イラムシ
の防寒術―イラガの幼虫 ほか），第4章 じつは
スゴかった! 身近な昆虫（獲物の呼吸と汗を手
がかりにそっと近づき、血管を探り当てる小さ
な吸血鬼―カ（アカイエカ），卓越した飛行技術
と感覚器官、圧倒的な反射神経をもったキラワ
レもの―ハエ（イエバエ）ほか），第5章 愛すべ
きユーモラス昆虫（厳格なカースト制度を守る
数千万匹コロニー住まいは、奇妙な形の巨大シ
ロアリ塚―シロアリ，自作の落とし穴の底で、
獲物を寝て待つ。いつ餌が食べられるかは運し
だい―ウスバカゲロウの幼虫 ほか）

(内容)人類が絶滅しても生き残る地球最強の生
物。ハイスペック、戦闘派、ヘンテコ適応、ユー
モラスなどビックリ生態54種!!

学研生物図鑑 特徴がすぐわかる 昆虫3
バッタ・ハチ・セミ・トンボほか 改訂
版 本間三郎，伊藤年一編 学習研究社
1990.3 402p 22cm 〈監修：石原保 『学
研中高生図鑑』の改題〉 4300円 ①4-05-
103850-5 Ⓝ460.38

学研生物図鑑 特徴がすぐわかる 昆虫1
チョウ 改訂版 本間三郎ほか編 学習研
究社 1991.5 305p 22cm 〈監修：白水隆
『学研中高生図鑑』の改題〉 4000円 ①4-
05-103848-3 Ⓝ460.38

学研生物図鑑 特徴がすぐわかる 昆虫2
甲虫 改訂版 本間三郎ほか編 学習研究
社 1991.5 445p 22cm 〈監修：中根猛彦
『学研中高生図鑑』の改題〉 4300円 ①4-
05-103849-1 Ⓝ460.38

昆虫 岡島秀治監修 学研教育出版，学研マー
ケティング〔発売〕 2014.7 271p 30×
22cm （学研の図鑑LIVE） 〈付属資料：
DVD1〉 2200円 ①978-4-05-203861-7

(目次)コウチュウのなかま（クワガタムシのなか
ま、コガネムシのなかま ほか），チョウのなか
ま（アゲハチョウのなかま、シロチョウのなか
ま ほか），トビケラのなかま、ハチのなかま、
アリのなかま、ハエのなかま、アミメカゲロウ

のなかま，シリアゲムシのなかまなど，カメム
シのなかま，セミのなかま〔ほか〕

昆虫 岡島秀治監修 学研プラス 2016.5
208p 19cm （学研の図鑑ライブポケット
1） 980円 ①978-4-05-204393-2

(目次)コウチュウのなかま（コウチュウ目）、チョ
ウやガのなかま（チョウ目）、ハチのなかま（ハ
チ目）、ハエのなかま（ハエ目）、そのほかのさ
なぎになる昆虫、セミやカメムシのなかま（カ
メムシ目）、バッタのなかま（バッタ目）、バッ
タに近いなかま、トンボのなかま（トンボ目）、
カゲロウのなかま（カゲロウ目）など、昆虫以外
の虫

(内容)お出かけに大活躍!オールカラーのきれい
な写真!特徴、見分け方がよくわかる!知ると楽
しい「発見ポイント」掲載!約1,000種の特徴が
よくわかる!

昆虫 リチャード・ジョーンズ監修，伊藤伸子
訳 （京都）化学同人 2016.6 156p 18×
15cm （手のひら図鑑4） 〈原書名：
Pocket Eyewitness INSECTS〉 1300円
①978-4-7598-1794-2

(目次)昆虫（昆虫とは?，シミ類，カゲロウ類 ほ
か），クモ形類（クモ形類とは?，サソリ類，マダ
ニ類とダニ類 ほか），そのほかの節足動物（多
足類、甲殻類、内あご類、多足類、内あご類 ほ
か）

(内容)約250種類の昆虫を取り上げています。鮮
やかで美しい写真を使って説明しています。見
開きいっぱいのページでは昆虫にぐっと近づい
て、生き生きとした姿を見てください。数字で
見る昆虫のびっくり記録を紹介します。

世界最凶!! ヤバすぎる昆虫図鑑 危険虫研
究会著 竹書房 2013.8 191p 19cm 571
円 ①978-4-8124-9592-6 Ⓝ486

(目次)第1章 日本に生息する怖い虫，第2章 その
大きさが怖い!! 巨大昆虫，第3章 大群で襲いか
かる凶悪昆虫，第4章 人命を奪う危険蜘蛛，第5
章 背筋が凍るグロテスク虫，第6章 最恐! 凶暴
昆虫，第7章 人体を蝕む寄生虫，第8章 猛毒有
する激ヤバ昆虫，第9章 病を伝染させる虫

(内容)全人類を戦慄させる超危険な虫90種。

世界珍虫図鑑 改訂版 川上洋一著，上田恭
一郎監修 柏書房 2007.6 218p 26cm
4700円 ①978-4-7601-3168-6

(目次)鱗翅目、毛翅目、隠翅目、双翅目、長翅
目、膜翅目、撚翅目、鞘翅目、脈翅目、半翅目、
総翅目、虱目、食毛目、噛虫目、絶翅目、マン

150　科学への入門レファレンスブック

トファスマ目，非翅目，蟷螂目，等翅目，革翅目，竹節虫目，直翅目，紡脚目，蜻蛉目，原蜻蛉目，蜉蝣目，古網翅目，総尾目，イミノミ目，双尾目，粘管目，原尾目

(内容)ふしぎな姿・生態をもつ105種を厳選。小学生から大人まで楽しめるオールカラー図鑑。

日本産蛾類標準図鑑　1　岸田泰則編　学研教育出版，学研マーケティング（発売）2011.4　352p　31cm　〈他言語標題：The Standard of Moths in Japan　文献あり　索引あり〉　25000円　①978-4-05-403845-5　⑩486.8

(目次)図版（アゲハモドキガ科，ツバメガ科，イカリモンガ科，カギバガ科，シャクガ科，カレハガ科，オビガ科，カイコガ科，イボタガ科，ヤママユガ科，スズメガ科），解説（イカリモンガ上科，カギバガ上科，シャクガ上科，カレハガ上科，カイコガ上科）

日本産蛾類標準図鑑　2　岸田泰則編　学研教育出版，学研マーケティング（発売）2011.4　416p　31cm　〈他言語標題：The Standard of Moths in Japan　文献あり　索引あり〉　25000円　①978-4-05-403846-2　⑩486.8

(目次)図版（シャチホコガ科，ドクガ科，ヒトリガ科，ヒトリモドキガ科，アツバモドキガ科，コブガ科，ヤガ科），解説（ヤガ上科）

日本産蛾類標準図鑑　3　広渡俊哉，那須義次，坂巻祥孝，岸田泰則編　学研教育出版，学研マーケティング（発売）　2013.2　359p　31cm　〈他言語標題：The Standard of Moths in Japan　文献あり　索引あり〉　25000円　①978-4-05-405109-6　⑩486.8

(目次)図版（コバネガ上科，スイコバネガ上科，コウモリガ上科，モグリチビガ上科，マガリガ上科，ムモンハモグリガ上科，ヒロズコガ上科，スガ上科，キバガ上科，ネムスガ上科，マダラガ上科，スカシバガ上科，ボクトウガ上科），解説

日本産蛾類標準図鑑　4　那須義次，広渡俊哉，岸田泰則編　学研教育出版，学研マーケティング（発売）　2013.6　552p　31cm　〈他言語標題：The Standard of Moths in Japan　文献あり　索引あり〉　25000円　①978-4-05-405110-2　⑩486.8

(目次)図版（ホソガ上科，ハマキガ上科，ハマキモドキガ上科，ホソマイコガ上科，ササベリガ上科，ニジュウシトリバガ上科，トリバガ上科，ニセハマキガ上科，セセリモドキガ上科，マル

バシンクイガ上科，マドガ上科，メイガ上科），解説

ビジュアル博物館　7　蝶と蛾　ポール・ウェイリー著，リリーフ・システムズ訳（京都）同朋舎出版　1990.7　63p　29×23cm　3500円　①4-8104-0895-7

(目次)チョウとガの違い，チョウの一生，求愛行動と産卵，幼虫のふ化，幼虫，風変わりな幼虫，蛹化，さなぎ，羽化，チョウ，温帯にすむチョウ，山のチョウ，風変わりなチョウ，ガ，繭（まゆ），カイコガ，温帯にすむガ，風変わりなガ，日中に活動するガ，移動と冬眠，形，色，模様，擬態，擬態，そのほかの特殊行動，絶滅の危機にいる種属，チョウとガを観察する，チョウやガを飼育する

(内容)チョウとガの世界を紹介する博物図鑑。美しいチョウとガの写真で、からだの構造、ライフサイクル、すみか、食べ物、防衛手段、擬態、交尾などを見ながら学べる。

びっくり鬼虫大図鑑　獰猛オールカラー国内外全98匹　日本文芸社　2010.3　223p　19cm　571円　①978-4-537-25749-6　⑩485

(目次)クモ（ジャイアント・ホワイトニー・タランチュラ，アリゾナ・ブロンド・タランチュラ ほか），ムカデ（レッド・フェザーテール・センチピード，タンザニア・イエローレッグ・オオムカデ ほか），サソリ（アフガンダイオウサソリ，マレー・ジャイアント・スコーピオン ほか），ヤスデ（アフリカン・ジャイアント・ブラック・ミリピード，フロリダ・アイボリー・ミリピード ほか），その他（タイワンサソリモドキ，タンザニア・バンデッド・ウデムシ ほか）

(内容)獰猛オールカラー国内外全98匹。詳細データ付き。

フィールドガイド身近な昆虫識別図鑑　見わけるポイントがよくわかる　海野和男著　誠文堂新光社　2013.5　255p　21×13cm　2000円　①978-4-416-61351-1

(目次)甲虫，チョウ・ガ，ハチ，アリ，アブの仲間，トンボの仲間，直翅目などの仲間，セミ，カメムシの仲間，その他の虫

ミクロワールド大図鑑　昆虫　宮澤七郎監修，医学生物学電子顕微鏡技術学会編，佐々木正己編集責任　小峰書店　2016.2　40p　29×23cm　2800円　①978-4-338-29803-2

(目次)昆虫のつくりを見てみよう，眼を見てみよう，触角を見てみよう，口を見てみよう，あしを見てみよう，羽を見てみよう，皮膚と毛を見

てみよう，消化器官を見てみよう，呼吸器と心臓を見てみよう，筋肉を見てみよう，神経を見てみよう，昆虫の誕生を見てみよう，昆虫の成長を見てみよう，おもしろい行動を見てみよう

(内容)顕微鏡の歴史や電子顕微鏡の使い方を紹介。電子顕微鏡を使ってミクロの世界をのぞいてみると，身近な植物や昆虫，わたしたち人間の体の中はおどろくほど複雑で高度なしくみで成り立っていて，それらが奇跡のようにうまく働き生命をつないでいることがわかる。

やくみつるの昆虫図鑑　やくみつる著　成美
堂出版　2009.8　111p　19cm　〈索引あり〉
950円　①978-4-415-30408-3　N486.021361

(目次)アオイトトンボ―どこから来るのかイトトンボ，アオスジアゲハ―ホテルの窓，三人三様の連想，アオマツムシ―桜新町を占拠，大陸よりの使者，アカエグリバ―天狗様がやって来た1，アカスジキンカメムシ―庭で発見!生きた宝石，アカマダラケシキスイ―廃品再利用，エコ飼育，アケビコノハ―奇跡の自動展翅標本，アゲハチョウ―その臭い，ハマるんです，アサギマダラ―台風が運んできたサプライズ，アブラゼミ―一日一善，セミ助け〔ほか〕

(内容)翅のない(!?)トンボに，天狗の顔をした蛾，窓に産みつけられた謎の優曇華の花…虫たちに並々ならぬ深い情愛を持つ著者が語る過去から現在への昆虫物語。

やさしい身近な自然観察図鑑　昆虫　図書館
版　坂田大輔著　いかだ社　2014.4　95p
22×19cm　2200円　①978-4-87051-425-6

(目次)チョウ・ガの仲間，コウチュウの仲間，バッタとバッタに近い仲間，トンボとトンボに似た仲間，カメムシの仲間，ハチ・アリの仲間，ハエ・アブ・カの仲間，昆虫以外の仲間

(内容)これなあに?に答える生きものガイド。平地の市街地にいるような身近な種類から，古くから人々に親しまれてきた種類，成虫が直接見られなくても幼虫や痕跡が見つかりやすい種類，昆虫ではないけれど，同じくらい身近な生きものなどをとり上げ解説。

幼虫　福田晴夫，岸田泰則監修　学研プラス
2016.5　192p　19cm　（学研の図鑑ライブポケット 4）　980円　①978-4-05-204395-6

(目次)アゲハチョウのなかま（アゲハチョウ科）の幼虫，シロチョウのなかま（シロチョウ科）の幼虫，シジミチョウのなかま（シジミチョウ科）の幼虫，タテハチョウのなかま（タテハチョウ科）の幼虫，セセリチョウのなかま（セセリチョウ科）の幼虫，イカリモンガ・アゲハモド

キガ・カギバガのなかまの幼虫，シャクガのなかま（シャクガ科）の幼虫，ヤママユガのなかま（ヤママユガ科）の幼虫，カイコガのなかま（カイコガ科）などの幼虫，カレハガのなかま（カレハガ科）の幼虫〔ほか〕

(内容)お出かけに大活躍!オールカラーのきれいな写真!特徴，見分け方がよくわかる!身近で見つかる幼虫を中心に掲載!約350種!

鳥類

＜ハンドブック＞

日本の絶滅のおそれのある野生生物　レッドデータブック　2　鳥類　改訂版　環境省自然環境局野生生物課編　自然環境研究センター　2002.8　278p　30cm　3400円
①4-915959-74-0　N462.1

(目次)はじめに（レッドデータブック見直しの目的と経緯，レッドデータブックの検討体制，レッドデータブックの新しいカテゴリー，鳥類レッドデータブックの見直し手順，鳥類レッドデータブックの見直し結果，今後の課題），レッドデータブックカテゴリー（環境庁，1997），鳥類概説，レッドデータブック掲載種

(内容)日本の絶滅のおそれのある鳥類の現状を詳述した鳥類版レッドデータブック。全9冊の中の第2冊。環境省が平成10年6月12日に公表した鳥類のレッドリストに基づき種ごとに生息状況等を詳述し，総数137種・亜種を収録。巻末に，和名索引，学名索引を付す。

レッドデータブック　日本の絶滅のおそれのある野生生物　鳥類　環境省自然環境局野生生物課希少種保全推進室編　ぎょうせい
2014.9　250p　30cm　3400円　①978-4-324-09896-7

＜図鑑・図集＞

絵解きで野鳥が識別できる本　叶内拓哉文・写真　文一総合出版　2006.3　183p　26cm
（Birder special）　2400円　①4-8299-0171-3
N488.038

学研生物図鑑　特徴がすぐわかる　鳥類
改訂版　学習研究社　1990.3　298p　22cm
〈監修：高野伸二　編集：本間三郎，築地正明『学研中高生図鑑』の改題〉　4000円　①4-

動物学　鳥類

05-103852-1　Ⓝ460.38

基本がわかる野鳥eco図鑑　野鳥がわかる
と命のつながりが見える　安西英明著　東
洋館出版社　2008.9　157p　21cm　〈イラス
ト：谷口高司〉　1900円　①978-4-491-
02381-6　Ⓝ488.21

(目次)第1章 見てくらべる図鑑（野鳥を知るもの
さし鳥，ペア？ファミリー？何してる？ほか），第
2章 読んで知る図鑑（近くでじっくり見たい，双
眼鏡や望遠鏡の使い方 ほか），第3章 鳥の神秘
や不思議（分類は決まっていない？，渡りの謎 ほ
か），第4章 楽しみ方のさまざま（双眼鏡フリー
のウォッチング，季節やテーマごとのチェック
ほか），終章 鳥と人とエコライフ（人の常識は
地球の非常識，エコライフの基礎 ほか）

(内容)"鳥を見分けるには？""声を聞き分ける
には？""双眼鏡はどう使う？""カラスの習性っ
て？""よく見かけるこの羽は何の鳥？"など，野
鳥に関するあらゆるギモンに答えます!!これが
安西式バードウォッチングだ。

声が聞こえる!野鳥図鑑　上田秀雄鳴き声・
文，叶内拓哉写真　文一総合出版　2001.1
224p　18cm　1600円　①4-8299-2149-8
Ⓝ488.038

(目次)海上／岸・干潟で見られる鳥，湖沼・川・
湿地・田で見られる鳥，市街・雑木林・畑・草
地で見られる鳥，低山・森林で見られる鳥，亜
高山・高山で見られる鳥

(内容)日本で記録されている約550種の野鳥のう
ち，一般によく見られる，または声の聞かれる
200種を収録した図鑑。鳥の特徴を示すため写
真は大きく扱い，生態や識別に役立つポイント
を解説する。また，鳴き声を実際に聞けるよう，
スキャントークリーダーでなぞれば聞くことが
できる音声コード付き。

声が聞こえる!野鳥図鑑　増補改訂版　上田
秀雄音声・文，叶内拓哉写真　文一総合出版
2009.6　263p　19cm　〈音声情報あり　再生
要件：スキャントークコードリーダー　索引
あり〉　2000円　①978-4-8299-1022-1
Ⓝ488

(内容)50種追加収録!掲載した250種すべての野
鳥の声が野外でも確認できる!鳥の声を聞けば，
さらに識別に役立つ野鳥図鑑。

新世界絶滅危機動物図鑑　3　鳥類1　オウ
ム・ツル・コウノトリなど　改訂版　小宮
輝之監修　学研教育出版，学研マーケティン
グ（発売）　2012.2　56p　27×22cm　3000

円　①978-4-05-500844-0

(目次)オウム目，ダチョウ目・レア目，キーウィ
目，シギダチョウ目・ヒクイドリ目，ペンギン
目，カイツブリ目・ミズナギドリ目，コウノト
リ目，カモ目，キジ目，ハト目，カッコウ目，
ツル目，トキの絶滅と再生・野生復帰へ，レッ
ドリストなどの記号について，日本の絶滅危機
動物リスト・鳥類

新世界絶滅危機動物図鑑　4　鳥類2　タ
カ・フクロウ・フウチョウなど　改訂版
小宮輝之監修　学研教育出版，学研マーケ
ティング（発売）　2012.2　56p　27×22cm
3000円　①978-4-05-500845-7

(目次)タカ目，ペリカン目，フクロウ目，ヨタ
カ目，チドリ目，アマツバメ目，キヌバネドリ
目，ブッポウソウ目，キツツキ目，スズメ目，
再び羽ばたくカリフォルニアコンドル，レッド
リストなどの記号について，日本の絶滅危機動
物リスト・鳥類

鳥　増補改訂　学研教育出版，学研マーケティ
ング（発売）　2009.11　208p　30cm
（ニューワイド学研の図鑑 6）　〈初版：学習
研究社1999年刊　付属資料（CD1枚 12cm）：
野鳥のさえずり　索引あり〉　2000円
①978-4-05-203128-1　Ⓝ488.038

(目次)ダチョウ・シギダチョウなどのなかま，
アホウドリ・ミズナギドリのなかま，ペンギン
のなかま，アビ・カイツブリのなかま，ウ・ペ
リカンなどのなかま，サギ・トキ・コウノトリ
のなかま，フラミンゴのなかま，ハクチョウ・
ガン・カモのなかま，ワシ・タカのなかま，キ
ジ・ライチョウなどのなかま〔ほか〕

(内容)日本の鳥・世界の鳥を約800種掲載。66種
の鳥の鳴き声CD付。

鳥　増補改訂版　学研教育出版，学研マーケ
ティング（発売）　2010.9　216p　19cm
（新・ポケット版学研の図鑑 5）　〈監修・指
導：小宮輝之　初版：学習研究社2002年刊
索引あり〉　960円　①978-4-05-203207-3
Ⓝ488.038

(目次)日本の鳥（ミズナギドリのなかま，アビ・
カイツブリのなかま，ウのなかま，サギ・コウ
ノトリのなかま ほか），世界の鳥・飼い鳥（ダ
チョウなどのなかま，ペンギンのなかま，ウ・
ペリカンのなかま，サギ・コウノトリのなかま
ほか），鳥の資料館（鳥とはどんな動物?，鳥の
行動，鳥の保護，鳥の見られる場所）

(内容)最新情報を満載。日本の鳥から世界の鳥，
飼い鳥まで約650種。鳥のいる場所・見られる

科学への入門レファレンスブック　*153*

季節がわかる、野外観察に最適なハンディ図鑑。

鳥の形態図鑑　赤勘兵衛著，岩井修一解説　偕成社　2008.7　179p　29cm　5800円　Ⓘ978-4-03-971150-2　Ⓝ488.038

(目次)カイツブリ，カンムリカイツブリ，オオミズナギドリ，オナガミズナギドリ，カワウ，ヨシゴイ，アマサギ，コサギ，オシドリ，コガモ〔ほか〕

(内容)保護された野鳥をモデルに、空を飛ぶための翼と尾、地上を歩いたり枝に止まるためのあし、獲物をみつけたり捕らえるための眼やくちばしの形態を細密画で克明に描く。実測のデータも付した鳥類図鑑の決定版。小学校高学年から一般向き。

鳥の生態図鑑　改訂新版　学研教育出版，学研マーケティング（発売）　2011.3　176p　31cm　（大自然のふしぎ 増補改訂）〈初版：学習研究社1993年刊　並列シリーズ名：NATURE LIBRARY　索引あり〉　3000円　Ⓘ978-4-05-203348-3　Ⓝ488.038

(目次)絶滅からの復活，絶滅の危機からの復活，鳥の体のふしぎ（鳥の特徴，鳥の感覚器，特別な器官，運動），鳥の生態のふしぎ（渡り，求愛，子育て，巣，獲物をとる，都市にすむ鳥，身を守る），自然ウォッチング，資料編

(内容)鳥たちの「ふしぎ」に迫る図鑑。鳥たちの生活がよくわかる情報がギッシリつまった1冊。

鳴き声が聞ける!CD付 野鳥観察図鑑 日本で見られる340種へのアプローチ　杉坂学監修　成美堂出版　1999.5　271p　21cm　〈付属資料：CD1〉　2000円　Ⓘ4-415-00766-X

(目次)野鳥観察のための基礎知識，1 人家付近の陸鳥（キジバト，シラコバト ほか），2 森林（丘陵～山地）の陸鳥（アオバト，ズアカアオバト ほか），3 内陸・淡水域の水鳥や陸鳥（カワセミ，ヤマショウビン ほか），4 海の水鳥・陸鳥（イソヒヨドリ，ハマヒバリ ほか），野生化した飼い鳥（コブハクチョウ，ドバト ほか），野鳥観察を楽しむために（服装を選ぼう，観察記録の付け方 ほか），全国・探鳥地リスト，和名さくいん

(内容)野鳥観察のための、340種の野鳥を収録した図鑑。掲載データは、種名、学名、分類、英名、時期、声、見分け方、特徴、棲息地、全長／翼開長、写真、イラストなど。巻末に全国・探鳥地リスト、五十音順・和名さくいんがある。38種の野鳥の鳴き声を収録したCD付き。

日本の鳥の巣図鑑全259　鈴木まもる作・絵　偕成社　2011.5　64p　29cm　〈文献あり 索引あり〉　2400円　Ⓘ978-4-03-527900-6　Ⓝ488.1

(目次)木の上の巣，木の穴や洞の巣，やぶのなかの巣，地上の巣，岩だな、かべ、すきま、地面の穴の巣，海洋の島の巣，水の上の巣，托卵する鳥

(内容)3000m級の山から、絶海の孤島まで、鳥たちは、さまざまな場所で、さまざまな形の鳥の巣をつくり、新しい生命をうみ育てています。この本には、いままで日本で巣をつくり、卵をうみ、ヒナを育てたと記録された259種類の、鳥と巣と卵がでています。小学校中学年から。

日本の野鳥　久保田修著　学研教育出版，学研マーケティング（発売）　2011.10　175p　18cm　（生きもの出会い図鑑）〈他言語標題：Wild Birds in Japan　索引あり〉　1000円　Ⓘ978-4-05-405074-7　Ⓝ488.21

(目次)春（里・田畑，池や川 ほか），夏（アシ原と河川敷，高山 ほか），秋（平地・丘陵地・公園），冬（田畑・雑木林，池や川 ほか）

(内容)あこがれの鳥、人気の鳥を厳選した200種をくわしく解説。鳥好きなら絶対見たい13の、必ず見られるピンポイント地図を掲載。

日本の野鳥　増補改訂　小宮輝之著　学研教育出版，学研マーケティング（発売）　2010.2　268p　19cm　（フィールドベスト図鑑 vol.8）〈他言語標題：Wild birds in Japan　初版：学習研究社2000年刊　索引あり〉　1800円　Ⓘ978-4-05-404436-4　Ⓝ488

(目次)街や公園で見られる鳥，平地や丘陵で見られる鳥，山や森林で見られる鳥，川や湖で見られる鳥，干潟や海洋で見られる鳥

(内容)「日本の野鳥」新装改訂版。日本でよく見られる鳥約370種。野鳥が見られる場所別、大きさ別に配列し、わかりやすいアイコンで表示。飛翔するワシタカ類、海鳥類の見分け方など役に立つコラムを豊富に掲載。最近定着してきたヒメアマツバメ、復活しつつあるトキ、コウノトリ、南西諸島のリュウキュウアカショウビンなど30種以上を増補。

ビジュアル博物館　1　鳥類　デビッド・バーニー著，リリーフ・システムズ訳　（京都）同朋舎出版　1990.3　63p　23×29cm　3500円　Ⓘ4-8104-0799-3

(目次)恐竜から鳥か，動物としての鳥，翼，巧みに飛ぶ、すばやく飛び立つ，飛行スピードと

動物学　　　　哺乳類

飛び続けられる時間，気流に乗って舞う，滑空する空中停止する，尾，羽の構造，羽，翼羽，体羽，綿羽，尾羽，求愛，カムフラージュ，足と足あと，感覚，くちばし，植物を食べる鳥，虫類を食べる鳥，小動物を捕らえる鳥，魚をとる鳥，雑食の鳥，ペリット，巣をつくる，カップ形の巣，変わった巣，水鳥と渉禽類の卵，陸上の鳥の卵，驚くべき卵，ふ化，成長，鳥を呼び寄せる，バードウォッチング

(内容)鳥たちの世界を紹介する博物図鑑。羽，翼，骨格，卵，巣，生まれたばかりのひななどの実物写真で鳥たちの生活，行動，ライフサイクルを見るガイドブック。

身近で見られる日本の野鳥カタログ　鳥との語らいが今、始まる　安部直哉解説・写真，小林詩写真　成美堂出版　1992.12　159p　29×21cm　2000円　①4-415-03283-4

(目次)野鳥の生息環境，野鳥の生活，野鳥観察入門，日本の野鳥555種

(内容)約160種の貴重な野鳥の生態，生息状況等を分布図とともに詳しく紹介。

身近な鳥の図鑑　平野伸明著　ポプラ社　2009.4　239p　21cm　〈文献あり　索引あり〉　1600円　①978-4-591-10767-6　Ⓝ488.21

(目次)海辺や干潟，宅地や公園，田んぼや畑，池や湖，雑木林や里山，川，山麓の森，高原，高山

(内容)家のまわりで，近所の公園で，すこし遠出をしたときちょっと見るとこんな鳥が…環境ごとに，身近な鳥を100種掲載。

見る読むわかる野鳥図鑑　字も絵も見やすい！　安西英明解説，箕輪義隆絵　日本野鳥の会　2010.3　65p　21cm　800円　①978-4-931150-45-4　Ⓝ488.21

(目次)1章 あの鳥なーに?(身近な鳥と比べてわかる鳥，草地や水辺の小鳥など，チドリやシギほか)，2章 見分けるためのポイント(野鳥の見分け方，鳥の体と飛ぶ仕組み，おすすめとお願い)，3章 楽しみ方さまざま(野鳥たちは何している?，季節を楽しむ，鳥類の分類と種 ほか)

哺乳類

<事　典>

海の動物百科　1　哺乳類　大隅清治，内田詮三訳　朝倉書店　2006.11　77p　30cm　4200円　①4-254-17695-3

(目次)クジラとイルカ(イルカ類，カワイルカ類，シロイルカとイッカク，マッコウクジラ類，コククジラ，ナガスクジラ類，セミクジラ類)，ジュゴンとマナティ(海中草地で草を食む)

<ハンドブック>

レッドデータブック　日本の絶滅のおそれのある野生生物　哺乳類　環境省自然環境局野生生物課希少種保全推進室編　ぎょうせい　2014.9　132p　30cm　2800円　①978-4-324-09895-0

<図鑑・図集>

海にすむ動物たち　日本の哺乳類　2　藪内正幸著　岩崎書店　1994.10　48p　29×23cm　(絵本図鑑シリーズ 15)　1300円　①4-265-02915-9

(内容)本書では海にすんでいる仲間を紹介します。大形のクジラは，肉や油をとるために，オットセイやラッコは，その良質の毛皮のために乱獲されてきました。今はとることは禁止されていますが，海のよごれなどで，生息環境がわるくなっています。今、われわれと、われわれの仲間の共存を真剣に考えなければ、"青い地球"は、過去のものとなってしまうでしょう。

新世界絶滅危機動物図鑑　1　哺乳類1 ネコ・クジラ・ウマなど　改訂版　今泉忠明監修　学研教育出版，学研マーケティング(発売)　2012.2　72p　27×22cm　3000円　①978-4-05-500842-6

(目次)ネコ目，アザラシ目，クジラ目，カイギュウ目，ゾウ目，ツチブタ目・ハイラックス目，ウマ目，ネズミ目，ウサギ目，ハネジネズミ目，ヒコケザル目，コウモリ目，アリクイ目，センザンコウ目，ジャイアントパンダの発見と保護，レッドリストなどの記号について，日本の絶滅危機動物リスト・哺乳類

(内容)絶滅の危機にある動物が調べられる図鑑の改訂版。1巻は最新のレッドリスト(IUCN)、ワシントン条約(CITES)、日本の動物のレッドリスト(環境省)に載った、ネコ・クジラ・ウマなどの哺乳類約200種の絶滅危機の原因、推定生息数などが分かる。

新世界絶滅危機動物図鑑　2　哺乳類2 サル・ウシ・カンガルーなど　改訂版　今泉忠明監修　学研教育出版，学研マーケティング(発売)　2012.2　72p　27×22cm　3000

科学への入門レファレンスブック　　155

円 ①978-4-05-500843-3

（目次）サル目，ツパイ目，モグラ目，ウシ目，フクロネズミ目，カモノハシ目，絶滅の危機から復活したアラビアオリックス，レッドリストなどの記号について，日本の絶滅危機動物リスト・哺乳類

世界絶滅危機動物図鑑　第1集　日本の哺乳類　学習研究社　1997.1　64p　31cm　①4-05-500223-8　Ⓝ482.038

世界絶滅危機動物図鑑　第3集　哺乳類　1（食肉目、鯨目など）　学習研究社　1997.1　64p　31cm　①4-05-500225-4　Ⓝ482.038

世界絶滅危機動物図鑑　第4集　哺乳類　2（霊長目、有袋目など）　学習研究社　1997.1　64p　31cm　①4-05-500226-2　Ⓝ482.038

動物　成島悦雄指導・執筆，田中豊美，河合晴義，前川和明ほかイラスト　小学館　2011.7　207p　19cm　（小学館の図鑑NEO POCKET 5）〈文献あり 索引あり〉　950円　①978-4-09-217285-2　Ⓝ489.038

（目次）ほ乳類ってどんな生き物?，カモノハシ目（単孔目），オポッサム目（有袋目），アリクイ目（貧歯目），テンレック目，ハネジネズミ目，ツチブタ目，ハイラックス目，カイギュウ目，ゾウ目〔ほか〕

（内容）約400種の野生のほ乳類と約100種の家畜やペットを紹介。

動物　川田伸一郎監修　ポプラ社　2012.11　223p　22×29cm　（ポプラディア大図鑑WONDA）〈付属資料：別冊1〉　2000円　①978-4-591-13086-5

（目次）カモノハシ目（単孔目），カンガルー目（双前歯目），オポッサム目（袋鼠目），ケノレステス目／ミクロビオテリウム目，フクロモグラ目／バンディクート目，フクロネコ目，テンレック目，ハネジネズミ目，ゾウ目（長鼻目），ツチブタ目（管歯目）／ハイラックス目（岩狸目）〔ほか〕

（内容）世界の哺乳類など約700種。骨格標本多数掲載。

日本の哺乳類　小宮輝之著　学習研究社　2002.3　256p　19cm　（フィールドベスト図鑑 vol.12）　1900円　①4-05-401374-0　Ⓝ489.038

（目次）第1章 北海道（北海道のリス類の痕跡，北海道のネズミ類の痕跡・食害 ほか），第2章 本

州・四国・九州（日本のシカ，シカの痕跡 ほか），第3章 対馬・隠岐島・佐渡島，第4章 南西諸島・小笠原諸島（小さなニホンジカ，南西諸島は亜種の宝庫 ほか），第5章 海の哺乳類（ひげクジラと歯クジラ，ひげクジラの大きさくらべ ほか）

（内容）日本で見られる全ての哺乳類を掲載する図鑑。生息地域ごとに収録。それぞれの種の生息環境、足跡、分類上の目・科名、標準和名の漢字表記、学名、大きさ、分布図の他、食べあと、巣穴、糞の写真なども掲載する。巻末に日本の哺乳類のレッドデータ・繁殖データ、五十音順索引が付く。

日本の哺乳類　増補改訂　小宮輝之著　学研教育出版，学研マーケティング（発売）　2010.2　264p　19cm　（フィールドベスト図鑑 vol.11）〈初版：学習研究社2002年刊　文献あり 索引あり〉　1900円　①978-4-05-404437-1　Ⓝ489

（目次）第1章 北海道（北海道のリス類の痕跡，北海道のネズミ類の痕跡・食害 ほか），第2章 本州・四国・九州（日本のシカ，シカの痕跡 ほか），第3章 対馬・隠岐島・佐渡島，第4章 南西諸島・小笠原諸島（小さなニホンジカ，南西諸島は亜種の宝庫 ほか），第5章 海の哺乳類（ひげクジラと歯クジラ，ひげクジラの大きさくらべ ほか）

（内容）「日本の哺乳類」新装改訂版。日本の哺乳類全種。日本国内、日本近海で見られるすべての種を網羅。種の解説と写真のほか、フィールドで見分けるために役立つ食痕、足跡、糞、海上での行動など多数紹介。カツオクジラ、ヒメヒナコウモリなど新種を増補。

日本哺乳類大図鑑　飯島正広写真・文，土屋公幸監修　偕成社　2010.7　179p　29cm〈文献あり 索引あり〉　5200円　①978-4-03-971170-0　Ⓝ489.038

（目次）里山（タヌキ，キツネ ほか），奥山（ヤマネ，ニホンテン ほか），北と南（エゾクロテン，エゾヒグマ ほか），海（オットセイ，ゴマフアザラシ ほか）

（内容）日本にすむ哺乳類100余種を、くらす環境により4章に分け、豊富な写真で紹介。通常の図鑑としての体の特徴や雌雄・親子、夏毛・冬毛などがわかる内容に加えて、くらしや行動などの生態も、写真で紹介。さらに随所に、四季折々の日本の風土に動物が美しく映えて写る写真集的ページも設置。図鑑、生態紹介のみならず、写真集まで、動物で見てみたいすべてが入った、日本の哺乳類図鑑。小学校中学年から。

ビジュアル博物館　29　ネコ科の動物

動物学　　　　　　　　　　　　　　　　　哺乳類

ジュリエット・クラットン・ブロック著，リ
リーフ・システムズ訳　（京都）同朋舎出版
1992.7　63p　29×33cm　3500円　①4-
8104-1088-9

(目次)ネコ科の動物とは，最初のネコ，いろ
いろなネコ科動物，骨格，体の内部，すぐれた感
覚，すばらしい運動能力，毛づくろい，えもの
をなぶる，子ネコ，ネコ類の特性，ネコの王者
ライオン，最大のネコ トラ，木登り名人 ヒョ
ウ，水辺を好むネコ ジャガー，高地のネコ，平
原のさすらい者，森林のネコ，スピードの王者
チーター，ネコ科の親せき，ネコの家畜化，神
話と伝説，ネコの貴族，短毛種，長毛種，珍し
いネコ，都会の生活，ネコの世話

(内容)野生と家畜のネコたちの驚くべき世界を
紹介する、ほかに類のない楽しい博物図鑑。大
小のネコ科動物のすばらしい実物写真、ネコを
題材とした美術品や工芸品、ネコの歯から爪ま
で、ネコ科動物のすべてを目のあたりに見るこ
とができます。

ビジュアル博物館　32　イヌ科の動物

ジュリエット・クラットン・ブロック著，リ
リーフ・システムズ訳　（京都）同朋舎出版
1992.7　63p　29×23cm　3500円　①4-
8104-1091-9

(目次)イヌとは何か，イヌ科の進化，イヌ科動
物の骨，被毛，頭，尻尾（しっぽ），視覚と聴覚，
嗅覚（きゅうかく），行動，イヌ科の子どもたち，
群れのリーダー，ジャッカルとコヨーテ，アジ
ア、アフリカのイヌ科動物，アカギツネとハイ
イロギツネ，暑い地方と寒い地方のキツネ，南
米のさまざまなイヌ科動物，家畜化の始まり，
野生のイヌ，新品種をつくる，狩猟犬，牧畜・
牧羊犬，人間の手助けをする，スポーツとイヌ，
ハウンド犬，銃猟犬，テリア犬，非猟犬，作業
犬，小型愛玩犬（あいがんけん），雑種犬，イヌ
の世話

(内容)イヌ科動物たちの魅惑に満ちた世界に触れ
る新しい博物図鑑です。イヌ、オオカミ、ジャッ
カル、キツネの美しい実物写真が、イヌ科動物
の生活と進化をビジュアルに示し、歴史を通じ
てイヌたちが多くの点で人間を助けてきたよう
すを明らかにします。

ビジュアル博物館　33　馬　ジュリエット・

クラットン・ブロック著，リリーフ・システ
ムズ訳　（京都）同朋舎出版　1992.12　63p
29×23cm　3500円　①4-8104-1126-5

(目次)ウマの仲間，ウマの進化，骨と歯，感覚
と行動，母ウマと子ウマ，野生のロバ，縞模様，

ウマの祖先，歴史のなかのウマたち，働き者の
ロバ，ラバとケッティ，蹄鉄，馬具，ウマに乗っ
て探検，アメリカ大陸へ，荒野を走る〔ほか〕

(内容)魅惑に満ちたウマとポニーの世界を紹介
する。楽しいオリジナルの博物図鑑です。ウマ、
ポニー、ロバ、ラバ、ノロバ、シマウマ、さらに
は荷馬車、四輪馬車、馬具など、このすばらし
い動物たちの歴史、文明の中で果たしてきたそ
の役割などを美しい写真の数々でお見せします。

技術・工学

技術・工学全般

＜書誌＞

科学の読み方、技術の読み方、情報の読み方 Best book 106　名和小太郎著　KDDクリエイティブ　1991.10　253p　19cm　〈背・表紙の書名：Best book 106〉　2400円　Ⓘ4-906372-09-0　Ⓝ503.1

Ⓘ内容　著者が選んだ106冊の書評をまとめたもの。科学の本、技術の本、情報の本と3篇に分け、各編はそれぞれ件名の見出し語を付し、書誌事項と書籍の写真を取入れ見やすく排列。書評記事は、勧誘、要約、寸評で構成する。

図書館に備えてほしい本の目録　自然科学・理工学・農学図書 JLA選定図書から　2000年版　日本図書館協会　2000.10　67p　26cm　〈共同刊行：日本書籍出版協会〉　300円　Ⓘ4-8204-0020-7　Ⓝ403.1

＜事典＞

人物レファレンス事典　科学技術篇　日外アソシエーツ株式会社編　日外アソシエーツ，紀伊国屋書店（発売）　2011.2　1079p　21cm　25000円　Ⓘ978-4-8169-2301-2　Ⓝ281.03

Ⓘ内容　世界各地で活躍した科学技術分野（科学、数学、物理学、化学、天文学、生物学、医学、工学など）の人物が、どの事典にどんな見出しで掲載されているかがわかる。人物事典・百科事典のほか、時代別の歴史事典や、県別百科事典など343種を採用。時代的にも地域的にも幅広い多数の人物を網羅的に調査できる。簡略な人名事典としても使用できるほか、事典索引としてより深く調べるための手掛りが得られる。

人間工学の百科事典　大島正光監修，大久保堯夫編集委員長　丸善　2005.3　692p　21cm　20000円　Ⓘ4-621-07553-5

Ⓘ内容　人間工学の基礎知識や実場面における「住む」・「働く」・「食べる」などの動作について解説。本文は総論と各論に分かれており、各論は

五十音順に排列。巻末に欧文索引を収録。随所に写真・図解を掲載。

マテリアルの事典　佐久間健人，相沢竜彦，北田正弘編　朝倉書店　2001.1　629p　21cm　24000円　Ⓘ4-254-24015-5　Ⓝ501.4

Ⓘ目次　1 力学系材料，2 力学系機能材料，3 熱およびエネルギー材料，4 電気材料，5 磁性材料，6 情報デバイス材料，7 化学機能材料，8 医用材料，9 リサイクル材料

Ⓘ内容　既存の工業材料にとどまらない広い範囲にわたる材料全般を、その紹介だけでなく、初心者にもわかりやすく伝えることを意図した事典。項目は9つに大別して収録。巻末に五十音順の索引を付す。

＜辞典＞

英和・和英 情報処理用語辞典　3版　土岐秀雄編著　日本理工出版会　1992.9　771p　17cm　2700円　Ⓘ4-89019-436-3

科学技術英語 動詞はこう使え！　鵜沼仁著　丸善　2006.1　270p　19cm　1700円　Ⓘ4-621-07677-9

Ⓘ内容　科学技術英語では、動詞の正確な意味を踏まえた使い分けをすることが非常に重要である。まちがった動詞を選ぶと、研究成果も誤って伝わりかねない。本書では、つまずきやすい動詞288語を精選し、やさしい説明と豊富な例文で丁寧に解説。大学生から社会人まで、科学技術英語に携わるすべての人に役立つ1冊。

科学技術独和英大辞典　町村直義編　技報堂出版　2016.9　326p　21cm　3800円　Ⓘ978-4-7655-3018-7

技術英語を書く動詞辞典　文例による動詞使い分けテクニック集　見城尚志，武口隆編著　工業調査会　1995.12　370p　19cm　3296円　Ⓘ4-7693-7039-3

スマートハウス＆スマートグリッド用語事典　インプレスR＆Dインターネットメディア総合研究所編　インプレスジャパン，インプレスコミュニケーションズ（発売）　2012.

技術・工学　　　　　　　　　　　　　　　　　　技術・工学全般

2　303p　21cm　〈索引あり　文献あり〉
3200円　Ⓘ978-4-8443-3150-6　Ⓝ543.1

Ⓣ第1部 スマートハウス＆スマートグリッド用語の基礎（スマートグリッド（次世代電力網）の定義，スマートグリッドが必要とされる理由，スマートグリッドを理解するための3つの観点，マイクログリッドとスマートハウス，スマートグリッドの国際標準化活動の現状，日本のスマートグリッドの標準化組織，東日本大震災とその後の節電対策，スマートグリッドの構築でエネルギー構造の転換），第2部 スマートハウス＆スマートグリッド用語集（アルファベット，日本語），第3部 関連サイト集（スマートグリッド政策（国内，海外），標準関連，スマートハウス，環境・エネルギー，資料）

Ⓒ「環境」「再生可能エネルギー」から「情報通信」までの重要用語を網羅。初心者にもわかりやすく、図表で解説。アルファベット、五十音順で掲載。再生可能エネルギーやICT、家電、自動車、住宅関連分野、および関連標準化機関までの用語も網羅。スマートハウス＆スマートグリッド関連の資料サイトを内容別に整理して掲載。

センサ基礎用語辞典　南任靖雄著　工学図書
1994.9　194p　19cm　1600円　Ⓘ4-7692-0303-9　Ⓝ501.22

Ⓒ一般的なセンサ全般にわたり、周辺技術も含めて基礎的な用語を収録し、その動作原理、構造、応用など代表例を解説した事典。最近の研究開発による新しいセンサ並びに関連技術についても、概要を記述する。300語余りを収録し、五十音順に排列。図表も多数掲載している。

納得! 世界で一番やさしいデジタル用語の基礎知識　湯浅顕人著　宝島社　2013.7
223p　16cm　（宝島SUGOI文庫 Fゆ-2-1）〈索引あり〉　562円　Ⓘ978-4-8002-1257-3　Ⓝ548.2

Ⓣパソコン用語の基礎知識，ネット用語の基礎知識，デジカメ用語の基礎知識，スマホ用語の基礎知識，家電用語の基礎知識

Ⓒパソコンやネット、スマホなど、デジタルの世界は日進月歩。次々に新しい言葉が出てくるので、ついていくのは大変です。本書は、現代社会に生き抜くために必要不可欠なデジタル用語の基礎知識をコンパクトにまとめた実用文庫です。事典のように使えるのはもちろん、頭から読んでいっても「なるほど納得!」と膝を打つ、「読める解説」を心がけました。一家に一冊、必携の基礎知識本です!

日中英特許技術用語辞典　立群専利代理事務所，志賀国際特許事務所編　経済産業調査会
2015.7　665p　21cm　（現代産業選書　知的財産実務シリーズ）　6300円　Ⓘ978-4-8065-2955-2

Ⓣ日中英特許技術用語一覧，日本語索引，中国語索引

Ⓒ日本語の特許明細書に実際に使用されている特許技術用語と、それに対応する中国の技術用語および英語の技術用語を一挙掲載。

マグローヒル科学技術用語大辞典　改訂第3版　マグローヒル科学技術用語大辞典編集委員会編　日刊工業新聞社　2000.3　2071，394p　30cm　（原書第5版　原書名：McGraw-Hill Dictionary of Scientific and Technical Terms）　42000円　Ⓘ4-526-04512-8　Ⓝ403.3

Ⓒ科学技術分野の用語を収録した辞典。巻末に、結晶構造や略語一覧を掲載した付録がある。アルファベット順索引付き。

やさしく読める最新ハイテク＆デジタル用語事典　日経パソコン編集編　日経BP社，日経BP出版センター〔発売〕　2005.12　431p　19cm　1900円　Ⓘ4-8222-3353-7

Ⓣ1 インターネット，2 携帯電話，3 デジタルカメラ，4 デジタル文具＆ゲーム機，5 オーディオ・ビジュアル，6 パソコン，7 ハイテク家電，8 カーライフ，9 デジタル経済，10 IT社会

Ⓒ難しいカタログもきちんと分かる。IT時代の最新用語をやさしく解説。とっても気になる900語を収録。職場でも家庭でも役に立つ。

<ハンドブック>

1秒でわかる! 先端素材業界ハンドブック
泉谷渉著　東洋経済新報社　2011.12　153p　18cm　1000円　Ⓘ978-4-492-07105-2

Ⓣ序章 世界最強のニッポンの素材力、売上規模6兆円弱の電子材料業界，第1章 次世代自動車の新素材が続々登場，第2章 半導体材料はナノレベル突入で新技術，第3章 エレクトロニクス材料ガスはニッポン主導で先端性勝負，第4章 環境エネルギーは素材技術が鍵を握る，第5章 素材産業をめぐる最新トピックス，第6章 "特別ルポルタージュ"新素材にかける各社の取り組みを追う

Ⓒ半導体・次世代自動車向け新素材から環境エネルギー向け先端素材開発まで、素材王国

科学への入門レファレンスブック　159

技術・工学全般　　　　技術・工学

ニッポンの強さの秘密が一気にわかる。主要企業の最新動向を徹底解説。

学生実験のてびき　微生物有用微生物、酵素及び遺伝子に関するバイオテクノロジー入門実験書　中島伸佳著　（岡山）西日本法規出版　1996.11　70p　21cm　1456円　①4-86186-011-3

（目次）「基礎実験」（『培養と発酵生産』，『バイオリアクターと生物変換』），「応用実験」（『電気泳動法による解析』，『分光光学的方法と，機器分析法による解析』）

（内容）本書は、生物工学や農芸化学などの応用生物科学分野、あるいは、生化学、酵素化学や食品工学などの実験科学領域の学問を専攻する大学生が『有用微生物、酵素、遺伝子』を、初めて取り扱うための「学生実験のてびき書」として書いたものである。理系の化学実験に関する内容の充実した実験書は数多く出版されているが、本書は上述の学問領域を専攻する学生が、限られた時間内で、自主的に実験を行うことができるように実際的、指針的要領となるよう意図し、実験内容を厳選して作成した。

<図鑑・図集>

最先端技術の図詳図鑑　学習研究社　1995.5　160p　30×23cm　（大自然のふしぎ）　3000円　①4-05-500097-9

（目次）見る技術と調べる技術のふしぎ，ロボットとコンピュータの技術のふしぎ，映像と情報の技術のふしぎ，新しい材料と加工技術のふしぎ，巨大建造物を作る技術のふしぎ，病気をなおす技術のふしぎ，環境を守る技術のふしぎ，エネルギーに関する技術のふしぎ，宇宙を利用する技術のふしぎ，身近なものの技術のふしぎ，資料編

（内容）児童向けに各種の疑問に答える形で最先端技術をイラストや写真を用いて解説する。巻末に全国の科学館等の紹介、五十音順の事項索引がある。

ビジュアル分解大図鑑　クリス・ウッドフォード著，武田正紀訳　日経ナショナルジオグラフィック社，日経BP出版センター（発売）　2009.12　255p　31cm　〈索引あり　原書名：Cool stuff exploded.〉　6476円　①978-4-86313-086-9　Ⓝ500

（目次）陸と空の乗り物（すごい乗り物，ラリーカー ほか），生活を支える家電製品（電気の秘密，風力発電機 ほか），人生を楽しくする機械

たち（余暇を楽しむ，手回し発電ラジオ ほか），デジタル技術（電子の工場，携帯電話 ほか）

（内容）コンピューター・グラフィックスで描くリアルな完全分解図。詳細な完全分解図37点、イラスト67点と写真340点を掲載。最新テクノロジーのほか未来の技術、夢のマシンも登場。技術の発展と社会のかかわりをわかりやすく解説。

もののしくみ大図鑑　ジョエル・ルボーム，クレマン・ルボーム著，村上雅人監修　世界文化社　2011.10　113p　27×21cm　〈原書名：DOKEO-COMPRENDRE COMMENT CA MARCHE〉　2300円　①978-4-418-11807-6

（内容）家の中（ホームオートメーション，自動開閉門 ほか），まち（携帯電話，MP3プレーヤー ほか），遊びと自然（ローラースケートとスケートボード，ボール ほか），のりもの（マウンテンバイク，自動車 ほか）

<年鑑・白書・レポート>

科学技術白書　平成元年版　科学技術庁編　大蔵省印刷局　1990.1　469p　21cm　2480円　①4-17-152064-9

（目次）第1部 平成新時代における我が国科学技術の新たな展開（我が国科学技術の推移と新たな展開，国際的な科学技術の状況変化と我が国の対応，今後の課題と展望），第2部 科学技術活動の動向（研究活動の動向，技術貿易及び特許出願の動向，国際交流の動向），第3部 政府の施策（我が国の科学技術政策，科学技術関係予算，政府機関などにおける研究活動の推進，民間などの研究活動の振興，科学技術振興基盤の強化）

科学技術白書　平成2年版　科学技術庁編　大蔵省印刷局　1990.11　315p　21cm　1900円　①4-17-152065-7

（目次）第1章 我が国科学技術の現状（我が国研究開発活動の動向，我が国科学技術政策の展開，我が国科学技術をめぐる最近の変化），第2章 豊かな生活を創造する科学技術への期待（フロンティア領域の開拓と豊かな生活，生活者の視点からみた科学技術，豊かな生活の創造に向けての課題と展望），第3章 海外及び我が国の科学技術活動の状況（各国〈地域〉の科学技術政策，科学技術に関する国際比較と我が国の状況），第4章 我が国科学技術政策の展開（我が国の科学技術政策の概要，科学技術推進体制，研究活動の推進）

160　科学への入門レファレンスブック

技術・工学　　　　　　　　　　　　　　　　　　　　技術・工学全般

科学技術白書　平成3年版　科学技術庁編
大蔵省印刷局　1991.10　386p　21cm　2700
円　①4-17-152066-5

(目次)第1部 科学技術活動のグローバリゼーションの進展と我が国の課題（グローバリゼーションの進展，科学技術活動のグローバリゼーションの推進，地球規模での転換期にのぞむ人類の科学技術に対する期待—我が国にとっての課題と展望），第2部 海外及び我が国の科学技術活動の状況（研究費，研究人材，技術貿易，特許），第3部 我が国の科学技術政策の展開（我が国の科学技術政策の概要，科学技術推進体制，研究活動の推進）

科学技術白書　平成4年版　科学技術の地域展開　科学技術庁編　大蔵省印刷局
1992.10　409p　21cm　2800円　①4-17-152067-3

(目次)第1部 科学技術の地域展開（科学技術の地域への新展開，地域と共に発展する科学技術，今後の展望），第2部 海外及び我が国の科学技術活動の状況（研究費，研究人材，技術貿易，特許等の動向），第3部 我が国の科学技術政策の展開（我が国の科学技術政策の概要，科学技術推進体制，研究活動の推進）

科学技術白書　平成5年版　若者と科学技術　科学技術庁編　大蔵省印刷局　1994.1
368p　21cm　2800円　①4-17-152068-1
Ⓝ402.1

(目次)第1部 若者と科学技術（若者の科学技術離れの傾向，若者の科学技術離れ傾向の背景，科学技術がより身近に感じられる社会を目指して），第2部 海外及び我が国の科学技術活動の状況（研究費，研究人材，研究成果関連の動向），第3部 我が国の科学技術政策の展開（科学技術政策大綱，科学技術会議，科学技術行政体制及び予算，研究活動の推進）

科学技術白書　いま、世界の中で　平成6年版　科学技術庁編　大蔵省印刷局　1994.12　618p　21cm　3400円　①4-17-152069-X　Ⓝ402.1

(目次)第1部 いま、世界の中で（転換期の世界における科学技術政策，主要国の科学技術政策動向 各国編），第2部 我が国の科学技術活動の状況（民間企業の研究開発の動向，研究費 ほか），第3部 我が国の科学技術政策の展開（科学技術政策大綱，科学技術会議 ほか）

科学技術白書　戦後50年の科学技術　平成7年版　科学技術庁編　大蔵省印刷局　1995.

7　468p　21cm　2900円　①4-17-152070-3

(目次)第1部 戦後50年の科学技術（指標で見る戦後50年の科学技術活動，科学技術への取り組みの視点の変遷，人間的豊かさのための科学技術へ），第2部 海外及び我が国の科学技術活動の状況（研究費，研究人材，研究成果関連の動向），第3部 我が国の科学技術政策の展開（科学技術政策大綱，科学技術会議，科学技術行政体制及び予算，研究活動の推進）

科学技術白書　平成8年版　研究活動のフロントランナーをめざして　科学技術庁編　大蔵省印刷局　1996.5　438p　21cm　2800円　①4-17-152071-1

(目次)第1部 研究活動のフロントランナーをめざして（科学技術に対する期待と要請，今研究室では ほか），第2部 海外及び我が国の科学技術活動の状況（研究費，研究人材 ほか），第3部 科学技術の振興に関して講じた施策（科学技術基本法について，科学技術政策の展開 ほか）

科学技術白書　開かれた研究社会の創造をめざして　平成9年版　科学技術庁編　大蔵省印刷局　1997.6　484p　21cm　2700円　①4-17-152072-X

(目次)第1部 開かれた研究社会の創造をめざして（いま、開かれた研究社会が求められている，これまでの取組と研究者や民間の意識，国際的に開かれた研究社会へ，国民に開かれた研究社会へ，一層開かれた研究社会の創造に向けて），第2部 海外及び我が国の科学技術活動の状況（研究費，研究人材，研究成果関連の動向），第3部 科学技術の振興に関して講じた施策（科学技術政策の展開，総合的かつ計画的な施策の展開，研究活動の推進）

科学技術白書　変革の時代において　平成10年版　科学技術庁編　大蔵省印刷局　1998.6　481p　21cm　2700円　①4-17-152073-8

(目次)第1部 変革の時代において（求められるもの—変革に向けて対応が求められる内外の諸課題，科学技術で何ができるか，どのような取組が重要か—変革の実現に向けた研究社会の取組強化），第2部 海外及び我が国の科学技術活動の状況（研究費，研究人材，研究成果関連の動向），第3部 科学技術の振興に関して講じた施策（科学技術政策の展開，総合的かつ計画的な施策の展開，研究活動の推進）

(内容)科学技術基本法（平成7年法律第130号）第8条の規定に基づく、科学技術の振興に関して講じた施策に関する報告。

科学への入門レファレンスブック　　*161*

技術・工学全般　　　　　　　　技術・工学

科学技術白書　科学技術政策の新展開　平成11年版　国家的・社会的な要請に応えて　科学技術庁編　大蔵省印刷局　1999.8　561p　21cm　3400円　Ⓘ4-17-152074-6

(目次)第1部 科学技術政策の新展開—国家的・社会的な要請に応えて（今，日本の科学技術に求められること，今，日本の科学技術は，これからの我が国の科学技術政策の在り方），第2部 海外及び我が国の科学技術活動の状況（研究費，研究人材，研究成果関連の動向，新たな科学技術指標への取組），第3部 科学技術の振興に関して講じた施策（科学技術政策の展開，総合的かつ計画的な施策の展開，研究活動の推進）

(内容)科学技術基本法（平成7年法律第130号）第8条の規定に基づく，科学技術の振興に関して講じた施策に関する報告書。

科学技術白書　平成12年版　21世紀を迎えるに当たって　科学技術庁編　大蔵省印刷局　2000.8　522p　21cm　3000円　Ⓘ4-17-152075-4　Ⓝ402.106

(目次)第1部 21世紀を迎えるに当たって（人類社会の変化，20世紀の科学技術の人類社会への貢献と今後の課題，21世紀における科学技術と社会の関係），第2部 海外及び我が国の科学技術活動の状況（研究費，研究人材，研究成果関連の動向，新たな科学技術指標への取組），第3部 科学技術の振興に関して講じた施策（科学技術政策の展開，総合的かつ計画的な施策の展開，研究活動の推進）

(内容)科学技術の動向と日本の施策についてまとめた白書。今年版では，20世紀における人類の発展と科学技術の貢献を振り返り，21世紀の科学技術振興の在り方を展望する。本編は3部で構成。巻末に付属資料を収録する。

科学技術白書　平成13年版　我が国の科学技術の創造力　文部科学省編　財務省印刷局　2001.8　378p　30cm　2840円　Ⓘ4-17-152076-2　Ⓝ502.1

(目次)第1部 我が国の科学技術の創造力（我が国の科学技術の成果と水準，我が国の科学技術システムの現状と課題，参考 主要国の科学技術振興方策），第2部 海外及び我が国の科学技術活動の状況（研究費，研究人材，研究成果関連の動向，新たな科学技術指標への取組），第3部 科学技術の振興に関して講じた施策（科学技術政策の展開，科学技術の重点化戦略，科学技術システムの改革，科学技術活動の国際化の推進），付属資料（科学技術基本法，科学技術基本計画，付属統計表）

(内容)科学技術の動向と日本の施策についてまとめた白書。科学技術基本法第8条に基づく「科学技術の振興に関して講じた施策に関する報告」を収録する。

科学技術白書　平成15年版　これからの日本に求められる科学技術人材　文部科学省編　国立印刷局　2003.6　398p　30cm　2600円　Ⓘ4-17-152078-9

(目次)第1部 これからの日本に求められる科学技術人材（科学技術創造立国に向けた科学技術人材の育成・確保，科学技術人材をめぐる内外の動向，科学技術人材の育成・確保のあり方），第2部 海外及び我が国の科学技術活動の状況（研究費，研究人材，研究成果関連の動向，新たな科学技術指標への取組），第3部 科学技術の振興に関して講じた施策（科学技術政策の展開，科学技術の重点化戦略，科学技術システムの改革，科学技術活動の国際化の推進）

科学技術白書　平成16年版　これからの科学技術と社会　文部科学省編　国立印刷局　2004.6　435p　30cm　2600円　Ⓘ4-17-152079-7

(目次)第1部 これからの科学技術と社会（科学技術と社会の関係の深まり，社会のための科学技術のあり方，社会とのコミュニケーションのあり方），第2部 海外及び我が国の科学技術活動の状況（研究費，研究人材，研究成果関連の動向，新たな科学技術指標への取組），第3部 科学技術の振興に関して講じた施策（科学技術政策の展開，科学技術の重点化戦略，科学技術システムの改革，科学技術活動の国際化の推進）

(内容)本書は，科学技術基本法（平成7年法律第130号）第8条の規定に基づく，科学技術の振興に関して講じた施策に関する報告である。本報告では，第1部及び第2部において，広範多岐にわたる科学技術活動の動向を紹介し，第3部の科学技術の振興に関して講じた施策を理解する一助としている。第1部では，「これからの科学技術と社会」と題して，科学技術の発展による経済的豊かさの実現やグローバリゼーションの進展等社会の質的な変化，地球環境問題等新たな社会的課題の発生等，科学技術と社会の関係の深まりについて分析を行うとともに，科学技術創造立国に向け，今後の科学技術と社会の最適な関係を構築するための課題や方策を示した。第2部では，各種のデータを用いて，我が国と主要国の科学技術活動を比較している。

科学技術白書　科学技術基本法10年とこれからの日本　平成17年版　我が国の科学

162　科学への入門レファレンスブック

技術・工学　　　　　　　　　　　　　　　　　　技術・工学全般

技術の力　文部科学省編　国立印刷局
2005.6　381p　30cm　2381円　①4-17-
152080-0
(目次)第1部 我が国の科学技術の力―科学技術
基本法10年とこれからの日本(科学技術の進歩
がもたらすもの，我が国の科学技術の力とその
水準，これからの日本と科学技術)，第2部 海
外及び我が国の科学技術活動の状況(研究費，
研究人材，研究成果関連の動向 ほか)，第3部
科学技術の振興に関して講じた施策(科学技術
政策の展開，科学技術の重点化戦略，科学技術
システムの改革 ほか)

科学技術白書　少子高齢社会における科学
　技術の役割　平成18年版　未来社会に向
　けた挑戦　文部科学省編　国立印刷局
2006.6　387p　30cm　2381円　①4-17-
152081-9
(目次)第1部 未来社会に向けた挑戦―少子高齢
社会における科学技術の役割(少子高齢社会の
現状と科学技術の課題，新たな社会を切り拓く
科学技術，これからの科学技術に求められるも
の)，第2部 海外及び我が国の科学技術活動の
状況(研究費，研究人材，研究成果関連の動向
ほか)，第3部 科学技術の振興に関して講じた
施策(科学技術政策の展開，科学技術の重点化
戦略，科学技術システムの改革 ほか)

科学技術白書　平成19年版　文部科学省編
　日経印刷，全国官報販売協同組合〔発売〕
2007.6　378p　30cm　2381円　〔978-4-
9903697-1-2
(目次)第1部 科学技術の振興の成果―知の創造・
活用・継承(科学技術の振興の成果，今後の科
学技術振興に向けて)，第2部 海外及び我が国
の科学技術活動の状況(研究費，研究人材，研
究成果関連の動向，新たな科学技術指標への取
組)，第3部 科学技術の振興に関して講じた施
策(科学技術政策の展開，科学技術の戦略的重
点化，科学技術システム改革，社会・国民に支
持される科学技術)

科学技術白書　平成20年版　国際的大競争
　の嵐を越える科学技術の在り方　文部科
学省編　日経印刷，全国官報販売協同組合
（発売）　2008.5　268p　30cm　1905円
①978-4-9903697-9-8　Ⓝ502.1
(目次)第1部 国際的大競争の嵐を越える科学技
術の在り方(国際競争の激化とイノベーション
の必要性，諸外国における研究開発システム改
革の進展等，大競争時代における科学技術の在
り方)，第2部 科学技術の振興に関して講じた

施策(科学技術政策の展開，科学技術の戦略的
重点化，科学技術システム改革，社会・国民に
支持される科学技術)

科学技術白書　平成21年版　世界の大転換
　期を乗り越える日本初の革新的科学技術
　を目指して　文部科学省編　日経印刷，全
国官報販売協同組合（発売）　2008.6　272p
30cm　1905円　①978-4-904260-16-6
Ⓝ502.1
(目次)第1部 世界の大転換期を乗り越える日本
初の革新的科学技術を目指して(我が国の科学
技術を取り巻く環境の変化，我が国に求められ
るこれからの科学技術，新たな研究開発システ
ムの姿を求めて)，第2部 科学技術の振興に関
して講じた施策(科学技術政策の展開，科学技
術の戦略的重点化，科学技術システム改革，社
会・国民に支持される科学技術)

科学技術白書　平成23年版　社会とともに
　創り進める科学技術　文部科学省編　日経
印刷，全国官報販売協同組合（発売）　2011.7
287p　30cm　1619円　①978-4-904260-93-7
(目次)第1部 社会とともに創り進める科学技術
(東日本大震災について，科学技術と社会，社会
とのコミュニケーションの深化に向けて，未来
を社会とともに創り進めるために)，第2部 科学
技術の振興に関して講じた施策(科学技術政策
の展開，科学技術の戦略的重点化，科学技術シス
テム改革，社会・国民に支持される科学技術)

科学技術白書　平成24年版　東日本大震災
　の教訓を踏まえて　強くたくましい社会
　の構築に向けて　文部科学省編　日経印
刷，全国官報販売協同組合（発売）　2012.6
304p　30cm　1619円　①978-4-905427-18-6
(目次)第1部 強くたくましい社会の構築に向け
て―東日本大震災の教訓を踏まえて(これまで
の東日本大震災への対応を省みて，強くたくま
しい社会の構築に向けた科学技術イノベーショ
ン政策の改革)，第2部 科学技術の振興に関し
て講じた施策(科学技術政策の展開，将来にわ
たる持続的な成長と社会の発展の実現，我が国
が直面する重要課題への対応，基礎研究及び人
材育成の強化，社会とともに創り進める政策の
展開)，附属資料

科学技術白書　平成25年版　文部科学省編
（常総）松枝校樹，全国官報販売協同組合
〔発売〕　2013.6　344p　30cm　1809円
①978-4-9907232-0-0
(目次)特集1 科学技術を通じた東日本大震災か
らの復旧・復興の取組，特集2 ヒトiPS細胞等

科学への入門レファレンスブック　　163

技術・工学全般　　　　　技術・工学

を活用した再生医療・創薬の新たな展開，第1
部 イノベーションの基盤となる科学技術（我が
国の科学技術政策を取り巻く動向，科学技術で
イノベーションの可能性を拓くために），第2部
科学技術の振興に関して講じた施策（科学技術
政策の展開，将来にわたる持続的な成長と社会
の発展の実現，我が国が直面する重要課題への
対応，基礎研究及び人材育成の強化，社会とと
もに創り進める政策の展岡）

**科学技術白書　我が国が世界のフロントラ
ンナーであるために　平成28年版　IoT
／ビッグデータ／人工知能等がもたらす
「超スマート社会」への挑戦**　文部科学省
編　日経印刷，全国官報販売協同組合〔発
売〕　2016.5　339p　30cm　1852円
①978-4-86579-044-3

目次 特集 ノーベル賞受賞を生み出した背景—
これからも我が国からノーベル賞受賞者を輩出
するために（2015年ノーベル賞受賞，そしてそ
の成功への鍵，これまでの日本人ノーベル賞受
賞者を振り返って），第1部 IoT／ビッグデータ
（BD）／人工知能（AI）等がもたらす「超スマー
ト社会」への挑戦—我が国が世界のフロントラ
ンナーであるために（「超スマート社会」の到
来，超スマート社会の実現に向けた我が国の取
組（Society 5.0）の方向性），第2部 科学技術の
振興に関して講じた施策（科学技術政策の展開，
将来にわたる持続的な成長と社会の発展の実現，
我が国が直面する重要課題への対応，基礎研究
及び人材育成の強化，社会とともに創り進める
政策の展開），附属資料

**科学技術白書のあらまし　平成元年版　平
成新時代における我が国科学技術の新た
な展開**　大蔵省印刷局編　大蔵省印刷局
1990.2　41p　18cm　（白書のあらまし 30）
260円　①4-17-351330-5

目次 平成新時代における我が国科学技術の新
たな展開（我が国科学技術の推移と新たな展開，
国際的な科学技術の状況変化と我が国の対応，
今後の課題と展望）

**科学技術白書のあらまし　平成2年版　豊
かな生活を創造する科学技術への期待**
大蔵省印刷局編　大蔵省印刷局　1990.12
46p　18cm　（白書のあらまし 30）　260円
①4-17-351430-1

目次 第1章 我が国科学技術の現状，第2章 豊
かな生活を創造する科学技術への期待，第3章 海
外及び我が国の科学技術活動の状況

科学技術白書のあらまし　平成3年版　科

学技術活動のグローバリゼーションの進
展と我が国の課題　大蔵省印刷局編　大蔵
省印刷局　1991.11　27p　18cm　（白書のあ
らまし 30）　260円　①4-17-351530-8

目次 第1章 グローバリゼーションの進展，第2
章 科学技術活動のグローバリゼーションの推
進，第3章 地球規模での転換期にのぞむ人類の
科学技術に対する期待

科学技術白書のあらまし　平成4年版　大
蔵省印刷局編　大蔵省印刷局　1992.11　34p
18cm　（白書のあらまし 30）　280円　①4-
17-351630-4

目次 第1章 科学技術の地域への新展開，第2章
地域と共に発展する科学技術，第3章 今後の展望

科学技術白書のあらまし　平成5年版　大
蔵省印刷局編　大蔵省印刷局　1994.2　41p
18cm　（白書のあらまし 30）　300円　①4-
17-351730-0

目次 第1部 若者と科学技術（若者の科学技術離
れの傾向，若者の科学技術離れの傾向の背景，
科学技術がより身近に感じられる社会を目指し
て）

科学技術白書のあらまし　平成6年版　大
蔵省印刷局　1995.2　38p　18cm　（白書の
あらまし 30）　300円　①4-17-351830-7

内容 白書の発表の後，担当省庁の執筆者がその
概要を平易に解説し，官報資料版に掲載され
た「白書のあらまし」をとりまとめたシリーズ
の1冊。平成6年11月29日の閣議に報告され，同
日公表された「科学技術白書」の概要を収める。

科学技術白書のあらまし　平成7年版　大蔵
省印刷局　1995.10　53p　17×10cm　（白
書のあらまし 30）　320円　①4-17-351930-3

目次 第1部 戦後50年の科学技術，第2部 海外
及び我が国の科学技術活動の状況，第3部 我が
国の科学技術政策の展開

科学技術白書のあらまし　平成8年版　大
蔵省印刷局　1996.8　48p　18cm　（白書の
あらまし 30）　320円　①4-17-352130-8

目次 第1部 研究活動のフロントランナーをめ
ざして（科学技術に対する期待と要請，今研究
室では，研究活動のさらなる展開に向けて），
第2部 海外及び我が国の科学技術活動の状況，
第3部 科学技術の振興に関して講じた施策

内容 本書は，平成七年十一月に成立した科学
技術基本法第八条の規定に基づく，科学技術の
振興に関して講じた施策に関する初の報告書で
ある。

164　科学への入門レファレンスブック

技術・工学　　　　　　　　　　　　技術・工学全般

科学技術白書のあらまし　平成9年版　大
蔵省印刷局編　大蔵省印刷局　1997.6　39p
18cm　（白書のあらまし 30）　320円　Ⓘ4-
17-352230-4
（目次）第1部 開かれた研究社会の創造をめざし
て，第2部 海外及び我が国の科学技術活動の状
況，第3部 科学技術の振興に関して講じた施策
（内容）科学技術基本法（平成7年法律第130号）第
8条の規定に基づく，科学技術の振興に関して
講じた施策に関する報告。

科学技術白書のあらまし　平成10年版　大
蔵省印刷局編　大蔵省印刷局　1998.7　42p
18cm　（白書のあらまし 30）　320円　Ⓘ4-
17-352330-0
（目次）第1部 変革の時代において，第2部 海外及
び我が国の科学技術活動の状況，第3部 科学技
術の振興に関して講じた施策

科学技術白書のあらまし　平成11年版　平
成10年度科学技術の振興に関する年次報
告　大蔵省印刷局編　大蔵省印刷局　1999.
10　35p　18cm　（白書のあらまし 30）
320円　Ⓘ4-17-352430-7
（目次）第1部 科学技術政策の新展開─国家的・
社会的な要請に応えて（今，日本の科学技術に
求められること，今，日本の科学技術は，これ
からの我が国の科学技術政策の在り方）

科学技術白書のあらまし　平成12年版　大
蔵省印刷局編　大蔵省印刷局　2000.11　50p
19cm　（白書のあらまし 30）　320円　Ⓘ4-
17-352530-3
（目次）第1章 人類社会の変化，第2章 20世紀の
科学技術の人類社会への貢献と今後の課題，第
3章 21世紀における科学技術と社会の関係

科学技術白書のあらまし　平成14年版　財
務省印刷局編　財務省印刷局　2002.9　45p
19cm　（白書のあらまし 30）　340円　Ⓘ4-
17-352730-6
（目次）第1部 「知による新時代の社会経済の創
造に向けて」（社会経済発展の原動力となる「知」
の創造と活用，「知」の大競争時代において，
我が国に適したイノベーションシステムの構築
に向けて）

◆コンピューター・インターネット

<書　誌>

コンピュータの名著・古典100冊　改訂新
版　石田晴久編・著，青山幹雄，安達淳，塩
田紳二，山田伸一郎共著　インプレスジャパ
ン，インプレスコミュニケーションズ〔発
売〕　2006.9　269p　21cm　1600円　Ⓘ4-
8443-2304-0
（目次）1 歴史，2 人物・企業，3 ドキュメンタ
リー，4 思想，5 数字／アルゴリズム，6 コン
ピュータサイエンス，7 アーキテクチャ／OS／
データベース，8 コンパイラ／言語，9 プログ
ラミング，10 ソフトウェア開発，11 インター
ネット
（内容）コンピュータの本質を理解するための基
本図書100冊を分野別に徹底紹介。紹介書籍を
読むための入門ガイドや，先輩エンジニアの読
書術などコラムも充実。

コンピュータの名著・古典100冊　若きエ
ンジニア〈必読〉のブックガイド　石田晴
久編・著，青山幹雄〔ほか〕共著　インプレ
スネットビジネスカンパニー，インプレスコ
ミュニケーションズ（発売）　2003.11　254p
21cm　〈年表あり〉　1500円　Ⓘ4-8443-
1828-4　Ⓝ548.2

<事　典>

これからのメディアとネットワークがわか
る事典　瀬川至朗，蜷川由彦，井川陽次郎，
中村慎一，浜田俊宏，庄司修也著　日本実業
出版社　1995.2　298,9p　19cm　1600円
Ⓘ4-534-02279-4
（目次）1章 これまでのメディアを変える "マル
チメディア"，2章 マルチメディア時代のコン
ピュータ学，3章 AVと電子メディアはこう変化
している，4章 知っておきたい通信の最新常識，
5章 新しい技術とハードはここまできている，6
章 これからのメディアを支える産業界の動き，
7章 ソフトに関する常識と最新事情，8章 新し
いメディアで暮らしが変わる，9章 ネットワー
ク時代のセキュリティ学，10章 インターネット
の基礎知識
（内容）マルチメディアを中心に，現在のメディ
アと通信がどのような状況にあるかを説明した
事典。新聞社の科学部記者が分担執筆している。
マルチメディア，AVと電子メディア，パソコン
通信など分野別にキーワードを解説。巻末にマ
ルチメディア関連団体一覧とアルファベット・
五十音順索引を付す。

コンピュータの事典　第2版　相磯秀夫，田
中英彦編　朝倉書店　1991.7　853,18p

科学への入門レファレンスブック　　165

技術・工学全般　　　　技術・工学

21cm　18540円　Ⓓ4-254-20061-7　Ⓝ548.2

(目次)1 基礎編(コンピュータ産業の発展と歴史，コンピュータ技術の発達と今後の技術動向，コンピュータの基礎理論，新しい原理に基づくコンピュータ)，2 ハードウェア編(コンピュータの基礎方式，コンピュータアーキテクチャ，各種コンピュータ，周辺・端末装置，ハードウェアテクノロジー，ハードウェアの今後の動向)，3 ソフトウェア編(プログラム言語，データベース，オペレーティングシステム，ネットワーク)，4 応用編(ソフトウェア生産技術，システム開発とその運用管理，システム評価技法，問題向プログラム言語と応用プログラム，応用システムとその現状，パターン認識と人工知能)

(内容)本書では，できるだけ多くの人々にコンピュータを理解していただき，新しい情報化社会のにない手として活躍していただくために，コンピュータのハードウェア・ソフトウェア技術をはじめ，応用面についても幅広く多くの事項をとり上げた。

図解キーワード コンピュータ＋ネットワーク入門　海津好男著　工学図書　1994.9　299p　21cm　1800円　Ⓓ4-7692-0300-4　Ⓝ547.48

(目次)コンピュータの話，用語一覧―コンピュータ用語，ネットワークの話，用語一覧―ネットワーク用語，略語一覧

(内容)カタログや各種の資料に頻繁に登場して初心者が困惑するコンピュータ関連用語の中から，特にパソコンやワークステーションなどのコンピュータ用語，LANを中心としたネットワーク用語を収録した，読む事典。全体をコンピュータ、ネットワークの2部に分け、各100語を取り上げ、原則として1項目1頁、図表を添えて記述する。解説は、筆者の体験に基づいて、いわゆる辞書的な解説ではなく、用語の本筋をくみ取るために多少ラフかつ読み物風の解説になった、としている。巻末にアルファベット順の欧文略語一覧、数字・アルファベット・五十音順の索引がある。

図解パソコン・インターネット しくみ・用語がわかる事典　杉浦洋一著　西東社　1997.1　230p　21cm　1339円　Ⓓ4-7916-0101-7

(目次)パソコン編(パソコンの常識，知っておきたいパソコン基本用語，パソコンの手足＝周辺機器，いろいろできるぞパソコン活用法)，インターネット編(インターネットの概要を知る，インターネットで何ができるか，インター

ネットにつなぐには，ワールドワイドウェップ(WWW)，もっと便利なインターネット，ネットワークと通信，インターネットを支える技術)

光コンピューティングの事典　稲場文男，一岡芳樹編　朝倉書店　1997.12　534p　21cm　18000円　Ⓓ4-254-22140-1

(目次)1 光コンピューティング概説，2 光コンピューティングのための光学的基礎，3 コンピュータアーキテクチャの基礎，4 ディジタル光コンピューティング，5 アナログ光コンピューティング，6 ハイブリッド光コンピューティング，7 光ニューロコンピューティング，8 多次元光信号処理，9 光インターコネクション，10 ネットワークの光処理技術，11 光コンピューティング用機能素子，12 光コンピューティング用非線形光学技術，13 光コンピューティングの応用と将来展望

(内容)光コンピューティングの基本となる光情報処理や基礎理論、関連技術、実際的なシステムや応用技術や将来性など体系的にまとめたもの。巻末に和文索引と欧文索引が付く。

<辞 典>

インターネット基礎用語 インターネットを知らない人のための　アートデータ編著　エーアイ出版　1996.4　220p　19cm　1480円　Ⓓ4-87193-436-5

(目次)アイウエオ順(アカウント名，アクセス，アクセス制約，圧縮 ほか)，ABC順(28800bpsモデム，AS,AL-Mail,ANSI ほか)

(内容)インターネットに関する基本的な用語をイラストを用いて平易に解説したもの。用語の排列は五十音順・アルファベット順。日本語の用語には対応する英語を原綴りで、欧文の用語にはその読みをカナで示す。

英和・和英コンピュータ用語辞典 ソフトウェアを志す人の　改訂版　渡辺一郎，平原英夫著　富士書房　1993.5　739p　18cm　3200円

(内容)5300語以上を収録したコンピュータ用語辞典。見出語はソフトウェア用語を主体として選択、初心者にも十分理解できるようにできるだけやさしい言葉でていねいに解説することを方針としている。関連用語は解説の重複を避けるため一箇所にまとめてそれぞれの関連性を解説している。

これで納得インターネット用語事典　カン

166　科学への入門レファレンスブック

技術・工学　　　　　　　　　　　　　　　　　　　　　　　　技術・工学全般

タン覚え方つき　藤田英時著　ナツメ社
1997.5　175p　21cm　1200円　Ⓘ4-8163-
2220-5

Ⓣ1 全体像編，2 接続編，3 WWW編，4 電
子メール編，5 応用編，6 安全編

Ⓝインターネットの用語事典。収録用語は
約100語を選出し、関連用語を含めて約340語を
解説。1つの用語に1ページ、重要なものには2、
3ページ割り当てて解説。

コンピュータ基本関連用語辞典　日本ナレッ
ジインダストリ編　西東社　1991.12　309p
19cm　1400円　Ⓘ4-7916-0810-0　Ⓝ007.6

Ⓝ個人で仕事でと、コンピュータを使用す
るうえでよく使われる用語くらいは知っておき
たいという人のために、基本的な用語はもちろ
ん、コンピュータを活用するためには欠かせな
い用語を中心に解説。また、ひとつの用語に関
連する用語も併せて解説し、その用語の周辺に
まで理解が深まるよう、編集されている。

コンピュータ基本関連用語辞典　改訂新版
日本ナレッジインダストリ編　西東社　1994.
5　341p　19cm　1400円　Ⓘ4-7916-0810-0

Ⓝパソコンの初心者を対象としたコンピュー
タ関連用語事典。パソコンを活用するうえで必
要な用語、パソコンや関連機器のマニュアル
でよくつかわれる用語など約1700語以上を収録
する。

コンピュータ基本関連用語辞典　1994　日
本ナレッジインダストリ株式会社編　西東社
1994.9　32,341p　19cm　1400円　Ⓘ4-
7916-0810-0　Ⓝ548.2

コンピュータ誤読辞典　松田ぱこむ著　工学
社　2003.11　191p　21cm　（I・O
BOOKS）　1600円　Ⓘ4-7775-1009-3

Ⓣ記号・数字，アルファベット，その他

Ⓝコンピュータ用語の誤読・誤用・省略形
を集めたこの用語事典は、通常の「用語事典」
「よみがな事典」として使えるのはもちろん、そ
もそも誤読・誤用に至った経緯がコンピュータ
の仕組みや歴史と深くかかわっているため、読
み物としても充分に面白い。本書は、読み物と
して通読して楽しんだあとも、手軽な用語事典
として利用でき、初心者必携のハンドブックと
なるだろう。

コンピュータ用語事典　改訂2版　伊東正安
編　オーム社　1992.6　340p　19cm　2500
円　Ⓘ4-274-07710-1

Ⓝ情報処理技術者試験のサブテキストとし

て活用できる。専門的表現をさけ、平易な言葉
で解説。約3600語。

コンピュータ用語辞典　イラストで入門
maranGraphics,Inc.著，池田元晴訳　ソフト
バンク出版事業部　1996.5　213p　26cm
〈監修：林晴比古　原書名：The 3-D visual
dictionary of computing.〉　2400円　Ⓘ4-
89052-960-8　Ⓝ548.2

コンピュータ2,500語事典　パソコン・コ
ンピュータの本を読むときの必需書　河
合正栄著　（大阪）弘文社　1992.6　358p
21cm　（国家試験シリーズ 22）　1800円
Ⓘ4-7703-1165-6

Ⓝこの事典は、大形からパソコンまで、多
くの市販のコンピュータ関係の学習書などに出
てくるほとんどの用語について、ハードもソフ
トも広く2,500語にわたって解説したものであ
る。プログラム言語はCOBOL、FORTRAN、
BASICの3種類について、その命令語も用語と
して解説してある。

最新 インターネット用語事典　堤大介著
技術評論社　1997.7　463p　19cm　1680円
Ⓘ4-7741-0468-X

Ⓝ初心者からエンジニアまでのユーザを対
象に、インターネット用語を収録した事典。項
目数約3700、収録語総数約1万語。構成は、日本
語見出し（または英略語／数字／記号）、英訳、
本文、参照項目、対語項目。また、事典本体の
構成は、数字（0〜9）、英字（A〜Z）、あ〜わの
順となっている。

最新基本パソコン用語事典　BASIC
EDITION オールカラー　秀和システム
第一出版編集部編著　秀和システム　2009.1
440p　19cm　〈文献あり 索引あり〉　950円
Ⓘ978-4-7980-2154-6　Ⓝ548.2

Ⓝコンピュータを中心とした日常使われる
技術用語を厳選、最低限、知っておいてほしい
用語を網羅。項目数1300語超、図版数450点超、
検索語数2800語超。大きな文字とフリガナ付。

最新・基本パソコン用語事典　BASIC
EDITION オールカラー　第2版　秀和
システム第一出版編集部編著　秀和システム
2011.1　447p　19cm　〈文献あり 索引あり〉
950円　Ⓘ978-4-7980-2847-7　Ⓝ548.2

Ⓝ大きな字で読みやすく引きやすい、情報
社会の最新常識1420語超。PCの基本用語がよ
く解る。

最新・基本パソコン用語事典　BASIC

科学への入門レファレンスブック　167

技術・工学全般 技術・工学

EDITION オールカラー 第3版 秀和
システム第一出版編集部編著 秀和システム
2013.4 479p 19cm 〈索引あり〉 950円
Ⓘ978-4-7980-3759-2 Ⓝ548.2

Ⓝ容情報社会の最新常識を厳選。読みやすく、
使いやすい基本用語事典の最新決定版。項目数
1580語超、図版数430点超、検索語数2960語超。

最新 コンピュータ辞典 日本ナレッジイン
ダストリ編 西東社 1993.2 554,39p
18cm 1400円 Ⓘ4-7916-0816-X

Ⓝ容日本語・英語両方から引けるコンピュー
タ用語辞典。最新用語をはじめ、日常会話やマ
スコミに登場する"生きた用語"を収録し、図
版・写真等を多用して解説している。

最新コンピュータ用語辞典 PCW倶楽部著
日東書院 1993.8 414p 18cm 1200円
Ⓘ4-528-00663-4 Ⓝ548.2

Ⓝ容基礎的なコンピュータ用語から最新コン
ピュータに搭載されている機能・概念、コン
ピュータをとりまくOA関連用語などを収録範
囲とするコンピュータ用語辞典。

最新 コンピュータ用語の意味がわかる辞典
大沢光著 日本実業出版社 1990.10 358p
19cm 1400円 Ⓘ4-534-01646-8 Ⓝ548.2

Ⓝ容新聞、雑誌、テレビ等でよく見聞きする
コンピューター用語、関連するOA（オフィス
オートメーション）や通信、半導体などの分野
から、約1300項目を選んで解説した五十音順の
用語辞典。

**最新 コンピューター用語の意味がわかる
辞典** 改訂3版 大沢光著 日本実業出版社
1993.8 494p 19cm 1650円 Ⓘ4-534-
02049-X

Ⓝ容1900項目を収録したコンピュータ用語辞
典。収録範囲として、新聞・雑誌・テレビ等でよ
く見聞きするコンピューター用語、関連するOA
や通信、半導体などの関連用語を含めている。

**最新コンピューター用語の意味がわかる辞
典** 改訂3版 大沢光著 日本実業出版社
1995.6 494p 19cm 1650円 Ⓘ4-534-
02049-X Ⓝ548.2

**最新情報化社会に強くなる わかるコン
ピュータ用語辞典** 学習研究社 1993.4
511p 18cm 1200円 Ⓘ4-05-300022-X
Ⓝ548.2

Ⓝ容コンピュータ、エレクトロニクスの理解
に必要な用語を解説する事典。新聞・雑誌など
で使われるコンピュータ業界の時事用語・新語、

ワープロやパソコンを使うためのソフト・ハード
用語など約2200語を収録する。巻末に各種一覧
表、コンピュータ界年表、英和対訳索引がある。

最新 誰でもわかるパソコン用語辞典 改訂
4版 高作義明, 川嶋優子, 田中真由美著
新星出版社 2003.6 606p 19cm 1600円
Ⓘ4-405-04079-6

Ⓝ容パソコン雑誌を読む、新聞を読む、どれ
をとっても用語の意味と背景がわかっていない
と本当に理解できない。本書は最新動向分析し、
いま最も必要とされている用語をピックアップ。
わかりやすく解説する。

最新 パソコン基本用語辞典 機能引き
データ・ビレッジ, ノマド・スタッフ著 新
星出版社 1993.4 260p 19cm 1600円
Ⓘ4-405-06126-2 Ⓝ548.2

Ⓣ目次基本用語、メモリとCPU、外部記憶装置、
入出力装置に関する用語、ソフトウェアの用語、
MS-DOSとその用語、パソコン通信の用語

Ⓝ容パソコン関連用語のうち、ユーザーにとっ
て必要な基本用語を7つの分野に分類して掲載
した「読む」辞典。各分野ごとに関連する用語
の参照が容易になるよう「ユーザーズメモリ」
「コンベンショナルメモリ」の順に並べている。

**最新版 手にとるようにパソコン用語がわ
かる本 なるほどそういう意味だったの
か** 粂井高雄編著 かんき出版 1994.10
301p 19cm 1800円 Ⓘ4-7612-5458-0

Ⓣ目次1 パソコンを知る基本用語—そもそもパ
ソコンの構造とは、どういうふうになっている
のだろうか／, 2 パソコンが動く仕組みを見る
—パソコンで仕事をするための「ソフトウェ
ア」に関する用語を押さえておこう, 3 パソコ
ンを自在に操作する—パソコンをスムーズに操
作するための様々な用語を押さえておこう, 4
パソコンの最新用語をすばやく身につける—移
り変わりの激しいパソコン用語をいち早く押さ
えておこう, 5 パソコンはこれからどうなる?,
Windows,Mac,LAN, パソコン通信…パソコン
を取り巻く状況は、これからどう変わるのか

Ⓝ容パソコンの基本用語180語と図解で構成す
る「読む事典」。

**図解コンピュータ用語辞典 ソフトウェア
を志す初心者用** 改訂版 渡辺一郎, 平原
英夫編 富士書房 1993.7 640p 18cm
2700円 Ⓘ4-938298-05-8 Ⓝ548.2

Ⓝ容コンピュータを使う場合の最も基本的な
考え方から、フローチャート、プログラミング

168 科学への入門レファレンスブック

技術・工学　　　　　　　　　　　　　　　　技術・工学全般

の方法までを解説したコンピュータ用語辞典。

図解 パソコン用語事典 「基本用語」から「新語」「略語」まで、厳選200 IO編集部編　工学社　2006.10　207p　21cm　（I・O BOOKS）　1500円　⑪4-7775-1246-0

（目次）ハード編（デュアル・コア，マルチコア／メニーコア ほか），ソフト編（Windows Vista, Windows XP Media Center Edition ほか），インターネット編（Web2.0,Ajax ほか），規格編（ICH,MCH ほか），略語編（ADSL,CGI ほか）

（内容）「ワンセグ」「デュアル・コア」「Winny」などは、雑誌や新聞などでも解説なしで書かれることも多く、戸惑った人も多いだろう。パソコン用語は次々と新しい単語が生まれ、「略語」も多い。そのため、中級者でも正確には知らない用語が世の中に氾濫していることになる。本書は、そんなパソコン用語の中から、新出用語を中心に、特に使用頻度が高い単語をピックアップしてまとめた。

すぐわかる最新ワープロ・パソコン用語辞典　成美堂出版　1993.11　437p　19cm　1800円　⑪4-415-08003-0　Ⓝ548.2

（内容）パソコンを理解するために必要な用語を解説した事典。専門誌を読むために必要な用語をすべて網羅、との視点から1800語を収録する。

続2典 続2ちゃんねる辞典　2典プロジェクト著　バーチャルクラスター，ブッキング〔発売〕　2003.10　255p　21cm　1700円　⑪4-8354-4062-5

（内容）「2ちゃんねる」上で使われる「2ちゃんねる語」2000語以上を解説。いまさら誰にも訊けない2ちゃん用語がすべてわかる。

誰でもわかるパソコン・IT・ネット用語辞典　OFFICE TAKASAKU著　新星出版社　2006.3　606p　19cm　1600円　⑪4-405-04110-5

（内容）巻頭カラー『パソコン・IT・ネットの最新キーワード・トップ20』を掲載。これからのIT・ネット社会で生きていくために特に重要だと思われる用語をピックアップ。単に用語のみの説明だけでなく、その時代背景を含めて詳しく解説。パソコンに関する用語だけでなくIT、ネット分野を読み解く用語を数多く掲載。用語を手早く引くのに便利な巻末INDEX付。

超図解 カナ引きパソコン用語事典 2004-05年版　エクスメディア著　エクスメディア　2004.1　341p　19cm　（超図解事典シ

リーズ）　1180円　⑪4-87283-332-5

（内容）『超図解パソコン用語事典』のノウハウをもとに、通常では引きにくい用語をカタカナやひらがなで引けるようにしたパソコン用語事典。1600語を厳選して収録。配列は見出し語の五十音順、見出し語、見出し語の正式表記、見出し語の原文表記・英訳、解説文、関連用語を記載、巻末に索引が付く。

超図解 カナ引きパソコン用語事典　エクスメディア著　エクスメディア　2006.2　384p　19cm　（超図解シリーズ）　1280円　⑪4-87283-599-9

（内容）英語のスペルがわからなくても引ける。最新用語、基本用語を中心に厳選1750語収録。製品写真、画面写真を多数掲載。

超図解 パソコン用語辞典 2004-05年版　改訂第4版　エクスメディア著　エクスメディア　2003.9　1375p　19cm　（超図解事典シリーズ）　1650円　⑪4-87283-310-4

（内容）時代が読める巻頭特集「厳選最新用語100」。「Office2003」関連用語、「デジカメ」関連用語、「初級／上級シスアド試験」関連用語、「情報処理技術者試験」関連用語など550語以上を追加し7850語を収録したパソコン用語事典。

超図解 パソコン用語事典 2005-06年版　改訂第5版　野々山隆幸監修，エクスメディア著　エクスメディア　2004.11　1463p　19cm　（超図解事典シリーズ）　1580円　⑪4-87283-408-9

（内容）WindowsXP SP2、セキュリティ、基本情報技術者試験など新たに750語以上を追加し、合計8500語を収録したパソコン用語事典。配列は見出し語の記号・英数、アルファベット、五十音順、見出し語、見出し語読み、見出し語の原文表記・英訳、分類、解説文を記載、巻末に欧文索引、和文索引、情報処理技術者試験索引が付く。

超図解 パソコン用語事典 2006-07年版　野々山隆幸監修，エクスメディア著　エクスメディア　2005.11　1550p　19cm　（超図解シリーズ）　1630円　⑪4-87283-556-5

（内容）『超図解パソコン用語事典』のリニューアル版。新たに500語以上の用語を追加し、合計9000語を収録。新製品・新技術に加えて、情報処理技術者試験の頻出語や、JavaやC言語といったプログラミング言語関連の用語を多数掲載。

超図解 パソコン用語事典 2007-08年版　エクスメディア著　エクスメディア　2006.

科学への入門レファレンスブック　*169*

技術・工学全般　　　　　技術・工学

11　1557p　19cm　（超図解シリーズ）
1680円　Ⓓ4-87283-677-4

Ⓝ内容新たに300語以上の用語を追加し、合計
9300語を収録。巻頭に「厳選最新用語100」を
設け、話題の新技術や新製品の中から100語を
選りすぐって解説。文字が大きく、写真やイラ
ストが豊富。新製品・新技術から生まれた新し
い用語に加えて、情報処理技術者試験の頻出語
や、JavaやC言語といったプログラミング言語
関連の用語も多数掲載。

超図解 わかりやすい最新パソコン用語集

エクスメディア著　エクスメディア　2005.9
175p　19cm　（超図解シリーズ）　743円
Ⓓ4-87283-548-4

Ⓜ目次第1章 パソコン用語の基礎，第2章 パソ
コンの基本構成，第3章 OSの基礎用語，第4章
パソコンの基本操作，第5章 いろいろなアプリ
ケーション，第6章 便利な周辺機器，第7章 イ
ンターネットの基礎用語，第8章 セキュリティ
の基礎用語，第9章 次に覚えたい用語

Ⓝ内容最頻出の基本用語＋今話題のキーワード
166を厳選。豊富なイラストでわかりやすく図解。

超図解 わかりやすいパソコン用語集

エク
スメディア著　エクスメディア　2004.7
163p　19cm　（超図解シリーズ）　743円
Ⓓ4-87283-374-0

Ⓜ目次第1章 パソコン用語の基礎，第2章 パソ
コンの基本構成，第3章 OSの基礎用語，第4章
パソコンの基本操作，第5章 いろいろなアプリ
ケーション，第6章 便利な周辺機器，第7章 イ
ンターネットの基礎用語，第8章 セキュリティ
の基礎用語，第9章 次に覚えたい用語

Ⓝ内容最頻出の152語を厳選。豊富なイラストで
わかりやすく図解。

手にとるようにパソコン用語がわかる本
なるほど、そういう意味だったのか！　粂

井高雄編著　かんき出版　1993.5　266,16p
19cm　1500円　Ⓓ4-7612-5391-6

Ⓜ目次1 パソコンを知る基本用語，2 パソコン
が動く仕組みを見る，3 パソコンを自在に操作
する，4 パソコンはこれからどうなる？

Ⓝ内容「聞いたことはあるけど意味がわからな
い」という基本150語を関連用語ごとに約40の
テーマに分類・解説したパソコン用語辞典。

日経パソコン新語辞典 パソコン利用のた
めの基礎・応用知識　1992年版　日経パ

ソコン編　日経BP社　1991.10　649p

19cm　3400円　Ⓓ4-8222-0956-3　Ⓝ548.2

日経パソコン新語辞典 パソコン利用のた
めの基礎・応用知識　95年版　日経パソ

コン編　日経BP社，日経BP出版センター
〔発売〕　1994.10　670p　19cm　2400円
Ⓓ4-8222-0963-6　Ⓝ548.2

Ⓝ内容パソコン関連用語を1994年夏現在の情勢
をもとに解説する辞典。1950語を収録し、数字、
アルファベット、日本語五十音順に排列。巻
頭に基本用語154、マルチメディア関連用語70、
Windows関連用語70の各一覧、巻末に分野別索
引を付す。また付録として、パソコン年表、パ
ソコン関連単位一覧表、パソコン・情報処理関
係機関一覧、主要パソコン通信サービス一覧、
ベストセラー・ソフト・ランキングがある。一
技術から業界動向まで、パソコンに関する疑問
をあらゆる角度から分かりやすく解説。

日経パソコンデジタル・IT用語事典　日経

パソコン編　日経BP社，日経BPマーケティ
ング（発売）　2012.9　943p　19cm　〈他言
語標題：Dictionary of Computing,Digital
Devices & Information Technology　年表あ
り 索引あり〉　2600円　Ⓓ978-4-8222-6956-
2　Ⓝ548.2

Ⓝ内容デジタル時代のキーワードを基本から最
新まで分かりやすく解説。4564語収録。

日経パソコン用語事典 最新AV機器&デ
ジカメ用語集収録　2004年版　日経パソ

コン編　日経BP社，日経BP出版センター
〔発売〕　2003.9　1150p　19cm　〈付属資
料：CD-ROM1〉　2600円　Ⓓ4-8222-1479-6

Ⓝ内容基礎知識から最先端の動向まで、パソコ
ンやインターネットを活用していくために役立
つ用語を解説した事典。記号・数字・アルファ
ベット・五十音順で排列。付録にデジタルAV
用語集、デジタルカメラ用語集、パソコンの出
荷実績とメーカー別シェア等記載。巻末に基本
語・最新語索引。CD-ROM全文検索ソフト付
き。オールカラー、図解が多い。

日経パソコン用語事典　2005年版　日経パ

ソコン編　日経BP社，日経BP出版センター
〔発売〕　2004.10　1198p　19cm　〈付属資
料：CD-ROM1〉　2600円　Ⓓ4-8222-1488-5

Ⓜ目次用語解説（記号、0～9,A～Z，あ～ん），付
録（携帯電話用語集，デジタルAV用語集，デジ
タルカメラ用語集，パソコンの出荷実績とメー
カー別シェア，Windowsの主なファイル拡張子
とその概要，キーボードの配列と主要キーの役
割，パソコン関連単位一覧，パソコン年表（1974

170　科学への入門レファレンスブック

技術・工学　　　　　　　　　　　　　　　　　　　技術・工学全般

～2004）)

(内容)本書では、基礎知識から最先端動向まで、パソコンやインターネットを活用していくために役立つ用語を厳選し、解説した。「デジタルカメラ用語集」や、デジタル家電と各種AV技術について解説した「デジタルAV用語集」に加えて、発展の著しい「携帯電話用語集」を新たに収録した。

日経パソコン用語事典　2006年版　日経パソコン編　日経BP社，日経BP出版センター〔発売〕　2005.10　1183p　19cm　〈付属資料：CD-ROM1〉　2600円　Ⓘ4-8222-1499-0

(内容)パソコンやインターネット、デジタル家電を利用していくうえで、欠かすことのできない用語を網羅した事典。正しい知識を身につけるために、知っておくべき用語を厳選し、基礎知識から最先端動向まで、ていねいに解説。

日経パソコン用語事典　2008年版　日経パソコン編　日経BP社，日経BP出版センター〔発売〕　2007.10　1143p　19cm　〈付属資料：CD-ROM1〉　2600円　Ⓘ978-4-8222-3375-4

(内容)パソコンやインターネット、デジタル家電を活用していくうえで、欠かすことのできない用語を網羅した事典。正しい知識を身につけるために、知っておくべき用語を厳選し、基礎知識から最先端動向まで、ていねいに解説。

日経パソコン用語事典　2009年版　日経パソコン編集編　日経BP社，日経BP出版センター（発売）　2008.10　1143p　19cm　〈年表あり〉　2600円　Ⓘ978-4-8222-3390-7　Ⓝ548.2

(目次)用語解説(記号・数字，A～Z，あ～ん)，付録(ショートカットキー一覧，キーボードの配列と主要キーの役割，ファイル名の拡張子一覧，パソコン関連単位一覧，Excel関数早見表，主な記号の読み方，パソコン年表)

(内容)Windows XP／Vista、インターネット、電子メール、Word & Excel、デジタル製品。日本最大部数のパソコン誌が総力編集。パソコン用語事典の決定版。電子辞書CD-ROM付き。

日経パソコン用語事典　2010年版　日経パソコン編集編　日経BP社，日経BP出版センター（発売）　2009.10　1159p　19cm　〈年表あり　索引あり〉　2600円　Ⓘ978-4-8222-6904-3　Ⓝ548.2

(内容)パソコンやインターネット、デジタル家電を活用する上で、欠かすことの出来ない用語

を解説した事典。2010年版ではWindows7に関連する用語など200を超える新語を追加。配列は見出し語の記号・数字、アルファベット、五十音順。巻末にかな索引、欧文索引、付録に検索ソフトのCD-ROMが付く。

日経パソコン用語事典　2011年版　日経パソコン編集編　日経BP社，日経BPマーケティング（発売）　2010.9　1167p　19cm　〈年表あり　索引あり〉　2600円　Ⓘ978-4-8222-6919-7　Ⓝ548.2

(内容)最新から基本までデジタル時代のキーワードを網羅。

日経パソコン用語事典　2012年版　日経パソコン編集編　日経BP社，日経BPマーケティング（発売）　2011.10　1151p　19cm　〈年表あり　索引あり〉　2600円　Ⓘ978-4-8222-6940-1　Ⓝ548.2

(目次)用語解説(記号・数字，A～Z，あ～ん)，付録，索引

(内容)パソコンやインターネット、スマートフォンなどを安心して使いこなすために必要な専門用語を収録した事典。続々登場する最新キーワードも収録。電子辞書CD-ROM付き。

ネット・マニアックス裏辞典　鈴本成編　二見書房　2003.6　429p　21cm　2000円　Ⓘ4-576-03106-6

(内容)裏系ツールの解説から裏用語までを完全網羅した画期的な辞典。「暗号化」「アカウント取得」「エミュレーター」「偽装」「キーボード操作記録」「クラッキング」「パスワード解析」「リッパー」といった裏系ソフトウェアなど1259本、関連用語843語、総項目2102語を収録。資料として400種類の拡張子を掲載。

初めての人にもよくわかるマッキントッシュ用語事典　マック・ラボラトリー著　池田書店　1994.6　271p　21cm　（イケダ・ハンディーマニュアル 18）　1500円　Ⓘ4-262-14018-0　Ⓝ007.63

(目次)1 用語と操作の基礎(基本用語，基本操作，ニューコンセプト)，2 ハードとソフトの基礎(各部分の解説，機種，周辺機器用語，入力装置，出力装置，記憶装置，Macのシステムの基礎)，3 応用編各分野別用語(文書作成，グラフィック・DTP，ビジネス，通信・ネットワーク，サウンド・マルチメディア，ユーティリティー・その他，会社・人名)

パソコン基本用語辞典　最新情報が手にとるように分かる　森野栄一編　ぱる出版

科学への入門レファレンスブック　*171*

技術・工学全般　　　　　技術・工学

1993.10　277p　21cm　2800円　Ⓘ4-89386-304-5　Ⓝ548.2

パソコン用語（裏）事典　IO編集部編　工学社　2008.7　173p　19cm　（I／O books）　1500円　Ⓘ978-4-7775-1364-2　Ⓝ548.29

Ⓣ第1章 ハード（デュアル・コアCPU, クアッド・コアCPU ほか）, 第2章 アプリケーション（Windows Vista,Windows XP Media Center Edition ほか）, 第3章 ネット（Web2.0, 電力線通信 ほか）, 第4章 規格（Blu-ray Disc,USB2.0 ほか）, 第5章 その他・注目新語（iPhone,H.264 ほか）

Ⓒパソコン用語の中から、特に使用頻度が高い単語を選定収録した用語事典。また、初心者向けの説明だけでなく、各項目にはちょっと毒のある「裏解説」を加えている。

パソコン用語の基礎知識　最新 ビジネスソフトユーザー必携!!　エーアイ出版　1992.4　334p　21cm　〈監修：岡田勝由 執筆：岩原成樹ほか〉　2500円　Ⓘ4-87193-210-9　Ⓝ548.2

Ⓒすぐに役立つ実用情報を満載した画期的な用語集。ビジネスソフトユーザーがつまづきやすいパソコン用語を厳選。メモリ・Windows・DOS5関連などの最新知識、ハードディスク・プリンタなど最新ハードウェア事情を収録。

標準パソコン用語事典　最新2004〜2005年版　第5版　赤堀侃司監修, 秀和システム第一出版編集部編著　秀和システム　2003.10　1359p　19cm　1650円　Ⓘ4-7980-0618-1

Ⓣ50音順項目, アルファベット項目, 数時項目, 記号項目

Ⓒ追加項句800語、見出項目8000語、解説項目12000語、図版・写真1500点を収録したパソコン用語事典の第5版。

標準パソコン用語事典　最新2007〜2008年版　第6版　赤堀侃司監修, 秀和システム第一出版編集部編著　秀和システム　2006.5　1455p　19cm　1600円　Ⓘ4-7980-1292-0

Ⓣ50音, アルファベット項目, 数字項目, 記号項目, 巻末付録, コンピュータ大年表, 総合索引

Ⓒ情報社会の基本スキルがすべて身につく、解説項13000語を収録した最新PC標準用語事典。

標準パソコン用語事典　オールカラー 情報技術　最新2009〜2010年版　秀和システム第一出版編集部編著, 赤堀侃司監修　秀和

システム　2009.1　1439p　19cm　〈他言語標題：Personal computer encyclopedia 21st century　文献あり 年表あり 索引あり〉　1700円　Ⓘ978-4-7980-2162-1　Ⓝ548.2

Ⓒ解説項目13000語、見出し項目7700語、図版・写真1450点、ITシャカイの基本が全て身につく。全面大改訂第7版。

頻出ネット語手帳　辞書にはのっていない新しい日本語　ネット語研究委員会著　晋遊舎　2009.3　207p　18cm　〈索引あり〉　580円　Ⓘ978-4-88380-916-5　Ⓝ547.483

Ⓣ必ず出てくる頻出語100, ネットのお約束慣用句50, 分類別ネット語集200, ネット語索引

Ⓒ"ネット語"とはインターネットで生まれた言葉のこと。ネット社会の現代において、このネット語を理解できなければ、コミュニケーションはもはや不可能ともいえる。本書はそんなネット語のなかでも頻出の約350語を解説する。

わかりやすいコンピュータ用語辞典　改訂第8版　高橋三雄監修　ナツメ社　2003.4　699p　19cm　1300円　Ⓘ4-8163-3477-7

Ⓒコンピュータ全般、パーソナルコンピュータ関連、ネットワーク・通信関連、マルチメディア関連、情報処理関連などのジャンルから3607語を厳選したコンピュータ用語辞典の改訂第8版。

わかりやすいコンピュータ用語辞典　第9版　高橋三雄監修　ナツメ社　2004.4　702p　18cm　1300円　Ⓘ4-8163-3701-6

Ⓒ携帯用IT用語、コンピュータ用語辞典の決定版。2004-2005年度版。

<年鑑・白書・レポート>

インターネット年鑑　Vol.1（95年度版）　技術評論社　1995.5　228p　26cm　〈付属資料：CD-ROM1〉　2500円　Ⓘ4-7741-0146-X

Ⓣ1 インターネットを知る, 2 インターネットにつなぐ, 3 インターネットをたのしむ, 4 イエローページ

インターネット年鑑　Vol.1（'96）　網絡世代のための完全アクセスガイド　技術評論社　1996.4　255p　26cm　1680円　Ⓘ4-7741-0285-7

Ⓣ1 インターネット最新事情, 2 インターネットの導入, 3 インターネットを使いこなす,

172　科学への入門レファレンスブック

技術・工学　　　　　　　　　　　　　　　　技術・工学全般

4 インターネットで情報発信

インターネット年鑑　'97　インターネット
　年鑑編集部編　技術評論社　1997.4　295p
　26cm　1780円　①4-7741-0430-2

(目次)巻頭特別レポート 長野五輪はインター
ネットでオンライン観戦，第1部 インターネッ
トで変わりゆく社会に生きる，第2部 インター
ネット接続のキホンを身につける，第3部 イン
ターネット環境をグレードアップする，第4部
インターネットの先端技術をちょっと齧る

インターネット白書　'96　日本インター
　ネット協会編　インプレス，インプレス販売
　〔発売〕　1996.4　239p　30cm　2800円
　①4-8443-4739-X

(目次)1章 日本のインターネット、この1年の動
き，2章 インターネットの概略，3章 インター
ネットの現状，4章 インターネットに関する最
近の動き，5章 インターネットのこれから，6章
関連資料

(内容)インターネットの1995年1年間の動向をま
とめたもの。「日本のインターネット、この1年
の動き」「インターネットの概略」「インターネッ
トの現状」「インターネットに関する最近の動き」
「インターネットのこれから」「関連資料」の6章
構成。「関連資料」に日本の商用プロバイダー
一覧等を掲載。一日々進化するインターネット
の「今の姿」を報告する、日本で初めての白書。

インターネット白書　'97　日本インター
　ネット協会編　インプレス，インプレス販売
　〔発売〕　1997.6　191p　28×21cm　〈付属
　資料：CD-ROM1〉　3500円　①4-8443-
　4805-1

(目次)第1章 日本のインターネット、この1年の
動き，第2章 国内ユーザーの動向，第3章 最近
技術動向，第4章 世界のインターネット，第5章
インターネット関連組織

(内容)日本のインターネットの現状を分野ごと
に解説。アンケート調査によりインターネット
利用者を多角的に分析する。

インターネット白書　'98　日本インター
　ネット協会編　インプレス，インプレス販売
　〔発売〕　1998.6　206p　28×21cm　〈付属
　資料：CD-ROM1〉　4800円　①4-8443-
　4886-8

(目次)第1部 インターネット利用者動向，第2部
インフラストラクチャー，第3部 インターネッ
トビジネス，第4部 インターネットと社会，第
5部 最新技術動向，第6部 世界のインターネッ

ト，第7部 課題 これからのインターネット

インターネット白書　'99　日本インター
　ネット協会監修　インプレス，インプレス販
　売〔発売〕　1999.7　188p　30cm　〈付属資
　料：CD-ROM1〉　4800円　①4-8443-1269-3

(目次)第1部 インターネット利用者動向（日本の
インターネット普及状況，個人，企業，非イン
ターネット利用者），第2部 インフラストラク
チャー（通信ネットワーク，プロバイダーとバッ
クボーン，新技術と新サービス），第3部 ビジネ
ス（通販，決済，金融，ポータルサイト，出版，
放送，広告），第4部 社会（インターネットと犯
罪・セキュリティ，教育，政府・自治体，社会
全般，法律，ドメイン），第5部 世界（世界，ア
メリカ，アジア）

**インターネット白書　2003　利用動向調
　査レポート**　インターネット協会監修
　インプレスネットビジネスカンパニー，インプ
　レスコミュニケーションズ〔発売〕　2003.7
　399p　28×21cm　5800円　①4-8443-1801-2

(目次)第1部 日本の普及状況（インターネット利
用人口と普及率），第2部 個人の利用実態（通信
回線とISP，ホームネットワークと利用環境 ほ
か），第3部 企業の利用実態（通信回線とISP，
ドメインネームと社内ネットワーク ほか），第
4部 世界の普及状況（世界，アジア ほか）

(内容)日本のインターネット利用人口は5645.3万
人。世帯普及率は48.4％、世帯浸透率は73.0％。
アジア太平洋地域の利用者数がヨーロッパを抜
いて世界最大へ。1996年以来、インターネット
の発展を見続けてきた「インターネット白書」。
本書を読まずにインターネットは語れない。

インターネット白書　2005　インターネッ
　ト協会監修　インプレスネットビジネスカン
　パニー，インプレスコミュニケーションズ
　〔発売〕　2005.6　375p　28×21cm　〈付属
　資料：CD-ROM1〉　6800円　①4-8443-
　2111-0

(目次)第1部 日本のインターネット普及動向，
第2部 個人利用者動向，第3部 企業利用動向，
第4部 通信事業者動向，第5部 ネットビジネス
事業者動向，第6部 社会動向，第7部 海外のイ
ンターネット普及動向，第8部 インターネット
基本指標，第9部 技術動向

(内容)31人の論説と414点の調査データで読み解
くインターネット資料の決定版。

インターネット白書　2007　インターネッ
　ト協会監修　インプレスR&D，インプレス
　コミュニケーションズ〔発売〕　2007.7

科学への入門レファレンスブック　*173*

369p　28×21cm　〈付属資料：CD-ROM1〉
6800円　Ⓘ978-4-8443-2410-2

(目次)第1部 日本のインターネット普及動向,
第2部 個人利用動向,第3部 企業利用動向,第
4部 通信事業者動向,第5章 ネットビジネス動
向,第6部 社会動向,第7部 インフラストラク
チャー動向,第8部 技術動向

(内容)新たなネット経済圏「セカンドライフ」出
現。41人の論説と399点の調査データで読む2.
0市場。付属CD-ROMには307点の独自データ
収録。

インターネット白書　2008　インターネッ
ト協会監修　インプレスR&D　2008.6
365p　28cm　Ⓘ978-4-8443-2582-6　Ⓝ547.
48

(内容)SNSのオープン化、マイクロブログ、SaaS
の躍進など、ウェブとモバイルの進化がもたら
すインターネット大再編の序章。37人の論説と
402点の調査データを収録したネットビジネス
資料。

インターネット白書　2009　インターネッ
ト協会監修　インプレスR&D,インプレス
コミュニケーションズ(発売)　2009.6
303p　28×21cm　〈付属資料：CD-ROM1〉
6800円　Ⓘ978-4-8443-2716-5　Ⓝ547.4833

(目次)第1部 ビジネス動向,第2部 データセン
ター事業者動向,第3部 通信事業者動向,第4部
製品・技術動向,第5部 インフラストラクチャー
動向,第6部 社会動向,第7部 個人世帯利用動
向,第8部 企業利用動向

(内容)日本のユーザーの1日のコネクティビティー
は21.9時間×20.8Mbps、オンラインショッピン
グの消費意欲は52.4%が増加、グーグル・スト
リートビューの利用率は42.7%、企業のSaaS導
入率は8.3%ほか調査資料が満載。

インターネット白書　2010　インターネッ
ト協会監修,インプレスR&Dインターネッ
トメディア総合研究所編　インプレスジャパ
ン,インプレスコミュニケーションズ(発
売)　2010.6　287p　28×21cm　〈付属資
料：CD-ROM1〉　6800円　Ⓘ978-4-8443-
2878-0　Ⓝ547.4833

(目次)第1部 産業とネットビジネス動向,第2部
データセンター事業者動向,第3部 通信事業者
動向,第4部 製品技術動向,第5部 インフラス
トラクチャー動向,第6部 社会動向,第7部 個
人利用動向,第8部 企業利用動向

(内容)iPadの登場からソーシャルメディア、LTE
まで。通信・デバイス・コンテンツの大変革。

プレゼンですぐ使える独自データ168点を収録。

インターネット白書　2011　インターネッ
ト協会監修,インプレスR&Dインターネッ
トメディア総合研究所編　インプレスジャパ
ン,インプレスコミュニケーションズ(発
売)　2011.8　239p　28×22cm　6800円
Ⓘ978-4-8443-3049-3

(目次)第1部 震災復興とインターネット,第2部
ネットビジネス動向,第3部 通信事業者と製品
技術動向,第4部 社会動向,第5部 個人利用動
向,第6部 企業利用動向

インターネット白書　2012　モバイルと
ソーシャルメディアが創る新経済圏　イ
ンターネット協会監修,インプレスR&Dイ
ンターネットメディア総合研究所編　インプ
レスジャパン,インプレスコミュニケーショ
ンズ(発売)　2012.7　255p　28×21cm
6800円　Ⓘ978-4-8443-3230-5

(目次)第1部 個人利用動向,第2部 ネットビジネ
ス動向,第3部 クラウド・データセンター事業
者動向,第4部 通信事業者・インフラストラク
チャー動向,第5部 製品・技術動向,第6部 社
会動向,第7部 世界動向

Web年鑑　2007　Web年鑑制作委員会編
日経BP社,日経BP出版センター〔発売〕
2006.11　295p　30×23cm　9333円　Ⓘ4-
8222-1549-0

(目次)選考委員会紹介,審査員サイト(審査員
特選サイト,審査員入選サイト),公募サイト
(ファッション,ショッピング,アート・デザ
イン,エンターテイメント ほか),対談,掲載
サイトリスト

(内容)デザインだけでなく、動作性、機能性、パ
フォーマンス、インパクトなどを含めてサイト
を総合的に評価。Webサイトの専門家によって
優秀だと選定されたサイトのほか、「Web年鑑
2007」には、最も独自色が強く、模範的なサイ
トも掲載。掲載する各サイトには、グラフィッ
クデザインからインターフェイスの設計まであ
らゆる要素に関する注釈を付与。注記には、掲
載サイトの実際のコンテンツや抜きん出た品質、
リソースを最大限に利用する方法なども掲載。

WEBプロ年鑑　'07　アルファ企画,ワー
クスコーポレーション〔発売〕　2006.10
307p　31×23cm　〈付属資料：CD-ROM1〉
9333円　Ⓘ4-86267-007-5

(内容)WEB制作会社119社の盛業動向が把握で
きる。有力各社の会社情報やWEB制作内容が
一目瞭然。WEB制作、システム構築からグラ

技術・工学　　　　　　　　　　　　　　　　　　　　　　　　　　技術・工学全般

フィックまで事業内容を紹介。資本金、代表者名、スタッフ構成、クライアント、作品まで列記。WEB制作や費用に関する実体の調査アンケートを掲載。テクニカルデータとして特に技術を売りたい企業も掲載。WEB制作会社約600社を巻末に掲載。

WEBプロ年鑑　’08　アルファ企画，ワークスコーポレーション〔発売〕　2007.10　279p　31×24cm　〈付属資料：CD-ROM1〉　9333円　①978-4-86267-019-9

(内容)有力各社の会社情報やWEB制作内容が一目瞭然。巻頭では船井総合研究所、トップコンサルタント五十棲剛史氏とスタイルメント、代表取締役野村太郎氏が対談。WEB制作、システム構築からグラフィックまで事業内容を紹介。資本金、代表者名、スタッフ構成、クライアント、作品まで列記。WEB制作や費用に関する実体の調査アンケートを掲載。テクニカルデータとして特に技術を売りたい企業も掲載。WEB制作会社約1300社を都道府県別に巻末に掲載。WEB制作会社111社の盛業動向が把握できる。

WEBプロ年鑑　’09　アルファ企画，ワークスコーポレーション（発売）　2008.10　320p　31×24cm　〈付属資料：CD-ROM1〉　9333円　①978-4-86267-038-0　Ⓝ547.48

(目次)アークウェブ、アースフィア、アーツエイハン、アーティストユニオン、アートバイブス、アイアクト、アイ・エム・ジェイ、アクアリング、アジャスト、アット〔ほか〕

(内容)有力各社の会社情報やWEB制作内容が一目瞭然。巻頭では「WEB制作コストの現在」の題目で、メタフェイズ、ソニックジャム、エレファント・コミュニケーションズの代表3氏が8頁を割いてコストに関し大胆に対談。WEB制作、システム構築からグラフィックまで事業内容を紹介。資本金、代表者名、スタッフ構成、クライアント、作品まで列記。WEB制作や費用に関する実体の調査アンケートを掲載。テクニカルデータとして特に技術を売りたい企業も掲載。WEB制作会社約1380社を都道府県別に巻末に掲載。

WEBプロ年鑑　’10　アルファ企画，ワークスコーポレーション（発売）　2009.11　275p　31×24cm　〈付属資料：CD-ROM1〉　9333円　①978-4-86267-070-0　Ⓝ547.48

(目次)アークウェブ，アースフィア，アートバイブス，アイアクト，アイ・エム・ジェイ，アイバード，アクアリング，アジャスト，アドミクス，アブー〔ほか〕

(内容)有力各社の会社情報やWEB制作内容が一目瞭然。巻頭では「WEB10年の歩みと未来への展望」と題し、電通、博報堂、船井総合研究所、ファーストリテイリング、国際地球環境大学、スタイルメント他の寄稿文を掲載。WEB制作、システム構築からグラフィックまで事業内容を紹介。資本金、代表者名、スタッフ構成、クライアント、作品まで列記。WEB制作や費用に関する実体の調査アンケートを掲載。テクニカルデータとして特に技術を売りたい企業も掲載。WEB制作会社約1380社を都道府県別に巻末に掲載。

WEBプロ年鑑　’11　アルファブックス，ワークスコーポレーション（発売）　2010.10　239p　31×23cm　〈付属資料：CD-ROM1〉　9333円　①978-4-86267-091-5　Ⓝ547.48

(内容)WEB制作会社91社の盛業動向がを収録した年鑑。WEB制作を発注する際の参考資料となる。

通信白書　「世界情報通信革命」の幕開け　平成8年版　情報通信が牽引する社会の変革　郵政省編　大蔵省印刷局　1996.6　461p　21cm　2900円　①4-17-270171-X

(目次)第1章 平成7年情報通信の現況，第2章 情報通信政策の動向，第3章 情報通信が牽引する社会の変革―「世界情報通信革命」の幕開け

通信白書のあらまし　平成9年版　大蔵省印刷局編　大蔵省印刷局　1997.7　52p　18cm　（白書のあらまし 25）　320円　①4-17-352225-8

(目次)第1章 平成8年情報通信の現況，第2章 情報通信政策の動向，第3章 放送革命の幕開け

(内容)デジタル化、グローバル化の進展により一大変革期を迎えている放送分野、放送政策の動向について特集。放送産業の市場規模、放送事業者等の経営動向、放送ソフトの流通規模及び輸出入の動向、情報通信産業が経済構造の変革に与える効果の分析、サイバービジネスの動向、地域情報化の分析等を紹介している。

通信白書のあらまし　平成10年版　大蔵省印刷局編　大蔵省印刷局　1998.9　54p　18cm　（白書のあらまし 25）　320円　①4-17-352325-4

(目次)第1章 デジタルネットワーク社会の幕開け―変わりゆくライフスタイル，第2章 平成9年情報通信の現況，第3章 情報通信政策の動向

通信白書のあらまし　通信に関する現状報告　平成11年版　大蔵省印刷局編　大蔵省

科学への入門レファレンスブック　　175

技術史・工学史　　　　　　　　　技術・工学

印刷局　1999.9　52p　18cm　（白書のあらまし 25）　320円　①4-17-352425-0

(目次)第1章 特集インターネット，第2章 情報通信の現況，第3章 情報通信政策の動向

通信白書のあらまし　平成12年版　大蔵省
印刷局編　大蔵省印刷局　2000.10　53p　19cm　（白書のあらまし 25）　320円　①4-17-352525-7

(目次)第1章 特集 ITがひらく21世紀インターネットとモバイル通信が拡げるフロンティア，第2章 情報通信の現況，第3章 情報通信政策の動向

技術史・工学史

＜年 表＞

世界科学・技術史年表　都築洋次郎編著　原書房　1991.3　414p　27cm　〈参考文献：p403〜406〉　15000円　①4-562-02191-8　Ⓝ403.2

(内容)古代（紀元前9世紀〜紀元後7世紀）から20世紀まで、6期の時代区分に分けて掲載。それぞれの時代の展望とともに物理、生物、技術・工業、社会文化史に区分した年表を編成。人名索引、文献一覧を付す。

世界科学・技術史年表　都築洋次郎編著　日本図書センター　2012.8　414p　27cm　〈文献あり 索引あり　原書房1991年刊の複製〉　30000円　①978-4-284-20243-5　Ⓝ403.2

(内容)紀元前9世紀から1988年までの世界の科学・技術上重要と思われる事柄を収録した年表。6つの時代に大別し、各時代区分の前に、その時代に関する解説文を設ける。人名索引付き。

＜事 典＞

科学史技術史事典　伊東俊太郎〔ほか〕編　弘文堂　1994.6　1284p　22cm　〈縮刷版〉　6800円　①4-335-75009-9　Ⓝ402.033

(内容)科学史技術史上の事柄と人名3600余項目を第一線の研究者が詳細に解説。世界初の総合事典—待望の普及縮刷版。

構造物の技術史　構造物の資料集成・事典　藤本盛久編　市ケ谷出版社　2001.10　1305p　26cm　20000円　①4-87071-183-4

(目次)旧石器時代，バビロンの都，ローマの石造アーチ，中世の技術，構造学の誕生，力学諸原理と流体力学の確立，産業革命への胎動，錬鉄と蒸気の登場，錬鉄の時代，構造工学の確立，鋼とコンクリートの登場，鋼とコンクリートの時代，ラーメン力学の展開

(内容)本書は、人類の起原とその進化の跡をたどりながら、おおよそ1万年前頃より現代にいたる文明とその諸活動を生み出したインフラストラクチャーのうち、橋梁や建築物を中心とした構造物の技術の展開と発展のあゆみを追ったものである。また、構造物の歴史は各時代の科学技術全般の展開と深く係わりを持っているため、それらの時代背景や造船、鉄道、道路、機械、構造材料としての鉄鋼、セメントなど各分野の技術の歴史も紹介している。「力」、「力の釣り合い」といった基礎的な内容から、現在、構造物の設計理論として体系づけられている「材料力学」、「流体力学」、「構造力学」などの誕生から確立まで、広範囲にわたる構造力学のあゆみを詳述している。

エネルギー

＜事 典＞

資源・エネルギー史事典　トピックス1712-2014　日外アソシエーツ編　日外アソシエーツ，紀伊國屋書店〔発売〕　2015.7　495p　21cm　13880円　①978-4-8169-2553-5

(内容)1712年から2014年まで、資源・エネルギーに関するトピック3,930件を年月日順に掲載。石炭、石油、ガス、核燃料などの資源と、熱エネルギー、電力、火力、原子力、再生可能エネルギーなどのエネルギー史に関する重要なトピックとなる出来事を幅広く収録。「分野別索引」「事項名索引」付き。

自然エネルギーと環境の事典　北海道自然エネルギー研究会編著　東洋書店　2013.11　318p　26cm　3600円　①978-4-86459-144-7　Ⓝ501.6

(内容)1252項目に及ぶ、自然エネルギーと環境の用語解説。理解を深めるように収録した図・写真は228点、表は51点。重要37項目については総合解説。自然エネルギーの基礎から応用までを具体的に紹介。原子力・核・フクシマ事故についても正確に解説。

水素の事典　水素エネルギー協会編　朝倉書店　2014.4　704p　21cm　20000円　①978-

技術・工学　　　　　　　　　　　　　　　　　エネルギー

4-254-14099-6

(目次)基礎編（水素原子，水素分子，水素と金属，水素の化学，水素と生物，水素の分析，水素の燃焼と爆発），応用編（水素の製造，水素の精製，水素の貯蔵，水素の輸送，水素と安全，水素の利用，エネルギーキャリアとしての水素の利用，環境と水素，水素エネルギーシステムの実現への道筋）

<辞 典>

電力・エネルギーまるごと!時事用語事典
　2007年版　日本電気協会新聞部　2006.11
　451p　19cm　2667円　①4-902553-39-2

(目次)電力経営，電力自由化，原子力，資源燃料，環境，エネルギー技術，電力系統・設備電気工事・保安，付録
(内容)1000の用語と多彩な解説で電力とエネルギーの「今」をつかむ。

電力エネルギーまるごと!時事用語事典
　2009年版　日本電気協会新聞部　2008.12
　550p　19cm　〈奥付・背のタイトル：電力・エネルギー時事用語事典　索引あり〉　2667円　①978-4-902553-66-6　Ⓝ501.6

(目次)電力経営，原子力，環境，電力自由化，資源燃料，エネルギー技術，電力系統・設備 電気工事・保安
(内容)わかる!見える!1000+250基本用語の用語と詳細な解説で刻々と変わる電力とエネルギーの「今」を解き明かす。

電力エネルギーまるごと!時事用語事典
　2010年版　日本電気協会新聞部　2010.1
　540p　19cm　〈奥付・背のタイトル：電力・エネルギー時事用語事典　索引あり〉　2667円　①978-4-902553-85-7　Ⓝ501.6

(目次)電力経営，原子力，環境，電力自由化，資源・燃料，エネルギー技術，電力系統・設備・電気工事・保安，付録
(内容)最新のデータと役立つ情報を凝縮したエネルギーの総合時事用語事典。わかる!見える!1000+250基本用語の用語と詳細な解説で，刻々と変わる電力とエネルギーの「今」を解き明かす。

電力エネルギーまるごと! 時事用語事典
　2011年版　日本電気協会新聞部　2011.2
　534p　19cm　〈奥付・背のタイトル：電力・エネルギー時事用語事典　索引あり〉　2667円　①978-4-905217-00-8　Ⓝ501.6

(目次)電力経営，原子力，環境，電力自由化，資源燃料，エネルギー技術，電力系統・設備電気工事・保安
(内容)わかる! 見える!1000の用語と詳細な解説で刻々と変わる電力とエネルギーの「今」を解き明かす。最新のデータと役立つ情報を凝縮したエネルギーの総合時事用語事典。

電力エネルギーまるごと! 時事用語事典
　2012年版　日本電気協会新聞部　2012.3
　565p　19cm　〈奥付・背のタイトル：電力・エネルギー時事用語事典　索引あり〉　2667円　①978-4-905217-12-1　Ⓝ501.6

(目次)巻頭特集 東日本大震災と福島第一原子力発電所事故，電力経営，原子力，環境，電力自由化，資源燃料，エネルギー技術，電力系統・設備 電気工事・保安
(内容)最新のデータと役立つ情報を凝縮したエネルギーの総合時事用語事典。

<ハンドブック>

電池応用ハンドブック　各種電池の基礎知識から、電池応用回路、充放電マネージメント・システム、活用資料集まで　トランジスタ技術編集部編　CQ出版　2005.1
　359p　24×19cm　（ハードウェア・セレクション）　2800円　①4-7898-3446-8

(目次)電池の発展と新技術のトレンド，第1部 各種電池の基礎知識（電気的特性を改善して進化し続ける乾電池の定番 マンガン乾電池とアルカリ乾電池，日本で開花した高エネルギ密度の民生用1次電池 リチウム電池，デジカメなどの大電流負荷に適した新しい電池 ニッケル乾電池ほか），第2部 充電回路と電池マネージメント・システム（2次電池と正しく付き合うための基礎知識 おはなし「2次電池の充放電入門」，高エネルギ密度の2次電池を使いこなすための リチウム・イオン充電回路の実用知識，電池の充放電制御にかかせない残量測定IC スマート・バッテリと2次電池のバッテリ・ゲージ ほか），第3部 電池動作のための回路（スイッチング&シリーズ・レギュレータ 電池動作用電源レギュレータICの概要と使いかた，電池のエネルギを根こそぎ抜き出す最新電源ICの研究 バッテリ駆動DC-DCコンバータICのいろいろ，CMOSロジックICの選択方法から応用回路まで! バッテリ駆動ロジック回路の低電力設計 ほか），第4部 電池活用資料集

科学への入門レファレンスブック　177

エネルギー　　　　　　　　　　　技術・工学

⓪内容電池とその応用回路の設計に役立つ知識
が満載。モバイル時代を生きるエンジニアの必
携書登場。世界をリードする日本の電池─それ
を活かし、使いこなすには電池の特性や特徴を
知り、マネージメントする電子技術が不可欠。
本書がその役に立つ。

<年鑑・白書・レポート>

**エネルギー白書　2004年版　強靭でしな
やかなエネルギー・システムの構築に向
けて**　経済産業省編　ぎょうせい　2004.6
361p　30cm　2667円　①4-324-07405-4

⓪目次平成15年度の重要事項，エネルギーと国
民生活・経済活動，第1部 エネルギーを巡る課
題と対応，第2部 エネルギー動向，第3部 エネ
ルギー政策基本法とエネルギー基本計画，第4部
平成15年度においてエネルギーの需給に関して
講じた施策の概況

⓪内容エネルギー政策基本法及びエネルギー基
本計画において示された「安定供給の確保」、「環
境への適合」及び「市場原理の活用」という3つ
の観点から見たエネルギーをめぐる課題と対応
を明らかにするとともに、平成15年度において
エネルギーの需給に関して講じた施策の概況な
どについて取りまとめている。

**エネルギー白書　2005年版　エネルギー
安全保障と地球環境**　経済産業省編　ぎょ
うせい　2005.11　366p　30cm　2667円
①4-324-07688-X

⓪目次平成16年度の重要事項，エネルギーと国
民生活・経済活動，第1部 エネルギーを巡る課
題と対応（エネルギーを巡る課題，課題への対
応の基本的考え方，これまでのエネルギー政策
の成果と今後の取組），第2部 エネルギー動向
（国内エネルギー動向，国際エネルギー動向），
第3部 平成16年度においてエネルギーの需給に
関して講じた施策の概況

**エネルギー白書　2006年版　エネルギー
安全保障を軸とした国家戦略の再構築に
向けて**　経済産業省編　ぎょうせい　2006.7
323,65p　30cm　3000円　①4-324-07992-7

⓪目次平成17年度の重要事項（国際エネルギー市
場の構造変化，各国のエネルギー政策，我が国
のエネルギー政策），第1部 エネルギーを巡る課
題と対応（エネルギーを巡る課題と対応方針，具
体的取組），第2部 エネルギー動向（エネルギー
と国民生活・経済活動，国内エネルギー動向 ほ
か），第3部 平成17年度においてエネルギーの

需給に関して講じた施策の概況（平成17年度に
講じた施策について，エネルギー需要対策の推
進 ほか），参考資料，新・国家エネルギー戦略

**エネルギー白書　2007年版　原油価格高
騰を乗り越えて**　経済産業省編　山浦印刷
出版部　2007.8　350p　30cm　2857円
①978-4-9903175-1-5

⓪目次第1部 エネルギーを巡る課題と対応（原
油高に対する我が国の耐性強化とエネルギー政
策，エネルギーを巡る環境変化と各国の対応，
グローバルな視点に立った我が国エネルギー政
策の進化），第2部 エネルギー動向（国内エネル
ギー動向，国際エネルギー動向），第3部 平成
18年度においてエネルギーの需給に関して講じ
た施策の概況（平成18年度に講じた施策につい
て，エネルギー需要対策の推進，多様なエネル
ギー開発・導入及び利用，石油の安定供給確保
等に向けた戦略的・総合的取組の強化，エネル
ギー環境分野における国際協力の推進，緊急時
対応の充実・強化，電気事業制度・ガス事業制
度のあり方，長期的・総合的かつ計画的に講ず
べき研究開発等，広聴・広報・情報公開の推進
及び知識の普及）

**エネルギー白書　2008年版　原油価格高
騰 今何が起こっているのか?**　経済産業省
編　山浦印刷出版部　2008.9　274p　30cm
2900円　①978-4-99031-753-9　Ⓝ501.6

⓪目次第1部 エネルギーを巡る課題と対応（原油
価格高騰の要因及びエネルギー需給への影響の
分析，地球温暖化問題解決に向けた対応），第2
部 エネルギー動向（国内エネルギー動向，国際
エネルギー動向），第3部 平成19年度においてエ
ネルギーの需給に関して講じた施策の概況（平
成19年度に講じた施策について，エネルギー需
要対策の推進，多様なエネルギー開発・導入及
び利用 ほか）

エネルギー白書　2009年版　経済産業省編
エネルギーフォーラム　2009.9　243p
30cm　①978-4-88555-361-5　Ⓝ501.6

⓪内容エネルギー政策基本法に基づく白書。世
界のエネルギー情勢に対する現状認識，エネル
ギーに関する様々な課題と我が国の対応の現状
について紹介し、平成20年度に講じた施策概況
をまとめる。

**エネルギー白書　2010年版　エネルギー
安全保障の定量評価による国際比較 再
生可能エネルギー導入拡大への視座**　経
済産業省編　新高速印刷，全国官報販売協同
組合（発売）　2010.8　324p　30cm　3000円

178　科学への入門レファレンスブック

技術・工学　　　　　　　　　　　　　　　　　　　　エネルギー

Ⓘ978-4-903944-05-0　Ⓝ501.6

⦅目次⦆第1部 エネルギーをめぐる課題と今後の
政策（各国のエネルギー安全保障の定量評価に
よる国際比較，再生可能エネルギーの導入動向
と今後の導入拡大に向けた取組），第2部 エネ
ルギー動向（エネルギーと国民生活・経済活動，
国内エネルギー動向，国際エネルギー動向），
第3部 平成21年度においてエネルギーの需給に
関して講じた施策の概況（平成21年度に講じた
施策について，エネルギー需要対策の推進，多
様なエネルギー開発・導入及び利用，石油の安
定供給確保等に向けた戦略的・総合的取組の強
化，エネルギー環境分野における国際協力の推
進，緊急時対応の充実・強化，電気事業制度・
ガス事業制度のあり方，長期的、総合的かつ計
画的に講ずべき研究開発等，広聴・広報・情報
公開の推進及び知識の普及）

**エネルギー白書　2011年版　東日本大震
災によるエネルギーを巡る課題と対応、
国際エネルギー市場を巡る近年の潮流、
今後の我が国エネルギー政策の検討の方
向性**　経済産業省編　新高速印刷，全国官報
販売協同組合〔発売〕　2012.1　249p　30cm
2500円　Ⓘ978-4-903944-08-1

⦅目次⦆第1部 エネルギーを巡る課題と対応（東日
本大震災によるエネルギーを巡る課題と対応，
国際エネルギー市場を巡る近年の潮流，今後の
我が国エネルギー政策の検討の方向性），第2部
エネルギー動向（エネルギーと国民生活・経済
活動，国内エネルギー動向，国際エネルギー動
向），第3部 平成22年度においてエネルギーの
需給に関して講じた施策の概況（平成22年度に
講じた施策について，資源確保・安定供給強化
への総合的取組，自立的かつ環境調和的なエネ
ルギー供給構造の実現，電力事業制度・ガス事
業制度のあり方，低炭素型成長を可能とするエ
ネルギー需要構造の実現，新たなエネルギー社
会の実現，確信的なエネルギー技術の開発・普
及拡大，エネルギー・環境分野における国際協
力の推進，エネルギー国際協力の強化，国民と
の相互理解の促進と人材の育成）

**エネルギー白書　2012年版　東日本大震
災と我が国エネルギー政策の聖域無き見
直し**　経済産業省編　エネルギーフォーラ
ム　2012.12　264p　30cm　2800円　Ⓘ978-
4-88555-411-7

⦅目次⦆第1部 エネルギーを巡る課題と対応―東
日本大震災と我が国エネルギー政策の聖域無き
見直し（東日本大震災・東京電力福島第一原子
力発電所事故で明らかになった課題，東日本大

震災・東京電力福島第一原子力発電所事故後に
講じたエネルギーに関する主な施策，原子力発
電所事故関連，東日本大震災・東京電力福島第
一原子力発電所事故を踏まえたエネルギー政策
の見直し），第2部 エネルギー動向（エネルギー
と国民生活・経済活動，国内エネルギー動向，
国際エネルギー動向），第3部 平成23年度にお
いてエネルギーの需給に関して講じた施策の概
況（2011（平成23）年度に講じた施策について，
資源確保・安定供給強化への総合的取組，自立
的かつ環境調和的なエネルギー供給構造の実現，
電力事業制度・ガス事業制度のあり方，低炭素
型成長を可能とするエネルギー需要構造の実現，
新たなエネルギー社会の実現，革新的なエネル
ギー技術の開発・普及拡大，エネルギー・環境
分野における国際協力の推進，エネルギー国際
協力の強化，国民との相互理解の促進と人材の
育成）

エネルギー白書　2013年版　経済産業省編
新高速印刷，全国官報販売協同組合〔発売〕
2013.8　277p　30cm　2800円　Ⓘ978-4-
904681-06-0

⦅目次⦆第1部 エネルギーを巡る課題と対応（エネ
ルギーを巡る世界の過去事例からの考察，東日
本大震災と我が国エネルギー政策のゼロベース
からの見直し），第2部 エネルギー動向（国内エ
ネルギー動向，国際エネルギー動向），第3部 平
成24年度においてエネルギーの需給に関して講
じた施策の概況（2012（平成24）年度に講じた施
策について，資源確保・安定供給強化への総合
的取組，自立的かつ環境調和的なエネルギー供
給構造の実現，電力事業制度・ガス事業制度の
あり方，低炭素型成長を可能とするエネルギー
需要構造の実現，新たなエネルギー社会の実現，
革新的なエネルギー技術の開発・普及拡大，エ
ネルギー・環境分野における国際協力の推進，
エネルギー国際協力の強化，国民との相互理解
の促進と人材の育成）

自然エネルギー白書　2012　環境エネル
ギー政策研究所（ISEP）編　七つ森書館
2012.5　269p　21cm　1600円　Ⓘ978-4-
8228-1250-8

⦅目次⦆はじめに 3.11後の自然エネルギー革命へ，
第1章 国内外の自然エネルギーの概況，第2章
国内の自然エネルギー政策，第3章 これまでの
トレンドと現況，第4章 長期シナリオ，第5章
地域別導入状況とポテンシャル，第6章 提言と
まとめ

⦅内容⦆3.11は、世界のエネルギー政策を大きく
変えた。太陽光、風力、小水力、バイオマス、

科学への入門レファレンスブック　179

地熱、海洋エネルギー…飯田哲也が所長をつとめる環協エネルギー政策研究所（ISEP）が、自然エネルギー導入のためのシナリオと政策を提言する。

自然エネルギー白書　2013　環境エネルギー政策研究所（ISEP）編　七つ森書館　2013.5　317p　21cm　2000円　Ⓘ978-4-8228-1372-7

(目次)はじめに 加速する自然エネルギー革命，第1章 国内外の自然エネルギーの概況，第2章 国内の自然エネルギー政策の動向，第3章 これまでのトレンドと現況，第4章 長期シナリオ，第5章 地域における導入状況とポテンシャル，第6章 提言とまとめ

(内容)太陽光、風力、地熱、小水力、バイオマス、太陽熱。日本のエネルギーの未来を考える必須レポート。

発明・特許

＜事　典＞

図解 工業所有権法基礎用語集　荒木好文著　発明協会　2002.5　603p　21cm　（荒木図解シリーズ）　3800円　Ⓘ4-8271-0657-6　Ⓝ507.2

(内容)特許法、実用新案法、意匠法、商標法などの工業所有権法に関する基本用語の事典。原則として特許法を中心に構成。約530項目を五十音順に排列して図表を交えながら解説する。現在は使用されていない用語や廃止になった制度について重要と思われる項目についても収録。

特許用語の基礎知識　改訂新版　飯田幸郷著　発明協会　1999.2　138p　21cm　1600円　Ⓘ4-8271-0513-8

(目次)第1部 特許と実用新案，第2部 意匠，第3部 商標，第4部 条約・その他，第5部 発明・発明の先駆者

(内容)優先審査、均等論、差止請求権、特許発明、一意匠一出願、医薬の発明、立体商標など、これからのプロパテント時代に必要な特許用語を解説したもの。

＜辞　典＞

和英特許・技術用語辞典 特許出願文書作成のための用語と基礎知識　草川紀久著　工業調査会　2005.9　265p　19cm　2300円　Ⓘ4-7693-7147-0

(目次)第1部 "和英"特許・技術用語集，第2部 特許明細書作成に役立つ特許法の基礎知識（発明の概念と構成要因，日本国特許法の特許要件，特許をとるための要件（日本国特許），米国特許法（35USC）の特許要件，欧州特許制度（EPC）とその特許要件）

(内容)英文特許文書作成のための特許関連の法律用語と技術用語7500語を集めた和英用語辞典。

＜ハンドブック＞

意匠出願のてびき　改訂25版　特許庁編　発明協会　1994.4　87p　21cm　600円　Ⓘ4-8271-0007-1

(目次)意匠制度の意義，意匠と実用新案の区別，意匠登録を受けられる人，意匠登録を受けられる意匠，意匠登録を受けられない意匠，出願をする前に（先行意匠調査），意匠登録出願の手続，出願書類の差し出し方，出願中の注意，拒絶理由通知があった場合の手続〔ほか〕

意匠出願のてびき　改訂28版　特許庁編　発明協会　1999.3　134p　21cm　762円　Ⓘ4-8271-0007-1

(目次)意匠制度の意義，意匠と実用新案の区別，意匠登録を受けられる人，意匠登録を受けられる意匠，意匠登録を受けられない意匠，出願をする前に，意匠登録出願の手続，出願書類の差し出し方，出願中の注意，拒絶理由通知があった場合の手続〔ほか〕

(内容)意匠の出願から登録までの必要な手続きを平易に解説。今は回、平成11年1月1日から施行された平成10年改正法への対応を図った最新版。

知っておきたい特許法 暮らしの中の特許・商標の理解のために　九訂版　工業所有権法研究グループ編　大蔵省印刷局　1998.11　272p　21cm　1600円　Ⓘ4-17-217515-5

(目次)序章 工業所有権制度とは何か?，第1章 特許法のあらまし，第2章 実用新案法のあらまし，第3章 意匠法のあらまし，第4章 商標法のあらまし，第5章 不正競争防止法のあらまし，第6章 工業所有権に関する手続等の特例に関する法律のあらまし，第7章 工業所有権に関する国際的枠組み―パリ条約の概要

商標出願のてびき　改訂24版　特許庁編　発明協会　1994.4　104p　21cm　600円　Ⓘ4-8271-0344-5

(目次)1 商標登録制度の意義，2 商標登録を受け

技術・工学　　　　　　　　　　　　　　発明・特許

られる人，3 商標登録を受けられる商標と受け
られない商標，4 出願をする前に（先願調査），
5 商標登録出願の手続，6 出願書類の差し出し
方，7 出願中の注意，8 拒絶理由通知があった
場合の手続，9 出願公告，10 登録査定があった
場合の手続，11 商標権及び商標権の保護，12
更新登録出願と使用証明，13 特殊な出願

商標出願のてびき　改訂28版　特許庁編　発
　明協会　2000.4　230p　19cm　858円　①4-
　8271-0344-5

(目次)1 はじめに（商標登録制度の意義，商標登
録を受けられる人，商標登録を受けられる商標
と受けられない商標），2 出願をする前に（先願
調査，手続の選択，事前手続），3 商標登録出願
手続等（商標登録出願の手続，出願書類の差し出
し方，商標登録出願に係る出願日の認定 ほか）

(内容)商標の出願から登録までの流れを追いな
がら必要な手続きを解説した手引き書。内容は
平成9年に施行された商標法条約，平成11年の
工場所有権に関する手続等の特例に関する法律
施行例，平成12年1月1日より導入された電子手
続などにも対応し，改正後の商標法並びに関連
する政令及び商標法施行規則に関する手続書類
の様式及びその作成要領についてその概要を解
説。付録として手続補正書の作成方法の具体例
（書面手続），法定及び指定期間並びにその延
長，各種手数料，商標公報・公開商標公報につ
いて，指定商品または指定役務並びに商品及び
役務の区分表，社団法人発明協会事業の概要と
支部相談所所在地一覧を収録。

知られざる特殊特許の世界　稲森謙太郎著
　太田出版　2000.8　258p　21cm　1600円
　①4-87233-526-0

(目次)1章 こんな特許が出願されていた！（あの
有名人の特許出願，あの会社のこんな発明，こ
の発明は実現できるのか，本当に病気が治るの
か!? ほか），2章 こんな特許が許可されていた！
（有名人の発明が特許になっていた!，有名企業
のこんな特許，日本の警察の特許，CMで見か
けるあの特許 ほか）

(内容)松下電器の漫才人形からNECのUFO推進
装置まで。ユニークな特許の実例を笑いながら
読めば，特許の基本から，ビジネスモデル特許・
遺伝子特許等の最前線までがよくわかる，世界
初のエンターテイメント型・特許入門書。

一目でわかる! 特許法等改正年一覧表　発
　明推進協会編　発明推進協会　2013.6　411p
　21cm　3000円　①978-4-8271-1211-5

Ⓝ507.2

(目次)改正一覧表（特許法，実用新案法，意匠
法，商標法），見え消し改正条文

(内容)平成14年からほぼ連続する特許法をはじ
めとするいわゆる工業所有権法四法の改正の一
覧表。改正条文を掲載して改正内容を一目でわ
かるように纏めた。

＜図鑑・図集＞

写真でみる発明の歴史　ライオネル・ベン
　ダー著，高橋昌義日本語版監修　あすなろ書
　房　2008.4　63p　29cm　（「知」のビジュア
　ル百科 46）〈「発明」（同朋舎2001年刊）の新
　装・改訂　原書名：Eyewitness-invention.〉
　2500円　①978-4-7515-2456-5　Ⓝ507.1

(目次)発明とは?，発明物語，道具，車輪，金属
加工，ものをはかる，筆記具，照明，時計，動力
の利用，印刷，光学機器の発明，計算，蒸気機
関，航海術と測量術，紡績と織物，電池，写真，
医学と発明，電話，録音と再生，内燃機関，映
画，無線装置，身近な発明品，陰極線管（ブラ
ウン管），飛行，プラスチック，シリコンチッ
プ，索引

(内容)世界を変えた大発明の歴史を紹介する図
鑑。時計，電話，電気…今では暮らしにかかせ
ないこれらのものは，どのようにして生み出さ
れたのか。その経緯をわかりやすく紹介。

ビジュアル博物館　27　発明　（京都）同朋
　舎出版　1992.4　63p　29×23cm　3500円
　①4-8104-1021-8

(目次)発明とは?，発明物語，道具，車輪，金属
加工，ものをはかる，筆記具，照明，時計，動力
の利用，印刷，光学機器の発明，計算，蒸気機
関，航海術と測量術，紡績と織物，電池，写真，
医学と発明，電話，録音と再生，内燃機関，映
画，無線装置，身近な発明品，陰極線管（ブラウ
ン管），飛行，プラスチック，シリコンチップ

(内容)発明の物語を惜しみなく紹介する，オリジ
ナルで心ときめく新しい博物図鑑。興味をそそ
る実物写真によって，初期の望遠鏡，そして無
線機や電話を初め，今日のマイクロコンピュー
タまで，発明のすべてを知ることができる，ほ
かに類のないビジュアルなガイドブックです。

ひらめきが世界を変えた! 発明大図鑑
　ジュリー・フェリスほか著，奥沢朋美，おお
　つかのりこ，児玉敦子訳　岩崎書店　2011.9
　256p　29cm　〈年表あり　原書名：The big
　ideas that changed the world.〉　6000円

科学への入門レファレンスブック　*181*

ロボット　　　　　　　　　　　技術・工学

①978-4-265-85010-5　Ⓝ507.1

(目次)天才たちの発見，すぐれた装置，便利な
道具，乗り物，探検，文化

(内容)紀元前の昔から現在にいたるまで，人類
は，発明と発見の歴史をくりかえしてきた。「天
才たちの発見」「すぐれた装置」「便利な道具」
「乗り物」「探検」「文化」新しい視点による6章
立て，見開き109項目，古今東西の「発明・発
見」をビジュアルに紹介。いま，わたしたちが，
あたりまえに使っているモノたちに，ふと目を
とめてみよう。そこには，発明・発見の裏に隠
された，さまざまな人間たちの物語がある。

ロボット

＜ハンドブック＞

まんが・つくろう!21世紀　ロボットに見
　る不思議の世界　科学技術庁科学技術政策
　局調査ँ監修，子ども科学技術白書編集委員
　会編　大蔵省印刷局　2000.12　64p　21cm
　（子ども科学技術白書 2)　360円　①4-17-
　196401-6

(内容)本書は，科学技術庁編「平成12年版科学
技術白書」をもとに，便利なモノができるまで
の過程を考えるなど，「科学技術について主体
的に考え参加していく姿勢の大切さ」を子ども
たちに分かりやすく説明したものです。

＜図鑑・図集＞

世界ロボット大図鑑　ロバート・マローン著
　新樹社　2005.5　191p　29×23cm　3800円
　①4-7875-8537-1

(目次)オモチャのロボット大集合（リリパット，
初期のブリキのオモチャ ほか)，キット・ロボッ
トの世界（ロボット組み立てキットのはじまり，
自律走行キット・ロボット ほか)，スターとなっ
たロボットたち（マリア，ゴート ほか)，ロボッ
ト新世紀（小さなヘルパーたち，シーコ・ミレ
ニア ほか)

(内容)フルカラー写真でロボットの進歩を生き
生きとつづった，究極のロボット・ギャラリー。
古いブリキのオモチャにはじまり，映画や芸術
作品，アニメやテレビゲームに出てくるロボット
から，先端技術を駆使したヒューマノイドや
宇宙探査機まで，それぞれの時代を象徴する，
さまざまなロボットが登場。各章では，はじめ
に，とりあげる主題にしたがって，さまざまな

ロボットとその歴史を概説し，つぎに，それぞ
れのロボットを解説するページを設けて，詳細
に説明。巻末には「用語解説」と「さくいん」
を掲載。

工業経済

＜事 典＞

素材加工事典　「モノ作り」で知っておき
　たい，素材とその加工技術の最新ガイド
　集　アイ・シー・アイデザイン研究所，飯田
　吉秋，黒田弥生著　誠文堂新光社　2010.2
　271p　26cm　〈奥付のタイトル（誤植)：素
　材加工辞典　索引あり〉　3600円　①978-4-
　416-81009-5　Ⓝ501.4

(目次)第1章 素材オールガイド（金属，プラス
チック，エラストマー，木（木材)，ガラス，セ
ラミックス，繊維，紙，エコマテリアル，素材を
知る)，第2章 企業による素材最前線（Exterior
Material—デジタルカメラなどの外装素材と表
面処理技術の実際，Bio Plastics—石油資源から
植物由来へ。バイオ化が進むプラスチックの未
来)，第3章 日本全国産地一覧（北海道／東北，
北陸，関東，中部，関西，中国，四国，九州／
沖縄)

身近なモノの履歴書を知る事典　「モノづ
　くり」誕生物語 アイスクリームからワ
　ンマンバスまで　日刊工業新聞社MOOK編
　集部編　日刊工業新聞社　2002.11　725p
　26cm　7500円　①4-526-05033-4　Ⓝ502.1

(内容)身近なモノの誕生物語を通して，科学・産
業技術の足跡を知る事典。2000年7月から2002
年3月にかけて日刊工業新聞社が発行した「モ
ノづくり誕生物語」全5冊をベースに，内容の事
実関係を確認・訂正して再編集したもの。登場
年別索引がある。

ものづくりに役立つ経営工学の事典　180
　の知識　日本経営工学会編，日本技術士会経
　営工学部会，日本インダストリアル・エンジ
　ニアリング協会編集協力　朝倉書店　2014.1
　383p　21cm　8200円　①978-4-254-27022-8

(目次)第1章 総論，第2章 人，第3章 もの，第4
章 資金，第5章 情報，第6章 環境，第7章 確率・
統計，第8章 IE・QC・OR，第9章 意思決定・
評価，第10章 情報技術

(内容)F.W.テイラー以降，100年にわたって蓄
積された経営工学の知識を体系化。経営工学と
は，どんな学問で，どのように社会に役立つの

182　科学への入門レファレンスブック

技術・工学　　　　　　　　　　　　　　　　　　　工業経済

か、その問いに答える。

＜図鑑・図集＞

**自然に学ぶものづくり図鑑　かたち・しく
み・動き 繊維から家電・乗り物まで**　赤
池学監修　PHP研究所　2011.1　63p　29cm
〈文献あり 索引あり〉　2800円　①978-4-
569-78113-6　Ⓝ500

(目次)第1章 自然のかたちに学ぶものづくり（水
の抵抗を受け流す四角形のハコフグの体，ハコ
フグをまねた自動車バイオニックカー，みつろ
うや木の繊維でつくる六角形のハチの巣 ほか），
第2章 自然のしくみに学ぶものづくり（群がっ
て泳いでもぶつからない小魚の群れ，群がって
走ってもぶつからないロボットカー，水の抵抗
をおさえるカジキの皮膚 ほか），第3章 自然の
動きに学ぶものづくり（空中を高速で飛びなが
らえものを探すトンボの羽の形，トンボの羽の
形をまねたトンボ型飛行機，古い木造船や流木
を食い荒らすフナクイムシ ほか）

世界に誇る！日本のものづくり図鑑　ワン・
　ステップ編　金の星社　2014.4　143p　29×
　22cm　5000円　①978-4-323-06201-3

(目次)第1章 食品・日用品（インスタントラーメ
ン―日清食品株式会社，カップラーメン―日清
食品株式会社，レトルトカレー―大塚食品株式
会社 ほか），第2章 文房具・スポーツ用具・家
電製品（サインペン―ぺんてる株式会社，消せ
るボールペン―株式会社パイロットコーポレー
ション，電子卓上計算機―カシオ計算機株式会
社 ほか），第3章 乗り物・健康機器・精密機器
ほか（ハイブリッドカー―トヨタ自動車株式会
社，小型オートバイ―本田技研工業株式会社（ホ
ンダ），電動アシスト自転車―ヤマハ発動機株
式会社 ほか）

(内容)世界でもトップクラスといわれる日本の
技術力。日本で生まれた製品のなかには，世界
中で大ヒットしたものや，歴史をかえたといわ
れるほど画期的なものもたくさんあります。そ
ういった製品の開発には，どんな秘話がかくさ
れているのでしょうか?この本をとおして，日
本の開発者たちのものづくり魂にふれてみてく
ださい。

世界に誇る！日本のものづくり図鑑　2　ワ
　ン・ステップ編　金の星社　2015.2　143p
　30cm　5000円　①978-4-323-06202-0

(目次)第1章 食品・文房具・おもちゃ（生しょう
ゆ―キッコーマン食品株式会社，缶入り緑茶―

株式会社伊藤園，トマトケチャップ―カゴメ株
式会社 ほか），第2章 家電製品・日用品（ミラー
レスデジタル一眼カメラ―オリンパス株式会
社，自動式電気釜―株式会社東芝，液晶ペンタ
ブレット―株式会社ワコム ほか），第3章 乗り
物・精密機器・医療器具ほか（自動車運転支援
システム―富士重工業株式会社，無縫製ニット
横編機―株式会社島精機製作所，生体認証技術
―富士通株式会社 ほか）

＜年鑑・白書・レポート＞

**ものづくり白書　2004年版　製造基盤白
書：攻めに転ずる我が国製造業の新たな
挑戦と製造基盤の強化**　経済産業省，厚生
労働省，文部科学省編　ぎょうせい　2004.6
466p　30×21cm　3429円　①4-324-07444-5

(目次)第1部 我が国のものづくり基盤技術の現
状と課題（グローバル展開と国内基盤の強化に
取り組む我が国製造業，明日のものづくりを支
える人材の育成，ものづくりの基盤を支える研
究開発・学習の振興），第2部 平成15年度にお
いてものづくり基盤技術の振興に関して講じた
施策（ものづくり基盤技術の研究開発に関する
事項，ものづくり労働者の確保等に関する事項，
ものづくり基盤産業の育成に関する事項，もの
づくり基盤技術に係る学習の振興に関する事項，
その他のモノづくり基盤技術の振興に関し必要
な事項）

ものづくり白書　2005年版　経済産業省，
　厚生労働省，文部科学省編　ぎょうせい
　2005.6　298p　30cm　2762円　①4-324-
　07693-6

(目次)第1部 我が国のものづくり基盤技術の現
状と課題（我が国製造業の特徴の分析とグロー
バルな展開，将来のものづくり基盤技術を担う
人材の育成，ものづくりの基盤を支える研究開
発・学習の振興），第2部 平成16年度において
ものづくり基盤技術の振興に関して講じた施策
（ものづくり基盤技術の研究開発に関する事項，
ものづくり労働者の確保等に関する事項，もの
づくり基盤産業の育成に関する事項，ものづく
り基盤技術に係る学習の振興に関する事項，そ
の他ものづくり基盤技術の振興に関し必要な事
項）

ものづくり白書　2006年版　経済産業省，
　厚生労働省，文部科学省編　ぎょうせい
　2006.7　316p　30cm　2762円　①4-324-

科学への入門レファレンスブック　183

工業経済　　　　　　　　技術・工学

07990-0

(目次)第1部 我が国のものづくり基盤技術の現状と課題(製造業のイノベーション創出拠点としての我が国の課題と展望，人口減少社会におけるものづくり人材の育成，ものづくりの基盤を支える研究開発・学習の振興)，第2部 平成17年度においてものづくり基盤技術の振興に関して講じた施策(ものづくり基盤技術の研究開発に関する事項，ものづくり労働者の確保等に関する事項，ものづくり基盤産業の育成に関する事項，ものづくり基盤技術に係る学習の振興に関する事項，その他ものづくり基盤技術の振興に関し必要な事項)

ものづくり白書　2007年版　経済産業省，
厚生労働省，文部科学省編　ぎょうせい
2007.7　312p　30cm　2762円　①978-4-324-08273-7

(目次)第1部 我が国ものづくり基盤技術の現状と課題(グローバル経済下における国内拠点の強化に向けた課題と展望，ものづくり人材育成環境の再構築，ものづくりの基盤を支える研究開発・学習の振興)，第2部 平成18年度においてものづくり基盤技術の振興に関して講じた施策(ものづくり基盤技術の研究開発に関する事項，ものづくり労働者の確保等に関する事項，ものづくり基盤産業の育成に関する事項，ものづくり基盤技術に係る学習の振興に関する事項，その他ものづくり基盤技術の振興に関し必要な事項)

ものづくり白書　2008年版　経済産業省，
厚生労働省，文部科学省編　日経印刷，全国官報販売協同組合(発売)　2008.7　241p　30cm　2334円　①978-4-904260-02-9　Ⓝ509.21

(目次)第1部 我が国ものづくり基盤技術の現状と課題(我が国ものづくりが直面する課題と展望—サプライチェーンの強化とものづくりの信頼向上に向けて，ものづくり基盤強化のための人材の育成，ものづくりの基盤を支える学習の振興・研究開発，第2回ものづくり日本大賞 ほか)，第2部 平成19年度においてものづくり基盤技術の振興に関して講じた施策(ものづくり基盤技術の研究開発に関する事項，ものづくり労働者の確保等に関する事項，ものづくり基盤産業の育成に関する事項，ものづくり基盤技術に係る学習の振興に関する事項 ほか)

ものづくり白書　2009年版　経済産業省，
厚生労働省，文部科学省編　佐伯印刷，全国官報販売協同組合(発売)　2009.6　276p　30cm　2334円　①978-4-903729-58-9

Ⓝ509.21

(目次)第1部 我が国ものづくり基盤技術の現状と課題(世界同時不況下における我が国製造業の状況，我が国ものづくり産業が直面する課題と展望—我が国ものづくり産業の次なる成長への布石，ものづくり中核人材の育成による製造基盤の強化，ものづくりの基盤を支える研究開発・学習の振興，主要製造業の課題と展望)，第2部 平成20年度においてものづくり基盤技術の振興に関して講じた施策(ものづくり基盤技術の研究開発に関する事項，ものづくり労働者の確保等に関する事項，ものづくり基盤産業の育成に関する事項，ものづくり基盤技術に係る学習の振興に関する事項，その他ものづくり基盤技術の振興に関し必要な事項)

ものづくり白書　2010年版　経済産業省，
厚生労働省，文部科学省編　経済産業調査会
2010.6　319p　30cm　2333円　①978-4-8065-2853-1　Ⓝ509.21

(目次)第1部 ものづくり基盤技術の現状と課題(内外経済が変化する中での我が国製造業の動向，我が国ものづくり産業が直面する課題と展望，自律的回復に向けた雇用戦略と人材育成，ものづくりの基盤を支える教育・研究開発の現状と課題，第3回ものづくり日本大賞，主要製造業の課題と展望)，第2部 平成21年度においてものづくり基盤技術の振興に関して講じた施策(ものづくり基盤技術の研究開発に関する事項，ものづくり労働者の確保等に関する事項，ものづくり基盤産業の育成に関する事項，ものづくり基盤技術に係る学習の振興に関する事項，その他ものづくり基盤技術の振興に関し必要な事項)

ものづくり白書　2011年版　経済産業省，
厚生労働省，文部科学省編　経済産業調査会
2011.11　342p　30cm　2333円　①978-4-8065-2884-5

(目次)第1部 ものづくり基盤技術の現状と課題(内外経済が変化する中で我が国製造業の動向，我が国ものづくり産業が直面する課題と展望，わが国ものづくり産業の将来を担う人材の育成，ものづくりの基盤を支える教育・研究開発，主要製造業の課題と展望)，第2部 平成22年度においてものづくり基盤技術の振興に関して講じた施策(ものづくり基盤技術の研究開発に関する事項，ものづくり労働者の確保等に関する事項，ものづくり基盤産業の育成に関する事項，ものづくり基盤技術に係る学習の振興に関する事項，その他ものづくり基盤技術の振興に関し必要な事項，平成23年度においてものづくり基

184　科学への入門レファレンスブック

技術・工学　　　　　　　　　　　　　　　　建設工学・土木工学

盤技術の振興に関して講じようとする施策）

ものづくり白書　2012年版　経済産業省，
厚生労働省，文部科学省編　経済産業調査会
2012.6　246p　30cm　2333円　Ⓘ978-4-
8065-2899-9

Ⓣ次第1部 ものづくり基盤技術の現状と課題
（内外経済が変化する中での我が国ものづくり
産業の動向，我が国ものづくり産業が直面する
課題と展望，ものづくり中核人材の育成を中心
とした製造基盤の強化，ものづくりの基盤を支
える教育・研究開発），第2部 平成23年度にお
いてものづくり基盤技術の振興に関して講じた
施策（ものづくり基盤技術の研究開発に関する
事項，ものづくり労働者の確保等に関する事項，
ものづくり基盤産業の育成に関する事項，もの
づくり基盤技術に係る学習の振興に関する事項，
その他ものづくり基盤技術の振興に関し必要な
事項，東日本大震災に係るものづくり基盤技術
振興対策）

ものづくり白書　2013年版　経済産業省，
厚生労働省，文部科学省編　経済産業調査会
2013.7　307p　30cm　2333円　Ⓘ978-4-
8065-2926-2

Ⓣ次第1部 ものづくり基盤技術の現状と課題
（我が国ものづくり産業が直面する課題と展望，
全員参加型社会に向けたものづくり人材の育成，
ものづくりの基盤を支える教育・研究開発，付
論），第2部 平成24年度においてものづくり基
盤技術の振興に関して講じた施策（ものづくり
基盤技術の研究開発に関する事項，ものづくり
労働者の確保等に関する事項，ものづくり基盤
産業の育成に関する事項，ものづくり基盤技術
に係る学習の振興に関する事項，その他もの
づくり基盤技術の振興に関し必要な事項，東日
本大震災に係るものづくり基盤技術振興対策）

ものづくり白書　2014年版　経済産業省，
厚生労働省，文部科学省編　経済産業調査会
2014.8　303p　30cm　2333円　Ⓘ978-4-
8065-2942-2

Ⓣ次第1部 ものづくり基盤技術の現状と課題
（我が国ものづくり産業が直面する課題と展望，
成長戦略を支えるものづくり人材の確保と育成，
ものづくりの基盤を支える教育・研究開発），
第2部 平成25年度においてものづくり基盤技術
の振興に関して講じた施策（ものづくり基盤技
術の研究開発に関する事項，ものづくり労働者
の確保等に関する事項，ものづくり基盤産業の
育成に関する事項，ものづくり基盤技術に係る
学習の振興に関する事項，その他ものづくり基
盤技術の振興に関し必要な事項，東日本大震災

に係るものづくり基盤技術振興対策）

ものづくり白書　2015年版　経済産業省，
厚生労働省，文部科学省編　経済産業調査会
2015.8　320p　30cm　2333円　Ⓘ978-4-
8065-2958-3

Ⓣ次第1部 ものづくり基盤技術の現状と課題
（我が国ものづくり産業が直面する課題と展望，
良質な雇用を支えるものづくり人材の確保と
育成，ものづくりの基盤を支える教育・研究開
発），第2部 平成26年度においてものづくり基
盤技術の振興に関して講じた施策（ものづくり
基盤技術の研究開発に関する事項，ものづくり
労働者の確保等に関する事項，ものづくり基盤
産業の育成に関する事項，ものづくり基盤技術
に係る学習の振興に関する事項，その他ものづ
くり基盤技術の振興に関し必要な事項，東日本
大震災に係るものづくり基盤技術振興対策）

建設工学・土木工学

＜辞 典＞

建築・土木用語がわかる辞典　長門昇著
日本実業出版社　1998.7　394p　19cm
2600円　Ⓘ4-534-02806-7

Ⓝ容材料、工法、最新技術から関連法規、隠
語まで、約3500語を収録した建築・土木用語辞
典。排列は五十音順。建築・土木分野のカテゴ
リーに従って五十音順に排列した索引付き。

これだけは知っておきたい!山村流災害・
防災用語事典　山村武彦著　ぎょうせい
2011.5　369p　19cm　〈文献あり 索引あり〉
2190円　Ⓘ978-4-324-09271-2　Ⓝ519.9

Ⓣ次第1章 地震編，第2章 津波編，第3章 台
風・水害・落雷・竜巻編，第4章 土砂災害編，
第5章 火災・消防編，第6章 火山・噴火編，第7
章 豪雪・雪崩編，第8章 気象関係用語編，第9
章 災害・防災に係る主な法令，第10章 その他
の防災関係用語

Ⓝ容重要用語については意味だけでなく、過
去の災害事例や災害が起きるメカニズムなどの
関連解説も充実。

測量用語辞典　測量用語辞典編集委員会編
東洋書店　2011.7　393p　22cm　〈他言語標
題：Dictionary of Surveying and Mapping
Terms　索引あり〉　5800円　Ⓘ978-4-
88595-984-4　Ⓝ512.033

Ⓝ容基礎から最先端の技術用語、周辺領域ま

科学への入門レファレンスブック　185

建設工学・土木工学　　　　　技術・工学

で3500語を収録、変化する測量技術に対応したコンパクトな一冊。執筆者には政府機関、民間企業、大学において実務および研究の第一線に携わる専門家を起用。

＜名簿・人名事典＞

土木人物事典　藤井肇男著　アテネ書房
　2004.12　409p　21cm　5200円　①4-87152-232-6
　⑬内容⑭日本の近代土木を支えた先駆者500人の経歴と業績をまとめた人名事典。本編、各人物の参考文献、索引で構成、本編は人名の五十音順配列で人名、生没年、出生地、経歴、業績のほか肖像写真を掲載。巻末には収録人名及び関係する人名から引ける人名索引と出身地別索引が付く。

＜ハンドブック＞

改訂 都市防災実務ハンドブック 震災に強い都市づくり・地区まちづくりの手引　都市防災実務ハンドブック編集委員会編　ぎょうせい　2005.2　196p　26cm　2762円　①4-324-07610-3
　⑬目次⑭第1部 震災に強いまちづくりの計画指針～ガイドライン編（震災に強い都市づくり・地区まちづくりの必要性、震災危険の診断と防災対策の評価手法、都市防災施設の計画指針）、第2部 震災に強いまちづくりの進め方～プロセス編（震災に強い都市づくりの進め方、地区防災まちづくりの進め方）、巻末資料（災害経験と施策への反映、災害危険度判定の補足資料、都市防災施設等の計画指針に関する根拠等 ほか）

くらしとどぼくのガイドブック 全国の記念館・PR館・図書館　土木学会編　日刊建設工業新聞社，相模書房〔発売〕　1992.11　278p　18cm　1600円　①4-7824-9205-7
　⑬内容⑭本書は、私たちの日々のくらしを支えている「どぼく」に関連のある記念館・PR館・専門図書館を紹介するガイドブックです。

誰でもわかる!!日本の産業廃棄物 平成17年度版　環境省監修，産業廃棄物処理事業振興財団編　ぎょうせい　2005.9　48p　30cm　476円　①4-324-07733-9
　⑬目次⑭1 産業廃棄物とは、2 産業廃棄物の排出・処理などの状況、3 産業廃棄物対策の内容、4 不法投棄された産業廃棄物への対応、5 公共関

与による施設整備について、6 PCB廃棄物について、7 循環型社会に向けた取り組み
　⑬内容⑭産業廃棄物の排出事業者である企業の方々をはじめ、次代を担う子どもたちまでを対象として、産業廃棄物の発生・処理・処分の実態や、国・産業界の取り組みを、わかりやすくまとめた。

水環境設備ハンドブック 「水」をめぐる都市・建築・施設・設備のすべてがわかる本　竹村公太郎，小泉明，市川憲良，小瀬博之共編，紀谷文樹監修　オーム社　2011.11　554p　27cm　〈索引あり〉　20000円　①978-4-274-21089-1　⑭518.036
　⑬内容⑭広い領域を包含し、一大学際領域を形成している水環境工学について、関係する技術者に求められる知識を抽出・体系化し、歴史的背景や最新の研究成果と技術の動向、将来展望などを集大成する。

＜地図帳＞

川の地図辞典 江戸・東京／23区編　菅原健二著　之潮　2007.12　464p　19cm　（フィールド・スタディ文庫）　3800円　①978-4-902695-04-5
　⑬目次⑭江戸・東京のおもな川と上水、千代田区、中央区、港区、新宿区、文京区・台東区、墨田区、江東区、品川区、目黒区、大田区、世田谷区、渋谷区、中野区・杉並区、豊島区・北区・荒川区、板橋区・練馬区、足立区、葛飾区、江戸川区
　⑬内容⑭明治初期／平成対照地図280ページ。お買得「初版迅速測図」多数収録。究極の"大人のぬり絵"本。

川の地図辞典 江戸・東京／23区編 補訂版　菅原健二著　（国分寺）之潮　2010.3　464p　19cm　（フィールド・スタディ文庫1）　〈文献あり〉　3800円　①978-4-902695-04-5　⑭517.21
　⑬内容⑭江戸・東京の川の歴史や、別称や流路を解説と地図で示す歴史事典。明治初期の参謀本部地形図（迅速測図）と現代地図を対照して示し、いまある川、消えてしまった川や堀などの場所と、その名前がわかるよう構成している。2007年刊の補訂版。姉妹編として「多摩東部編」がある。

川の地図辞典 多摩東部編　菅原健二著　（国分寺）之潮　2010.4　360p　19cm

186　科学への入門レファレンスブック

技術・工学　　　　建設工学・土木工学

（フィールド・スタディ文庫 5）〈文献あり〉
2800円　①978-4-902695-12-0　⑩517.21

（目次）多摩東部のおもな川と上水・用水，武蔵
野市・三鷹市，狛江市・調布市・府中市，西東
京市・清瀬市・東久留米市，小金井市・小平市・
国分寺市，国立市・立川市，東村山市・東大和
市・武蔵村山市，稲城市・多摩市・日野市，町
田市，昭島市・福生市・あきる野市，瑞穂町・
羽村市・青梅市，八王子市

（内容）東京の川の歴史や，別称や流路を解説と
地図で示す歴史事典。「江戸・東京／23区編」に
続く続刊。青梅市・あきる野市・八王子市の東
部から23区に至るまでの全域を収録し，河川と
用水，そして湧水まで約400を収録する。

川の地図辞典　江戸・東京／23区編　3訂版
菅原健二著　（国分寺）之潮　2012.7　464p
19cm　（フィールド・スタディ文庫 1）〈文
献あり〉　3800円　①978-4-902695-04-5
⑩517.21361

（目次）江戸・東京のおもな川と上水，千代田区，
中央区，港区，新宿区，文京区・台東区，墨田
区，江東区，品川区，目黒区，大田区，世田谷
区，渋谷区，中野区・杉並区，豊島区・北区・
荒川区，板橋区・練馬区，足立区，葛飾区，江
戸川区

（内容）明治初期／平成対照地図280ページ。お買
得「初版迅速測図」多数収録。究極の"大人の
ぬり絵"本。

<年鑑・白書・レポート>

**建設白書のあらまし　平成3年版　国土建
設の現況**　大蔵省印刷局編　大蔵省印刷局
1991.9　82p　18cm　（白書のあらまし 13）
260円　①4-17-351513-8

（目次）第1 総説，第2 国土建設施策の動向，第3
建設活動の動向，建設産業，不動産業

建設白書のあらまし　平成4年版　大蔵省印
刷局編　大蔵省印刷局　1992.9　84p　18cm
（白書のあらまし 13）　280円　①4-17-
351613-4

（目次）第1 総説（地域経済社会の活性化への新た
な取組み，豊かで充実した生活の実現，よりよ
い環境をめざして）

**建設白書のあらまし　平成5年版　国土建
設の現況**　大蔵省印刷局編　大蔵省印刷局
1993.9　32p　18cm　（白書のあらまし 13）

300円　①4-17-351713-0　⑩510.91

（目次）第1章 暮らしの豊かさを支える住宅・社
会資本整備，第2章 交流を活かした地域づくり
の展開，第3章 生活空間・国土空間の創造を担
う建設産業・不動産業

**建設白書のあらまし　平成9年 国土建設の
現況　平成9年版**　大蔵省印刷局編　大蔵
省印刷局　1997.9　27p　18cm　（白書のあ
らまし 13）　320円　①4-17-352213-4

（目次）第1章 構造変化の諸相，第2章 新しい世紀
へ向けた国土の再構築

**建設白書のあらまし　平成10年版　平成
10年国土建設の現況**　大蔵省印刷局編　大
蔵省印刷局　1998.10　36p　18cm　（白書の
あらまし 13）　320円　①4-17-352313-0

（目次）第1章 次世代に向けて，第2章 次世代へ手
渡す住宅・社会資本，第3章 新たな住宅・社会
資本整備のあり方に向けて

建設白書のあらまし　平成11年版　大蔵省
印刷局編　大蔵省印刷局　1999.10　47p
17cm　（白書のあらまし 13）　320円　①4-
17-352413-7

（目次）第1章 住宅・社会資本の形成と人口の動
き，第2章 今後の人口の動向と関連する動き，
第3章 社会・経済・地域への影響，第4章 新た
な展望と住宅・社会資本の役割

**建設白書早わかり　'91　生活空間の新時
代を目指して**　建設省大臣官房政策課監修
建設広報協議会，大成出版社〔発売〕　1991.
9　161p　21cm　1600円　①4-8028-7834-6

（目次）第1 総説―生活空間の新時代を目指して
（地域ごとに見た人口の動きと生活条件，2000
年の生活空間，新たな生活空間の創造へ向けて
の基本的課題），第2 国土建設施策の動向，第3
建設活動の動向，建設産業と不動産業

（内容）本書は，平成3年建設白書の内容を，図表
を中心に，より見やすく，よりわかりやすくな
るよう編集し直したものです。特に，毎年時流
に沿ったテーマのもとで分析が行われている総
説部分については，図表のバックデータをすべ
て掲載し，調査・分析資料等として活用する場
合にもより利用しやすくなっております。

**建設白書早わかり　'93　21世紀への国土
づくりの道すじ**　建設省大臣官房政策課監
修　建設広報協議会，大成出版社〔発売〕
1993.9　185p　21cm　1700円　①4-8028-
7924-5　⑩510.91

（目次）第1章 暮らしの豊かさを支える住宅・社

科学への入門レファレンスブック　　187

建設工学・土木工学　　　　技術・工学

会資本整備（住宅・社会資本整備の推進，生活者一人一人の豊かさの実現，経済成長を支える建設投資），第2章 交流を活かした地域づくりの展開（新しい地方の時代の可能性，地方発展の課題，交流を活かした地域づくり），第3章 生活空間・国土空間の創造を担う建設産業・不動産業（建設産業の課題と新たな展開，不動産業の課題と新たな展開），資料編

建設白書早わかり　活力と風格ある社会をめざして　'97　建設大臣官房政策課監修
建設広報協議会，大成出版社〔発売〕　1997.9　212p　21cm　1572円　①4-8028-8205-X

(目次)第1 総説—活力と風格ある社会をめざして（構造変化の諸相，新しい世紀へ向けた国土の再構築），第2 国土建設施策の動向（良好で活力ある都市環境の創造及び建築行政の推進，良質な住宅・宅地の供給，くらしと経済を支える道づくり，人と川との新時代へ，地域活性化の推進，良質な官庁施設の整備，国土の測量，公共用地取得の推進，建設技術に関する総合的な取り組み，情報・通信システムの整備・活用による高度情報化の推進，国際建設交流，環境施策の展開，高齢者・障害者等関連施策の展開），第3 建設活動の動向，建設産業と不動産業（経済情勢と建設活動の状況等，建設産業の動向と施策，不動産業の動向と施策）

建設白書早わかり　次世代に向けて　'98
建設大臣官房政策課監修　建設広報協議会，大成出版社〔発売〕　1998.9　225p　21cm　1715円　①4-8028-8291-2

(目次)第1 総説—次世代に向けて（次世代に向けて，次世代へ手渡す住宅・社会資本，新たな住宅・社会資本整備のあり方に向けて），第2 国土建設施策の動向（良好で活力ある都市環境の創造及び建築行政の推進，良質な住宅・宅地の供給，社会、経済、生活を支える道づくり，人と川との新時代へ，地域活性化の推進，良質な官庁施設の整備，国土の測量，公共用地取得の推進，建設技術に関する総合的な取組，情報・通信システムの整備・活用による高度情報化の推進，国際建設交流，環境施策の展開，高齢者・障害者等関連施策の展開），第3 建設活動の動向，建設産業と不動産業（経済情勢と建設活動の状況等，建設産業の動向と施策，不動産業の動向と施策）

(内容)平成10年建設白書の内容を、総論を中心として簡明に編集しなおしたもの。

建設白書早わかり　人口の動きから見た住宅・社会資本　'99　建設大臣官房政策課

監修　建設広報協議会，大成出版社　1999.9　222p　21cm　1715円　①4-8028-8403-6

(目次)第1 総説—人口の動きから見た住宅・社会資本（住宅・社会資本の形成と人口の動き，今後の人口の動向に関連する動き，社会・経済・地域への影響，新たな展望と住宅・社会資本の役割），第2 国土建設施策の動向（良好で活力ある都市環境の創造及び建築行政の推進，良質な住宅・宅地の供給，社会、経済、生活を支える道づくり，新たな河川行政の展開に向けて，地域活性化の推進，良質な官庁施設の整備，国土の測量，公共用地取得の推進，建設技術に関する総合的な取り組み，情報・通信システムの整備・活用による高度情報化の推進，国際建設交流，環境施策の展開，コミュニケーションの推進とアカウンタビリティの向上等），第3 建設活動の動向、建設産業と不動産業（経済情勢と建設活動の状況等，建設産業の動向と施策，不動産業の動向と施策），コラム編，データ編，参考資料

(内容)平成11年建設白書の内容を、総論を中心として簡明に編集しなおしたもの。

◆環境・衛生

＜書　誌＞

地球環境を考える　全国学校図書館協議会ブック・リスト委員会編　全国学校図書館協議会　1992.9　86p　21cm　（未来を生きるためのブック・リスト 1）　800円　①4-7933-2230-1

(目次)未来の地球を考えるために，1 水質汚濁・海洋汚染・食，2 森林・熱帯雨林，野生生物，3 大気汚染・酸性雨・温暖化・オゾン層，4 資源・エネルギー，5 ごみ・リサイクル・廃棄物，6 総論・理念・運動，7 資料・事典・白書

地球の悲鳴　環境問題の本100選　陽捷行著アサヒビール，清水弘文堂書房（発売）2007.3　283p　22cm　（アサヒ・エコブックス 16）〈他言語標題：Earth's reverberating cries〉　1886円　①978-4-87950-579-8　Ⓝ519.031

＜事　典＞

地球環境カラーイラスト百科　森林・海・大気・河川・都市環境の基礎知識　Rosa Costa-Pau著，木村規子，中村浩美，林知世，

188　科学への入門レファレンスブック

炭田真由美，近藤千賀子訳　産調出版
1997.5　149p　27×21cm　3300円　①4-
88282-156-7

(目次)私たちの森と林，私たちの川と湖，海の自然保護，きれいな空気を守る，都市生活の影響

地球環境キーワード事典　環境庁長官官房総務課編　中央法規出版　1990.2　155p
21cm　1300円　①4-8058-0699-0

(目次)テーマ篇(地球環境問題の見取り図，オゾン層の破壊，地球の温暖化，酸性雨，海洋汚染，有害廃棄物の越境移動，熱帯林の減少，野生生物種の減少，砂漠化，開発途上国の公害)，用語篇(考え方，理念，出来事，国際条約，宣言，国際的行動計画，国際機関，国内関係機関，民間団体及び地方自治体，国際会議，出版物)

(内容)オゾン層破壊、地球温暖化、酸性雨、熱帯林、野生生物種の減少、砂漠化…etc。テーマ別解説+用語解説+年表で立体的に構成する。

地球環境キーワード事典　改訂版　環境庁地球環境部編　中央法規出版　1993.4　175p
21cm　1300円　①4-8058-1068-8　Ⓝ519

(目次)テーマ篇(地球環境問題の見取り図，地球サミットからの出発，地球の温暖化，オゾン層の破壊，酸性雨，海洋汚染，有害廃棄物の越境移動，生物の多様性の減少，森林の減少，砂漠化，開発途上国等の公害)，用語篇(考え方，理念，出来事，国際条約，宣言，国際的行動計画，国際機関，国内関係機関，民間団体及び地方自治体，国際会議，出版物)

(内容)地球環境問題をテーマ別解説・用語解説・年表の構成でまとめたハンドブック。

地球環境キーワード事典　5訂　地球環境研究会編　中央法規出版　2008.3　159p
21cm　〈年表あり〉　1500円　①978-4-8058-4796-1　Ⓝ519

(目次)第1章 地球環境問題の見取り図，第2章 地球の温暖化，第3章 オゾン層の破壊，第4章 酸性雨，第5章 海洋汚染，第6章 有害廃棄物の越境移動，第7章 生物の多様性の減少，第8章 森林の減少，第9章 砂漠化，第10章 開発途上国等における環境問題，第11章 その他(南極，世界遺産，黄砂，漂流・漂着ゴミ，地球環境研究)

(内容)温暖化進行，生物多様性減少…人類は危機を乗り越えられるか。テーマ別解説をオールカラー化。地球環境問題が読んで，見て，さらによく分かる。

地球環境大事典　今「地球」を救う本　特装版　ウータン編集部編　学習研究社　1992.3

382p　26cm　4800円　①4-05-106128-0

(目次)1 大気汚染・異常気象，2 水質汚濁，3 生態系の破壊，4 エネルギー・廃棄物，5 食の危機，6 生活公害，7 地震・火山，8 地球環境

(内容)本書は、現在の地球の問題点をレポートし、マスコミなどに頻繁に登場する用語の解説をします。また、具体的にどこからスタートすべきかというヒントも提案します。

地球環境の事典　三省堂　1992.9　390p
21cm　2300円　①4-385-15357-4

(内容)知りたい言葉から最新情報まで1700のキーワードがすぐひける。巻頭に92年ブラジル地球サミットの成果や今後の課題、また国内外の最新の環境問題について解説。生活や家庭など身近な環境用語を満載。政治・経済、社会システムと環境のかかわりについても収録。巻末には参考文献と環境年表、そしてわかりやすい索引。

低温環境の科学事典　河村公隆編集代表　朝倉書店　2016.7　411p　21cm　11000円
①978-4-254-16128-1

(目次)超高層・中層大気，対流圏大気の化学，寒冷圏の海洋化学，海氷域の生物，寒冷圏物理・海氷，永久凍土と植生，寒冷圏の微生物・動物，雪氷のアイスコア，寒冷圏から見た大気・海洋相互作用，寒冷圏の身近な気象，氷の結晶成長／宇宙における氷と物質進化

日経エコロジー厳選 環境キーワード事典　日経エコロジー編著　日経BP社，日経BPマーケティング〔発売〕　2014.1　366p
19cm　2800円　①978-4-8222-7755-0

(目次)環境全般，生物多様性，廃棄物・3R，地球温暖化対策，エネルギー，経営・企業活動，化学物質・有害物質

(内容)ニュースが読める、専門用語を理解する。環境問題に取り組む人が知っておくべき328語を収録。

<辞 典>

最新 エコロジーがわかる地球環境用語事典　学研・UTAN編集部編　学習研究社　1992.11　488p　18cm　1700円　①4-05-106248-1

(目次)1 大気・気象，2 河川・海洋／水，3 自然・生態系，4 エネルギー，5 ごみ・リサイクル，6 食・農業，7 生活環境，8 地球環境，環境関連団体連絡先

新・地球環境百科　鈴木孝弘著　駿河台出版

建設工学・土木工学　　　技術・工学

社　2009.6　203p　22cm　〈他言語標題：
New encyclopedia of global environmental
problems　索引あり〉　2800円　①978-4-
411-00388-1　Ⓝ519

(目次)第1章 人と環境の関わりをみる，第2章 自
然と生態系を考える，第3章 温暖化と向き合う，
第4章 身近な環境問題をみる，第5章 化学物質の
リスクに配慮する，第6章 循環型社会をつくる

(内容)本書は環境問題を学ぶ中・高校生から，一
般社会人まで，なるべく多くの読者の方々に，
現代の環境問題を理解するために手軽に引ける
便利な用語辞典として活用されることを意図し
て編集・執筆した。

地球環境辞典　丹下博文編　中央経済社
2003.7　239p　19cm　2600円　①4-502-
64980-5

(目次)アースデイ，ISO14000シリーズ，ISO14001
認証取得，愛・地球博，愛知万博，アイドリン
グ，アオコ，青潮，赤潮，悪臭〔ほか〕

(内容)厳選された最新の基本用語600語を収録。
環境問題に関心のある学習者や環境実務の初心
者を対象に，読み物としても楽しめるようわか
りやすく解説された地球環境時代の画期的な入
門辞典。

地球環境辞典　第2版　丹下博文編　中央経済
社　2007.10　297p　19cm　2800円　①978-
4-502-65960-7

(内容)入門から中級レベルの用語までカバーし
た第2版。基本用語600語に加え，新たに90用語
を追加。最新情報をフォローした環境年表を巻
末に収録。

地球環境辞典　第3版　丹下博文編　中央経済
社　2012.4　352p　20cm　〈他言語標題：
Dictionary of Global Environment　年表あ
り　索引あり〉　3000円　①978-4-502-
69350-2　Ⓝ519.033

(内容)基本用語から最新用語まで厳選された約
1,000語の見出し語を収録した入門辞典。最新
第3版では，社会的責任，自然災害，安心・安全
等に関する用語を新たに追加。eco検定の参考
書としてもうってつけの学習・実務に役立つ手
許に置いておきたい一冊。

ハンディー版 環境用語辞典　第2版　上田豊
甫，赤間美文編　共立出版　2005.4　390p
19cm　3200円　①4-320-00567-8

(内容)環境に関する用語を収録し，簡潔に解説。
本文は五十音順に排列。巻末に海水中の主要成
分および微量元素の濃度，水道水質基準，検

査方法略号などを収録。英語索引付き。巻頭に
環境年表，随所に図版・表なども掲載。2000年
刊の第2版。

＜ハンドブック＞

環境学入門 生活環境から地球環境まで
溝口次夫編著，高月紘，平松幸三，相沢貴
子，甲斐啓子共著　環境新聞社　1999.4
284p　21cm　2100円　①4-905622-47-6

(目次)第1章 地域環境問題（大気環境，水環境，
音環境，化学物質と環境，廃棄物と環境），第2
章 地球環境問題（地球環境問題とは，地球温暖
化，成層圏オゾン層の破壊，酸性雨，熱帯林の
減少，砂漠化，野生生物の減少，海洋汚染，発
展途上国の公害問題，有害廃棄物の越境移動，
放射性物質による環境汚染），第3章 これから
の環境への取り組み（科学技術の方向，自然と
の共生，環境教育，ライフスタイルの見直し）

**環境教育ガイドブック 学校の総合学習・
企業研修用**　芦沢宏生編著，熊谷真理子資
料協力　高文堂出版社　2003.4　465p
26cm　〈付属資料：CD-ROM1〉　3333円
①4-7707-0698-7

(内容)どうして，みんな，だれでも，環境を汚
染するのか。どうやって，環境を汚染しないよ
うに学習したらいいのか。幼いうちに，小さい
頃から環境教育を行ったら，汚染は少なくなる
のではないか。本書は，みんなが環境教育をど
うやって始めたらよいのかを考えるために刊行
した。

**くらしと環境 市民・消費者の役割と取組
み**　くらしのリサーチセンター編　くらしの
リサーチセンター　1998.5　251p　21cm
1905円　①4-87691-011-1

(目次)愛知県消費者団体連絡会，小高町婦人会，
環境市民，「環境・持続社会」研究センター，
グリーンピース・ジャパン，グローバル・ヴィ
レッジ，公害地域再生センター（あおぞら財団），
公害・地球環境問題懇談会，国際マングローブ
生態系協会，サヘルの会〔ほか〕

国際環境を読む50のキーワード　里深文彦
著　東京書籍　2004.5　229p　19cm　1600
円　①4-487-79972-4

(目次)序章 国際環境政策の現在—スウェーデン
と日本を結ぶ目線から，1 国際環境政策入門（地
球温暖化，生物多様性，人間中心システム ほ
か），2 世界の環境政策—歴史と現在（国連人間

技術・工学　　　建設工学・土木工学

環境会議と国連環境計画，環境と開発に関する
世界委員会とグローバル・コモンズ，国連環境
開発会議（地球サミット）ほか），3 日本の環境
政策―現在と未来（環境省，環境基本法，循環
型社会形成推進基本法 ほか）

(内容)国際社会は環境問題にどう取り組んできた
か?わたしたちに何ができるのか?ゼロ・エミッ
ションからISOまで，50のキーワードで地球環
境問題の過去・現在・未来がわかる。

新データガイド地球環境　本間慎編著　青木
書店　2008.6　256p　21cm　2900円
①978-4-250-20810-2　N519

(目次)第1部 どうなる地球の未来（地球史の現
在，止められないのか気候変動／地球温暖化，
オゾン層破壊，深刻化する熱帯雨林破壊，止ま
らない土壌流出と砂漠化，失われゆく野生動物，
国境を越え降り注ぐ酸性雨，広がる海洋汚染），
第2部 人類の環境はどこへ（限りある資源，地
球環境とエネルギー，増えつづける人口と食糧
問題，世界の水問題，開発途上国の公害・環境
問題，環境事故は避けられるか，軍事と環境，
放射線ろ原子力利用），第3部 足元から進む環
境破壊（公害は過去のものか，汚れている大気，
水の利用と汚染，土壌はよみがえるか，生活環
境ストレス，廃棄物と循環型社会，失われる自
然環境，都市のヒートアイランド現象，健康と
有害物質），第4部 環境への模索（環境保全のた
めの国際制度，環境保全のための国内制度，環
境保全への自治体の取り組み，環境アセスメン
ト，国際経済と環境問題，企業の環境への取り
組み，環境問題と市民・NGOの役割，身近な環
境教育）

(内容)私たちがつくる地球の未来。温暖化など
32のトピックスから，最新データで見る地球環
境の今。

世界地図で読む環境破壊と再生　伊藤正直
編　旬報社　2004.11　119p　21cm　1200円
①4-8451-0901-8

(目次)1 グローバル化と環境問題（人口増加と環
境―地球の人口許容量は，地球温暖化―経済優
先がもたらすもの，異常気象と自然災害―温暖
化がもたらすもの ほか），2 環境問題の現状と
産業経済（都市化と都市公害―悪化する都市の
生活環境，農業と農村―自然破壊と農産物汚染，
エネルギー―求められる新エネルギー ほか），
3 環境の再生をめざして（環境政策―国家レベ
ル・国際レベルの取り組み，環境問題への企業
の取り組み―環境マネジメント，エコビジネス
―環境問題を市場にどう埋め込むか ほか）

(内容)激増する異常気象，猛威を振るう自然災
害，破壊される自然，砂漠化する大地，投棄さ
れる有害廃棄物…。環境と経済は両立できるの
か?23の世界地図で描く地球環境の現在。

地球温暖化サバイバルハンドブック　気候
変動を防ぐための77の方法　デヴィッ
ド・デ・ロスチャイルド著　枝廣淳子訳　ラ
ンダムハウス講談社　2007.9　160p　19cm
〈原書名：GLOBAL WARMING
SURVIVAL HANDBOOK〉　1143円
①978-4-270-00256-8

(目次)温暖化の解決策：地球温暖化とは，地球
温暖化との闘いに役立つ，簡単な10の方策，77
の方法，手を尽くしてもだめだったら

(内容)気候変動を生き延びる最善策は，そもそ
も気候変動を起こさせないこと。電球を変えた
り、ゴミをミミズに食べさせたり、自家発電に
挑戦したり…本書に書かれたベーシックスキル
をみんなで実践すれば、大惨事を未然に防ぐこ
とは不可能ではない。そして、それでもなお温
暖化が止められなかった時には、ますます暑く
なった地球で生き延びるための「10の秘策」が
役立つだろう。全77のスキルを掲載した、温暖
化時代の必携サバイバルツール。

地球環境ハンドブック　第2版　不破敬一郎，
森田昌敏編著　朝倉書店　2002.10　1129p
21cm　35000円　①4-254-18007-1　N519.
036

(目次)序論，地球環境問題，地球，資源・食糧・
人類，地球の温暖化，オゾン層の破壊，酸性雨，
海洋とその汚染，熱帯林の減少，生物多様性の
減少，砂漠化，有害廃棄物の越境移動，開発途
上国の環境問題，化学物質の管理，その他の環
境問題，地球環境モニタリング，年表，国際・
国内関係団体および国際条約

(内容)地球環境問題について解説したガイドブッ
ク。付録に、2002年の持続可能な開発に関する
世界首脳会議に関する動向、略語一覧（おもな
国際団体・法律など）を収録する。巻末に五十
音順索引を付す。

ネットで探す 最新環境データ情報源　エコ
ビジネスネットワーク編　日本実業出版社
2004.7　366p　19cm　3200円　①4-534-
03770-8

(目次)環境データ必須サイト，環境政策・施策
関連サイト，地方の環境行政サイト，環境ビジ
ネス関連総合サイト，地球環境関連サイト，公
害防止関連サイト，廃棄物処理・リサイクル関
連サイト，エネルギー関連サイト，化学物質関

科学への入門レファレンスブック　191

連サイト，建設・建築関連サイト，中・下水道関連サイト，汚染浄化・環境修復関連サイト，持続可能な農業関連サイト，食の安全・安心，環境経営関連サイト，環境配慮型製品・サービス関連サイト，世界の環境関連機関・各国の関連省庁サイト

(内容)日本を中心に膨大な環境関連サイトの中から有益な420サイトを厳選。どんなコンテンツが載っているのか，データベースが使えるのか，ファイルをダウンロードできるのか等，コンパクトかつ丁寧に解説。巻末に「都道府県別地方自治体環境関連サイト」と「環境を学べる大学・大学院サイト」を収録。

ひと目でわかる地球環境データブック　地球環境データブック編集委員会編　オーム社　1993.5　460p　26cm　8500円　①4-274-02244-7　Ⓝ519

(目次)第1部 基礎科学編(環境科学における物理・化学の基礎データ，生物・生態に関するデータ)，第2部 気圏データ編(大気環境，気象)，第3部 陸水圏データ編(国内におけるデータ，国外におけるデータ)，第4部 海洋データ編(海の概要，海水の性質，海の生物，海洋汚染)，第5部 地圏データ編(歴史的にみた地球環境の変遷，地圏環境の現状)，第6部 生物圏データ編(酸性降下物，地球温暖化，オゾン層破壊，熱帯林の減少，砂漠化，野生生物の減少，海洋汚染，放射性物質，人口増加，サンゴ礁)，第7部 農業・林業データ編(農業，林業)，第8部 人間活動圏データ編(エネルギーと経済，資源とリサイクル，原子力と放射能)，第9部 データベース編(データベース，略語一覧，環境関連団体連絡先 国内版)，第10部 地球環境問題年表，第11部 地球環境問題に対する国の取組み(地球環境問題全般に関する国際的議論と国の取組み，個別問題と国の取組み，資料)

(内容)地球・地域環境に関わる国内・国外のデータをまとめたデータブック。データと図表を主体とした解説を掲載している。

<年鑑・白書・レポート>

日本環境年鑑　2001年版　創土社年鑑編集室編　創土社　2001.11　308p　26cm　4800円　①4-7893-0110-9　Ⓝ519

(目次)視点(水俣からの報告，住民運動とジャーナリズムの役割)，動向(水循環，山，里，海，野生生物，開発，交通，自然エネルギー，原子力発電，廃棄物，有害物質，遺伝子組み換え，地域社会，地球との共生)

(内容)国内における環境問題全体の最新の動きや問題点を解説する年鑑。巻頭にアルファベットまたは五十音順の索引と「環境日誌2000」，巻末に関連官庁名簿がある。

日本環境年鑑　2002年版　創土社編　創土社　2002.10　360p　26cm　6600円　①4-7893-0122-2　Ⓝ519.059

(目次)視点(水俣からの報告2，歴史的環境の保存と再生，里山から持続可能な社会を展望する，甦れ!宝の海，干潟の保全と再生)，動向(水循環，山，里，海，野生生物，開発，交通，自然エネルギー，電子力発電，廃棄物 ほか)

(内容)環境問題全体の最新の動きや問題点を市民サイドに立って編集した年鑑。巻末に事項索引あり。

マンガで見る環境白書　3　恵み豊かな環境を未来につなぐパートナーシップ　環境庁企画調整局調査企画室監修　大蔵省印刷局　1996.9　50p　26cm　300円　①4-17-400020-4

(目次)プロローグ 森の異変，1 トマトと転校生と変なやつ，2 環境と食生活，3 遊びと自然，4 文化遺産があぶない，5 みんな川でつながっている，6 生物多様性ってなに?，7 集まれ仲間たち，8 リサイクルで行こう，9 やったぜパートナーシップ，エピローグ 大きな成長

マンガで見る環境白書　環境への負荷の少ない社会経済活動に向けて　環境庁企画調整局調査企画室監修，大蔵省印刷局編，いなばてつのすけ脚本・作画　大蔵省印刷局　1998.2　50p　19cm　291円　①4-17-400013-1

(目次)わたしたちの近くで今…，環境は今、こうなってるんだよ，大気(CO2／NOx)，水，廃棄物，レジャー，その他の問題，そして未来へ、今、私たちがやること

(内容)平成6年版環境白書(総説)の序章と第1章を中心に、これからの地球環境とわたしたちの生活文化のかかわりについて、わかりやすく解説したもの。

未来への循環　マンガで見る環境白書　8　環境省総合環境政策局環境計画課監修，財務省印刷局編　財務省印刷局　2001.11　96p　21cm　400円　①4-17-400025-5

(内容)本書は、ごみのリサイクル問題を題材に、平成13年版環境白書(序説)第3章第1節で取り上げられた "環境コミュニケーションで創造す

192　科学への入門レファレンスブック

技術・工学　　　　　　　　　　　　　　　　　　建築学

る持続可能な社会"というテーマを盛り込んで、市民レベルでのごみ問題に対する意識改革の必要性や企業の環境に対する取り組み、そして個人、行政、NGO等の各主体とのコミュニケーションのあり方についてわかりやすく説明したものである。

みんなでつなぐ千年の草原　マンガで見る環境白書　7　環境庁企画調整局調査企画室監修，大蔵省印刷局編　大蔵省印刷局　2000.11　95p　21cm　360円　Ⓘ4-17-400024-7

Ⓒ内容本書は、平成12年版環境白書（総説）第2章第4節で取り上げられた"住民主導による環境保全を通じた地域コミュニティの再興"というテーマを基に、地域の住民による環境保全への取り組みとその活動を通した地域の活性化について、熊本県・阿蘇地域の"野焼き"を題材に、わかりやすく説明したものです。

理科年表　環境編　大島康行，浅島誠，高橋正征，原沢英夫，松本忠夫編　丸善　2003.11　307p　19cm　1600円　Ⓘ4-621-07335-4

Ⓘ目次1章 大気環境、2章 水環境、3章 循環・廃棄物、4章 有害化学物質、5章 自然環境の現状、6章 環境保全に係る国際条約・国際会議

Ⓒ内容大気環境、水環境、循環、廃棄物、有機化学物質、自然環境の現状、環境保全に係る国際条約を網羅。

理科年表　環境編　第2版　国立天文台編　丸善　2006.1　373p　19cm　1600円　Ⓘ4-621-07641-8

Ⓘ目次1 地球環境変動の外部要因、2 気候変動・地球温暖化、3 オゾン層、4 大気汚染、5 水循環、6 淡水・海洋環境、7 陸域環境、8 物質循環、9 産業・生活環境、10 環境保全に関する国際条約・国際会議

Ⓒ内容地球規模でのさまざまな「環境」変化がこの1冊でわかる。待望の、全面大改訂。外部要因による地球環境変動、気候変動・地球温暖化、オゾン層、大気汚染、水域・陸域環境、物質循環、産業・生活環境、環境保全に関する国際条約を網羅、環境データの集大成。

建築学

<事　典>

建築構造を学ぶ事典　建築構造教育研究会編　技術書院　2009.2　383p　21cm　〈文献あり　索引あり〉　3500円　Ⓘ978-4-7654-3286-3

Ⓝ524.036

Ⓘ目次荷重と外力，力学，構造設計法，基礎構造，鉄筋コンクリート構造，鉄骨構造，鉄骨鉄筋コンクリート構造，プレストレストコンクリート構造，補強コンクリートブロック構造，木材と木構造，セメントとコンクリート，金属，石材・れんが・タイル・ガラス

Ⓒ内容力学・構造・使用材料等により各章に分けて用語を体系的に解説。図版や表を多数掲載し、わかりやすく・使える事典!用語の選択は、基本的で重要な用語、一級・二級建築士試験、建築施工管理技士試験で使用される用語に、実務でよく使われる用語を加える。巻末の索引には約1000の用語を収録。英語索引も充実。

建築・都市計画のための空間学事典　増補改訂版　日本建築学会編　井上書院　2016.10　310p　22×13cm　3500円　Ⓘ978-4-7530-0108-8

Ⓘ目次知覚，感覚，意識，イメージ・記憶，空間の意味，空間の認知・評価，空間行動，空間の単位・次元・比率，空間の記述・表現，空間図式，空間要素，空間演出，内部空間，外部空間，中間領域，地縁的空間，風景・景観，文化と空間，非日常の空間，コミュニティ，まちづくり，災害と空間，ユニバーサルデザイン，環境・エコロジー，調査方法，分析方法，関連分野

<辞　典>

イラストでわかる建築用語　上野タケシ，大庭明典，来馬輝順，多田和秀，山本覚著　ナツメ社　2012.12　303p　26cm　〈索引あり〉　3000円　Ⓘ978-4-8163-5339-0　Ⓝ520.36

Ⓘ目次資業・保険，制度，敷地関連，地盤調査，見積り・契約，確認申請，施工計画，解体工事，仮設・足場工事，水盛り・遣り方〔ほか〕

Ⓒ内容設計→施工→竣工の工事の流れに沿って、用語を厳選。重要度・頻度表示付き。掲載イラスト点数は900超。

建築構造用語事典　学生も実務者も知っておきたい建築キーワード108　日本建築構造技術者協会関西支部建築構造用語事典編集委員会編著，建築技術　2004.1　255p　21cm　3200円　Ⓘ4-7677-0098-1

Ⓘ目次圧密沈下，液状化，エキスパンションジョイント，N値，応答スペクトル，応力，応力集中，活断層，壁構造，ガル〔ほか〕

Ⓒ内容構造設計者が、自らの専門知識に加えて日頃の設計経験や建築主や建築家への説明体験

建築学　　　　　　　技術・工学

を通して修得した知識を、図や数式ではなく言葉で説明することを前提に解説。構造設計に従事している実務家によって解説がすべてなされている点、1つの用語を3名の解説者が行うという多面的見方を行っている点、さらに、用語解説としての平易さ、明快さ、的確さという点でもこの事典は従来になくユニークで、優れた内容になっている。

わかりやすい建築用語事典　改訂版　建築
用語研究会編　学隆社　1990.4　375,4p
18cm　1440円

(内容)約4,000語(学術用語・現場用語・記号)の用語を図面・写真を挿入して解説したもので、これから建築技術者を目指す工高・専門学校・大学生、2級建築士を受験する人、また現業技術者のために編さんされた事典。

わかりやすい建築用語事典　改訂版　建築
用語研究会編　学隆社　1990.11　375,4p
19cm　1440円

(内容)約4,000語(学術用語・現場用語・記号)の用語を図面・写真を挿入して解説したもの。

わかりやすい建築用語事典　改訂版　建築
用語研究会編　学隆社　1995.11　375p　19
×12cm　1500円　①4-7621-0030-7

(内容)建築関係の学術用語、現場用語、記号を解説したもの。材料、構造、力学、構造計算、建築史、計画、設備、工法、経営、法規等に関する4000語を収録する。排列は見出し語の五十音順。

<名簿・人名事典>

建築情報源ガイドブック　92-93　日本建
築学会編　井上書院　1993.5　304p　19cm
2884円　①4-7530-1052-X　Ⓝ520.35

(内容)建築関連機関を「情報源」と位置づけ、それらの名称・所在地・電話番号などを集めた名簿要覧。団体、学会、文化施設など11分野に分け、まず各分野の特色や利用上のポイントを示し、その後で地域別・五十音順に機関を排列、名称・住所・電話などの基礎データを掲載する。

建築情報源ガイドブック　95-96　日本建
築学会編　井上書院　1995.1　303p　19cm
2884円　①4-7530-1053-8

(目次)団体、学会、試験・研究機関、大学・短大・高専、図書館・資料館・情報センター、文化施設、ショールーム、データベース、出版社、雑誌発行所、専門新聞社、建築関係の賞リスト

(内容)建築関連機関を「情報源」と位置づけ、それらの名称・所在地・電話番号などを集めた名簿要覧。3500件を収録。団体、学会、文化施設など11分野に分け、まず各分野の特色や利用上のポイントを示し、その後で地域別・五十音順に機関を掲載する。データは1994年7月現在。巻末に、建築関係の賞リスト、五十音順索引を付す。

<ハンドブック>

**建築材料がわかる事典　わかる・使える・
役に立つ**　杉本賢司著　日本実業出版社
2003.2　188,6p　19cm　1700円　①4-534-
03525-X

(目次)木材、石材、コンクリート、ガラス・セラミックス、金属、プラスチック、伝統材料、建築建材、輸入建材、機能性材料、リニューアル対応素材、新技術・新素材、自分でできる建材試験、建築探訪

(内容)伝統的材料から機能的素材まで、その基礎知識と使いこなし方をやさしく面白く説く。幅広い建築材料がこれ一冊でわかる。

建築デザインと構造計画　柏原士郎、橘英三
郎編著　朝倉書店　1994.9　171p　26cm
5047円　①4-254-26619-7

(目次)1 空間創造への挑戦、2 形態と構造の関係を考える、3 空間と構造形式、4 形態と部材寸法、5 形態にあらわれにくい構造形式、6 構造計画の事例、7 構造計画の進め方、8 やさしい構造力学

(内容)この本は、建築設計の初学者や建築デザイナーを目指す人達を対象にした構造計画の入門書です。内容は、可能な限り平易に記述することを心がけました。特に、デザインの初期段階で必要な、構造の形式や部材寸法、断面寸法、スパンの寸法などの概略値といった。直ちに設計に役立つ基礎的情報や、スーパーフレーム、免震構造といつた先端的なキーワードについても解説し、構造計画の全般が容易に理解できることをねらいました。

やさしい建築構造力学の手びき　第25版
矢吹茂郎監修、真下和彦著、日本建築技術者
指導センター編　霞ケ関出版社　1999.2
215,10p　18cm　1095円　①4-7604-4499-8

(目次)1 引張力と圧縮力、2 トラスと力の釣合、3 せん断力と曲げモーメント、4 断面の諸係数とはり・柱の計算、5 ラーメン構造とその解、6 構造計画と構造計算、7 各種構造と計算規準、

194　科学への入門レファレンスブック

技術・工学　　　　　　　　　　　　　　　　　　　　　建築学

8 高度な構造計算の考え方

(内容)本書は、建築における構造力学をはじめて学ばれる人々、構造力学が不得手な人々などに対する入門書として、建築士を目指す諸君の座右の手びきとして、建築構造の理論とその応用をわかりやすく学習できることを目的として書かれました。構造力学、構造計算、構造設計などにわたって、100講座に分け、たりない部分は、巻末の図と表により補足し、できるだけ図と例を取り入れました。

やさしい建築構造力学の手びき　全面改訂版　矢吹茂郎監修，真下和彦著，日本建築技術者指導センター編　霞ケ関出版社　2000.2　263,11p　18cm　1286円　Ⓘ4-7604-4400-9

(目次)1 引張力と圧縮力，2 トラスと力のつりあい，3 せん断力と曲げモーメント，4 断面の諸係数とはり・柱の計算，5 ラーメン構造とその解，6 構造計画と構造計算，7 各種構造と計算規準，8 高度な構造計算の考え方，9 構造力学の簡単な例題と解き方

(内容)本書は、建築における構造力学を始めて学ばれる人々、構造力学が不得手な人々などに対する入門書として、建築士を目指す諸君の座右の手引きとして、建築構造の理論とその応用をわかりやすく学習できることを目的として書かれました。

わかりやすい建築配筋ハンドブック　真喜志卓著　理工図書　1999.8　248p　26cm　5000円　Ⓘ4-8446-0617-4

(目次)第1章 鉄筋コンクリート造と配筋設計，第2章 一般事項，第3章 ガス圧接，第4章 各部の配筋，第5章 検査チェックリスト

(内容)本書は、長年にわたり構造設計と工事監理に携わってきた筆者の経験をもとに、建築配筋のすべてについて、できるだけていねいにわかりやすくということを主眼においてまとめたものである。

<図鑑・図集>

絵で見る建設図解事典　1　測量・調査・基礎工事　建築資料研究社　1990.9　99p　30cm　2500円　Ⓘ4-87460-263-0

(目次)1 測量，2 地質調査，3 仮設工事，4 土工事，5 基礎工事

(内容)建築の現場で一般に用いられている材料、構法などの名称をできるだけ図解により、ことばを明確にして、技術手法を目で確かめられる

ように編集。本書に収録した仕事の程度、技術水準は仮小屋のようなものから、社寺建築におよぶ伝統建築も含め、現在の新建築技術工法をも収録している。

絵で見る建設図解事典　2　鉄筋コンクリート工事　建築資料研究社　1990.9　119p　30cm　3600円　Ⓘ4-87460-264-9

(目次)1 鉄筋コンクリート工事，2 鉄骨工事，3 組積工事

絵で見る建設図解事典　3　ALC、PC工事　建築資料研究社　1990.11　93p　30cm　2500円　Ⓘ4-87460-265-7

(目次)1 石工事，2 ALC、PC工事，3 防水・防湿工事，4 タイル工事

絵で見る建設図解事典　4　木工事　建築資料研究社　1990.11　181p　30cm　4500円　Ⓘ4-87460-266-5

(目次)木構造，床組，軸組，コンクリート軀体と間仕切軸組，小屋組，洋風小屋組，間口部，戸袋，縁側，床，幅木・腰壁，壁，間口部，戸袋，縁側，床，幅木・腰壁，壁，天井，押入，床の間，床脇，書院，枠組壁工法

絵で見る建設図解事典　5　屋根・板金・左官工事　建築資料研究社　1990.12　127p　30cm　3600円　Ⓘ4-87460-267-2　Ⓝ510.33

絵で見る建設図解事典　6　建具・硝子工事　建築資料研究社　1990.12　123p　30cm　3600円　Ⓘ4-87460-268-1

絵で見る建設図解事典　7　塗装・内外装工事　建築資料研究社　1990.12　71p　30cm　2500円　Ⓘ4-87460-269-X

絵で見る建設図解事典　8　雑工事(家具・階段)　建築資料研究社　1991.1　109p　30cm　3000円　Ⓘ4-87460-270-3　Ⓝ510.33

(内容)建築の現場で一般に用いられている材料、構法などの名称をできるだけ図解により、ことばを明確にして、技術手法を目で確かめられるように編集。本書に収録した仕事の程度、技術水準は仮小屋のようなものから、社寺建築におよぶ伝統建築も含め、現在の新建築技術工法をも収録している。

絵で見る建設図解事典　9　給排水・空調・設備工事　建築資料研究社　1991.1　107p　30cm　3000円　Ⓘ4-87460-271-1　Ⓝ510.33

(目次)1 給排水衛生設備工事，2 ガス設備工事，3 電気設備工事，4 空調・換気・冷暖房工事，5 その他設備工事

科学への入門レファレンスブック　　195

機械工学　　　　　技術・工学

絵で見る建設図解事典　10　社寺・数寄屋
建築資料研究社　1991.2　103p　30cm
3400円　Ⓘ4-87460-272-X　Ⓝ510.33

(目次)1 社寺・城，2 書院・数寄屋

絵で見る建設図解事典　11　庭園工事　建
築資料研究社　1991.2　95p　30cm　3000円
　Ⓘ4-87460-273-8　Ⓝ510.33

(目次)石材，園路，灯籠，縁取り・縁石・その
他，手水鉢・つくばい，庭園の形態，四阿・垣
根，樹木・その他，庭園石材，遊戯施設

機械工学

<辞 典>

絵とき機械用語事典　切削加工編　海野邦
昭著　日刊工業新聞社　2012.1　207p
21cm　2500円　Ⓘ978-4-526-06806-5

(目次)第1章 切削加工の基礎，第2章 工具材料と
切削工具，第3章 工作機械と治具・取付具，第
4章 切削油剤，第5章 測定具，第6章 ボール盤
加工，第7章 旋盤加工，第8章 フライス盤加工

(内容)実際の機械現場で使われる切削加工関連
の約360の用語を収録。収録語は大きく8つに分
類，さらに中分類で用途や使用方法を細かく分
類し，写真・図表を使いわかりやすく解説。巻
末に和文索引，欧文索引が付く。

絵とき機械用語事典　機械要素編　門田和
雄，早稲田治慶著　日刊工業新聞社　2012.5
206p　21cm　2500円　Ⓘ978-4-526-06866-9

(目次)第1章 ものづくりの基礎，第2章 メカニズ
ム，第3章 ねじ，第4章 歯車，ベルト・チェー
ン，第5章 軸，軸受，軸継手，第6章 ばね，振
動・制動，第7章 スイッチ，センサ，第8章 ア
クチュエータ

絵とき機械用語事典　工作機械編　岡部真
幸著　日刊工業新聞社　2012.6　206p
21cm　〈文献あり 索引あり〉　2500円
　Ⓘ978-4-526-06896-6　Ⓝ530.36

(目次)第1章 工作機械，第2章 切削加工・研削加
工，第3章 鋳造・塑性加工・溶接，第4章 手仕
上げ・けがき，第5章 工作測定，第6章 段取り・
組立・調整，第7章 材料，第8章 設計製図・配
管・油空圧回路・生産システム

絵とき機械用語事典　機械保全編　大島政
隆，岡村英明著　日刊工業新聞社　2012.10
207p　21cm　〈文献あり 索引あり〉　2500

円　Ⓘ978-4-526-06952-9　Ⓝ530.36

(目次)第1章 保全・保全作業，第2章 ベルト・
チェーンの保全，第3章 ねじの保全，第4章 歯
車の保全，第5章 軸受の保全，第6章 シール・
パッキンの保全，第7章 空気圧の保全，第8章
油圧の保全

絵とき機械用語事典　作業編　平田宏一，大高
敏男，川田正國著　日刊工業新聞社　2007.1
207p　21cm　2500円　Ⓘ978-4-526-05788-5

(目次)第1章 機械工作，第2章 溶接・ろう付け，
第3章 手工具・手仕上げ，第4章 材料，第5章 計
測，第6章 その他の作業関連用語

絵とき機械用語事典　設計編　平田宏一，大高
敏男，川田正國著　日刊工業新聞社　2007.5
207p　21cm　2500円　Ⓘ978-4-526-05866-0

(目次)第1章 基礎，第2章 設計・製図，第3章 機
械要素，第4章 工業材料，第5章 トライボロジー，
第6章 メカトロニクス，第7章 その他の設計関
連用語

(内容)約360の機械用語を掲載。

絵とき ボイラー用語早わかり　南雲健治著
オーム社　1990.9　182p　21cm　3000円
　Ⓘ4-274-08615-1　Ⓝ533.33

(内容)ボイラーに関する重要用語約900ワードを
精選し，500以上の図・写真・表を添えて解説。

カナ引き機械用語辞典　見やすくかんたん
機械用語辞典編集委員会編　科学図書出版，
技術評論社〔発売〕　2002.6　286p　18cm
1980円　Ⓘ4-7741-1472-3　Ⓝ530.33

(内容)機械や技術分野の専門用語をカタカナか
ら引けるコンパクトな用語集。機械材料，材料
力学，機械要素，鋳造，プレス，圧延，溶接な
どの機械工作，工作機械，流体機械，熱機関な
どの分野において，論文や会話に頻出する用語
を五十音順およびアルファベット順に排列。英
語表記を付して簡潔に解説する。

<ハンドブック>

Autodesk Inventor基礎ハンドブック
オートデスクプロフェッショナル・サービス
本部編著　ソフトバンクパブリッシング
2004.12　1冊　30cm　〈付属資料：CD-
ROM1〉　5200円　Ⓘ4-7973-3027-9

(目次)第1章 基本概念，第2章 スケッチの作成，
第3章 スケッチフィーチャ，第4章 アセンブリ
の基礎，第5章 図面の作成，第6章 ファイルの管

196　科学への入門レファレンスブック

技術・工学　　　　　　　　　　　　　　　　　　　機械工学

理，第7章 作業フィーチャ，第8章 フィーチャ
の作成，第9章 ライブラリ，第10章 アセンブリ
の応用

(内容)機械専用3D CADで3次元設計を修得する
ための公認トレーニング教材。

**Autodesk Inventor10 基礎ハンドブッ
ク**　オートデスク編著　ソフトバンククリエ
イティブ　2005.11　1冊　30cm　(公認ト
レーニングブックス)　〈付属資料：CD-
ROM2〉　6000円　①4-7973-3266-2

(目次)基本操作，スケッチの作成，フィーチャ
の作成，アセンブリの基礎，ファイルの管理，
作業フィーチャ，図面の作成，ライブラリ，ア
センブリの応用，Autodesk Inventor Studio

(内容)機械専用3D CAD、Autodesk Inventorを
実務で使いこなすための基礎ガイドブック決定
版。Autodesk Inventor10対応。

**描きたい操作がすぐわかる!AutoCAD
LT操作ハンドブック 2013／2012／
2011／2010／2009対応**　鈴木孝子著
ソーテック社　2012.11　463p　21cm　2480
円　①978-4-88166-981-5

(目次)1 AutoCAD LTの基礎—作図の前に知っ
ておきたいこと，2 図形の作成—図形を描く方
法，3 図形の修正—図形を修正する方法，4 寸
法を記入する—寸法を描く・修正する方法，5
形式—設定を変更する方法，6 ツール—便利な
機能を利用する方法，7 印刷—印刷の設定と印
刷の方法，8 ファイルの操作—ファイルの管理
とデータ共有の方法，9 表示に関する操作—画
面表示を変更する方法，10 その他—他の図面・
他のアプリケーションを活用する方法

(内容)CADの操作と作図の機能引きガイド。コ
マンド・作図がすぐに引ける内容豊富なハンド
ブック。

機械工学便覧 基礎編 α2 機械工学　日
本機械学会編　日本機械学会，丸善〔発売〕
2004.12　231,10p　30cm　4600円　①4-
88898-116-7

(目次)静力学，質点系の力学，剛体の力学，摩
擦，衝突，線形系の振動，過渡応答・衝撃，非
線形振動，自励振動，分岐現象とカオス，不規
則振動，連続体の振動，熱・流体と構造系の連
成振動，電磁力と構造系の連成振動，波動・音
響，往復機械の力学，回転機械の力学，ロボッ
トアームの力学，自動車および鉄道車両の振動，
制振および振動・衝撃の絶縁，耐震設計，振動・
音響の計算法，計測と信号処理

機械工学便覧 基礎編 α4 流体工学　日
本機械学会編　日本機械学会，丸善〔発売〕
2006.1　229,10p　30cm　4600円　①4-
88898-135-3

(目次)流体工学の概要と流体の諸性質，流体静
力学，流体力学の基礎式，理想流体の流れ，粘
性流体の流れ，乱流理論と乱流拡散，圧縮性流
体の流れ，管路内の流れおよび流体中の物体に
働く力，流体機械の流れ，非定常流れ〔ほか〕

機械工学便覧 基礎編 a5 熱工学　日本機
械学会編　日本機械学会，丸善〔発売〕
2006.12　171,9p　30cm　3800円　①4-
88898-151-5

(目次)第1章 エネルギーおよびエネルギーシス
テム，第2章 熱力学，第3章 燃焼，第4章 伝熱
(物質移動を含む)，第5章 熱測定法，第6章 熱
物性値，第7章 分子・マイクロ熱工学

材料力学ハンドブック 基礎編　日本機械学
会著　日本機械学会，丸善〔発売〕　1999.2
246p　30cm　12500円　①4-88898-090-X

(目次)第1章 材料力学(緒言，棒の断面に伝わっ
ている荷重 ほか)，第2章 弾性力学(弾性学の
基礎式，二次元弾性理論 ほか)，第3章 塑性・
クリープ力学(単軸応力下の塑性変形，塑性構
成式 ほか)，第4章 応力解析法(ひずみエネル
ギー，近似解法 ほか)

(内容)材料力学に関するハンドブックの「基礎
編」。各種強度評価パラメータの概念の理解を
助けるための基礎的知識に関するもので、そこ
では材料力学、弾性力学、塑性・クリープ力学
および概念に関連した諸量を求めるための応力
解析法(ひずみエネルギーによる方法、有限要
素法、境界要素法および体積力法)について述
べている。

新・機械保全技能ハンドブック 基礎編 1
日本プラントメンテナンス協会機械保全技能
ハンドブック編集委員会編　日本プラントメ
ンテナンス協会　1999.2　338p　21cm
3200円　①4-88956-160-9

(目次)1章 機械保全に関する用語，2章 品質管理
に関する用語，3章 機械の点検，4章 設備診断
技術，5章 機械工作法，6章 潤滑，7章 再生補
修技術

(内容)単なる機械設備のための保全の手引き書
とせず、保全技術全般の立場から生産を見るこ
とができる。したがって、保全管理の基本的な考
え方やその体系化の方法を示すとともに、対象
となる個々の機械設備や各種機器の動作原理を
紙幅の許す限り記述。

科学への入門レファレンスブック　*197*

機械工学　　　　　　　　　　　技術・工学

新・機械保全技能ハンドブック 基礎編 2
　日本プラントメンテナンス協会機械保全技能ハンドブック編集委員会編　日本プラントメンテナンス協会　1999.2　290p　21cm　3200円　①4-88956-161-7

（目次）8章 腐食・防食，9章 材料，10章 材料力学，11章 製図，12章 安全衛生

（内容）単なる機械設備のための保全の手引き書とせず，保全技術全般の立場から生産を見ることができる。したがって，保全管理の基本的考え方やその体系化の方法を示すとともに，対象となる個々の機械設備や各種機器の動作原理を紙幅の許す限り記述。

人工衛星の力学と制御ハンドブック 基礎理論から応用技術まで　姿勢制御研究委員会編　培風館　2007.7　930p　26cm　32000円　①978-4-563-06756-4

（目次）第1章 概説 人工衛星の姿勢・軌道制御，第2章 座標系と時系，第3章 人工衛星の軌道，第4章 人工衛星の姿勢と力学，第5章 人工衛星の環境モデル，第6章 姿勢センサと姿勢決定，第7章 姿勢制御用アクチュエータ，第8章 姿勢安定化，第9章 人工衛星の姿勢制御，付録A 運動方程式の導出法，付録B 姿勢制御に関する制御理論

<図鑑・図集>

ねじ図鑑 種類や上手な使い方がよくわかる　門田和雄監修　誠文堂新光社　2007.12　127p　26cm　（技術チャレンジ）　1800円　①978-4-416-30712-0

（目次）ねじの種類（小ねじ（共通），なべ小ねじ，皿小ねじ，丸皿小ねじ ほか），ねじの基礎知識（ねじって何?，ねじのはたらき，ねじの基本，ねじの呼び方 ほか）

（内容）本書では，豊富なねじの写真を用意し，コラム等で，ねじに関連するさまざまな話題を提供している。

ばら・す大図鑑 身近な製品をパーツの一つひとつにまで完全解体!　扶桑社　2011.7　89p　27cm　2200円　①978-4-594-06440-2　⑩530

（目次）第1章 家電アイテム（温水洗浄便座 ウォシュレットアプリコットF3A，ななめドラム洗濯乾燥機 NA-VR5500L／R，マッサージチェア CYBER-RELAX AS-830），第2章 ホビーアイテム（模型蒸気機関車 D51標準型重装備仕様，

クラシックカメラ Leica M3），第3章 乗り物アイテム（原動機付自転車 スーパーカブ50・スタンダード，乗用田植機 ウエルスターロイヤル VIP NSD8，電動スポーツカー EVミニスポーツ），第4章 音響・楽器アイテム（コンポーネントシステム EX-AR7，グランドピアノ C3）

（内容）家電，乗り物，楽器など身近な製品をパーツの一つひとつにまで完全解体。部品に見とれ，技術にしびれる。

◆原子力

<書 誌>

「原発」文献事典1951-2013　安斎育郎監修，文献情報研究会編著　日本図書センター　2014.5　438p　21cm　12000円　①978-4-284-10011-3

<事 典>

放射化学の事典　日本放射化学会編　朝倉書店　2015.9　358p　21cm　9200円　①978-4-254-14098-9

（目次）1 放射化学の基礎，2 放射線計測，3 人工放射性元素，4 原子核プローブ・ホットアトム化学，5 核・放射化学に関連する分析法，6 環境放射能，7 原子力と放射化学，8 宇宙・地球化学，9 放射線・放射性同位元素の生命科学・医薬学への応用，10 放射線・放射性同位体の産業利用

<ハンドブック>

原発事故と子どもたち 放射能対策ハンドブック　黒部信一著　三一書房　2012.2　166p　19cm　1300円　①978-4-380-11003-0

（目次）第1章 放射能と向き合う親たち―子ども健康相談の現場から，第2章 放射性物質の恐ろしさ―親たちが知っておくべき基礎知識，第3章 親ができること―家庭での自衛策，第4章 原発の今後を考える―子どもたちの未来のために

（内容）福島の人びとと，ともに考え，ともに闘う小児科医のアドバイス。

198　科学への入門レファレンスブック

技術・工学　　　　　　　　　　　　　　　　　　機械工学

＜年鑑・白書・レポート＞

原子力安全白書のあらまし　平成2年版
原子力安全年報　大蔵省印刷局編　大蔵省
印刷局　1991.3　54p　18cm　（白書のあら
まし 29）　260円　①4-17-351429-8

(目次)第1編 原子力の安全確保関連施策の現状，
第2編 原子力における安全の考え方

原子力安全白書のあらまし　平成4年版
大蔵省印刷局編　大蔵省印刷局　1993.2
72p　17cm　（白書のあらまし 29）　280円
①4-17-351629-0

(目次)第1編 原子力の安全確保関連施策の現状，
第2編 核燃料サイクルの安全確保

原子力安全白書のあらまし　平成5年版
大蔵省印刷局編　大蔵省印刷局　1994.2
87p　18cm　（白書のあらまし 29）　300円
①4-17-351729-7

(目次)第1編 原子力の安全確保関連施策の現状，
第2編 発電用原子炉施設におけるプルトニウム
利用に係る安全確保

原子力安全白書のあらまし　平成10年版
大蔵省印刷局編　大蔵省印刷局　1999.6
39p　18cm　（白書のあらまし 29）　320円
①4-17-352329-7

(目次)第1編 原子力安全—この20年の歩みとこ
れから（原子力安全のこの20年の歩み，国民の
信頼と期待に応え得る原子力安全を目指して）

原子力安全白書のあらまし　平成11年版
大蔵省印刷局編　大蔵省印刷局　2000.11
18p　19cm　（白書のあらまし 29）　320円
①4-17-352429-3

(目次)第1章 （株）ジェー・シー・オーウラン加
工工場における臨界事故について，第2章 その
他の主な問題への対応について，第3章 原子力
安全の再構築に向けた対応について，終章 原子
力安全委員会として決意を新たに

原子力安全白書のあらまし　平成12年版
財務省印刷局編　財務省印刷局　2001.6
30p　19cm　（白書のあらまし 29）　320円
①4-17-352529-X

(目次)第1編 原点からの原子力安全確保への取
組み（原子力の平和利用に伴う潜在的危険性と
事故・災害，安全確保の取組み，原子力災害対
策，原点からの取組み—その課題，終わりに）

原子力市民年鑑　'98　原子力資料情報室編
七つ森書館　1998.4　390p　21cm　4000円

①4-8228-9827-X

(目次)第1部 データで見る日本の原発—サイト
別，第2部 データで見る原発をとりまく状況—
テーマ別（プルトニウム，核燃料サイクル，廃
棄物，事故，地震，被曝・放射能，核，世界の
原発，原子力行政，原子力産業，輸送，エネル
ギー核融合，原発立地市町村の地域経済）

原子力市民年鑑　'99　原子力資料情報室編
七つ森書館　1999.5　326p　21cm　3500円
①4-8228-9933-0

(目次)新しい市民運動のいぶき，新しい世紀へ
の飛翔，法人をめざして，1998年の原子力をめ
ぐる動き，日本，そしてアジアのエネルギーの
未来を考える—「1998年ワークショップ・アジ
アにおける持続可能で平和なエネルギーの未来」
開催，原子力のライフ・サイクル・アセスメント
—再処理・プルトニウム利用ケース，原子力産
業の虚偽体質またも露呈—使用済み燃料・MOX
燃料輸送容器のデータを捏造・改竄，東海原発
—難題を抱えたままの廃炉，第1部 データで見
る日本の原発（サイト別），第2部 データで見る
原発をとりまく状況（テーマ別）

原子力市民年鑑　2000　原子力資料情報室
編　七つ森書館　2000.6　349p　21cm
3500円　①4-8228-0039-3　Ⓝ543.5

(目次)第1部 データで見る日本の原発（サイト
別）（計画地点について，運転・建設中地点につ
いて），第2部 データで見る原発をとりまく状
況（テーマ別）（プルトニウム，核燃料サイクル，
廃棄物，事故，地震，被曝・放射能，核，世界
の原発，原子力行政，原子力産業，輸送，エネ
ルギー，核融合，原発立地市町村の地域経済，
その他）

(内容)原子力発電とそれをとりまく状況をまと
めた年鑑。データで見る日本の原発とデータで
見る原発をとりまく状況の2部で構成する。第1
部のデータで見る日本の原発は日本の原子力発
電所の一覧，原発お断りマップ，原発に関する
住民投票条例一覧などと原子力発電所の計画地
点および運転・建設中地点を掲載。運転・建設
中地点は各地の施設ごとに所在地，設置者，原
子炉の炉型，電気出力，主契約者などのデータ
と1999年の動向，運転実績，労働者被曝実績，
過去の事故などを収録。第2部のデータで見る
原発をとりまく状況では国内外の原発に関する
データをテーマ別に配列。ほかに巻頭特集とし
てJOC臨界事故，BNFL・MOX燃料検査データ
改ざんなどの論文を掲載。また，巻末には資料
として官公庁・電力会社等の所在地，関係する
インターネット・ホームページアドレス，原子

科学への入門レファレンスブック　*199*

機械工学 技術・工学

力関係略語表などを収録する。

原子力市民年鑑 2001 原子力資料情報室
編 七つ森書館 2001.5 347p 21cm
2800円 ①4-8228-0145-4 Ⓝ543.5
(目次)第1部 データで見る日本の原発(サイト別)(日本の原子力発電所一覧,原発おことわりマップ,原子力発電所の運転開始計画,原発に関する住民投票条例一覧 ほか),第2部 データで見る原発をとりまく状況(テーマ別)(プルトニウム,核燃料サイクル,廃棄物,事故 ほか)
(内容)原子力発電とそれをとりまく状況をまとめた年鑑。データで見る日本の原発とデータで見る原発をとりまく状況の2部で構成する。

原子力市民年鑑 2002 原子力資料情報室
編 七つ森書館 2002.4 365p 21cm
2800円 ①4-8228-0253-1 Ⓝ543.5
(目次)第1部 データで見る日本の原発(サイト別),第2部 データで見る原発をとりまく状況(テーマ別)(プルトニウム,核燃料サイクル,廃棄物,事故,地震,被曝・放射能,核,世界の原発 ほか)
(内容)原子力発電とそれをとりまく状況をまとめた年鑑。データで見る日本の原発とデータで見る原発をとりまく状況の2部で構成する。巻末に,キーワードで検索する図表索引がある。

原子力市民年鑑 2003 原子力資料情報室
編 七つ森書館 2003.6 358p 21cm
2800円 ①4-8228-0367-8
(目次)第1部 データで見る日本の原発(サイト別)(日本の原子力発電所一覧,原発おことわりマップ,各年度末の原発基数と設備・容量,原子力発電所の運転開始計画,主な原発裁判 ほか),第2部 データで見る原発をとりまく状況(テーマ別)(プルトニウム,核燃料サイクル,廃棄物,事故,地震 ほか)

原子力市民年鑑 2004 原子力資料情報室
編 七つ森書館 2004.7 342p 21cm
4500円 ①4-8228-0483-6
(目次)第1部 データで見る日本の原発(日本の原子力発電所一覧,原発おことわりマップ,各年度末の原発基数と設備・容量,原子力発電所の運転開始計画,主な原発裁判 ほか),第2部 データで見る原発をとりまく状況(プルトニウム,核燃料サイクル,廃棄物,事故,地震 ほか)

原子力市民年鑑 2005 原子力資料情報室
編 七つ森書館 2005.7 342p 21cm
4500円 ①4-8228-0505-0
(目次)第1部 データで見る日本の原発(サイト

別),第2部 データで見る原発をとりまく状況(テーマ別)(プルトニウム,核燃料サイクル,廃棄物,事故,地震,被曝・放射能,核,世界の原発,アジアの原発,原子力行政,原子力産業,発電コスト,輸送,エネルギー,核融合,その他)

原子力市民年鑑 2006 原子力資料情報室
編 七つ森書館 2006.8 326p 21cm
3800円 ①4-8228-0625-1
(目次)巻頭論文(『原子力政策大綱』への少数意見,六ヶ所再処理工場 アクティブ試験始まる,ますますふくらむ老朽原発の危険性―格納容器,原子炉圧力容器,再循環系配管,制御棒 ほか),第1部 データで見る日本の原発(日本の原子力発電所一覧,原発おことわりマップ,各年度末の原発基数と設備容量 ほか),第2部 データで見る原発をとりまく状況(テーマ別)(プルトニウム,核燃料サイクル,廃棄物 ほか)

原子力市民年鑑 2007 原子力資料情報室
編 七つ森書館 2007.6 318p 21cm
3800円 ①978-4-8228-0746-7
(目次)巻頭論文(累卵の危うきに直面している原子力システム,六ヶ所再処理工場アクティブ試験をめぐる状況,高レベル放射性廃棄物の処分計画をめぐって ほか),第1部 データで見る日本の原発(サイト別)(日本の原子力発電所一覧,原発おことわりマップ,各年度末の原発基数と設備容量 ほか),第2部 データで見る 原発をとりまく状況(テーマ別)(プルトニウム,核燃料サイクル,廃棄物,事故,地震,被曝・放射能 ほか)

原子力市民年鑑 2008 原子力資料情報室
編 七つ森書館 2008.5 334p 21cm
3800円 ①978-4-8228-0868-6 Ⓝ543.5
(目次)巻頭論文(新潟県中越沖地震を教訓に原子力発電問題を考える,柏崎刈羽原発を地震が襲った,柏崎刈羽原発の閉鎖を訴える ほか),第1部 データで見る日本の原発(サイト別)(日本の原子力発電所一覧,原発おことわりマップ,各年度末の原発基数と設備容量 ほか),第2部 データで見る原発をとりまく状況(テーマ別)(プルトニウム,核燃料サイクル,廃棄物 ほか)

原子力市民年鑑 2009 原子力資料情報室
編 七つ森書館 2009.7 334p 21cm
3800円 ①978-4-8228-0994-2 Ⓝ543.5
(目次)巻頭論文(閉鎖すべき柏崎刈羽原発,柏崎刈羽で明らかになったこと,動かすな六ヶ所再処理工場 ほか),第1部 データで見る日本の原発(サイト別)(計画地点について,運転・建設

200 科学への入門レファレンスブック

技術・工学　　　　　　　　　　　　　　　　　　　　　　　　機械工学

中地点について）, 第2部 データで見る原発を
とりまく状況（テーマ別）（プルトニウム, 核燃
料サイクル, 廃棄物 ほか）

原子力市民年鑑　2010　原子力資料情報室
　　編　七つ森書館　2010.8　330p　21cm
　　3800円　Ⓘ978-4-8228-1018-4　Ⓝ543.5
Ⓣ目次Ⓣ第1部 データで見る日本の原発（サイト
別）（計画地点について, 運転・建設中地点につ
いて ほか）, 第2部 データで見る原発をとりま
く状況（テーマ別）（プルトニウム, 核燃料サイ
クル, 廃棄物, 事故, 地震, 被曝・放射能, 核,
世界の原発 ほか）

原子力市民年鑑　2011-12　原子力資料情
　　報室編　七つ森書館　2012.3　352p　21cm
　　4500円　Ⓘ978-4-8228-1248-5
Ⓣ目次Ⓣ巻頭論文（福島第一原発事故の意味するも
の 西尾漠, 福島第一原発事故はどう起こったか
—あらゆることが未解明 上沢千尋, 福島第一原
発事故による放射性物質の放出・拡散と陸上部
分の汚染の広がり状況について 沢井正子, 福島
第一原発事故収束に向けての緊急作業に取り組
む労働者の被曝 渡辺美紀子 ほか）, 第1部 デー
タで見る日本の原発—サイト別（計画地点につ
いて, 運転・建設中地点について）, 第2部 デー
タで見る原発をとりまく状況—テーマ別（プル
トニウム, 核燃料サイクル, 廃棄物, 事故, 地
震, 被曝・放射能 ほか）

原子力市民年鑑　2013　原子力資料情報室
　　編　七つ森書館　2013.8　362p　21cm
　　4500円　Ⓘ978-4-8228-1378-9
Ⓣ目次Ⓣ第1部 データで見る日本の原発 サイト別,
第2部 データで見る原発をとりまく状況 テーマ
別（プルトニウム, 核燃料サイクル, 廃棄物,
事故, 地震, 被曝・放射能, 核, 世界の原発,
アジアの原発, 原子力行政, 原子力産業, 輸送,
温暖化, エネルギー, その他）

原子力市民年鑑　2014　原子力資料情報室
　　編　七つ森書館　2014.12　383p　21cm
　　4500円　Ⓘ978-4-8228-1419-9
Ⓣ目次Ⓣ第1部 データで見る日本の原発 サイト別
（計画地点, 運転・建設中地点）, 第2部 データ
で見る原発をとりまく状況 テーマ別（プルトニ
ウム, 核燃料サイクル, 廃棄物, 事故, 福島第
一原発, 地震, 被曝・放射能, 核兵器, 世界の
原発, アジアの原発, 原子力行政, 原子力産業,
輸送, エネルギー, その他）

原子力市民年鑑　2015　原子力資料情報室
　　編　七つ森書館　2015.8　385p　21cm

　　4500円　Ⓘ978-4-8228-1540-0
Ⓣ目次Ⓣ巻頭論文, 第1部 データで見る日本の原
発 サイト別（計画地点, 運転・建設中地点）,
第2部 データで見る原発をとりまく状況 テーマ
別（プルトニウム, 核燃料サイクル, 廃棄物,
事故, 福島第一原発事故, 被爆・放射能, 核兵
器, 世界の原発, アジアの原発, 原子力行政,
原子力産業, 輸送, エネルギー, その他）

原子力年鑑　平成2年版　日本原子力産業会
　　議編　日本原子力産業会議　1990.10　571p
　　26cm　6800円　Ⓝ539.059
Ⓣ目次Ⓣエネルギーと地球環境, 原子力発電, 原
子力安全と環境問題, 立地問題と国民的合意形
成, 軽水炉と新型炉開発, 核燃料サイクル, 放
射性廃棄物対策, 原子炉等廃止措置, 原子力船,
核隔合, RI・放射線利用, 原子力産業, 国際問
題と原子力外交, 各国の原子力動向, 資料編（日
本の原子力開発体制, 海外の原子力開発体制,
原子力年表）
Ⓒ内容Ⓒ注目の原子力界の動きを, エネルギーと
地球環境, 原子力発電, 核融合, RI・放射線利
用, 国際問題と原子力外交などのテーマ別に現
況を解説。

原子力年鑑　'91　日本原子力産業会議編
　　日本原子力産業会議　1991.11　575p　26cm
　　7100円　Ⓝ539.059
Ⓣ目次Ⓣハイライト, エネルギーと地球環境, 原
子力発電, 原子力安全と環境問題, 立地問題と
国民的合意形成, 軽水炉と新型炉開発, 核燃料
サイクル, 放射性廃棄物対策, 原子炉等廃止措
置, 原子力船, 核融合, RI・放射線利用, 原子
力産業, 国際問題と原子力外交, 各国の原子力
動向, 資料編（日本の原子力開発体制, 海外の
原子力開発体制, 原子力年表）
Ⓒ内容Ⓒ新たな原子力時代へ向けての原子力の開
発と利用に視点を置き, 注目の原子力界の動き
を伝える。巻末の資料編では, 日本と海外の原
子力開発体制の概要, 原子力年表を収める。

原子力年鑑　平成4年版　日本原子力産業会
　　議編　日本原子力産業会議　1992.11　580p
　　26cm　7500円　Ⓘ4-88911-012-7
Ⓣ目次Ⓣエネルギーと地球環境, 原子力発電, 原
子力安全と環境問題, 立地問題と国民的合意形
成, 軽水炉と新型炉開発, 核燃料サイクル, 放
射性廃棄物対策, 原子炉等廃止措置, 原子力船,
核融合開発, RI・放射線利用, 原子力産業, 国
際問題と原子力外交, 各国の原子力動向, 資料
編（日本の原子力開発体制, 海外の原子力開発
体制, 原子力年表）

科学への入門レファレンスブック　*201*

機械工学　　　　　　　　　　技術・工学

(内容)21世紀の原子力時代に向けて、ソ連崩壊な
どで国際的な協調が必要。注目の原子力界の動
きを、斬新な編集・企画でわかりやすく伝える。

原子力年鑑　平成5年版　日本原子力産業会
　　議編　日本原子力産業会議　1993.12　584p
　　26cm　7800円　①4-88911-013-5

(目次)エネルギーと地球環境，原子力発電，原
子力安全と環境問題，立地問題と国民的合意形
成，軽水炉高度化の動向，新型炉開発，核燃料
サイクル，放射性廃棄物対策，原子炉等廃止措
置，原子力船，核融合開発，RI・放射線利用，
原子力産業，国際問題と原子力外交，各国の原
子力動向，資料編(日本の原子力開発体制，海
外の原子力開発体制，原子力年表)

原子力年鑑　'94　日本原子力産業会議
　　1994.11　578p　26cm　7800円　①4-88911-
　　014-3

(目次)ハイライト，エネルギー需給，原子力発
電，立地問題と国民的合意形成，原子力安全，軽
水炉技術の動向，新型炉開発，核燃料サイクル，
放射性廃棄物対策，原子炉等廃止措置〔ほか〕

原子力年鑑　'95　日本原子力産業会議
　　1995.10　585p　25cm　8100円　①4-88911-
　　015-1

(目次)ハイライト，エネルギー需給，原子力発
電，立地問題と国民的合意形成，原子力安全，
軽水炉技術の動向，新型炉開発，核燃料サイク
ル，放射能性廃棄物対策，原子炉等廃止措置，
原子力産業，原子力船，核融合，RI・放射線利
用，国際問題と原子力外交，各国の原子力動向，
資料編

原子力年鑑　'96　日本原子力産業会議編
　　日本原子力産業会議　1996.10　597p　26cm
　　8100円　①4-88911-016-X

(目次)ハイライト，エネルギー需給，原子力発
電，立地問題と国民的合意形成，原子力安全，軽
水炉技術の動向，新型炉開発，核燃料サイクル，
放射性廃棄物対策，原子炉等廃止措置，原子力
産業，原子力船，核融合，RI・放射線利用，国
際問題と原子力外交，各国の原子力動向，資料
編(日本の原子力開発体制，海外の原子力開発
体制，原子力年表，略語，動燃事業団もんじゅ
事故報告)

原子力年鑑　'98-'99年版　日本原子力産業
　　会議編　日本原子力産業会議　1998.12
　　622p　21cm　8096円　①4-88911-018-6

(目次)ハイライト，原子力をめぐる世界の動き，
エネルギー需給，原子力発電，立地問題と国民

合意，原子力安全，軽水炉技術の動向，新型炉
開発，核燃料サイクル，放射性廃棄物対策，原
子炉等廃止措置，原子力産業，原子力船，核融
合，RI・放射線利用，各国の原子力動向，資料
編(日本の原子力機関，学会，大学，海外の原
子力機関，原子力年表，略語，原子力資料)

原子力年鑑　1999-2000年版　日本原子力
　　産業会議編　日本原子力産業会議　1999.10
　　546p　26cm　8096円　①4-88911-019-4

(目次)年表・ハイライト，エネルギー需給，原子
力発電，立地問題と国民合意，核燃料サイクル，
放射性廃棄物対策，原子炉等廃止措置，軽水炉
技術の動向，新型炉開発，原子力産業，RI・放
射線利用，核融合，原子力船，原子力安全，各
国の原子力動向，資料編(日本の原子力機関，
学会，大学，海外の原子力機関，原理力のあゆ
み，略語，原子力資料)

原子力年鑑　2001-2002年版　日本原子力
　　産業会議編　日本原子力産業会議　2001.11
　　643p　26cm　14800円　①4-88911-021-6
　　ⓃN539.059

(目次)潮流，核不拡散をめぐる世界の動き，エ
ネルギーと環境，原子力発電，さらなる原子力
安全をめざして，原子力立地と国民合意，軽水
炉の高度化に向けて，新型炉開発，核燃料サイ
クル，放射性廃棄物対策〔ほか〕

原子力年鑑　2003年版　日本原子力産業会
　　議編　日本原子力産業会議　2002.11　615p
　　26cm　〈付属資料：CD-ROM1〉　14800円
　　①4-88911-022-4

(目次)潮流，核不拡散をめぐる世界の動き，エ
ネルギーと環境，原子力発電動向，さらなる原
子力安全をめざして，原子力立地と国民合意，
プルトニウムの利用，次世代炉の開発，軽水炉
の高度化に向けて，核燃料サイクル〔ほか〕

原子力年鑑　2004年版　日本原子力産業会
　　議編　日本原子力産業会議　2003.11　2冊
　　（セット）　26cm　17800円　①4-88911-023-
　　2

(目次)総論(潮流：「バランス」がキーワードに
―内外で求められる市民の視点，2003年北朝鮮
経済の現状と展望―深刻化するエネルギー事情，
特集：玄海原子力立地を考える―「陸の孤島」か
らの脱却を可能にした熱意と行動，2003トピッ
クス，年表：2002／2003年の主なうごき)，各
論(核不拡散を巡る世界の動き―核開発問題と
アメリカの核拡散対抗措置，エネルギーと環境
―電力自由化に向けた制度改革，原子力立地と
国民合意―立地地域との共生はどのように変化

202　科学への入門レファレンスブック

技術・工学　　　　　　　　　　　　　　　　　　　　　　　　　　　　機械工学

したか，原子力発電動向—安全と効率の間で揺れたこの1年，保守・点検の高度化—新たなる信頼への基盤整備 ほか）

原子力年鑑　2005年版　日本原子力産業会議編　日本原子力産業会議　2004.10　473，195p　26cm　17000円　①4-88911-024-0

(目次)総論（潮流，特集：志賀原子力立地を考える，2004トピックス，年表：2003／2004年の主な動き，特集：報道から見た原子力），各論（各国の原子力動向，核不拡散および核物質防護をめぐる世界の動き，エネルギーと環境，原子力立地と国民合意，原子力発電動向，保守・点検の高度化，発電炉の現状と将来展望，核燃料サイクル—フロントエンド，核燃料サイクル—バックエンド，放射性廃棄物対策と廃止措置，原子力産業の現状，RI・放射線利用，原子力資料，略語）

原子力年鑑　2006年版　原子力開発から半世紀、新たな座標軸求められる原子力界　日本原子力産業会議編　日本原子力産業会議　2005.10　433p　26cm　14000円　①4-88911-025-9

(目次)わが国の原子力動向（潮流）（原子力委，原子力政策大綱まとめる，原子力発電の最大活用図る ほか），核燃料サイクルの事業化に向けて（この1年の動き，プルサーマル ほか），放射性廃棄物対策と廃止措置（この1年の動き，低レベル放射性廃棄物 ほか），着実な放射線利用の拡大（この1年の動き，RI・放射線利用の今日 ほか），海外の原子力動向（アジア，オセアニア ほか）

(内容)「原子力長期計画」から「原子力政策大綱」へ，最高裁での「もんじゅ」逆転判決，世界の原子力市場を牽引する中国の気宇壮大な原子力発電計画，そして米国での新規炉建設の動きと，激動の波にもまれた内外の原子力情勢を平易に解説したわが国唯一の年鑑。使いやすい年鑑に，索引項目1855を収録。

原子力年鑑　2008年版　日本原子力産業協会監修，原子力年鑑編集委員会編　日刊工業新聞社　2007.9　486p　26cm　15000円　①978-4-526-05936-0

(目次)1 潮流—内外の原子力動向，2 原子力回帰の中でのリサイクル事業，3 放射性廃棄物対策と廃止措置，4 各国・地域の原子力動向，座標軸—原子力界では今，原子力年表「1895〜2007年」—日本と世界の出来事

(内容)経済成長の著しい中国・インドに加え，バルト4カ国では共同建設で合意、28年ぶりに新

規発注の動きを示す米国、そして世界戦略から原子力協力を進めるロシアの原子力政策など、激動する世界の原子力界の動きを解説したわが国唯一の原子力年鑑。

原子力年鑑　2009年版　日本原子力産業協会監修，原子力年鑑編集委員会編　日刊工業新聞社　2008.10　461p　26cm　15000円　①978-4-526-06154-7　Ⓝ539.059

(目次)1 潮流—内外の原子力動向，2 新展開のリサイクル事業，3 放射性廃棄物対策と廃止措置，4 原子力界では今—座標軸，5 各国・地域の原子力動向，原子力年表（1895〜2008年）日本と世界の出来事，略語一覧

(内容)世界各地で展開されるエネルギー資源をめぐる熾烈な争奪戦。その動向は、資源の高騰を呼び、経済格差をいっそう拡げ、化石燃料からウラン燃料まで、あらゆる資源を戦略物資化している。原子力はこの新局面のソリューションとなりうるか。激動の原子力界の動きを、第一線の専門家が明快に解きほぐすわが国唯一の原子力総合年鑑。

原子力年鑑　2010年版　日本原子力産業協会監修，原子力年鑑編集委員会編　日刊工業新聞社　2009.10　483p　26cm　15000円　①978-4-526-06345-9　Ⓝ539.059

(目次)Part1 潮流—内外の原子力動向，Part2 新展開のリサイクル事業，Part3 放射性廃棄物対策と廃止措置，Part4 各国・地域の原子力動向，Part5 原子力界—この一年，原子力年表“1895年−2009年”日本と世界の出来事，原子力関連略語一覧

(内容)点から面へ—世界各地で活発化する原子力発電導入の動き。世界の原子力市場を牽引してきた中国。2030年までに原子力発電規模を15倍に拡大するインド。脱原子力を放棄したスウェーデンや復活にかけるイタリア。中東諸国でも具体化する原子力導入への動き。わが国唯一の原子力年鑑が、内外の原子力動向を余すところなく言及する。

原子力年鑑　2011年版　日本原子力産業協会監修　日刊工業新聞社　2010.10　455p　26cm　15000円　①978-4-526-06543-9　Ⓝ539.059

(目次)1 潮流—内外の原子力動向（「国家成長戦略」の表舞台に），2 原子力発電をめぐる動向（原子力施設における耐震安全性，発電施設における検査制度の充実 ほか），3 放射性廃棄物対策と廃止措置（わが国の放射性廃棄物対策の状況，地層処分事業等の国際的な動向 ほか），4

科学への入門レファレンスブック　*203*

機械工学　　　　　　　　技術・工学

各国・地域の原子力動向（国際機関から見た世界の原子力情勢，アジア ほか），5 原子力界―この一年

(内容)国連主催の第一回原子力平和利用国際会議がジュネーブで開催されて60年。21世紀中葉に向け，原子力発電開発を牽引するのは，中国・インドに加え，新たに中東・東南アジア諸国が加わった。世界第三位の原子力発電国・日本はそれらの国の多様な要請に応えることができるのか。斯界の専門家が内外の原子力動向を多角的に解説する。

原子力年鑑　2012年版　日本原子力産業協会監修　日刊工業新聞社　2011.10　486p　26cm　15000円　①978-4-526-06763-1

(目次)1 潮流―内外の原子力動向（新成長戦略"主役"へのシナリオ（2010年8月～2011年3月10日），エネ政策に激震―「減原発」への工程表（2011年3月11日～7月）），2 原子力発電をめぐる動向（福島原子力発電所の事故とその対応，原子力施設における従事者の放射線管理と登録制度，放射線の健康管理，顕在化した原子力損害賠償の課題，原子力施設における耐震安全問題），3 放射性廃棄物対策と廃止措置（わが国の放射性廃棄物対策の状況，地層処分事業等の国際的な動向，地層処分事業等の国内の動向，放射線廃棄物等安全条約の現状），4 各国・地域の原子力動向（フクシマで揺れた世界の原子力開発，アジア，中東，オセアニア，南北米大陸，欧州，ロシア・中東諸国，アフリカ），5 原子力界―この一年

(内容)チェルノブイリ事故と同じ最悪の「レベル7」と評価された福島原発事故。この事故で各国は，多様な対応を示す。脱原子力に舵を切った国もあれば，引き続き原子力政策を堅持する国，そして初の原子炉導入へ向け，積極姿勢を示す新興国など。本年鑑では，各国の状況について，斯界の専門家が複眼的分析力で事故の実相に迫る。

原子力年鑑　2013年版　日本原子力産業協会監修，原子力年鑑編集委員会編　日刊工業新聞社　2012.11　483p　26cm　15000円　①978-4-526-06967-3

(目次)1 潮流―内外の原子力動向（潮流・国内編 日本として原子力技術を失っていいのか，潮流・海外編 原子力への回避と回帰―まだら模様の世界の原子力），2 原子力発電をめぐる動向（福島第一原子力発電所―現状と今後の見通し，原子力被災地の復興（わが国の放射性廃棄物対策と廃止措置（わが国の放射性廃棄物対策の状況，地層処分事業等の国際的な動向 ほか），4 各国・

地域の原子力動向（世界の原子力発電は着実に拡大，アジア ほか），原子力年表（1895～2012年）日本と世界の出来事

(内容)野田政権が打ち出した「2030年代・原発稼働ゼロ」を目指す原子力政策。一方で核燃料サイクルの維持や建設中原子炉の容認など，矛盾を内包したまま再スタートした日本の原子力。海外に目を転ずれば新興国を中核に加速化する原発導入への奔流。激動する日本と世界の動きを斯界の専門家がその実態を炙り出す。

原子力年鑑　2014年版　日本原子力産業協会監修　日刊工業新聞社　2013.10　483p　26cm　15000円　①978-4-526-07142-3

(目次)1 潮流―内外の原子力動向（国内編・再構築されるエネルギー政策―原子力発電の復権なるか，海外編・世界が注目，フクシマのその後シェールガス登場で新局面のエネルギー情勢），2 福島を契機とした原子力発電をめぐる動向（東京電力福島第一原子力発電所―現状と今後の見通し，原子力被災地の復興（除染／被災者の状況／市町村の状況／中間貯蔵問題／放射線の取り扱い問題）ほか），3 放射性廃棄物対策と廃止措置（わが国の放射性廃棄物対策の状況，地層処分事業等の国際的な動向 ほか），4 各国・地域の原子力動向（アジア，中東 ほか），原子力年表（1895～2013年）日本と世界の出来事

(内容)相次ぐシェールガスの生産と再生エネルギー開発の実用化で，世界は今，エネルギー地政学の見直しを迫られている。その一方でフクシマ事故による汚染水の拡大などによって逆風にさらされている原子力発電開発。そして，新興国を中心に牽引される原子力導入への動き。斯界の専門家が複雑に絡み合う原子力問題の本質を解きほぐす。

原子力年鑑　2015年版　「原子力年鑑」編集委員会編　日刊工業新聞社　2014.10　431p　26cm　15000円　①978-4-526-07304-5

(目次)1 潮流―内外の原子力動向，2 福島を契機とした原子力発電をめぐる動向，3 放射性廃棄物対策と廃止措置，4 将来に向けた原子力技術の展開，5 各国・地域の原子力動向，原子力年表（1895～2014年）日本と世界の出来事

原子力年鑑　2017年版　「原子力年鑑」編集委員会編　日刊工業新聞社　2016.10　461p　26cm　15000円　①978-4-526-07610-7

(目次)1 潮流―内外の原子力動向，2 福島を契機とした原子力発電をめぐる動向，3 放射性廃棄物対策と廃止措置，4 将来に向けた原子力技術の展開，5 原子力教育・人材育成，6 放射線利用，

204　科学への入門レファレンスブック

技術・工学　　　　　　　　　　　　　　　　　　　　　　　　　　　　機械工学

7 各国・地域の原子力動向，原子力年表（2000年〜2016年）日本と世界の出来事，略語一覧

原子力白書のあらまし　平成2年版　大蔵省印刷局編　大蔵省印刷局　1990.12　62p　18cm　（白書のあらまし 22）　260円　Ⓘ4-17-351422-0

(目次)第1章 国際石油情勢等最近のエネルギーを巡る情勢と原子力発電の役割，第2章 我が国における核燃料サイクルの確立に向けて，第3章 我が国における原子力開発利用の展開

原子力白書のあらまし　平成3年版　大蔵省印刷局編　大蔵省印刷局　1991.12　68p　18cm　（白書のあらまし 22）　260円　Ⓘ4-17-351522-7　Ⓝ539

原子力白書のあらまし　平成4年版　大蔵省印刷局編　大蔵省印刷局　1992.12　71p　18cm　（白書のあらまし 22）　280円　Ⓘ4-17-351622-3

(目次)第1章 変貌する国際情勢と我が国の立場，第2章 内外のエネルギー情勢等と我が国の原子力発電，核燃料サイクル等の開発利用の状況，第3章 我が国の先導的プロジェクト等の開発利用の状況と今後の原子力開発利用の進展に向けて

原子力白書のあらまし　平成5年版　大蔵省印刷局編　大蔵省印刷局　1994.1　78p　18cm　（白書のあらまし 22）　300円　Ⓘ4-17-351722-X

(目次)第1章 核燃料リサイクルに関する内外の情勢と原子力開発利用長期計画の改定に向けた取組，第2章 エネルギー情勢等と内外の原子力開発利用の状況

原子力白書のあらまし　平成6年版　大蔵省印刷局　1995.2　73p　18cm　（白書のあらまし 22）　300円　Ⓘ4-17-351822-6

(目次)第1章 新しい長期計画の策定，第2章 新長期計画策定の背景としての内外の原子力開発利用の現状

原子力白書のあらまし　平成7年版　大蔵省印刷局　1996.1　24p　18cm　（白書のあらまし 22）　320円　Ⓘ4-17-351922-2

(目次)第1章 原子力開発利用の推進をめぐる諸課題，第2章 国内外の原子力開発利用の現状

原子力白書のあらまし　平成8年版　大蔵省印刷局　1997.2　26p　18cm　（白書のあらまし）　311円　Ⓘ4-17-352122-7

(目次)第1章 国民とともにある原子力，第2章 国内外の原子力開発利用の現状

原子力白書のあらまし　平成10年版　大蔵省印刷局編　大蔵省印刷局　1998.9　24p　18cm　（白書のあらまし 22）　320円　Ⓘ4-17-352322-X

(目次)第1章 国民の信頼回復に向けて，第2章 国内外の原子力開発利用の状況

原発避難白書　関西学院大学災害復興制度研究所，東日本大震災支援全国ネットワーク（JCN），福島の子どもたちを守る法律家ネットワーク（SAFLAN）編　（京都）人文書院　2015.9　241p　26cm　3000円　Ⓘ978-4-409-24104-2

(目次)1 避難者とは誰か（原発避難の全体像を捉える，原発避難の発生と経過 ほか），2 避難元の状況（原発避難者の分類を考える，A・B・C地域 避難指示区域 ほか），3 避難先の状況（避難先での支援の違いを知る，福島県 ほか），4 テーマ別論考（さまざまな視点から考える，電話相談から見える複合的な問題（「よりそいホットライン」の事例から，「チャイルドライン」の事例から）ほか）

(内容)なぜ国は，調べないのか。ならば調べる，私たちが。どれだけの人々が，いつ，どこへ，どのようにして逃れたのか。そして現在，彼らを取り巻く状況とはどのようなものなのか。ジャーナリスト，弁護士，研究者，支援者，被災当事者が結集し，見過ごされてきた被害の全貌を描く。あの日を背負い続ける，すべての人のために。

脱原発年鑑　96　原子力資料情報室編　七つ森書館　1996.4　270p　21cm　3605円　Ⓘ4-8228-9619-6

(目次)第1部 データで見る日本の原発（サイト別），第2部 データで見る原発をとりまく状況（テーマ別）（プルトニウム，核燃料サイクル，廃棄物，事故，地震 ほか）

脱原発年鑑　97　原子力資料情報室編　七つ森書館　1997.4　333p　21cm　3800円　Ⓘ4-8228-9722-2

(目次)第1部 データで見る日本の原発―サイト別，第2部 データで見る原発をとりまく状況―テーマ別（プルトニウム，核燃料サイクル，廃棄物，事故，地震，被曝・放射能，核，世界の原発，原子力行政，原子力産業，輸送，エネルギー，核融合，その他）

科学への入門レファレンスブック　205

機械工学　　　　　　　技術・工学

◆乗り物

＜年表＞

日本自動車史年表　GP企画センター編　グランプリ出版　2006.9　239p　21cm　2000円　①4-87687-286-4

⊞目次⊞明治・大正時代（1898〜1926），昭和・戦前期（1927〜1945），戦後の復興期（1945〜1952），成長と競争の始まり（1953〜1959），黄金の60年代の攻防（1960〜1965），マイカー時代の到来（1966〜1973），排気規制とオイルショックの時代（1974〜1979），性能競争と多様化の時代へ（1980〜1988），晴れのち曇り・変動の予感（1989〜1996），トップランナーへの道（1997〜2006）

＜事 典＞

クルマの事典　クルマのことがスッキリわかる！　園部裕著　成美堂出版　1996.7　221p　21cm　1200円　①4-415-08393-5

⊞目次⊞1 クルマの分類，2 エクステリア，3 インテリア，4 エンジン，5 駆動系，6 サスペンション＆ブレーキ，7 タイヤ＆ホイール，8 性能，9 安全性，10 低燃費／低公害

⊞内容⊞自動車に関する用語を平易に解説したもの。「エクステリア」「インテリア」「エンジン」「駆動系」等10章から成り，関連の用語を体系的に収録する。図版多数。巻末に五十音順の用語索引がある。―初心者には字引き代わりに，中級者はもっとクルマに興味を，ベテランはさらにマニアックに。

最新最強のクルマ事典　阿部よしき監修　成美堂出版　2004.12　239p　21cm　1300円　①4-415-02870-5

⊞目次⊞クルマ選びに役立つ情報をつかむ！カタログを読む7つのポイント，1 クルマの分類，2 クルマのエクステリア，3 クルマのインテリア，4 エンジンの種類と構造，5 変速システム，6 ブレーキ＆サスペンション，7 タイヤ＆ホイール，8 安全と省エネ，9 クルマに関するお金とサービス，10 ドライビングテクニック

⊞内容⊞初心者でもわかる写真やイラストを使ったていねいな解説。中上級者には，少しむずかしいことやうんちくも紹介。縦列駐車の上手な方法など，運転のコツを収録。

自動車技術史の事典　樋口健治著　朝倉書店　1996.9　508,4p　26cm　18540円　①4-254-

23085-0

⊞目次⊞1 自動車とは何か，2 自動車の開発前史，3 自動車時代の到来，4 エンジン，5 特殊エンジン，6 車種別のエンジン技術，7 日本車のエンジン，8 エンジン研究の歴史，9 パワー・トレーン，10 フレームとシャシ，11 ボディと内外装備品，12 走行性能研究の歴史

⊞内容⊞エンジン・クラッチ・ステアリング等自動車に関わる技術の歴史を解説した事典。多気筒エンジン・V型エンジン等各項目ごとに図表を用いながら構造などを解説する。巻末に自動車名と自動車会社名索引，人名索引，事項索引を付す。

自動車技術史の事典　普及版　樋口健治著　朝倉書店　2011.1　508,4p　27cm　〈文献あり 索引あり〉　15000円　①978-4-254-23130-4　Ⓝ537.02

⊞目次⊞自動車とは何か，自動車の開発前史，自動車時代の到来，エンジン，特殊エンジン，車種別のエンジン技術，日本車のエンジン，エンジン研究の歴史，パワー・トレーン，フレームとシャシ，ボディと内外装備品，走行性能研究の歴史

自動車メカマニア図鑑　橋口盛典著　山海堂　1992.10　189p　21cm　（SANKAIDO MOTOR BOOKS）　1300円　①4-381-07668-0

⊞目次⊞クルマの見分け方の基礎，機能からスタイリング重視の時代へ，日本の自動車産業のはじまり，ガソリンエンジンの幕開け，DOHCまでのプロセス，エンジン容量を決めるシリンダー，キャブレター（気化器）と燃料噴射装置，エアクリーナーとマニホールド，コンパクト化した点火システム，電気のもと，発電機とバッテリー，クルマを便利にしたスターター〔ほか〕

⊞内容⊞エンジンだけがメカニズムじゃない。ワイパー，ガラス，メーターなど，面白いメカは他にもいろいろある。この本では，エンジンはもちろん，日頃あまりスポットライトを浴びないパーツを中心に，歴史的・読み物的にメカニズムを解説する。

世界の鉄道事典　ジョン・コイリー著，英国国立鉄道博物館監修　あすなろ書房　2008.2　63p　29cm　（「知」のビジュアル百科 44）〈「列車」（同朋舎1997年刊）の新装・改訂　原書名：Eyewitness-train.〉　2500円　①978-4-7515-2454-1　Ⓝ536

⊞目次⊞鉄道とは?，最初の鉄道，蒸気機関車時代の夜明け，蒸気機関車の時代，蒸気機関車のしく

206　科学への入門レファレンスブック

技術・工学　　　　　　　　　　　　　　　　　　　　　　　　　　　　　　　　機械工学

み，世界に広がる鉄道，アメリカの鉄道，鉄道
の建設，障害を乗り越えて，線路づくり，貨物
列車，1等車，2等車，3等車，豪華な旅，信号所，
信号にしたがって，郵便列車，電車，ディーゼ
ル機関車，長距離列車の旅，王室列車，記録破
りの列車，駅，鉄道を動かす人々，現代の蒸気
機関車，列車の装飾，地下を走る，空中を走る，
鉄道模型，鉄道の未来，索引

(内容)1804年、レールの上を走る蒸気機関車の
誕生以来、200年のあいだに、急激な進化をと
げてきた鉄道。その進化の過程をつぶさにたど
り、知られざる鉄道の世界をビジュアルで紹介。

＜辞　典＞

基礎から最新 クルマ用語　GP企画セン
　ター，飯塚昭三編・著　グランプリ出版
　2007.6　204p　21cm　1600円　①978-4-
　87687-294-7

(目次)クルマ全般，エンジン関係，パワートレ
イン，エンジン関係新技術，シャシー関係，ボ
ディまわり，走行安全関係，ハイブリッド・燃
料電池車他

(内容)自動車に関する用語を部門別、内容別にま
とめ用語を解説。巻末に五十音順の索引が付く。

クルマ語入門 クルマ購入の必読書　ツバ
　メプロ編　CBS・ソニー出版　1990.3　167p
　21cm　（遊びのカルチャーブック）　1200円
　①4-7897-0528-5　Ⓝ537.033

航空基礎用語厳選800　青木謙知著・監修
　イカロス出版　2006.9　246p　21cm　2190
　円　①4-87149-845-X

(内容)航空関連の用語の中でもベーシックで一
般的な用語、マスコミによく登場する最新の用
語を厳選し、わかりやすく解説した用語集。写
真と図を豊富に掲載。五十音順に排列。五十音
順、アルファベット順索引付き。巻末に航空知
識自己検定100問、解答用紙・解答解説を収載。

自転車用語の基礎知識　バイシクルクラブ編
　集部編　枻出版社　2003.8　171p　15cm
　（枻文庫）　680円　①4-87099-906-4

(内容)普段、自転車に接するうえで知っておき
たい専門用語をわかりやすく解説した用語集。
用語の取捨選択の基準をあくまで「基礎」レベ
ルに設定した。

＜ハンドブック＞

**車ハンドブック イラストレーションガイ
ド**　佐藤好次監修，コンデックス情報研究所
　編著　清水書院　1997.1　226p　19cm　980
　円　①4-389-32014-9

(目次)1 動かない事態を乗り切る極意，2 困っ
た事態を乗り切る極意，3 メカオンチにもでき
る快適カーチェックの極意，4 快適カーライフ
の極意，5 知っておきたい車のこと，6 高速道
路コネクション，7 車イエローページ

(内容)ダッシュボードにこの一冊!!車メカオンチ
のための緊急お助け本。

**自動車エンジン基本ハンドブック 知って
おきたい基礎知識のすべて**　長山勲著
　山海堂　2007.1　336p　21cm　2800円
　①4-381-08864-6

(目次)1 エンジンの概説，2 エンジンの基本的
原理，3 エンジンの構造と機能，4 エンジンの
実用性能，5 公害と対策，6 センサとアクチュ
エータ，7 エンジン用油脂，8 特殊エンジン，9
エンジン計測法

＜図鑑・図集＞

クルマのメカ&仕組み図鑑　細川武志著　グ
　ランプリ出版　2003.1　272p　21cm　1800
　円　①4-87687-241-4

(目次)クルマの各部の名称，エンジンの基礎知
識，エンジン各部のメカと仕組み，エンジン関
係の各部システム，新技術及び特殊エンジン，
パワートレーン関係システム，シャシー（走行）
関係システム，ボディ関係の各種知識

**詳しくわかる! しくみがわかる! 働くクル
マ 身近な車から特殊車両まで大集合!**
　デュマデジタル編　日本文芸社　2012.9
　141p　26cm　（ビジュアル解剖図鑑）　1300
　円　①978-4-537-21025-5

(目次)現場で働くクルマ（油圧ショベル，ブル
ドーザー ほか），消防・警察の働くクルマ（消
防車（はしご車），ポンプ車 ほか），街で働くク
ルマ（路線バス，スクールバス ほか），空港・宇
宙で働くクルマ（空港で働くクルマ，月面車 ほ
か），特別付録

自動車・船・飛行機　自動車技術会，賞雅寛
　而，中村浩美監修　ポプラ社　2014.7　215p
　29×22cm　（ポプラディア大図鑑WONDA）
　〈付属資料：別冊1〉　2000円　①978-4-591-

科学への入門レファレンスブック　207

機械工学　　　　　　　　技術・工学

14070-3

(目次)自動車（くらしを守る自動車，工事現場ではたらく自動車，くらしをささえる自動車 ほか），船（旅客船，船のしくみ，ものを運ぶ船 ほか），飛行機（旅客機，飛行機のしくみ，はたらく飛行機いろいろ ほか）

新幹線　山崎友也監修　ポプラ社　2016.8
62p　22×22cm　（ポプラディア大図鑑
WONDA 超はっけんのりもの大図鑑 2)
1000円　①978-4-591-15103-7

(目次)1章 新幹線を見に行こう!（車両を見てみよう!，前から見てみよう!，横から見てみよう!，車内を見てみよう!，新幹線のホームを見てみよう!），2章 新幹線のひみつをさぐろう!（新幹線と在来線をくらべてみよう!，新幹線はなぜ速いの?，新幹線はなぜあまりゆれないの?，新幹線はどうやってそう音をへらしているの?），3章 新幹線ではたらく人たち（新幹線の旅をささえる仕事）

(内容)新幹線の車両の種類やしくみがよくわかる!新幹線のひみつや解説がいっぱい!

図説 世界史を変えた50の機械　エリック・シャリーン著，柴田譲治訳　原書房　2013.9
224p　24×18cm　〈原書名：FIFTY
MACHINES THAT CHANGED THE
COURSE OF HISTORY〉　2800円　①978-
4-562-04923-3　Ⓝ530

(目次)ジャカード織機，ロバーツ旋盤，スティーヴンスンのロケット号，ロバーツ織機，ホイトワース平削り盤，コーリス蒸気機関，バベジの階差機関，シンガー・ミシン「タートルバック」，蒸気船グレート・イースタン号，ハイアットのスタッフィング・マシン〔ほか〕

(内容)電球，自動車，パソコン，電話機，ウォークマン…人類の進歩に大きく貢献し，生活様式に劇的な変化をあたえてきた50の機械の興味深い物語を，豊富な図版とともに紹介。

世界鉄道百科図鑑 蒸気、ディーゼル、電気の機関車・列車のすべて1825年から現代　デイヴィッド・ロス編著，小池滋，和久田康雄訳　悠書館　2007.8　544p　29×23cm　〈原書名：THE ENCYCLOPEDIA
OF TRAINS AND LOCOMOTIVES :
THE COMPREHENSIVE GUIDE TO
OVER 900 STEAM,DIESEL,AND
ELECTRIC LOCOMOTIVES FROM 1825
TO THE PRESENT DAY〉　20000円
①978-4-903487-03-8

(目次)第1部 蒸気機関車（1825～1899年，1900

～1924年，1925～1939年，1940～1981年），第2部 ディーゼル機関車とディーゼル列車（1906～1961年，1962～2002年），第3部 電気機関車と電車列車（1884～1945年，1946～2003年）

(内容)蒸気439種、ディーゼル252種、電気248種を1000点近い写真とイラストとともに収録。創成期から現代にいたる世界各地の機関車を網羅し、製造工場や鉄道会社、各車のたどった履歴も詳述。全長、重量、車輪配列、動力、最高速度、牽引力、軸重、ゲージなど機関車の機構がすべてわかる詳細データ（諸元表）を完備。世界最古の機関車から現代の超高速列車にいたる世界の機関車の総合ガイド。蒸気、ディーゼル、電気の機関車・列車を種類ごと年代順に紹介。二度の大戦や動力資源の変遷、近年の環境問題といった世界情勢の移り変わりを背景とした、各車の開発経緯やデザイン面での進化発展を丁寧に解説。

世界の戦闘機・爆撃機　小室克介監修　学習研究社　2003.4　232p　27×22cm　（学研の大図鑑）　4200円　④4-05-401695-2

(目次)軍用機の発達，第1次世界大戦前期の軍用機，第1次世界大戦後期の軍用機，大戦間の軍用機，第2次世界大戦の軍用機，第2次世界大戦後の軍用機，現代の軍用機

世界の無人航空機図鑑 軍用ドローンから民間利用まで　マーティン・J.ドアティ著，角敦子訳　原書房　2016.1　301p　21cm　〈原書名：DRONES〉　3800円　①978-4-562-05276-9

(目次)第1部 軍用ドローン（イントロダクション，戦闘ドローン，超長時間滞空型偵察ドローン，長時間滞空型偵察ドローン，中距離偵察ドローン，回転翼ドローン，輸送と汎用のドローン，小型偵察ドローン，巡航ミサイル），第2部 非軍用ドローン（イントロダクション，NASAのドローン，農業と生物調査のドローン，水中ドローン，無人実験機，宇宙のドローン，未来の展望）

(内容)ドローンの歴史、システム、機能をタイプ別に解説した決定版。MQ-9リーパー、長時間滞空型のRQ-4グローバルホーク、手投げ発進される小型のクロップカム、無人潜水機レイマスほか、カラー写真で主要モデルがひと目でわかる。

日本の鉄道大図鑑1100　DVD2枚つき
学研教育出版，学研マーケティング〔発売〕
2013.12　255p　26×21cm　〈付属資料：DVD2〉　2500円　①978-4-05-203901-0

208　科学への入門レファレンスブック

技術・工学　　　　　　　　　　　　　　　　　　機械工学

Ⓝ536

⬚目次⬚ 1 新幹線の電車，2 JRの車両，3 寝台特急とクルーズトレイン，4 第三セクター鉄道の車両，5 大手私鉄の電車，6 全国の地下鉄の電車，7 そのほかの私鉄，8 全国の路面電車，9 そのほかの鉄道，10 貨物用機関車

⬚内容⬚ 誌面では約1100もの車両写真，DVDでは約500車両を収録。新幹線から，貨物列車，第三セクター鉄道まで全国のあらゆる鉄道を網羅。E6系やななつ星in九州など，新型車両も紹介。

乗りもの　鉄道・自動車・飛行機・船 真島満秀，小賀野実，横倉潤，木津徹監修・指導　小学館　2003.12　191p　29×22cm　（小学館の図鑑NEO 14）〈付属資料：ポスター〉　2000円　Ⓘ4-09-217214-1

⬚目次⬚ 鉄道―駅へ行ってみよう!（新幹線，世界の高速列車 ほか），自動車―町の自動車を見てみよう!（消防の自動車，警察の自動車 ほか），飛行機―空港へ行ってみよう!（旅客機，はたらく飛行機 ほか），船―港へ行ってみよう!（クルーズ客船，カーフェリー ほか）

⬚内容⬚ 本書では，鉄道・自動車・飛行機・船の4つの分野の乗り物を紹介する。人々が移動に利用したり，世界中から生活に必要な物を運んできたりと，乗り物は，毎日のくらしにとって，なくてはならないもの。最近では，快適な移動や地球の環境のことも考えて，乗り物はつくられている。

ビジュアル博物館　21　自動車 リリーフ・システムズ訳　リチャード・サットン著　（京都）同朋舎出版　1991.11　63p　29cm　3398円　Ⓘ4-8104-0979-1　Ⓝ403.8

⬚内容⬚ ロンドン自然歴史博物館収蔵品を見開きカラー写真で紹介する図鑑。自動車が発明されてから1世紀の開発の歴史からF1運転技術までを解説する。

ビジュアル博物館　22　航空機 リリーフ・システムズ訳　アンドリュー・ナハム著　（京都）同朋舎出版　1991.11　62p　29cm　〈監修：佐貫亦男〉　3398円　Ⓘ4-8104-0980-5　Ⓝ403.8

⬚内容⬚ ロンドン自然歴史博物館収蔵品を見開きカラー写真で紹介する図鑑。1903年のライト兄弟の初飛行から最新鋭ジェット機までの航空機開発の歴史やエピソードを解説する。

マルチメディア航空機図鑑　ガイドブック 鈴木真二監修，西川渉，宮田豊昭著　アスキー　1997.7　45p　26cm　（CD-ROM &

book　マルチメディア図鑑シリーズ）〈外箱入　付属資料：CD-ROM1枚（12cm）〉　4660円　Ⓘ4-7561-1433-4　Ⓝ538.038

陸・海・空のりものメカニズム図鑑 サイエンス・ライターズ・ファクトリー編著　山海堂　1996.8　203p　21cm　1800円　Ⓘ4-381-07719-9

⬚目次⬚ 陸の章（航空機牽引車―巨大なジャンボ機も、地上ではコイツがたより，レッカー車―油圧ブームが前輪をホールド，リフトアップ，4輪駆動オフロード車―究極の路外踏破メカニズム ほか），海の章（高速双胴船―波をつらぬくイダテン・フェリー，テクノ・スーパー・ライナー―日本の技術力を結集した快速輸送船，WIG―飛行機だ!船だ!いや、WIGだ ほか），空の章（ジェット旅客機―4つのエンジンが2つに減っても性能は向上，垂直離着陸機―飛行機のプロペラを上に向ければヘリコプター，航空機パーツ輸送機―巨大航空機の部品を運べるのは、航空機自身だけ ほか）

⬚内容⬚ ソーラーカー・深海潜水艇・スペースシャトルなど陸・海・空ののりもの54種のメカニズムを図表を用いて解説した図鑑。「陸」「海」「空」の3部構成。―21世紀の最先端メカから、身近な市街の働き者まで、多彩なメカを徹底解剖。

陸・海・空ビックリ大計画99　大人のための乗り物図鑑 金子隆一著　二見書房　1995.4　302p　15cm　（二見文庫　二見WAi-WAi文庫）　500円　Ⓘ4-576-95054-1

⬚目次⬚ 序章 究極のドリーム・マシン（氷海やぬかるみも果敢に進む巨大ねじの水陸両用車，乗り降り自在の陸上長距離カー・フェリー，東京～大阪間を五〇分で飛ぶ地底飛行機「ジオプレイン」ほか），第1章 科学の粋を結集した陸上ビークル（技術者の見果てぬ夢 空飛ぶ自動車，シベリアの原野を時速四八三キロで疾駆する大型ビークル，鉄道の高密度化を解決するノン・ストップ列車 ほか），第2章 海を疾走するスーパー・ビークル（日本とシンガポールを二日半で結ぶ超高速船，ふたつの胴体をもつ高速外洋フェリー，時速九三キロの超高速テクノ・スーパー・ライナー ほか），第3章 大空を駆けるモンスター・マシン（八五〇名の乗客を乗せる総二階建て大型旅客機，地球にやさしいクリーンな「水素燃料飛行機」，大量空輸時代に向けた超大型の「空飛ぶ船」ほか），第4章 極限に挑む宇宙ビークル（火星上空を無人で飛びまわる「火星飛行機」，人員輸送専用の小型シャトル「HL-20」，丸ごと打ち上げ、丸ごと帰還するロケット「SSTO」ほか）

科学への入門レファレンスブック　209

電気工学

＜事 典＞

映像情報メディア工学大事典 基礎編 映像情報メディア学会編 オーム社 2010.6 369p 26cm 〈文献あり〉 ①978-4-274-20869-0 Ⓝ548.036

Ⓘ内容映像情報メディアの歴史と進展をまとめた事典。「基礎編」「技術編」「データ編」のほか、2011年に終了予定のNTSC方式など継承しておきたい技術を収録した「継承技術編」の4分冊構成で体系的に解説する。

映像情報メディア工学大事典 データ編 映像情報メディア学会編 オーム社 2010.6 174p 26cm ①978-4-274-20869-0 Ⓝ548.036

Ⓘ内容映像情報メディアの歴史と進展をまとめた事典。「基礎編」「技術編」「データ編」のほか、2011年に終了予定のNTSC方式など継承しておきたい技術を収録した「継承技術編」の4分冊構成で体系的に解説する。

映像情報メディア工学大事典 技術編 映像情報メディア学会編 オーム社 2010.6 879p 26cm 〈文献あり〉 ①978-4-274-20869-0 Ⓝ548.036

Ⓘ内容映像情報メディアの歴史と進展をまとめた事典。「基礎編」「技術編」「データ編」のほか、2011年に終了予定のNTSC方式など継承しておきたい技術を収録した「継承技術編」の4分冊構成で体系的に解説する。

映像情報メディア工学大事典 継承技術編 映像情報メディア学会編 オーム社 2010.6 251p 26cm 〈文献あり〉 ①978-4-274-20869-0 Ⓝ548.036

Ⓘ内容映像情報メディアの歴史と進展をまとめた事典。「基礎編」「技術編」「データ編」のほか、2011年に終了予定のNTSC方式など継承しておきたい技術を収録した「継承技術編」の4分冊構成で体系的に解説する。

エレクトロニクス数式事典 馬場清太郎著 CQ出版 2016.5 191p 26cm （ライブラリ・シリーズ） 2400円 ①978-4-7898-4531-1

Ⓘ目次電気の基本法則―知っていると便利な電気の公式とその使い方、ドライブ回路―LEDやリレー、モータなどをマイコンとつなぐ、入出力保護回路―マイコン・システムを破壊から守る、減衰・整合・共振―高速・高周波信号に対応

する、OPアンプによる信号増幅―直流ぶんを含むアナログ信号を正確に増幅する、高性能アンプの設計―OPアンプICを使いこなしてアナログ信号を正確に増幅する、アナログ演算回路―微分／積分から加減算、圧縮、検波、インピーダンス変換まで、フィルタ回路―不要な雑音を除いて必要な信号を取り出す、コンパレータ回路―入力信号の大小を高速に判別する、ゲートICの応用回路―波形発生から立ち上がり／立ち下がり検出まで、パワー回路―マイコンで大電流アナログ出力を実現する、電源回路―リニア・レギュレータからDC-CDコンバータまで、基本関数や基本単位―信号のふるまいや特性を数値で表すツール

Ⓘ内容インターネットは技術情報の宝庫です。部品や回路などの膨大な情報を、ただで、簡単に手に入れられます。しかし、次々と発売される部品情報や、情報の出所がわからない口コミなど、インターネット上の情報は無造作に増え続けています。この中から、入手しやすく廃番になりにくい部品、トラブルのない回路や設計式、正しい実験方法で取得されたデータ、といった実用的な技術情報を得るのは至難の業です。本シリーズは、現場のプロが長年使い続けている、定番の実用電子回路やIC／電子部品、設計式など、安心して使える技術情報を集めて整理するものです。高速試作時代に欠かせない確かな情報の宝庫です。

カラー版 電気のことがわかる事典 Electronics Data監修 西東社 2005.5 206p 21cm 1200円 ①4-7916-1300-7

Ⓘ目次第1章 電気の基礎知識、第2章 電池のしくみ、第3章 磁石と磁気の関係、第4章 発電から送電まで、第5章 エレクトロニクス、第6章 電波と通信のしくみ、第7章 電気の未来、資料編

Ⓘ内容基本から最新情報まで電気に関することがこの一冊でOK。

図解でわかる電気の事典 新井宏之著 西東社 1998.7 238p 21cm 1200円 ①4-7916-0725-2

Ⓘ目次1 電気の性質、2 電池、3 磁石と磁気、4 発電と送電、5 家庭の中の電気、6 エレクトロニクス、7 電波と通信、8 電気のトラブル

Ⓘ内容電気に関する初歩的な疑問から超エレクトロニクスや原子力まで、イラストを用いて解説した事典。

図解 電気の大百科 オーム社 1995.5 1171p 26cm 19800円 ①4-274-03452-6

Ⓘ目次第1編 身近な電気の世界、第2編 電気と

電子の基礎，第3編 電力システムと機器，第4編 情報技術と電気の応用

(内容)日々のくらしや人のからだと電気、地球環境や社会生活と電気とのかかわりなど、身近な電気の世界から、電気と電子の基礎知識、電力システムや機器、設備、電気工事に関する技術、さらに情報技術や各種応用に関する知識までを、中学・高校程度の基礎があれば誰にでも理解できるようにわかりやすく解説。

デジタル・フォレンジック事典 改訂版
佐々木良一監修，舟橋信，安冨潔編集責任，デジタル・フォレンジック研究会編 日科技連出版社 2014.4 510p 27×20cm 20000円 ①978-4-8171-9508-1

(目次)第1部 基礎編(デジタル・フォレンジックの基礎，デジタル・フォレンジックの歴史，デジタル・フォレンジックの体系，デジタル・フォレンジックと法)，第2部 応用編(デジタル・フォレンジックの技術，デジタル・フォレンジックと法制度，企業におけるデジタル・フォレンジック，デジタル・フォレンジックの実際，デジタル・フォレンジックツールの紹介，デジタル・フォレンジックの今後と課題)

＜辞典＞

絵とき 電気技術基礎用語早わかり 初めて電気学を学ぶ人のためのキーワード事典
新電気編集部編 オーム社 1994.3 184p 26cm 2700円 ①4-274-94045-4 Ⓝ540

(目次)1 電気基礎に関する基礎用語，2 電力技術に関する基礎用語，3 電気機器に関する基礎用語，4 電力応用に関する基礎用語

(内容)初めて電気を学ぶ人のために必要最低限の基礎用語を解説したもの。

絵とき電気電子情報基礎用語事典 新電気編集部編 オーム社 1999.11 350p 21cm 《『電気電子情報絵とき基礎用語事典』改訂・改題書》 2400円 ①4-274-94218-X

(内容)航行の電気電子化の必修科目の中から、3000語を解説した事典。50音順配列。巻末に約1000枚の図や絵を掲載した英文索引がある。

絵とき 電子技術基礎用語早わかり 初めて電子学を学ぶ人のためのキーワード事典
新電気編集部編 オーム社 1994.3 184p 26cm 2700円 ①4-274-94046-2 Ⓝ549

(目次)1 電子技術に関する基礎用語，2 情報技術に関する基礎用語，3 電子機械に関する基礎

用語

(内容)初めて電子を学ぶ人のために必要最低限の基礎用語を解説した事典。

基本システムLSI用語辞典 西久保靖彦著 CQ出版 2000.5 211p 21cm （Design Wave Booksシリーズ） 2500円 ①4-7898-3687-8 Ⓝ549.7

(目次)アイソレーション，アウタ・リード・ボンディング，アーキテクチャ，アクティブ・エッジ，アスキー・コード，アセンブラ，アセンブリ言語，アドホック方式，アドレス，アドレス・カウンタ〔ほか〕

(内容)システムLSIに関する用語事典。辞典項目はLSI設計用語を中心にLSI関連の製造プロセス・装置、半導体デバイス技術、パッケージ実装技術そしてエレクトロニクス全般のコンピュータ技術など570語を収録。五十音、アルファベット、数字の順で排列。各項目は用語と対応する欧文表記、用語解説と参照事項を掲載。ほかに悪魔の辞典、巻末付録とインデックスを収録。

基本ASIC用語辞典 IC／LS設計の基礎がたちまちわかる 西久保靖彦著 CQ出版 1992.8 215p 21cm （I・Fエッセンス・シリーズ） 2300円 ①4-7898-3669-X

(内容)ASIC(特定用途向けIC／LSI)を中心に、IC／LSIの技術用語も含めて丁寧に解説した用語辞典です。

シミュレーション辞典 日本シミュレーション学会編 コロナ社 2012.2 415p 22cm 〈他言語標題：Simulation Dictionary 索引あり〉 9000円 ①978-4-339-02458-6 Ⓝ548.7

(内容)シミュレーション分野の基礎的知識を、電気・電子、機械、環境・エネルギー、生命・医療・福祉、人間・社会、可視化、通信ネットワークなどの8つに区分し、1項目1ページで簡潔に解説する。

デジタル商品・用語辞典 ダイム編集部編 小学館 1998.1 310p 16cm （小学館文庫） 552円 ①4-09-416031-0 Ⓝ549.033

(目次)ネットワーク編，モバイル・コミュニケーション編，パソコン編，AV編

(内容)日々進歩するデジタル関連商品に登場する様々な専門用語のうち「DIME」に掲載されたものだけを限定し解説した用語辞典。

電気電子情報英和20000語辞典 オーム社 1996.3 504p 21cm 3399円 ①4-274-

電気工学　　技術・工学

94116-7

（内容）電気・電子・情報関連の基本用語の対訳英和辞典。収録語数2万（基本語1万6000、複合語4000）。排列は見出し語のアルファベット順。工業高校の学生向け。―初めて学ぶ人のための基礎用語早わかり辞典。

電気電子情報絵とき基礎用語事典　新電気
編集部編　オーム社　1994.10　350p　21cm
3500円　①4-274-94069-1　Ⓝ540.33

（目次）1 電気基礎に関する基礎用語，2 電力技術に関する基礎用語，3 電気機器に関する基礎用語，4 電力応用に関する基礎用語，5 電子技術に関する基礎用語，6 情報技術に関する基礎用語，7 電子機器に関する基礎用語

（内容）電気・電子・情報技術を初めて学ぶ人に必要な基礎用語を解説した辞典。工業高校の電気・電子科の必修科目のキーワードや新電験制度の基本テーマから3000語を収録し、五十音順に排列する。見出し語には全て対応する英語を示すほか、図版計1000枚を掲載する。巻末に英文索引を付す。―電気・電子・情報の基礎技術がわかる絵とき事典。

電気電子情報和英20000語辞典　オーム社
1996.3　512p　21cm　3399円　①4-274-94115-9

（内容）電気・電子・情報関連の基本用語の対訳和英辞典。収録語数2万（基本語1万6000、複合語4000）。見出し語の読みと英文字の発音をそれぞれカタカナで示す。排列は見出し語の五十音順。工業高校の学生向け。―初めて学ぶ人のための基礎用語早わかり辞典。

トコトンやさしい液晶ディスプレイ用語集
鈴木八十二著　日刊工業新聞社　2008.10
226p　21cm　2200円　①978-4-526-06147-9
Ⓝ549.9

（目次）英語・用語集，日本語・用語集

（内容）液晶ディスプレイで用いられている基本的な用語約650語を図解で解説した用語事典。巻末に欧文索引と和文索引が付く。

メカトロ技術基礎用語辞典　武藤一夫著
工学図書　1990.9　185p　18cm　1400円
①4-7692-0235-0　Ⓝ549.033

OHM電気電子情報英和・和英辞典　新電
気編集部編　オーム社　1996.3　512p
21cm　6180円　①4-274-94117-5

（内容）電気・電子・情報関連の基本用語の対訳英和・和英辞典。英文用語の発音と、和文用語の読みをそれぞれカタカナで示す。「電気電子

情報英和20000語辞典」と「電気電子情報和英20000語辞典」の合本版。工業高校の学生向け。―初めて学ぶ人のための基礎用語早わかり辞典。

＜ハンドブック＞

くふうを広げるアイデアエレクトロニクス
西村昭義著　発明協会　1998.6　190p
26cm　2500円　①4-8271-0493-X

（目次）第1課 くふうのためのエレクトロニクス物理（静電気，電流電気 ほか），第2課 くふうのためのエレクトロニクス知識（抵抗器，コンデンサー ほか），第3課 くふうに役立つエレクトロニクス（スイッチのくふう，リレーのくふう ほか），第4課 ディジタル回路の応用（ディジタル回路とはどんなものか，回路に使われる論理素子 ほか）

（内容）君のくふう・アイデアにエレクトロニクスを生かそう!!この本は、中学理科程度の電気に関する基礎知識を持つ中学生・高校生のみなさんに読んでいただき、日頃から興味を抱いている創意とくふうの中に、エレクトロニクス技術を取り入れるにはどのような方法があり、どの様に考えて行けばよいのか等について、さまざまな事例をまじえて指導し、多くの図版と写真を用いて判りやすく解説した手引書です。

真空管オーディオハンドブック　加銅鉄平，
長真弓，森川忠勇監修　誠文堂新光社　2000.
11　383p　26cm　7800円　①4-416-10005-1

（目次）真空管の基礎知識，出力管の特徴と選び方，出力管の動作，電圧増幅段の回路，NFB実践のテクニック，出力トランス・段間トランス，電源トランス・平滑チョークコイル，電源部の設計法，OTLアンプの設計法，著名パワーアンプ回路集〔ほか〕

（内容）本書は半導体アンプ出現後、まったく途絶えた感のある真空管アンプ製作の手引書として、過去の遺産である数々の銘機を掘り起こし、その技術を正確に伝承するとともに、現在の真空管アンプ製作技術を可能なかぎり解説することとしました。さらには、真空管アンプに適するスピーカーの条件、利用価値の大きい真空管規格表、豊富な製作実例などを収録して万全を期したつもりです。

電子工作ハンドブック　1　工作・部品入
門編　宇野俊夫著　翔泳社　2008.6　127p
19cm　（Digital diy）　1220円　①978-4-7981-1529-0　Ⓝ549

（目次）第1章 電子工作を始めよう（電子工作の楽

212　科学への入門レファレンスブック

技術・工学　　　　　　　　　　　　　　　　電気工学

しみ，教科書では学べないことを学ぼう　ほか），第2章　電子工作に必要な道具類や作業環境を整備しよう（電子工作の準備，工具の入手方法　ほか），第3章　うまくいく電子工作の秘訣（何を作るのかを決めよう，ケース　ほか），第4章　部品の知識（電子工作で使う部品の色々，部品の種類　ほか），第5章　電子回路の基礎知識（電源，クロックの生成　ほか）

(内容)誰でもはじめられてくわしく判る!工具／工作の基本とコツ&さまざまな電子部品の種類と仕組み。

電子工作ハンドブック　2　回路設計入門

編　宇野俊夫著　翔泳社　2008.6　127p　19cm　1220円　①978-4-7981-1530-6　Ⓝ54549

(目次)第1章　電子工作の基礎知識，第2章　クロック発振回路，第3章　デジタル回路を動かす，第4章　電源回路，第5章　マイコンを使った回路を動かす，第6章　アナログ回路を扱う

(内容)いつまでも役に立つ回路のキホンを満載!市販製品・キットのカスタマイズに，オリジナル回路の設計・組み立てに。自作ロボットの設計も「この一歩」から。

電子工作ハンドブック　3　ハンダの達人

福多利夫著　翔泳社　2008.12　127p　19cm　1220円　①978-4-7981-1719-5　Ⓝ54　549

(目次)第1部　入門ハンダ付け，第2部　実践!ハンダ付け

(内容)電子工作で用いるハンダ付けのコツを解説。まずはハンダ付けに関する基礎知識を学び，さまざまな状況に応じたハンダ付けのコツを身につける。

＜図鑑・図集＞

しくみや使い方がよくわかるモーター図鑑

技術チャレンジ　門田和雄監修　誠文堂新光社　2008.6　127p　26cm　1800円　①978-4-416-30808-0　Ⓝ542.13

(目次)第1章　モーターの基礎（モーターとは?，モーターの基礎知識，モーターの構造と名称，モーターの性能，本書で紹介するいろいろなモーター，モーターの単位について，モーターを扱い上での注意事項），第2章　色々なモーター（双葉電子工業株式会社，株式会社タミヤ，マブチモーター株式会社，近藤科学株式会社，S.T.JAPAN，日本サーボ，株式会社シコー技研）

電子工作大図鑑　作ってきたえて能力アッ

プ!　伊藤尚未著　誠文堂新光社　2006.7　319p　26cm　1800円　①4-416-30606-7

(目次)押して光ると負けゲーム　ガチャガチャブー，2コマのアニメーション劇場，ぱらぱら影絵シアター，鉛筆を使った愉快な電子楽器　鉛筆サウンダー，聞こえるか?! カンタンラジオ，自動点灯　チャリマーカー，くるくるくるくる…AQこま，電池で光る蛍光灯　バッテリーFL，闇を切り裂く光の剣　オプトソード，カンタン回路のロボットカー　ライントレーサー，描いた楽譜が音楽になる　テープオルゴール〔ほか〕

◆通信

＜辞　典＞

情報通信基礎用語辞典　電気通信協会編　電

気通信協会，オーム社〔発売〕　1990.3　353p　15cm　〈『データ通信・コンピュータ基礎用語辞典』改訂・改題書〉　2200円　Ⓝ547.48

(内容)歴史ある用語から最新の用語に至るまで幅広く収録。厳密さが損なわれない程度に平易な言葉で簡素に説明。すばやく理解できるように，細やかな配慮。どこでもポケットに入れて持ち運べるようにした。

ディジタル交換の基礎用語　第7版　電気通

信協会，オーム社〔発売〕　1994.11　354p　19cm　2400円　①4-88549-505-9　Ⓝ547.465

(内容)ディジタル交換関連の基礎用語1000語を図解を交えて解説した小辞典。ディジタル交換機，ISDNシステム，ATMシステムの3編に分け，それぞれ体系的に分類排列する。巻末に日本語索引・英文索引を付す。1983年初版刊行のものの改訂第7版。

ディジタル交換の基礎用語　第8版　電気通

信協会，オーム社〔発売〕　1997.6　361p　19cm　2400円　①4-88549-505-9

(目次)1 ディジタル交換機編（基本用語，ハードウェア，ソフトウェア，保守運転，ディジタル交換機の改良），2 ISDNシステム編（基本用語，ハードウェア，ソフトウェア），3 マルチメディアシステム編（ATMシステム）

まんがでわかるハム用語　江頭剛絵　CQ出

版　1993.5　222p　19cm　（CQ comics 4）　1200円　①4-7898-1267-7　Ⓝ547.61

(目次)第1章　これだけ覚えれば，とりあえず交信できる，第2章　この言葉が使えれば，ちょっと

科学への入門レファレンスブック　213

電気工学　　　　　　　技術・工学

だけベテラン気分になれる，第3章 移動運用を
楽しみながら，ハムのワザを身につけよう!!，第
4章 アマチュア無線独特の用語も覚えておこう，
第5章 HFのSSBで交信するときに必要な用語

＜ハンドブック＞

アマチュア無線用日本・世界地図　改訂版
日本アマチュア無線連盟編　日本アマチュア
無線連盟　2000.8　1冊　30cm　〈他言語標
題：Atlas for radio amateurs　〔東京〕CQ
出版社（発売）　折り込1枚〉　2800円　Ⓘ4-
7898-6128-7　Ⓝ547.61

衛星通信ガイドブック　2014　田中絵美
子，井上真一郎編　サテマガ・ビー・アイ
2014.6　61p　30cm　1759円　Ⓘ978-4-
901867-57-3

(目次)SPECIAL INTERVIEW,SPECIAL RE-
PORT，特集 衛星と移動体ブロードバンド，
Pick-up Satellite Business Company，衛星関連
団体紹介，Satellite News Clipping—気になる
衛星関連ニュースをクリッピング，衛星通信基礎
解説，衛星通信ビジネス事業者一覧＆衛星ユー
ザー事例等，海外REPORT

衛星通信ガイドブック　2015　サテマガ・
ビー・アイ　2015.6　57p　30cm　1759円
Ⓘ978-4-901867-60-3

(目次)SPECIAL INTERVIEW,SPECIAL RE-
PORT，衛星放送最新トレンド，衛星関連団体紹
介，Satellite News Clipping–気になる衛星関
連ニュースをクリッピング，衛星通信基礎解説，
衛星通信ビジネス事業者一覧＆衛星ユーザー事
例等，海外REPORT，衛星関連団体紹介

衛星通信ガイドブック　2016　サテマガ・
ビー・アイ　2016.6　57p　30cm　1759円
Ⓘ978-4-901867-64-1

(目次)SPECIAL INTERVIEW,SPECIAL RE-
PORT，衛星関連団体紹介，衛星通信基礎解説，
衛星通信ビジネス事業者一覧＆衛星ユーザー事
例等，海外REPORT

記録・メモリ材料ハンドブック　逢坂哲弥，
山﨑陽太郎，石原宏編　朝倉書店　2000.11
416p　21cm　16000円　Ⓘ4-254-20098-6
Ⓝ547.33

(目次)第1編 磁気記録材料（薄膜プロセス，媒体，
ヘッド，これからの磁気記録材料），第2編 光
および光磁気ディスク（光磁気ディスク，相変
化光ディスク，追記型光ディスク，これからの

光記録），第3編 半導体メモリ材料（DRAM，フ
ラッシュメモリ，強誘電体メモリ（FeRAM），
トランジスタ型強誘電体メモリ，不揮発性磁気
メモリ）

(内容)情報技術のうち記録・メモリ材料の知識
を体系的にまとめたハンドブック。磁気記録，
光および光磁気ディスク，半導体メモリに分類
して現状と解説をまとめている。各々の項目で
は入門的解説を付し，各章末では未来型情報記
録技術について記載する。巻末に和文索引・欧
文索引を付す。

デジタル放送ハンドブック　山田宰監修，映
像情報メディア学会編　オーム社　2003.6
506p　26cm　16000円　Ⓘ4-274-03600-6

(目次)第1編 デジタル放送の概要，第2編 圧縮
技術，第3編 データ放送，第4編 多重化方式と
番組配列情報，第5編 衛星放送伝送方式，第6編
地上放送伝送方式，第7編 ケーブルテレビ伝送
方式，第8編 限定受信・著作権保護方式，第9編
受信機，第10編 サーバ型放送，第11編 デジタ
ル放送設備

(内容)本書は，地上デジタル放送開始を控え，デ
ジタル放送の全体仕様がほぼ決定したこの時期
に，デジタル放送の全体と詳細仕様を理解でき
るように企画した。本書の執筆は，電波産業会
の開発部会で方式の開発を担当した各分野の専
門家があたっている。デジタル放送の基本原理
から実際の詳細仕様まで，すべてをカバーした
初めてのハンドブックである。

＜年鑑・白書・レポート＞

情報通信白書のあらまし　平成13年版　財
務省印刷局編　財務省印刷局　2001.10　45p
19cm　（白書のあらまし 25）　340円　Ⓘ4-
17-352625-3

(目次)第1章 特集「加速するIT革命」—ブロー
ドバンドがもたらすITルネッサンス，第2章 情
報通信の現況，第3章 情報通信政策の動向

情報通信白書のあらまし　平成14年版　財
務省印刷局編　財務省印刷局　2002.9　42p
19cm　（白書のあらまし 25）　340円　Ⓘ4-
17-352725-X

(目次)第1章 特集「IT活用型社会の胎動」，第2
章 情報通信の現況，第3章 情報通信政策の動向

海洋・船舶工学

<事 典>

海と船と人の博物史百科 佐藤快和著 原書房 2000.6 523,17p 21cm 4800円 ①4-562-03297-9 ⑧550.2

(目次)アホウドリ,錨,勇魚,ウォーク・ザ・プランク,海,エンリケ航海王子,オセアニア,壊血病,海国,海藻〔ほか〕

(内容)海にかかわる人類の歴史のなかから,歴史や伝承などさまざまな事項について図版とともに紹介・解説するガイドブック。海に関する事項について五十音順に排列して歴史,エピソードを解説。各項目は別称と外国語による呼称についても併載する。巻末に関連事項を含む五十音順の事項索引を付す。

知られざる難破船の世界 リチャード・プラット著,川成洋日本語版監修 あすなろ書房 2008.6 55p 29cm 「知」のビジュアル百科 47) 〈原書名:Eyewitness-shipwreck.〉 2500円 ①978-4-7515-2457-2 ⑧557.84

(目次)難破,危険な海,古代の難破船,難破船探査の歴史,中国のジャンク,メアリー・ローズ号の沈没,イギリスの海難事故,無敵艦隊の沈没,オンタリオ湖に沈む,姿を現したヴァサ号,"不沈船"タイタニック号,石油タンカー事故,航海法,灯台と灯台船,海上での通信技術,難破船からのサバイバル,救助活動,救助艇の装備,潜水の歴史,スキューバ・ダイビング,深海探査,沈没船の発見と引き揚げ,生活のなごり,サルベージ,復元と保存,難破船と芸術

(内容)海底に眠る難破船が教えてくれるオドロキの真実!古代から現代まで,貴重な写真とともに難破船の不思議に迫る驚異の歴史図鑑。

船の歴史事典 コンパクト版 アティリオ・クカーリ,エンツォ・アンジェルッチ著,堀元美訳 原書房 2002.6 281p 26cm 〈原書名:Le Navi〉 4800円 ①4-562-03523-4 ⑧550.2

(目次)木の幹から帆へ,櫂船の全盛時代,ヴァイキング,地中海の海運都市,大洋の征服,帆船の黄金時代,蒸気革命,第1次世界大戦,貨物船と客船,再び海上の戦争,現代の海軍,明日への冒険

(内容)3000年にわたる船の歴史と関連人物についてまとめた事典。先史時代の丸木舟から,帆船,蒸気船,原子力船に至るまで世界の船舶を

時系列順に排列。約1000点のイラストを交えて航海の模様などを紹介する。巻末資料は世界の海事博物館,海事用語集,西洋・東洋海事史年表ほか。五十音順の船名・事項索引と人名索引がある。

<ハンドブック>

海の安全ハンドブック 小型船・漁船・プレジャーボート 日本海難防止協会編 成山堂書店 1994.7 207p 19cm 1800円 ①4-425-35211-4 ⑧557.8

(目次)1 海の事故について,2 シーマンの常識,3 衝突・乗揚げ事故を起こさないために,4 海のルール,5 確実な救助のために,付録(地方運輸局等所在地一覧,海上保安管署等所在地一覧)

(内容)海上安全のための必要最小限の知識を平易・簡潔に記述したもの。参考となる図・表,安全上基本となる法令の関係条文等も掲載する。

21世紀の海洋土木技術 日本海洋開発建設協会海洋工事技術委員会編 山海堂 2006.2 303p 30cm 3000円 ①4-381-01837-0

(目次)第1部 海洋土木技術が日本の21世紀を拓く(新たな海洋時代を迎えて,海洋土木技術者の願い,21世紀の海洋土木技術,未来への挑戦),第2部 21世紀に求められる海洋土木技術(安全で美しい国土を守るために,地球資源の有効活用を目指して,ゆとりある快適な暮らしをもとめて,人々の安心と利便性のために),第3部 21世紀の海洋土木ビジョン(安全で美しい沿岸域の復元,豊富な海洋資源・エネルギーを利用した環境社会を目指して ほか),第4部 21世紀に望まれる海洋土木技術者の姿(技術の新たな視点,ヒューマナイズド・テクノロジーの思考,21世紀の海洋土木技術者に求められる5つの資質)

<図鑑・図集>

ビジュアル博物館 36 船 エリック・ケントリー著,リリーフ・システムズ訳 (京都)同朋舎出版 1992.12 63p 29×23cm 3500円 ①4-8104-1129-X

(目次)水上へ,さまざまないかだ,動物の皮を張ったボート,樹皮張りのカヌー,丸木舟とアウトリガー船,板張船,板張船の建造,オールの力,風に吹かれて,帆の様式,帆船の時代,クジラ発見!,色とりどりの飾り,内陸水路,蒸気船と外輪船の発達〔ほか〕

金属工学・化学工業　　　　技術・工学

(内容)魅惑に満ちたボートと船の物語を新たな角度から探るユニークで楽しい博物図鑑です。アシや動物の皮でつくったボード、カバの樹皮でつくったカヌー、手彫りのアウトリガー船、さらには巨大な蒸気船、現代の外洋定期船、ディンギーの実物そのままの美しい写真で、世界中のボートや船をここに紹介。

船の歴史文化図鑑　船と航海の世界史　ブライアン・レイヴァリ著、増田義郎、武井摩利訳　悠書館　2007.9　400p　31×26cm　〈原書名：SHIP〉　16000円　①978-4-903487-02-1

(目次)1 船の誕生、2 海を征く者、3 ヨーロッパの拡大、4 帆船の時代、5 蒸気船の時代、6 帆船の黄昏、7 世界大戦、8 グローバルな時代

(内容)太古の丸木舟や葦船から、華麗な木造帆船、ホテルのような豪華客船、そして現代の原子力潜水艦にいたるまで、造船と航海術の変遷・発展の歴史を、それを支えた文化的・社会的背景とともに詳述。"大航海時代"に代表される、未知の地を求める冒険心あふれる航海者たちの人間のドラマを、さまざまなエピソードをまじえて紹介。サラミス、レパント、トラファルガル、日本海等、歴史的な海戦の模様と、それを指揮した名だたる提督たちの人物像や戦略・戦術を、臨場感豊かに再現。各地域・各時代を代表する船について、大きさ・重さ・速さ、各部位の詳細、装備した武器など、基本データを、わかりやすいイラストとともに掲載。

金属工学・化学工業

<年　表>

世界石油年表　村上勝敏著　オイル・リポート社　2001.10　316p　22cm　〈『世界石油史年表』(日本石油コンサルタント1974年刊)の改訂版　文献あり〉　3000円　①4-87194-062-4　Ⓝ568.032

(目次)前史、近代への胎動 発明と発見の時代、近代石油業の開幕 灯油時代の成立、国際石油産業の展開、機械の世紀の開幕と燃料油時代 国際石油企業の興隆、石油メジャーの誕生、石油帝国主義と恐慌の時代、国際石油カルテルの形成、戦時経済と燃料国策：戦後中東石油と米国の制覇、石油帝国メジャーズの繁栄、原油低価格時代とOPECの誕生、産油国ナショナリズムの高揚と第1次石油危機、石油消費国同盟の成立、イラン革命の進展と第2次石油危機、非OPEC産油国の台頭と原油の市況商品化、湾岸戦争と原

油価格の乱高下、ニューフロンティアの登場、巨大合併と国際石油産業の再編

(内容)石油の利用と発展の歴史を人類の文化史・文明史と位置づけてまとめた年表。ノアの箱船以来広範な用途に使用された石油の前史、19世紀半ば以降の石油の近代史、壮大な「石油の世紀」としての20世紀の歴史まで、6000年におよぶ石油史上の諸事件を掲載する。

<事　典>

化学物質の小事典　伊東広、岩村秀、斎藤太郎、渡辺範夫著　岩波書店　2000.12　276p　18cm　(岩波ジュニア新書　事典シリーズ)　1400円　①4-00-500363-X　Ⓝ574.033

(目次)アクチノイド、アミノ酸、アルカリ金属とアルカリ金属化合物、アルカリ土類金属とアルカリ土類金属化合物、アルコール・フェノール、アルデヒドとケトン、硫黄と硫化物、異性体、ウイルス、うまみ物質〔ほか〕

(内容)農薬やアレルギーの原因物質などの重要な化学物質を取り上げ、やさしく解説した事典。化学物質を紹介する本文と、本文の項目を補う約200の化学物質および関連の基本用語を解説する参照項目の2部から成る。本文と参照項目はいずれも五十音順。巻末に五十音順の索引付き。アルファベットやアルファベットと数字だけで構成された用語や化学式は五十音順の前にABC順で排列する。

顔料の事典　伊藤征司郎編　朝倉書店　2000.9　601,6p　26cm　25000円　①4-254-25243-9　Ⓝ576.9

(目次)第1編 顔料の基礎科学(粉体の生成、物質の色、顔料のかかわる界面科学 ほか)、第2編 顔料の一般的性質と顔料各論(顔料の歴史、顔料の一般的性質、無機顔料 ほか)、第3編 表面改質と分散技術(界面活性剤とその作用：高分子分散剤とその作用、カップリング剤とその作用 ほか)、第4編 顔料の用途とその応用(塗料用顔料、印刷インキ用顔料、プラスチック用着色剤 ほか)

(内容)顔料全般にわたる種類、用途などの知識をまとめた実務便覧。巻末に資料、五十音順索引を付す。

顔料の事典　普及版　伊藤征司郎総編集　朝倉書店　2010.7　601p　26cm　〈文献あり〉　19000円　①978-4-254-25264-4　Ⓝ570

(目次)第1編 顔料の基礎科学(粉体の生成、物質

216　科学への入門レファレンスブック

技術・工学　　　　　　　　　　　　　　　　　　　　　　　金属工学・化学工業

の色，顔料のかかわる界面科学，無機物質の機能，有機色素の機能，顔料のキャラクタリゼーション（表面分析を中心として）），第2編 顔料の一般的性質と顔料各論（顔料の歴史，顔料の一般的性質，無機顔料，有機顔料，機能性色素），第3編 表面改質と分散技術（界面活性剤とその作用，高分子分散剤とその作用，カップリング剤とその作用，表面処理，分散技術），第4編 顔料の用途とその応用（塗料用顔料，印刷インキ用顔料，プラスチック用着色料，化粧用色素，描画用顔料，筆記用具顔料，繊維用顔料，ゴム用顔料，医薬・食品用顔料）

金属材料の事典　田中良平，一ノ瀬幸雄，木村啓造，根岸朗，渡辺治編　朝倉書店　1990.1　544,7p　21cm　14420円　Ⓘ4-254-24010-4

（内容）本書は，新しい名前の材料やプロセス，商品名的なものまでも含めた金属材料全般について，簡明に，しかも正確にその言葉の意味や内容を理解することのできる事典である。

金属の百科事典　木原諄二，雀部実，佐藤純一，田口勇，長崎誠三編　丸善　1999.9　739p　21cm　17000円　Ⓘ4-621-04637-3

（目次）総論（金属の科学，金属と文化，金属と生活，金属をつくる），各論

（内容）金属全般に関する事柄を収録した百科事典。総論，各論，付録の3部構成。総論では，金属に関する各テーマについての解説。各論では，約2000項目を収録した金属辞典。付録には，年表，周期表，博物館一覧などを収録している。巻末に和文・英和索引がある。

セルロースの事典　セルロース学会編　朝倉書店　2000.11　580p　21cm　20000円　Ⓘ4-254-47030-4　Ⓝ578.5

（目次）1 セルロース資源，2 セルロースの生合成，3 セルロースの高次構造，4 セルロースの化学反応，5 セルロースおよび誘導体の物性，6 セルロースの生分解，7 セルロースの利用

（内容）セルロースの特性と今後の可能性を体系的にまとめた事典。セルロース関連の研究者・技術者・学生を対象とする。巻末に五十音順索引付き。

洗剤・洗浄の事典　奥山春彦，皆川基編　朝倉書店　1990.11　776,5p　21cm　22660円　Ⓘ4-254-25225-0　Ⓝ576.59

（目次）1 洗剤概論，2 洗浄概論，3 洗浄機器概論，4 生活と洗浄，5 医療・工業・その他の洗浄，6 洗剤の安全性と環境

（内容）本書は，生活の場で広く洗浄に使用され

る洗剤のほか、工業洗浄に使用される洗剤、医療機関で洗浄に使用される洗剤などに関する基礎的な専門知識と応用的な知識の両面にわたる広範囲な内容を収録している。また洗剤の安全性と環境への影響、洗剤に関する国内外の関連法規などについても解説されている。

洗剤・洗浄百科事典　皆川基，藤井富美子，大矢勝編　朝倉書店　2003.10　415p　21cm　〈『洗剤・洗浄の事典』改訂・改題書〉　30000円　Ⓘ4-254-25245-5

（目次）1 洗剤概論，2 洗浄概論，3 洗浄機器概論，4 生活と洗浄，5 医療・工業・その他の洗浄，6 洗浄の安全性と環境

（内容）『洗剤・洗浄の事典』（1990年）の全文を改訂。改訂にあたり高齢者施設における洗浄、原子力発電所における洗浄、プールの洗浄・消毒、災害時の洗浄、環境と安全の生活情報など時代のニーズを取り込み加え、包含する内容も多方面にわたり膨大なものになったため、書名を『洗剤・洗浄百科事典』とした。

洗剤・洗浄百科事典　新装版　皆川基，藤井富美子，大矢勝編　朝倉書店　2007.11　915p　26cm　30000円　Ⓘ978-4-254-25255-2

（目次）序論，1 洗剤概論（洗剤の定義，洗剤の歴史 ほか），2 洗浄概論（繊維本質の洗浄，非水系洗浄 ほか），3 洗浄機器概論（家庭用洗浄機，業務用洗浄機 ほか），4 生活と洗浄（衣生活における洗浄，食生活における洗浄 ほか），5 医療・工業・その他の洗浄（医療における洗浄，高齢者施設における洗浄 ほか），6 洗剤の安全性と環境（洗剤の安全性，洗剤と環境問題 ほか）

洗剤の事典　合成洗剤研究会編　合同出版　1991.7　181p　18cm　1200円　Ⓘ4-7726-0150-3

（内容）界面活性剤の性質や種類、洗剤による水汚染、環境や生体に対する毒性影響など、洗剤問題を「知り・考え・調べる」ために必要な事項を収録した、合成洗剤を考えるための事典。

＜辞典＞

絵とき 射出成形用語事典　北川和昭，中野利一著　日刊工業新聞社　2015.2　206p　21cm　2500円　Ⓘ978-4-526-07363-2

（目次）第1章 射出成形機（いろいろな射出成形機，射出形成機のしくみ，射出装置 ほか），第2章 射出成形および加工技術（成形機取扱，成形不良），第3章 プラスチック材料（プラスチック

科学への入門レファレンスブック　217

製造工業　　　　技術・工学

の基礎，プラスチックの特性），第4章 金型（製品設計，金型一般，周辺機器（金型加工関連）），第5章 その他関連機器（周辺機器（成形関連）），第6章 関連用語（規格）

絵ときプレス加工用語事典　山口文雄著
日刊工業新聞社　2015.9　207p　21cm
2500円　①978-4-526-07457-8

（目次）第1章 プレス加工，第2章 プレス作業，第3章 プレス金型，第4章 プレス機械と周辺機器，第5章 プレス加工関連，第6章 被加工材，第7章 図面

金属用語辞典　金属用語辞典編集委員会編著
アグネ術研センター　2004.2　507p　19cm
3500円　①4-901496-14-X

（内容）広い意味での金属学の用語を集め，基礎的な述語を中心にしながら，製造現場で使われていることば，材料名，今も使われている歴史的なことばから新しいものまで約3400語を収録した金属用語辞典。配列は見出し語の五十音順，見出し語，見出し語の英語，解説文からなり，巻末に欧文，和文の索引が付く。

生活環境と化学物質 用語解説 化学物質に目くばり気くばり心くばりのことば集
第2版　国際環境専門学校，日本分析化学専門学校共編　（尼崎）国際環境専門学校，（大阪）弘文社〔発売〕　2003.3　249p　19cm
1905円　①4-7703-0274-6

（目次）1 生活環境と衣服，2 生活環境と食品，3 生活環境と容器，食器，包装，4 生活環境と住居，家具，5 生活環境と洗剤，6 生活環境と家庭用薬剤，7 生活環境と家庭用医薬品，8 生活環境と化粧品，9 生活環境と水質汚濁，10 生活環境と大気汚染，付録 環境ホルモンについて

（内容）化学物質の管理については従来，主として法的規制によって個々の化学物質に関わる個別の問題や事故に対応してきたのであるが，私達の想像を超える被害が続出している。そこで化学物質の適正な管理を計る一方，生活者として日常少しでも化学物質の特徴を理解し，そのリスクを認識して対策を講じることが環境管理の重要な問題となってきた。本書はこのような現状に鑑み，環境管理に対する市民，国民の書として，また，これから環境を学ぶ人達にとっての入門書的な役割を果たすことを期待するものである。

ハンダづけ用語辞典　基礎から新技術まで
川口寅之輔著　日本アルミット　1997.4
229p　22cm　3800円　①4-931031-06-4

Ⓝ566.68

＜ハンドブック＞

ポリプロピレンハンドブック　基礎から用途開発まで　エドワード・P.ムーア，ジュニア編著，保田哲男，佐久間暢訳・監修　工業調査会　1998.5　495p　21cm　7000円
①4-7693-4119-9

（目次）ポリプロピレン（材料と特性，事業と応用，その未来）

（内容）ポリプロピレンの技術は、この40年以上の間に、初期の触媒と用途の開発の時代から、効率的な製造プロセスを追求する時代へと移り変わってきた。その過程で、新世代の触媒が生まれ、ポリマーの性質は多様化し、用途は飛躍的に拡大した。最近の変化の速さと幅はまさしく革命的である。本書は、拡大を続けるポリプロピレン産業についての総合的で実務的な参考書である。重合、触媒およびこの革新的な材料を産んだブレークスルーを解説し、さらにポリプロピレンのモルフォロジー、性格づけ、重要な性質、安定化、生産状況、加工方法、応用と用途、この業界に関係する環境問題や規制をまとめている。

製造工業

＜事 典＞

紙の文化事典　尾鍋史彦総編集，伊部京子，松倉紀男，丸尾敏雄編　朝倉書店　2006.2　562p　21cm　16000円　①4-254-10185-6

（目次）第1章 はじめに，第2章 紙の歴史，第3章 紙の文化，第4章 紙の科学と技術，第5章 紙・板紙の流通，第6章 紙をめぐる環境問題，第7章 紙の将来，第8章 紙のデータ集，おわりに―「紙の文化学」の提案

（内容）紙の歴史、文化、科学と技術、流通、環境問題から紙の将来までを集大成した事典。随所に図解・写真などを掲載。コラムも多数収載。巻末に索引、資料を収録。

たばこの事典　たばこ総合研究センター編　山愛書院，星雲社（発売）　2009.3　782p　27cm　〈他言語標題：Encyclopedia of Tobacco　年表あり〉　18000円　①978-4-434-12707-6　Ⓝ589.8

（目次）総説篇，用語篇，和文索引，欧文索引，付録，たばこ史年表

技術・工学　　　　　　　　　　　　　　　　　　　　　　　　製造工業

(内容)たばこの歴史、生産、製造、販売などの分野別の概説とともに喫煙と健康問題、科学研究について論述した解説篇と、たばこにかかわる専門用語解説した用語篇からなる。用語篇は見出し語の五十音順に配列、見出し語、見出し語の英訳、解説を記載、日欧両語による索引のほか、検索機能ソフトを付した用語篇CD-ROMが付く。

木竹工芸の事典　新装版　柳宗理, 渋谷貞,
　内堀繁生編　朝倉書店　2005.7　571p
　26cm　18000円　①4-254-68014-7

(目次)1 木竹工芸の歴史(原始から古代, 中世の木竹工芸 ほか), 2 木竹材料(工芸材料としての木材, 木材の種類 ほか), 3 工具と加工技術(木工具, 加工, 仕口と継手, 金物), 4 工芸品(箱と小工芸品, 寄木細工 ほか)

(内容)木竹工芸の歴史から材料、工具と加工技術、工芸品、産地までを解説。巻頭にカラー写真掲載、随所に写真、図解掲載。巻末に附表、五十音順索引を付す。

容器の事典　缶詰技術研究会, 日本食糧新聞社(発売)　2010.10　246,16p　21cm　4800円　①978-4-88927-189-8　Ⓝ588.9

(内容)容器・包材の種類、呼称、特徴、用途、製造技術、機械・設備、原材料を中心に約1300項目を収録。

和紙文化研究事典　久米康生著　法政大学出版局　2012.10　437p　22cm　〈「和紙文化辞典」(わがみ堂 1995年刊)の改題増補改訂版　文献あり　年表あり〉　7800円　①978-4-588-32127-6　Ⓝ585.6

(目次)和紙文化の歴史, 和紙製法の特徴, 和紙の寸法, 全国の紙郷分布, 和紙文化用語解説, 和紙史略年表, 和紙文化関係の主要文献

(内容)用途の多彩さと強度、さらには"質の美"において世界に類を見ない和紙─その伝統を後世に正しく伝えるために、関連する語句・事項1570項目余について詳細に解説する。『和紙文化辞典』(わがみ堂、1995)に新稿「和紙文化の歴史」を増補した改訂版。

<辞 典>

皮革用語辞典　日本皮革技術協会編　(国立)樹芸書房　2016.6　344p　21cm　10000円　①978-4-915245-67-1

(内容)製革工程の基礎用語、原料皮、製革工程、革特性、関連試験法、及び鞄、ハンドバッグ、

革衣料、革手袋、靴等の革製品、商取引等に関する用語を収録。

皮革用語辞典 特装版　日本皮革技術協会編　(国立)樹芸書房　2016.6　344p　21cm　13000円　①978-4-915245-66-4

(内容)製革工程の基礎用語、原料皮、製革工程、革特性、関連試験法、及び鞄、ハンドバッグ、革衣料、革手袋、靴等の革製品、商取引等に関する用語を収録。

木材加工用語辞典　日本木材学会機械加工研究会編　(大津)海青社　2013.3　326p　21cm　〈他言語標題：Glossary of Wood and Wood Machining Terms　文献あり 索引あり〉　3200円　①978-4-86099-229-3　Ⓝ583.033

(内容)木材の機械加工に関する用語を中心に約4700語を収録。

木材切削加工用語辞典　日本木材加工技術協会製材・機械加工部会木材切削加工用語辞典編集委員会編　文永堂出版　1993.2　185p　19cm　3296円　①4-8300-4066-1　Ⓝ583.033

<図鑑・図集>

紙もの・紙加工ものコレクション 使い方がうまい!　グラフィック社編集部編　グラフィック社　2012.4　215p　26cm　2800円　①978-4-7661-2351-7　Ⓝ585.7

(目次)さまざまな特殊紙・ファンシーペーパーを効果的に使った作品(クラシコグロスと箔の微妙に異なる質感で品格を表現─デザイナー：居山浩二(イヤマデザイン), パチカの特性を生かした組み立て式のグリーティングカード─デザイナー：牧忠史(emograph) ほか), 折ったり、抜いたり、さまざまに紙加工を施した作品(折りと型抜き加工で、回転する仕掛けの案内状─デザイナー：青木康子(PANGAEA), 古洋書を再利用したグリーティングカード─デザイナー：榎本一浩(K-DESIGN WORKS) ほか), チープな紙、機能紙、産業用紙を工夫してすてきに使っている作品(チップボールと箔押しのコントラストが魅力的なパッケージ─デザイナー：居山浩二(イヤマデザイン), 素朴な風合いの紙と金箔のギャップが際立つポスター─デザイナー：居山浩二(イヤマデザイン) ほか), こんな使い方! 驚きの紙使いを施した作品(折り紙をヒントにした複雑な折り加工が魅力的な円形ケース─デザイナー：仲将晴(株式会社アドアーツ), 新聞紙を再利用したユニーク

科学への入門レファレンスブック　**219**

製造工業　　　　　　　　　技術・工学

な野菜包装紙—デザイナー：八木義博（株式会社電通）ほか

(内容)ファンシーペーパー、クラフト紙からチープな紙、工業用紙、産業用紙まで、紙づかいが抜群の作品と型抜き、折り加工、タック加工、ホットスタンプなど、参考にしたい紙加工作品の貴重コレクション。

できるまで大図鑑　荒賀賢二絵，小石新八監修　東京書籍　2011.8　239p　30cm　〈他言語標題：The Illustrated Dictionary of"How are the things made?"　索引あり〉　4700円　①978-4-487-80512-9　Ⓝ500

(目次)巻頭写真特集 巨大な建築物ができるまで（高速道路（首都高），道路橋（東京ゲートブリッジ）ほか），1 食べるもの（アイスクリーム，カップめんほか），2 家にあるもの（えんぴつ，鏡 ほか），3 巨大な建築物（高速道路（首都高），道路橋（東京ゲートブリッジ）ほか）

(内容)アイスやチョコ、とうふやこんにゃくなどの食べ物から、せっけんや鏡、かん電池や蚊取り線香などの家にあるもの、はたまた橋や高速道路など巨大な建築物まで、身近なものがつくられるプロセスを、楽しくわかりやすいイラストで解説。

手づくり木工大図鑑　田中一幸，山中晴夫監修　講談社　2008.3　456p　27cm　〈他言語標題：Woodcraft & furniture〉　6571円　①978-4-06-213588-7　Ⓝ583

(目次)第1章 木材（木材の種類・木材図鑑，国産針葉樹材とヨーロッパなどの針葉樹材 ほか），第2章 木工工具（木工工具の種類と使い方，定規（じょうぎ）ほか），第3章 木工技法（接ぎ手の技法，接ぎ手の種類と技法 ほか），第4章 木工作例集（木製品づくりの製作工程，F－スツール ほか），第5章 人と木工作品（楽しさあふれる遊び心と木に生命を吹き込み匠の技。旭川発の創作家具，オリジナルのパーツによる小物の数々。見えないところに心を込める「箱の世界」ほか）

(内容)木工に関する基礎知識、木工製作の基本技術を収録。木工の匠が各種作例・作品を披露。ヨーロッパの名門木工工房を現地取材。

どうやってつくるの?MONO知り図鑑　1 生活でつかうもの　花形康正著　国土社　1997.3　39p　26×21cm　2300円　①4-337-26801-4

(目次)ストロー，つまようじ，アルミホイル，石けん，荷造り用テープ，綿棒，救急ばんそうこう，かみそりの刃，薬（錠剤）

どうやってつくるの?MONO知り図鑑　2　花形康正著　国土社　1997.4　39p　27×22cm　（勉強・仕事でつかうもの）　2300円　①4-337-26802-2

(目次)えんぴつ，消しゴム，画びょう，本（製本），新聞，フロッピーディスク，紙やすり，のこぎり，ボルト

どうやってつくるの?MONO知り図鑑　3　花形康正著　国土社　1997.4　39p　27×22cm　（遊び・スポーツでつかうもの）　2300円　①4-337-26803-0

(目次)ゴム風船，ビー玉，カラーフィルム，ビデオテープ，コンパクトディスク，サッカーボール，テニスボール，テニスラケット，ギター

どうやってつくるの?MONO知り図鑑　4 食べもの・飲みもの　花形康正著　国土社　1997.4　39p　27×22cm　2300円　①4-337-26804-9

(目次)チョコレート，シリアル食品（コーンフレーク），チューインガム，みかんのかんづめ，パスタ（スパゲティ・マカロニ），バター，しょうゆ，ソース，ビール

どうやってつくるの?MONO知り図鑑　5 原材料・エネルギーとリサイクル　花形康正著　国土社　1997.4　39p　27×22cm　2300円　①4-337-26805-7

(目次)鉄，アルミニウム，プラスチック，紙，ガラス，電気，都市ガス，水道水

◆食品工業

<事典>

コツと科学の調理事典　第2版　河野友美著　医歯薬出版　1996.4　541p　22cm　3200円　①4-263-70326-X　Ⓝ596.033

コツと科学の調理事典　第3版　河野友美著，大滝緑，奥田豊子，山口米子補訂　医歯薬出版　2001.6　542p　22cm　〈索引あり〉　3400円　①4-263-70264-6　Ⓝ596.033

(内容)調理技術や味付けのコツを化学的に裏付け、「なぜそうするのか」「なぜそうなるのか」を解説する事典。新しい食材・食品の特徴、珍しい郷土料理や耳慣れない外国料理の作り方、やや難しい食品や調理用語の意味なども記述する。1983年の初版、1996年刊に次ぐ第3版。

ザ・ガム大事典　串間努著　扶桑社　1998.9

220　科学への入門レファレンスブック

技術・工学　　　製造工業

219p　18cm　1238円　①4-594-02574-9

(目次)巻頭特集 ロッテガム史，第1部 明治・大正・戦前，第2部 戦後1（〜昭和40年），第3部 戦後2（昭和41年〜平成），第4部 外国ガム史

(内容)クールミントガムにおけるペンギンとクジラの関係、コーヒーガムはなぜ消えた?など、ガムに関する歴史・事柄を研究したガム事典。

すべてがわかる!「発酵食品」事典　小泉武夫，金内誠，舘野真知子監修　世界文化社　2013.6　190p　21cm　（食材の教科書シリーズ）　1600円　①978-4-418-13325-3

(目次)第1章 基本を知れば、もっとおいしく、ヘルシーに! 発酵食品の基礎知識（発酵食品とは?，発酵食品をつくりだす微生物，発酵食品の歴史，発酵食品、4つの魅力），第2章 調味料、野菜、豆から飲料まで、全112品を紹介 発酵食品カタログ（調味料，豆・野菜，魚，肉，乳製品・パン，お茶，酒，清涼飲料），第3章 "体にうれしい" & "暮らしに役立つ"発酵食品・活用レシピ（体にうれしい活用レシピ シャキッと目覚めたい朝に 赤味噌仕立て卵とじ味噌汁、リンゴ甘酒、アボカドミルク甘酒、ジャスミン甘酒，疲れを癒し、リラックスしたい夜に 白味噌仕立てトマトの味噌汁、グレープフルーツのキウイのサワードリンク ほか），第4章 アレンジだって自由自在! 手作りの味に挑戦 発酵食品・自家製レシピ（醤油，味噌，塩麹，糠床，納豆，テンペ，キムチ，ヨーグルト，甘酒），第5章 日本各地のこだわりの逸品を、楽しんで 発酵食品・お取り寄せ帖（調味料，手作りキット，豆・野菜，魚，乳製品・肉，お茶・甘酒，酒）

(内容)基礎知識や解説はもちろん、レシピからお取り寄せまで。

使ってわかるハーブα媚薬百科　橋本竹二郎監修　国書刊行会　1999.1　189p　21cm　2200円　①4-336-04036-2

(目次)アンジェリカ，イカリソウ，イチジク，イモリとヤモリ，イランイラン，ウイキョウ（フェンネル），エリンジウム（シーホリー・エリンゴ），オレンジの花，カイソウ（シーオニオン），カカオ〔ほか〕

(内容)えっ!ハーブで媚薬!?化学薬品の長期使用は体に毒素を溜めるだけ!ハーブを中心に、「元気の出る媚薬」をご案内します。男性も女性も、今日からの生活が変わる1冊です。

科学への入門レファレンスブック　221

書 名 索 引

書名索引　　うつく

【あ】

アイザック・アシモフの科学と発見の年
　表（1992）…………………………… 19
アイザック・アシモフの科学と発見の年
　表（1996）…………………………… 19
アイザック・アシモフの科学と発見の年
　表　第2刷 ………………………… 19
朝倉　数学辞典 …………………………… 26
朝倉数学ハンドブック　基礎編 ……… 27
朝倉数学ハンドブック　応用編 ……… 27
朝日ファミリー理科年鑑 1993 ………… 9
朝日ファミリー理科年鑑 1994 ………… 9
アマチュア無線用日本・世界地図 改訂
　版 …………………………………… 214
雨と風のことば …………………………… 83
雨と風の事典 …………………………… 80
雨のことば辞典 …………………………… 83
アラマタ生物事典 ……………………… 104
安全につかえる!理科実験・観察の器具図
　鑑 …………………………………… 17
アンモナイト …………………………… 97

【い】

生きものラボ! …………………………… 109
イクス宇宙図鑑　1 ……………………… 49
イクス宇宙図鑑　2 ……………………… 68
イクス宇宙図鑑　3 ……………………… 70
イクス宇宙図鑑　4 ……………………… 70
イクス宇宙図鑑　5 ……………………… 71
イクス宇宙図鑑　6 ……………………… 60
虫はすごい! …………………………… 149
意匠出願のてびき　改訂25版 ………… 180
意匠出願のてびき　改訂28版 ………… 180
磯の生き物図鑑 ………………………… 143
1秒でわかる! 先端素材業界ハンドブッ
　ク …………………………………… 159
いっしょに探そう野山の花たち ……… 124
遺伝子工学キーワードブック 改訂第2
　版 …………………………………… 114
イラストでわかる建築用語 …………… 193
いろいろたまご図鑑 …………………… 134
色で見わけ五感で楽しむ野草図鑑 …… 124

色別身近な野の花山の花ポケット図鑑 … 125
岩波数学辞典　第4版 ………………… 26
岩波数学入門辞典 ……………………… 26
岩波理化学辞典　第5版 ………………… 5
インターネット基礎用語 ……………… 166
インターネット年鑑 Vol.1（95年度版）
　………………………………………… 172
インターネット年鑑 Vol.1（'96）…… 172
インターネット年鑑 '97 ……………… 173
インターネット白書 '96 ……………… 173
インターネット白書 '97 ……………… 173
インターネット白書 '98 ……………… 173
インターネット白書 '99 ……………… 173
インターネット白書 2003 …………… 173
インターネット白書 2005 …………… 173
インターネット白書 2007 …………… 173
インターネット白書 2008 …………… 174
インターネット白書 2009 …………… 174
インターネット白書 2010 …………… 174
インターネット白書 2011 …………… 174
インターネット白書 2012 …………… 174

【う】

VISIBLE宇宙大全 ……………………… 52
ヴィジュアル版星座図鑑 ……………… 68
ウェザーリポーターのためのソラヨミハ
　ンドブック ………………………… 83
WEBプロ年鑑 '07 …………………… 174
WEBプロ年鑑 '08 …………………… 175
WEBプロ年鑑 '09 …………………… 175
WEBプロ年鑑 '10 …………………… 175
WEBプロ年鑑 '11 …………………… 175
動く!深海生物図鑑 …………………… 143
宇宙　新訂版 …………………………… 49
宇宙（ニューワイド学研の図鑑）……… 49
宇宙（ポプラディア大図鑑WONDA）… 49
宇宙（学研の図鑑LIVE）……………… 50
宇宙人大図鑑 …………………………… 19
宇宙図鑑 ………………………………… 50
宇宙大図鑑 ……………………………… 50
宇宙と天文　改訂版 …………………… 50
宇宙の歩き方 …………………………… 50
宇宙のことがだいたいわかる通読できる
　宇宙用語集 ………………………… 48
宇宙ランキング・データ大事典 ……… 47
美しい貝殻 ……………………………… 143

科学への入門レファレンスブック　225

うつく　　　　　　　　書名索引

美しい鉱物と宝石の事典 ················· 98
美しい光の図鑑 ·················· 50
海と環境の図鑑 ·················· 91
海と船と人の博物史百科 ·········· 215
海にすむ動物たち 2 ··············· 155
海の安全ハンドブック ··········· 215
海の生き物 ·················· 143
海のお天気ハンドブック ·········· 84
海の危険生物ガイドブック ········· 142
海の動物百科 1 ·················· 155
海の動物百科 2 ·················· 141
海の動物百科 4 ·················· 141
海の動物百科 5 ·················· 141
海の百科事典 ·················· 90
海辺の生きもの ·················· 143
海辺の生き物 ·················· 142
海辺の生きもの 新装版 ··········· 143
海辺の生きものガイドブック ······· 142
海辺の生きもの図鑑 ··············· 144
海辺の生物 ·················· 144
海辺の生物観察図鑑 ··············· 144

【え】

衛星通信ガイドブック 2014 ·········· 214
衛星通信ガイドブック 2015 ·········· 214
衛星通信ガイドブック 2016 ·········· 214
映像情報メディア工学大事典 基礎編 ···· 210
映像情報メディア工学大事典 データ編 ··· 210
映像情報メディア工学大事典 技術編 ···· 210
映像情報メディア工学大事典 継承技術
　編 ·················· 210
英和化学学習基本用語辞典 ·········· 43
英和学習基本用語辞典化学 ·········· 43
英和学習基本用語辞典数学 ·········· 28
英和学習基本用語辞典生物 ·········· 109
英和学習基本用語辞典物理 ·········· 37
英和 数学学習基本用語辞典 ········· 29
英和 生物学学習基本用語辞典 ······· 109
英和・和英コンピュータ用語辞典 改訂
　版 ·················· 166
英和・和英 情報処理用語辞典 3版 ····· 158
液晶便覧 ·················· 35
絵で見る建設図解事典 1 ··········· 195
絵で見る建設図解事典 2 ··········· 195
絵で見る建設図解事典 3 ··········· 195
絵で見る建設図解事典 4 ··········· 195

絵で見る建設図解事典 5 ··········· 195
絵で見る建設図解事典 6 ··········· 195
絵で見る建設図解事典 7 ··········· 195
絵で見る建設図解事典 8 ··········· 195
絵で見る建設図解事典 9 ··········· 195
絵で見る建設図解事典 10 ·········· 196
絵で見る建設図解事典 11 ·········· 196
絵とき機械用語事典 切削加工編 ······ 196
絵とき機械用語事典 機械保全編 ······ 196
絵とき機械用語事典 機械要素編 ······ 196
絵とき機械用語事典 工作機械編 ······ 196
絵とき機械用語事典 作業編 ········· 196
絵とき機械用語事典 設計編 ········· 196
絵とき 射出成形用語事典 ··········· 217
絵とき 植物生理学入門 改訂3版 ······ 116
絵解きで野鳥が識別できる本 ········ 152
絵とき 電気技術基礎用語早わかり ····· 211
絵とき電気電子情報基礎用語事典 ····· 211
絵とき 電子技術基礎用語早わかり ····· 211
絵ときプレス加工用語事典 ·········· 218
絵とき ボイラー用語早わかり ········ 196
江戸幕末 和洋暦換算事典 (2004) ······· 74
江戸幕末 和洋暦換算事典 (2014) ······· 74
NHK気象ハンドブック 新版 ········· 84
NHK気象ハンドブック 改訂版 ········ 84
NGC・IC天体写真総カタログ ········ 59
エネルギー白書 2004年版 ··········· 178
エネルギー白書 2005年版 ··········· 178
エネルギー白書 2006年版 ··········· 178
エネルギー白書 2007年版 ··········· 178
エネルギー白書 2008年版 ··········· 178
エネルギー白書 2009年版 ··········· 178
エネルギー白書 2010年版 ··········· 178
エネルギー白書 2011年版 ··········· 179
エネルギー白書 2012年版 ··········· 179
エネルギー白書 2013年版 ··········· 179
エレクトロニクス数式事典 ·········· 210

【お】

旺文社化学事典 ·················· 39
旺文社 生物事典 四訂版 ··········· 109
旺文社物理事典 ·················· 33
OHM電気電子情報英和・和英辞典 ····· 212
大きな写真でよくわかる!花と木の名前事
　典 ·················· 122
おかしな生きものミニ・モンスター ···· 134

226　科学への入門レファレンスブック

書名索引　　　　　　　　　かかく

教えて!科学本 ･･････････････････････ 1
落ち葉の呼び名事典 ････････････････ 120
オックスフォード科学辞典 ･･･････････ 5
オックスフォード数学ミニ辞典 ･･････ 26
お天気用語事典 ･･･････････････････ 83
Autodesk Inventor基礎ハンドブック ･･･ 196
Autodesk Inventor10 基礎ハンドブック ･･････････････････････････････ 197
大人も読んで楽しい科学読み物90冊 ･････ 1
おどろきの植物 不可思議プランツ図鑑 ･･ 130
おもしろくてためになる桜の雑学事典 ･･ 120
おもしろ実験・ものづくり事典 ････ 17
親子で遊ぼう!!おもしろ動物園 首都圏版 ･･････････････････････････････ 136
温泉の百科事典 ････････････････････ 93

【か】

皆既日食ハンターズガイド ････････････ 70
改訂 都市防災実務ハンドブック 震災に強い都市づくり・地区まちづくりの手引 ･･･････････････････････････ 186
海洋 ････････････････････････････ 91
海洋科学入門 ･･････････････････････ 90
海洋白書 2004創刊号 ･････････････ 91
海洋白書 2005 ･････････････････ 91
海洋白書 2006 ･････････････････ 91
海洋白書 2007 ･････････････････ 92
海洋白書 2008 ･････････････････ 92
海洋白書 2009 ･････････････････ 92
海洋白書 2010 ･････････････････ 92
海洋白書 2011 ･････････････････ 92
海洋白書 2012 ･････････････････ 92
海洋白書 2013 ･････････････････ 92
海洋白書 2014 ･････････････････ 93
海洋白書 2015 ･････････････････ 93
海洋白書 2016 ･････････････････ 93
外来どうぶつミニ図鑑 ････････････ 137
街路樹の呼び名事典 ････････････････ 120
顔の百科事典 ････････････････････ 115
科学 ････････････････････････････ 7
化学英語の活用辞典 第2版 ･････････ 40
化学英語の基礎 ･･････････････････ 40
化学英語の基礎 改訂版 ･････････････ 40
化学英語用例辞典 ･･･････････････････ 40
科学おもしろクイズ図鑑 ･･･････････ 17
科学を読む愉しみ ･･････････････････ 1

科学技術英語 動詞はこう使え! ･･････ 158
科学技術英語表現辞典 第3版 ･･･････ 5
科学・技術英語例解辞典 ･････････････ 5
科学技術英和大辞典 第2版 ･････････ 5
科学技術英和大辞典 (2012) 第2版 ･･･ 5
科学技術を中心とした略語辞典 ･･････ 5
科学技術史事典 ･･････････････････ 20
科学・技術人名事典 ････････････････ 7
科学・技術大百科事典 上 (あ〜こ) ･･ 3
科学・技術大百科事典 中 (さ〜と) ･･ 3
科学・技術大百科事典 下 (な〜わ) ･･ 3
科学・技術大百科事典 上 普及版 ････ 3
科学・技術大百科事典 中 普及版 ････ 3
科学・技術大百科事典 下 普及版 ････ 3
科学技術独和英大辞典 ･･････････････ 158
科学技術白書 平成元年版 ･･････････ 160
科学技術白書 平成2年版 ･･････････ 160
科学技術白書 平成3年版 ･･････････ 161
科学技術白書 平成4年版 ･･････････ 161
科学技術白書 平成5年版 ･･････････ 161
科学技術白書 平成6年版 ･･････････ 161
科学技術白書 平成7年版 ･･････････ 161
科学技術白書 平成8年版 ･･････････ 161
科学技術白書 平成9年版 ･･････････ 161
科学技術白書 平成10年版 ････････ 161
科学技術白書 平成11年版 ････････ 162
科学技術白書 平成12年版 ････････ 162
科学技術白書 平成13年版 ････････ 162
科学技術白書 平成15年版 ････････ 162
科学技術白書 平成16年版 ････････ 162
科学技術白書 平成17年版 ････････ 162
科学技術白書 平成18年版 ････････ 163
科学技術白書 平成19年版 ････････ 163
科学技術白書 平成20年版 ････････ 163
科学技術白書 平成21年版 ････････ 163
科学技術白書 平成23年版 ････････ 163
科学技術白書 平成24年版 ････････ 163
科学技術白書 平成25年版 ････････ 163
科学技術白書 平成28年版 ････････ 164
科学技術白書のあらまし 平成2年版 ･･ 164
科学技術白書のあらまし 平成元年版 ･･ 164
科学技術白書のあらまし 平成3年版 ･･ 164
科学技術白書のあらまし 平成4年版 ･･ 164
科学技術白書のあらまし 平成5年版 ･･ 164
科学技術白書のあらまし 平成7年版 ･･ 164
科学技術白書のあらまし 平成6年版 ･･ 164
科学技術白書のあらまし 平成8年版 ･･ 164
科学技術白書のあらまし 平成9年版 ･･ 165
科学技術白書のあらまし 平成10年版 ･･ 165

科学への入門レファレンスブック　227

かかく　　　　　　　　書名索引

科学技術白書のあらまし 平成11年版 ‥‥ 165
科学技術白書のあらまし 平成12年版 ‥‥ 165
科学技術白書のあらまし 平成14年版 ‥‥ 165
科学技術要覧 平成26年版 ‥‥‥‥‥‥‥‥ 9
科学技術要覧 平成27年版 ‥‥‥‥‥‥‥‥ 9
科学技術要覧 平成28年版 ‥‥‥‥‥‥‥‥ 9
化学語源ものがたり part 2 ‥‥‥‥‥‥ 41
科学史技術史事典 ‥‥‥‥‥‥‥‥ 20, 176
科学史人物事典 ‥‥‥‥‥‥‥‥‥‥‥‥ 21
科学史年表 ‥‥‥‥‥‥‥‥‥‥‥‥‥‥ 19
科学者3000人 ‥‥‥‥‥‥‥‥‥‥‥‥‥ 1
科学者人名事典 ‥‥‥‥‥‥‥‥‥‥‥‥ 7
科学者伝記小事典 ‥‥‥‥‥‥‥‥‥‥‥ 21
科学書をめぐる100の冒険 ‥‥‥‥‥‥‥ 18
科学書乱読術 ‥‥‥‥‥‥‥‥‥‥‥‥‥ 18
化学大百科 ‥‥‥‥‥‥‥‥‥‥‥‥‥‥ 39
化学大百科 普及版 ‥‥‥‥‥‥‥‥‥‥ 39
科学哲学 ‥‥‥‥‥‥‥‥‥‥‥‥‥‥‥ 18
科学に親しむ3000冊 ‥‥‥‥‥‥‥‥‥‥ 1
科学ニュースがみるみるわかる最新キー
　ワード800 ‥‥‥‥‥‥‥‥‥‥‥‥‥‥ 3
化学の基礎 ‥‥‥‥‥‥‥‥‥‥‥‥‥‥ 42
科学のことば雑学事典 ‥‥‥‥‥‥‥‥‥ 6
科学の栞 ‥‥‥‥‥‥‥‥‥‥‥‥‥‥‥ 1
科学の事典 第3版 ‥‥‥‥‥‥‥‥‥‥‥ 3
科学の世界にあそぶ ‥‥‥‥‥‥‥‥‥‥ 1
化学の単位・命名・物性早わかり 改訂
　版 ‥‥‥‥‥‥‥‥‥‥‥‥‥‥‥‥‥ 39
科学の本っておもしろい 第1集 改訂版
　‥‥‥‥‥‥‥‥‥‥‥‥‥‥‥‥‥‥ 16
科学の本っておもしろい 第2集 改訂版
　‥‥‥‥‥‥‥‥‥‥‥‥‥‥‥‥‥‥ 16
科学の本っておもしろい 第3集 ‥‥‥‥ 16
科学の本っておもしろい 第4集 ‥‥‥‥ 16
科学の本っておもしろい 続 新装版 ‥‥ 16
科学の本っておもしろい 2003-2009 ‥‥ 16
科学の街 ‥‥‥‥‥‥‥‥‥‥‥‥‥‥‥ 7
科学の読み方、技術の読み方、情報の読
　み方 ‥‥‥‥‥‥‥‥‥‥‥‥‥ 2, 158
化学物質の小事典 ‥‥‥‥‥‥‥‥‥‥ 216
化学用語英和辞典 ‥‥‥‥‥‥‥‥‥‥ 41
化学用語辞典 第3版 ‥‥‥‥‥‥‥‥‥ 41
科学よみものの30年 ‥‥‥‥‥‥‥‥‥‥ 2
科学理論ハンドブック50 物理・化学編 ‥ 35, 42
科学理論ハンドブック50 宇宙・地球・生
　物編 ‥‥‥‥‥‥‥‥‥‥‥‥‥‥ 48, 78
描きたい操作がすぐわかる!AutoCAD LT
　操作ハンドブック ‥‥‥‥‥‥‥‥‥ 197
学術用語集 ‥‥‥‥‥‥‥‥‥‥‥‥‥ 34
学術用語集 増訂版 ‥‥‥‥‥‥‥‥‥‥ 94

学術用語集 分光学編 増訂版 ‥‥‥‥‥ 37
学生 化学用語辞典 第2版 ‥‥‥‥‥‥‥ 43
学生実験のてびき ‥‥‥‥‥‥‥‥‥‥ 160
火山の事典 ‥‥‥‥‥‥‥‥‥‥‥‥‥ 94
火山の事典 第2版 ‥‥‥‥‥‥‥‥‥‥ 94
化石 ‥‥‥‥‥‥‥‥‥‥‥‥‥‥‥‥ 97
化石鑑定のガイド 新装版 ‥‥‥‥‥‥ 96
化石図鑑(「知」のビジュアル百科4) ‥‥ 97
化石図鑑 ‥‥‥‥‥‥‥‥‥‥‥‥‥‥ 97
風の事典 ‥‥‥‥‥‥‥‥‥‥‥‥‥‥ 81
かたちの科学おもしろ事典 ‥‥‥‥‥‥‥ 4
形の科学百科事典 ‥‥‥‥‥‥‥‥‥‥‥ 4
形の科学百科事典 新装版 ‥‥‥‥‥‥‥ 4
かたちの事典 ‥‥‥‥‥‥‥‥‥‥‥‥ 30
学研生物図鑑 野草 1 改訂版 ‥‥‥‥ 125
学研生物図鑑 野草 2 改訂版 ‥‥‥‥ 125
学研生物図鑑 海藻 改訂版 ‥‥‥‥‥ 131
学研生物図鑑 動物(ほ乳類・は虫類・両
　生類) 改訂版 ‥‥‥‥‥‥‥‥‥‥ 134
学研生物図鑑 貝 1 改訂版 ‥‥‥‥‥ 144
学研生物図鑑 貝 2 改訂版 ‥‥‥‥‥ 144
学研生物図鑑 昆虫 3 改訂版 ‥‥‥‥ 150
学研生物図鑑 鳥類 改訂版 ‥‥‥‥‥ 152
学研生物図鑑 魚類 改訂版 ‥‥‥‥‥ 144
学研生物図鑑 水生動物 改訂版 ‥‥‥ 144
学研生物図鑑 昆虫 1 改訂版 ‥‥‥‥ 150
学研生物図鑑 昆虫 2 改訂版 ‥‥‥‥ 150
学研の大図鑑 危険・有毒生物 ‥‥‥‥ 134
家庭の算数・数学百科 ‥‥‥‥‥‥‥‥ 24
カナ引き機械用語辞典 ‥‥‥‥‥‥‥‥ 196
カビ図鑑 ‥‥‥‥‥‥‥‥‥‥‥‥‥ 131
紙の文化事典 ‥‥‥‥‥‥‥‥‥‥‥‥ 218
紙もの・紙加工ものコレクション ‥‥‥ 219
カヤツリグサ科入門図鑑 ‥‥‥‥‥‥‥ 125
カラー図解でわかる高校生物超入門 ‥‥ 110
カラー版 スキマの植物図鑑 ‥‥‥‥‥ 119
カラー版 電気のことがわかる事典 ‥‥ 210
カラー版 鳥肌スクープ!怪奇生物図鑑 ‥ 106
カラー版 星空ハンドブック ‥‥‥‥‥ 59
川の生きもの図鑑 ‥‥‥‥‥‥‥‥‥‥ 144
川の生き物の飼い方 ‥‥‥‥‥‥‥‥‥ 142
川の地図辞典 ‥‥‥‥‥‥‥‥‥‥‥‥ 186
川の地図辞典 補訂版 ‥‥‥‥‥‥‥‥ 186
川の地図辞典 3訂版 ‥‥‥‥‥‥‥‥‥ 187
川の地図辞典(多摩東部編) ‥‥‥‥‥‥ 186
かわらの小石の図鑑 ‥‥‥‥‥‥‥‥‥ 99
環境学入門 ‥‥‥‥‥‥‥‥‥‥‥‥‥ 190
環境教育ガイドブック ‥‥‥‥‥‥‥‥ 190
環境と微生物の事典 ‥‥‥‥‥‥‥‥‥ 113

228　科学への入門レファレンスブック

環境年表 ’96-’97 ························ 9
環境年表 ’98-’99 ························ 10
環境年表 2000／2001 ················· 10
環境年表 2002／2003 ················· 10
環境年表 2004／2005 ················· 10
環境年表 平成21・22年 ············· 10
環境年表 平成23・24年 ············· 10
環境年表 平成25・26年 ············· 10
環境年表 平成27・28年 ············· 11
岩石・鉱物図鑑 ······················· 99
岩石・鉱物・地層 ····················· 79
岩石と鉱物 ····························· 98
岩石と宝石の大図鑑 ··················· 99
完全図解 虫の飼い方全書 ·········· 148
完璧版 岩石と鉱物の写真図鑑 ······· 99
簡明 地球科学ハンドブック ·········· 78
顔料の事典 ···························· 216
顔料の事典 普及版 ··················· 216

【き】

気をつけよう!毒草100種 ·········· 130
気をつけろ!猛毒生物大図鑑 1 ······ 134
気をつけろ!猛毒生物大図鑑 2 ······ 144
気をつけろ!猛毒生物大図鑑 3 ······ 134
機械工学便覧 基礎編 α2 ··········· 197
機械工学便覧 基礎編 α4 ··········· 197
機械工学便覧 基礎編 a5 ··········· 197
奇界生物図鑑 ·························· 106
危険生物 ······························ 134
危険生物 最強王者大図鑑 ··········· 135
記号・図説 錬金術事典 ··············· 39
技術英語を書く動詞辞典 ············· 158
気象 ··································· 85
気象観察ハンドブック ················· 84
気象災害の事典 ······················· 81
気象大図鑑 ···························· 85
気象・天気の新事実 ··················· 85
気象年鑑 1990年版 ·················· 87
気象年鑑 1991年版 ·················· 87
気象年鑑 1992年版 ·················· 87
気象年鑑 1993年版 ·················· 88
気象年鑑 1994年版 ·················· 88
気象年鑑 1995年版 ·················· 88
気象年鑑 1996年版 ·················· 88
気象年鑑 1997年版 ·················· 88
気象年鑑 1998年版 ·················· 88

気象年鑑 1999年版 ·················· 88
気象年鑑 2000年版 ·················· 88
気象年鑑 2001年版 ·················· 89
気象年鑑 2002年版 ·················· 89
気象年鑑 2003年版 ·················· 89
気象年鑑 2004年版 ·················· 89
気象年鑑 2005年版 ·················· 89
気象年鑑 2006年版 ·················· 89
気象年鑑 2008年版 ·················· 89
気象年鑑 2009年版 ·················· 89
気象年鑑 2010年版 ·················· 90
気象の図鑑 ···························· 85
気象ハンドブック 第3版 ············· 84
気象予報士合格ハンドブック ········· 84
気象予報のための風の基礎知識 ······· 81
寄生虫図鑑 ···························· 135
寄生虫ビジュアル図鑑 ················ 107
季節しみじみ事典 ····················· 81
季節の366日話題事典 ················· 81
季節よもやま辞典 ····················· 83
基礎 化学ハンドブック ··············· 42
基礎から最新 クルマ用語 ··········· 207
基礎からしっかり学ぶ生化学 ········· 112
基礎 仏和数学用語用例辞典 ··········· 26
擬態生物図鑑 ·························· 107
基本ASIC用語辞典 ·················· 211
基本科学英単語1500 ··················· 6
基本がわかる野鳥eco図鑑 ··········· 153
基本システムLSI用語辞典 ··········· 211
Q&Aマニュアル 爬虫両生類飼育入門 ··· 147
教授を魅了した大地の結晶 ············ 99
共生する生き物たち ·················· 135
教養のための天文・宇宙データブック ··· 49
極限世界の生き物図鑑 ················ 135
記録・メモリ材料ハンドブック ······· 214
キーワード 気象の事典 ··············· 81
金属材料の事典 ······················ 217
金属の百科事典 ······················ 217
金属用語辞典 ·························· 218
近代科学の源流を探る ················· 22

【く】

ずかん 雲 ····························· 86
くふうを広げるアイデアエレクトロニク
ス ································· 212
雲・空 ································· 86

くもの　　　　　　　　　　　　　　　書名索引

雲の図鑑 ………………………… 86
暮らしを支える植物の事典 …………… 116
くらしと環境 ………………… 190
くらしとどぼくのガイドブック ……… 186
暮らしのこよみ歳時記 …………… 75
グラフィカル数学ハンドブック 1 ……… 27
くらべてわかる科学小事典 図書館版 …… 4
くらべる図鑑 新版 ……………… 7
クルマ語入門 ………………… 207
クルマの事典 ………………… 206
クルマのメカ＆仕組み図鑑 ………… 207
車ハンドブック ……………… 207
詳しくわかる! しくみがわかる! 働くク
　ルマ …………………………… 207

【け】

系外惑星の事典 ………………… 71
結晶・宝石図鑑 ………………… 99
月面ウォッチング 新装版 ………… 71
ゲームシナリオのためのSF事典 ……… 19
研究者・研究課題総覧 自然科学編 1990
　年版 ……………………………… 7
検索入門鉱物・岩石 …………… 100
検索入門樹木 ………………… 121
原色新鉱物岩石検索図鑑 新版 ……… 100
原子力安全白書のあらまし 平成2年版 … 199
原子力安全白書のあらまし 平成4年版 … 199
原子力安全白書のあらまし 平成5年版 … 199
原子力安全白書のあらまし 平成10年版
　………………………………… 199
原子力安全白書のあらまし 平成11年版
　………………………………… 199
原子力安全白書のあらまし 平成12年版
　………………………………… 199
原子力市民年鑑 ’98 …………… 199
原子力市民年鑑 ’99 …………… 199
原子力市民年鑑 2000 …………… 199
原子力市民年鑑 2001 …………… 200
原子力市民年鑑 2002 …………… 200
原子力市民年鑑 2003 …………… 200
原子力市民年鑑 2004 …………… 200
原子力市民年鑑 2005 …………… 200
原子力市民年鑑 2006 …………… 200
原子力市民年鑑 2007 …………… 200
原子力市民年鑑 2008 …………… 200
原子力市民年鑑 2009 …………… 200
原子力市民年鑑 2010 …………… 201

原子力市民年鑑 2011-12 ………… 201
原子力市民年鑑 2013 …………… 201
原子力市民年鑑 2014 …………… 201
原子力市民年鑑 2015 …………… 201
原子力年鑑 平成2年版 …………… 201
原子力年鑑 ’91 ………………… 201
原子力年鑑 平成4年版 …………… 201
原子力年鑑 平成5年版 …………… 202
原子力年鑑 ’94 ………………… 202
原子力年鑑 ’95 ………………… 202
原子力年鑑 ’96 ………………… 202
原子力年鑑 ’98-’99年版 ………… 202
原子力年鑑 1999-2000年版 ……… 202
原子力年鑑 2001-2002年版 ……… 202
原子力年鑑 2003年版 …………… 202
原子力年鑑 2004年版 …………… 202
原子力年鑑 2005年版 …………… 203
原子力年鑑 2006年版 …………… 203
原子力年鑑 2008年版 …………… 203
原子力年鑑 2009年版 …………… 203
原子力年鑑 2010年版 …………… 203
原子力年鑑 2011年版 …………… 203
原子力年鑑 2012年版 …………… 204
原子力年鑑 2013年版 …………… 204
原子力年鑑 2014年版 …………… 204
原子力年鑑 2015年版 …………… 204
原子力年鑑 2017年版 …………… 204
原子力白書のあらまし 平成2年版 …… 205
原子力白書のあらまし 平成3年版 …… 205
原子力白書のあらまし 平成4年版 …… 205
原子力白書のあらまし 平成5年版 …… 205
原子力白書のあらまし 平成6年版 …… 205
原子力白書のあらまし 平成7年版 …… 205
原子力白書のあらまし 平成8年版 …… 205
原子力白書のあらまし 平成10年版 … 205
原寸大!スーパー昆虫大事典 ……… 148
原寸大 花と葉でわかる山野草図鑑 … 125
建設白書のあらまし 平成3年版 …… 187
建設白書のあらまし 平成4年版 …… 187
建設白書のあらまし 平成5年版 …… 187
建設白書のあらまし 平成9年版 …… 187
建設白書のあらまし 平成10年版 …… 187
建設白書のあらまし 平成11年版 …… 187
建設白書早わかり ’91 …………… 187
建設白書早わかり ’93 …………… 187
建設白書早わかり ’97 …………… 188
建設白書早わかり ’98 …………… 188
建設白書早わかり ’99 …………… 188
元素を知る事典 ………………… 44

230　科学への入門レファレンスブック

書名索引　　　　こんひ

元素図鑑 ………………………… 44
元素大百科事典 新装版 ……………… 43
元素の事典 ……………………… 43
元素ビジュアル図鑑 新版 …………… 44
現代こよみ読み解き事典 …………… 74
現代 数理科学事典 ……………… 31
現代物理学小事典 ……………… 33
建築構造を学ぶ事典 ……………… 193
建築構造用語事典 ……………… 193
建築材料がわかる事典 …………… 194
建築情報源ガイドブック 92-93 …… 194
建築情報源ガイドブック 95-96 …… 194
建築デザインと構造計画 …………… 194
建築・都市計画のための空間学事典 増
　補改訂版 …………………… 193
建築・土木用語がわかる辞典 ……… 185
原発事故と子どもたち …………… 198
原発避難白書 ………………… 205
「原発」文献事典1951-2013 ………… 198

【こ】

光学ハンドブック ………………… 38
航空宇宙年鑑 1990年版 …………… 52
航空宇宙年鑑 1991年版 …………… 52
航空宇宙年鑑 1992年版 …………… 52
航空宇宙年鑑 1993年版 …………… 52
航空宇宙年鑑 1994年版 …………… 52
航空宇宙年鑑 2001年版 …………… 52
航空宇宙年鑑 2000年版 …………… 52
航空宇宙年鑑 2002年版 …………… 53
航空宇宙年鑑 2003年版 …………… 53
航空宇宙年鑑 2004年版 …………… 53
航空宇宙年鑑 2006年版 …………… 53
航空宇宙年鑑 2007年版 …………… 53
航空宇宙年鑑 2008年版 …………… 53
航空宇宙年鑑 2009年版 …………… 53
航空宇宙年鑑 2010年版 …………… 53
航空宇宙年鑑 2011年版 …………… 53
航空基礎用語厳選800 …………… 207
高校数学体系 定理・公式の例解事典 … 28
高山の花 ……………………… 123
恒星と惑星 …………………… 49
構造物の技術史 ……………… 176
校庭の生き物ウォッチング ………… 110
校庭のクモ・ダニ・アブラムシ …… 149
校庭のコケ …………………… 131

校庭の昆虫 …………………… 149
校庭の雑草 4版 ……………… 123
鉱物カラー図鑑 ……………… 100
鉱物結晶図鑑 ………………… 100
鉱物図鑑（2008） …………… 100
鉱物図鑑（2014） …………… 100
鉱物図鑑 パワーストーン百科全書331 … 100
鉱物分類図鑑 ………………… 100
鉱物・宝石大図鑑 …………… 101
声が聞こえる!野鳥図鑑 …………… 153
声が聞こえる!野鳥図鑑 増補改訂版 … 153
国際環境を読む50のキーワード …… 190
古代中世暦 …………………… 73
コツと科学の調理事典 第2版 …… 220
コツと科学の調理事典 第3版 …… 220
ことばの動物史 ……………… 133
子どもと自然大事典 …………… 109
子どもと楽しむ自然と本 新装版 …… 16
子どもの本科学を楽しむ3000冊 …… 16
「この木の名前、なんだっけ?」という
　ときに役立つ本 …………… 120
この数学書がおもしろい …………… 24
この日なんの日科学366日事典 ……… 4
暦を知る事典 ………………… 74
こよみ事典 改訂新版 …………… 74
暦の百科事典 2000年版 ………… 74
これからのメディアとネットワークがわ
　かる事典 …………………… 165
これだけ!生化学 …………… 112
これだけは知っておきたい!山村流災害・
　防災用語事典 ……………… 185
これで納得インターネット用語事典 … 166
これならわかる!科学の基礎のキソ 生物
　………………………… 105
混相流ハンドブック ………………… 36
昆虫（学研の図鑑LIVE） ………… 150
昆虫（学研の図鑑ライブポケット） …… 150
昆虫（手のひら図鑑） …………… 150
コンパクト版科学技術英和大辞典 ……… 6
コンパクト版 科学技術和英大辞典 第2
　版 …………………………… 6
コンピュータ2,500語事典 ………… 167
コンピュータ基本関連用語辞典 …… 167
コンピュータの事典 第2版 ……… 165
コンピュータ用語事典 改訂2版 …… 167
コンピュータ基本関連用語辞典 改訂新
　版 ………………………… 167
コンピュータ基本関連用語辞典 1994 …… 167
コンピュータ誤読辞典 …………… 167
コンピュータの名著・古典100冊 …… 165

科学への入門レファレンスブック　231

こんひ　　　　　　　　　　　　　書名索引

コンピュータの名著・古典100冊 改訂新
　　版 ‥‥‥‥‥‥‥‥‥‥‥‥‥‥‥ 165
コンピュータ用語辞典 ‥‥‥‥‥‥‥‥ 167

【さ】

サイエンス大図鑑 コンパクト版 ‥‥‥‥ 8
サイエンスペディア1000 ‥‥‥‥‥‥‥ 4
最新 インターネット用語事典 ‥‥‥‥ 167
最新 エコロジーがわかる地球環境用語
　　事典 ‥‥‥‥‥‥‥‥‥‥‥‥‥‥ 189
最新科学賞事典 ‥‥‥‥‥‥‥‥‥‥‥ 20
最新科学賞事典 91／96 ‥‥‥‥‥‥‥ 20
最新科学賞事典 1997-2002 ‥‥‥‥‥ 21
最新科学賞事典 2003-2007 ‥‥‥‥‥ 21
最新科学賞事典 2008-2012 1 ‥‥‥‥ 21
最新科学賞事典 2008-2012 2 ‥‥‥‥ 21
最新基本パソコン用語事典 ‥‥‥‥‥ 167
最新・基本パソコン用語事典 第2版 ‥ 167
最新・基本パソコン用語事典 第3版 ‥ 167
最新 コンピュータ用語の意味がわかる
　　辞典 ‥‥‥‥‥‥‥‥‥‥‥‥‥‥ 168
最新 コンピュータ辞典 ‥‥‥‥‥‥‥ 168
最新コンピュータ用語辞典 ‥‥‥‥‥ 168
最新 コンピューター用語の意味がわか
　　る辞典 改訂3版（1993） ‥‥‥‥‥ 168
最新コンピューター用語の意味がわかる
　　辞典 改訂3版（1995） ‥‥‥‥‥‥ 168
最新最強のクルマ事典 ‥‥‥‥‥‥‥ 206
最新情報化社会に強くなる わかるコン
　　ピュータ用語辞典 ‥‥‥‥‥‥‥ 168
最新 誰でもわかるパソコン用語辞典 改
　　訂4版 ‥‥‥‥‥‥‥‥‥‥‥‥‥ 168
最新天文小辞典 ‥‥‥‥‥‥‥‥‥‥‥ 48
最新天文百科 ‥‥‥‥‥‥‥‥‥‥‥‥ 49
最新 パソコン基本用語辞典 ‥‥‥‥‥ 168
最新版 雑草・野草の暮らしがわかる図
　　鑑 ‥‥‥‥‥‥‥‥‥‥‥‥‥‥‥ 125
最新版 手にとるようにパソコン用語が
　　わかる本 ‥‥‥‥‥‥‥‥‥‥‥ 168
最先端技術の図詳図鑑 ‥‥‥‥‥‥‥ 160
細密イラストで学ぶ地球の図鑑 ‥‥‥ 79
材料力学ハンドブック 基礎編 ‥‥‥ 197
魚（小学館の図鑑NEO）‥‥‥‥‥‥ 145
魚（ポプラディア大図鑑WONDA）‥‥ 145
魚（学研の図鑑LIVE）‥‥‥‥‥‥‥ 145
魚・貝の生態図鑑 改訂新版 ‥‥‥‥ 145
さかなクンの東京湾生きもの図鑑 ‥‥ 145

ザ・ガム大事典 ‥‥‥‥‥‥‥‥‥‥ 220
里山・山地の身近な山野草（ワイド図
　　鑑）‥‥‥‥‥‥‥‥‥‥‥‥‥‥ 125
里山・山地の身近な山野草 ‥‥‥‥‥ 125
里山図鑑 ‥‥‥‥‥‥‥‥‥‥‥‥‥ 110
算数＆数学ビジュアル図鑑 ‥‥‥‥‥ 27
算数・数学活用事典 ‥‥‥‥‥‥‥‥‥ 28
三省堂化学小事典 第4版 ‥‥‥‥‥‥ 39
三省堂新化学小事典 ‥‥‥‥‥‥‥‥‥ 39
三省堂新物理小事典 ‥‥‥‥‥‥‥‥‥ 33
三省堂 生物小事典 第4版 ‥‥‥‥‥ 104
三省堂 物理小事典 第4版 ‥‥‥‥‥‥ 33
散歩で出会うみちくさ入門 ‥‥‥‥‥ 123
散歩で見かける草木花の雑学図鑑 ‥‥ 125
散歩でよく見る花図鑑 ‥‥‥‥‥‥‥ 125
散歩の雲・空図鑑 ‥‥‥‥‥‥‥‥‥‥ 85
散歩の山野草図鑑 ‥‥‥‥‥‥‥‥‥ 126
山野草おもしろ図鑑 ‥‥‥‥‥‥‥‥ 126

【し】

天然石がわかる本 ‥‥‥‥‥‥‥‥‥‥ 98
ジェムストーンの魅力 ‥‥‥‥‥‥‥ 101
ジェムストーン百科全書 ‥‥‥‥‥‥ 101
色彩の事典 新装版 ‥‥‥‥‥‥‥‥‥ 37
四季の星座 ‥‥‥‥‥‥‥‥‥‥‥‥‥ 68
四季の星座図鑑 ‥‥‥‥‥‥‥‥‥‥‥ 69
四季の星座百科 ‥‥‥‥‥‥‥‥‥‥‥ 69
しくみや使い方がよくわかるモーター図
　　鑑 ‥‥‥‥‥‥‥‥‥‥‥‥‥‥‥ 213
資源・エネルギー史事典 ‥‥‥‥‥‥ 176
地震・火山の事典 ‥‥‥‥‥‥‥‥ 93, 94
地震・津波と火山の事典 ‥‥‥‥‥‥‥ 94
地震の事典 第2版 ‥‥‥‥‥‥‥‥‥‥ 93
地震の事典 第2版 普及版 ‥‥‥‥‥‥ 93
地震予測ハンドブック ‥‥‥‥‥‥‥‥ 94
自然エネルギーと環境の事典 ‥‥‥‥ 176
自然エネルギー白書 2012 ‥‥‥‥‥ 179
自然エネルギー白書 2013 ‥‥‥‥‥ 180
自然科学の名著100選 上 ‥‥‥‥‥‥‥ 2
自然科学の名著100選 中 ‥‥‥‥‥‥‥ 2
自然科学の名著100選 下 ‥‥‥‥‥‥‥ 2
自然がつくる色大図鑑 ‥‥‥‥‥‥‥‥ 38
自然紀行 日本の天然記念物 ‥‥‥‥ 110
自然災害の事典 ‥‥‥‥‥‥‥‥‥‥‥ 77
自然大博物館 ‥‥‥‥‥‥‥‥‥‥‥‥ 79
自然に学ぶものづくり図鑑 ‥‥‥‥‥ 183

232　科学への入門レファレンスブック

書名索引　　　すうか

知っておきたい最新科学の基本用語 ……… 6
知っておきたい特許法 九訂版 ………… 180
知っておきたい法則の事典 …………… 4
知ってびっくり「生き物・草花」漢字辞
　典 …………………………………… 105
実用化学辞典 新装版 ………………… 41
実用化学辞典 普及版 ………………… 41
実用全天星図 …………………………… 67
実用光キーワード事典 ……………… 37
自転車用語の基礎知識 ……………… 207
事典 日本の科学者 …………………… 22
自動車エンジン基本ハンドブック …… 207
自動車技術史の事典 ………………… 206
自動車技術史の事典 普及版 ………… 206
自動車・船・飛行機 ………………… 207
自動車メカマニア図鑑 ……………… 206
シミュレーション辞典 ……………… 211
写真でみる発明の歴史 ……………… 181
写真でわかる磯の生き物図鑑 ……… 145
12ヶ月のお天気図鑑 ………………… 86
ジュエリー言語学 …………………… 98
授業で使える理科の本 ……………… 17
樹木の事典600種 …………………… 120
樹木 見分けのポイント図鑑 新装版 … 121
商標出願のてびき 改訂24版 ………… 180
商標出願のてびき 改訂28版 ………… 181
情報通信基礎用語辞典 ……………… 213
情報通信白書のあらまし 平成13年版 … 214
情報通信白書のあらまし 平成14年版 … 214
植物（講談社の動く図鑑MOVE）……… 117
植物（学研の図鑑LIVE）…………… 117
植物（ミクロワールド大図鑑）……… 118
植物（学研の図鑑ライブポケット）… 118
植物学「超」入門 …………………… 116
植物学の百科事典 …………………… 116
植物観察図鑑 ………………………… 118
植物群落レッドデータ・ブック 1996 … 116
植物の百科事典 ……………………… 116
知られざる特殊特許の世界 ………… 181
知られざる難破船の世界 …………… 215
深海魚 ………………………………… 145
深海生物大図鑑 ……………………… 146
深海生物ビジュアル大図鑑 ………… 146
深海と地球の事典 …………………… 90
新 科学の本っておもしろい ……… 17
新・化学用語小辞典 ………………… 41
シンカのかたち 進化で読み解くふしぎ
　な生き物 …………………………… 115
新 観察・実験大事典 化学編 ……… 42

新 観察・実験大事典 地学編 ……… 80
新 観察・実験大事典 物理編 ……… 36
新幹線 ………………………………… 208
新・機械保全技能ハンドブック 基礎編
　1 …………………………………… 197
新・機械保全技能ハンドブック 基礎編
　2 …………………………………… 198
真空管オーディオハンドブック …… 212
人工衛星の力学と制御ハンドブック … 198
新こよみ便利帳 ……………………… 75
新・雑草博士入門 …………………… 123
新数学事典 改訂増補版 …………… 24
新世界絶滅危機動物図鑑 1 改訂版 … 155
新世界絶滅危機動物図鑑 2 改訂版 … 155
新世界絶滅危機動物図鑑 3 改訂版 … 153
新世界絶滅危機動物図鑑 4 改訂版 … 153
新世界絶滅危機動物図鑑 5 改訂版 … 147
新世界絶滅危機動物図鑑 6 改訂版 … 137
人体 …………………………………… 107
新・地球環境百科 …………………… 189
新データガイド地球環境 …………… 191
新・天文学事典 ……………………… 47
新・日本列島地図の旅 ……………… 73
新版 雪氷辞典 ……………………… 83
人物化学史事典 ……………………… 42
人物でよむ物理法則の事典 ………… 35
新・物理学事典 ……………………… 33
人物レファレンス事典 科学技術篇 … 4, 158

【す】

水族館で遊ぶ ………………………… 133
水族館のいきものたち 改訂版 …… 146
水族館のひみつ ……………………… 142
水族館のひみつ図鑑 ………………… 146
水素の事典 …………………………… 176
水滴と氷晶がつくりだす空の虹色ハンド
　ブック ……………………………… 84
数学英和小事典 ……………………… 24
数学オリンピック事典 ……………… 28
数学基本用語小事典 ………………… 24
数学教育学研究ハンドブック ……… 29
数学公式活用事典 新装版 ………… 24
数学公式ハンドブック ……………… 28
数学辞典 ……………………………… 27
数学辞典 普及版 …………………… 27
数学事典 ……………………………… 24

科学への入門レファレンスブック　233

すうか　　　　　　　　　　　書名索引

数学小辞典 第2版 ……………… 27
数学定数事典 …………………… 24
数学定理・公式小辞典 ………… 24
数学の言葉づかい100 ………… 24
数学の小事典 …………………… 28
数学パズル事典 ………………… 25
数学パズル事典 改訂版 ……… 25
数学マジック事典 改訂版 …… 25
数学用語小辞典 ………………… 27
数の単語帖 ……………………… 25
スカイ・ウオッチング事典 朝日コスモ
　ス 1995〜2000 ……………… 59
スカイ・ウオッチング事典 朝日コスモ
　ス2000→2005 ……………… 59
図解キーワード コンピュータ＋ネット
　ワーク入門 …………………… 166
図解 工業所有権法基礎用語集 ……… 180
図解コンピュータ用語辞典 改訂版 … 168
図解 生物観察事典 …………… 104
図解 生物観察事典 新訂版 … 104
図解 世界の化石大百科 ……… 97
図解でわかる電気の事典 …… 210
図解でわかる統計解析用語事典 …… 31
図解 電気の大百科 …………… 210
図解入門 よくわかる細胞生物学の基本
　としくみ ……………………… 105
図解入門 よくわかる微生物学の基本と
　しくみ ………………………… 113
図解入門 よくわかる分子生物学の基本
　としくみ ……………………… 112
図解パソコン・インターネット しくみ・
　用語がわかる事典 …………… 166
図解 パソコン用語事典 ……… 169
図解ひと目でわかる「環境ホルモン」ハ
　ンドブック …………………… 42
好きになるヒトの生物学 …… 105
すぐわかる最新ワープロ・パソコン用語
　辞典 …………………………… 169
すごい動物大図鑑 ……………… 135
図説 数学の事典 ……………… 25
図説数学の事典 普及版 ……… 25
図説世界古地図コレクション … 73
図説 世界史を変えた50の機械 … 208
図説・世界未確認生物事典 … 110
図説地図事典 …………………… 72
図説 花と庭園の文化史事典 … 122
スタンダード 化学卓上事典 … 39
スタンダード 物理卓上事典 … 33
スーパー理科事典 改訂版, カラー版 … 17
スペース・ガイド 1999 ……… 58

スペース・ガイド 2000 ……… 58
スペース・ガイド 2001 ……… 58
スペース・ガイド 2002 ……… 59
スペース・ガイド 2003 ……… 59
すべてがわかる!「発酵食品」事典 …… 221
スマートハウス＆スマートグリッド用語
　事典 …………………………… 158
3D宇宙大図鑑 …………………… 50

【せ】

星雲星団ウォッチング ………… 59
星雲・星団ガイドマップ ……… 67
生活環境と化学物質 用語解説 第2版 … 218
星座図鑑 新装版 ………………… 69
星座・星雲・星団ガイドブック … 68
星座・天体観察図鑑 …………… 60
星座と宇宙 ……………………… 68
星座の事典 ……………………… 68
星座の伝説図鑑 ………………… 69
星座・星空（2000）……………… 69
星座・星空（2011）……………… 69
整数問題事典 総合編 ………… 30
整数問題事典 解答編 ………… 30
生態学入門 第2版 ……………… 115
生物を科学する事典 …………… 104
生物学データ大百科事典 上 … 104
生物学データ大百科事典 下 … 104
生物学の哲学入門 ……………… 106
生物教育用語集 ………………… 109
生物事典 改訂新版 …………… 109
生命ふしぎ図鑑 人類の誕生と大移動 … 115
世界カエル図鑑300種 ………… 148
世界科学・技術史年表 ……… 20, 176
世界科学・技術史年表（2012）… 20, 176
世界最凶!! ヤバすぎる昆虫図鑑 … 150
世界数学者事典 ………………… 29
世界数学者人名事典 …………… 29
世界数学者人名事典 増補版 … 29
世界石油年表 …………………… 216
世界絶滅危機動物図鑑 第1集 … 156
世界絶滅危機動物図鑑 第2集 … 137
世界絶滅危機動物図鑑 第3集 … 156
世界絶滅危機動物図鑑 第4集 … 156
世界絶滅危機動物図鑑 第5集 … 137
世界絶滅危機動物図鑑 第6集 … 137
世界地図で読む環境破壊と再生 …… 191

書名索引　　　ちかく

世界珍虫図鑑 改訂版 ･･････････････････ 150
世界で一番美しい元素図鑑 ･･････････ 44
世界で一番美しい植物細胞図鑑 ･･････ 118
世界で一番楽しい元素図鑑 ･･････････ 44
世界鉄道百科図鑑 ･･････････････････ 208
世界に誇る!日本のものづくり図鑑 ･････ 183
世界に誇る!日本のものづくり図鑑 2 ･･･ 183
世界の科学者100人 ････････････････ 7
世界の火山図鑑 ････････････････････ 96
世界の火山百科図鑑 ･･･････････････ 96
世界の砂図鑑 ･････････････････････ 96
世界の戦闘機・爆撃機 ･･････････････ 208
世界の鉄道事典 ･･･････････････････ 206
世界の土壌資源 ･･･････････････････ 95
世界の無人航空機図鑑 ･･････････････ 208
世界のワイルドフラワー 1 ･･････････ 126
世界のワイルドフラワー 2 ･･････････ 126
世界ロボット大図鑑 ･･･････････････ 182
絶景天体写真 ･････････････････････ 60
雪氷辞典 ･････････････････････････ 83
絶滅危機動物 ････････････････････ 137
絶滅危惧動物百科 1 ･･･････････････ 137
絶滅危惧動物百科 2 ･･･････････････ 138
絶滅危惧動物百科 3 ･･･････････････ 138
絶滅危惧動物百科 4 ･･･････････････ 138
絶滅危惧動物百科 5 ･･･････････････ 138
絶滅危惧動物百科 6 ･･･････････････ 138
絶滅危惧動物百科 7 ･･･････････････ 138
絶滅危惧動物百科 8 ･･･････････････ 138
絶滅危惧動物百科 9 ･･･････････････ 139
絶滅危惧動物百科 10 ･･････････････ 139
絶滅危惧の動物事典 ･･･････････････ 136
セルロースの事典 ･････････････････ 217
洗剤・洗浄の事典 ･････････････････ 217
洗剤・洗浄百科事典 ･･･････････････ 217
洗剤・洗浄百科事典 新装版 ････････ 217
洗剤の事典 ･･･････････････････････ 217
センサ基礎用語辞典 ･･･････････････ 159
先端物理辞典 ････････････････････ 34
全天星座百科 ････････････････････ 69

【そ】

双眼鏡・小型天体望遠鏡で楽しむ星空散
　歩ガイドマップ ････････････････ 60
続 日常の物理事典 ･･･････････････ 33
続2典 ･･･････････････････････････ 169

測量用語辞典 ････････････････････ 185
素材加工事典 ････････････････････ 182
空と海と大地をつなぐ雨の事典 ･････ 81
空の色と光の図鑑 ･････････････････ 86
空の図鑑 ･････････････････････････ 86

【た】

大活字 季節を読み解く 暦ことば辞典 ･･･ 75
大災害サバイバルマニュアル ･･････････ 94
大地の肖像 ･･･････････････････････ 73
台風・気象災害全史 ･･･････････････ 81
太陽大図鑑 ･･･････････････････････ 70
多角形百科 ･･･････････････････････ 30
脱原発年鑑 96 ･･･････････････････ 205
脱原発年鑑 97 ･･･････････････････ 205
多肉植物ハンディ図鑑 ･････････････ 118
楽しい鉱物図鑑 ･･･････････････････ 101
楽しい鉱物図鑑 新装版 ･･･････････ 101
楽しい鉱物図鑑 2 ･････････････････ 101
たのしい鉱物と宝石の博学事典 ･････ 98
たのしくわかる物理実験事典 ･･･････ 36
たばこの事典 ････････････････････ 218
WMO気候の事典 ･････････････････ 82
玉の図鑑 ･････････････････････････ 18
多面体百科 ･･･････････････････････ 30
だれでも花の名前がわかる本 ･･･････ 123
誰でもわかる!!日本の産業廃棄物 平成17
　年度版 ･････････････････････････ 186
誰でもわかるパソコン・IT・ネット用語
　辞典 ･･･････････････････････････ 169
探検!日本の鉱物 ･････････････････ 101
誕生日の花図鑑 ･･･････････････････ 126
淡水魚 ･･･････････････････････････ 146
淡水藻類入門 ････････････････････ 131
炭素の事典 ･･･････････････････････ 45
田んぼの生きものおもしろ図鑑 ･･････ 110
田んぼの生き物図鑑 ･･･････････････ 111
田んぼの生き物図鑑 増補改訂新版 ･････ 111
田んぼの生き物400 ･･･････････････ 111

【ち】

地学事典 新版 ･･･････････････････ 77
地学ハンドブック 新訂版, 新装版 ･･･････ 78

科学への入門レファレンスブック　235

ちかく　　　　　　　　　書名索引

地学ハンドブック 第6版 ･･････････････ 78
地球 ･･････････････････････････････････ 78
地球（ポプラディア大図鑑WONDA） ･･･ 79
地球（学研の図鑑LIVE） ･･･････････････ 79
地球温暖化サバイバルハンドブック ･･･ 191
地球温暖化図鑑 ･･････････････････････ 86
地球環境を考える ･･････････････････ 188
地球環境カラーイラスト百科 ･･･････ 188
地球環境キーワード事典 ･･･････････ 189
地球環境キーワード事典 改訂版 ･･･ 189
地球環境キーワード事典 5訂 ･･････ 189
地球環境辞典 ･････････････････････ 190
地球環境辞典 第2版 ･･･････････････ 190
地球環境辞典 第3版 ･･･････････････ 190
地球環境大事典 特装版 ･･･････････ 189
地球環境年表 2003 ･･･････････ 11, 80
地球環境の事典 ･･････････････････ 189
地球環境ハンドブック 第2版 ･･･････ 191
地球・気象 ･･･････････････････ 71, 87
地球・自然環境の本全情報 45-92 ･･･････ 77
地球・自然環境の本全情報 93／98 ･･･ 77
地球・自然環境の本全情報 1999-2003 ･･･ 77
地球・自然環境の本全情報 2004-2010 ･･･ 77
地球図鑑 ･････････････････････････ 72
地球・生命の大進化 ･････････････････ 80
地球全史スーパー年表 ･･･････････････ 80
ちきゅう大図鑑 ･･････････････････････ 79
地球と宇宙の化学事典 ･･･････････････ 78
地球と宇宙の小事典 ･･･････････ 47, 78
地球と惑星探査 ･････････････････ 71, 78
地球のクイズ図鑑 ･･･････････････････ 79
地球の悲鳴 ･･････････････････････ 188
地形がわかるフィールド図鑑 ･･･････ 96
地質学ハンドブック 普及版 ･･････････ 95
地図をつくった男たち ･･･････････････ 73
地図学用語辞典 増補改訂版 ･････････ 72
地図の記号と地図読み練習帳 改訂版 ･･･ 73
地図のことがわかる事典 ･･･････････ 72
地図の読み方事典 ･･･････････････････ 72
窒素酸化物の事典 ･･･････････････････ 45
中・英・日 岩石鉱物名辞典 ･･･････････ 98
中英日 現代化学用語辞典 ･･･････････ 41
中学数学解法事典 3訂版 ･･･････････ 28
中学校新数学科授業の基本用語辞典 ･･ 29
超図解 カナ引きパソコン用語事典 2004-
　05年版 ･･････････････････････････ 169
超図解 カナ引きパソコン用語事典 ･･････ 169
超図解 パソコン用語辞典 2004-05年版
　改訂第4版 ････････････････････････ 169

超図解 パソコン用語事典 2005-06年版
　改訂第5版 ････････････････････････ 169
超図解 パソコン用語事典 2006-07年版
　･････････････････････････････････ 169
超図解 パソコン用語事典 2007-08年版
　･････････････････････････････････ 169
超図解 わかりやすい最新パソコン用語
　集 ･････････････････････････････ 170
超図解 わかりやすいパソコン用語集 ･･･ 170
超・絶景宇宙写真 ･･･････････････････ 51
超電導を知る事典 ･･･････････････････ 38
地理情報科学事典 ･･･････････････････ 72
珍樹図鑑 ･･････････････････････････ 121

【つ】

通信白書 平成8年版 ･･････････････････ 175
通信白書のあらまし 平成9年版 ･･･････ 175
通信白書のあらまし 平成10年版 ･･････ 175
通信白書のあらまし 平成11年版 ･･････ 175
通信白書のあらまし 平成12年版 ･･････ 176
使ってわかるハーブα媚薬百科 ･･･････ 221
月 ･････････････････････････････････ 71
月・太陽・惑星・彗星・流れ星の見かた
　がわかる本 ･･･････････････････････ 60
土の中の小さな生き物ハンドブック ･･･ 149
津波の事典 縮刷版 ･･･････････････････ 93
強い!速い!大きい!世界の生物No.1事典 ･･･ 105

【て】

出会いを楽しむ 海中ミュージアム ･･････ 146
低温環境の科学事典 ･･･････････････ 189
ディジタル交換の基礎用語 第7版 ･･･････ 213
ディジタル交換の基礎用語 第8版 ･･･････ 213
DVD動画でわかる理科実験図鑑小学校
　理科 4年 ･･･････････････････････ 18
DVD動画でわかる理科実験図鑑小学校
　理科 5年 ･･･････････････････････ 18
DVD動画でわかる理科実験図鑑小学校
　理科 6年 ･･･････････････････････ 18
できるまで大図鑑 ･･･････････････････ 220
デジタル商品・用語辞典 ･･･････････ 211
デジタル・フォレンジック事典 改訂版 ･･ 211
デジタル放送ハンドブック ･･････････ 214
手づくり木工大図鑑 ･･･････････････ 220

手にとるようにパソコン用語がわかる本	170	天文観測年表 2009	64
テーマで読み解く海の百科事典	90	天文キャラクター図鑑	51
天気がわかることわざ事典	82	天文データノート '95	53
てんきごじてん	83	天文データノート '96	53
電気電子情報英和20000語辞典	211	天文データノート '97	53
電気電子情報絵とき基礎用語事典	212	天文データノート '98	53
電気電子情報和英20000語辞典	212	天文データノート '99	53
天気の事典	82	天文データノート 2000	54
電子工作大図鑑	213	天文データノート 2001	54
電子工作ハンドブック 1	212	天文データブック 2002	54
電子工作ハンドブック 2	213	天文手帳 2009	54
電子工作ハンドブック 3	213	天文手帳 2013	54
天体ガイドマップ	60	天文年鑑 1991年版	54
天体観測ハンドブック（誠文堂新光社）	60	天文年鑑 1991年版 ワイド版	54
天体観測ハンドブック（PHP研究所）	60	天文年鑑 1992年版	54
天体望遠鏡のすべて '91年版	61	天文年鑑 1992年版 ワイド版	54
天体望遠鏡のすべて '95年版	61	天文年鑑 1993年版	54
電池応用ハンドブック	177	天文年鑑 1993年版 ワイド版	54
天然石がわかる本 下巻	98	天文年鑑 1994年版	54
天然石・ジュエリー事典	98	天文年鑑 1994年版 ワイド版	54
天然石と宝石の図鑑	101	天文年鑑 1995年版	55
天文（ダイナミック地球図鑑）	51	天文年鑑 1995年版 ワイド版	55
天文（知の遊びコレクション）	58	天文年鑑 1996年版	55
天文・宇宙開発事典 古代－2009	58	天文年鑑 1996年版 ワイド版	55
天文・宇宙の本全情報 45-92	47	天文年鑑 1997年版	55
天文・宇宙の本全情報 1993-2003	47	天文年鑑 1997年版 ワイド版	55
天文学辞典 改訂・増補	48	天文年鑑 1998年版	55
天文学辞典	48	天文年鑑 1998年版 ワイド版	55
天文学大事典	47	天文年鑑 1999年版	55
天文学の図鑑	51	天文年鑑 1999年版 ワイド版	55
天文観測年表 '90	62	天文年鑑 2000年版	55
天文観測年表 '91 保存版	62	天文年鑑 2000年版 ワイド版	56
天文観測年表 '92 保存版	62	天文年鑑 2001年版	56
天文観測年表 '93 保存版	62	天文年鑑 2002年版	56
天文観測年表 '94	62	天文年鑑 2002年版 ワイド版	56
天文観測年表 '96 保存版	62	天文年鑑 2003年版	56
天文観測年表 '97	62	天文年鑑 2003年版 ワイド版	56
天文観測年表 '98	63	天文年鑑 2004年版	56
天文観測年表 '99	63	天文年鑑 2004年版 ワイド版	56
天文観測年表 2000	63	天文年鑑 2005年版	57
天文観測年表 2001	63	天文年鑑 2005年版 ワイド版	57
天文観測年表 2002	63	天文年鑑 2006年版	57
天文観測年表 2003	63	天文年鑑 2006年版 ワイド版	57
天文観測年表 2004	63	天文年鑑 2007年版	57
天文観測年表 2005	63	天文年鑑 2008年版	57
天文観測年表 2006	64	天文年鑑 2009年版	57
天文観測年表 2007	64	天文年鑑 2010年版	57
天文観測年表 2008	64	天文年鑑 2011年版	57
		天文年鑑 2012年版	57

科学への入門レファレンスブック　237

てんも　　　　　　　　　　　　書名索引

天文年鑑 2013年版 ……………… 57
天文年鑑 2014年版 ……………… 57
天文年鑑 2015年版 ……………… 58
天文年鑑 2016年版 ……………… 58
天文の事典 …………………………… 48
天文の事典 普及版 ………………… 48
電力・エネルギーまるごと!時事用語事典
　2007年版 ……………………… 177
電力エネルギーまるごと!時事用語事典
　2009年版 ……………………… 177
電力エネルギーまるごと!時事用語事典
　2010年版 ……………………… 177
電力エネルギーまるごと! 時事用語事典
　2011年版 ……………………… 177
電力エネルギーまるごと! 時事用語事典
　2012年版 ……………………… 177

【と】

東京いきもの図鑑 ………………… 111
洞くつの世界大探検 ………………… 95
統計分布ハンドブック ……………… 31
統計分布ハンドブック 増補版 ……… 31
動物（小学館の図鑑NEO POCKET 5）
　………………………………… 156
動物（ポプラディア大図鑑WONDA） …… 156
動物（学研の図鑑LIVE） ………… 135
動物（学研の図鑑ライブポケット） …… 135
動物園の動物 ……………………… 136
動物園の動物 2版 ………………… 137
動物園の動物（新ヤマケイポケットガイ
　ド） …………………………… 137
動物世界遺産 レッド・データ・アニマ
　ルズ 1 ………………………… 139
動物世界遺産 レッド・データ・アニマ
　ルズ 2 ………………………… 140
動物世界遺産 レッド・データ・アニマ
　ルズ 3 ………………………… 140
動物世界遺産 レッド・データ・アニマ
　ルズ 4 ………………………… 139
動物世界遺産 レッド・データ・アニマ
　ルズ 5 ………………………… 139
動物世界遺産 レッド・データ・アニマ
　ルズ 6 ………………………… 139
動物世界遺産 レッド・データ・アニマ
　ルズ 7 ………………………… 140
動物世界遺産 レッド・データ・アニマ
　ルズ 8 ………………………… 140
動物世界遺産 レッド・データ・アニマ

ルズ 別巻 ……………………… 140
動物と植物 ……………… 116, 133
どうやってつくるの?MONO知り図鑑
　1 ……………………………… 220
どうやってつくるの?MONO知り図鑑
　2 ……………………………… 220
どうやってつくるの?MONO知り図鑑
　3 ……………………………… 220
どうやってつくるの?MONO知り図鑑
　4 ……………………………… 220
どうやってつくるの?MONO知り図鑑
　5 ……………………………… 220
都会の木の実・草の実図鑑 ……… 119
都会の草花図鑑 …………………… 126
ときめく貝殻図鑑 ………………… 147
ときめくコケ図鑑 ………………… 131
ときめく微生物図鑑 ……………… 113
毒草大百科 ………………………… 130
毒草大百科 増補版 ……………… 130
特徴がよくわかるおもしろい多肉植物
　350 …………………………… 118
トコトンやさしい液晶ディスプレイ用語
　集 ……………………………… 212
図書館に備えてほしい本の目録 2000年
　版 …………………………… 2, 158
特許用語の基礎知識 改訂新版 …… 180
土木人物事典 ……………………… 186
鳥 増補改訂 ……………………… 153
鳥 増補改訂版 …………………… 153
鳥の形態図鑑 ……………………… 154
鳥の生態図鑑 改訂新版 ………… 154

【な】

中村元の全国水族館ガイド112 ……… 133
流れ星 ……………………………… 61
鳴き声が聞ける!CD付 野鳥観察図鑑 …… 154
なぜ?ど〜して?科学の図鑑 ……… 18
納得! 世界で一番やさしいデジタル用語
　の基礎知識 …………………… 159
ナノサイエンス図鑑 ………………… 8
なるほど!恐怖!世界の危険生物事典 …… 133
南極大図鑑 ………………………… 79
南極・北極の百科事典 …………… 78
なんでもわかる花と緑の事典 …… 122
難読誤読 昆虫名漢字よみかた辞典 …… 148

238　科学への入門レファレンスブック

【に】

20世紀暦 ･････････････････････････････ 74
21世紀暦 ･････････････････････････････ 74
21世紀の海洋土木技術 ･････････････････ 215
日常の化学事典 ･･･････････････････････ 40
日常の気象事典 ･･･････････････････････ 82
日常の数学事典 ･･･････････････････････ 25
日常の生物事典 ･･････････････････････ 105
日常の物理事典 ･･･････････････････････ 33
日経エコロジー厳選 環境キーワード事
　典 ･････････････････････････････････ 189
日経パソコン新語辞典 1992年版 ･･･････ 170
日経パソコン新語辞典 95年版 ･････････ 170
日経パソコンデジタル・IT用語事典 ･･･ 170
日経パソコン用語事典 2004年版 ･･･････ 170
日経パソコン用語事典 2005年版 ･･･････ 170
日経パソコン用語事典 2006年版 ･･･････ 171
日経パソコン用語事典 2008年版 ･･･････ 171
日経パソコン用語事典 2009年版 ･･･････ 171
日経パソコン用語事典 2010年版 ･･･････ 171
日経パソコン用語事典 2011年版 ･･･････ 171
日経パソコン用語事典 2012年版 ･･･････ 171
日中英特許技術用語辞典 ･･････････････ 159
日本アルプス植物図鑑 ････････････････ 119
日本アルプスの高山植物 ･･････････････ 118
日本陰陽暦日対照表　上巻 ････････････ 75
日本陰陽暦日対照表　下巻 ････････････ 75
日本学士院所蔵 和算資料目録 ････････ 31
日本化石図譜 増訂版 普及版 ･･････････ 97
日本環境年鑑 2001年版 ･･･････････････ 192
日本環境年鑑 2002年版 ･･･････････････ 192
日本語でひく動物学名辞典 ･･･････････ 133
日本産蛾類標準図鑑 1 ････････････････ 151
日本産蛾類標準図鑑 2 ････････････････ 151
日本産蛾類標準図鑑 3 ････････････････ 151
日本産蛾類標準図鑑 4 ････････････････ 151
日本自動車史年表 ･･･････････････････ 206
日本数学者人名事典 ･･････････････････ 30
日本砂浜紀行 ････････････････････････ 95
日本砂浜紀行 改訂 ･･････････････････ 95
日本にしかいない生き物図鑑 ････････ 136
日本の生きもの図鑑 ･････････････････ 111
日本のいきもの図鑑 都会編 ･････････ 111
日本のいきもの図鑑 郊外編 ･････････ 111
日本の海産プランクトン図鑑 ･････････ 107

日本の海産プランクトン図鑑 第2版 ･････ 107
日本の海水魚 増補改訂 ･･････････････ 147
日本の外来生物 ･････････････････････ 111
日本の火山図鑑 ･･･････････････････････ 96
日本の化石 ･･･････････････････････････ 96
日本の岩石と鉱物 ･･･････････････････ 99
日本の鉱物 ･････････････････････････ 102
日本の鉱物 増補改訂 ･･･････････････ 102
日本の里山いきもの図鑑 ･････････････ 111
日本の植物園 ･･･････････････････････ 119
日本の絶滅のおそれのある野生生物 2 改
　訂版 ･･････････････････････････････ 152
日本の絶滅のおそれのある野生生物 8 改
　訂版 ･･････････････････････････････ 117
日本の絶滅のおそれのある野生生物 9 改
　訂版 ･･････････････････････････････ 117
日本の地形レッドデータブック 第1集 新
　装版 ･･･････････････････････････････ 95
日本の鉄道大図鑑1100 ･･･････････････ 208
日本の鳥の巣図鑑全259 ･････････････ 154
日本の哺乳類 ･･･････････････････････ 156
日本の哺乳類 増補改訂 ･････････････ 156
日本の野鳥 増補改訂 ･･･････････････ 154
日本の野鳥 ･････････････････････････ 154
日本の有毒植物 ･････････････････････ 130
日本哺乳類大図鑑 ･･･････････････････ 156
日本暦日総覧 古代中期 1 ････････････ 75
日本暦日総覧 古代中期 2 ････････････ 75
日本暦日総覧 古代中期 3 ････････････ 75
日本暦日総覧 古代中期 4 ････････････ 75
日本暦日総覧 古代前期 1 ････････････ 76
日本暦日総覧 古代前期 2 ････････････ 76
日本暦日総覧 古代前期 3 ････････････ 76
日本暦日総覧 古代前期 4 ････････････ 76
日本暦日便覧 増補版 ･･･････････････ 76
日本列島重力アトラス ･･･････････････ 73
人間科学の百科事典 ･･･････････････ 115
人間工学の百科事典 ･･･････････････ 158

【ね】

ねじ図鑑 ･･･････････････････････････ 198
ネットで探す 最新環境データ情報源 ･･･ 191
ネット・マニアックス裏辞典 ･･･････････ 171

科学への入門レファレンスブック　239

【の】

脳と心のしくみ ビジュアル版 ………… 107
のぞいてみようウイルス・細菌・真菌図
　鑑 1 …………………………………… 113
のぞいてみようウイルス・細菌・真菌図
　鑑 2 …………………………………… 113
野の花 ……………………………………… 126
野の花さんぽ図鑑 ……………………… 126
野の花さんぽ図鑑（木の実と紅葉）…… 126
野の花めぐり 夏・初秋編 …………… 127
野の花めぐり 春編 …………………… 123
野の花山の花 増補改訂 ……………… 127
野の花・山の花観察図鑑 ……………… 127
ノーベル賞受賞者人物事典 物理学賞・化
　学賞 ……………………………………… 22
ノーベル賞の事典 ……………………… 21
野山で見かける山野草図鑑 …………… 127
野山の花 ………………………………… 127
乗りもの ………………………………… 209

【は】

ハイキングで出会う花ポケット図鑑 … 127
はじめからのすうがく事典 …………… 26
初めての山野草 ………………………… 124
はじめての生化学 第2版 …………… 112
はじめての相対性理論 ………………… 36
初めての人にもよくわかるマッキントッ
　シュ用語事典 ………………………… 171
パソコン基本用語辞典 ………………… 171
パソコンで見る動く分子事典 ………… 43
パソコン用語（裏）事典 ……………… 172
パソコン用語の基礎知識 ……………… 172
8カ国科学用語辞典 …………………… 6
爬虫類・両生類 ………………………… 148
はっきりわかる現代サイエンスの常識事
　典 ………………………………………… 19
発光の事典 ……………………………… 37
葉っぱで調べる身近な樹木図鑑 増補改
　訂版 …………………………………… 121
花色でひける山野草の名前がわかる事
　典 ………………………………………… 122
花だけでなく実を見ても「山野草」の名

前がすぐにわかる本 …………………… 124
花と実の図鑑 1 ………………………… 127
花と実の図鑑 2 ………………………… 127
花のおもしろフィールド図鑑 秋 …… 128
花のおもしろフィールド図鑑 春 …… 128
花のおもしろフィールド図鑑 夏 …… 128
花の種差海岸 …………………………… 95
ばら・す大図鑑 ………………………… 198
春!夏!秋!冬!里山の生きものがよ〜くわか
　る図鑑 ………………………………… 128
ハンダづけ用語辞典 …………………… 218
ハンディー版 環境用語辞典 第2版 …… 190

【ひ】

皮革用語辞典 …………………………… 219
皮革用語辞典 特装版 ………………… 219
干潟の生きもの図鑑 …………………… 147
光コンピューティングの事典 ………… 166
光の百科事典 …………………………… 38
ビジュアル科学大事典 ………………… 5
ビジュアル地球大図鑑 ………………… 79
ビジュアル博物館 1 …………………… 154
ビジュアル博物館 2 …………………… 102
ビジュアル博物館 5 …………………… 121
ビジュアル博物館 7 …………………… 151
ビジュアル博物館 11 ………………… 128
ビジュアル博物館 21 ………………… 209
ビジュアル博物館 22 ………………… 209
ビジュアル博物館 25 ………………… 102
ビジュアル博物館 26 ………………… 148
ビジュアル博物館 27 ………………… 181
ビジュアル博物館 28 ………………… 87
ビジュアル博物館 29 ………………… 156
ビジュアル博物館 32 ………………… 157
ビジュアル博物館 33 ………………… 157
ビジュアル博物館 36 ………………… 215
ビジュアル博物館 81 ………………… 87
ビジュアル版 世界科学史大年表 …… 20
ビジュアル分解大図鑑 ………………… 160
びっくり鬼虫大図鑑 …………………… 151
必携 鉱物鑑定図鑑 …………………… 102
ひと目で見分ける420種 親子で楽しむ身
　近な生き物ポケット図鑑 …………… 140
ひと目で見分ける580種散歩で出会う花
　ポケット図鑑 ………………………… 128
一目でわかる単位の換算便利帳 ……… 37

ひと目でわかる地球環境データブック … 192
一目でわかる! 特許法等改正年一覧表 … 181
ひとりでマスターする生化学 … 112
日々に出会う化学のことば ……………… 41
標準 化学用語辞典 ……………… 41
標準 化学用語辞典 縮刷版 ……………… 41
標準 化学用語辞典 第2版 ……………… 41
標準パソコン用語事典 最新2004～2005
　年版 第5版 ………………………… 172
標準パソコン用語事典 最新2007～2008
　年版 第6版 ………………………… 172
標準パソコン用語事典 最新2009～2010
　年版 ………………………………… 172
ひらめきが世界を変えた! 発明大図鑑 … 181
頻出ネット語手帳 …………………… 172

【ふ】

フィールドガイド・アフリカ野生動物 … 140
フィールドガイド身近な昆虫識別図鑑 … 151
フィールド版 鉱物図鑑 ……………… 102
フィールド版 続鉱物図鑑 …………… 103
ブキミ生物絶叫図鑑 ………………… 108
藤井旭の天文年鑑 1990年度版 ………… 64
藤井旭の天文年鑑 1991年度版 ………… 64
藤井旭の天文年鑑 1993年度版 ………… 64
藤井旭の天文年鑑 1995年版 …………… 64
藤井旭の天文年鑑 1994年度版 ………… 64
藤井旭の天文年鑑 1996年版 …………… 64
藤井旭の天文年鑑 1997年版 …………… 64
藤井旭の天文年鑑 1998年版 …………… 64
藤井旭の天文年鑑 1999年版 …………… 65
藤井旭の天文年鑑 2000年版 …………… 65
藤井旭の天文年鑑 2001年版 …………… 65
藤井旭の天文年鑑 2002年版 …………… 65
藤井旭の天文年鑑 2003年版 …………… 65
藤井旭の天文年鑑 2004年版 …………… 65
藤井旭の天文年鑑 2005年版 …………… 65
藤井旭の天文年鑑 2006年版 …………… 65
藤井旭の天文年鑑 2007年版 …………… 65
藤井旭の天文年鑑 2008年版 …………… 65
藤井旭の天文年鑑 2015年版 …………… 65
藤井旭の天文年鑑 2016年版 …………… 65
ふしぎ!オドロキ!科学マジック図鑑 …… 8
不思議おもしろ幾何学事典 …………… 30
不思議で美しい石の図鑑 …………… 103
不思議で美しいミクロの世界 …………… 8

「物理・化学」の法則・原理・公式がま
　とめてわかる事典 ………………… 34, 40
物理学辞典 改訂版 …………………… 34
物理学辞典 改訂版(縮刷版) ………… 35
物理学辞典 三訂版 …………………… 35
物理学事典 …………………………… 34
物理学大事典 ………………………… 34
物理学大事典 普及版 ………………… 34
物理学ハンドブック 第2版 ………… 36
物理なぜなぜ事典 1 増補版 ………… 34
物理なぜなぜ事典 2 増補版 ………… 34
船の歴史事典 ………………………… 215
船の歴史文化図鑑 …………………… 216
プライムナンバーズ ………………… 30
分子から酵素を探す化合物の事典 ……… 43

【へ】

平凡社版 気象の事典 増補版 ………… 82
ベーシック分子生物学 ……………… 112

【ほ】

望遠鏡・双眼鏡カタログ '97年版 ……… 61
望遠鏡・双眼鏡カタログ 2001年版 …… 61
望遠鏡・双眼鏡カタログ 2003年版 …… 61
望遠鏡・双眼鏡カタログ 2005年版 …… 61
望遠鏡・双眼鏡カタログ 2007年版 …… 61
望遠鏡・双眼鏡カタログ 2009年版 …… 62
放射化学の事典 ……………………… 198
放射線用語辞典 ……………………… 38
宝石・鉱物おもしろガイド …………… 99
ポケットガイド バイオテク用語事典 … 114
ポケット版 学研の図鑑 6 …………… 72
ポケット判 身近な樹木 ……………… 121
ほし ………………………………… 70
星が光る星座早見図鑑 ……………… 70
星空ガイド 1991 …………………… 65
星空ガイド 1992 …………………… 66
星空ガイド 1993 …………………… 66
星空ガイド 1994 …………………… 66
星空ガイド 1995 …………………… 66
星空ガイド 1996 …………………… 66
星空ガイド 1999 …………………… 66
星空ガイド 2002 …………………… 66

星空ガイド 2003 ･･････････････････ 66
星空ガイド 2004 ･･････････････････ 66
星空ガイド 2005 ･･････････････････ 66
星空ガイド 2006 ･･････････････････ 66
星空ガイド 2007 ･･････････････････ 67
星空ガイド 2008 ･･････････････････ 67
星空ガイド 2009 ･･････････････････ 67
星空ガイド 2010 ･･････････････････ 67
星空ガイド 2011 ･･････････････････ 67
星空ガイド 2014 ･･････････････････ 67
星空ガイド 2015 ･･････････････････ 67
星空ガイド 2016 ･･････････････････ 67
星空図鑑 ･･･････････････････････････ 70
星空データブック 2008 ･･･････････ 67
星空の図鑑 ･･･････････････････････ 70
星空風景 ･･･････････････････････････ 70
星と宇宙の探検館 ･･･････････････ 51
星と惑星の写真図鑑 完璧版 ･･･ 68
星の文化史事典 ･･･････････････････ 67
ポリプロピレンハンドブック ･･････ 218
滅びゆく世界の動物たち ･･･････ 140
本当にいる世界の深海生物大図鑑 ･･････ 147
本当にいる世界の超危険生物大図鑑 ･･･ 108
本当にいる地球の「寄生生物」案内 ･･･ 106

【ま】

マクミラン 世界科学史百科図鑑 1 ･･････ 22
マクミラン 世界科学史百科図鑑 2 ･･････ 22
マクミラン 世界科学史百科図鑑 3 ･･････ 22
マクミラン 世界科学史百科図鑑 4 ･･････ 22
マクミラン 世界科学史百科図鑑 5 ･･････ 22
マクミラン 世界科学史百科図鑑 6 ･･････ 23
マグロウヒル現代物理学辞典 英英 第3
　版 ････････････････････････････････ 35
マグローヒル科学技術用語大辞典 改訂
　第3版 ････････････････････････ 159
まちかど花ずかん ････････････････ 128
街でよく見かける雑草や野草がよーくわ
　かる本 ･･･････････････････････････ 124
街でよく見かける雑草や野草のくらしが
　わかる本 ･････････････････････････ 129
街なかの地衣類ハンドブック ･････ 131
街の虫とりハンドブック ･････････ 149
マテリアルの事典 ･･･････････････ 158
まるごと発見!校庭の木・野山の木 1 ･･･ 120
まるごと発見!校庭の木・野山の木 2 ･･･ 121

Maruzen科学年表 ･････････････････ 20
MARUZEN物理学大辞典 第2版 ･･･････ 35
Maruzen物理学大辞典 第2版 普及版 ･･･ 35
マルチメディア航空機図鑑 ･･･････ 209
まんが・つくろう!21世紀 ･･････････ 182
マンガで見る環境白書 3 ･･･････････ 192
マンガで見る環境白書 ･････････････ 192
まんがでわかるハム用語 ･････････ 213

【み】

ミクロの世界を探検しよう ･････････ 108
ミクロワールド大図鑑 昆虫 ･････ 151
身近で見られる日本の野鳥カタログ ･･･ 155
身近な危険生物対応マニュアル ･･･ 108
身近な気象の事典 ･･･････････････ 82
身近な木の花ハンドブック ･･･････ 124
身近な木の花ハンドブック430種 ･･･ 124
身近な草木の実とタネハンドブック ･･･ 124
身近な雑草の芽生えハンドブック ･･･ 124
身近な樹木 ･･･････････････････････ 121
身近な樹木ウォッチング ･････････ 122
身近な鳥の図鑑 ･･･････････････････ 155
身近なモノの履歴書を知る事典 ･･･ 182
身近な野生動物観察ガイド ･･･････ 133
身近な野草・雑草 ･･･････････････ 129
水環境設備ハンドブック ･････････ 186
水の生き物 ･･･････････････････････ 147
水の言葉辞典 ･･･････････････････ 45
水の事典 ･････････････････････････ 45
水の総合辞典 ･･･････････････････ 45
水の百科事典 ･･･････････････････ 45
水ハンドブック ･･････････････････ 45
身のまわりの木の図鑑 ･････････ 122
宮沢賢治地学用語辞典 ･･･････････ 78
未来への循環 8 ･･････････････････ 192
見る読むわかる野鳥図鑑 ･･･････ 155
みんなでつなぐ千年の草原 7 ･･･････ 193

【む】

昔々の上野動物園、絵はがき物語 ･･････ 137

書名索引　　　よくわ

【め】

明治前日本天文暦学・測量の書目辞典 ‥‥‥ 73
メカトロ技術基礎用語辞典 ‥‥‥‥‥‥‥ 212
目でみる単位の図鑑 ‥‥‥‥‥‥‥‥‥‥ 37

【も】

猛毒生物図鑑 ‥‥‥‥‥‥‥‥‥‥‥‥ 108
猛毒生物大図鑑 ‥‥‥‥‥‥‥‥‥‥‥ 108
木材加工用語辞典 ‥‥‥‥‥‥‥‥‥‥ 219
木材切削加工用語辞典 ‥‥‥‥‥‥‥‥ 219
木竹工芸の事典 新装版 ‥‥‥‥‥‥‥ 219
持ち歩き図鑑 身近な樹木 ‥‥‥‥‥‥ 122
持ち歩き図鑑 身近な野草・雑草 ‥‥‥ 129
もっとくらべる図鑑クイズブック ‥‥‥‥ 8
もっと知りたい!微生物大図鑑 1 ‥‥ 114
もっと知りたい!微生物大図鑑 2 ‥‥ 114
もっと知りたい!微生物大図鑑 3 ‥‥ 114
ものづくりに役立つ経営工学の事典 ‥‥ 182
ものづくり白書 2004年版 ‥‥‥‥‥‥ 183
ものづくり白書 2005年版 ‥‥‥‥‥‥ 183
ものづくり白書 2006年版 ‥‥‥‥‥‥ 183
ものづくり白書 2007年版 ‥‥‥‥‥‥ 184
ものづくり白書 2008年版 ‥‥‥‥‥‥ 184
ものづくり白書 2009年版 ‥‥‥‥‥‥ 184
ものづくり白書 2010年版 ‥‥‥‥‥‥ 184
ものづくり白書 2011年版 ‥‥‥‥‥‥ 184
ものづくり白書 2012年版 ‥‥‥‥‥‥ 185
ものづくり白書 2013年版 ‥‥‥‥‥‥ 185
ものづくり白書 2014年版 ‥‥‥‥‥‥ 185
ものづくり白書 2015年版 ‥‥‥‥‥‥ 185
もののしくみ大図鑑 ‥‥‥‥‥‥‥‥‥ 160
森の動物図鑑 ‥‥‥‥‥‥‥‥‥‥‥‥ 141
森の動物出会いガイド ‥‥‥‥‥‥‥‥ 141
文部省 学術用語集 増訂版 ‥‥‥‥‥‥ 48

【や】

薬草・毒草を見分ける図鑑 ‥‥‥‥‥‥ 131
やくみつるの昆虫図鑑 ‥‥‥‥‥‥‥‥ 152

やさしい気象教室 ‥‥‥‥‥‥‥‥‥‥ 85
やさしい建築構造力学の手びき 第25版
　‥‥‥‥‥‥‥‥‥‥‥‥‥‥‥‥‥ 194
やさしい建築構造力学の手びき 全面改
　訂版 ‥‥‥‥‥‥‥‥‥‥‥‥‥‥‥ 195
やさしい日本の淡水プランクトン 図解
　ハンドブック ‥‥‥‥‥‥‥‥‥‥‥ 106
やさしい日本の淡水プランクトン図解ハ
　ンドブック 普及版 ‥‥‥‥‥‥‥‥ 106
やさしい日本の淡水プランクトン図解ハ
　ンドブック 改訂版 普及版 ‥‥‥‥ 106
やさしい身近な自然観察図鑑 ‥‥‥‥‥ 136
やさしい身近な自然観察図鑑 図書館版 ‥ 136
やさしい身近な自然観察図鑑 昆虫 図書
　館版 ‥‥‥‥‥‥‥‥‥‥‥‥‥‥‥ 152
やさしい身近な自然観察図鑑 植物 ‥‥ 119
やさしい身近な自然観察図鑑 植物 図書
　館版 ‥‥‥‥‥‥‥‥‥‥‥‥‥‥‥ 119
やさしく読める最新ハイテク&デジタル
　用語事典 ‥‥‥‥‥‥‥‥‥‥‥‥‥ 159
野草のおぼえ方 上 ‥‥‥‥‥‥‥‥‥ 129
野草のおぼえ方 下 ‥‥‥‥‥‥‥‥‥ 129
野草の花図鑑「春」 ‥‥‥‥‥‥‥‥‥ 129
野草の花図鑑「秋」 ‥‥‥‥‥‥‥‥‥ 129
野草の花図鑑「夏」 ‥‥‥‥‥‥‥‥‥ 129
野草 見分けのポイント図鑑 ‥‥‥‥‥ 130

【ゆ】

有機化学用語事典 普及版 ‥‥‥‥‥‥ 46
有機金属化学事典 普及版 ‥‥‥‥‥‥ 45
雪と氷の事典 ‥‥‥‥‥‥‥‥‥‥‥‥ 82
雪と氷の図鑑 ‥‥‥‥‥‥‥‥‥‥‥‥ 87
UFO百科事典 ‥‥‥‥‥‥‥‥‥‥‥‥ 19

【よ】

容器の事典 ‥‥‥‥‥‥‥‥‥‥‥‥‥ 219
葉形・花色でひける 木の名前がわかる
　事典 ‥‥‥‥‥‥‥‥‥‥‥‥‥‥‥ 120
要項解説 数学公式辞典 第2版 ‥‥‥‥ 26
幼虫 ‥‥‥‥‥‥‥‥‥‥‥‥‥‥‥‥ 152
用途がわかる山野草ナビ図鑑 ‥‥‥‥‥ 130
よくわかる元素キャラ図鑑 ‥‥‥‥‥‥ 44
よくわかる微分積分ハンドブック ‥‥‥‥ 31
よくわかる分子生物学の基本としくみ 第

科学への入門レファレンスブック　243

2版 112
読む数学 26
読んでみない?科学の本 2

【り】

理化学英和辞典 6
理科年表 平成3年 11
理科年表 平成3年 机上版 11
理科年表 平成4年 11
理科年表 平成4年 机上版 11
理科年表 平成5年 11
理科年表 平成5年 机上版 11
理科年表 平成6年 11
理科年表 平成6年 机上版 11
理科年表 平成7年 11
理科年表 平成7年 机上版 11
理科年表 平成8年 12
理科年表 平成8年 机上版 12
理科年表 平成9年 12
理科年表 平成9年 机上版 12
理科年表 平成10年 12
理科年表 平成10年 机上版 12
理科年表 平成11年 12
理科年表 平成11年 机上版 12
理科年表 平成12年 13
理科年表 平成12年 机上版 13
理科年表 平成14年 13
理科年表 平成14年 机上版 13
理科年表 平成15年 13
理科年表 平成15年 机上版 13
理科年表 平成16年 14
理科年表 平成16年 机上版 14
理科年表 平成17年 14
理科年表 平成17年 机上版 14
理科年表 平成18年 14
理科年表 平成18年 机上版 14
理科年表 平成19年 14
理科年表 平成19年 机上版 14
理科年表 平成20年 机上版 14
理科年表 平成21年 14
理科年表 平成21年 机上版 14
理科年表 平成22年 14
理科年表 平成22年 机上版 14
理科年表 平成23年 15
理科年表 平成23年 机上版 15
理科年表 平成24年 15

理科年表 平成24年 机上版 15
理科年表 平成25年 15
理科年表 平成25年 机上版 15
理科年表 平成26年 15
理科年表 平成26年 机上版 15
理科年表 平成27年 15
理科年表 平成27年 机上版 15
理科年表 平成28年 15
理科年表 平成28年 机上版 15
理科年表CD-ROM 15
理科年表Q&A 16
理科年表 環境編 193
理科年表 環境編 第2版 193
理科年表ジュニア 第2版 18
「理科」の地図帳 73
陸・海・空のりものメカニズム図鑑 209
陸・海・空ビックリ大計画99 209
陸水の事典 90
理系のための英語便利帳 6
りけ単 6
理工学辞典 6
理工系大学生のための英語ハンドブ
ック 7
両生類・爬虫類 148

【れ】

例解化学事典 40
例解化学事典 普及版 40
暦日大鑑 76
レッドデータアニマルズ 141
レッドデータブック 日本の絶滅危惧植
物 117
レッドデータブック その他無脊椎動物 .. 137
レッドデータブック 貝類 143
レッドデータブック 爬虫類・両生類 147
レッドデータブック 鳥類 152
レッドデータブック 哺乳類 155
レッドデータプランツ 118

【ろ】

ロングマン物理学辞典 35

【わ】

ワイド図鑑身近な樹木 ･････････････････ 122
和英／英和 算数・数学用語活用辞典 ････ 29
和英化学用語辞典 ････････････････････ 42
和英特許・技術用語辞典 ･･････････････ 180
わかりやすい気象の用語事典 ･･･････････ 83
わかりやすい建築配筋ハンドブック ････ 195
わかりやすい建築用語事典 改訂版 ･････ 194
わかりやすい建築用語事典 改訂版 ･････ 194
わかりやすい建築用語事典 改訂版 ･････ 194
わかりやすいコンピュータ用語辞典 改
　訂第8版 ････････････････････････････ 172
わかりやすいコンピュータ用語辞典 第9
　版 ･･････････････････････････････････ 172
わかりやすい中学数学の用語事典 ･･････ 29
わかる＆使える統計学用語 ･･･････････ 31
惑星・太陽の大発見 ･･･････････････ 70, 71
和算史年表 ･･････････････････････････ 32
和算史年表 増補版 ･･･････････････････ 32
和算用語集 ･･････････････････････････ 32
和紙文化研究事典 ･･･････････････････ 219
和洋暦換算事典 ･･････････････････････ 74

著 編 者 名 索 引

【あ】

I／O編集部
図解 パソコン用語事典 ……………… 169
パソコン用語（裏）事典 …………… 172

相沢 貴子
環境学入門 ………………………… 190

相沢 竜彦
マテリアルの事典 ………………… 158

アイ・シー・アイデザイン研究所
素材加工事典 ……………………… 182

相磯 秀夫
コンピュータの事典 第2版 ……… 165

青本 和彦
岩波数学入門辞典 ………………… 26

青木 賢人
日本の地形レッドデータブック 第1集
新装版 …………………………… 95

青木 正博
岩石と宝石の大図鑑 ……………… 99
検索入門鉱物・岩石 ……………… 100
鉱物図鑑 …………………………… 100
鉱物分類図鑑 ……………………… 100
地形がわかるフィールド図鑑 …… 96

青木 謙知
航空基礎用語厳選800 …………… 207

青木 和光
宇宙（ポプラディア大図鑑WONDA）
………………………………………… 49

青野 修
物理学事典 ………………………… 34

青山 幹雄
コンピュータの名著・古典100冊 改訂新
版 ………………………………… 165
コンピュータの名著・古典100冊 …… 165

赤池 学
自然に学ぶものづくり図鑑 ……… 183

赤尾 秀子
おかしな生きものミニ・モンスター … 134

縣 秀彦
宇宙（学研の図鑑LIVE） ………… 50
3D宇宙大図鑑 …………………… 50
天文学の図鑑 ……………………… 51
星空データブック 2008 ………… 67

赤堀 侃司
標準パソコン用語事典 最新2004〜2005
年版 第5版 ……………………… 172
標準パソコン用語事典 最新2007〜2008
年版 第6版 ……………………… 172
標準パソコン用語事典 最新2009〜2010
年版 ……………………………… 172

赤間 美文
学生 化学用語辞典 第2版 ……… 43
ハンディー版 環境用語辞典 第2版 …… 190

アーカンド，キンバリー
美しい光の図鑑 …………………… 50

阿岸 祐幸
温泉の百科事典 …………………… 93

秋元 格
ノーベル賞の事典 ………………… 21

秋山 久美子
都会の草花図鑑 …………………… 126

阿久根 末忠
現代こよみ読み解き事典 ………… 74

浅井 冨雄
平凡社版 気象の事典 増補版 ……… 82

浅井 元朗
身近な雑草の芽生えハンドブック … 124

浅島 誠
理科年表 環境編 ………………… 193

浅田 英夫
星雲星団ウォッチング …………… 59
天文手帳 2009 …………………… 54
天文手帳 2013 …………………… 54
星と宇宙の探検館 ………………… 51

浅間 茂
校庭の生き物ウォッチング ……… 110
校庭のクモ・ダニ・アブラムシ …… 149

芦沢 宏生
環境教育ガイドブック …………… 190

芦田 嘉之
カラー図解でわかる高校生物超入門 … 110

アシモフ，アイザック
アイザック・アシモフの科学と発見の年
表（1992） ……………………… 19
アイザック・アシモフの科学と発見の年
表（1996） ……………………… 19
アイザック・アシモフの科学と発見の年
表 第2刷 ………………………… 19

アスペクト編集部
ウェザーリポーターのためのソラヨミハ

著編者名索引

ンドブック …………………………… 83

畔上 能力
樹木 見分けのポイント図鑑 新装版 … 121
野草 見分けのポイント図鑑 ………… 130

足立 吟也
化学英語の活用辞典 第2版 ………… 40

安達 淳
コンピュータの名著・古典100冊 改訂新
版 ………………………………… 165

足立 尚計
ことばの動物史 ……………………… 133

アートデータ
インターネット基礎用語 …………… 166

穴田 浩一
数学公式ハンドブック ……………… 28

安部 直哉
身近で見られる日本の野鳥カタログ … 155

阿部 正之
海辺の生物観察図鑑 ………………… 144

阿部 光雄
実用化学辞典 普及版 ………………… 41
実用化学辞典 新装版 ………………… 41

阿部 よしき
最新最強のクルマ事典 ……………… 206

尼岡 邦夫
深海魚 …………………………………… 145

尼川 大録
検索入門樹木 ………………………… 121

天野 一男
テーマで読み解く海の百科事典 ……… 90
ポケット版 学研の図鑑 6 …………… 72

天野 誠
植物 …………………………………… 117

新井 重男
天気の事典 …………………………… 82

新井 仁之
朝倉 数学辞典 ………………………… 26

新井 宏之
図解でわかる電気の事典 …………… 210

新井 正明
英和学習基本用語辞典化学 ………… 43

荒賀 賢二
できるまで大図鑑 …………………… 220

荒木 好文
図解 工業所有権法基礎用語集 ……… 180

荒木田 文輝
まちかど花ずかん …………………… 128

アラビー, マイク
動物と植物 ……………………… 116, 133

アラビー, マイケル
ビジュアル地球大図鑑 ……………… 79

荒船 次郎
物理学大事典 ………………………… 34
物理学大事典 普及版 ………………… 34

荒舩 良孝
教えて!科学本 ………………………… 1

荒牧 重雄
火山の事典 …………………………… 94
火山の事典 第2版 …………………… 94

荒俣 宏
アラマタ生物事典 …………………… 104
ビジュアル版 世界科学史大年表 …… 20

蟻川 芳子
水の百科事典 ………………………… 45

有本 信雄
最新天文百科 ………………………… 49

安斎 育郎
「原発」文献事典1951-2013 ………… 198

安西 英明
基本がわかる野鳥eco図鑑 ………… 153
見る読むわかる野鳥図鑑 …………… 155

アンジェルッチ, エンツォ
船の歴史事典 ………………………… 215

安藤 亘
有機化学用語事典 普及版 …………… 46

【い】

飯島 和子
校庭の雑草 4版 ……………………… 123
新・雑草博士入門 …………………… 123

飯島 徹穂
数の単語帖 …………………………… 25

飯島 正広
日本哺乳類大図鑑 …………………… 156

飯塚 昭三
基礎から最新 クルマ用語 ………… 207

飯田 孝一
天然石がわかる本 …………………… 98

天然石がわかる本 下巻 ……………… 98

飯田 隆
化学英語用例辞典 ………………………… 40

飯田 博美
放射線用語辞典 …………………………… 38

飯田 幸郷
特許用語の基礎知識 改訂新版 ……… 180

飯田 吉秋
素材加工事典 ……………………………… 182

飯高 茂
朝倉数学ハンドブック 基礎編 ……… 27
朝倉数学ハンドブック 応用編 ……… 27
数学英和小事典 …………………………… 24

家 正則
地球と宇宙の小事典 …………… 47, 78
天文学辞典 ………………………………… 48

医学生物学電子顕微鏡技術学会
植物 ………………………………………… 118
人体 ………………………………………… 107
ミクロの世界を探検しよう ………… 108
ミクロワールド大図鑑 昆虫 ……… 151

いがり まさし
野草のおぼえ方 上 …………………… 129
野草のおぼえ方 下 …………………… 129

井川 俊彦
数学基本用語小事典 …………………… 24

井川 陽次郎
これからのメディアとネットワークがわ
かる事典 ……………………………… 165

井口 泰泉
図解ひと目でわかる「環境ホルモン」ハ
ンドブック ……………………………… 42

池内 了
科学を読む愉しみ ………………………… 1
大災害サバイバルマニュアル ……… 94

池内 恵
元素図鑑 …………………………………… 44

池谷 裕二
脳と心のしくみ ビジュアル版 ……… 107

池田 清彦
虫はすごい! …………………………… 149

池田 圭一
水滴と氷晶がつくりだす空の虹色ハンド
ブック ……………………………………… 84
天文学の図鑑 …………………………… 51

池田 晶一
地図の読み方事典 ……………………… 72

池田 孝
こよみ事典 改訂新版 ………………… 74

池田 長生
三省堂新化学小事典 …………………… 39

池田 等
ときめく貝殻図鑑 ……………………… 147

池田 政弘
こよみ事典 改訂新版 ………………… 74

池田 元晴
コンピュータ用語辞典 ………………… 167

池原 実
地球全史スーパー年表 ………………… 80

池淵 周一
水の事典 …………………………………… 45

猪郷 久義
地球 ………………………………………… 79
地球・気象 …………………… 71, 87
地球のクイズ図鑑 ……………………… 79

生駒 大洋
系外惑星の事典 ………………………… 71

伊沢 正名
カビ図鑑 ………………………………… 131
ときめくコケ図鑑 ……………………… 131

石井 規雄
校庭のクモ・ダニ・アブラムシ ……… 149

石井 桃子
都会の木の実・草の実図鑑 ………… 119

石井 竜一
植物の百科事典 ………………………… 116

石垣 幸二
本当にいる世界の深海生物大図鑑 ……… 147

石川 美枝子
樹木 見分けのポイント図鑑 新装版 … 121
野草 見分けのポイント図鑑 ……… 130

石田 智
天文手帳 2009（No.33） ……………… 54
天文手帳 2013 …………………………… 54

石田 晴久
コンピュータの名著・古典100冊 改訂新
版 …………………………………………… 165
コンピュータの名著・古典100冊 ……… 165

石戸 忠
日本の生きもの図鑑 …………………… 111

著編者名索引

石原 勝敏
　生物学データ大百科事典 上 ………… 104
　生物学データ大百科事典 下 ………… 104
石原 繁
　数学小辞典 第2版 ………………… 27
石原 宏
　記録・メモリ材料ハンドブック ……… 214
井筒 清次
　おもしろくてためになる桜の雑学事典
　…………………………………… 120
泉谷 渉
　1秒でわかる! 先端素材業界ハンドブッ
　ク …………………………………… 159
出雲 晶子
　星の文化史事典 …………………… 67
磯 直道
　スタンダード 化学卓上事典 ………… 39
磯田 進
　薬草・毒草を見分ける図鑑 ………… 131
磯部 琇三
　宇宙 ………………………………… 49
　天文の事典 ………………………… 48
　天文の事典 普及版 ………………… 48
井田 茂
　系外惑星の事典 …………………… 71
井田 斉
　魚 …………………………………… 145
井田 喜明
　火山の事典 ………………………… 94
　火山の事典 第2版 ………………… 94
板倉 聖宣
　科学者伝記小事典 ………………… 21
　事典 日本の科学者 ………………… 22
市石 博
　生物を科学する事典 ……………… 104
　日常の生物事典 …………………… 105
一岡 芳樹
　光コンピューティングの事典 ……… 166
市川 憲良
　水環境設備ハンドブック …………… 186
伊知地 宏
　プライムナンバーズ ………………… 30
一瀬 諭
　やさしい日本の淡水プランクトン 図解
　ハンドブック ……………………… 106
　やさしい日本の淡水プランクトン図解ハ
　ンドブック 普及版 ………………… 106

やさしい日本の淡水プランクトン図解ハ
　ンドブック 改訂版 普及版 ………… 106
一ノ瀬 幸雄
　金属材料の事典 …………………… 217
一見 和彦
　海洋科学入門 ……………………… 90
井出 勝久
　原寸大!スーパー昆虫大事典 ……… 148
井出 利憲
　図解入門 よくわかる細胞生物学の基本
　としくみ …………………………… 105
　図解入門 よくわかる分子生物学の基本
　としくみ …………………………… 112
　よくわかる分子生物学の基本としくみ
　第2版 ……………………………… 112
出田 興生
　海洋 ………………………………… 91
伊東 和彦
　暦を知る事典 ……………………… 74
伊東 俊太郎
　科学史技術史事典 …………… 20, 176
伊東 昌市
　天文 ………………………………… 51
伊藤 征司郎
　顔料の事典 ………………………… 216
　顔料の事典 普及版 ………………… 216
伊藤 節子
　明治前日本天文暦学・測量の書目辞典 … 73
伊藤 孝
　地球全史スーパー年表 …………… 80
伊藤 年一
　学研生物図鑑 昆虫 3 改訂版 …… 150
伊藤 朋之
　気象ハンドブック 第3版 …………… 84
　キーワード 気象の事典 …………… 81
伊藤 尚未
　電子工作大図鑑 …………………… 213
伊藤 伸子
　科学 ………………………………… 7
　岩石と鉱物 ………………………… 98
　昆虫 ………………………………… 150
　地球図鑑 …………………………… 72
伊東 広
　化学物質の小事典 ………………… 216
伊藤 正直
　世界地図で読む環境破壊と再生 …… 191

伊東 正安
　コンピュータ用語事典 改訂2版 ……… 167
いとう みつる
　天文キャラクター図鑑 ……………… 51
　よくわかる元素キャラ図鑑 ………… 44
伊藤 雄二
　数学辞典 …………………………… 27
　数学辞典 普及版 ………………… 27
伊藤 恵夫
　化石図鑑 …………………………… 97
　結晶・宝石図鑑 ………………… 99
稲垣 賢二
　これだけ!生化学 ………………… 112
いなば てつのすけ
　マンガで見る環境白書 …………… 192
稲場 文男
　光コンピューティングの事典 ……… 166
稲森 謙太郎
　知られざる特殊特許の世界 ……… 181
犬塚 修一郎
　天文学辞典 ………………………… 48
井上 真一郎
　衛星通信ガイドブック 2014 ……… 214
井上 雅裕
　絵とき 植物生理学入門 改訂3版 … 116
猪股 清二
　よくわかる微分積分ハンドブック … 31
伊部 京子
　紙の文化事典 …………………… 218
今井 明子
　気象の図鑑 ……………………… 85
今井 登
　地質学ハンドブック 普及版 ……… 95
今井 淑夫
　化学大百科 ……………………… 39
　化学大百科 普及版 ……………… 39
今泉 忠明
　気をつけろ!猛毒生物大図鑑 1 … 134
　気をつけろ!猛毒生物大図鑑 2 … 144
　気をつけろ!猛毒生物大図鑑 3 … 134
　危険生物 最強王者大図鑑 ……… 135
　新世界絶滅危機動物図鑑 1 改訂版 … 155
　新世界絶滅危機動物図鑑 2 改訂版 … 155
　新世界絶滅危機動物図鑑 6 改訂版 … 137
　絶滅危機動物 …………………… 137
　強い!速い!大きい!世界の生物No.1事典

　……………………………………… 105
　動物(学研の図鑑LIVE) ………… 135
　動物(学研の図鑑ライブポケット) … 135
　なるほど!恐怖!世界の危険生物事典 … 133
　日本にしかいない生き物図鑑 …… 136
　日本の生きもの図鑑 …………… 111
　身近な危険生物対応マニュアル … 108
　猛毒生物図鑑 …………………… 108
今島 実
　海の動物百科 4 ………………… 141
　海の動物百科 5 ………………… 141
今西 文竜
　物理学事典 ……………………… 34
今原 幸光
　写真でわかる磯の生き物図鑑 …… 145
今村 央
　海の動物百科 3 ………………… 141
今村 文彦
　津波の事典 縮刷版 …………… 93
井山 弘幸
　マクミラン 世界科学史百科図鑑 3 … 22
伊与田 正彦
　炭素の事典 ……………………… 45
岩井 修一
　鳥の形態図鑑 …………………… 154
岩国市立ミクロ生物館
　日本の海産プランクトン図鑑 …… 107
　日本の海産プランクトン図鑑 第2版 … 107
岩瀬 徹
　校庭の雑草 4版 ………………… 123
　新・雑草博士入門 ……………… 123
岩田 薫
　科学・技術英語例解辞典 ……… 5
岩田 佳代子
　ジェムストーンの魅力 ………… 101
岩槻 邦男
　植物の百科事典 ………………… 116
岩槻 秀明
　気象の図鑑 ……………………… 85
　雲の図鑑 ………………………… 86
　最新版 雑草・野草の暮らしがわかる図鑑 … 125
　散歩の雲・空図鑑 ……………… 85
　水滴と氷晶がつくりだす空の虹色ハンドブック … 84
　春!夏!秋!冬!里山の生きものがよ～くわかる図鑑 … 128

いわな　　　　　　　　　　著編者名索引

街でよく見かける雑草や野草がよーくわ
かる本 ……………………………… 124
街でよく見かける雑草や野草のくらしが
わかる本 ……………………………… 129
やさしい身近な自然観察図鑑 植物 …… 119
やさしい身近な自然観察図鑑 植物 図書
館版 …………………………………… 119

岩波書店辞典編集部
科学の事典 第3版 …………………… 3

岩渕 義郎
海の百科事典 ………………………… 90

岩村 秀
化学物質の小事典 …………………… 216

インターネット協会
インターネット白書 2003 ………… 173
インターネット白書 2005 ………… 173
インターネット白書 2007 ………… 173
インターネット白書 2008 ………… 174
インターネット白書 2009 ………… 174
インターネット白書 2010 ………… 174
インターネット白書 2011 ………… 174
インターネット白書 2012 ………… 174

インターネット年鑑編集部
インターネット年鑑 '97 …………… 173

インデックス
地球環境年表 2003 …………… 11, 80

インプレスR&Dインターネットメディア総合
研究所
インターネット白書 2010 ………… 174
インターネット白書 2011 ………… 174
インターネット白書 2012 ………… 174
スマートハウス＆スマートグリッド用語
事典 …………………………………… 158

【う】

ヴァツケ，ミーガン
美しい光の図鑑 ……………………… 50

ウィッテッカー，リチャード
気象 …………………………………… 85

ウィリアムズ，L.ピアース
マクミラン 世界科学史百科図鑑 3 …… 22

ウィン，パトリシア・J.
生命ふしぎ図鑑 人類の誕生と大移動 … 115

ウイングクリエイティブエージェンシー
航空宇宙年鑑 2001年版 …………… 52

ウィンストン，ロバート
ビジュアル版 世界科学史大年表 …… 20

ウェイリー，ポール
ビジュアル博物館 7 ………………… 151

上田 恭一郎
世界珍虫図鑑 改訂版 ……………… 150

上田 豊甫
学生 化学用語辞典 第2版 ………… 43
ハンディー版 環境用語辞典 第2版 … 190

上田 直子
生態学入門 第2版 ………………… 115

上田 秀雄
声が聞こえる!野鳥図鑑 …………… 153
声が聞こえる!野鳥図鑑 増補改訂版 … 153

上野 健爾
岩波数学入門辞典 …………………… 26

上野 タケシ
イラストでわかる建築用語 ………… 193

上野 富美夫
数学パズル事典 ……………………… 25
数学パズル事典 改訂版 …………… 25
数学マジック事典 改訂版 ………… 25
日常の数学事典 ……………………… 25

植村 美佐子
Maruzen科学年表 ………………… 20

ウェルズ，デビッド
不思議おもしろ幾何学事典 ………… 30

ウォードル，マイケル
オックスフォード数学ミニ辞典 …… 26

丑丸 敦史
シンカのかたち 進化で読み解くふしぎ
な生き物 ……………………………… 115

ウータン編集部
地球環境大事典 特装版 …………… 189

内田 英治
平凡社版 気象の事典 増補版 ……… 82

内田 詮三
海の動物百科 1 ……………………… 155

内田 雅克
数学公式ハンドブック ……………… 28

内堀 繁生
木竹工芸の事典 新装版 …………… 219

内村 浩
おもしろ実験・ものづくり事典 …… 17

内山 りゅう
田んぼの生き物図鑑 ………………… 111

254　科学への入門レファレンスブック

田んぼの生き物図鑑 増補改訂新版 ··· 111
宇宙開発事業団
スペース・ガイド 2001 ················ 58
スペース・ガイド 2002 ················ 59
宇津 徳治
地震の事典 第2版 ··················· 93
地震の事典 第2版 普及版 ············· 93
宇津木 聡史
教えて!科学本 ························· 1
ウッドフォード, クリス
ビジュアル分解大図鑑 ················ 160
ウッドワード, ジョン
地球図鑑 ···························· 72
鵜沼 仁
科学技術英語 動詞はこう使え! ········ 158
宇野 俊夫
電子工作ハンドブック 1 ············· 212
電子工作ハンドブック 2 ············· 213
梅沢 喜夫
化学の基礎 ·························· 42
浦本 昌紀
動物世界遺産 レッド・データ・アニマ
ルズ 1 ························· 139
動物世界遺産 レッド・データ・アニマ
ルズ 3 ························· 140
動物世界遺産 レッド・データ・アニマ
ルズ 4 ························· 139
動物世界遺産 レッド・データ・アニマ
ルズ 5 ························· 139
動物世界遺産 レッド・データ・アニマ
ルズ 6 ························· 139
動物世界遺産 レッド・データ・アニマ
ルズ 7 ························· 140
海野 和男
フィールドガイド身近な昆虫識別図鑑
································· 151
海野 邦昭
絵とき機械用語事典 切削加工編 ······ 196

【え】

エアワールド
航空宇宙年鑑 2001年版 ·············· 52
航空宇宙年鑑 2002年版 ·············· 53
英国国立鉄道博物館
世界の鉄道事典 ····················· 206

映像情報メディア学会
映像情報メディア工学大事典 基礎 ·· 210
映像情報メディア工学大事典 データ編
································· 210
映像情報メディア工学大事典 技術編 ·· 210
映像情報メディア工学大事典 継承技術
編 ··························· 210
デジタル放送ハンドブック ·········· 214
江川 善則
日本砂浜紀行 ······················· 95
日本砂浜紀行 改訂 ··················· 95
液晶便覧編集委員会
液晶便覧 ··························· 35
エクスメディア
超図解 カナ引きパソコン用語事典 ···· 169
超図解 カナ引きパソコン用語事典 2004-
05年版 ························· 169
超図解 パソコン用語辞典 2004-05年版
改訂第4版 ······················ 169
超図解 パソコン用語事典 2005-06年版
改訂第5版 ······················ 169
超図解 パソコン用語事典 2006-07年版
································· 169
超図解 パソコン用語事典 2007-08年版
································· 169
超図解 わかりやすい最新パソコン用語
集 ··························· 170
超図解 わかりやすいパソコン用語集 ·· 170
江口 孝雄
くらべる図鑑 新版 ····················· 7
エコビジネスネットワーク
ネットで探す 最新環境データ情報源 ·· 191
江沢 洋
物理なぜなぜ事典 1 増補版 ············ 34
物理なぜなぜ事典 2 増補版 ············ 34
マクミラン 世界科学史百科図鑑 4 ······ 22
枝廣 淳子
地球温暖化サバイバルハンドブック ·· 191
越後谷 悦郎
実用化学辞典 普及版 ················· 41
実用化学辞典 新装版 ················· 41
江頭 剛
まんがでわかるハム用語 ············· 213
NHK放送文化研究所
NHK気象ハンドブック 改訂版 ········ 84
榎 敏明
炭素の事典 ·························· 45

えのも　　　　　　　　　　著編者名索引

榎本 司
　月 ‥‥‥‥‥‥‥‥‥‥‥‥‥‥‥‥ 71
榎本 智子
　理系のための英語便利帳 ‥‥‥‥‥‥ 6
蝦名 元
　生きものラボ! ‥‥‥‥‥‥‥‥‥ 109
エングハグ, ペル
　元素大百科事典 新装版 ‥‥‥‥‥ 43
遠藤 謙一
　知っておきたい法則の事典 ‥‥‥‥ 4
遠藤 祐二
　地質学ハンドブック 普及版 ‥‥‥ 95

【お】

逢坂 哲弥
　記録・メモリ材料ハンドブック ‥‥ 214
旺文社
　中学数学解法事典 3訂版 ‥‥‥‥ 28
大海 淳
　用途がわかる山野草ナビ図鑑 ‥‥ 130
大久保 堯夫
　人間工学の百科事典 ‥‥‥‥‥ 158
大久保 雅弘
　地学ハンドブック 新訂版, 新装版 ‥ 78
　地学ハンドブック 第6版 ‥‥‥‥ 78
大蔵省印刷局
　科学技術白書のあらまし 平成元年版 ‥ 164
　科学技術白書のあらまし 平成2年版 ‥ 164
　科学技術白書のあらまし 平成3年版 ‥ 164
　科学技術白書のあらまし 平成4年版 ‥ 164
　科学技術白書のあらまし 平成5年版 ‥ 164
　科学技術白書のあらまし 平成9年版 ‥ 165
　科学技術白書のあらまし 平成10年版
　‥‥‥‥‥‥‥‥‥‥‥‥‥‥‥‥ 165
　科学技術白書のあらまし 平成11年版
　‥‥‥‥‥‥‥‥‥‥‥‥‥‥‥‥ 165
　科学技術白書のあらまし 平成12年版
　‥‥‥‥‥‥‥‥‥‥‥‥‥‥‥‥ 165
　原子力安全白書のあらまし 平成2年版
　‥‥‥‥‥‥‥‥‥‥‥‥‥‥‥‥ 199
　原子力安全白書のあらまし 平成4年版
　‥‥‥‥‥‥‥‥‥‥‥‥‥‥‥‥ 199
　原子力安全白書のあらまし 平成5年版
　‥‥‥‥‥‥‥‥‥‥‥‥‥‥‥‥ 199
　原子力安全白書のあらまし 平成10年版
　‥‥‥‥‥‥‥‥‥‥‥‥‥‥‥‥ 199

　原子力安全白書のあらまし 平成11年版
　‥‥‥‥‥‥‥‥‥‥‥‥‥‥‥‥ 199
　原子力白書のあらまし 平成2年版 ‥‥ 205
　原子力白書のあらまし 平成3年版 ‥‥ 205
　原子力白書のあらまし 平成4年版 ‥‥ 205
　原子力白書のあらまし 平成5年版 ‥‥ 205
　原子力白書のあらまし 平成10年版 ‥ 205
　建設白書のあらまし 平成3年版 ‥‥‥ 187
　建設白書のあらまし 平成4年版 ‥‥‥ 187
　建設白書のあらまし 平成5年版 ‥‥‥ 187
　建設白書のあらまし 平成9年版 ‥‥‥ 187
　建設白書のあらまし 平成10年版 ‥‥ 187
　建設白書のあらまし 平成11年版 ‥‥ 187
　通信白書のあらまし 平成9年版 ‥‥‥ 175
　通信白書のあらまし 平成10年版 ‥‥ 175
　通信白書のあらまし 平成11年版 ‥‥ 175
　通信白書のあらまし 平成12年版 ‥‥ 176
　マンガで見る環境白書 ‥‥‥‥‥ 192
　みんなでつなぐ千年の草原 7 ‥‥ 193
大作 晃一
　ときめく貝殻図鑑 ‥‥‥‥‥‥‥ 147
大沢 太郎
　いっしょに探そう野山の花たち ‥‥ 124
大沢 光
　最新 コンピュータ用語の意味がわかる
　辞典 ‥‥‥‥‥‥‥‥‥‥‥‥‥ 168
　最新 コンピューター用語の意味がわか
　る辞典 改訂3版(1993) ‥‥‥‥‥ 168
　最新コンピューター用語の意味がわかる
　辞典 改訂3版(1995) ‥‥‥‥‥‥ 168
大澤 光
　わかる＆使える統計学用語 ‥‥‥‥ 31
大嶋 敏昭
　花色でひける山野草の名前がわかる事
　典 ‥‥‥‥‥‥‥‥‥‥‥‥‥‥ 122
　葉形・花色でひける 木の名前がわかる
　事典 ‥‥‥‥‥‥‥‥‥‥‥‥‥ 120
大島 政隆
　絵とき機械用語事典 機械保全編 ‥‥ 196
大島 正光
　人間工学の百科事典 ‥‥‥‥‥‥ 158
大島 康行
　理科年表 環境編 ‥‥‥‥‥‥‥ 193
太田 次郎
　科学・技術大百科事典 上(あ―こ) ‥‥ 3
　科学・技術大百科事典 中(さ―と) ‥‥ 3
　科学・技術大百科事典 下(な―わ) ‥‥ 3
　科学・技術大百科事典 上 普及版 ‥‥ 3

256　科学への入門レファレンスブック

科学・技術大百科事典 中 普及版 ……… 3
科学・技術大百科事典 下 普及版 ……… 3
動物と植物 ………………………… 116, 133

太田 誠一
世界の土壌資源 …………………………… 95

太田 猛彦
水の事典 …………………………………… 45

太田 信廣
発光の事典 ………………………………… 37

大隅 清治
海の動物百科 1 …………………………… 155

大田 登
色彩の事典 新装版 ……………………… 37

太田 英利
動物世界遺産 レッド・データ・アニマ
　ルズ 1 ………………………………… 139
動物世界遺産 レッド・データ・アニマ
　ルズ 3 ………………………………… 140
動物世界遺産 レッド・データ・アニマ
　ルズ 4 ………………………………… 139
動物世界遺産 レッド・データ・アニマ
　ルズ 5 ………………………………… 139
動物世界遺産 レッド・データ・アニマ
　ルズ 6 ………………………………… 139
動物世界遺産 レッド・データ・アニマ
　ルズ 7 ………………………………… 140

大高 敏男
絵とき機械用語事典 作業編 ………… 196
絵とき機械用語事典 設計編 ………… 196

大滝 緑
コツと科学の調理事典 第3版 ……… 220

大竹 茂雄
和算史年表 ………………………………… 32
和算史年表 増補版 ……………………… 32

太田原 明
天体観測ハンドブック ………………… 60

おおつか のりこ
ひらめきが世界を変えた! 発明大図鑑
　………………………………………… 181

大塚 柳太郎
水の事典 …………………………………… 45

大槻 真一郎
記号・図説 錬金術事典 ……………… 39

大槻 真
数学の小事典 ……………………………… 28

大槻 義彦
新・物理学事典 ………………………… 33

大沼 一雄
新・日本列島地図の旅 ………………… 73
地図の記号と地図読み練習帳 改訂版 … 73

大野 公一
化学の基礎 ………………………………… 42
和英化学用語辞典 ……………………… 42

大野 洋一
花の種差海岸 ……………………………… 95

大庭 明典
イラストでわかる建築用語 ………… 193

大場 一郎
新・物理学事典 ………………………… 33

大場 達之
日本アルプス植物図鑑 ………………… 119

大場 秀章
世界のワイルドフラワー 1 ………… 126

大淵 希郷
新世界絶滅危機動物図鑑 5 改訂版 … 147
新世界絶滅危機動物図鑑 6 改訂版 … 137
絶滅危機動物 …………………………… 137

大宮 信光
科学理論ハンドブック50 宇宙・地球・
　生物編 ……………………………… 48, 78
科学理論ハンドブック50 物理・化学編
　………………………………………… 35, 42

大村 嘉人
街なかの地衣類ハンドブック ……… 131

大矢 勝
洗剤・洗浄百科事典 …………………… 217
洗剤・洗浄百科事典 新装版 ……… 217

岡島 秀治
昆虫 ……………………………………… 150
昆虫 ……………………………………… 150

岡田 勝由
パソコン用語の基礎知識 …………… 172

岡田 功
化学の単位・命名・物性早わかり 改訂
　版 ……………………………………… 39
化学用語英和辞典 …………………… 41

緒方 宣邦
遺伝子工学キーワードブック 改訂第2
　版 ……………………………………… 114

岡田 義光
自然災害の事典 ………………………… 77

岡田 芳朗
暮らしのこよみ歳時記 ………………… 75
現代こよみ読み解き事典 …………… 74

暦を知る事典 ･･････････････････････ 74
日本暦日総覧 古代中期 1 ･･････････ 75
日本暦日総覧 古代中期 2 ･･････････ 75
日本暦日総覧 古代中期 3 ･･････････ 75
日本暦日総覧 古代中期 4 ･･････････ 75

小賀野 実
　乗りもの ･････････････････････････ 209

岡部 恒治
　数学英和小事典 ･････････････････ 24

岡部 真幸
　絵とき機械用語事典 工作機械編 ･･････ 196

岡村 定矩
　天文学辞典 ･･･････････････････････ 48
　天文の事典 ･･･････････････････････ 48
　天文の事典 普及版 ･･･････････････ 48

岡村 はた
　図解 生物観察事典 ･･･････････････ 104
　図解 生物観察事典 新訂版 ･･･････ 104

岡村 英明
　絵とき機械用語事典 機械保全編 ･･････ 196

小川 賢一
　学研の大図鑑 危険・有毒生物 ･････ 134

小川 浩平
　化学大百科 ･･･････････････････････ 39
　化学大百科 普及版 ･･･････････････ 39

小川 真理子
　科学よみものの30年 ････････････ 2

荻野 博
　和英化学用語辞典 ･･･････････････ 42

奥井 真司
　毒草大百科 増補版 ･･･････････････ 130
　毒草大百科 ･･･････････････････････ 130

奥沢 朋美
　ひらめきが世界を変えた! 発明大図鑑
　････････････････････････････････ 181

奥田 豊子
　コツと科学の調理事典 第3版 ････････ 220

奥谷 喬司
　美しい貝殻 ･･･････････････････････ 143
　海辺の生きもの ･････････････････ 143
　海辺の生きもの 新装版 ･･･････････ 143

奥谷 雅之
　日常の生物事典 ･････････････････ 105

小熊 幸一
　三省堂新化学小事典 ･･･････････････ 39

奥山 春彦
　洗剤・洗浄の事典 ･･･････････････ 217

おくやま ひさし
　里山図鑑 ･････････････････････････ 110

小倉 寛太郎
　フィールドガイド・アフリカ野生動物 ･･ 140

長田 研
　特徴がよくわかるおもしろい多肉植物
　350 ････････････････････････････ 118

長田 武正
　検索入門樹木 ･････････････････････ 121

小沢 健一
　家庭の算数・数学百科 ･･･････････ 24

小沢 正幸
　いっしょに探そう野山の花たち ･･････ 124

押尾 茂
　図解ひと目でわかる「環境ホルモン」ハ
　ンドブック ･･････････････････････ 42

オーシュコルヌ，ベルトラン
　世界数学者事典 ･････････････････ 29

小関 治男
　化学英語の活用辞典 第2版 ･･････････ 40

小田 稔
　理化学英和辞典 ･･･････････････････ 6

乙須 敏紀
　気象大図鑑 ･･･････････････････････ 85

オートデスク
　Autodesk Inventor10 基礎ハンドブッ
　ク ･･･････････････････････････････ 197

オートデスクプロフェッショナル・サービス
本部
　Autodesk Inventor基礎ハンドブック
　････････････････････････････････ 196

尾鍋 史彦
　紙の文化事典 ･････････････････････ 218

尾上 哲治
　地球全史スーパー年表 ･･･････････ 80

小野崎 紀男
　日本数学者人名事典 ･･･････････････ 30

小野寺 仁人
　最新天文百科 ･････････････････････ 49

小畠 郁生
　化石鑑定のガイド 新装版 ･･･････････ 96
　図解 世界の化石大百科 ･･･････････ 97

小幡 英典
　初めての山野草 ･････････････････ 124

著編者名索引　　　　　かきぬ

小原　秀雄
　　動物世界遺産 レッド・データ・アニマ
　　　ルズ 1 ‥‥‥‥‥‥‥‥‥‥‥‥ 139
　　動物世界遺産 レッド・データ・アニマ
　　　ルズ 2 ‥‥‥‥‥‥‥‥‥‥‥‥ 140
　　動物世界遺産 レッド・データ・アニマ
　　　ルズ 3 ‥‥‥‥‥‥‥‥‥‥‥‥ 140
　　動物世界遺産 レッド・データ・アニマ
　　　ルズ 4 ‥‥‥‥‥‥‥‥‥‥‥‥ 139
　　動物世界遺産 レッド・データ・アニマ
　　　ルズ 5 ‥‥‥‥‥‥‥‥‥‥‥‥ 139
　　動物世界遺産 レッド・データ・アニマ
　　　ルズ 6 ‥‥‥‥‥‥‥‥‥‥‥‥ 139
　　動物世界遺産 レッド・データ・アニマ
　　　ルズ 7 ‥‥‥‥‥‥‥‥‥‥‥‥ 140
　　動物世界遺産 レッド・データ・アニマ
　　　ルズ 8 ‥‥‥‥‥‥‥‥‥‥‥‥ 140
　　動物世界遺産 レッド・データ・アニマ
　　　ルズ 別巻 ‥‥‥‥‥‥‥‥‥‥‥ 140
小尾　欣一
　　化学大百科 ‥‥‥‥‥‥‥‥‥‥‥‥ 39
　　化学大百科 普及版 ‥‥‥‥‥‥‥‥ 39
オーム社
　　環境年表 ’98-’99 ‥‥‥‥‥‥‥‥‥ 10
　　環境年表 2000／2001 ‥‥‥‥‥‥‥ 10
　　環境年表 2002／2003 ‥‥‥‥‥‥‥ 10
　　環境年表 2004／2005 ‥‥‥‥‥‥‥ 10
恩藤　知典
　　スーパー理科事典 改訂版, カラー版 ‥ 17

【か】

甲斐　啓子
　　環境学入門 ‥‥‥‥‥‥‥‥‥‥‥ 190
海津　好男
　　図解キーワード コンピュータ＋ネット
　　　ワーク入門 ‥‥‥‥‥‥‥‥‥‥ 166
垣内　ユカ里
　　地球温暖化図鑑 ‥‥‥‥‥‥‥‥‥‥ 86
海洋政策研究財団
　　海洋白書 2006 ‥‥‥‥‥‥‥‥‥‥ 91
　　海洋白書 2007 ‥‥‥‥‥‥‥‥‥‥ 92
　　海洋白書 2008 ‥‥‥‥‥‥‥‥‥‥ 92
　　海洋白書 2009 ‥‥‥‥‥‥‥‥‥‥ 92
　　海洋白書 2010 ‥‥‥‥‥‥‥‥‥‥ 92
　　海洋白書 2011 ‥‥‥‥‥‥‥‥‥‥ 92
　　海洋白書 2012 ‥‥‥‥‥‥‥‥‥‥ 92

　　海洋白書 2013 ‥‥‥‥‥‥‥‥‥‥ 92
　　海洋白書 2014 ‥‥‥‥‥‥‥‥‥‥ 93
　　海洋白書 2015 ‥‥‥‥‥‥‥‥‥‥ 93
科学技術庁
　　科学技術白書 平成2年版 ‥‥‥‥‥ 160
　　科学技術白書 平成3年版 ‥‥‥‥‥ 161
　　科学技術白書 平成4年版 ‥‥‥‥‥ 161
　　科学技術白書 平成5年版 ‥‥‥‥‥ 161
　　科学技術白書 平成6年版 ‥‥‥‥‥ 161
　　科学技術白書 平成7年版 ‥‥‥‥‥ 161
　　科学技術白書 平成8年版 ‥‥‥‥‥ 161
　　科学技術白書 平成9年版 ‥‥‥‥‥ 161
　　科学技術白書 平成10年版 ‥‥‥‥ 161
　　科学技術白書 平成11年版 ‥‥‥‥ 162
　　科学技術白書 平成12年版 ‥‥‥‥ 162
　　科学技術白書 平成元年版 ‥‥‥‥ 160
科学技術庁科学技術政策局調査課
　　まんが・つくろう!21世紀 ‥‥‥‥ 182
科学者人名事典編集委員会
　　科学者人名事典 ‥‥‥‥‥‥‥‥‥‥ 7
化学用語辞典編集委員会
　　化学用語辞典 第3版 ‥‥‥‥‥‥‥ 41
科学読物研究会
　　科学の本っておもしろい 続 新装版 ‥‥ 16
　　科学の本っておもしろい 第1集 改訂版
　　　‥‥‥‥‥‥‥‥‥‥‥‥‥‥‥‥ 16
　　科学の本っておもしろい 第2集 改訂版
　　　‥‥‥‥‥‥‥‥‥‥‥‥‥‥‥‥ 16
　　科学の本っておもしろい 第3集 ‥‥‥ 16
　　科学の本っておもしろい 第4集 ‥‥‥ 16
　　科学の本っておもしろい 2003-2009 ‥‥ 16
　　新 科学の本っておもしろい ‥‥‥‥ 17
鏡味　麻衣子
　　ときめく微生物図鑑 ‥‥‥‥‥‥‥ 113
加賀谷　穣
　　四季の星座百科 ‥‥‥‥‥‥‥‥‥‥ 69
加唐　興三郎
　　日本陰陽暦日対照表 上巻 ‥‥‥‥‥ 75
　　日本陰陽暦日対照表 下巻 ‥‥‥‥‥ 75
花卉懇談会
　　なんでもわかる花と緑の事典 ‥‥‥ 122
垣田　高夫
　　オックスフォード数学ミニ辞典 ‥‥‥ 26
柿沼　勝己
　　化学大百科 ‥‥‥‥‥‥‥‥‥‥‥‥ 39
　　化学大百科 普及版 ‥‥‥‥‥‥‥‥ 39

科学への入門レファレンスブック　259

かけか　　　　　　　　　著編者名索引

掛川　一幸
　基礎 化学ハンドブック ‥‥‥‥‥‥‥ 42
鹿児島の自然を記録する会
　川の生きもの図鑑 ‥‥‥‥‥‥‥‥ 144
葛西　愛
　身のまわりの木の図鑑 ‥‥‥‥‥‥ 122
笠原　皓司
　オックスフォード数学ミニ辞典 ‥‥‥ 26
柏原　士郎
　建築デザインと構造計画 ‥‥‥‥‥ 194
梶山　正
　日本アルプスの高山植物 ‥‥‥‥‥ 118
柏倉　正伸
　日常の生物事典 ‥‥‥‥‥‥‥‥‥ 105
片岡　宏
　化学英語の活用辞典 第2版 ‥‥‥‥ 40
形の科学会
　形の科学百科事典 ‥‥‥‥‥‥‥‥‥ 4
　形の科学百科事典 新装版 ‥‥‥‥‥‥ 4
片山　孝次
　数学の小事典 ‥‥‥‥‥‥‥‥‥‥‥ 28
可知　直毅
　旺文社 生物事典 四訂版 ‥‥‥‥‥ 109
勝木　俊雄
　まるごと発見!校庭の木・野山の木 1 ‥ 120
香月　裕彦
　化学英語の活用辞典 第2版 ‥‥‥‥ 40
学研教育出版
　美しい貝殻 ‥‥‥‥‥‥‥‥‥‥‥ 143
学研・UTAN編集部
　最新 エコロジーがわかる地球環境用語
　　事典 ‥‥‥‥‥‥‥‥‥‥‥‥‥ 189
カッターモール，ピーター
　地球と惑星探査 ‥‥‥‥‥‥‥‥ 71, 78
勝又　護
　地震・火山の事典 ‥‥‥‥‥‥‥ 93, 94
勝本　謙
　カビ図鑑 ‥‥‥‥‥‥‥‥‥‥‥‥ 131
桂木　悠美子
　例解化学事典 ‥‥‥‥‥‥‥‥‥‥ 40
　例解化学事典 普及版 ‥‥‥‥‥‥‥ 40
加藤　俊二
　日々に出会う化学のことば ‥‥‥‥ 41
加藤　和也
　岩波数学入門辞典 ‥‥‥‥‥‥‥‥ 26

加銅　鉄平
　真空管オーディオハンドブック ‥‥‥ 212
加藤　碩一
　地質学ハンドブック 普及版 ‥‥‥‥ 95
　宮沢賢治地学用語辞典 ‥‥‥‥‥‥ 78
加藤　迪男
　雨と風のことば ‥‥‥‥‥‥‥‥‥ 83
加藤　美由紀
　生物を科学する事典 ‥‥‥‥‥‥‥ 104
加藤　由子
　くらべる図鑑 新版 ‥‥‥‥‥‥‥‥‥ 7
門田　和雄
　絵とき機械用語事典 機械要素編 ‥‥ 196
　しくみや使い方がよくわかるモーター図
　　鑑 ‥‥‥‥‥‥‥‥‥‥‥‥‥‥ 213
　ねじ図鑑 ‥‥‥‥‥‥‥‥‥‥‥‥ 198
金井　竜二
　生物学データ大百科事典 上 ‥‥‥ 104
　生物学データ大百科事典 下 ‥‥‥ 104
金内　誠
　すべてがわかる!「発酵食品」事典 ‥‥ 221
金岡　喜久子
　化学語源ものがたり part 2 ‥‥‥‥ 41
神奈川県立生命の星・地球博物館
　岩石・鉱物・地層 ‥‥‥‥‥‥‥‥ 79
　「理科」の地図帳 ‥‥‥‥‥‥‥‥ 73
金澤　浩
　ベーシック分子生物学 ‥‥‥‥‥‥ 112
金子　秀夫
　科学技術を中心とした略語辞典 ‥‥‥ 5
金子　隆一
　陸・海・空ビックリ大計画99 ‥‥‥‥ 209
金田　初代
　大きな写真でよくわかる!花と木の名前
　　事典 ‥‥‥‥‥‥‥‥‥‥‥‥‥ 122
　樹木の事典600種 ‥‥‥‥‥‥‥‥ 120
金田　洋一郎
　大きな写真でよくわかる!花と木の名前
　　事典 ‥‥‥‥‥‥‥‥‥‥‥‥‥ 122
　散歩で見かける草木花の雑学図鑑 ‥‥ 125
　樹木の事典600種 ‥‥‥‥‥‥‥‥ 120
狩野　一憲
　中・英・日 岩石鉱物名辞典 ‥‥‥‥ 98
加納　喜光
　知ってびっくり「生き物・草花」漢字辞
　　典 ‥‥‥‥‥‥‥‥‥‥‥‥‥‥ 105

260　科学への入門レファレンスブック

著編者名索引　　　　かんき

叶内 拓哉
　絵解きで野鳥が識別できる本 ……… 152
　声が聞こえる!野鳥図鑑 …………… 153
　声が聞こえる!野鳥図鑑 増補改訂版 … 153
神長 幾子
　数学の小事典 ………………………… 28
上村 洸
　理化学英和辞典 ……………………… 6
亀井 碩哉
　ひとりでマスターする生化学 ……… 112
亀田 龍吉
　落ち葉の呼び名事典 ………………… 120
　街路樹の呼び名事典 ………………… 120
　散歩でよく見る花図鑑 ……………… 125
蒲生 重男
　海の動物百科 4 ……………………… 141
茅 陽一
　環境年表 '98-'99 …………………… 10
　環境年表 2000／2001 ……………… 10
　環境年表 2002／2003 ……………… 10
　環境年表 2004／2005 ……………… 10
粥川 準二
　教えて!科学本 ……………………… 1
ガーリック，マーク・A.
　天文 …………………………………… 51
河合 晴義
　動物 …………………………………… 156
河合 正栄
　コンピュータ2,500語事典 ………… 167
川上 元郎
　色彩の事典 新装版 ………………… 37
川上 洋一
　世界珍虫図鑑 改訂版 ……………… 150
　絶滅危惧の動物事典 ………………… 136
川口 謙二
　こよみ事典 改訂新版 ……………… 74
川口 寅之輔
　ハンダづけ用語辞典 ………………… 218
川崎 勝
　マクミラン 世界科学史百科図鑑 3 …… 22
川嶋 優子
　最新 誰でもわかるパソコン用語辞典 改
　　訂4版 ……………………………… 168
川田 伸一郎
　動物 …………………………………… 156

河田 直樹
　高校数学体系 定理・公式の例解事典 … 28
川田 正國
　絵とき機械用語事典 作業編 ……… 196
　絵とき機械用語事典 設計編 ……… 196
川名 興
　校庭の雑草 4版 …………………… 123
　新・雑草博士入門 ………………… 123
川成 洋
　知られざる難破船の世界 …………… 215
河野 重行
　生物学データ大百科事典 上 ……… 104
　生物学データ大百科事典 下 ……… 104
河野 智謙
　生態学入門 第2版 ………………… 115
川端 潤
　パソコンで見る動く分子事典 ……… 43
川又 雄二郎
　朝倉 数学辞典 ……………………… 26
河村 公隆
　低温環境の科学事典 ………………… 189
河村 武
　平凡社版 気象の事典 増補版 ……… 82
川村 亮
　ノーベル賞の事典 ………………… 21
環境エネルギー政策研究所 (ISEP)
　自然エネルギー白書 2012 ………… 179
　自然エネルギー白書 2013 ………… 180
環境省
　誰でもわかる!!日本の産業廃棄物 平成17
　　年度版 …………………………… 186
環境省自然環境局野生生物課
　日本の絶滅のおそれのある野生生物 2
　　改訂版 …………………………… 152
環境省自然環境局野生生物課希少種保全推進室
　レッドデータブック その他無脊椎動物
　　…………………………………… 137
　レッドデータブック 貝類 ………… 143
　レッドデータブック 爬虫類・両生類 … 147
　レッドデータブック 鳥類 ………… 152
　レッドデータブック 哺乳類 ……… 155
環境省総合環境政策局環境計画課
　未来への循環 8 …………………… 192
環境庁企画調整局調査企画室
　マンガで見る環境白書 …………… 192
　マンガで見る環境白書 3 ………… 192
　みんなでつなぐ千年の草原 7 ……… 193

科学への入門レファレンスブック　*261*

環境庁自然保護局野生生物課
  日本の絶滅のおそれのある野生生物 8
    改訂版 ……………………… 117
  日本の絶滅のおそれのある野生生物 9
    改訂版 ……………………… 117
環境庁地球環境部
  地球環境キーワード事典 改訂版 …… 189
環境庁長官官房総務課
  地球環境キーワード事典 ………… 189
関西学院大学災害復興制度研究所
  原発避難白書 ………………… 205

【き】

機械用語辞典編集委員会
  カナ引き機械用語辞典 …………… 196
菊池 文誠
  近代科学の源流を探る …………… 22
菊池 真以
  12ヶ月のお天気図鑑 ……………… 86
危険虫研究会
  世界最凶!! ヤバすぎる昆虫図鑑 …… 150
岸田 泰則
  日本産蛾類標準図鑑 1 …………… 151
  日本産蛾類標準図鑑 2 …………… 151
  日本産蛾類標準図鑑 3 …………… 151
  日本産蛾類標準図鑑 4 …………… 151
  幼虫 ……………………………… 152
気象業務支援センター
  気象年鑑 2008年版 ……………… 89
  気象年鑑 2009年版 ……………… 89
  気象年鑑 2010年版 ……………… 90
気象庁
  気象年鑑 1990年版 ……………… 87
  気象年鑑 1991年版 ……………… 87
  気象年鑑 1992年版 ……………… 87
  気象年鑑 1993年版 ……………… 88
  気象年鑑 1995年版 ……………… 88
  気象年鑑 1996年版 ……………… 88
  気象年鑑 1997年版 ……………… 88
  気象年鑑 1998年版 ……………… 88
  気象年鑑 1999年版 ……………… 88
  気象年鑑 2000年版 ……………… 88
  気象年鑑 2001年版 ……………… 89
  気象年鑑 2002年版 ……………… 89
  気象年鑑 2003年版 ……………… 89

  気象年鑑 2004年版 ……………… 89
  気象年鑑 2005年版 ……………… 89
  気象年鑑 2006年版 ……………… 89
  気象年鑑 2008年版 ……………… 89
  気象年鑑 2009年版 ……………… 89
  気象年鑑 2010年版 ……………… 90
気象予報技術研究会
  気象予報士合格ハンドブック ……… 84
木津 徹
  くらべる図鑑 新版 ………………… 7
  乗りもの ……………………… 209
「擬態生物」研究会
  擬態生物図鑑 ………………… 107
北川 和昭
  絵とき 射出成形用語事典 ………… 217
北川 玲
  細密イラストで学ぶ地球の図鑑 …… 79
北田 正弘
  超電導を知る事典 ………………… 38
  マテリアルの事典 ……………… 158
北原 和夫
  授業で使える理科の本 …………… 17
北村 京子
  ビジュアル科学大事典 ……………… 5
北村 俊樹
  英和学習基本用語辞典物理 ………… 37
北村 雄一
  動く!深海生物図鑑 ……………… 143
北元 憲利
  のぞいてみようウイルス・細菌・真菌図
    鑑 1 ……………………… 113
  のぞいてみようウイルス・細菌・真菌図
    鑑 2 ……………………… 113
  もっと知りたい!微生物大図鑑 1 …… 114
  もっと知りたい!微生物大図鑑 2 …… 114
  もっと知りたい!微生物大図鑑 3 …… 114
木下 修一
  発光の事典 ……………………… 37
木原 諄二
  金属の百科事典 ………………… 217
木股 三善
  原色新鉱物岩石検索図鑑 新版 …… 100
木村 規子
  地球環境カラーイラスト百科 ……… 188
木村 啓造
  金属材料の事典 ………………… 217

著編者名索引　　くらつ

木村　義志
　日本の海水魚 増補改訂 ……………… 147
木村　龍治
　気象・天気の新事実 ………………… 85
　キーワード 気象の事典 ……………… 81
紀谷　文樹
　水環境設備ハンドブック …………… 186
木谷　美咲
　おどろきの植物 不可思議プランツ図鑑
　………………………………………… 130
教育図書研究会
　一目でわかる単位の換算便利帳 ……… 37
京都科学読み物研究会
　子どもと楽しむ自然と本 新装版 …… 16
清川　昌一
　地球全史スーパー年表 ……………… 80
ギンガーリッチ，オーウェン
　マクミラン 世界科学史百科図鑑 4 … 22
金属用語辞典編集委員会
　金属用語辞典 ………………………… 218
金田　章裕
　大地の肖像 …………………………… 73
銀林　浩
　家庭の算数・数学百科 ……………… 24

【く】

クカーリ，アティリオ
　船の歴史事典 ………………………… 215
草川　紀久
　和英特許・技術用語辞典 …………… 180
串間　努
　ザ・ガム大事典 ……………………… 220
楠岡　成雄
　朝倉 数学辞典 ………………………… 26
　朝倉数学ハンドブック 基礎編 ……… 27
　朝倉数学ハンドブック 応用編 ……… 27
クストー財団
　海と環境の図鑑 ……………………… 91
工藤　孝浩
　さかなクンの東京湾生きもの図鑑 … 145
国司　真
　星と惑星の写真図鑑 完璧版 ………… 68

クーパー，クリストファー
　太陽大図鑑 …………………………… 70
久保田　修
　高山の花 ……………………………… 123
　日本の野鳥 …………………………… 154
　野山の花 ……………………………… 127
　ひと目で見分ける420種 親子で楽しむ身
　　近な生き物ポケット図鑑 ………… 140
　ひと目で見分ける580種散歩で出会う花
　　ポケット図鑑 ……………………… 128
久保田　博南
　科学のことば雑学事典 ………………… 6
　8カ国科学用語辞典 …………………… 6
久保田　昌治
　水の百科事典 ………………………… 45
熊谷　真理子
　環境教育ガイドブック ……………… 190
熊原　啓作
　世界数学者事典 ……………………… 29
久米　康生
　和紙文化研究事典 …………………… 219
粂井　高雄
　最新版 手にとるようにパソコン用語が
　　わかる本 …………………………… 168
　手にとるようにパソコン用語がわかる
　　本 …………………………………… 170
クライネルメルン，ウーテ
　ビジュアル科学大事典 ………………… 5
クラウス，マーチン
　ビジュアル科学大事典 ………………… 5
クラーク，スチュアート
　地球と惑星探査 …………………… 71, 78
倉沢　栄一
　海辺の生きものガイドブック ……… 142
くらしのリサーチセンター
　くらしと環境 ………………………… 190
倉嶋　厚
　雨のことば辞典 ……………………… 83
　季節しみじみ事典 …………………… 81
　季節の366日話題事典 ……………… 81
　季節よもやま辞典 …………………… 83
倉島　保美
　理系のための英語便利帳 ……………… 6
倉田　真木
　ビジュアル科学大事典 ………………… 5
クラットン・ブロック，ジュリエット
　ビジュアル博物館 29 ………………… 156

科学への入門レファレンスブック　263

ビジュアル博物館 32 ·············· 157
ビジュアル博物館 33 ·············· 157

クラファム，クリストファー
数学用語小辞典 ··················· 27

グラフィック社編集部
紙もの・紙加工ものコレクション ····· 219

倉持 利明
海の動物百科 4 ·················· 141
海の動物百科 5 ·················· 141

庫本 正
洞くつの世界大探検 ················ 95

クリエイティブ・スイート
カラー版 鳥肌スクープ!怪奇生物図鑑
··················· 106

クリッシェ，マーチン
ビジュアル科学大事典 ················ 5

グリビン，ジョン
地球と惑星探査 ·············· 71, 78

グリムジー，トム
ナノサイエンス図鑑 ················· 8

来馬 輝順
イラストでわかる建築用語 ········· 193

グレイ，セオドア
世界で一番美しい元素図鑑 ········· 44

黒川 光広
滅びゆく世界の動物たち ············ 140

黒木 博
理系のための英語便利帳 ············· 6

黒田 弥生
素材加工事典 ··················· 182

クロノスケープ
ゲームシナリオのためのSF事典 ······· 19

黒部 信一
原発事故と子どもたち ············· 198

桑山 哲郎
光の百科事典 ···················· 38

【け】

経済産業省
エネルギー白書 2004年版 ·········· 178
エネルギー白書 2005年版 ·········· 178
エネルギー白書 2006年版 ·········· 178
エネルギー白書 2007年版 ·········· 178

エネルギー白書 2008年版 ·········· 178
エネルギー白書 2009年版 ·········· 178
エネルギー白書 2010年版 ·········· 178
エネルギー白書 2011年版 ·········· 179
エネルギー白書 2012年版 ·········· 179
エネルギー白書 2013年版 ·········· 179
ものづくり白書 2004年版 ·········· 183
ものづくり白書 2005年版 ·········· 183
ものづくり白書 2006年版 ·········· 183
ものづくり白書 2007年版 ·········· 184
ものづくり白書 2008年版 ·········· 184
ものづくり白書 2009年版 ·········· 184
ものづくり白書 2010年版 ·········· 184
ものづくり白書 2011年版 ·········· 184
ものづくり白書 2012年版 ·········· 185
ものづくり白書 2013年版 ·········· 185
ものづくり白書 2014年版 ·········· 185
ものづくり白書 2015年版 ·········· 185

ゲイター，ウィル
恒星と惑星 ····················· 49
星空の図鑑 ····················· 70

下戸 猩猩
すごい動物大図鑑 ················ 135

月刊天文編集部
天体望遠鏡のすべて '91年版 ········ 61
望遠鏡・双眼鏡カタログ 2001年版 ····· 61
望遠鏡・双眼鏡カタログ 2003年版 ····· 61
望遠鏡・双眼鏡カタログ 2005年版 ····· 61
望遠鏡・双眼鏡カタログ 2007年版 ····· 61

原産
原子力年鑑 平成4年版 ············ 201
原子力年鑑 '91 ················· 201
原子力年鑑 '96 ················· 202
原子力年鑑 2003年版 ············· 202
原子力年鑑 2004年版 ············· 202
原子力年鑑 2005年版 ············· 203
原子力年鑑 2006年版 ············· 203
原子力年鑑 '98-'99年版 ··········· 202
原子力年鑑 1999-2000年版 ········· 202
原子力年鑑 2001-2002年版 ········· 202

見城 尚志
技術英語を書く動詞辞典 ············ 158

原子力資料情報室
原子力市民年鑑 '98 ·············· 199
原子力市民年鑑 '99 ·············· 199
原子力市民年鑑 2000 ············· 199
原子力市民年鑑 2001 ············· 200
原子力市民年鑑 2002 ············· 200

著編者名索引　　こうの

原子力市民年鑑 2003 ･････････････････ 200
原子力市民年鑑 2004 ･････････････････ 200
原子力市民年鑑 2005 ･････････････････ 200
原子力市民年鑑 2006 ･････････････････ 200
原子力市民年鑑 2007 ･････････････････ 200
原子力市民年鑑 2008 ･････････････････ 200
原子力市民年鑑 2009 ･････････････････ 200
原子力市民年鑑 2010 ･････････････････ 201
原子力市民年鑑 2011-12 ･････････････ 201
原子力市民年鑑 2013 ･････････････････ 201
原子力市民年鑑 2014 ･････････････････ 201
原子力市民年鑑 2015 ･････････････････ 201
脱原発年鑑 96 ････････････････････････ 205
脱原発年鑑 97 ････････････････････････ 205

原子力年鑑編集委員会
原子力年鑑 2008年版 ･･･････････････ 203
原子力年鑑 2009年版 ･･･････････････ 203
原子力年鑑 2010年版 ･･･････････････ 203
原子力年鑑 2013年版 ･･･････････････ 204
原子力年鑑 2015年版 ･･･････････････ 204
原子力年鑑 2017年版 ･･･････････････ 204

建設省大臣官房政策課
建設白書早わかり '91 ･･････････････ 187
建設白書早わかり '93 ･･････････････ 187
建設白書早わかり '97 ･･････････････ 188
建設白書早わかり '98 ･･････････････ 188
建設白書早わかり '99 ･･････････････ 188

建築構造教育研究会
建築構造を学ぶ事典 ････････････････ 193

建築用語研究会
わかりやすい建築用語事典 改訂版(90.
4) ･･････････････････････････････････ 194
わかりやすい建築用語事典 改訂版(90.
11) ････････････････････････････････ 194
わかりやすい建築用語事典 改訂版(95.
11) ････････････････････････････････ 194

ケントリー, エリック
ビジュアル博物館 36 ･･････････････ 215

【こ】

小池 滋
世界鉄道百科図鑑 ････････････････････ 208
小池 義之
イクス宇宙図鑑 1 ･････････････････ 49
イクス宇宙図鑑 2 ･････････････････ 68

小石 新八
できるまで大図鑑 ････････････････････ 220
小泉 明
水環境設備ハンドブック ････････････ 186
小泉 武栄
日本の地形レッドデータブック 第1集
新装版 ････････････････････････････ 95
小泉 武夫
すべてがわかる!「発酵食品」事典 ･･･ 221
小泉 裕一
日常の生物事典 ･･････････････････････ 105
コイリー, ジョン
世界の鉄道事典 ･･････････････････････ 206
工学社
パソコン用語(裏)事典 ･････････････ 172
工業所有権法研究グループ
知っておきたい特許法 九訂版 ･･････ 180
纐纈 一起
地震・津波と火山の事典 ････････････ 94
合成洗剤研究会
洗剤の事典 ･･･････････････････････････ 217
厚生労働省
ものづくり白書 2004年版 ･･･････････ 183
ものづくり白書 2005年版 ･･･････････ 183
ものづくり白書 2006年版 ･･･････････ 183
ものづくり白書 2007年版 ･･･････････ 184
ものづくり白書 2008年版 ･･･････････ 184
ものづくり白書 2009年版 ･･･････････ 184
ものづくり白書 2010年版 ･･･････････ 184
ものづくり白書 2011年版 ･･･････････ 184
ものづくり白書 2012年版 ･･･････････ 185
ものづくり白書 2013年版 ･･･････････ 185
ものづくり白書 2014年版 ･･･････････ 185
ものづくり白書 2015年版 ･･･････････ 185
郷田 直輝
宇宙のことがだいたいわかる通読できる
宇宙用語集 ･･･････････････････････ 48
講談社
危険生物 ････････････････････････････ 134
だれでも花の名前がわかる本 ･･･････ 123
日本の生きもの図鑑 ････････････････ 111
野の花 ･･････････････････････････････ 126
河野 友美
コツと科学の調理事典 第2版 ･･･････ 220
コツと科学の調理事典 第3版 ･･･････ 220
河野 礼子
生命ふしぎ図鑑 人類の誕生と大移動 ･･ 115

科学への入門レファレンスブック　265

高麗 寛紀
　図解入門 よくわかる微生物学の基本と
　　しくみ …………………………… 113
コーエン，バーナード
　マクミラン 世界科学史百科図鑑 2 …… 22
　マクミラン世界科学史百科図鑑 5 …… 22
　マクミラン 世界科学史百科図鑑 6 …… 23
古賀 元
　有機化学用語事典 普及版 ………… 46
古賀 ノブ子
　有機化学用語事典 普及版 ………… 46
コカール，ジュリー
　不思議で美しいミクロの世界 ……… 8
国際環境専門学校
　生活環境と化学物質 用語解説 第2版
　　………………………………………… 218
国際食糧農業協会
　世界の土壌資源 …………………… 95
国立極地研究所
　南極大図鑑 ………………………… 79
国立極地研究所「南極・北極の百科事典」編集
　委員会
　南極・北極の百科事典 …………… 78
国立天文台
　環境年表 平成21・22年 …………… 10
　環境年表 平成23・24年 …………… 10
　環境年表 平成25・26年 …………… 10
　環境年表 平成27・28年 …………… 11
　理科年表 平成3年 ………………… 11
　理科年表 平成3年 机上版 ………… 11
　理科年表 平成4年 ………………… 11
　理科年表 平成4年 机上版 ………… 11
　理科年表 平成5年 ………………… 11
　理科年表 平成5年 机上版 ………… 11
　理科年表 平成6年 ………………… 11
　理科年表 平成6年 机上版 ………… 11
　理科年表 平成7年 ………………… 11
　理科年表 平成7年 机上版 ………… 11
　理科年表 平成8年 ………………… 12
　理科年表 平成8年 机上版 ………… 12
　理科年表 平成9年 ………………… 12
　理科年表 平成9年 机上版 ………… 12
　理科年表 平成10年 ………………… 12
　理科年表 平成10年 机上版 ………… 12
　理科年表 平成11年 ………………… 12
　理科年表 平成11年 机上版 ………… 12
　理科年表 平成12年 ………………… 13
　理科年表 平成12年 机上版 ………… 13

　理科年表 平成14年 ………………… 13
　理科年表 平成14年 机上版 ………… 13
　理科年表 平成15年 ………………… 13
　理科年表 平成16年 ………………… 14
　理科年表 平成16年 机上版 ………… 14
　理科年表 平成17年 ………………… 14
　理科年表 平成17年 机上版 ………… 14
　理科年表 平成18年 ………………… 14
　理科年表 平成18年 机上版 ………… 14
　理科年表 平成19年 ………………… 14
　理科年表 平成19年 机上版 ………… 14
　理科年表 平成20年 机上版 ………… 14
　理科年表 平成21年 ………………… 14
　理科年表 平成21年 机上版 ………… 14
　理科年表 平成22年 ………………… 14
　理科年表 平成22年 机上版 ………… 14
　理科年表 平成23年 ………………… 15
　理科年表 平成23年 机上版 ………… 15
　理科年表 平成24年 ………………… 15
　理科年表 平成24年 机上版 ………… 15
　理科年表 平成25年 ………………… 15
　理科年表 平成25年 机上版 ………… 15
　理科年表 平成26年 ………………… 15
　理科年表 平成26年 机上版 ………… 15
　理科年表 平成27年 ………………… 15
　理科年表 平成27年 机上版 ………… 15
　理科年表 平成28年 ………………… 15
　理科年表 平成28年 机上版 ………… 15
　理科年表 環境編 第2版 …………… 193
越村 俊一
　津波の事典 縮刷版 ………………… 93
腰本 文子
　初めての山野草 …………………… 124
小瀬 博之
　水環境設備ハンドブック ………… 186
児玉 晃
　色彩の事典 新装版 ………………… 37
児玉 敦子
　ひらめきが世界を変えた! 発明大図鑑
　　………………………………………… 181
コーテ，ハンス・W.
　ビジュアル科学大事典 ……………… 5
小寺 裕
　和算史年表 ………………………… 32
　和算史年表 増補版 ………………… 32
後藤 晶男
　暦を知る事典 ……………………… 74

後藤 真理子
　恒星と惑星 …………………………… 49
子ども科学技術白書編集委員会
　まんが・つくろう!21世紀 ………… 182
こどもくらぶ
　これならわかる!科学の基礎のキソ 生物
　　………………………………… 105
　目でみる単位の図鑑 ………………… 37
子どもと科学をつなぐ会
　読んでみない?科学の本 ……………… 2
子どもと自然学会大事典編集委員会
　子どもと自然大事典 ……………… 109
このは編集部
　散歩で出会ううみちくさ入門 …… 123
小林 詩
　身近で見られる日本の野鳥カタログ … 155
こばやし まさこ
　磯の生き物図鑑 …………………… 143
小林 道正
　グラフィカル数学ハンドブック 1 …… 27
小林 安雅
　磯の生き物図鑑 …………………… 143
　海辺の生き物 ……………………… 142
小松 義夫
　くらべる図鑑 新版 …………………… 7
小宮 輝之
　危険生物 …………………………… 134
　新世界絶滅危機動物図鑑 3 改訂版 … 153
　新世界絶滅危機動物図鑑 4 改訂版 … 153
　新世界絶滅危機動物図鑑 6 改訂版 … 137
　絶滅危機動物 ……………………… 137
　日本の哺乳類 ……………………… 156
　日本の哺乳類 増補改訂 …………… 156
　日本の野鳥 増補改訂 ……………… 154
　昔々の上野動物園、絵はがき物語 …… 137
小村 幸二郎
　中・英・日 岩石鉱物名辞典 ……… 98
小室 克介
　世界の戦闘機・爆撃機 …………… 208
子安 和弘
　森の動物出会いガイド …………… 141
小山 勝二
　天文学辞典 ………………………… 48
小山 慶太
　アイザック・アシモフの科学と発見の年
　　表(1992) ………………………… 19
　アイザック・アシモフの科学と発見の年

　　表(1996) ………………………… 19
　アイザック・アシモフの科学と発見の年
　　表 第2刷 ………………………… 19
　科学史人物事典 …………………… 21
　科学史年表 ………………………… 19
小山 直彦
　珍樹図鑑 …………………………… 121
小山 能尚
　学研生物図鑑 貝 1 改訂版 ………… 144
　学研生物図鑑 貝 2 改訂版 ………… 144
暦計算研究会
　新こよみ便利帳 …………………… 75
暦の会
　暦の百科事典 2000年版 …………… 74
コンデックス情報研究所
　車ハンドブック …………………… 207
近藤 健雄
　海の百科事典 ……………………… 90
近藤 千賀子
　地球環境カラーイラスト百科 …… 188
近藤 洋輝
　WMO気候の事典 ………………… 82
今野 武雄
　自然科学の名著100選 上 …………… 2
　自然科学の名著100選 中 …………… 2
　自然科学の名著100選 下 …………… 2

【さ】

サイエンス・ライターズ・ファクトリー
　陸・海・空のりものメカニズム図鑑 … 209
西園寺 淳
　整数問題事典 解答編 ……………… 30
　整数問題事典 総合編 ……………… 30
斎木 健一
　植物 ………………………………… 117
西条 善弘
　星雲・星団ガイドマップ …………… 67
　双眼鏡・小型天体望遠鏡で楽しむ星空散
　　歩ガイドマップ …………………… 60
斉藤 勝司
　教えて!科学本 ……………………… 1
齋藤 寛
　海の動物百科 5 …………………… 141

斎藤 謙綱
　花と実の図鑑 1 ····················· 127
　花と実の図鑑 2 ····················· 127
斉藤 隆夫
　旺文社化学事典 ······················· 39
斎藤 太郎
　化学物質の小事典 ···················· 216
斎藤 文一
　空の色と光の図鑑 ····················· 86
斎藤 靖二
　かわらの小石の図鑑 ··················· 99
　地球 ·································· 79
サイドボサム，トーマス・H.
　はじめからのすうがく事典 ············· 26
財務省印刷局
　科学技術白書のあらまし 平成14年版
　······································ 165
　原子力安全白書のあらまし 平成12年版
　······································ 199
　情報通信白書のあらまし 平成13年版
　······································ 214
　情報通信白書のあらまし 平成14年版
　······································ 214
　未来への循環 8 ····················· 192
サイメス，R.F.
　ビジュアル博物館 2 ················· 102
酒井 重典
　気象災害の事典 ······················· 81
さかい なおみ
　プライムナンバーズ ··················· 30
坂井 尚登
　地図の読み方事典 ····················· 72
坂井 勝
　アンモナイト ························· 97
坂田 大輔
　やさしい身近な自然観察図鑑 昆虫 図書
　館版 ································ 152
さかなクン
　さかなクンの東京湾生きもの図鑑 ····· 145
坂野 徹
　マクミラン 世界科学史百科図鑑 3 ···· 22
坂巻 祥孝
　日本産蛾類標準図鑑 3 ··············· 151
佐久間 健人
　マテリアルの事典 ···················· 158
佐久間 暢
　ポリプロピレンハンドブック ········· 218

佐倉 統
　科学書をめぐる100の冒険 ············· 18
酒匂 敏次
　海の百科事典 ························· 90
笹川平和財団海洋政策研究所
　海洋白書 2016 ······················· 93
笹木 克之
　わかりやすい中学数学の用語事典 ······ 29
佐々木 晶
　地球と惑星探査 ················· 71, 78
佐々木 知幸
　散歩で出会うみちくさ入門 ··········· 123
佐々木 洋
　街の虫とりハンドブック ············· 149
佐々木 正己
　ミクロワールド大図鑑 昆虫 ·········· 151
佐々木 良一
　デジタル・フォレンジック事典 改訂版
　······································ 211
雀部 実
　金属の百科事典 ······················ 217
笹間 良彦
　図説・世界未確認生物事典 ··········· 110
佐竹 健治
　津波の事典 縮刷版 ··················· 93
佐竹 元吉
　日本の有毒植物 ····················· 130
サットン，リチャード
　ビジュアル博物館 21 ················· 209
ザッハシュナイダー，ボリス
　ビジュアル科学大事典 ·················· 5
さとう あきら
　動物園の動物 ······················· 136
　動物園の動物 2版 ··················· 137
　動物園の動物（新ヤマケイポケットガイ
　ド） ······························ 137
佐藤 勝彦
　宇宙大図鑑 ························· 50
　天文の事典 ························· 48
　天文の事典 普及版 ················· 48
　はじめての相対性理論 ··············· 36
佐藤 健一
　和算史年表 ························· 32
　和算史年表 増補版 ················· 32
　和算用語集 ························· 32

佐藤 純一
　金属の百科事典 ………………… 217
佐藤 孝子
　動く!深海生物図鑑 ……………… 143
佐藤 快和
　海と船と人の博物史百科 ………… 215
佐藤 好次
　車ハンドブック ………………… 207
里中 遊歩
　やさしい身近な自然観察図鑑 ……… 136
　やさしい身近な自然観察図鑑 図書館版
　　…………………………………… 136
里深 文彦
　国際環境を読む50のキーワード …… 190
實吉 達郎
　本当にいる世界の超危険生物大図鑑 ‥ 108
　本当にいる地球の「寄生生物」案内 ‥ 106
サボテン相談室
　多肉植物ハンディ図鑑 …………… 118
左巻 健男
　おもしろ実験・ものづくり事典 ……… 17
　知っておきたい最新科学の基本用語 …… 6
　たのしくわかる物理実験事典 ……… 36
　日常の化学事典 ………………… 40
　よくわかる元素キャラ図鑑 ……… 44
沢田 結基
　地形がわかるフィールド図鑑 ……… 96
三一書房編集部
　地震予測ハンドブック …………… 94
産業技術総合研究所地質標本館
　地球 …………………………… 78
産業廃棄物処理事業振興財団
　誰でもわかる!!日本の産業廃棄物 平成17
　年度版 ………………………… 186
三省堂
　三省堂新化学小事典 ……………… 39
　三省堂新物理小事典 ……………… 33
三省堂編修所
　三省堂化学小事典 第4版 ………… 39
　三省堂新化学小事典 ……………… 39
　三省堂新物理小事典 ……………… 33
　三省堂 生物小事典 第4版 ……… 104
　三省堂 物理小事典 第4版 ……… 33
　大活字 季節を読み解く 暦ことば辞典
　　…………………………………… 75

【し】

塩田 紳二
　コンピュータの名著・古典100冊 改訂新
　版 …………………………………… 165
塩野 暁子
　ときめく微生物図鑑 ……………… 113
塩野 正道
　ときめく微生物図鑑 ……………… 113
滋賀県琵琶湖環境科学研究センター
　やさしい日本の淡水プランクトン図解ハ
　ンドブック 普及版 ……………… 106
　やさしい日本の淡水プランクトン図解ハ
　ンドブック 改訂版 普及版 ……… 106
滋賀県立衛生環境センター
　やさしい日本の淡水プランクトン 図解
　ハンドブック …………………… 106
志賀国際特許事務所
　日中英特許技術用語辞典 ………… 159
滋賀の理科教材研究委員会
　やさしい日本の淡水プランクトン 図解
　ハンドブック …………………… 106
　やさしい日本の淡水プランクトン図解ハ
　ンドブック 普及版 ……………… 106
　やさしい日本の淡水プランクトン図解ハ
　ンドブック 改訂版 普及版 ……… 106
鹿間 時夫
　日本化石図譜 増訂版 普及版 ……… 97
姿勢制御研究委員会
　人工衛星の力学と制御ハンドブック ‥ 198
自然環境研究センター
　絶滅危惧動物百科 1 ……………… 137
　絶滅危惧動物百科 2 ……………… 138
　絶滅危惧動物百科 3 ……………… 138
　絶滅危惧動物百科 4 ……………… 138
　絶滅危惧動物百科 5 ……………… 138
　絶滅危惧動物百科 6 ……………… 138
　絶滅危惧動物百科 7 ……………… 138
　絶滅危惧動物百科 8 ……………… 138
　絶滅危惧動物百科 9 ……………… 139
　絶滅危惧動物百科 10 …………… 139
　日本の外来生物 ………………… 111
志知 龍一
　日本列島重力アトラス …………… 73
シップ・アンド・オーシャン財団海洋政策研

究所
海洋白書 2004創刊号 ⋯⋯⋯⋯⋯⋯ 91
海洋白書 2005 ⋯⋯⋯⋯⋯⋯⋯⋯⋯ 91
自動車技術会
自動車・船・飛行機 ⋯⋯⋯⋯⋯⋯ 207
品田 毅
図説地図事典 ⋯⋯⋯⋯⋯⋯⋯⋯⋯ 72
篠田 謙一
生命ふしぎ図鑑 人類の誕生と大移動 ⋯ 115
篠永 哲
学研の大図鑑 危険・有毒生物 ⋯⋯⋯ 134
柴田 一成
太陽大図鑑 ⋯⋯⋯⋯⋯⋯⋯⋯⋯⋯ 70
柴田 清孝
光の百科事典 ⋯⋯⋯⋯⋯⋯⋯⋯⋯ 38
柴田 譲治
図説 世界史を変えた50の機械 ⋯⋯⋯ 208
柴田 敏男
図説数学の事典 普及版 ⋯⋯⋯⋯⋯ 25
柴田 規夫
野山で見かける山野草図鑑 ⋯⋯⋯⋯ 127
GP企画センター
基礎から最新 クルマ用語 ⋯⋯⋯⋯ 207
日本自動車史年表 ⋯⋯⋯⋯⋯⋯⋯ 206
渋川 浩一
海の動物百科 3 ⋯⋯⋯⋯⋯⋯⋯⋯ 141
渋谷 貞
木竹工芸の事典 新装版 ⋯⋯⋯⋯⋯ 219
嶋 悦三
地震の事典 第2版 ⋯⋯⋯⋯⋯⋯⋯ 93
地震の事典 第2版 普及版 ⋯⋯⋯⋯ 93
島田 茂
図説数学の事典 普及版 ⋯⋯⋯⋯⋯ 25
島田 守家
やさしい気象教室 ⋯⋯⋯⋯⋯⋯⋯ 85
清水 晶子
誕生日の花図鑑 ⋯⋯⋯⋯⋯⋯⋯⋯ 126
志水 一夫
UFO百科事典 ⋯⋯⋯⋯⋯⋯⋯⋯⋯ 19
清水 忠雄
ロングマン物理学辞典 ⋯⋯⋯⋯⋯⋯ 35
清水 文子
ロングマン物理学辞典 ⋯⋯⋯⋯⋯⋯ 35
シムス，R.F.
岩石・鉱物図鑑 ⋯⋯⋯⋯⋯⋯⋯⋯ 99
結晶・宝石図鑑 ⋯⋯⋯⋯⋯⋯⋯⋯ 99

志村 幸蔵
鉱物図鑑 パワーストーン百科全書331
⋯⋯⋯⋯⋯⋯⋯⋯⋯⋯⋯⋯⋯⋯ 100
志村 岳
図解ひと目でわかる「環境ホルモン」ハ
ンドブック ⋯⋯⋯⋯⋯⋯⋯⋯⋯⋯ 42
下坂 英
マクミラン 世界科学史百科図鑑 3 ⋯⋯ 22
下鶴 大輔
火山の事典 ⋯⋯⋯⋯⋯⋯⋯⋯⋯⋯ 94
火山の事典 第2版 ⋯⋯⋯⋯⋯⋯⋯ 94
赤藤 由美子
科学よみものの30年 ⋯⋯⋯⋯⋯⋯⋯ 2
シャリーン，エリック
図説 世界史を変えた50の機械 ⋯⋯⋯ 208
シャロナー，ジャック
ビジュアル博物館 81 ⋯⋯⋯⋯⋯⋯ 87
秀和システム第一出版編集部
最新基本パソコン用語事典 ⋯⋯⋯⋯ 167
最新・基本パソコン用語事典 第2版 ⋯ 167
最新・基本パソコン用語事典 第3版 ⋯ 167
標準パソコン用語事典 最新2004～2005
年版 第5版 ⋯⋯⋯⋯⋯⋯⋯⋯⋯ 172
標準パソコン用語事典 最新2007～2008
年版 第6版 ⋯⋯⋯⋯⋯⋯⋯⋯⋯ 172
標準パソコン用語事典 最新2009～2010
年版 ⋯⋯⋯⋯⋯⋯⋯⋯⋯⋯⋯⋯ 172
首藤 伸夫
津波の事典 縮刷版 ⋯⋯⋯⋯⋯⋯⋯ 93
シュナイダーマン，ジル
地球と惑星探査 ⋯⋯⋯⋯⋯⋯ 71, 78
シュラットー，ダニエル
世界数学者事典 ⋯⋯⋯⋯⋯⋯⋯⋯ 29
庄司 修也
これからのメディアとネットワークがわ
かる事典 ⋯⋯⋯⋯⋯⋯⋯⋯⋯⋯ 165
ジョーンズ，リチャード
昆虫 ⋯⋯⋯⋯⋯⋯⋯⋯⋯⋯⋯⋯ 150
ジョンストン，アンドリュー・K.
恒星と惑星 ⋯⋯⋯⋯⋯⋯⋯⋯⋯⋯ 49
ジョンソン，ペニー
科学 ⋯⋯⋯⋯⋯⋯⋯⋯⋯⋯⋯⋯⋯ 7
ジョンソン，メアリー・L.
ジェムストーンの魅力 ⋯⋯⋯⋯⋯⋯ 101
城内出版編集部
基本科学英単語1500 ⋯⋯⋯⋯⋯⋯⋯ 6

深海と地球の事典編集委員会
深海と地球の事典 ……………… 90

「新 観察・実験大事典」編集委員会
新 観察・実験大事典 化学編 ………… 42
新 観察・実験大事典 地学編 ……… 80
新 観察・実験大事典 物理編 ……… 36

新行内 博
日常の生物事典 ……………………… 105

新宅 広二
ブキミ生物絶叫図鑑 ……………… 108

新電気編集部
絵とき 電気技術基礎用語早わかり … 211
絵とき電気電子情報基礎用語事典 … 211
絵とき 電子技術基礎用語早わかり … 211
電気電子情報絵とき基礎用語事典 … 212
OHM電気電子情報英和・和英辞典 … 212

神保 道夫
岩波数学入門辞典 ………………… 26

【す】

水素エネルギー協会
水素の事典 ………………………… 176

数学オリンピック財団
数学オリンピック事典 …………… 28

数学教育協議会
家庭の算数・数学百科 …………… 24

数学書房編集部
この数学書がおもしろい …………… 24

数学セミナー編集部
数学の言葉づかい100 …………… 24

末友 靖隆
日本の海産プランクトン図鑑 ……… 107
日本の海産プランクトン図鑑 第2版 … 107

菅原 健二
川の地図辞典 ……………………… 186
川の地図辞典 補訂版 ……………… 186
川の地図辞典 3訂版 ……………… 187
川の地図辞典（多摩東部編）……… 186

図鑑・百科編集室
科学おもしろクイズ図鑑 …………… 17

杉浦 幸雄
化学英語の活用辞典 第2版 ……… 40

杉浦 洋一
図解パソコン・インターネット しくみ・

用語がわかる事典 ……………… 166

杉坂 学
鳴き声が聞ける!CD付 野鳥観察図鑑 ‥ 154

杉原 亮
物理学事典 ……………………… 34

杉本 賢司
建築材料がわかる事典 …………… 194

杉山 正明
大地の肖像 ……………………… 73

鈴木 一郎
ノーベル賞の事典 ………………… 21

鈴木 和史
気象災害の事典 ………………… 81

鈴木 欣司
外来どうぶつミニ図鑑 …………… 137
身近な野生動物観察ガイド ……… 133

鈴木 敬信
天文学辞典 改訂・増補 …………… 48

鈴木 心
てんきごじてん ………………… 83

鈴木 真二
マルチメディア航空機図鑑 ………… 209

鈴木 孝子
描きたい操作がすぐわかる!AutoCAD LT
操作ハンドブック …………… 197

鈴木 孝弘
新・地球環境百科 ………………… 189

鈴木 信夫
校庭の昆虫 ……………………… 149

鈴木 仁美
窒素酸化物の事典 ………………… 45

鈴木 増雄
物理学大事典 …………………… 34
物理学大事典 普及版 ……………… 34

鈴木 まもる
日本の鳥の巣図鑑全259 ………… 154

鈴木 八十二
トコトンやさしい液晶ディスプレイ用語
集 …………………………… 212

鈴本 成
ネット・マニアックス裏辞典 ……… 171

須藤 定久
世界の砂図鑑 …………………… 96

須藤 茂
世界の火山図鑑 ………………… 96

すとう 著編者名索引

ストウ，ドリク
　テーマで読み解く海の百科事典 ……… 90
ストット，キャロル
　恒星と惑星 …………………………… 49
砂川 一郎
　完璧版 岩石と鉱物の写真図鑑 ……… 99
砂田 利一
　岩波数学入門辞典 …………………… 26
スパールガレン，O.C.
　世界の土壌資源 ……………………… 95
スパロウ，ジャイルズ
　恒星と惑星 …………………………… 49
　星空の図鑑 …………………………… 70
スペンサー，ジョン
　UFO百科事典 ……………………… 19
住 明正
　気象ハンドブック 第3版 ………… 84
　キーワード 気象の事典 …………… 81
　水の事典 ……………………………… 45
角 敦子
　世界の無人航空機図鑑 …………… 208
炭田 真由美
　地球環境カラーイラスト百科 ……… 188

【せ】

生化学若い研究者の会
　これだけ!生化学 ………………… 112
成美堂出版編集部
　はっきりわかる現代サイエンスの常識事
　　典 …………………………………… 19
聖文社編集部
　要項解説 数学公式辞典 第2版 ……… 26
世界気象機関
　WMO気候の事典 ………………… 82
瀬川 至朗
　これからのメディアとネットワークがわ
　　かる事典 ………………………… 165
赤 勘兵衛
　鳥の形態図鑑 ……………………… 154
関 慎太郎
　田んぼの生き物400 ……………… 111
関 利枝子
　ビジュアル科学大事典 ……………… 5

ビジュアル地球大図鑑 ……………… 79
関岡 裕明
　いっしょに探そう野山の花たち …… 124
関根 康人
　系外惑星の事典 …………………… 71
瀬名 秀明
　科学の栞 ……………………………… 1
瀬能 宏
　魚 …………………………………… 145
瀬山 士郎
　読む数学 ……………………………… 26
芹沢 正三
　数学用語小辞典 …………………… 27
セルロース学会
　セルロースの事典 ………………… 217
千石 正一
　Q&Aマニュアル 爬虫両生類飼育入門
　……………………………………… 147
全国学校図書館協議会ブック・リスト委員会
　地球環境を考える ………………… 188

【そ】

創土社
　日本環境年鑑 2002年版 …………… 192
創土社年鑑編集室
　日本環境年鑑 2001年版 …………… 192
相馬 信山
　スタンダード 物理卓上事典 ………… 33
曽我 和雄
　実用化学辞典 普及版 ……………… 41
　実用化学辞典 新装版 ……………… 41
曽我 康一
　絵とき 植物生理学入門 改訂3版 …… 116
測量用語辞典編集委員会
　測量用語辞典 ……………………… 185
園部 裕
　クルマの事典 ……………………… 206
楚山 いさむ
　出会いを楽しむ 海中ミュージアム … 146
楚山 勇
　海辺の生きもの …………………… 143
　海辺の生きもの 新装版 …………… 143

272　科学への入門レファレンスブック

【た】

大英自然史博物館
　岩石・鉱物図鑑 ・・・・・・・・・・・・・・・・・・・・・・・・・ 99
大学教育化学研究会
　学生 化学用語辞典 第2版 ・・・・・・・・・・・・・・ 43
大工園 認
　植物観察図鑑 ・・・・・・・・・・・・・・・・・・・・・・・・ 118
　野の花めぐり 夏・初秋編 ・・・・・・・・・・・ 127
　野の花めぐり 春編 ・・・・・・・・・・・・・・・・・ 123
ダイム編集部
　デジタル商品・用語辞典 ・・・・・・・・・・・・・ 211
高木 俊暢
　最新天文百科 ・・・・・・・・・・・・・・・・・・・・・・・・ 49
高木 隆司
　かたちの事典 ・・・・・・・・・・・・・・・・・・・・・・・・ 30
高作 義明
　最新 誰でもわかるパソコン用語辞典 改
　　訂4版 ・・・・・・・・・・・・・・・・・・・・・・・・・・・・・ 168
高月 紘
　環境学入門 ・・・・・・・・・・・・・・・・・・・・・・・・・ 190
高橋 修
　色で見わけ五感で楽しむ野草図鑑 ・・・・・ 124
高橋 勝雄
　山野草おもしろ図鑑 ・・・・・・・・・・・・・・・・・ 126
高崎 さきの
　気象 ・・・・・・・・・・・・・・・・・・・・・・・・・・・・・・・・ 85
高橋 伯也
　英和学習基本用語辞典数学 ・・・・・・・・・・・ 28
　英和 数学学習基本用語辞典 ・・・・・・・・・・ 29
高橋 秀男
　日本アルプス植物図鑑 ・・・・・・・・・・・・・・・ 119
高橋 正樹
　日本の火山図鑑 ・・・・・・・・・・・・・・・・・・・・・ 96
高橋 正征
　理科年表 環境編 ・・・・・・・・・・・・・・・・・・・ 193
高橋 昌義
　写真でみる発明の歴史 ・・・・・・・・・・・・・・・ 181
高橋 三雄
　わかりやすいコンピュータ用語辞典 改
　　訂第8版 ・・・・・・・・・・・・・・・・・・・・・・・・・ 172
　わかりやすいコンピュータ用語辞典 第
　　9版 ・・・・・・・・・・・・・・・・・・・・・・・・・・・・・・・ 172

高橋 裕
　水の百科事典 ・・・・・・・・・・・・・・・・・・・・・・・ 45
高橋 陽一郎
　岩波数学入門辞典 ・・・・・・・・・・・・・・・・・・・ 26
高橋 良孝
　原寸大 花と葉でわかる山野草図鑑 ・・・・ 125
高橋 渉
　数学定理・公式小辞典 ・・・・・・・・・・・・・・・ 24
賞雅 寛而
　自動車・船・飛行機 ・・・・・・・・・・・・・・・・・ 207
高村 郁夫
　イクス宇宙図鑑 5 ・・・・・・・・・・・・・・・・・・・ 71
　イクス宇宙図鑑 6 ・・・・・・・・・・・・・・・・・・・ 60
多紀 保彦
　日本の外来生物 ・・・・・・・・・・・・・・・・・・・・ 111
滝川 洋二
　たのしくわかる物理実験事典 ・・・・・・・・・ 36
ターギット，ガブリエル
　図説 花と庭園の文化史事典 ・・・・・・・・・ 122
田口 勇
　金属の百科事典 ・・・・・・・・・・・・・・・・・・・・ 217
武井 摩利
　世界で一番美しい元素図鑑 ・・・・・・・・・・・ 44
　世界で一番美しい植物細胞図鑑 ・・・・・・ 118
　船の歴史文化図鑑 ・・・・・・・・・・・・・・・・・・ 216
竹内 通雅
　まるごと発見!校庭の木・野山の木 2 ・・ 121
竹内 敬人
　化学の基礎 ・・・・・・・・・・・・・・・・・・・・・・・・・ 42
武口 隆
　技術英語を書く動詞辞典 ・・・・・・・・・・・・ 158
武田 正倫
　水の生き物 ・・・・・・・・・・・・・・・・・・・・・・・・ 147
武田 正紀
　ビジュアル科学大事典 ・・・・・・・・・・・・・・・・ 5
　ビジュアル地球大図鑑 ・・・・・・・・・・・・・・・ 79
　ビジュアル分解大図鑑 ・・・・・・・・・・・・・・ 160
竹田 正博
　いっしょに探そう野山の花たち ・・・・・・・ 124
武田 康男
　気象観察ハンドブック ・・・・・・・・・・・・・・・ 84
　ずかん 雲 ・・・・・・・・・・・・・・・・・・・・・・・・・・ 86
　12ヶ月のお天気図鑑 ・・・・・・・・・・・・・・・・ 86
　空の色と光の図鑑 ・・・・・・・・・・・・・・・・・・・ 86
　雪と氷の図鑑 ・・・・・・・・・・・・・・・・・・・・・・・ 87

たけな　　　　　　　　著編者名索引

竹中 明夫
　植物の百科事典 ‥‥‥‥‥‥‥‥‥ 116
竹之内 脩
　新数学事典 改訂増補版 ‥‥‥‥‥ 24
　図説数学の事典 普及版 ‥‥‥‥‥ 25
竹村 公太郎
　水環境設備ハンドブック ‥‥‥‥‥ 186
竹村 富久男
　日々に出会う化学のことば ‥‥‥‥ 41
竹本 喜一
　化学語源ものがたり part 2 ‥‥‥‥ 41
田近 英一
　地球・生命の大進化 ‥‥‥‥‥‥‥ 80
　惑星・太陽の大発見 ‥‥‥‥ 70, 71
田代 博
　地図のことがわかる事典 ‥‥‥‥‥ 72
多田 和秀
　イラストでわかる建築用語 ‥‥‥‥ 193
多田 邦尚
　海洋科学入門 ‥‥‥‥‥‥‥‥‥‥ 90
多田 多恵子
　身近な草木の実とタネハンドブック ‥ 124
タターソル, イアン
　生命ふしぎ図鑑 人類の誕生と大移動 ‥ 115
橘 英三郎
　建築デザインと構造計画 ‥‥‥‥‥ 194
辰尾 良二
　宝石・鉱物おもしろガイド ‥‥‥‥ 99
舘野 真知子
　すべてがわかる!「発酵食品」事典 ‥ 221
田中 一幸
　手づくり木工大図鑑 ‥‥‥‥‥‥‥ 220
田中 絵美子
　衛星通信ガイドブック 2014 ‥‥‥ 214
田中 修
　植物学「超」入門 ‥‥‥‥‥‥‥‥ 116
田中 一範
　化学英語用例辞典 ‥‥‥‥‥‥‥‥ 40
田中 泉吏
　生物学の哲学入門 ‥‥‥‥‥‥‥‥ 106
田中 達也
　雲・空 ‥‥‥‥‥‥‥‥‥‥‥‥‥ 86
田中 豊雄
　野の花山の花 増補改訂 ‥‥‥‥‥ 127

田中 豊美
　動物 ‥‥‥‥‥‥‥‥‥‥‥‥‥‥ 156
田中 英彦
　コンピュータの事典 第2版 ‥‥‥‥ 165
田中 政直
　科学技術を中心とした略語辞典 ‥‥ 5
田中 真由美
　最新 誰でもわかるパソコン用語辞典 改
　訂4版 ‥‥‥‥‥‥‥‥‥‥‥‥‥ 168
田中 実
　自然科学の名著100選 上 ‥‥‥‥‥ 2
　自然科学の名著100選 中 ‥‥‥‥‥ 2
　自然科学の名著100選 下 ‥‥‥‥‥ 2
田中 美穂
　ときめくコケ図鑑 ‥‥‥‥‥‥‥‥ 131
田中 裕二
　いっしょに探そう野山の花たち ‥‥ 124
田仲 義弘
　校庭の昆虫 ‥‥‥‥‥‥‥‥‥‥‥ 149
田中 良平
　金属材料の事典 ‥‥‥‥‥‥‥‥‥ 217
棚部 一成
　アンモナイト ‥‥‥‥‥‥‥‥‥‥ 97
田辺 信介
　図解ひと目でわかる「環境ホルモン」ハ
　ンドブック ‥‥‥‥‥‥‥‥‥‥‥ 42
谷口 義明
　新・天文学事典 ‥‥‥‥‥‥‥‥‥ 47
たばこ総合研究センター
　たばこの事典 ‥‥‥‥‥‥‥‥‥‥ 218
田端 到
　科学書をめぐる100の冒険 ‥‥‥‥ 18
田幡 憲一
　日常の生物事典 ‥‥‥‥‥‥‥‥‥ 105
田渕 俊雄
　水の事典 ‥‥‥‥‥‥‥‥‥‥‥‥ 45
玉井 康勝
　例解化学事典 普及版 ‥‥‥‥‥‥‥ 40
玉浦 裕
　炭素の事典 ‥‥‥‥‥‥‥‥‥‥‥ 45
田村 明子
　太陽大図鑑 ‥‥‥‥‥‥‥‥‥‥‥ 70
田村 三郎
　中英日 現代化学用語辞典 ‥‥‥‥‥ 41
田村 元秀
　系外惑星の事典 ‥‥‥‥‥‥‥‥‥ 71

274　科学への入門レファレンスブック

著編者名索引　　　　　　ていう

樽谷 良信
　超電導を知る事典 ･･････････････････････････ 38
丹下 博文
　地球環境辞典 ･････････････････････････････ 190
　地球環境辞典 第2版 ･････････････････････ 190
　地球環境辞典 第3版 ･････････････････････ 190
ダンロップ，ストーム
　気象大図鑑 ･･･････････････････････････････ 85

【ち】

地学団体研究会
　地学事典 新版 ･･･････････････････････････ 77
近角 聡信
　続 日常の物理事典 ･･･････････････････････ 33
　日常の物理事典 ･･･････････････････････････ 33
地球環境研究会
　地球環境キーワード事典 5訂 ･･･････････ 189
地球環境データブック編集委員会
　ひと目でわかる地球環境データブック
　･･･ 192
千田 健吾
　世界数学者人名事典 ･････････････････････ 29
　世界数学者人名事典 増補版 ･････････････ 29
千葉 とき子
　かわらの小石の図鑑 ･････････････････････ 99
千葉 柾司
　天文学辞典 ･････････････････････････････ 48
千葉県立中央博物館分館海の博物館
　海辺の生きもの図鑑 ･････････････････････ 144
チャロナー，ジャック
　世界で一番楽しい元素図鑑 ･････････････ 44
中央宝石研究所
　天然石・ジュエリー事典 ･･･････････････ 98
長 真弓
　真空管オーディオハンドブック ･･････ 212
地理情報システム学会
　地理情報科学事典 ･･･････････････････････ 72

【つ】

通商産業省工業技術院地質調査所
　日本の岩石と鉱物 ･･･････････････････････ 99

塚田 眞弘
　天然石と宝石の図鑑 ･････････････････････ 101
塚谷 裕一
　カラー版 スキマの植物図鑑 ･･･････････ 119
築地 正明
　学研生物図鑑 貝 1 改訂版 ･････････････ 144
　学研生物図鑑 貝 2 改訂版 ･････････････ 144
筑波研究学園都市研究機関等連絡協議会普及広
報専門委員会
　科学の街 ･････････････････････････････････ 7
辻 和彦
　人物でよむ物理法則の事典 ･････････････ 35
辻 幸治
　色別身近な野の花山の花ポケット図鑑
　･･･ 125
辻 隆
　天文の事典 ･････････････････････････････ 48
　天文の事典 普及版 ･････････････････････ 48
都築 洋次郎
　科学・技術人名事典 ･････････････････････ 7
　世界科学・技術史年表 ･･････････････ 20, 176
　世界科学・技術史年表 ･･････････････ 20, 176
津田 稔
　英和学習基本用語辞典生物 ･････････････ 109
土屋 公幸
　日本哺乳類大図鑑 ･･･････････････････････ 156
堤 大介
　最新 インターネット用語事典 ･･････････ 167
ツバメプロ
　クルマ語入門 ･･･････････････････････････ 207
坪井 俊
　朝倉 数学辞典 ･････････････････････････ 26
釣 洋一
　江戸幕末 和洋暦換算事典（2004） ･･････ 74
　江戸幕末 和洋暦換算事典（2014） ･･････ 74
　和洋暦換算事典 ･･･････････････････････ 74

【て】

デイヴィス，ヴァレリー
　Q&Aマニュアル 爬虫両生類飼育入門
　･･･ 147
デイヴィス，ロバート
　Q&Aマニュアル 爬虫両生類飼育入門
　･･･ 147

科学への入門レファレンスブック　275

テイト，キンバリー
　美しい鉱物と宝石の事典 ……………… 98
テイラー，ポール
　化石図鑑 …………………………………… 97
ディンウィディ，ロバート
　恒星と惑星 ……………………………… 49
ディングル，エイドリアン
　元素図鑑 ………………………………… 44
ディンティス，ジョン
　オックスフォード科学辞典 …………… 5
　新・化学用語小辞典 …………………… 41
出川 洋介
　カビ図鑑 ………………………………… 131
デーサル，ロバート
　生命ふしぎ図鑑 人類の誕生と大移動 ‥ 115
デジタル・フォレンジック研究会
　デジタル・フォレンジック事典 改訂版
　……………………………………………… 211
データ・ビレッジ
　最新 パソコン基本用語辞典 ………… 168
デッカース，J.A.
　世界の土壌資源 ………………………… 95
デュマデジタル
　詳しくわかる! しくみがわかる! 働くク
　　ルマ …………………………………… 207
寺門 和夫
　絶景天体写真 …………………………… 60
　超・絶景宇宙写真 ……………………… 51
寺島 靖夫
　探検!日本の鉱物 ……………………… 101
寺田 文行
　図説数学の事典 普及版 ……………… 25
寺西 晃
　深海生物大図鑑 ………………………… 146
寺本 沙也加
　ときめく貝殻図鑑 ……………………… 147
デルブリュック，マティアス
　ビジュアル科学大事典 ………………… 5
電気通信協会
　情報通信基礎用語辞典 ………………… 213
天然石検定協議会
　天然石がわかる本 ……………………… 98
天文観測年表編修委員会
　天文観測年表 2002 …………………… 63
天文ガイド編集部
　実用全天星図 …………………………… 67

天体ガイドマップ ………………………… 60
天文データノート ’95 …………………… 53
天文データノート ’97 …………………… 53
天文データノート ’98 …………………… 53
天文データノート ’99 …………………… 53
天文データノート 2000 ………………… 54
天文データノート 2001 ………………… 54
天文学大事典編集委員会
　天文学大事典 …………………………… 47
天文観測年表編集委員会
　天文観測年表 ’90 ……………………… 62
　天文観測年表 ’91 保存版 …………… 62
　天文観測年表 ’92 保存版 …………… 62
　天文観測年表 ’93 保存版 …………… 62
　天文観測年表 ’94 ……………………… 62
　天文観測年表 ’96 保存版 …………… 62
　天文観測年表 ’97 ……………………… 62
　天文観測年表 ’98 ……………………… 63
　天文観測年表 ’99 ……………………… 63
　天文観測年表 2000 …………………… 63
　天文観測年表 2001 …………………… 63
　天文観測年表 2003 …………………… 63
　天文観測年表 2004 …………………… 63
　天文観測年表 2005 …………………… 63
　天文観測年表 2006 …………………… 64
　天文観測年表 2007 …………………… 64
　天文観測年表 2008 …………………… 64
　天文観測年表 2009 …………………… 64
天文年鑑編集委員会
　天文年鑑 1991年版 …………………… 54
　天文年鑑 1991年版 ワイド版 ……… 54
　天文年鑑 1992年版 …………………… 54
　天文年鑑 1992年版 ワイド版 ……… 54
　天文年鑑 1993年版 …………………… 54
　天文年鑑 1993年版 ワイド版 ……… 54
　天文年鑑 1994年版 …………………… 54
　天文年鑑 1994年版 ワイド版 ……… 54
　天文年鑑 1995年版 ワイド版 ……… 55
　天文年鑑 1997年版 …………………… 55
　天文年鑑 1998年版 …………………… 55
　天文年鑑 1998年版 ワイド版 ……… 55
　天文年鑑 1999年版 …………………… 55
　天文年鑑 1999年版 ワイド版 ……… 55
　天文年鑑 2000年版 …………………… 55
　天文年鑑 2000年版 ワイド版 ……… 56
　天文年鑑 2001年版 …………………… 56
　天文年鑑 2002年版 …………………… 56
　天文年鑑 2002年版 ワイド版 ……… 56
　天文年鑑 2003年版 …………………… 56

天文年鑑 2003年版 ワイド版 ‥‥‥‥‥ 56
天文年鑑 2004年版 ‥‥‥‥‥‥‥‥‥‥ 56
天文年鑑 2004年版 ワイド版 ‥‥‥‥‥ 56
天文年鑑 2005年版 ‥‥‥‥‥‥‥‥‥‥ 57
天文年鑑 2005年版 ワイド版 ‥‥‥‥‥ 57
天文年鑑 2006年版 ‥‥‥‥‥‥‥‥‥‥ 57
天文年鑑 2006年版 ワイド版 ‥‥‥‥‥ 57
天文年鑑 2007年版 ‥‥‥‥‥‥‥‥‥‥ 57
天文年鑑 2008年版 ‥‥‥‥‥‥‥‥‥‥ 57
天文年鑑 2009年版 ‥‥‥‥‥‥‥‥‥‥ 57
天文年鑑 2010年版 ‥‥‥‥‥‥‥‥‥‥ 57
天文年鑑 2011年版 ‥‥‥‥‥‥‥‥‥‥ 57
天文年鑑 2012年版 ‥‥‥‥‥‥‥‥‥‥ 57
天文年鑑 2013年版 ‥‥‥‥‥‥‥‥‥‥ 57
天文年鑑 2014年版 ‥‥‥‥‥‥‥‥‥‥ 57
天文年鑑 2015年版 ‥‥‥‥‥‥‥‥‥‥ 58
天文年鑑 2016年版 ‥‥‥‥‥‥‥‥‥‥ 58

【と】

ドアティ，マーティン・J.
世界の無人航空機図鑑 ‥‥‥‥‥‥‥‥ 208
東京工業大学外国語研究教育センター
理工系大学生のための英語ハンドブ
ック ‥‥‥‥‥‥‥‥‥‥‥‥‥‥‥‥‥ 7
東京山草会
野の花・山の花観察図鑑 ‥‥‥‥‥‥ 127
東京書籍編集部
ノーベル賞受賞者人物事典 物理学賞・
化学賞 ‥‥‥‥‥‥‥‥‥‥‥‥‥‥‥ 22
東京大学地震研究所
地震・津波と火山の事典 ‥‥‥‥‥‥ 94
東京物理サークル
物理なぜなぜ事典 1 増補版 ‥‥‥‥‥ 34
物理なぜなぜ事典 2 増補版 ‥‥‥‥‥ 34
東京理科大学数学教育研究所
数学小辞典 第2版 ‥‥‥‥‥‥‥‥‥ 27
東京理科大学理工学辞典編集委員会
理工学辞典 ‥‥‥‥‥‥‥‥‥‥‥‥‥ 6
ドゥニ，ベルナデット
基礎 仏和数学用語用例辞典 ‥‥‥‥ 26
ドゥブシッツ，ウータ・フォン
ビジュアル科学大事典 ‥‥‥‥‥‥‥ 5
遠山 茂樹
図説 花と庭園の文化史事典 ‥‥‥‥ 122

土岐 秀雄
英和・和英 情報処理用語辞典 3版 ‥‥ 158
都市防災実務ハンドブック編集委員会
改訂 都市防災実務ハンドブック 震災に
強い都市づくり・地区まちづくりの手
引 ‥‥‥‥‥‥‥‥‥‥‥‥‥‥‥‥ 186
利光 誠一
化石図鑑 ‥‥‥‥‥‥‥‥‥‥‥‥‥‥ 97
戸田 盛和
物理学ハンドブック 第2版 ‥‥‥‥‥ 36
特許庁
意匠出願のてびき 改訂25版 ‥‥‥‥ 180
意匠出願のてびき 改訂28版 ‥‥‥‥ 180
商標出願のてびき 改訂24版 ‥‥‥‥ 180
商標出願のてびき 改訂28版 ‥‥‥‥ 181
土橋 豊
植物の百科事典 ‥‥‥‥‥‥‥‥‥‥ 116
土木学会
くらしとどぼくのガイドブック ‥‥‥ 186
トマソン，ジャン・ミケル
ビジュアル科学大事典 ‥‥‥‥‥‥‥ 5
富井 篤
科学技術英語表現辞典 第3版 ‥‥‥‥ 5
科学技術英和大辞典 第2版 ‥‥‥‥‥ 5
科学技術英和大辞典（2012）第2版 ‥‥ 5
コンパクト版科学技術英和大辞典 ‥‥ 6
コンパクト版 科学技術和英大辞典 第2
版 ‥‥‥‥‥‥‥‥‥‥‥‥‥‥‥‥‥ 6
富家 直
色彩の事典 新装版 ‥‥‥‥‥‥‥‥‥ 37
富阪 幸治
天文学辞典 ‥‥‥‥‥‥‥‥‥‥‥‥‥ 48
富田 京一
川の生き物の飼い方 ‥‥‥‥‥‥‥‥ 142
冨田 弘一郎
天体ガイドマップ ‥‥‥‥‥‥‥‥‥ 60
冨田 幸光
くらべる図鑑 新版 ‥‥‥‥‥‥‥‥‥ 7
冨山 稔
世界のワイルドフラワー 1 ‥‥‥ 126
世界のワイルドフラワー 2 ‥‥‥ 126
トランジスタ技術編集部
電池応用ハンドブック ‥‥‥‥‥‥‥ 177

【な】

内藤 幸穂
　水の百科事典 ･･････････････････････････ 45

中居 恵子
　誕生日の花図鑑 ･･････････････････････ 126

中井 武
　化学大百科 ･････････････････････････････ 39
　化学大百科 普及版 ･･･････････････････ 39

永井 健治
　発光の事典 ･････････････････････････････ 37

中井 信
　世界の土壌資源 ･････････････････････････ 95

中井 将善
　気をつけよう!毒草100種 ･･･････ 130

長岡 昇勇
　数学事典 ･････････････････････････････････ 24

長岡 求
　身のまわりの木の図鑑 ･････････ 122

長倉 三郎
　岩波理化学辞典 第5版 ･･･････････ 5

長崎 誠三
　金属の百科事典 ･･････････････････ 217

中島 伸佳
　学生実験のてびき ･･･････････････ 160

中島 礼
　化石図鑑 ･･･････････････････････････････ 97

中田 節也
　火山の事典 第2版 ･･･････････････ 94

永田 豊
　海の百科事典 ･･･････････････････････ 90

長門 昇
　建築・土木用語がわかる辞典 ･･･ 185

長沼 毅
　極限世界の生き物図鑑 ･････････ 135
　猛毒生物大図鑑 ･･･････････････････ 108

中野 主一
　天文データブック 2002 ･･････ 54

中野 利一
　絵とき 射出成形用語事典 ･･･････ 217

中村 理
　最新天文百科 ･･･････････････････････ 49

中村 快三
　物理学事典 ･････････････････････････ 34

中村 省三
　宇宙人大図鑑 ･･･････････････････････ 19

中村 慎一
　これからのメディアとネットワークがわ
　　かる事典 ･･･････････････････････････ 165

中村 澄夫
　植物 ･････････････････････････････････ 118

中村 享史
　算数＆数学ビジュアル図鑑 ･･････････ 27

中村 武弘
　水族館で遊ぶ ･･･････････････････････ 133

中村 士
　明治前日本天文暦学・測量の書目辞典 ･･･ 73

中村 庸夫
　水族館で遊ぶ ･･･････････････････････ 133

中村 俊彦
　校庭のコケ ･････････････････････････ 131

中村 尚
　くらべる図鑑 新版 ･･･････････････ 7

中村 元
　中村元の全国水族館ガイド112 ･･････ 133

中村 浩美
　自動車・船・飛行機 ･････････････ 207
　地球環境カラーイラスト百科 ･･････ 188

中村 隆一
　実用化学辞典 普及版 ･･･････････ 41
　実用化学辞典 新装版 ･･･････････ 41

中安 均
　校庭の生き物ウォッチング ･･････････ 110

長山 勲
　自動車エンジン基本ハンドブック ･･････ 207

中山 康雄
　科学哲学 ･･･････････････････････････ 18

「流れ星」編集部
　流れ星 ･････････････････････････････････ 61

南雲 健治
　絵とき ボイラー用語早わかり ･･･････ 196

那須 義次
　日本産蛾類標準図鑑 3 ･･････････ 151
　日本産蛾類標準図鑑 4 ･･････････ 151

ナハテルゲーレ，F.O.
　世界の土壌資源 ･････････････････････ 95

ナハム，アンドリュー
　ビジュアル博物館 22 ･･･････････ 209

鍋田 修身
生物を科学する事典 …… 104
並河 洋
海の動物百科 4 …… 141
浪川 幸彦
数学事典 …… 24
成田 央
基礎からしっかり学ぶ生化学 …… 112
成木 勇夫
数学事典 …… 24
成島 悦雄
動物 …… 156
名和 小太郎
科学書乱読術 …… 18
科学の読み方、技術の読み方、情報の読み方 …… 2, 158
南任 靖雄
センサ基礎用語辞典 …… 159

【に】

新野 大
水族館のひみつ …… 142
水族館のひみつ図鑑 …… 146
新野 宏
風の事典 …… 81
西ケ谷 恭弘
地図の読み方事典 …… 72
西川 完途
爬虫類・両生類 …… 148
両生類・爬虫類 …… 148
西川 輝昭
海の動物百科 4 …… 141
海の動物百科 5 …… 141
西川 渉
マルチメディア航空機図鑑 …… 209
西久保 靖彦
基本システムLSI用語辞典 …… 211
基本ASIC用語辞典 …… 211
西沢 宥綜
暦日大鑑 …… 76
西田 尚道
樹木 見分けのポイント図鑑 新装版 …… 121
野草 見分けのポイント図鑑 …… 130
西村 昭義
くふうを広げるアイデアエレクトロニクス …… 212
西村 寿雄
大人も読んで楽しい科学読み物90冊 …… 1
日外アソシエーツ
科学者3000人 …… 1
科学に親しむ3000冊 …… 1
古代中世暦 …… 73
子どもの本科学を楽しむ3000冊 …… 16
最新科学賞事典 …… 20
最新科学賞事典 1997-2002 …… 21
最新科学賞事典 2003-2007 …… 21
最新科学賞事典 2008-2012 1 …… 21
最新科学賞事典 2008-2012 2 …… 21
資源・エネルギー史事典 …… 176
事典 日本の科学者 …… 22
人物レファレンス事典 科学技術篇 …… 4, 158
台風・気象災害全史 …… 81
地球・自然環境の本全情報 45-92 …… 77
地球・自然環境の本全情報 93／98 …… 77
地球・自然環境の本全情報 1999-2003 …… 77
地球・自然環境の本全情報 2004-2010 …… 77
天文・宇宙開発事典 古代－2009 …… 58
天文・宇宙の本全情報 45-92 …… 47
天文・宇宙の本全情報 1993-2003 …… 47
難読誤読 昆虫名漢字よみかた辞典 …… 148
日外アソシエーツ編集部
科学技術史事典 …… 20
台風・気象災害全史 …… 81
天文・宇宙開発事典 古代－2009 …… 58
21世紀暦 …… 74
20世紀暦 …… 74
日仏会館
基礎 仏和数学用語用例辞典 …… 26
日仏理工科会
基礎 仏和数学用語用例辞典 …… 26
日刊工業新聞社MOOK編集部
身近なモノの履歴書を知る事典 …… 182
日経エコロジー
日経エコロジー厳選 環境キーワード事典 …… 189
日経パソコン
日経パソコン新語辞典 95年版 …… 170
日経パソコン新語辞典 1992年版 …… 170
日経パソコンデジタル・IT用語事典 …… 170

日経パソコン用語事典 2004年版 …… 170
日経パソコン用語事典 2005年版 …… 170
日経パソコン用語事典 2006年版 …… 171
日経パソコン用語事典 2008年版 …… 171
日経パソコン用語事典 2009年版 …… 171
日経パソコン用語事典 2010年版 …… 171
日経パソコン用語事典 2011年版 …… 171
日経パソコン用語事典 2012年版 …… 171
やさしく読める最新ハイテク＆デジタル
　　用語事典 ………………………… 159

日経BP
日経パソコンデジタル・IT用語事典 ‥ 170
日経パソコン用語事典 2009年版 …… 171
日経パソコン用語事典 2010年版 …… 171
日経パソコン用語事典 2011年版 …… 171
日経パソコン用語事典 2012年版 …… 171

新田 尚
気象災害の事典 ……………………… 81
気象ハンドブック 第3版 …………… 84
気象予報士合格ハンドブック ……… 84
キーワード 気象の事典 …………… 81
身近な気象の事典 …………………… 82
わかりやすい気象の用語事典 ……… 83

2典プロジェクト
続2典 …………………………………… 169

蜷川 由彦
これからのメディアとネットワークがわ
　　かる事典 …………………………… 165

二宮 洸三
気象予報士合格ハンドブック ……… 84
わかりやすい気象の用語事典 ……… 83

日本アマチュア無線連盟
アマチュア無線用日本・世界地図 改訂
　　版 …………………………………… 214

日本インダストリアル・エンジニアリング協会
ものづくりに役立つ経営工学の事典 ‥ 182

日本インターネット協会
インターネット白書 ’96 …………… 173
インターネット白書 ’97 …………… 173
インターネット白書 ’98 …………… 173
インターネット白書 ’99 …………… 173

日本宇宙少年団
スペース・ガイド 1999 …………… 58
スペース・ガイド 2000 …………… 58
スペース・ガイド 2001 …………… 58
スペース・ガイド 2002 …………… 59
スペース・ガイド 2003 …………… 59

日本海難防止協会
海の安全ハンドブック ……………… 215

日本海洋開発建設協会海洋工事技術委員会
21世紀の海洋土木技術 …………… 215

日本顔学会
顔の百科事典 ………………………… 115

日本化学会
標準 化学用語辞典 ………………… 41
標準 化学用語辞典 縮刷版 ……… 41
標準 化学用語辞典 第2版 ……… 41

日本学士院
日本学士院所蔵 和算資料目録 ……… 31

日本学術振興会
研究者・研究課題総覧 自然科学編 1990
　　年版 ……………………………… 7

日本火山の会
世界の火山百科図鑑 ………………… 96

日本機械学会
機械工学便覧 基礎編 $\alpha 2$ ………… 197
機械工学便覧 基礎編 $\alpha 4$ ………… 197
機械工学便覧 基礎編 a5 ………… 197
材料力学ハンドブック 基礎編 …… 197

日本技術士会経営工学部会
ものづくりに役立つ経営工学の事典 ‥ 182

日本気象協会
気象年鑑 1990年版 ………………… 87
気象年鑑 1991年版 ………………… 87
気象年鑑 1992年版 ………………… 87
気象年鑑 1993年版 ………………… 88
気象年鑑 1994年版 ………………… 88
気象年鑑 1995年版 ………………… 88
気象年鑑 1996年版 ………………… 88
気象年鑑 1997年版 ………………… 88
気象年鑑 1998年版 ………………… 88
気象年鑑 1999年版 ………………… 88
気象年鑑 2000年版 ………………… 88
気象年鑑 2001年版 ………………… 89
気象年鑑 2002年版 ………………… 89

日本気象予報士会
身近な気象の事典 …………………… 82

日本経営工学会
ものづくりに役立つ経営工学の事典 ‥ 182

日本原子力産業会議
原子力年鑑 平成2年版 …………… 201
原子力年鑑 平成4年版 …………… 201
原子力年鑑 平成5年版 …………… 202
原子力年鑑 ’91 …………………… 201

原子力年鑑 '96 ・・・・・・・・・・・・・・・・・・・ 202
原子力年鑑 2003年版 ・・・・・・・・・・・・・ 202
原子力年鑑 2004年版 ・・・・・・・・・・・・・ 202
原子力年鑑 2005年版 ・・・・・・・・・・・・・ 203
原子力年鑑 2006年版 ・・・・・・・・・・・・・ 203
原子力年鑑 '98-'99年版 ・・・・・・・・・・・ 202
原子力年鑑 1999-2000年版 ・・・・・・・ 202
原子力年鑑 2001-2002年版 ・・・・・・・ 202

日本原子力産業協会
原子力年鑑 2008年版 ・・・・・・・・・・・・・ 203
原子力年鑑 2009年版 ・・・・・・・・・・・・・ 203
原子力年鑑 2010年版 ・・・・・・・・・・・・・ 203
原子力年鑑 2011年版 ・・・・・・・・・・・・・ 203
原子力年鑑 2012年版 ・・・・・・・・・・・・・ 204
原子力年鑑 2013年版 ・・・・・・・・・・・・・ 204
原子力年鑑 2014年版 ・・・・・・・・・・・・・ 204

日本建築学会
建築情報源ガイドブック 92-93 ・・・・・・ 194
建築情報源ガイドブック 95-96 ・・・・・・ 194
建築・都市計画のための空間学事典 増
補改訂版 ・・・・・・・・・・・・・・・・・・・・・・・・ 193

日本建築技術者指導センター
やさしい建築構造力学の手びき 第25版
・・・・・・・・・・・・・・・・・・・・・・・・・・・・・・・・ 194
やさしい建築構造力学の手びき 全面改
訂版 ・・・・・・・・・・・・・・・・・・・・・・・・・・・ 195

日本建築構造技術者協会関西支部建築構造用語
事典編集委員会
建築構造用語事典 ・・・・・・・・・・・・・・・ 193

日本光学測定機工業会
実用光キーワード事典 ・・・・・・・・・・・・・ 37

日本航空協会
航空宇宙年鑑 2003年版 ・・・・・・・・・・・ 53

日本国際地図学会地図用語専門部会
地図学用語辞典 増補改訂版 ・・・・・・・・・ 72

日本混相流学会
混相流ハンドブック ・・・・・・・・・・・・・・・ 36

日本地震学会
学術用語集 増訂版 ・・・・・・・・・・・・・・・ 94

日本シミュレーション学会
シミュレーション辞典 ・・・・・・・・・・・・・ 211

日本植物園協会
日本の植物園 ・・・・・・・・・・・・・・・・・・・ 119

日本植物学会
植物学の百科事典 ・・・・・・・・・・・・・・・ 116
生物教育用語集 ・・・・・・・・・・・・・・・・・ 109

日本植物分類学会
レッドデータブック 日本の絶滅危惧植
物 ・・・・・・・・・・・・・・・・・・・・・・・・・・・・ 117

日本数学教育学会
数学教育学研究ハンドブック ・・・・・・・・・ 29
和英／英和 算数・数学用語活用辞典 ・・・ 29

日本数学会
岩波数学辞典 第4版 ・・・・・・・・・・・・・・・ 26

日本生理人類学会
人間科学の百科事典 ・・・・・・・・・・・・・・ 115

日本雪氷学会
新版 雪氷辞典 ・・・・・・・・・・・・・・・・・・ 83
雪氷辞典 ・・・・・・・・・・・・・・・・・・・・・・・ 83
雪と氷の事典 ・・・・・・・・・・・・・・・・・・・ 82

日本地球化学会
地球と宇宙の化学事典 ・・・・・・・・・・・・・ 78

日本地質学会
地球全史スーパー年表 ・・・・・・・・・・・・・ 80

日本動物学会
生物教育用語集 ・・・・・・・・・・・・・・・・・ 109

日本図書館協会
図書館に備えてほしい本の目録 2000年
版 ・・・・・・・・・・・・・・・・・・・・・・・・ 2, 158

日本ナレッジインダストリ
コンピュータ基本関連用語辞典 ・・・・・・・ 167
コンピュータ基本関連用語辞典 改訂新
版 ・・・・・・・・・・・・・・・・・・・・・・・・・・・ 167
コンピュータ基本関連用語辞典 1994
・・・・・・・・・・・・・・・・・・・・・・・・・・・・・ 167
最新 コンピュータ辞典 ・・・・・・・・・・・・ 168

日本皮革技術協会
皮革用語辞典 ・・・・・・・・・・・・・・・・・・ 219
皮革用語辞典 特装版 ・・・・・・・・・・・・・ 219

日本微生物生態学会
環境と微生物の事典 ・・・・・・・・・・・・・・ 113

日本物理学会
学術用語集 ・・・・・・・・・・・・・・・・・・・・・ 34

日本プラントメンテナンス協会機械保全技能ハ
ンドブック編集委員会
新・機械保全技能ハンドブック 基礎編
1 ・・・・・・・・・・・・・・・・・・・・・・・・・・・ 197
新・機械保全技能ハンドブック 基礎編
2 ・・・・・・・・・・・・・・・・・・・・・・・・・・・ 198

日本分析化学専門学校
生活環境と化学物質 用語解説 第2版
・・・・・・・・・・・・・・・・・・・・・・・・・・・・・ 218

日本放射化学会
放射化学の事典 ・・・・・・・・・・・・・・・・・ 198

科学への入門レファレンスブック　*281*

にほん　　　　　　　　　　　著編者名索引

日本放送協会放送文化研究所
　NHK気象ハンドブック　改訂版 ……… 84
日本木材加工技術協会
　木材切削加工用語辞典 …………… 219
日本木材加工技術協会製材・機械加工部会木材
　切削加工用語辞典編集委員会
　木材切削加工用語辞典 …………… 219
日本木材学会
　木材加工用語辞典 ………………… 219
日本木材学会機械加工研究会
　木材加工用語辞典 ………………… 219
日本陸水学会
　陸水の事典 ……………………… 90
饒村 曜
　雨と風の事典 …………………… 80
　お天気用語事典 ………………… 83
　気象災害の事典 ………………… 81
　地球 …………………………… 79
　地球・気象 ………………… 71, 87

【ぬ】

布村 明彦
　地球温暖化図鑑 ………………… 86
沼沢 茂美
　NGC・IC天体写真総カタログ ……… 59
　カラー版 星空ハンドブック ……… 59
　星座の事典 ……………………… 68

【ね】

根岸 朗
　金属材料の事典 ………………… 217
ネット語研究委員会
　頻出ネット語手帳 ……………… 172
根本 博
　中学校新数学科授業の基本用語辞典 …… 29

【の】

農村環境整備センター
　田んぼの生きものおもしろ図鑑 …… 110
野口 玉雄
　学研の大図鑑 危険・有毒生物 ……… 134
野口 広
　数学オリンピック事典 ……………… 28
　図説数学の事典 普及版 …………… 25
野崎 昭弘
　家庭の算数・数学百科 …………… 24
野崎 亨
　化学英語の基礎 …………………… 40
　化学英語の基礎 改訂版 …………… 40
野沢 勝
　日本の化石 ……………………… 96
野島 博
　遺伝子工学キーワードブック 改訂第2
　　版 …………………………… 114
野瀬 純一
　気象ハンドブック 第3版 ………… 84
野田 春彦
　理化学英和辞典 …………………… 6
野々山 隆幸
　超図解 パソコン用語事典 2005-06年版
　　改訂第5版 …………………… 169
　超図解 パソコン用語事典 2006-07年版
　　…………………………… 169
信定 薫
　りけ単 …………………………… 6
ノマド・スタッフ
　最新 パソコン基本用語辞典 ……… 168
野村 卓史
　風の事典 ………………………… 81
能村 哲郎
　生物学データ大百科事典 上 ……… 104
　生物学データ大百科事典 下 ……… 104
野呂 輝雄
　鉱物結晶図鑑 …………………… 100

282　科学への入門レファレンスブック

【は】

バイシクルクラブ編集部
　自転車用語の基礎知識 ……………… 207

羽兼 直行
　多肉植物ハンディ図鑑 ……………… 118

パジェス，N.H.
　世界の土壌資源 ……………………… 95

橋口 盛典
　自動車メカマニア図鑑 ……………… 206

橋床 泰之
　生態学入門 第2版 …………………… 115

橋本 竹二郎
　使ってわかるハーブα媚薬百科 ……… 221

橋本 光政
　図解 生物観察事典 ………………… 104
　図解 生物観察事典 新訂版 ………… 104

長谷川 哲雄
　野の花さんぽ図鑑 …………………… 126
　野の花さんぽ図鑑（木の実と紅葉）… 126

早稲田 治慶
　絵とき機械用語事典 機械要素編 …… 196

長谷部 光泰
　植物の百科事典 ……………………… 116

パーソンズ，ポール
　サイエンスペディア1000 …………… 4

畑田 豊彦
　光の百科事典 ………………………… 38

八戸 さとこ
　街の虫とりハンドブック …………… 149

ハチンソン，ステファン
　海洋 …………………………………… 91

バックリー，ブルース
　気象 …………………………………… 85

初島 住彦
　野の花めぐり 夏・初秋編 ………… 127
　野の花めぐり 春編 ………………… 123

服部 貴昭
　水滴と氷晶がつくりだす空の虹色ハンド
　　ブック …………………………… 84

服部 武志
　旺文社物理事典 ……………………… 33

発明推進協会
　一目でわかる! 特許法等改正年一覧表
　　………………………………… 181

ハーディング，R.R.
　結晶・宝石図鑑 ……………………… 99

ハートデイヴィス，アダム・ハート
　サイエンス大図鑑 コンパクト版 ……… 8

花形 康正
　どうやってつくるの?MONO知り図鑑
　　1 ……………………………… 220
　どうやってつくるの?MONO知り図鑑
　　2 ……………………………… 220
　どうやってつくるの?MONO知り図鑑
　　3 ……………………………… 220
　どうやってつくるの?MONO知り図鑑
　　4 ……………………………… 220
　どうやってつくるの?MONO知り図鑑
　　5 ……………………………… 220

バーニー，デビッド
　ビジュアル博物館 1 ………………… 154
　ビジュアル博物館 5 ………………… 121
　ビジュアル博物館 11 ……………… 128

馬場 清太郎
　エレクトロニクス数式事典 ………… 210

馬場 多久男
　いっしょに探そう野山の花たち …… 124

馬場 正彦
　海のお天気ハンドブック …………… 84

浜 満
　物理学事典 …………………………… 34

濱田 篤郎
　寄生虫ビジュアル図鑑 ……………… 107

浜田 俊宏
　これからのメディアとネットワークがわ
　　かる事典 ……………………… 165

濱野 周泰
　まるごと発見!校庭の木・野山の木 2 … 121

ハモンド，ポーラ
　おかしな生きものミニ・モンスター … 134

早崎 博之
　生物を科学する事典 ………………… 104
　日常の生物事典 ……………………… 105

林 一彦
　くらべる図鑑 新版 …………………… 7

林 完次
　天体観測ハンドブック ……………… 60
　ほし …………………………………… 70

はやし　　　　　著編者名索引

林　四郎
　DVD動画でわかる理科実験図鑑小学校
　　理科 4年 ………………………… 18
　DVD動画でわかる理科実験図鑑小学校
　　理科 5年 ………………………… 18
　DVD動画でわかる理科実験図鑑小学校
　　理科 6年 ………………………… 18

林　知世
　地球環境カラーイラスト百科　 188

林　将之
　葉っぱで調べる身近な樹木図鑑 増補改
　　訂版 …………………………… 121

林　弥栄
　樹木 見分けのポイント図鑑 新装版 … 121
　野草 見分けのポイント図鑑　 130

林　陽生
　風の事典 …………………………… 81

林　芳樹
　数学事典 …………………………… 24

林　良博
　不思議で美しいミクロの世界 ………… 8

早山　明彦
　生物を科学する事典 ……………… 104

原　正
　化学英語の活用辞典 第2版 ……… 40

原口　昭
　生態学入門 第2版 ……………… 115

原沢　英夫
　理科年表 環境編 ………………… 193

原田　浩
　校庭のコケ ………………………… 131

パリティ編集委員会
　先端物理辞典 ……………………… 34

ハレル，カレン
　ジェムストーンの魅力 …………… 101

【ひ】

日置　尋久
　不思議おもしろ幾何学事典 ………… 30

東　ゆみこ
　星座の伝説図鑑 …………………… 69

東日本大震災支援全国ネットワーク（JCN）
　原発避難白書 …………………… 205

疋田　伸汎
　和算用語集 ………………………… 32

樋口　健治
　自動車技術史の事典 ……………… 206
　自動車技術史の事典 普及版 ……… 206

樋口　春三
　なんでもわかる花と緑の事典 ……… 122

樋口　正信
　植物（学研の図鑑LIVE）…………… 117
　植物（学研の図鑑ライブポケット）… 118

日暮　雅通
　サイエンス大図鑑 コンパクト版 ……… 8
　ナノサイエンス図鑑 ………………… 8

久末　正明
　花の種差海岸 ……………………… 95

菱山　忠三郎
　「この木の名前、なんだっけ?」というと
　　きに役立つ本 ………………… 120
　里山・山地の身近な山野草（ワイド図
　　鑑）…………………………… 125
　里山・山地の身近な山野草　 125
　樹木 見分けのポイント図鑑 新装版 … 121
　花だけでなく実を見ても「山野草」の名
　　前がすぐにわかる本 …………… 124
　ポケット判 身近な樹木 ………… 121
　身近な樹木 ……………………… 121
　身近な野草・雑草 ……………… 129
　持ち歩き図鑑 身近な樹木 ……… 122
　持ち歩き図鑑 身近な野草・雑草　 129
　野草 見分けのポイント図鑑　 130
　ワイド図鑑身近な樹木 ………… 122

比田井　昌英
　教養のための天文・宇宙データブック … 49

ピッキオ
　花のおもしろフィールド図鑑 秋　 128
　花のおもしろフィールド図鑑 春　 128
　花のおもしろフィールド図鑑 夏　 128

秀島　照次
　数学公式活用事典 新装版 ………… 24

一松　信
　新数学事典 改訂増補版 …………… 24
　数学辞典 …………………………… 27
　数学辞典 普及版 ………………… 27
　数学定数事典 ……………………… 24
　はじめからのすうがく事典 ……… 26

ビバマンボ
　動く!深海生物図鑑 ……………… 143

284　科学への入門レファレンスブック

著編者名索引　　　ふしい

日比谷 紀之
　海の百科事典 ･････････････････････ 90
兵頭 俊夫
　くらべてわかる科学小事典 図書館版 ･･･ 4
平賀 やよい
　新・化学用語小辞典 ･･････････････ 41
平澤 栄次
　はじめての生化学 第2版 ･･･････ 112
平嶋 義宏
　日本語でひく動物学名辞典 ･･････ 133
平田 宏一
　絵とき機械用語事典 作業編 ･･･ 196
　絵とき機械用語事典 設計編 ･･･ 196
平塚 和夫
　日常の気象事典 ･･････････････ 82
平沼 洋司
　ビジュアル博物館 81 ･･･････････ 87
平野 喬
　水の百科事典 ･･･････････････ 45
平野 隆久
　野草の花図鑑「春」･･･････････ 129
　野草の花図鑑「秋」･･･････････ 129
　野草の花図鑑「夏」･･･････････ 129
平野 伸明
　身近な鳥の図鑑 ･････････････ 155
平原 英夫
　英和・和英コンピュータ用語辞典 改訂
　　版 ･･････････････････････ 166
　図解コンピュータ用語辞典 改訂版 ･･･ 168
平松 幸三
　環境学入門 ･････････････････ 190
平山 大
　生物を科学する事典 ･･･････････ 104
蛭川 憲男
　日本の里山いきもの図鑑 ･･･････ 111
広瀬 静
　世界で一番楽しい元素図鑑 ･･････ 44
広中 平祐
　現代 数理科学事典 ･･･････････ 31
広渡 俊哉
　日本産蛾類標準図鑑 3 ･･･････ 151
　日本産蛾類標準図鑑 4 ･･･････ 151
ピンナ，ジョヴァンニ
　図解 世界の化石大百科 ･･･････ 97

【ふ】

ファーンドン，ジョン
　海と環境の図鑑 ･･･････････････ 91
フィンチ，スティーヴン・R.
　数学定数事典 ･･･････････････ 24
フェリス，ジュリー
　ひらめきが世界を変えた! 発明大図鑑
　　･･･････････････････････ 181
フォーブズ，ピーター
　ナノサイエンス図鑑 ･･･････････ 8
ブガーイ，A.S.
　世界数学者人名事典 ･･･････････ 29
　世界数学者人名事典 増補版 ･･････ 29
深谷 賢治
　岩波数学入門辞典 ･･･････････ 26
福江 純
　最新天文小辞典 ･････････････ 48
　自然がつくる色大図鑑 ･･････････ 38
福島の子どもたちを守る法律家ネットワーク
　(SAFLAN)
　原発避難白書 ･･･････････････ 205
福多 利夫
　電子工作ハンドブック 3 ･･･････ 213
福田 晴夫
　幼虫 ･････････････････････ 152
藤井 旭
　ヴィジュアル版星座図鑑 ･･･････ 68
　宇宙図鑑 ･･･････････････････ 50
　四季の星座 ･････････････････ 68
　四季の星座図鑑 ･････････････ 69
　星座図鑑 新装版 ･････････････ 69
　星座・天体観察図鑑 ･･･････････ 60
　星座と宇宙 ･････････････････ 68
　星座・星空 (2000) ･･･････････ 69
　星座・星空 (2011) ･･･････････ 69
　全天星座百科 ･･･････････････ 69
　月・太陽・惑星・彗星・流れ星の見かた
　　がわかる本 ･･･････････････ 60
　藤井旭の天文年鑑 1990年度版 ･･･ 64
　藤井旭の天文年鑑 1991年度版 ･･･ 64
　藤井旭の天文年鑑 1993年度版 ･･･ 64
　藤井旭の天文年鑑 1994年度版 ･･･ 64
　藤井旭の天文年鑑 1995年版 ･･････ 64

科学への入門レファレンスブック　　285

ふしい　　　　　　　　著編者名索引

藤井旭の天文年鑑 1996年版 ………… 64
藤井旭の天文年鑑 1997年版 ………… 64
藤井旭の天文年鑑 1998年版 ………… 64
藤井旭の天文年鑑 1999年版 ………… 65
藤井旭の天文年鑑 2000年版 ………… 65
藤井旭の天文年鑑 2001年版 ………… 65
藤井旭の天文年鑑 2002年版 ………… 65
藤井旭の天文年鑑 2003年版 ………… 65
藤井旭の天文年鑑 2004年版 ………… 65
藤井旭の天文年鑑 2005年版 ………… 65
藤井旭の天文年鑑 2006年版 ………… 65
藤井旭の天文年鑑 2007年版 ………… 65
藤井旭の天文年鑑 2008年版 ………… 65
藤井旭の天文年鑑 2015年版 ………… 65
藤井旭の天文年鑑 2016年版 ………… 65
星が光る星座早見図鑑 ……………… 70
星空ガイド 1995 …………………… 66
星空ガイド 1996 …………………… 66
星空ガイド 1999 …………………… 66
星空ガイド 2002 …………………… 66
星空ガイド 2003 …………………… 66
星空ガイド 2004 …………………… 66
星空ガイド 2005 …………………… 66
星空ガイド 2006 …………………… 66
星空ガイド 2007 …………………… 67
星空ガイド 2008 …………………… 67
星空ガイド 2009 …………………… 67
星空ガイド 2010 …………………… 67
星空ガイド 2011 …………………… 67
星空ガイド 2014 …………………… 67
星空ガイド 2015 …………………… 67
星空ガイド 2016 …………………… 67
星空図鑑 ……………………………… 70
星空の図鑑 …………………………… 70
VISIBLE宇宙大全 …………………… 52
藤井 譲治
大地の肖像 …………………………… 73
藤井 伸二
色で見わけ五感で楽しむ野草図鑑 … 124
藤井 敏嗣
地震・津波と火山の事典 …………… 94
藤井 富美子
洗剤・洗浄百科事典 ………………… 217
洗剤・洗浄百科事典 新装版 ………… 217
藤井 肇男
土木人物事典 ………………………… 186
藤井 道彦
不思議おもしろ幾何学事典 ………… 30

藤井 留美
ビジュアル版 世界科学史大年表 …… 20
藤沢 皖
英和学習基本用語辞典化学 ………… 43
英和学習基本用語辞典数学 ………… 28
英和学習基本用語辞典生物 ………… 109
英和学習基本用語辞典物理 ………… 37
藤田 英時
これで納得インターネット用語事典 … 166
藤田 力
基礎 化学ハンドブック ……………… 42
藤田 敏彦
海の動物百科 5 ……………………… 141
藤田 宏
図説 数学の事典 …………………… 25
図説数学の事典 普及版 …………… 25
藤田 至則
地学ハンドブック 新訂版, 新装版 …… 78
地学ハンドブック 第6版 …………… 78
富士通ラーニングメディア
理科年表CD-ROM ………………… 15
難波 完爾
図説数学の事典 普及版 …………… 25
藤本 盛久
構造物の技術史 ……………………… 176
藤本 康雄
化学英語用例辞典 …………………… 40
藤原 卓
必携 鉱物鑑定図鑑 ………………… 102
藤原 裕文
光の百科事典 ………………………… 38
藤原 義弘
深海生物大図鑑 ……………………… 146
布施 哲治
宇宙ランキング・データ大事典 …… 47
二上 政夫
図解 世界の化石大百科 …………… 97
物理学辞典編集委員会
物理学辞典 改訂版 ………………… 34
物理学辞典 改訂版（縮刷版） ……… 35
物理学辞典 三訂版 ………………… 35
Maruzen物理学大辞典 第2版 普及版
………………………………………… 35
物理学大辞典編集委員会
MARUZEN物理学大辞典 第2版 …… 35

286 科学への入門レファレンスブック

筆保 弘徳
　気象の図鑑 ……………………… 85

舟木 嘉浩
　岩石・鉱物図鑑 ………………… 99

舟橋 信
　デジタル・フォレンジック事典 改訂版
　………………………………… 211

ブライアン，キム
　地球図鑑 ………………………… 72

ブラックモア，スティーヴン
　世界で一番美しい植物細胞図鑑 …… 118

プラット，リチャード
　知られざる難破船の世界 ………… 215

ブリッジズ，E.M.
　世界の土壌資源 ………………… 95

降幡 高志
　生物を科学する事典 …………… 104

古川麒一郎
　日本暦日総覧 古代前期 1 ……… 76
　日本暦日総覧 古代前期 2 ……… 76
　日本暦日総覧 古代前期 3 ……… 76
　日本暦日総覧 古代前期 4 ……… 76

古木 達郎
　校庭のコケ ……………………… 131

古谷 美央
　サイエンスペディア1000 ………… 4

フレア情報研究会
　この日なんの日科学366日事典 …… 4

不破 敬一郎
　地球環境ハンドブック 第2版 …… 191

文献情報研究会
　「原発」文献事典1951-2013 ……… 198

豊 遥秋
　検索入門鉱物・岩石 …………… 100

【へ】

ベイリー，ジル
　動物と植物 ………………… 116，133

ペラント，クリス
　完璧版 岩石と鉱物の写真図鑑 ……… 99

ベンダー，ライオネル
　写真でみる発明の歴史 ………… 181

逸見 明博
　人体 ……………………………… 107

【ほ】

望遠鏡・双眼鏡カタログ編集委員会
　望遠鏡・双眼鏡カタログ 2009年版 …… 62

ホーキンス，ローレンス・E.
　海洋 ……………………………… 91

星野 朗
　地図のことがわかる事典 ………… 72

星の手帖編集部
　四季の星座百科 ………………… 69

ポスト，ジェフリー・E.
　岩石と鉱物 ……………………… 98

細川 武志
　クルマのメカ＆仕組み図鑑 ……… 207

細川 博昭
　科学ニュースがみるみるわかる最新キー
　ワード800 ……………………… 3

細田 剛
　天気がわかることわざ事典 ……… 82

細矢 剛
　カビ図鑑 ………………………… 131

細矢 治夫
　多角形百科 ……………………… 30

北海道自然エネルギー研究会
　自然エネルギーと環境の事典 …… 176

北海道大学CoSTEPサイエンスライターズ
　シンカのかたち 進化で読み解くふしぎ
　な生き物 ……………………… 115

ボネウィッツ，ロナルド・ルイス
　岩石と鉱物 ……………………… 98
　岩石と宝石の大図鑑 …………… 99

ホプキンズ，エドワード・J.
　気象 ……………………………… 85

ホフマン，グドラン
　ビジュアル科学大事典 …………… 5

堀 秀道
　楽しい鉱物図鑑 ………………… 101
　楽しい鉱物図鑑 新装版 ………… 101
　楽しい鉱物図鑑 2 ……………… 101
　たのしい鉱物と宝石の博学事典 …… 98

堀 元美
　船の歴史事典 ························· 215
堀内 和夫
　例解化学事典 ······················· 40
　例解化学事典 普及版 ··············· 40
ボレル，メリリー
　マクミラン世界科学史百科図鑑 5 ······· 22
ボロディーン
　世界数学者人名事典 ················· 29
ボロディーン，A.I.
　世界数学者人名事典 増補版 ········· 29
本間 三郎
　学研生物図鑑 昆虫 1 改訂版 ······· 150
　学研生物図鑑 昆虫 2 改訂版 ······· 150
　学研生物図鑑 昆虫 3 改訂版 ······· 150
本間 慎
　新データガイド地球環境 ············· 191
本間 善夫
　パソコンで見る動く分子事典 ········· 43

【ま】

前川 和明
　動物 ······························· 156
前園 明一
　科学技術を中心とした略語辞典 ········ 5
前園 泰徳
　日本のいきもの図鑑 郊外編 ··········· 111
　日本のいきもの図鑑 都会編 ··········· 111
前田 信二
　東京いきもの図鑑 ·················· 111
前田 徳彦
　星空風景 ··························· 70
前田 米太郎
　図解 生物観察事典 ················· 104
　図解 生物観察事典 新訂版 ········· 104
真柄 泰基
　水の事典 ··························· 45
真木 太一
　風の事典 ··························· 81
真喜志 卓
　わかりやすい建築配筋ハンドブック ·· 195
牧野 正博
　和算史年表 ························· 32

和算史年表 増補版 ······················· 32
マクドナルド，デイビッド
　動物と植物 ···················· 116, 133
マグローヒル科学技術用語大辞典編集委員会
　マグローヒル科学技術用語大辞典 改訂
　　第3版 ··························· 159
真下 和彦
　やさしい建築構造力学の手びき 第25版
　　····························· 194
　やさしい建築構造力学の手びき 全面改
　　訂版 ···························· 195
真島 満秀
　乗りもの ··························· 209
升方 久夫
　ベーシック分子生物学 ··············· 112
増田 義郎
　船の歴史文化図鑑 ·················· 216
益富地学会館
　必携 鉱物鑑定図鑑 ················· 102
増村 征夫
　ハイキングで出会う花ポケット図鑑 ·· 127
増本 剛
　科学技術を中心とした略語辞典 ········· 5
俣野 博
　岩波数学入門辞典 ··················· 26
マチソン，クリス
　世界カエル図鑑300種 ··············· 148
町村 直義
　科学技術独和英大辞典 ··············· 158
松井 健一
　水の言葉辞典 ······················ 45
松井 正文
　世界カエル図鑑300種 ··············· 148
　動物世界遺産 レッド・データ・アニマ
　　ルズ 1 ························· 139
　動物世界遺産 レッド・データ・アニマ
　　ルズ 3 ························· 140
　動物世界遺産 レッド・データ・アニマ
　　ルズ 4 ························· 139
　動物世界遺産 レッド・データ・アニマ
　　ルズ 5 ························· 139
　動物世界遺産 レッド・データ・アニマ
　　ルズ 6 ························· 139
　動物世界遺産 レッド・データ・アニマ
　　ルズ 7 ························· 140
松井 吉昭
　暦を知る事典 ······················· 74

松浦　啓一
　海の動物百科 2 ･･････････････････････ 141
松浦　美香子
　最新天文百科 ････････････････････････ 49
松浦　良樹
　化学英語の活用辞典 第2版 ･･････････ 40
松尾　一郎
　地球温暖化図鑑 ･･････････････････････ 86
松尾　友矩
　水の事典 ･･･････････････････････････ 45
松久保　晃作
　海辺の生物 ･････････････････････････ 144
松倉　紀男
　紙の文化事典 ･･････････････････････ 218
マック・ラボラトリー
　初めての人にもよくわかるマッキントッ
　　シュ用語事典 ･･･････････････････ 171
松田　和也
　美しい鉱物と宝石の事典 ･････････････ 98
松田　卓也
　三省堂新物理小事典 ･･･････････････ 33
松田　ぱこむ
　コンピュータ誤読辞典 ･･･････････････ 167
松冨　英夫
　津波の事典 縮刷版 ･･･････････････ 93
松原　聡
　教授を魅了した大地の結晶 ･･･････････ 99
　鉱物カラー図鑑 ･･･････････････････ 100
　鉱物結晶図鑑 ･･･････････････････ 100
　鉱物図鑑 ･･････････････････････ 100
　鉱物・宝石大図鑑 ･･････････････････ 101
　天然石と宝石の図鑑 ･･････････････ 101
　日本の鉱物 ･･･････････････････････ 102
　日本の鉱物 増補改訂 ･･･････････････ 102
　フィールド版 鉱物図鑑 ･････････････ 102
　フィールド版 続鉱物図鑑 ･･･････････ 103
松本　忠夫
　理科年表 環境編 ･････････････････ 193
松本　登志雄
　和算用語集 ･････････････････････････ 32
松本　幸夫
　数学英和小事典 ･････････････････････ 24
松本　嘉幸
　校庭のクモ・ダニ・アブラムシ ･･････ 149
松山　幸彦
　日本の海産プランクトン図鑑 ･･･････ 107

マーティン，エリザベス
　オックスフォード科学辞典 ･･･････････ 5
的川　泰宣
　スペース・ガイド 1999 ･･･････････ 58
　スペース・ガイド 2000 ･･･････････ 58
　スペース・ガイド 2001 ･･･････････ 58
　スペース・ガイド 2002 ･･･････････ 59
　スペース・ガイド 2003 ･･･････････ 59
マードック，J.E.
　マクミラン 世界科学史百科図鑑 1 ･････ 22
馬淵　久夫
　元素の事典 ････････････････････････ 43
丸　武志
　海洋 ･････････････････････････････ 91
丸尾　敏雄
　紙の文化事典 ･･････････････････････ 218
丸山　一彦
　目でみる単位の図鑑 ･････････････････ 37
丸山　敬
　マクミラン世界科学史百科図鑑 5 ･････ 22
マローン，ロバート
　世界ロボット大図鑑 ･･････････････ 182
馬渡　峻輔
　海の動物百科 5 ･･････････････････ 141
マン，ニック
　世界で一番美しい元素図鑑 ･････････ 44

【み】

三浦　知之
　干潟の生きもの図鑑 ･･････････････ 147
三浦　基弘
　算数・数学活用事典 ･･････････････ 28
水の総合辞典編集委員会
　水の総合辞典 ･･･････････････････ 45
水ハンドブック編集委員会
　水ハンドブック ･････････････････ 45
溝口　次夫
　環境学入門 ･･･････････････････････ 190
三井　和博
　元素ビジュアル図鑑 新版 ･･･････････ 44
光岡　祐彦
　暮らしを支える植物の事典 ･････････ 116

みなか 著編者名索引

皆川 基
　洗剤・洗浄の事典 ‥‥‥‥‥‥‥‥‥ 217
　洗剤・洗浄百科事典 ‥‥‥‥‥‥‥‥ 217
　洗剤・洗浄百科事典 新装版 ‥‥‥‥ 217
皆越 ようせい
　土の中の小さな生き物ハンドブック ‥ 149
湊 秋作
　田んぼの生きものおもしろ図鑑 ‥‥ 110
陽 捷行
　地球の悲鳴 ‥‥‥‥‥‥‥‥‥‥‥‥ 188
南 孝彦
　まちかど花ずかん ‥‥‥‥‥‥‥‥ 128
南 不二雄
　発光の事典 ‥‥‥‥‥‥‥‥‥‥‥‥ 37
蓑谷 千凰彦
　統計分布ハンドブック ‥‥‥‥‥‥ 31
　統計分布ハンドブック 増補版 ‥‥‥ 31
箕輪 義隆
　見る読むわかる野鳥図鑑 ‥‥‥‥‥ 155
三原 道弘
　花と実の図鑑 1 ‥‥‥‥‥‥‥‥‥ 127
　花と実の図鑑 2 ‥‥‥‥‥‥‥‥‥ 127
三村 徹郎
　世界で一番美しい植物細胞図鑑 ‥‥ 118
三宅 裕志
　動く!深海生物図鑑 ‥‥‥‥‥‥‥‥ 143
宮崎 興二
　かたちの科学おもしろ事典 ‥‥‥‥‥ 4
　多角形百科 ‥‥‥‥‥‥‥‥‥‥‥‥ 30
　多面体百科 ‥‥‥‥‥‥‥‥‥‥‥‥ 30
　不思議おもしろ幾何学事典 ‥‥‥‥ 30
宮澤 七郎
　植物 ‥‥‥‥‥‥‥‥‥‥‥‥‥‥ 118
　人体 ‥‥‥‥‥‥‥‥‥‥‥‥‥‥ 107
　ミクロの世界を探検しよう ‥‥‥‥ 108
　ミクロワールド大図鑑 昆虫 ‥‥‥‥ 151
宮沢 清治
　台風・気象災害全史 ‥‥‥‥‥‥‥ 81
宮島 竜興
　物理学ハンドブック 第2版 ‥‥‥‥ 36
宮田 豊昭
　マルチメディア航空機図鑑 ‥‥‥‥ 209
宮野 敬
　原色新鉱物岩石検索図鑑 新版 ‥‥ 100
宮本 健助
　絵とき 植物生理学入門 改訂3版 ‥‥ 116

宮本 健郎
　光学ハンドブック ‥‥‥‥‥‥‥‥ 38
宮本 拓海
　シンカのかたち 進化で読み解くふしぎ
　　な生き物 ‥‥‥‥‥‥‥‥‥‥‥‥ 115
ミューラー, ミハエル
　ビジュアル科学大事典 ‥‥‥‥‥‥‥ 5
三好 唯義
　図説世界古地図コレクション ‥‥‥‥ 73
三輪 辰郎
　図説数学の事典 普及版 ‥‥‥‥‥‥ 25

【む】

ムーア, エドワード・P., ジュニア
　ポリプロピレンハンドブック ‥‥‥‥ 218
ムーア, パトリック
　絶景天体写真 ‥‥‥‥‥‥‥‥‥‥‥ 60
虫メガネ研究所
　まちかど花ずかん ‥‥‥‥‥‥‥‥ 128
武舎 広幸
　海と環境の図鑑 ‥‥‥‥‥‥‥‥‥ 91
　海洋 ‥‥‥‥‥‥‥‥‥‥‥‥‥‥ 91
武舎 るみ
　海と環境の図鑑 ‥‥‥‥‥‥‥‥‥ 91
武藤 一夫
　メカトロ技術基礎用語辞典 ‥‥‥‥ 212
武藤 徹
　算数・数学活用事典 ‥‥‥‥‥‥‥ 28
村井 昭夫
　空の図鑑 ‥‥‥‥‥‥‥‥‥‥‥‥ 86
村上 枝彦
　人物化学史事典 ‥‥‥‥‥‥‥‥‥ 42
村上 勝敏
　世界石油年表 ‥‥‥‥‥‥‥‥‥‥ 216
村上 雅人
　元素を知る事典 ‥‥‥‥‥‥‥‥‥ 44
　もののしくみ大図鑑 ‥‥‥‥‥‥‥ 160
村上 裕
　地質学ハンドブック 普及版 ‥‥‥‥ 95
村上 陽一郎
　マクミラン 世界科学史百科図鑑 2 ‥‥ 22
　マクミラン 世界科学史百科図鑑 3 ‥‥ 22

290　科学への入門レファレンスブック

村松 正実
　ポケットガイド バイオテク用語事典 ‥ 114
村山 貢司
　ポケット版 学研の図鑑 6 ‥‥‥‥‥ 72
室井 綽
　図解 生物観察事典 ‥‥‥‥‥‥‥‥ 104
　図解 生物観察事典 新訂版 ‥‥‥‥ 104
室木 忠雄
　くらべる図鑑 新版 ‥‥‥‥‥‥‥‥ 7
室田 一雄
　朝倉数学ハンドブック 基礎編 ‥‥‥ 27
　朝倉数学ハンドブック 応用編 ‥‥‥ 27
　岩波数学入門辞典 ‥‥‥‥‥‥‥‥ 26

【め】

目黒寄生虫館
　寄生虫図鑑 ‥‥‥‥‥‥‥‥‥‥‥ 135

【も】

毛利 衛
　スペース・ガイド 1999 ‥‥‥‥‥ 58
　スペース・ガイド 2000 ‥‥‥‥‥ 58
　スペース・ガイド 2001 ‥‥‥‥‥ 58
　スペース・ガイド 2002 ‥‥‥‥‥ 59
　スペース・ガイド 2003 ‥‥‥‥‥ 59
茂木 勇
　数学小辞典 第2版 ‥‥‥‥‥‥‥‥ 27
　中学数学解法事典 3訂版 ‥‥‥‥‥ 28
目代 邦康
　地形がわかるフィールド図鑑 ‥‥‥ 96
望月 昭伸
　水族館のいきものたち 改訂版 ‥‥ 146
本村 浩之
　魚 ‥‥‥‥‥‥‥‥‥‥‥‥‥‥‥ 145
本山 賢司
　森の動物図鑑 ‥‥‥‥‥‥‥‥‥ 141
桃沢 敏幸
　ジュエリー言語学 ‥‥‥‥‥‥‥‥ 98
百瀬 剛
　いっしょに探そう野山の花たち ‥‥ 124

森 哲
　爬虫類・両生類 ‥‥‥‥‥‥‥‥ 148
　両生類・爬虫類 ‥‥‥‥‥‥‥‥ 148
森川 忠勇
　真空管オーディオハンドブック ‥‥ 212
森瀬 繚
　ゲームシナリオのためのSF事典 ‥‥ 19
森田 昌敏
　地球環境ハンドブック 第2版 ‥‥ 191
森戸 祐幸
　玉の図鑑 ‥‥‥‥‥‥‥‥‥‥‥‥ 18
森野 栄一
　パソコン基本用語辞典 ‥‥‥‥‥ 171
森野 浩
　テーマで読み解く海の百科事典 ‥‥ 90
森元 良太
　生物学の哲学入門 ‥‥‥‥‥‥‥ 106
森谷 明子
　まるごと発見!校庭の木・野山の木 1 ‥ 120
文部科学省
　科学技術白書 平成13年版 ‥‥‥‥ 162
　科学技術白書 平成15年版 ‥‥‥‥ 162
　科学技術白書 平成16年版 ‥‥‥‥ 162
　科学技術白書 平成17年版 ‥‥‥‥ 162
　科学技術白書 平成18年版 ‥‥‥‥ 163
　科学技術白書 平成19年版 ‥‥‥‥ 163
　科学技術白書 平成20年版 ‥‥‥‥ 163
　科学技術白書 平成21年版 ‥‥‥‥ 163
　科学技術白書 平成23年版 ‥‥‥‥ 163
　科学技術白書 平成24年版 ‥‥‥‥ 163
　科学技術白書 平成25年版 ‥‥‥‥ 163
　科学技術白書 平成28年版 ‥‥‥‥ 164
　ものづくり白書 2004年版 ‥‥‥‥ 183
　ものづくり白書 2005年版 ‥‥‥‥ 183
　ものづくり白書 2006年版 ‥‥‥‥ 183
　ものづくり白書 2007年版 ‥‥‥‥ 184
　ものづくり白書 2008年版 ‥‥‥‥ 184
　ものづくり白書 2009年版 ‥‥‥‥ 184
　ものづくり白書 2010年版 ‥‥‥‥ 184
　ものづくり白書 2011年版 ‥‥‥‥ 184
　ものづくり白書 2012年版 ‥‥‥‥ 185
　ものづくり白書 2013年版 ‥‥‥‥ 185
　ものづくり白書 2014年版 ‥‥‥‥ 185
　ものづくり白書 2015年版 ‥‥‥‥ 185
文部科学省科学技術・学術政策局
　科学技術要覧 平成27年版 ‥‥‥‥‥ 9

文部科学省科学技術・学術政策局企画評価課
　科学技術要覧 平成26年版 ・・・・・・・・・・・・・ 9
　科学技術要覧 平成28年版 ・・・・・・・・・・・・・ 9
文部科学省国立天文台
　理科年表 平成15年 机上版 ・・・・・・・・・・・ 13
文部省
　学術用語集 ・・・・・・・・・・・・・・・・・・・・・・・・・・ 34
　学術用語集 増訂版 ・・・・・・・・・・・・・・・・・・ 94
　学術用語集 分光学編 増訂版 ・・・・・・・・ 37
文部省国立天文台
　理科年表CD-ROM ・・・・・・・・・・・・・・・・・・ 15
門馬 晋
　水の百科事典 ・・・・・・・・・・・・・・・・・・・・・・・・ 45

【や】

八板 康麿
　星座・星雲・星団ガイドブック ・・・・・・・ 68
八川 シズエ
　鉱物図鑑 パワーストーン百科全書331
　・・・・・・・・・・・・・・・・・・・・・・・・・・・・・・・・・・・・・ 100
　ジェムストーン百科全書 ・・・・・・・・・・・・ 101
八木 達彦
　分子から酵素を探す化合物の事典 ・・・・・・・ 43
やく みつる
　やくみつるの昆虫図鑑 ・・・・・・・・・・・・・・ 152
谷城 勝弘
　カヤツリグサ科入門図鑑 ・・・・・・・・・・・・ 125
八杉 貞雄
　旺文社 生物事典 四訂版 ・・・・・・・・・・・・ 109
保田 哲男
　ポリプロピレンハンドブック ・・・・・・・ 218
安冨 潔
　デジタル・フォレンジック事典 改訂版
　・・・・・・・・・・・・・・・・・・・・・・・・・・・・・・・・・・・・・ 211
安富 有恒
　和算用語集 ・・・・・・・・・・・・・・・・・・・・・・・・ 32
安成 哲三
　キーワード 気象の事典 ・・・・・・・・・・・・・・ 81
谷田貝 豊彦
　光の百科事典 ・・・・・・・・・・・・・・・・・・・・・・・・ 38
柳 宗理
　木竹工芸の事典 新装版 ・・・・・・・・・・・ 219
柳谷 晃
　数学公式ハンドブック ・・・・・・・・・・・・・・ 28

矢野 健太郎
　数学小辞典 第2版 ・・・・・・・・・・・・・・・・・・ 27
矢原 徹一
　植物の百科事典 ・・・・・・・・・・・・・・・・・・ 116
薮 忠綱
　動物と植物 ・・・・・・・・・・・・・・・・・・ 116, 133
藪内 正幸
　海にすむ動物たち 2 ・・・・・・・・・・・・・・・ 155
矢吹 茂郎
　やさしい建築構造力学の手びき 第25版
　・・・・・・・・・・・・・・・・・・・・・・・・・・・・・・・・・・・・・ 194
　やさしい建築構造力学の手びき 全面改
　　訂版 ・・・・・・・・・・・・・・・・・・・・・・・・・・・ 195
山岡 光治
　地図をつくった男たち ・・・・・・・・・・・・・・ 73
山川 修治
　風の事典 ・・・・・・・・・・・・・・・・・・・・・・・・・・ 81
山岸 高旺
　淡水藻類入門 ・・・・・・・・・・・・・・・・・・・・・ 131
山岸 米二郎
　気象大図鑑 ・・・・・・・・・・・・・・・・・・・・・・・・ 85
　気象予報士合格ハンドブック ・・・・・・・・ 84
　気象予報のための風の基礎知識 ・・・・・・・ 81
　わかりやすい気象の用語事典 ・・・・・・・・ 83
山口 昭彦
　学研生物図鑑 野草 1 改訂版 ・・・・・・ 125
　学研生物図鑑 野草 2 改訂版 ・・・・・・ 125
　身近な木の花ハンドブック ・・・・・・・・ 124
　身近な木の花ハンドブック430種 ・・・ 124
山口 恵一郎
　図説地図事典 ・・・・・・・・・・・・・・・・・・・・・・ 72
山口 哲
　不思議おもしろ幾何学事典 ・・・・・・・・・・ 30
山口 達明
　実用化学辞典 普及版 ・・・・・・・・・・・・・・ 41
　実用化学辞典 新装版 ・・・・・・・・・・・・・・ 41
山口 一岩
　海洋科学入門 ・・・・・・・・・・・・・・・・・・・・・・ 90
山口 文雄
　絵ときプレス加工用語事典 ・・・・・・・・ 218
山口 雄輝
　基礎からしっかり学ぶ生化学 ・・・・・・ 112
山口 嘉夫
　理化学英和辞典 ・・・・・・・・・・・・・・・・・・・・ 6
山口 米子
　コツと科学の調理事典 第3版 ・・・・・・ 220

著編者名索引　　よしか

山崎 昶
　オックスフォード科学辞典 ……………… 5
　新・化学用語小辞典 ……………………… 41
山崎 俊雄
　自然科学の名著100選 上 ……………… 2
　自然科学の名著100選 中 ……………… 2
　自然科学の名著100選 下 ……………… 2
山崎 昇
　世界数学者人名事典 ……………………… 29
　世界数学者人名事典 増補版 …………… 29
山崎 友也
　新幹線 ………………………………………… 208
山崎 陽太郎
　記録・メモリ材料ハンドブック ……… 214
山科 健一郎
　地震の事典 第2版 ……………………… 93
　地震の事典 第2版 普及版 …………… 93
山田 宰
　デジタル放送ハンドブック …………… 214
山田 伸一郎
　コンピュータの名著・古典100冊 改訂新
　　版 ………………………………………… 165
山田 卓
　月面ウォッチング 新装版 …………… 71
山田 隆彦
　散歩の山野草図鑑 ……………………… 126
山田 英春
　不思議で美しい石の図鑑 …………… 103
山田 洋一
　日常の化学事典 ………………………… 40
山田 陽志郎
　イクス宇宙図鑑 3 ……………………… 70
　イクス宇宙図鑑 4 ……………………… 70
山中 晴夫
　手づくり木工大図鑑 …………………… 220
山村 紳一郎
　ふしぎ!オドロキ!科学マジック図鑑 …… 8
山村 武彦
　これだけは知っておきたい!山村流災害・
　　防災用語事典 ………………………… 185
山本 明彦
　日本列島重力アトラス ……………… 73
山本 威一郎
　天文 ……………………………………… 58
山本 覚
　イラストでわかる建築用語 ………… 193

山本 学
　和英化学用語辞典 ……………………… 42
山本 經二
　実用化学辞典 新装版 ………………… 41
山本 典暎
　海の危険生物ガイドブック ………… 142
山本 良一
　絵とき 植物生理学入門 改訂3版 …… 116

【ゆ】

湯浅 顕人
　納得! 世界で一番やさしいデジタル用語
　　の基礎知識 ………………………… 159
湯浅 吉美
　日本暦日便覧 増補版 ………………… 76
有機金属化学事典編集委員会
　有機金属化学事典 普及版 ………… 45
郵政省
　通信白書 平成8年版 ……………… 175
遊磨 正秀
　シンカのかたち 進化で読み解くふしぎ
　　な生き物 …………………………… 115

【よ】

洋泉社編集部
　深海生物ビジュアル大図鑑 ………… 146
横倉 潤
　くらべる図鑑 新版 …………………… 7
　乗りもの ………………………………… 209
横山 拓彦
　おどろきの植物 不可思議プランツ図鑑
　　…………………………………………… 130
横山 正
　安全につかえる!理科実験・観察の器具
　　図鑑 ……………………………………… 17
吉井 敏尅
　地震の事典 第2版 ……………………… 93
　地震の事典 第2版 普及版 …………… 93
吉川 真
　宇宙(ニューワイド学研の図鑑) ……… 49
　宇宙 ……………………………………… 50

科学への入門レファレンスブック　293

ポケット版 学研の図鑑 6 ………… 72

吉沢 正則
天文の事典 ……………………… 48
天文の事典 普及版 ……………… 48

吉田 安規良
日常の化学事典 ………………… 40

吉田 邦久
好きになるヒトの生物学 ……… 105

吉永 秀一郎
世界の土壌資源 ………………… 95

米崎 哲朗
ベーシック分子生物学 ………… 112

米沢 千夏
地球と惑星探査 ……………… 71, 78

米沢 宣行
科学・技術英語例解辞典 ………… 5

米沢 富美子
科学の世界にあそぶ ……………… 1
人物でよむ物理法則の事典 …… 35

【ら】

ラーソン，ニール・L.
アンモナイト …………………… 97

【り】

理科年表ジュニア編集委員会
理科年表ジュニア 第2版 ……… 18

理科年表Q&A編集委員会
理科年表Q&A …………………… 16

りかぼん編集委員会
授業で使える理科の本 ………… 17

力武 常次
簡明 地球科学ハンドブック …… 78

リース，マーティン
宇宙大図鑑 ……………………… 50

立群専利代理事務所
日中英特許技術用語辞典 ……… 159

リドパス，イアン
天文 ……………………………… 58
星と惑星の写真図鑑 完璧版 …… 68

リリーフ・システムズ
化石図鑑 ………………………… 97
ビジュアル博物館 1 …………… 154
ビジュアル博物館 2 …………… 102
ビジュアル博物館 5 …………… 121
ビジュアル博物館 7 …………… 151
ビジュアル博物館 11 ………… 128
ビジュアル博物館 21 ………… 209
ビジュアル博物館 22 ………… 209
ビジュアル博物館 29 ………… 156
ビジュアル博物館 32 ………… 157
ビジュアル博物館 33 ………… 157
ビジュアル博物館 36 ………… 215

【る】

ルークル，A.
月面ウォッチング 新装版 ……… 71

ルボーム，クレマン
もののしくみ大図鑑 …………… 160

ルボーム，ジョエル
もののしくみ大図鑑 …………… 160

【れ】

レイヴァリ，ブライアン
船の歴史文化図鑑 ……………… 216

レインドロップス
空と海と大地をつなぐ雨の事典 …… 81

レウィントン，アンナ
暮らしを支える植物の事典 …… 116

【ろ】

ロス，デイヴィッド
世界鉄道百科図鑑 ……………… 208

ロスチャイルド，デヴィッド・デ
地球温暖化サバイバルハンドブック ‥ 191

ロッシ，マウロ
世界の火山百科図鑑 …………… 96

【わ】

我が国における保護上重要な植物種および植物
　　群落研究委員会植物群落分科会
　　植物群落レッドデータ・ブック 1996 ‥ 116
若林 徹哉
　　やさしい日本の淡水プランクトン 図解
　　　ハンドブック ‥‥‥‥‥‥‥‥‥ 106
　　やさしい日本の淡水プランクトン図解ハ
　　　ンドブック 普及版 ‥‥‥‥‥‥‥ 106
　　やさしい日本の淡水プランクトン図解ハ
　　　ンドブック 改訂版 普及版 ‥‥‥‥ 106
若林 文高
　　元素図鑑 ‥‥‥‥‥‥‥‥‥‥‥‥ 44
　　世界で一番美しい元素図鑑 ‥‥‥‥ 44
脇田 浩二
　　地質学ハンドブック 普及版 ‥‥‥‥ 95
脇原 将孝
　　化学大百科 ‥‥‥‥‥‥‥‥‥‥‥ 39
　　化学大百科 普及版 ‥‥‥‥‥‥‥‥ 39
脇屋 奈々代
　　NGC・IC天体写真総カタログ ‥‥‥ 59
　　カラー版 星空ハンドブック ‥‥‥‥ 59
　　星座の事典 ‥‥‥‥‥‥‥‥‥‥‥ 68
涌井 貞美
　　図解でわかる統計解析用語事典 ‥‥‥ 31
　　「物理・化学」の法則・原理・公式がま
　　　とめてわかる事典 ‥‥‥‥‥ 34, 40
涌井 良幸
　　図解でわかる統計解析用語事典 ‥‥‥ 31
和久田 康雄
　　世界鉄道百科図鑑 ‥‥‥‥‥‥‥ 208
輪湖 博
　　アイザック・アシモフの科学と発見の年
　　　表（1992）‥‥‥‥‥‥‥‥‥‥ 19
　　アイザック・アシモフの科学と発見の年
　　　表（1996）‥‥‥‥‥‥‥‥‥‥ 19
　　アイザック・アシモフの科学と発見の年
　　　表 第2刷 ‥‥‥‥‥‥‥‥‥‥‥ 19
鷲谷 いづみ
　　共生する生き物たち ‥‥‥‥‥‥ 135
和田 攻
　　水の百科事典 ‥‥‥‥‥‥‥‥‥‥ 45

和田 正三
　　植物の百科事典 ‥‥‥‥‥‥‥‥ 116
和達 三樹
　　物理学大事典 ‥‥‥‥‥‥‥‥‥‥ 34
　　物理学大事典 普及版 ‥‥‥‥‥‥‥ 34
渡辺 一郎
　　英和・和英コンピュータ用語辞典 改訂
　　　版 ‥‥‥‥‥‥‥‥‥‥‥‥‥ 166
　　図解コンピュータ用語辞典 改訂版 ‥ 168
渡辺 治
　　金属材料の事典 ‥‥‥‥‥‥‥‥ 217
渡辺 勝巳
　　宇宙の歩き方 ‥‥‥‥‥‥‥‥‥‥ 50
渡部 潤一
　　くらべる図鑑 新版 ‥‥‥‥‥‥‥‥ 7
　　天文キャラクター図鑑 ‥‥‥‥‥‥ 51
渡辺 順次
　　光の百科事典 ‥‥‥‥‥‥‥‥‥‥ 38
渡辺 正
　　元素大百科事典 新装版 ‥‥‥‥‥‥ 43
渡辺 鉄哉
　　天文の事典 ‥‥‥‥‥‥‥‥‥‥‥ 48
　　天文の事典 普及版 ‥‥‥‥‥‥‥‥ 48
渡辺 範夫
　　化学物質の小事典 ‥‥‥‥‥‥‥ 216
渡辺 弘之
　　土の中の小さな生き物ハンドブック ‥ 149
渡辺 政隆
　　これならわかる!科学の基礎のキソ 生物
　　　‥‥‥‥‥‥‥‥‥‥‥‥‥‥‥ 105
綿抜 邦彦
　　水の百科事典 ‥‥‥‥‥‥‥‥‥‥ 45
ワン・ステップ
　　世界に誇る!日本のものづくり図鑑 ‥‥ 183
　　世界に誇る!日本のものづくり図鑑 2 ‥ 183

【英数字】

Abel,Edward W
　　有機金属化学事典 普及版 ‥‥‥‥‥ 45
Bスプラウト
　　美しい光の図鑑 ‥‥‥‥‥‥‥‥‥ 50
Backman,Dana E.
　　最新天文百科 ‥‥‥‥‥‥‥‥‥‥ 49

BEE 著編者名索引

Beer, Amy-Jane.
　絶滅危惧動物百科 1 ・・・・・・・・・・・・・・・・・ 137
　絶滅危惧動物百科 2 ・・・・・・・・・・・・・・・・・ 138
　絶滅危惧動物百科 3 ・・・・・・・・・・・・・・・・・ 138
　絶滅危惧動物百科 4 ・・・・・・・・・・・・・・・・・ 138
　絶滅危惧動物百科 5 ・・・・・・・・・・・・・・・・・ 138
　絶滅危惧動物百科 6 ・・・・・・・・・・・・・・・・・ 138
　絶滅危惧動物百科 7 ・・・・・・・・・・・・・・・・・ 138
　絶滅危惧動物百科 8 ・・・・・・・・・・・・・・・・・ 138
　絶滅危惧動物百科 9 ・・・・・・・・・・・・・・・・・ 139
　絶滅危惧動物百科 10 ・・・・・・・・・・・・・・・・ 139
Breuer, Hans.
　物理学事典 ・・・・・・・・・・・・・・・・・・・・・・・・・・・・ 34
Breuer, Rosemarie.
　物理学事典 ・・・・・・・・・・・・・・・・・・・・・・・・・・・・ 34
Bunch, Bryan H.
　Maruzen科学年表 ・・・・・・・・・・・・・・・・・・・・ 20
Campbell, Andrew
　海の動物百科 4 ・・・・・・・・・・・・・・・・・・・・・ 141
　海の動物百科 5 ・・・・・・・・・・・・・・・・・・・・・ 141
　絶滅危惧動物百科 1 ・・・・・・・・・・・・・・・・・ 137
　絶滅危惧動物百科 2 ・・・・・・・・・・・・・・・・・ 138
　絶滅危惧動物百科 3 ・・・・・・・・・・・・・・・・・ 138
　絶滅危惧動物百科 4 ・・・・・・・・・・・・・・・・・ 138
　絶滅危惧動物百科 5 ・・・・・・・・・・・・・・・・・ 138
　絶滅危惧動物百科 6 ・・・・・・・・・・・・・・・・・ 138
　絶滅危惧動物百科 7 ・・・・・・・・・・・・・・・・・ 138
　絶滅危惧動物百科 8 ・・・・・・・・・・・・・・・・・ 138
　絶滅危惧動物百科 9 ・・・・・・・・・・・・・・・・・ 139
　絶滅危惧動物百科 10 ・・・・・・・・・・・・・・・・ 139
Douglas M. Considine
　化学大百科 ・・・・・・・・・・・・・・・・・・・・・・・・・・・・ 39
　化学大百科 普及版 ・・・・・・・・・・・・・・・・・・・ 39
Glenn D. Considine
　化学大百科 ・・・・・・・・・・・・・・・・・・・・・・・・・・・・ 39
　化学大百科 普及版 ・・・・・・・・・・・・・・・・・・・ 39
Cosidine, Douglas M.
　科学・技術大百科事典 上（あ－こ）・・・・・・ 3
　科学・技術大百科事典 上 普及版 ・・・・・・・ 3
　科学・技術大百科事典 中（さ－と）・・・・・・ 3
　科学・技術大百科事典 中 普及版 ・・・・・・・ 3
　科学・技術大百科事典 下（な－わ）・・・・・・ 3
　科学・技術大百科事典 下 普及版 ・・・・・・・ 3
Cosidine, Glenn D.
　科学・技術大百科事典 上（あ－こ）・・・・・・ 3
　科学・技術大百科事典 上 普及版 ・・・・・・・ 3
　科学・技術大百科事典 中（さ－と）・・・・・・ 3
　科学・技術大百科事典 中 普及版 ・・・・・・・ 3

　科学・技術大百科事典 下（な－わ）・・・・・・ 3
　科学・技術大百科事典 下 普及版 ・・・・・・・ 3
Rosa Costa-Pau
　地球環境カラーイラスト百科 ・・・・・・・・・ 188
Daintith, John.
　科学者人名事典 ・・・・・・・・・・・・・・・・・・・・・・・ 7
Davies, Robert.
　絶滅危惧動物百科 1 ・・・・・・・・・・・・・・・・・ 137
　絶滅危惧動物百科 2 ・・・・・・・・・・・・・・・・・ 138
　絶滅危惧動物百科 3 ・・・・・・・・・・・・・・・・・ 138
　絶滅危惧動物百科 4 ・・・・・・・・・・・・・・・・・ 138
　絶滅危惧動物百科 5 ・・・・・・・・・・・・・・・・・ 138
　絶滅危惧動物百科 6 ・・・・・・・・・・・・・・・・・ 138
　絶滅危惧動物百科 7 ・・・・・・・・・・・・・・・・・ 138
　絶滅危惧動物百科 8 ・・・・・・・・・・・・・・・・・ 138
　絶滅危惧動物百科 9 ・・・・・・・・・・・・・・・・・ 139
　絶滅危惧動物百科 10 ・・・・・・・・・・・・・・・・ 139
Dawes, John
　海の動物百科 4 ・・・・・・・・・・・・・・・・・・・・・ 141
　海の動物百科 5 ・・・・・・・・・・・・・・・・・・・・・ 141
　絶滅危惧動物百科 1 ・・・・・・・・・・・・・・・・・ 137
　絶滅危惧動物百科 2 ・・・・・・・・・・・・・・・・・ 138
　絶滅危惧動物百科 3 ・・・・・・・・・・・・・・・・・ 138
　絶滅危惧動物百科 4 ・・・・・・・・・・・・・・・・・ 138
　絶滅危惧動物百科 5 ・・・・・・・・・・・・・・・・・ 138
　絶滅危惧動物百科 6 ・・・・・・・・・・・・・・・・・ 138
　絶滅危惧動物百科 7 ・・・・・・・・・・・・・・・・・ 138
　絶滅危惧動物百科 8 ・・・・・・・・・・・・・・・・・ 138
　絶滅危惧動物百科 9 ・・・・・・・・・・・・・・・・・ 139
　絶滅危惧動物百科 10 ・・・・・・・・・・・・・・・・ 139
eclipseguide.net
　皆既日食ハンターズガイド ・・・・・・・・・・・・ 70
Electronics Data
　カラー版 電気のことがわかる事典 ・・・・ 210
Elphick, Jonathan
　絶滅危惧動物百科 1 ・・・・・・・・・・・・・・・・・ 137
　絶滅危惧動物百科 2 ・・・・・・・・・・・・・・・・・ 138
　絶滅危惧動物百科 3 ・・・・・・・・・・・・・・・・・ 138
　絶滅危惧動物百科 4 ・・・・・・・・・・・・・・・・・ 138
　絶滅危惧動物百科 5 ・・・・・・・・・・・・・・・・・ 138
　絶滅危惧動物百科 6 ・・・・・・・・・・・・・・・・・ 138
　絶滅危惧動物百科 7 ・・・・・・・・・・・・・・・・・ 138
　絶滅危惧動物百科 8 ・・・・・・・・・・・・・・・・・ 138
　絶滅危惧動物百科 9 ・・・・・・・・・・・・・・・・・ 139
　絶滅危惧動物百科 10 ・・・・・・・・・・・・・・・・ 139
Falk, Gerd
　数学事典 ・・・・・・・・・・・・・・・・・・・・・・・・・・・・・ 24

296　科学への入門レファレンスブック

著編者名索引　　YAC

Gellert,Walter
　図説 数学の事典 25
　図説数学の事典 普及版 25
Gottwald,S
　図説数学の事典 普及版 25
Halliday,Tim
　絶滅危惧動物百科 1 137
　絶滅危惧動物百科 2 138
　絶滅危惧動物百科 3 138
　絶滅危惧動物百科 4 138
　絶滅危惧動物百科 5 138
　絶滅危惧動物百科 6 138
　絶滅危惧動物百科 7 138
　絶滅危惧動物百科 8 138
　絶滅危惧動物百科 9 139
　絶滅危惧動物百科 10 139
Gessner G.Hawley
　実用化学辞典 普及版 41
　実用化学辞典 新装版 41
Hellemans,Alexander.
　Maruzen科学年表 20
Hellwich,M.
　図説数学の事典 普及版 25
IAJ
　インターネット白書 '96 173
JAA
　航空宇宙年鑑 2003年版 53
James,Glenn
　数学辞典 普及版 27
James,Robert Clarke
　数学辞典 普及版 27
James and James
　数学辞典 普及版 27
Jeffrey,Alan.
　数学公式ハンドブック 28
Kastner,H.
　図説数学の事典 普及版 25
Kustner,H.
　図説数学の事典 普及版 25
MaranGraphics,Inc.
　コンピュータ用語辞典 167
McCosker,John E.
　海の動物百科 3 141
McDowall,Robert M.
　海の動物百科 3 141
Morris,Pat
　絶滅危惧動物百科 1 137
　絶滅危惧動物百科 2 138

絶滅危惧動物百科 3 138
絶滅危惧動物百科 4 138
絶滅危惧動物百科 5 138
絶滅危惧動物百科 6 138
絶滅危惧動物百科 7 138
絶滅危惧動物百科 8 138
絶滅危惧動物百科 9 139
絶滅危惧動物百科 10 139
NASDA
　スペース・ガイド 2002 59
OFFICE TAKASAKU
　誰でもわかるパソコン・IT・ネット用語
　　辞典 169
PCW倶楽部
　最新コンピュータ用語辞典 168
Reinhardt,Fritz
　数学事典 24
Rolf D.Schmid
　ポケットガイド バイオテク用語事典 ‥ 114
Seeds,Michael A.
　最新天文百科 49
Soeder,Heinrich
　数学事典 24
Stone,Francis Gordon Albert
　有機金属化学事典 普及版 45
Wells,David G.
　プライムナンバーズ 30
Wilkinson,Geoffrey
　有機金属化学事典 普及版 45
WMO
　WMO気候の事典 82
YAC
　スペース・ガイド 2000 58
　スペース・ガイド 2002 59
　スペース・ガイド 2003 59

科学への入門レファレンスブック　297

事 項 名 索 引

事項名索引　　　　　き

【あ】

雨　→気象学 ……………………………… 80
意匠　→発明・特許 ……………………… 180
遺伝学　→遺伝学 ………………………… 114
遺伝子工学　→遺伝学 …………………… 114
犬　→哺乳類 ……………………………… 155
色　→光学 ………………………………… 37
インターネット　→コンピューター・イ
　ンターネット …………………………… 165
ウイルス　→微生物学 …………………… 113
宇宙
　　→天体観測 ………………………… 59
　　→恒星・恒星天文学 ……………… 67
宇宙開発　→宇宙開発 …………………… 58
宇宙科学
　　→天文学・宇宙科学 ……………… 47
　　→天文学・宇宙科学全般 ………… 47
宇宙科学史　→天文学史・宇宙科学史 … 58
衛生　→環境・衛生 ……………………… 188
エネルギー　→エネルギー ……………… 176
応用数学　→確率・数理統計・数理科学 … 31

【か】

貝　→水生動物・貝類学 ………………… 141
海上保安　→海洋・船舶工学 …………… 215
海水魚　→水生動物・貝類学 …………… 141
解析　→数論・整数・解析・幾何 ……… 30
海藻　→藻類・菌類・シダ・コケ植物 … 131
海浜動物　→水生動物・貝類学 ………… 141
海洋学　→海洋学・陸水学 ……………… 90
海洋気象　→気象学 ……………………… 80
海洋工学　→海洋・船舶工学 …………… 215
海洋動物　→水生動物・貝類学 ………… 141
外来種　→生物地理・生物誌 …………… 110
貝類学　→水生動物・貝類学 …………… 141
顔　→生態学・人類学 …………………… 115

化学
　　→化学 ……………………………… 39
　　→化学全般 ………………………… 39
科学　→自然科学全般 …………………… 1
科学技術
　　→自然科学全般 …………………… 1
　　→技術・工学全般 ………………… 158
　　→技術史・工学史 ………………… 176
化学教育　→化学教育 …………………… 42
科学教育　→科学・理科教育 …………… 16
科学研究　→自然科学全般 ……………… 1
化学工業　→金属工学・化学工業 ……… 216
科学史　→科学史・科学賞 ……………… 19
化学実験　→化学教育 …………………… 42
科学実験　→科学・理科教育 …………… 16
化学者　→化学全般 ……………………… 39
科学者
　　→自然科学全般 …………………… 1
　　→技術・工学全般 ………………… 158
科学賞　→科学史・科学賞 ……………… 19
科学哲学　→科学理論・科学哲学 ……… 18
化学物質　→金属工学・化学工業 ……… 216
科学理論　→科学理論・科学哲学 ……… 18
科学論　→科学理論・科学哲学 ………… 18
確率　→確率・数理統計・数理科学 …… 31
化合物　→物理化学 ……………………… 43
火山　→地形学・地質学 ………………… 94
菓子　→食品工業 ………………………… 220
風　→気象学 ……………………………… 80
化石　→化石 ……………………………… 96
カビ　→藻類・菌類・シダ・コケ植物 … 131
紙　→製造工業 …………………………… 218
環境　→環境・衛生 ……………………… 188
環境問題　→環境・衛生 ………………… 188
観察　→生物地理・生物誌 ……………… 110
観賞植物　→草・花類 …………………… 122
岩石　→鉱物学 …………………………… 98
観測
　　→天体観測 ………………………… 59
　　→地学教育 ………………………… 80
顔料　→金属工学・化学工業 …………… 216
木　→樹木類 ……………………………… 120

科学への入門レファレンスブック　*301*

きか　　　　　　　　　　　　事項名索引

幾何　→数論・整数・解析・幾何 ………… 30
機械工学　→機械工学 …………………… 196
機械工作　→機械工学 …………………… 196
機械設計　→機械工学 …………………… 196
機械力学　→機械工学 …………………… 196
幾何学　→数論・整数・解析・幾何 …… 30
帰化動物　→動物地理・動物誌 ………… 136
気候学　→気象学 ………………………… 80
技術
　　→技術・工学 …………………………… 158
　　→技術・工学全般 …………………… 158
技術史　→技術史・工学史 ……………… 176
気象　→気象学 …………………………… 80
気象学　→気象学 ………………………… 80
希少動物
　　→動物地理・動物誌 ………………… 136
　　→鳥類 ………………………………… 152
季節　→気象学 …………………………… 80
極地　→地球科学・地学全般 …………… 77
金属　→金属工学・化学工業 ………… 216
金属工学　→金属工学・化学工業 …… 216
菌類　→藻類・菌類・シダ・コケ植物 … 131
空想科学　→科学理論・科学哲学 ……… 18
草　→草・花類 ………………………… 122
鯨　→哺乳類 …………………………… 155
雲　→気象学 …………………………… 80
結晶　→鉱物学 …………………………… 98
原子力　→原子力 ……………………… 198
原子力発電　→原子力 ………………… 198
建設工学
　　→建設工学・土木工学 …………… 185
　　→建築学 …………………………… 193
元素　→物理化学 ………………………… 43
建築　→建築学 ………………………… 193
建築学　→建築学 ……………………… 193
建築構造　→建築学 …………………… 193
原発　→原子力 ………………………… 198
光学　→光学 …………………………… 37
工学
　　→技術・工学 ……………………… 158
　　→技術・工学全般 ………………… 158
　　→電気工学 ………………………… 210

工学史　→技術史・工学史 …………… 176
工業経済　→工業経済 ………………… 182
航空宇宙工学　→天文学・宇宙科学全般 … 47
航空機　→乗り物 ……………………… 206
工作機械　→機械工学 ………………… 196
高山植物　→草・花類 ………………… 122
恒星　→恒星・恒星天文学 …………… 67
恒星天文学　→恒星・恒星天文学 …… 67
鉱物　→鉱物学 ………………………… 98
鉱物学　→鉱物学 ……………………… 98
国土計画　→建設工学・土木工学 …… 185
コケ植物　→藻類・菌類・シダ・コケ植物 … 131
古地図　→測地学 ……………………… 72
暦　→時法・暦学 ……………………… 73
混相流　→物理学全般 ………………… 33
昆虫　→昆虫類 ………………………… 148
コンピューター　→コンピューター・イ
　ンターネット ………………………… 165

【さ】

災害予防　→建設工学・土木工学 …… 185
細菌　→微生物学 ……………………… 113
材料力学　→機械工学 ………………… 196
魚　→水生動物・貝類学 ……………… 141
雑草　→草・花類 ……………………… 122
酸化窒素　→無機化学 ………………… 45
算数　→数学教育 ……………………… 28
地震
　　→地震学 …………………………… 93
　　→地形学・地質学 ………………… 94
地震学　→地震学 ……………………… 93
自然科学
　　→自然科学 ………………………… 1
　　→自然科学全般 …………………… 1
自然災害　→気象学 …………………… 80
シダ植物　→藻類・菌類・シダ・コケ植物 … 131
実験
　　→科学・理科教育 ………………… 16
　　→化学教育 ………………………… 42
　　→地学教育 ………………………… 80

302　科学への入門レファレンスブック

事項名索引　　　　　　　　　　　　　　　ちかく

自転車　→乗り物 …………………… 206	星団　→天体観測 ………………………… 59
自動交換機　→通信 ………………… 213	製品開発　→工業経済 ………………… 182
自動車　→乗り物 …………………… 206	生物
自動車産業　→乗り物 ……………… 206	→生物学全般 ………………………… 104
時法　→時法・暦学 ………………… 73	→生物地理・生物誌 ………………… 110
集積回路　→電気工学 ……………… 210	生物科学　→生物科学 ………………… 104
種子　→草・花類 …………………… 122	生物学　→生物学全般 ………………… 104
樹木　→樹木類 ……………………… 120	生物学全般　→生物学全般 …………… 104
情報処理　→技術・工学全般 ……… 158	生物教育　→生物教育 ………………… 109
食虫植物　→食虫植物・有毒植物 … 130	生物工学　→遺伝学 …………………… 114
食品工業　→食品工業 ……………… 220	生物誌　→生物地理・生物誌 ………… 110
植物	生物地理　→生物地理・生物誌 ……… 110
→植物学全般 ……………………… 116	生物物理学　→生化学 ………………… 112
→植物地理・植物誌 ……………… 119	積分学　→数論・整数・解析・幾何 … 30
→草・花類 ………………………… 122	石油　→金属工学・化学工業 ………… 216
植物学	節足動物　→昆虫類 …………………… 148
→植物学 …………………………… 116	設備管理　→機械工学 ………………… 196
→植物学全般 ……………………… 116	蘚苔類　→藻類・菌類・シダ・コケ植物… 131
植物学全般　→植物学全般 ………… 116	船舶工学　→海洋・船舶工学 ………… 215
植物誌　→植物地理・植物誌 ……… 119	双眼鏡　→天体観測 …………………… 59
植物地理　→植物地理・植物誌 …… 119	藻類　→藻類・菌類・シダ・コケ植物 … 131
進化　→遺伝学 ……………………… 114	測地学　→測地学 ……………………… 72
深海魚　→水生動物・貝類学 ……… 141	測量　→建設工学・土木工学 ………… 185
人類学　→生態学・人類学 ………… 115	素数　→数論・整数・解析・幾何 …… 30
水生動物　→水生動物・貝類学 …… 141	
数学　→数学 ………………………… 24	
数学　→数学全般 …………………… 24	**【た】**
数学オリンピック　→数学教育 …… 28	
数学教育　→数学教育 ……………… 28	
数学者　→数学者 …………………… 29	太陽　→太陽・太陽系 ………………… 70
数理科学　→確率・数理統計・数理科学… 31	太陽系　→太陽・太陽系 ……………… 70
数理統計　→確率・数理統計・数理科学… 31	煙草　→製造工業 ……………………… 218
数論　→数論・整数・解析・幾何 … 30	単位　→単位 …………………………… 37
砂　→地形学・地質学 ……………… 94	淡水魚　→水生動物・貝類学 ………… 141
星雲　→恒星・恒星天文学 ………… 67	淡水藻　→藻類・菌類・シダ・コケ植物… 131
生化学　→生化学 …………………… 112	炭素　→無機化学 ……………………… 45
星座	地学
→天体観測 ………………………… 59	→天文学・宇宙科学全般 …………… 47
→恒星・恒星天文学 ……………… 67	→地球 ………………………………… 71
整数　→数論・整数・解析・幾何 … 30	→地球科学・地学 …………………… 77
製造工業　→製造工業 ……………… 218	→地球科学・地学全般 ……………… 77
生態学　→生態学・人類学 ………… 115	地学教育　→地学教育 ………………… 80
	地学実験　→地学教育 ………………… 80

科学への入門レファレンスブック　303

ちかく　　　　　　　　　　事項名索引

地学史　→地球科学史・地学史 ………… 80
地球
　→天文学・宇宙科学全般 ……………… 47
　→惑星・月 ……………………………… 71
　→地球 …………………………………… 71
　→地球科学・地学全般 ………………… 77
地球温暖化　→環境・衛生 ……………188
地球科学
　→地球科学・地学 ……………………… 77
　→地球科学・地学全般 ………………… 77
地球科学史　→地球科学史・地学史 … 80
地形学　→地形学・地質学 ……………… 94
地質学　→地形学・地質学 ……………… 94
地図　→測地学 …………………………… 72
地図学　→測地学 ………………………… 72
地中動物　→昆虫類 ……………………148
超電気伝導　→電気・電磁気 ………… 38
鳥類　→鳥類 ……………………………152
地理情報　→測地学 ……………………… 72
通信　→通信 ……………………………213
月　→惑星・月 …………………………… 71
津波　→地震学 …………………………… 93
鉄道車輌　→乗り物 ……………………206
天気　→気象学 …………………………… 80
電気
　→電気・電磁気 ………………………… 38
　→電気工学 ……………………………210
電気工学　→電気工学 …………………210
電気事業　→エネルギー ………………176
電気通信　→通信 ………………………213
電子回路　→電気工学 …………………210
電磁気　→電気・電磁気 ……………… 38
電子機械　→電気工学 …………………210
電子計算機　→通信 ……………………213
電子工作　→電気工学 …………………210
天体　→天体観測 ………………………… 59
天体観測　→天体観測 …………………… 59
電池　→エネルギー ……………………176
天然記念物　→生物地理・生物誌 ……110
天文学
　→天文学・宇宙科学 …………………… 47
　→天文学・宇宙科学全般 ……………… 47

　→宇宙開発 ……………………………… 58
　→時法・暦学 …………………………… 73
天文学史　→天文学史・宇宙科学史 … 58
電力　→エネルギー ……………………176
統計学　→確率・数理統計・数理科学 … 31
動物
　→生物学全般 …………………………104
　→生物地理・生物誌 …………………110
　→動物学全般 …………………………133
　→動物地理・動物誌 …………………136
動物園　→動物地理・動物誌 …………136
動物学　→動物学 ………………………133
動物学全般　→動物学全般 ……………133
動物誌　→動物地理・動物誌 …………136
動物生態　→動物地理・動物誌 ………136
動物地理　→動物地理・動物誌 ………136
毒草　→食中植物・有毒植物 …………130
特許　→発明・特許 ……………………180
特許法　→発明・特許 …………………180
土木　→建設工学・土木工学 …………185
土木工学　→建設工学・土木工学 ……185
鳥　→鳥類 ………………………………152

【な】

人間工学　→技術・工学全般 …………158
猫　→哺乳類 ……………………………155
熱力学　→機械工学 ……………………196
ノーベル賞　→科学史・科学賞 ……… 19
乗り物　→乗り物 ………………………206

【は】

パソコン　→コンピューター・インター
　ネット …………………………………165
爬虫類　→爬虫類・両生類 ……………147
発明　→発明・特許 ……………………180
花　→草・花類 …………………………122
光　→光学 ………………………………… 37
光生物学　→生化学 ……………………112

事項名索引　　　　　　　　　　　　わさん

微生物学　→微生物学 ……………………… 113
微分学　→数論・整数・解析・幾何 ……… 30
品質管理　→発明・特許 …………………… 180
物理化学　→物理化学 ……………………… 43
物理学
　　→物理学 ……………………………… 33
　　→物理学全般 ………………………… 33
物理学教育　→物理学教育 ………………… 36
物理実験　→物理学教育 …………………… 36
船
　　→乗り物 …………………………… 206
　　→海洋・船舶工学 ………………… 215
プランクトン　→生物学全般 …………… 104
分光学　→光学 ……………………………… 37
分子　→物理化学 …………………………… 43
望遠鏡　→天体観測 ………………………… 59
防災科学　→建設工学・土木工学 ……… 185
放射線　→電気・電磁気 …………………… 38
宝石　→鉱物学 ……………………………… 98
放送　→通信 ……………………………… 213
星
　　→天体観測 …………………………… 59
　　→恒星・恒星天文学 ………………… 67
哺乳類　→哺乳類 ………………………… 155

【ま】

水　→無機化学 ……………………………… 45
無機化学　→無機化学 ……………………… 45
無線　→通信 ……………………………… 213
木工　→製造工業 ………………………… 218

【や】

野生動物　→動物地理・動物誌 ………… 136
野草　→草・花類 ………………………… 122
有機化学　→有機化学 ……………………… 45
有機金属化合物　→有機化学 ……………… 45
有毒植物　→食中植物・有毒植物 ……… 130

有用植物　→植物学全般 ………………… 116
雪　→気象学 ………………………………… 80
容器　→製造工業 ………………………… 218

【ら】

理科
　　→自然科学全般 ……………………… 1
　　→地学教育 …………………………… 80
理化学　→自然科学全般 …………………… 1
理科教育　→科学・理科教育 ……………… 16
陸水学　→海洋学・陸水学 ………………… 90
理工　→自然科学全般 ……………………… 1
流体力学　→機械工学 …………………… 196
両生類　→爬虫類・両生類 ……………… 147
料理　→食品工業 ………………………… 220
暦学　→時法・暦学 ………………………… 73
ロボット　→ロボット …………………… 182

【わ】

惑星　→惑星・月 …………………………… 71
和算　→和算 ………………………………… 31

科学への入門レファレンスブック　305

科学への入門 レファレンスブック

2017 年 2 月 25 日　第 1 刷発行

発　行　者／大高利夫
編集・発行／日外アソシエーツ株式会社
　　　　　　〒140-0013 東京都品川区南大井6-16-16 鈴中ビル大森アネックス
　　　　　　電話 (03)3763-5241(代表)　FAX(03)3764-0845
　　　　　　URL http://www.nichigai.co.jp/
発　売　元／株式会社紀伊國屋書店
　　　　　　〒163-8636 東京都新宿区新宿 3-17-7
　　　　　　電話 (03)3354-0131(代表)
　　　　　　ホールセール部(営業)　電話 (03)6910-0519

電算漢字処理／日外アソシエーツ株式会社
印刷・製本／光写真印刷株式会社

不許複製・禁無断転載　　《中性紙H-三菱書籍用紙イエロー使用》
〈落丁・乱丁本はお取り替えいたします〉
ISBN978-4-8169-2644-0　　**Printed in Japan,2017**

本書はディジタルデータでご利用いただくことが
できます。詳細はお問い合わせください。

科学博物館事典

A5・520頁　定価（本体9,250円＋税）　　2015.6刊

自然史博物館事典
—動物園・水族館・植物園も収録

A5・540頁　定価（本体9,800円＋税）　　2015.10刊

自然科学全般から科学技術・自然史分野を扱う博物館を紹介する事典。全館にアンケート調査を行い、沿革・概要、展示・収蔵、事業、出版物、"館のイチ押し"などの情報のほか、外観・館内写真、展示品写真を掲載。『科学博物館事典』に209館、『自然史博物館事典』には動物園・植物園・水族館も含め227館を収録。

科学技術史事典 —トピックス原始時代-2013

A5・690頁　定価（本体13,800円＋税）　　2014.2刊

原始時代から2013年まで、科学技術に関するトピック4,700件を年月日順に掲載した記録事典。人類学・天文学・宇宙科学・生物学・化学・地球科学・地理学・数学・医学・物理学・建築学など、科学技術史に関する重要な出来事を幅広く収録。

事典 日本の科学者
—科学技術を築いた5000人

板倉聖宣監修　A5・1,020頁　定価（本体17,000円＋税）　　2014.6刊

江戸時代初期から平成にかけて活躍した物故科学者を収録した人名事典。自然科学の全分野のみならず、医師や技術者、科学史家、科学啓蒙に尽くした人々などを幅広く収録。

資源・エネルギー史事典
—トピックス1712-2014

A5・510頁　定価（本体13,880円＋税）　　2015.7刊

1712年から2014年まで、資源・エネルギーに関するトピック4,000件を年月日順に掲載した記録事典。石炭、石油、ガス、核燃料などの資源と、熱エネルギー、電力、火力、原子力、再生可能エネルギーなどのエネルギー史に関する重要なトピックとなる出来事を幅広く収録。

データベースカンパニー
日外アソシエーツ

〒140-0013　東京都品川区南大井6-16-16
TEL.(03)3763-5241　FAX.(03)3764-0845　http://www.nichigai.co.jp/